新手学电脑

（Windows 10 + WPS Office）

龙马高新教育 ◎ 编著

从入门到精通

北京大学出版社
PEKING UNIVERSITY PRESS

内 容 提 要

本书通过精选案例引导读者深入学习，系统地介绍了电脑的相关知识和应用方法。

全书分为 4 篇，共 18 章。第 1 篇“新手入门篇”主要介绍全面认识电脑、轻松掌握 Windows 10 操作系统、输入法的认识和使用、管理电脑中的文件资源和软件的安装与管理等；第 2 篇“网络应用篇”主要介绍网络的连接与设置、开启网络之旅、多媒体和网络游戏等；第 3 篇“WPS Office 办公篇”主要介绍 WPS 文字的基本操作、使用 WPS 文字排版长文档、WPS 表格的基本处理、数据的计算和分析、WPS 演示的基本操作、WPS 演示的动画及放映设置、轻松编辑 PDF 文档、在家高效办公的技巧等；第 4 篇“高手秘籍篇”主要介绍电脑的优化与维护、系统备份与还原等。

本书不仅适合计算机初、中级用户学习，也可以作为各类院校相关专业学生和计算机培训班学员的教材或辅导用书。

图书在版编目（CIP）数据

新手学电脑从入门到精通：Windows 10+WPS Office/ 龙马高新教育编著 . — 北京：北京大学出版社，2021.8

ISBN 978-7-301-32365-6

Ⅰ . ①新… Ⅱ . ①龙… Ⅲ . ① Windows 操作系统②办公自动化 – 应用软件 Ⅳ . ① TP316.7 ② TP317.1

中国版本图书馆 CIP 数据核字 (2021) 第 154682 号

书　　名	新手学电脑从入门到精通（Windows 10+WPS Office） XINSHOU XUE DIANNAO CONG RUMEN DAO JINGTONG（Windows 10+WPS Office）
著作责任者	龙马高新教育 编著
责任编辑	王继伟　刘羽昭
标准书号	ISBN 978-7-301-32365-6
出版发行	北京大学出版社
地　　址	北京市海淀区成府路 205 号　100871
网　　址	http://www.pup.cn　　新浪微博：@ 北京大学出版社
电子信箱	pup7@pup.cn
电　　话	邮购部 010-62752015　发行部 010-62750672　编辑部 010-62570390
印 刷 者	北京溢漾印刷有限公司
经 销 者	新华书店
	787 毫米 ×1092 毫米　16 开本　22.25 印张　555 千字
	2021 年 8 月第 1 版　2021 年 8 月第 1 次印刷
印　　数	1-4000 册
定　　价	79.00 元

序言

随着全球信息技术的发展，软件产业已经关系到国家的信息安全和经济安全，是综合国力的重要体现。人们的生活、学习、工作可以实现信息化，离不开各类软件的应用。WPS Office作为一款拥有国内外海量用户的办公软件，肩扛民族软件产业大旗，为国民办公带来“简单创造不简单”的全新办公理念。

“工欲善其事，必先利其器。”要把工作做好，必须先让工具“锋利”。WPS历经32年的沉淀，在互联网时代的浪潮中不断更新迭代，32年磨一剑，凭借敏锐的市场嗅觉和用户体验思维模式，从兼容、优化、创新，到“以云服务为基础，多屏、内容为辅，AI赋能所有产品”的办公新方式，WPS始终致力于把最简单高效的办公方式和服务带给用户，帮助用户更轻松、快乐地创作和生活，为企业和组织的运行与发展不断赋能。

本书针对WPS模块内容，秉承了“融合”办公的理念，系统地介绍了WPS文字、WPS表格、WPS演示、PDF、云办公等一站式办公服务。作者以工作场景为背景，以任务为导向，以实际案例为主体，从基础认知到灵活应用，深入浅出地为读者呈现WPS办公实用妙招。希望读者在阅读本书后能够有所启发，功力大增，并发挥到实际应用当中，提高桌面生产力。

最后，感谢本书作者，感谢WPS产品团队，感谢广大用户对WPS的支持。在未来的道路上，WPS与您一起实现简单创作、轻松表达。

金山办公软件政企客户成功部 高级讲师 郑晓琼

电脑很神秘吗?

不神秘!

学习电脑难吗?

不难!

阅读本书能掌握电脑的使用方法吗?

能!

为什么要阅读本书

如今，电脑已成为人们日常工作、学习和生活中必不可少的工具之一，不仅大大地提高了工作效率，还为人们的生活带来了极大的便利。本书从实用的角度出发，结合实际应用案例，模拟真实的办公环境，介绍电脑的使用方法与技巧，旨在帮助读者全面、系统地掌握电脑的应用。

本书内容导读

本书分为 4 篇，共 18 章，内容如下。

第 1 篇（第 1 ~ 5 章）为新手入门篇，主要介绍电脑的各种操作方法。通过对本篇内容的学习，读者可以全面认识电脑、掌握 Windows 10 操作系统、认识和使用输入法、掌握管理电脑中的文件资源及安装与管理软件等操作。

第 2 篇（第 6 ~ 8 章）为网络应用篇，主要介绍上网娱乐。通过对本篇内容的学习，读者可以掌握网络的连接与设置、网络的生活服务、多媒体和网络游戏等操作。

第 3 篇（第 9 ~ 16 章）为 WPS Office 办公篇，主要介绍 WPS Office 办公软件的各

种操作。通过对本篇内容的学习，读者可以掌握 WPS 文字、WPS 表格和 WPS 演示等软件的基本操作。

第 4 篇（第 17 ~ 18 章）为高手秘籍篇，主要介绍电脑的优化与维护、系统备份与还原等。

选择本书的 N 个理由

❶ 简单易学，案例为主

以案例为主线，贯穿知识点，实操性强，与读者的需求紧密结合，模拟真实的工作与学习环境，帮助读者解决在工作中遇到的问题。

❷ 高手支招，高效实用

本书的“高手支招”板块提供了大量的实用技巧，既能满足读者的阅读需求，也能解决在工作、学习中遇到的一些常见问题。

❸ 举一反三，巩固提高

本书的“举一反三”板块提供了与本章知识点有关或类型相似的综合案例，帮助读者巩固和提高所学内容。

❹ 海量资源，实用至上

赠送大量实用的模板、实用技巧及学习辅助资料等，便于读者结合赠送资料学习。

超值资源

❶ 8 小时名师指导视频

教学视频涵盖本书所有知识点，详细讲解每个实例及实战案例的操作过程和关键点。读者可以更轻松地掌握电脑的使用方法和技巧，而且扩展性讲解部分可使读者获得更多的知识。

❷ 超多、超值资源大奉送

赠送本书同步教学视频、素材结果文件、通过互联网获取的学习资源和解题方法、办公类手机 APP 索引、办公类网络资源索引、Windows 10 安装指导视频、《手机办公 10 招就够》电子书、《微信高手技巧随身查》电子书、《QQ 高手技巧随身查》电子书、《高效能人士效率倍增手册》电子书等超值资源，以方便读者扩展学习。

配套资源下载

为了方便读者学习，本书配备了多种学习方式，供读者选择。

❶ 下载地址

扫描下方二维码关注微信公众号，输入资源码“xsxdn21”，或扫描下方右侧二维码，均可下载本书配套资源。

❷ 使用方法

下载配套资源到电脑端，打开相应的文件夹即可查看对应的资源。每一章所用到的素材文件均在“本书实例的素材文件、结果文件\素材\ch*”文件夹中，读者在操作时可随时取用。

本书读者对象

1. 没有任何电脑应用基础的初学者。
2. 有一定应用基础，想精通电脑应用的人员。
3. 有一定应用基础，没有实战经验的人员。
4. 大专院校及培训学校的教师和学生。

创作者说

本书由龙马高新教育策划，其中段莹任主编，刘路、刘燕美任副主编。您读完这本书后如果感到“我已经是电脑办公达人了”，就是让编者最欣慰的结果。

在编写过程中，我们竭尽所能地为您呈现最好、最全的实用功能，如有疏漏和不妥之处，敬请广大读者不吝指正。若您在学习过程中产生疑问或有任何建议，可以通过 E-mail 与我们联系。

我们的电子邮箱是：pup7@pup.cn

目录 CONTENTS

第 1 篇　新手入门篇

第 1 章　从零开始——全面认识电脑

电脑办公是目前最常用的办公方式，通过电脑可以轻松地步入无纸化办公时代，从而节约能源并提高效率。在学习电脑办公之前，读者需要先了解什么是电脑和智能终端、电脑的常用配件、如何使用键盘与鼠标、如何启动与关闭电脑等知识。

第 2 章　快速入门——轻松掌握 Windows 10 操作系统

Windows 10 是由美国微软公司研发的跨平台、跨设备的封闭性系统，目前已更迭了多个版本，成为 Windows 系列的主流系统，本章介绍 Windows 10

操作系统的基本操作。

高手支招

第 3 章 电脑打字——输入法的认识和使用

学会输入汉字和英文是使用电脑办公的第一步。对于英文字符，只要按键盘上的字母键即可输入，但汉字不能像英文那样直接用键盘输入，需要使用字母和数字对汉字进行编码，然后通过输入编码得到所需汉字，称为汉字输入法。本章主要介绍输入法的管理、拼音打字、五笔打字等。

高手支招

第 4 章 文件管理——管理电脑中的文件资源

电脑中的文件资源是 Windows 10 操作系统资源的重要组成部分，只有管理好电脑中的文件资源，才能很好地运用操作系统完成工作和学习。本章主要介绍在 Windows 10 中管理文件资源的基本操作。

高手支招

第 5 章 程序管理——软件的安装与管理

一台完整的电脑包括硬件和软件，软件是电脑的管家，用户需要借助软件来完成各项工作。在安装完操作系统后，用户首先要考虑的就是安装软件，通过安装各种类型的软件，可以大大提高电脑的工作效率。本章主要介绍软件的安装、升级、卸载和组件的添加 / 删除、硬件的管理等基本操作。

高手支招

第 2 篇　网络应用篇

第 6 章　电脑上网——网络的连接与设置

互联网影响着人们生活和工作的方式，通过网络可以和千里之外的人进行交流。目前，联网的方式有很多种，主要的联网方式包括光纤宽带上网、小区宽带上网和无线上网等。

高手支招

第 7 章　走进网络——开启网络之旅

近年来，计算机网络技术取得了飞速的发展，正改变着人们学习和工作的方式。在网上查看信息、下载需要的资源是用户上网时经常进行的活动。

第 8 章 影音娱乐——多媒体和游戏

网络为人们创造了一个广阔的影音娱乐世界，丰富的网络资源给网络增加了无穷的魅力。用户可以在网络中找到自己喜欢的音乐、电影或网络游戏，并能充分体验高清的音频与视频带来的听觉、视觉上的享受。

第 3 篇 WPS Office 办公篇

第 9 章 基本文档——WPS 文字的基本操作

掌握文档的基本操作、表格应用、图文混排等操作技巧，是学习 WPS 文字制作专业文档的前提。本章将介绍这些基本的操作技巧，为读者以后的学习打下坚实的基础。

高手支招

第10章 高级文档——使用WPS文字排版长文档

排版长文档，高效、准确、专业是关键。很多用户在排版长文档时，会遇到各种问题，如修改文字格式速度慢且格式不容易统一，复杂的页眉页脚搞不定，只会手动编写目录等。WPS文字作为常用的办公软件，在处理长文档时，有其独特的优势。本章将介绍WPS文字在排版长文档时的优势，帮助大家轻松搞定长文档。

高手支招

第11章 基本表格——WPS表格的基本处理

WPS表格提供了创建工作簿与工作表、输入和填充数据、行列操作、页面设置、设置字体与对齐方式、添加边框等基本操作，可以方便地记录和管理数据。

高手支招

第 12 章 数据分析——数据的计算和分析

使用 WPS 表格可以对表格中的数据进行计算和分析，如使用公式与函数，可以快速计算表格中的数据；使用图表可以清晰地展示出数据的情况；使用排序功能可以将表格中的数据按照特定的规则排序；使用筛选功能可以将满足条件的数据单独显示等。本章主要介绍在表格中对数据的计算和分析。

第 13 章 演示文稿制作——WPS 演示的基本操作

制作幻灯片是职场中重要的办公技能，无论是策划书、项目报告还是竞聘演讲、年终总结等，都可以通过幻灯片的形式，给人留下深刻的印象，打动观众。本章主要介绍 WPS 演示的基本操作。

第 14 章 演示文稿进阶——WPS 演示的动画及放映设置

动画及放映设置是 WPS 演示的重要功能，可以使幻灯片的过渡和显示给观众带来绚丽多彩的视觉享受。本章主要介绍演示文稿动画及放映的设置。

第 15 章 玩转 PDF——轻松编辑 PDF 文档

PDF 是一种便携式文档格式，可以更鲜明、准确、直观地展示文件内容，而且兼容性好，无法随意编辑，并支持多样化的格式转换，广泛应用于各种工作场景，如公司文件、学习资料、电子图书、产品说明、文章资讯等。本章主要介绍新建、编辑和处理 PDF 文档的操作技巧。

高手支招

第 16 章 WPS Office 云办公——在家高效办公的技巧

使用移动设备可以随时随地进行办公，及时完成工作。依托于云存储，WPS Office 开启了跨平台移动办公时代。电脑中存储的文档，通过云文档同步成在线协同文档，可以随时随地使用多个设备打开该协同文档进行编辑，大大提高了工作效率。

高手支招

第 4 篇 高手秘籍篇

第 17 章 安全优化——电脑的优化与维护

随着电脑被使用的时间越来越长，电脑中被浪费的空间也越来越多，用户需要及时优化和管理系统，包括电脑进程的管理与优化、电脑磁盘的管理与优化、清除系统中的垃圾文件、查杀病毒等，从而提高电脑的性能。本章介绍电脑的优化与维护。

高手支招

第 18 章 高手进阶——系统备份与还原

在电脑的使用过程中，可能会发生意外情况导致系统文件丢失，例如，系统遭受病毒和木马的攻击，使系统文件丢失，或者有时不小心删除系统文件等，都有可能导致系统崩溃或无法进入操作系统，这时用户就不得不重装系统。但是如果系统进行了备份，就可以直接将其还原，以节省时间。本章将介绍如何对系统进行备份、还原和重装。

高手支招

第
1
篇

新手入门篇

第 1 章

从零开始——全面认识电脑

本章导读

电脑办公是目前最常用的办公方式，通过电脑可以轻松地步入无纸化办公时代，从而节约能源并提高效率。在学习电脑办公之前，读者需要先了解什么是电脑和智能终端、电脑的常用配件、如何使用键盘与鼠标、如何启动与关闭电脑等知识。

思维导图

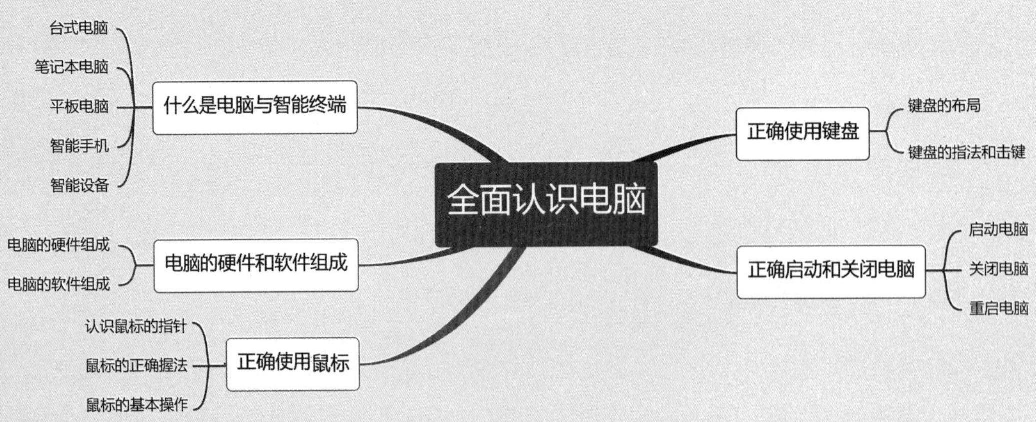

1.1 什么是电脑与智能终端

在学习电脑办公之前，首先需要了解在办公环境中常见的电脑与智能终端。

1.1.1 台式电脑

台式电脑又称桌面计算机，是最常见的办公工具。它的优点是耐用、价格实惠、散热性较好，同时，配件若有损坏，更换价格也相对便宜；它的缺点是笨重、耗电量大，一般放在电脑桌或专门的工作台上，适用于比较稳定的场合，如公司和家里等。

目前，台式电脑主要分为分体式电脑和一体式电脑，其主要区别在于显示器与主机。分体式电脑是传统的电脑机型，显示器与主机分离；而一体式电脑（简称一体机）的显示器和主机集成在一起，由于设计时尚、体积小，受到了不少用户的青睐，如下图所示。

1.1.2 笔记本电脑

笔记本电脑与台式电脑相比，有着类似的结构组成，但它的优势非常明显，如体积小、重量轻、携带方便等。便携性是笔记本电脑相对于台式电脑最大的优势，一般来说，笔记本电脑的重量只有 1~2kg，无论是外出工作还是旅游，都可以随身携带，非常方便，如下图所示。

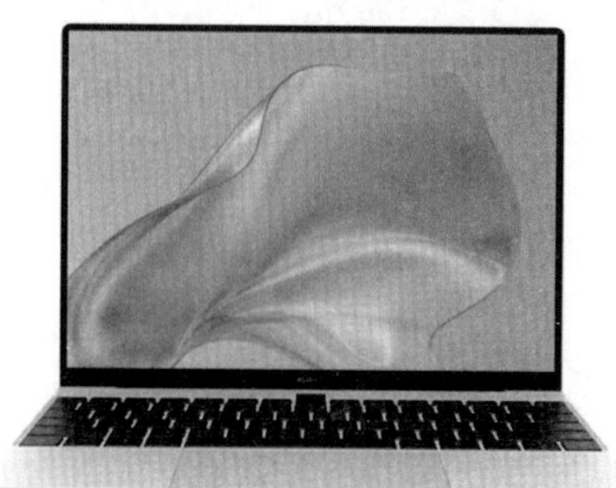

超轻、超薄是目前笔记本电脑的主要发展方向，但这并没有影响其性能的提高和功能的完善。同时，其便携性和备用电源使移动办公成为可能。由于这些优势的存在，笔记本电脑越来越受到用户推崇，市场迅速扩大。

从用途上看，笔记本电脑一般可以分为 4 类：商务型、时尚型、多媒体应用型、游戏本。

商务型笔记本电脑的特征是移动性强、电池续航时间长；时尚型笔记本电脑的外观新奇，也有适合商务使用的；多媒体应用型笔记本电脑是结合强大的图形及多媒体处理功能，又兼具一定的移动性的综合体，市面上常见的多媒体应用型笔记本电脑拥有独立的、较为先进的显卡及较大的屏幕等；游戏本是主打游戏性能的笔记本电脑，其强悍的硬件性能可以与台式电脑相媲美，尤其是在独立显卡、散热设计与温度控制上十分出众。

1.1.3 平板电脑

平板电脑也称为便携式电脑，是一种小型的方便携带的个人电脑，以触摸屏作为基本的输入设备。它拥有的触摸屏允许用户通过触控笔或数字笔来进行作业，而不必使用传统的键盘或鼠标。用户可以通过内置的手写识别、屏幕上的软键盘、语音识别或一个真正的键盘实现输入，如下图所示。

1.1.4 智能手机

手机已经由原先只有单一的电话通信功能，发展成了一个具有独立的操作系统、独立的运行空间，可以由用户自行安装社交软件、游戏、导航等程序的手持智能设备，如下图所示。现如今，手机已成为人们日常生活中必不可少的一部分，例如，手机扫码支付、微信聊天、手机游戏、手机公交卡、小视频等。

随着手机行业的快速发展，手机的更新迭代速度越来越快，其硬件性能和功能也越发强大，为人们带来更为极致的使用体验。

目前，智能手机操作系统主要分为苹果系统和安卓系统，主要代表品牌有苹果、华为、三星、vivo、OPPO、小米等。

1.1.5 智能设备

如今，电脑已经被广泛应用在各个领域，并融入了传统家电、家居、穿戴、出行等设备中，不仅具有漂亮的外观设计，更具有独立的计算能力及专业的应用程序和功能。例如，经常看到的智能穿戴设备（VR 眼镜、智能手表、智能手套等）、智能家居设备（扫地机器人、智能马桶、智能冰箱等）、AI 音箱、无人机、无人汽车等，如下图所示。近几年，人工智能技术快速发展，大量的智能产品铺天盖地地进入人们的视野。

无线网络的普及和 5G 网络的推进，将加快社会进入万物互联时代的速度，其设备形态与应用热点不断变化，将为人们的生活带来更多的乐趣和便利。当然，在使用智能设备时，一定要注意网络安全，否则会适得其反。

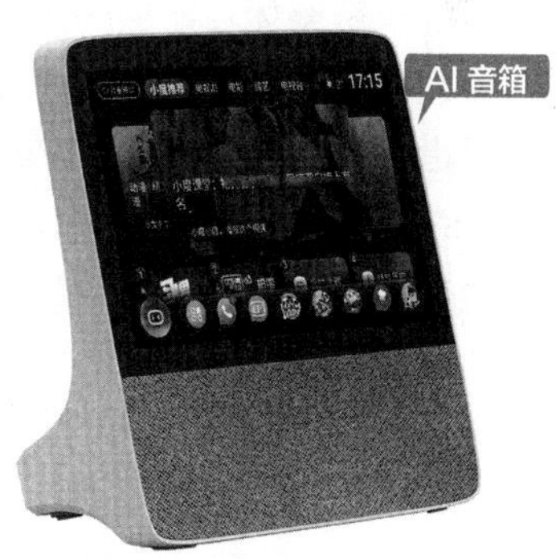

1.2 电脑的硬件和软件组成

按照组成部分来讲，电脑主要由硬件和软件组成。其中，硬件是电脑的外在载体，类似于人的躯体；而软件是电脑的灵魂，相当于人的大脑，电脑在工作时，二者协同工作，缺一不可。

1.2.1 电脑的硬件组成

通常情况下，一台电脑由 CPU、内存、主板、显卡、硬盘、电源和显示器等硬件组成。另外，用户也可以根据实际使用需求，添加电脑外置硬件，如打印机、扫描仪、摄像头等。

1. CPU

中央处理器（Central Processing Unit，CPU）是一台电脑的运算核心和控制核心，作用与人的大脑相似，负责处理和运算电脑内部的所有数据；而主板芯片组则更像是心脏，控制着数据的交换。CPU 的种类决定了所使用的操作系统和相应的软件，CPU 的型号往往决定了一台电脑的档次。

目前市场上较为主流的是四核心 CPU，也不乏六核心、八核心及十核心等更高性能的 CPU，这些产品主要来自英特尔（Intel）和超威（AMD）两大 CPU 品牌，如下图所示。

2. 内存

内存储器（简称内存，也称主存储器）用于存放电脑运行所需的程序和数据。内存的容量与性能是电脑整体性能的一个决定性因素。内存的大小及其时钟频率（内存在单位时间内处理指令的次数，单位是 MHz）直接影响到电脑的运行速度，即使 CPU 主频很高，硬盘容量很大，但如果内存很小，电脑的运行速度也不会快。

目前，常见的内存品牌主要有金士顿（Kingston）、三星（Samsung）、影驰、金泰克、芝奇等，主流电脑一般采用 8GB 及以上容量的内存。如下图所示为一款容量为 8GB 的金士顿 DDR4 2666 MHz 内存。

3. 显卡

显卡也称显示卡，是电脑内主要的板卡之一，其基本作用是控制电脑的图形输出。由于工作性质不同，不同的显卡提供的功能也不同。

一般来说，二维（2D）图形图像的输出是必备的。在此基础上，将部分或全部的三维（3D）图像处理功能纳入显示芯片中，由这种芯片做成的显卡就是通常所说的“3D 显卡”。有些显卡以附加卡的形式安装在电脑主板的扩展槽中，有些则集成在主板上，如下图所示为 GTX 1050 黑将显卡。

3D 显卡是具有 3D 图形处理功能的显卡。现在很多软件，特别是游戏软件，为了追求更真实的效果，在其软件中运用了大量三维动画。运行这类软件要求显卡有较好的三维图形处理功能，否则将不能很好地再现软件所提供的三维效果。

4. 机械硬盘和固态硬盘

硬盘是电脑最重要的外部存储器之一，由一个或多个铝制或玻璃制的碟片组成，这些碟片外覆盖有铁磁性材料。绝大多数硬盘都是固定硬盘，被永久性地密封固定在硬盘驱动器中。硬盘的盘片和驱动器是密封在一起的，因此通常所说的硬盘和硬盘驱动器其实是一回事。

与软盘相比，硬盘具有性能好、速度快、容量大等优点。硬盘将驱动器和硬盘片封装在一起，固定在主机箱内，一般不可移动。硬盘最重要的指标是硬盘容量，其容量大小决定了可存储信息的多少。目前，常见的硬盘品牌主要有希捷、西部数据、三星、东芝和 HGST 等，如下图所示。

常见的硬盘包括机械硬盘和固态硬盘。其中，机械硬盘采用磁性碟片来存储，固态硬盘采用闪存颗粒来存储。固态硬盘在数据读取速度、抗震能力、功耗、噪声及发热方面，相比普通的机械硬盘拥有明显的优势，这也是固态硬盘的最大卖点，其具体优势如下。

（1）读写速度

固态硬盘（如下图所示）的读取速度普遍可以达到 400Mb/s，写入速度也可以达到 130Mb/s 以上，其读写速度是普通机械硬盘的 3~5 倍。

（2）抗震能力

传统的机械硬盘内部有高速运转的磁头，其抗震能力很差，因此一般的机械硬盘如果是在运动或震动中使用，很容易损坏。而采用存储芯片进行存储的固态硬盘，内部无磁头，具备超强的抗震能力，即便是在运动或震动中使用，也不容易损坏。

（3）功耗

固态硬盘具备低功耗待机功能，而机械硬盘则不具备。

（4）噪声

固态硬盘运行时基本听不到任何噪声，而机械硬盘运行时如果凑近听，可以听到内部的磁盘转动及震动的声音，一些使用较久的机械硬盘噪声更为明显。

（5）发热

固态硬盘发热较少，即便在运行一段时间后，其表面也感觉不到明显的发热。而机械硬盘运行一段时间后，用手触摸可以明显感觉到发热。

5. 电源

主机电源（如下图所示）是一种安装在主机箱内的封闭式独立部件，其作用是将交流电通过一个开关电源变压器转换为 +5V、−5V、+12V、−12V、+3.3V 等稳定的直流电，以供应主机箱内的主板驱动、硬盘驱动及各种适配器扩展卡等系统部件使用。

6. 显示器

显示器是电脑中重要的输出设备。电脑操作的各种状态、结果、编辑的文本、程序、图形等都是在显示器中显示的。如下图所示为液晶显示器。

1.2.2 电脑的软件组成

软件是电脑系统的重要组成部分，通常情况下，电脑的软件系统可以分为操作系统、驱动程序和应用软件三大类。使用不同的电脑软件，可以完成许多不同的工作，使电脑具有非凡的灵活性和通用性。

1. 操作系统

操作系统是管理和控制计算机硬件与软件资源的计算机程序，是直接运行在“裸机”上的最基本的系统软件，任何其他软件都必须在操作系统的支持下才能运行。例如，电脑中的 Windows 7、Windows 10 及手机中的 iOS 和 Android 都是操作系统，其中 Windows 10 操作系统桌面如下图所示。

2. 驱动程序

驱动程序的英文为“Device Driver”，全称为“设备驱动程序”，是一种可以使电脑和设备通信的特殊程序，相当于硬件的接口。操作系统只有通过驱动程序，才能控制硬件设备的工作。例如，新电脑中常常出现没有声音的情况，安装某个程序后，声音即可正常播放，该程序就是驱动程序。因此，驱动程序被称为“硬件的灵魂”“硬件的主宰”和“硬件与系统之间的桥梁”等。如下图所示为计算机网络适配器的驱动程序信息界面。

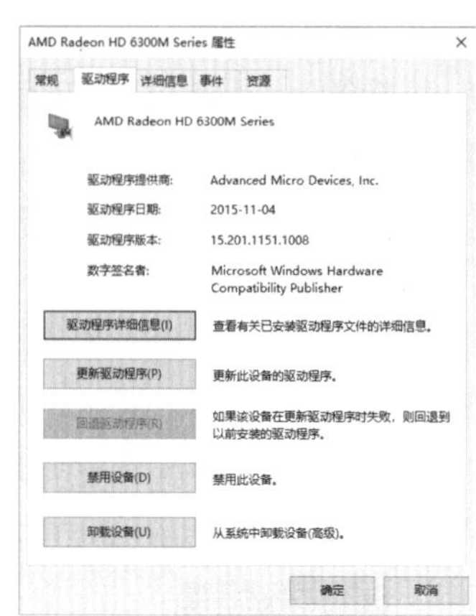

3. 应用软件

应用软件通常是指除系统程序以外的所有程序，是用户利用电脑及其提供的系统程序为解决各种实际问题而编写的应用软件。例如，聊天软件 QQ、安全防护软件 360 安全卫士、办公软件 Office 等都属于应用软件。下图所示为应用软件 QQ 的登录界面。

1.3 实战 1：正确使用鼠标

鼠标因外形如老鼠而得名，是一种方便、灵活的输入设备。在操作系统中，大部分操作都是通过鼠标来完成的。

1.3.1 认识鼠标的指针

鼠标在电脑中的表现形式是鼠标指针，鼠标指针的形状通常是一个白色的箭头，在进行不

同的工作、系统处于不同的运行状态时，鼠标指针的外形可能会随之发生变化，如常见的小手形状就是鼠标指针的一种形状。

如表 1–1 所示列出了常见的鼠标指针形状及其所表示的状态和用途。

表 1-1 常见的鼠标指针形状及其所表示的状态和用途

指针形状	表示状态	用途
	正常选择	Windows 的基本指针，用于选择菜单、命令或选项等
	后台运行	表示计算机打开程序，正在加载中
	忙碌状态	表示计算机打开的程序或操作未响应，需要用户等待
	精准选择	用于精准调整对象
	文本选择	用于文字编辑区内指定编辑位置
	禁用状态	表示当前状态及操作不可用
和	垂直或水平调整	鼠标指针移动到窗口边框线时，会出现双向箭头，拖曳鼠标，可上下或左右调整边框改变窗口大小
和	沿对角线调整	鼠标指针移动到窗口四个角时，会出现斜向双向箭头，拖曳鼠标，可同时沿水平和垂直两个方向放大或缩小窗口
	移动对象	用于移动选定的对象
	链接选择	表示当前位置有超文本链接，单击即可进入

1.3.2 鼠标的正确握法

要用好鼠标，首先要握好鼠标。鼠标的正确握法是：右手食指和中指自然放在鼠标的左键和右键上，拇指靠在鼠标左侧，无名指和小指放在鼠标右侧，拇指、无名指及小指轻轻握住鼠标，手掌心贴住鼠标后部，手腕自然垂放在桌面上，如下图所示。操作时右手带动鼠标做平面运动，用食指控制鼠标左键，中指控制鼠标右键，食指或中指控制鼠标滚轮进行操作。

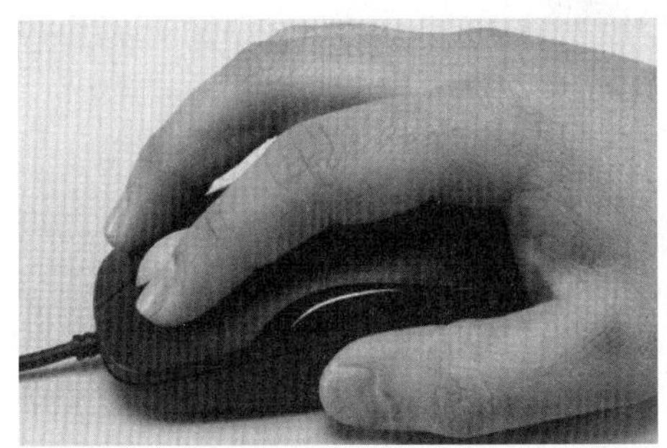

1.3.3 鼠标的基本操作

鼠标的基本操作包括移动、单击、双击、拖曳、右击和使用滚轮等。

1. 鼠标指针定位

指的是将鼠标指针移动到某处或某个对象上。在电脑屏幕上移动鼠标指针，将其指向目标对象，会显示提示信息，如下图所示。

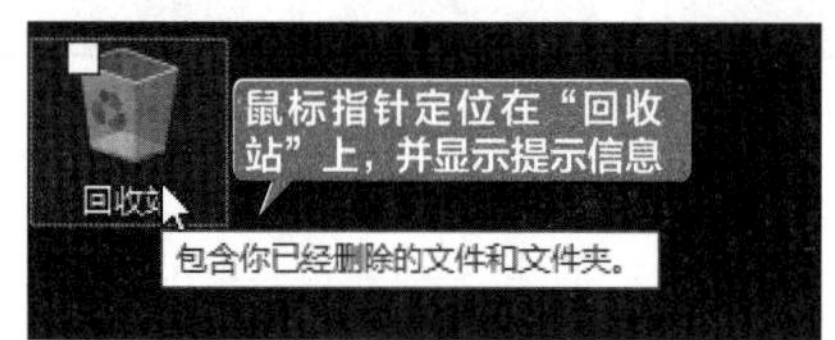

2. 单击（选中）

指的是按下鼠标左键并立即释放，一般用于选中某个操作对象，如下图所示。

3. 双击（打开/执行）

指的是快速地连续按鼠标左键两次，一般用于打开窗口，或启动应用程序，如下图所示。双击时鼠标不可晃动，否则无法完成操作。

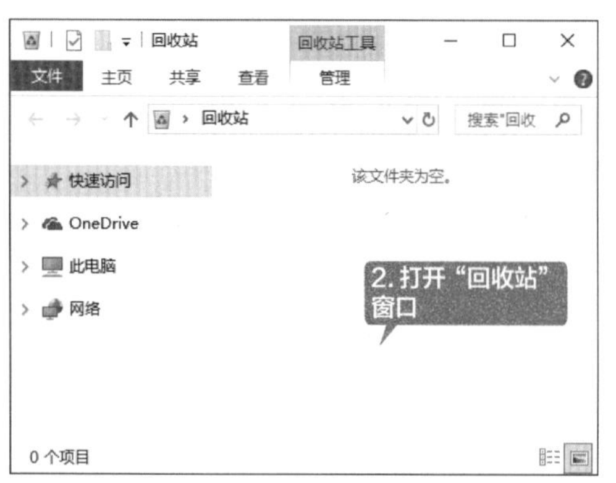

4. 拖曳

将鼠标指针定位到窗口、对话框或图标上，按住鼠标左键不放，然后将鼠标拖动到屏幕上的一个新位置释放鼠标即可，如下图所示。

5. 右击

当选中一个目标对象时，单击鼠标右键，即可弹出与其相关的快捷菜单，显示该对象可以执行的操作，如下图所示。

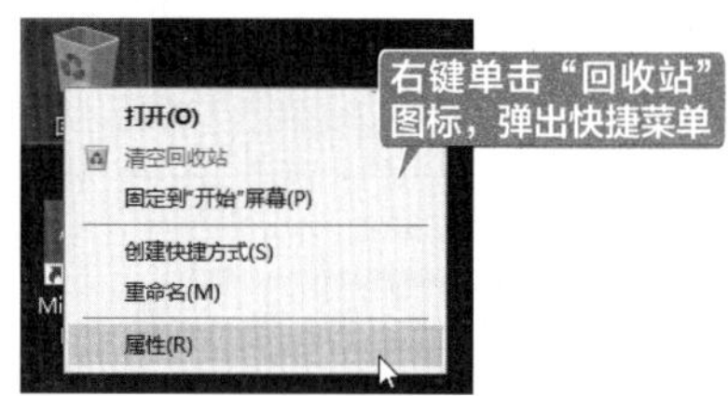

6. 使用滚轮

鼠标滚轮用于对文档或窗口中未显示完的内容进行滚动显示，从而查看其中的内容，如下图所示。

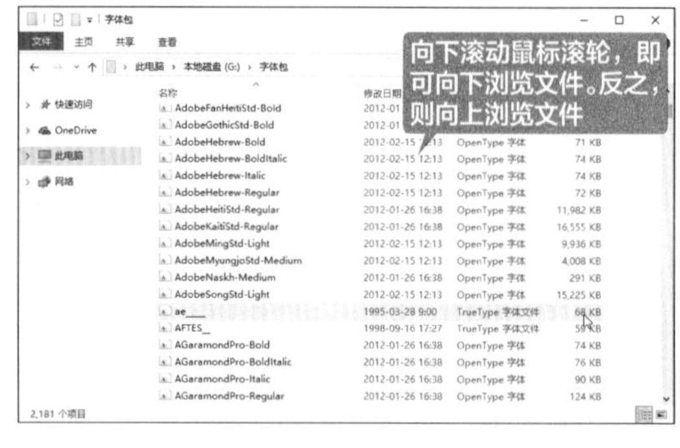

1.4 实战 2：正确使用键盘

键盘是计算机系统中最基本的输入设备，通过键盘可以输入各种字符，或者下达一些控制命令，以实现人机交流。下面介绍键盘的布局，以及打字的相关指法。

1.4.1 键盘的布局

键盘的键位分布大致相同，目前大多数用户使用的键盘为 107 键的标准键盘，如下图所示。根据键盘上各个键的作用划分，键盘总体上可分为五个大区，即功能键区、主键盘区、编辑键区、辅助键区及状态指示区。

1. 功能键区

功能键区位于键盘的上方，由 Esc 键、F1~F12 键及其他三个功能键组成，如下图所示，这些键在不同的环境中有不同的作用。

（1）Esc：也称退出键，常用于撤销某项操作、退出当前环境或返回原菜单。

（2）F1~F12：用户可以根据自己的需要来定义它们的功能，不同的程序可以对它们有不同的操作功能定义。

（3）Print Screen：在 Windows 环境下，按【Print Screen】键可以将当前屏幕上的内容复制到剪贴板中，按【Alt+Print Screen】组合键可以将当前屏幕上活动窗口中的内容复制到剪贴板中，剪贴板中的内容可以粘贴（按【Ctrl+V】组合键）到其他应用程序中。

（4）Scroll Lock：用来锁定屏幕滚动，按下该键后屏幕停止滚动，再次按下该键则解除锁定。

（5）Pause Break：暂停键。如果按下【Ctrl+Pause Break】组合键，将强行中止当前程序的运行。

2. 主键盘区

主键盘区位于键盘的左下方，是键盘上最大的区域。它既是键盘的主体部分，也是经常操作的部分，主键盘区除了包含数字键和字母键外，还有辅助键，如下图所示。

（1）Tab：制表定位键。通常情况下，按此键可使光标向右移动 8 个字符的位置。

（2）Caps Lock：用来切换字母大小写状态。

（3）Shift：键盘转换键。在键盘中，部分键位上有两个字符，按【Shift】键的同时按下这些键可以转换符号键和数字键。

（4）Ctrl：控制键。与其他键同时使用，以实现应用程序中定义的功能。

（5）Alt：交替换挡键。与其他键同时使用，组合成各种复合控制键。

（6）空格键：是键盘上最长的一个键，用来输入一个空格，使光标向右移动一个字符的位置。

（7）Enter：回车键。确认将命令或数据输入计算机时按此键。输入文字时，按回车键可以将光标移到下一行的行首，产生一个新的段落。

（8）Backspace：退格键。按一次该键，屏幕上的光标从当前位置退回一格（一格为一个字符的位置），并抹去退回的那一格内容（一个字符）。

（9）：Windows 图标键。在 Windows 环境下，按此键可以打开【开始】菜单，以选择所需要的菜单命令。

（10）：Application 键。在 Windows 环境下，按此键可以打开当前所选对象的快捷菜单。

3. 编辑键区

位于键盘的中间偏右位置，其中包括上下左右四个方向键和几个控制键，如下图所示。

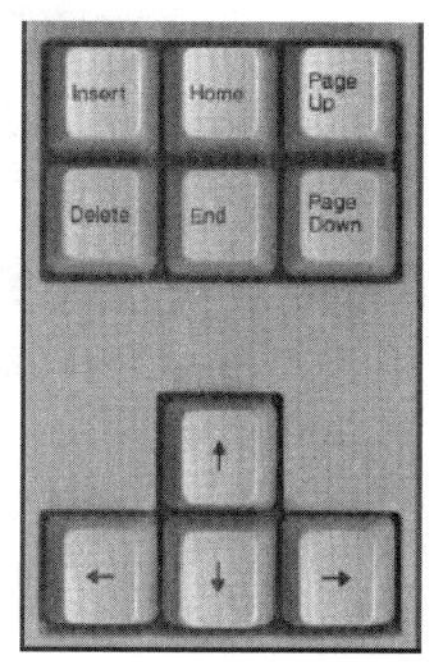

（1）Insert：用来切换插入与改写状态。在插入状态下，输入一个字符后，光标右侧的所有字符将向右移动一个字符的位置。在改写状态下，输入的字符将替换当前光标处的字符。

（2）Delete：删除键。用来删除当前光标位置右侧的字符，并使光标右侧的所有字符将向左移动一个字符的位置。

（3）Home：不同的操作环境下，【Home】键的功能也会有所区别，其主要作用是将光标定位在当前行的行首。

（4）End：用来将光标定位在当前行最后一个字符的右侧。

（5）Page Up：按此键将光标移至上一页。

（6）Page Down：按此键将光标移至

下一页。

（7）方向键：↑ ↓ ← →，用来将光标向上、下、左、右移动一个字符的位置。

4. 辅助键区

位于键盘的右下方，其作用是快速输入数字，由【Num Lock】键、数字键、【Enter】键和符号键组成，如下图所示。

辅助键区中大部分都是双字符键，上档键是数字，下档键具有编辑和光标控制功能，上下档的切换由【Num Lock】键来实现。当按一下【Num Lock】键时，状态指示区的第一个指示灯点亮，表示此时为数字状态，再按一下此键，指示灯熄灭，此时为光标控制状态。

5. 状态指示区

位于键盘的右上角，用于提示辅助键区的工作状态、大小写状态及滚屏锁定键的状态。从左到右依次为：Num Lock 指示灯、Caps Lock 指示灯、Scroll Lock 指示灯。它们与键盘上的【Num Lock】键、【Caps Lock】键及【Scroll Lock】键对应，如下图所示。

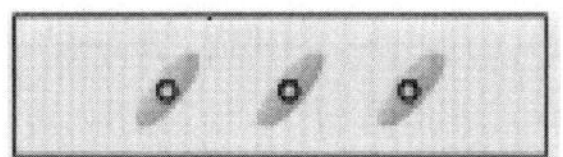

（1）按下【Num Lock】键，Num Lock 指示灯亮，此时右边的辅助键区可以用于输入数字。反之，当 Num Lock 指示灯灭时，该区只能作为方向键来使用。

（2）按下【Caps Lock】键，Caps Lock 指示灯亮，此时输入字母为大写，反之为小写。

（3）按下【Scroll Lock】键，Scroll Lock 指示灯亮，在 Excel 等软件界面中按上、下键滚动时，会锁定光标而滚动页面。

1.4.2 键盘的指法和击键

使用键盘时需要有一定的规则，操作才能又快又准。

1. 主键盘区的字母顺序

键盘上的字母键没有按照字母顺序分布排列，而是按照它们的使用频率来分布的。常用字母由于敲击次数较多，被安排在中间的位置，如 F、G、H、J 等；相对不常用的 Z、Q 就安排在旁边的位置。

准备打字时，除拇指外的其余 8 个手指分别放在基本键上，2 个拇指放在空格键上，十指分工，包键到指，分工明确，如下图所示。

2. 各手指的负责区域

每个手指除了指定的基本键外，还有其他键的分工，称为它的范围键。开始输入时，左手小指、无名指、中指和食指应分别虚放在【A】【S】【D】【F】键上，右手食指、中指、无名指和小指分别虚放在【J】【K】【L】【；】键上，两个大拇指则虚放在空格键上。基本键是输入时手指所处的基准位置，敲击其他任何键时手指都是从这里出发，击完之后再退回到基本键，如下图所示。

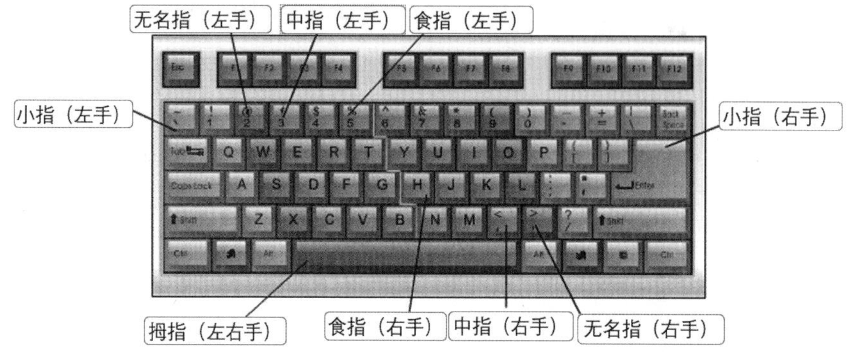

（1）左手食指：负责 4 5 R T F G V B 八个键。
（2）左手中指：负责 3 E D C 四个键。
（3）左手无名指：负责 2 W S X 四个键。
（4）左手小指：负责 1 Q A Z 四个键及 Tab Caps Lock Shift 等键。
（5）右手食指：负责 6 7 Y U H J N M 八个键。
（6）右手中指：负责 8 I K ，四个键。
（7）右手无名指：负责 9 O L . 四个键。
（8）右手小指：负责 O P ； ／四个键，以及 – = \ Backspace [ ] Enter ‘ Shift 等键。
（9）两手大拇指：负责空格键。

3. 特殊字符输入

键盘的主键盘区上方及右侧有一些特殊的按键，在它们的标示中都有两个符号，位于上方的符号是无法直接输入的，只有同时按【Shift】键与所需的符号键，才能输入这个符号。例如，输入一个感叹号“!”的指法是右手小指按住右边【Shift】键，左手小指敲击【1】键。

提示

按住【Shift】键的同时按字母键，还可以输入英文大写字母。

1.5 实战 3：正确启动和关闭电脑

要使用电脑进行办公，首先应该学会的就是启动和关闭电脑。作为初学者，首先需要了解的是启动电脑的顺序，以及在不同情况下采用的启动方式，还需要了解的是如何关闭电脑及在不同情况下关闭电脑的方式。

1.5.1 启动电脑

正常启动是指在电脑尚未开启的情况下进行启动，也就是第一次启动电脑。启动电脑的正确顺序是：先打开电脑的显示器，然后打开主机的电源。启动电脑的具体步骤如下。

第1步 连通电源，打开显示器电源开关，再按下主机电源按钮，电脑自检后，进入Windows加载界面，如下图所示。

第2步 加载完成后，即可进入如下图所示的界面。

第3步 按键盘上的任意键进入登录界面，在文本框中输入密码，单击→按钮或按【Enter】键，如下图所示。

提示

如果在安装操作系统时没有设置开机密码，则不会进入该界面，直接进入电脑桌面。

在输入登录密码时，密码以●图形显示，并在右侧出现 图标。如果用户要核对输入的密码，单击 图标，密码会以明文的形式显示出来，再次单击图标则隐藏密码。

第4步 正常启动电脑后，即可看到Windows 10系统桌面，表示已经开机成功，如下图所示。

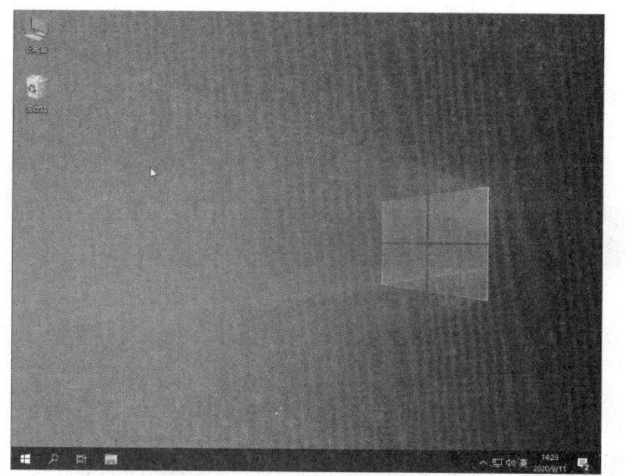

1.5.2 关闭电脑

使用完电脑后，应当将其关闭。关闭电脑的顺序与开机顺序相反，先关闭主机，再关闭显示器。关闭主机时不能直接按电源键关闭，需要对电脑进行操作，关闭主机有以下 4 种方法。

方法一：通过【开始】菜单

第1步 单击 Windows 10 桌面左下角的【开始】按钮，在弹出的【开始】菜单中单击【电源】按钮，在弹出的子菜单中单击【关机】命令，如下图所示。

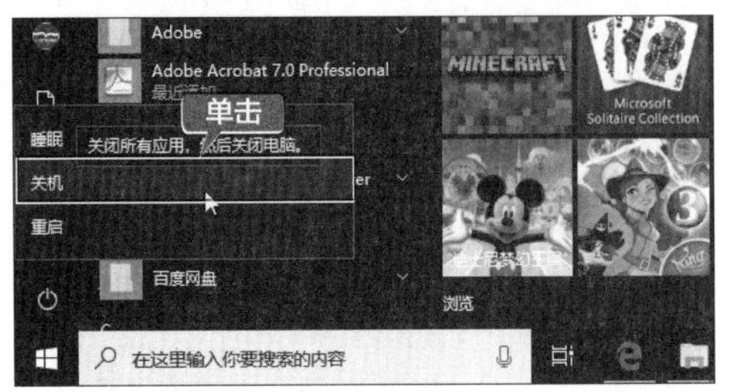

第2步 此时，如无正在运行的程序，即可关闭电脑，如下图所示。

方法二：通过右击【开始】按钮关机

右击【开始】按钮，在弹出的菜单中选择【关机或注销】菜单命令，在弹出的子菜单中单击【关机】命令，如下图所示。

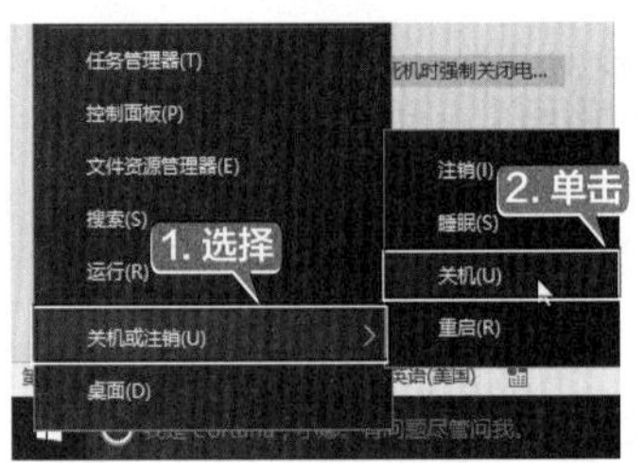

方法三：使用【Alt+F4】组合键关机

在关机前关闭所有的程序，然后按【Alt+F4】组合键快速调出【关闭 Windows】对话框，单击【确定】按钮即可关机，如下图所示。

方法四：死机时的关机

当电脑在使用过程中出现了蓝屏、花屏、死机等非正常现象时，就不能按照正常关闭电脑的方法来关机了。此时应该先重新启动电脑（见 1.5.3 节），若不行，再进行复位启动，如果复位启动还是不行，则只能进行手动关机，方法是：先按住主机机箱上的电源按钮 3~5 秒，待主机电源关闭后，再关闭显示器的电源开关。

1.5.3 重启电脑

在使用电脑的过程中，如果安装了某些应用软件或对电脑进行了新的配置，经常会被要求重新启动电脑，具体操作步骤如下。

第1步 单击所有打开的应用程序窗口右上角的【关闭】按钮，退出正在运行的程序。

第2步 单击 Windows 10 桌面左下角的【开始】按钮，在弹出的【开始】菜单中单击【电源】按钮，在弹出的子菜单中选择【重启】命令，如下图所示。

◇ **快速锁屏，保护隐私**

如果要暂时离开电脑，为了保护个人隐私，最简单的办法就是将电脑锁屏，这样任何人在不知道密码的情况下都无法访问电脑内部文件。最快捷的锁屏方法是同时按【Windows】键和【L】键，即可进入Windows锁定界面，如下图所示。

如果要唤醒电脑，则按键盘任意键或单击鼠标，即可重新唤醒电脑，进入Windows 10登录界面，输入电脑密码进入桌面，如下图所示。

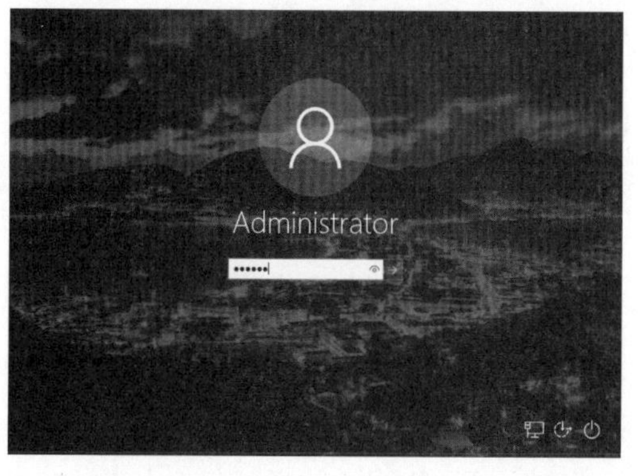

◇ **解决左手使用鼠标的问题**

如果左利手朋友习惯使用左手操作，可以设置左手使用鼠标的使用习惯，具体操作步骤如下。

第1步 单击【开始】按钮，在弹出的菜单中单击左侧的【设置】按钮，如下图所示。

第2步 弹出【设置】窗口，选择【设备】选项，如下图所示。

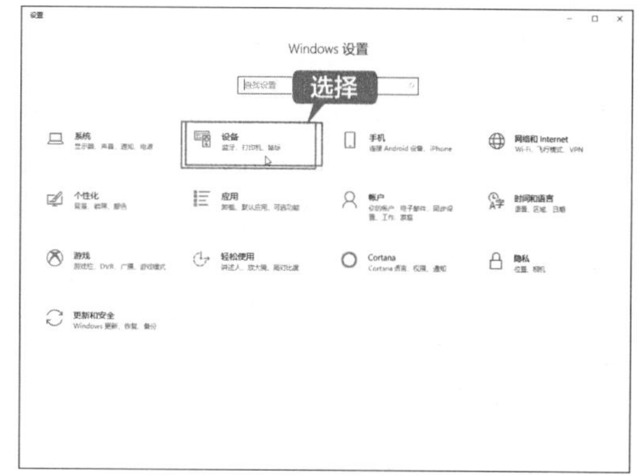

第3步 进入【设备】界面，在左侧的列表中选择【鼠标和触摸板】选项，如下图所示。

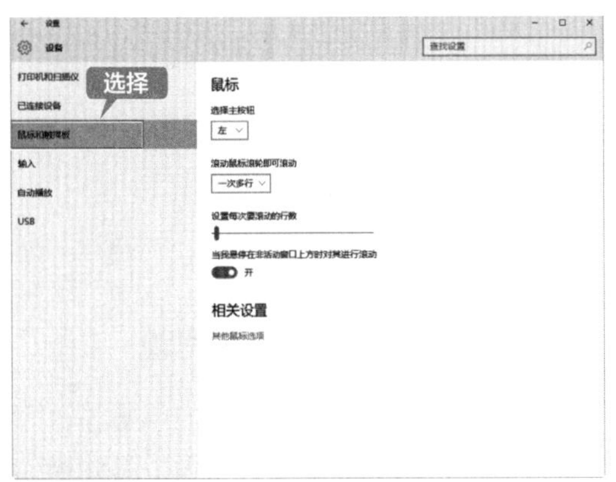

第 4 步 在右侧界面中单击【选择主按钮】的下拉按钮，在下拉列表中选择【右】，即可完成设置，如下图所示。

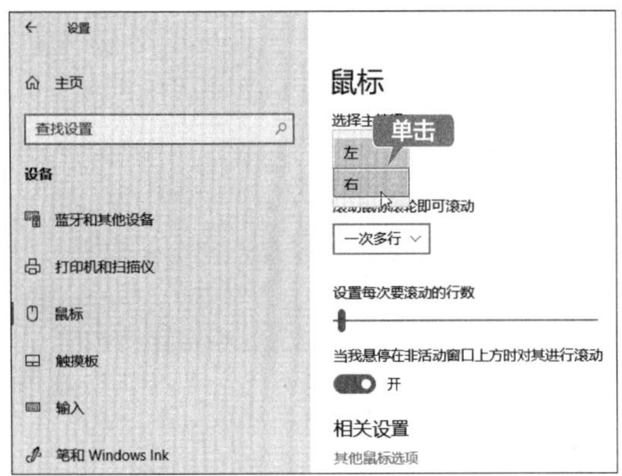

◇ 将鼠标指针调大显示

在使用电脑的过程中，如果觉得鼠标指针太小，可以将其调大显示，具体操作步骤如下。

第 1 步 在【鼠标和触摸板】右侧界面中单击【其他鼠标选项】，打开【鼠标属性】对话框，单击【指针】选项卡，如下图所示。

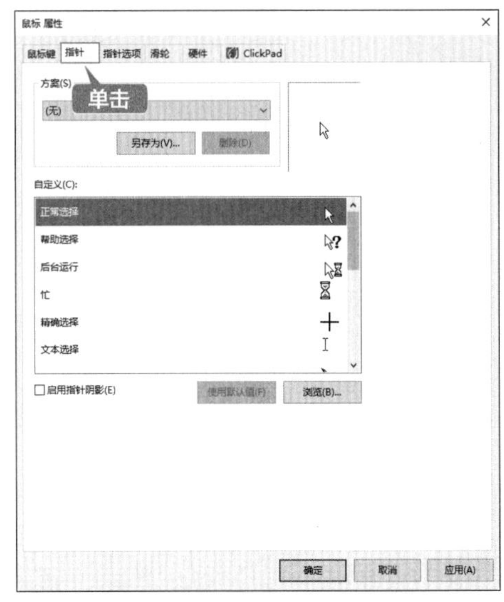

第 2 步 在【方案】下拉列表中选择较大的方案，如选择【Windows 标准（特大）（系统方案）】方案，单击【确定】按钮即可，如下图所示。

第 2 章

快速入门——轻松掌握 Windows 10 操作系统

本章导读

Windows 10 是由美国微软公司研发的跨平台、跨设备的封闭性系统，目前已更迭了多个版本，成为 Windows 系列的主流系统，本章介绍 Windows 10 操作系统的基本操作。

思维导图

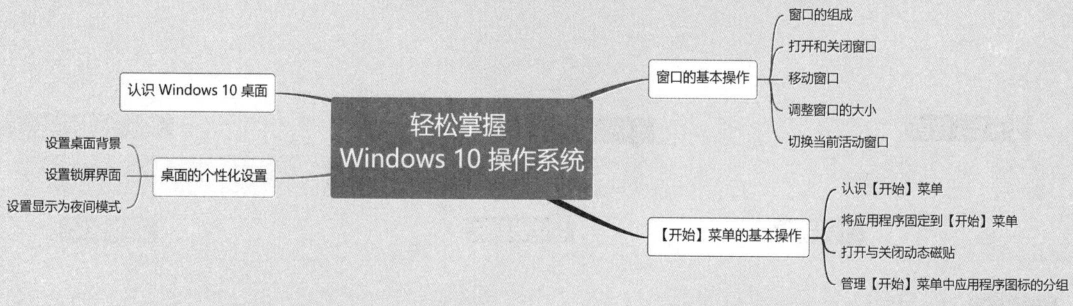

2.1 认识 Windows 10 桌面

电脑启动成功后，屏幕上显示的画面就是桌面，放置了不同的桌面图标，系统中的程序集中在【开始】菜单中。如下图所示为 Windows 10 桌面。

1. 桌面图标

桌面图标是各种文件、文件夹和应用程序等的桌面标志，图标下面的文字是该对象的名称，双击桌面图标可以打开该文件、文件夹或应用程序。初装 Windows 10 系统，桌面上只有“回收站”一个桌面图标。

2. 任务栏

任务栏是一个长条形区域，一般位于桌面底部，是启动 Windows 10 操作系统下各程序的入口，如下图所示。当打开多个程序窗口时，可以按【Alt+Tab】组合键在不同的窗口之间进行切换。

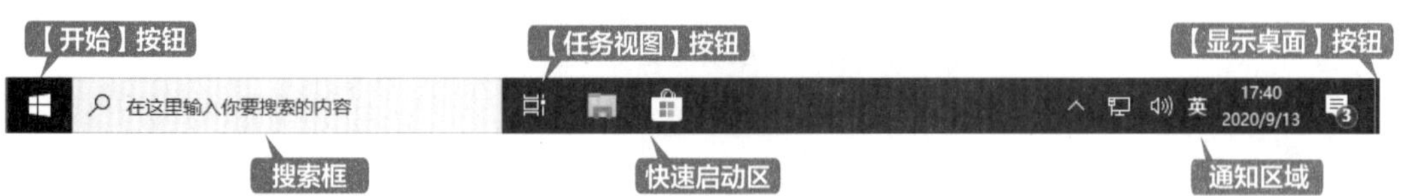

3. 【开始】按钮

单击桌面左下角的【开始】按钮 或按键盘上的【Windows】键，即可打开【开始】菜单，菜单左侧为应用程序列表，右侧为磁贴区域，如下图所示。

4. 通知区域

通知区域一般位于任务栏的右侧，其中包含一些程序图标，这些程序图标提供网络连接、声音等事项的状态和通知。安装新程序时，可以将新程序的图标添加到通知区域。通知区域如下图所示。

新安装的电脑的通知区域中已有一些图标，某些程序在安装过程中会自动将图标添加到通知区域。用户可以更改通知区域的图标和通知。对于某些特殊图标（也称为系统图标），还可以选择是否显示它们。

用户可以通过将图标拖曳到想要的位置，来更改图标在通知区域的顺序及隐藏图标的顺序。

5. 搜索框

在 Windows 10 操作系统中，搜索框和 Cortana 高度集成，在搜索框中直接输入关键词或打开【开始】菜单输入关键词，即可搜索相关的程序、网页、文件等，单击搜索到的结果即可查看，如下图所示。

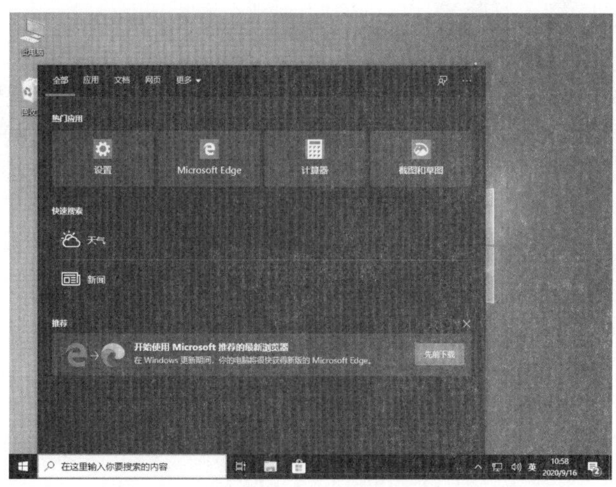

2.2 实战 1：桌面的个性化设置

用户可以对电脑的显示效果进行个性化设置，如设置桌面背景、设置锁屏界面、设置夜间模式等。

2.2.1 设置桌面背景

桌面背景可以设置为用户收集的图片、Windows 提供的图片、纯色或带有颜色框架的图片，也可以显示幻灯片图片。

设置桌面背景的具体操作步骤如下。

第 1 步 在桌面的空白处右击，在弹出的快捷菜单中选择【个性化】命令，如下图所示。

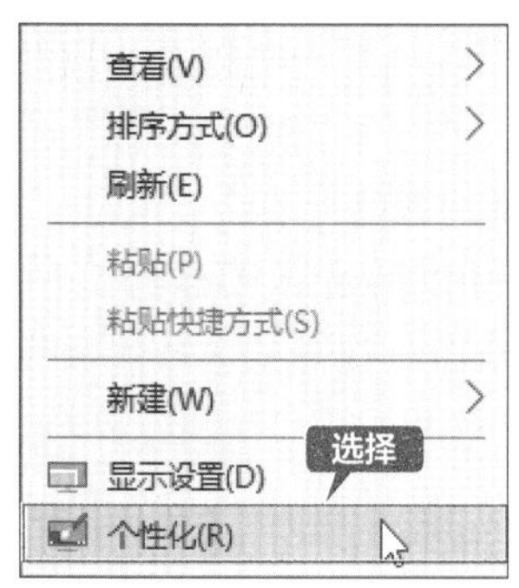

第 2 步 在弹出的【设置－个性化】面板中，选择【背景】选项，在【选择图片】区域的图片缩略图中，选择要设置的背景图片，单击即可应用，如下图所示。

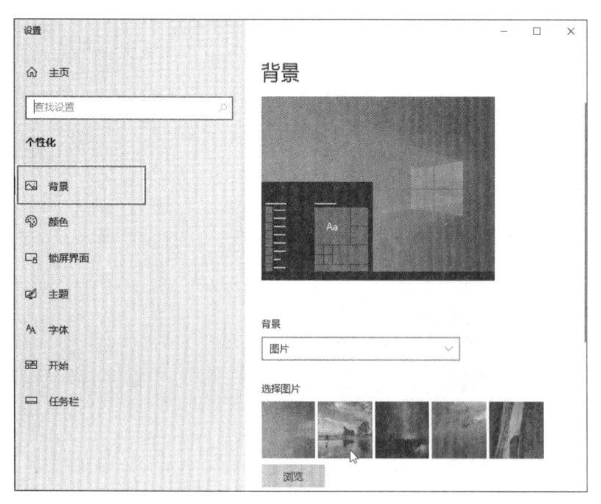

第 3 步 如果用户希望将自己喜欢的图片设置为桌面背景，可以将图片存储到电脑中，然后单击下方的【浏览】按钮，在弹出的【打开】对话框中选中该图片并单击【选择图片】按钮，即可完成设置，如下图所示。

第 4 步 返回【设置－个性化】面板，可以在【预览】区域查看预览效果，如下图所示。

2.2.2 设置锁屏界面

Windows 10 操作系统的锁屏功能主要用于保护电脑的隐私安全，同时可以使电脑在不关机的情况下省电，锁屏状态显示的图片称为锁屏界面。

设置锁屏界面的操作步骤如下。

第 1 步 在桌面的空白处右击，在弹出的快捷菜单中选择【个性化】命令，打开【设置 - 个性化】面板，在其中选择【锁屏界面】选项，如下图所示。

第 2 步 单击【背景】下方的下拉按钮，在弹出的下拉列表中可以设置用于锁屏的背景，包括 Windows 聚焦、图片和幻灯片放映 3 种类型，如下图所示。

第 3 步 选择【图片】选项，并在【选择图片】区域选择要设置的锁屏图片，如下图所示。

> **提示**
>
> 也可以单击【浏览】按钮，将电脑本地磁盘中的图片设置为锁屏界面。

第 4 步 按【Windows+L】组合键，即可进入系统锁屏状态，如下图所示。

2.2.3 设置显示为夜间模式

新版 Windows 10 系统中增加了夜间模式，开启后可以减少蓝光，特别是在晚上或者光线较暗的环境下，可以一定程度上减少眼睛疲劳。下面介绍如何开启夜间模式。

第 1 步 单击屏幕右下角的【通知】图标，显示通知栏，单击【展开】按钮，如下图所示。

第 2 步 在展开的通知栏中，显示了所有的快捷设置按钮，单击【夜间模式】按钮，电脑屏幕就会像手机开启夜间模式一样，亮度变暗，颜色偏黄，尤其是白色部分极为明显，如下图所示。

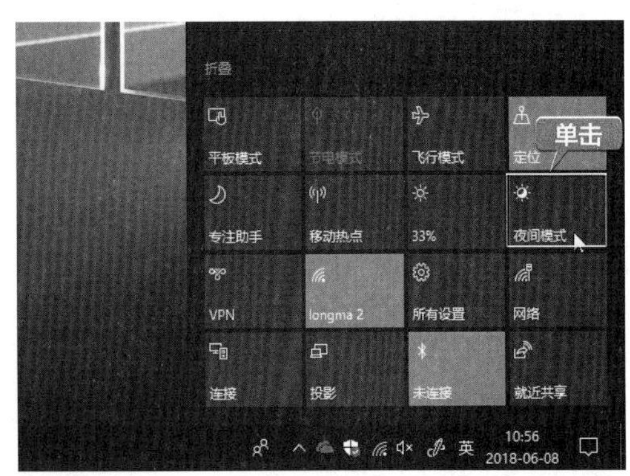

第 3 步 另外，右击桌面空白处，在弹出的快捷菜单中选择【显示设置】命令，打开【设置—显示】面板，单击【夜间模式设置】选项，如下图所示。

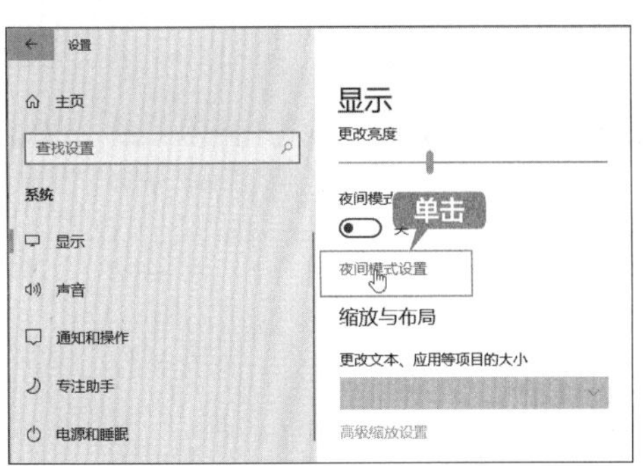

第 4 步 打开【夜间模式设置】界面，可以拖曳【夜间色温】的滑块，调节色温，如下图所示。

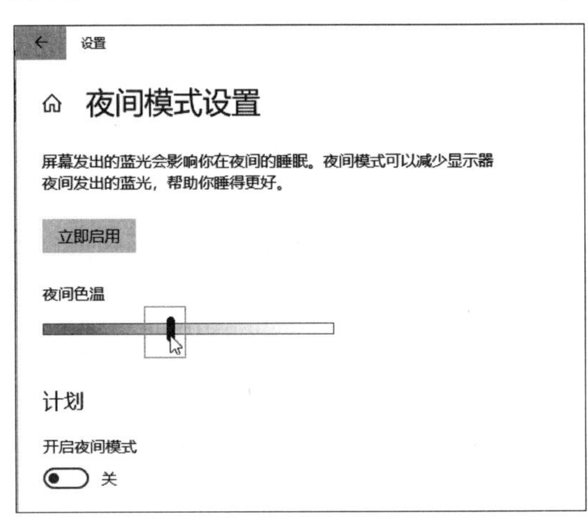

第 5 步 将【计划】区域中【开启夜间模式】按钮设置为“开”，可以设置夜间模式的开启时间，默认为“日落到日出”，也可以选择“设置小时”选项，根据情况设置时间，如下图所示。

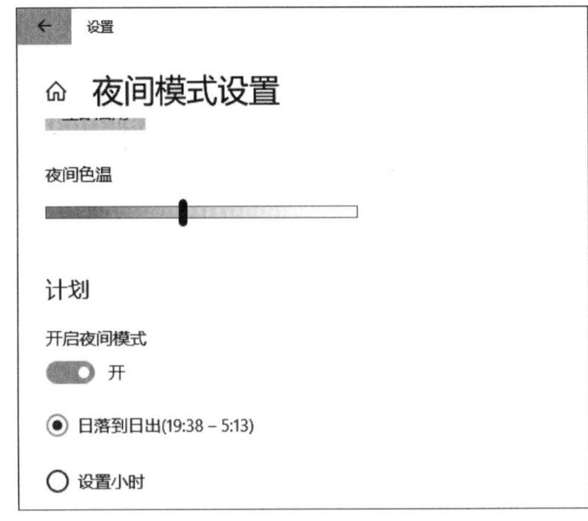

2.3 实战 2：窗口的基本操作

在 Windows 10 操作系统中，窗口是用户界面中最重要的组成部分，对窗口的操作是最基本的操作。

2.3.1 窗口的组成

在 Windows 10 操作系统中，屏幕被划分成许多框，即为窗口，窗口是屏幕上与一个应用程序相对应的矩形区域，是用户与该窗口对应的应用程序之间的可视界面，每个窗口负责显示和处理某一类信息，用户可以在任意窗口中工作，并在各窗口间交换信息。操作系统中有专门的窗口管理软件来管理窗口操作。

如下图所示是【此电脑】窗口，由标题栏、菜单栏、地址栏、快速访问工具栏、导航窗格、内容窗口、搜索栏、控制按钮区、视图按钮和状态栏等部分组成。

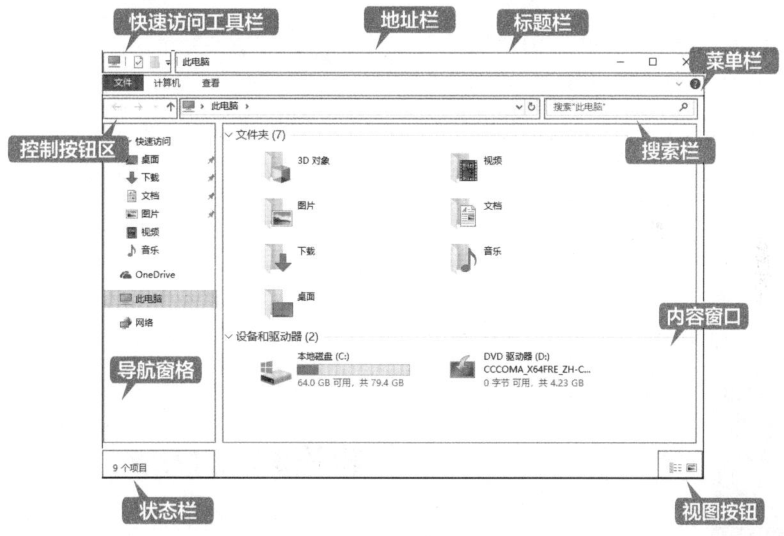

每当用户开始运行一个应用程序时，应用程序就会创建并显示一个窗口；当用户操作窗口中的对象时，程序会做出相应的反应。用户可以通过关闭一个窗口来终止一个程序的运行；通过选择应用程序窗口来操作相应的应用程序。

2.3.2 打开和关闭窗口

打开窗口的常见方法有两种，即利用【开始】菜单或桌面快捷图标。下面以打开【画图】窗口为例，介绍如何利用【开始】菜单打开窗口，具体操作步骤如下。

第 1 步 单击【开始】按钮，在弹出的菜单中选择【Windows 附件】→【画图】命令，如下图所示。

第2步 打开【画图】窗口，如下图所示。

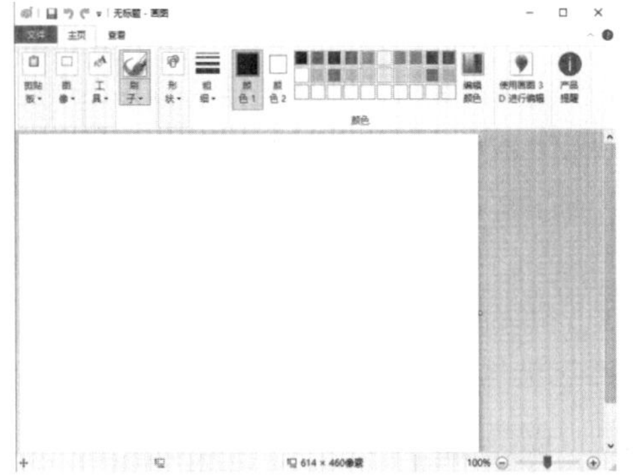

通过双击桌面上的【画图】图标，或者在【画图】图标上右击，在弹出的快捷菜单中选择【打开】命令，也可以打开该软件的窗口，如下图所示。

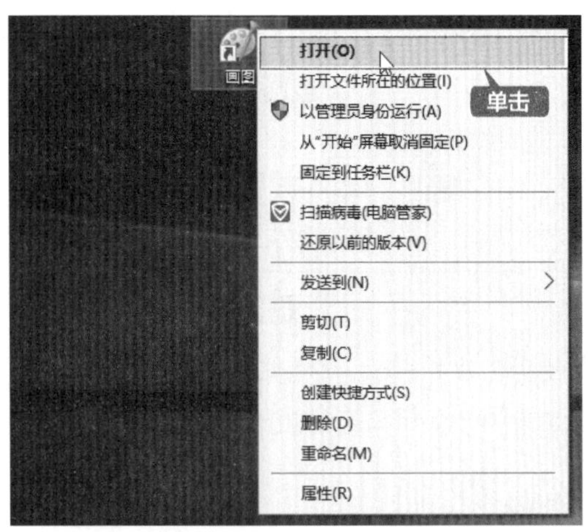

软件使用完后，用户可以将其关闭。下面以关闭【画图】窗口为例介绍常见的几种关闭窗口的方法。

1. 利用菜单命令

在【画图】窗口中单击【文件】按钮，在弹出的菜单中选择【退出】命令，如下图所示。

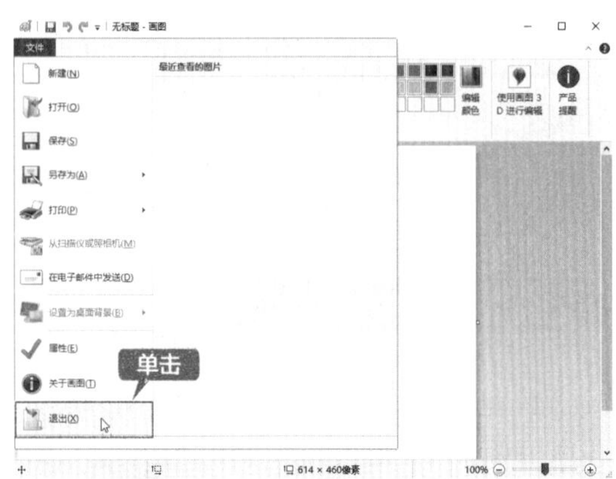

2. 利用【关闭】按钮

单击【画图】窗口右上角的【关闭】按钮，即可关闭窗口，如下图所示。

3. 利用【标题栏】

在标题栏上右击，在弹出的快捷菜单中选择【关闭】命令即可，如下图所示。

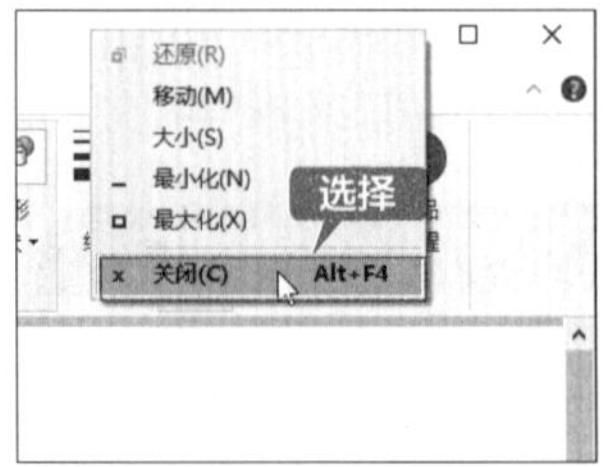

4. 利用【任务栏】

在任务栏中【画图】程序图标上右击，

在弹出的快捷菜单中选择【关闭窗口】命令，如下图所示。

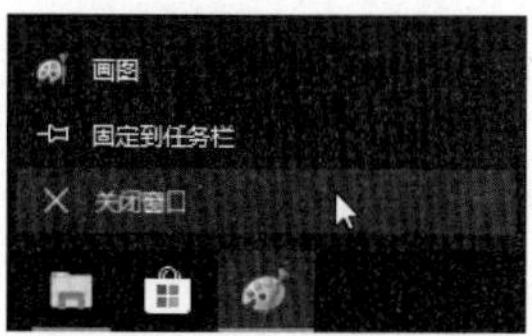

5. 利用软件图标

单击【画图】窗口左上角的【画图】图标，在弹出的快捷菜单中选择【关闭】命令即可，如下图所示。

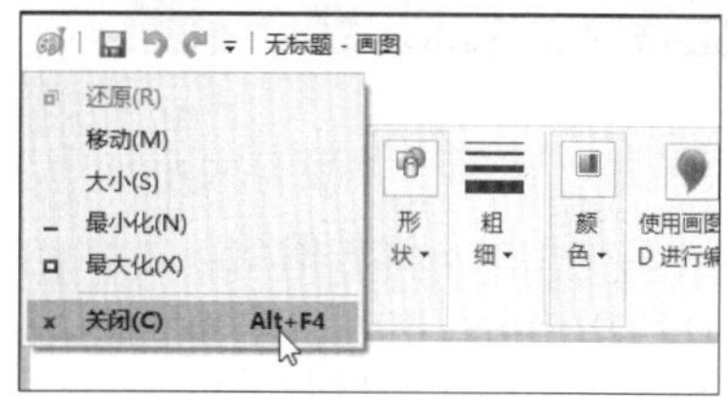

6. 利用键盘组合键

在【画图】窗口中按【Alt+F4】组合键，即可关闭窗口。

2.3.3 移动窗口

在 Windows 10 操作系统中，如果打开多个窗口，会出现多个窗口重叠的情况，对此，用户可以将窗口移动到合适的位置，具体操作步骤如下。

第 1 步 将鼠标指针放在需要移动的窗口的标题栏上，此时鼠标指针是↖形状，如下图所示。

第 2 步 按住鼠标左键，将窗口拖曳到需要的位置，释放鼠标，即可完成窗口位置的移动，如下图所示。

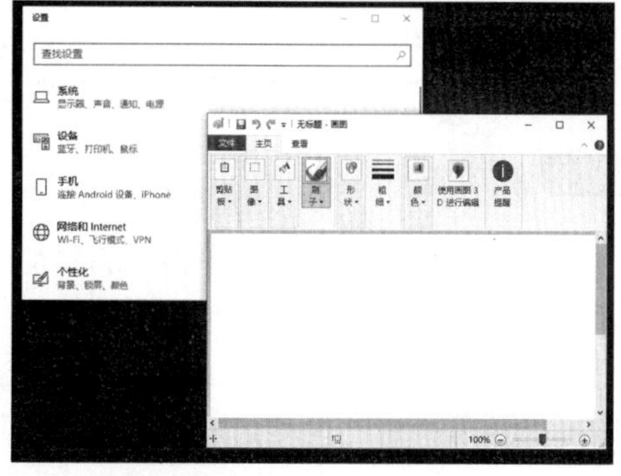

如果桌面上的窗口很多，运用上述方法逐个移动很麻烦，用户可以通过设置窗口的显示形式对窗口进行排列。

在任务栏的空白处右击，在弹出的快捷菜单中有 3 种显示形式可以选择，分别为【层叠窗口】【堆叠显示窗口】和【并排显示窗口】，用户可以根据需要选择一种显示形式，如下图所示。

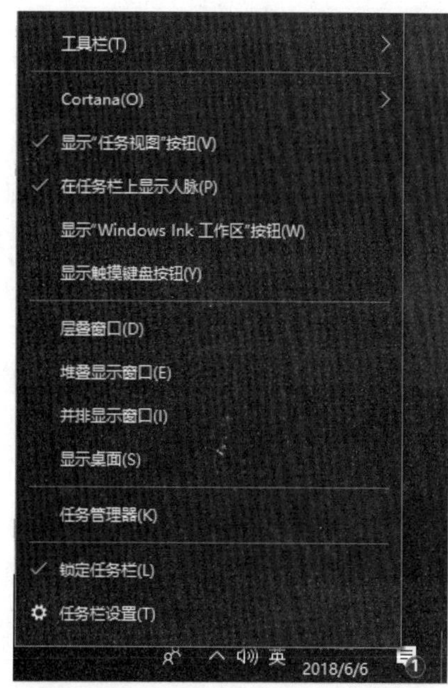

2.3.4 调整窗口的大小

默认情况下，打开的窗口大小和上次关闭时的大小一样，用户可以根据需要调整窗口的大小。下面以调整【画图】软件的窗口为例，介绍调整窗口大小的方法。

1. 利用窗口按钮调整窗口大小

【画图】窗口右上角包括【最小化】【最大化/向下还原】2个按钮。单击【最大化】按钮 ▫，则【画图】窗口将扩展到整个屏幕，显示所有的窗口内容，此时【最大化】按钮变成【向下还原】按钮 ⧉，单击该按钮，即可将窗口还原到原来的大小。

单击【最小化】按钮 –，则【画图】窗口会最小化到任务栏上，用户要想显示窗口，需要单击任务栏上的程序图标，如下图所示。

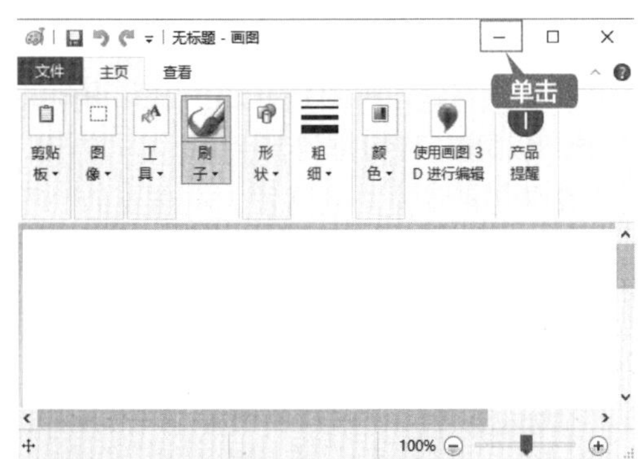

2. 手动调整窗口的大小

除了使用【最大化】和【最小化】按钮，还可以使用鼠标拖曳窗口的边框，任意调整窗口的大小。用户将鼠标指针移动到窗口的边缘，鼠标指针变为⇕或⇔形状时，可上下或左右调整边框，以纵向或横向改变窗口大小。将鼠标指针移动到窗口的四个角，鼠标指针变为⤡或⤢形状时，拖曳鼠标，可同时沿水平和垂直两个方向放大或缩小窗口。

第1步 在窗口的四个角拖曳鼠标，可以同时调整窗口的宽和高。例如，将鼠标指针放在窗口的右下角，鼠标指针变为⤡形状，如下图所示。

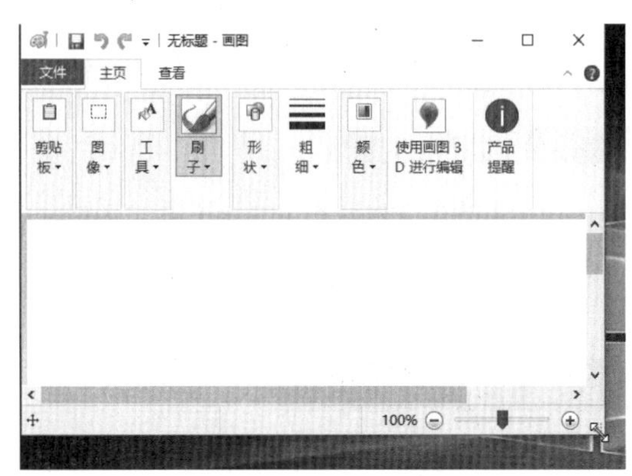

第2步 按住鼠标左键并拖曳鼠标，将窗口调整到合适大小，释放鼠标即可，如下图所示。

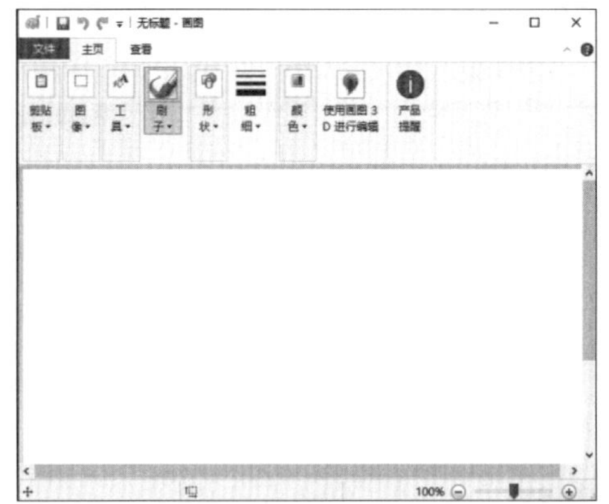

提示

调整窗口大小时，如果将窗口调整得太小，以至于没有足够空间显示窗格时，窗格的内容就会自动“隐藏”起来，只需将窗口再调整大一些即可正常显示。

3. 滚动条

在调整窗口大小时，如果窗口调整得太小，而窗口中的内容超出了当前窗口显示的范围，则窗口右侧或底端会出现滚动条。当窗口可以显示所有的内容时，窗口中的滚动

条则会消失，如下图所示。

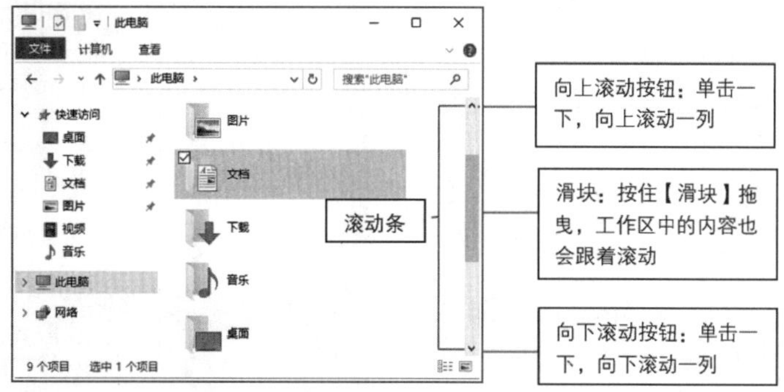

提示

当滑块很长时，表示当前窗口中隐藏的文件内容不多；当滑块很短时，则表示隐藏的文件内容很多。

2.3.5 切换当前活动窗口

虽然在 Windows 10 操作系统中可以同时打开多个窗口，但是当前活动窗口只有一个。根据需要，用户可以在各个窗口之间进行切换操作。

1. 利用程序按钮区

每个打开的程序在任务栏中都有一个相对应的程序图标按钮。将鼠标指针放在程序图标按钮上，即可弹出软件的预览窗口，单击预览窗口即可打开对应的窗口，如下图所示。

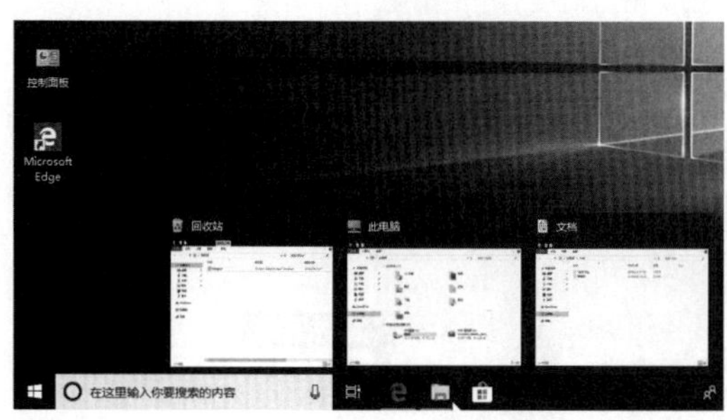

2. 利用【Alt+Tab】组合键

利用【Alt+Tab】组合键可以快速实现各个窗口的切换。按【Alt+Tab】组合键弹出窗口缩略图后松开【Tab】键，按住【Alt】键不放，然后按【Tab】键可以在不同的窗口缩略图之间进行切换。选择需要的窗口缩略图后，松开按键，即可打开相应的窗口，如下图所示。

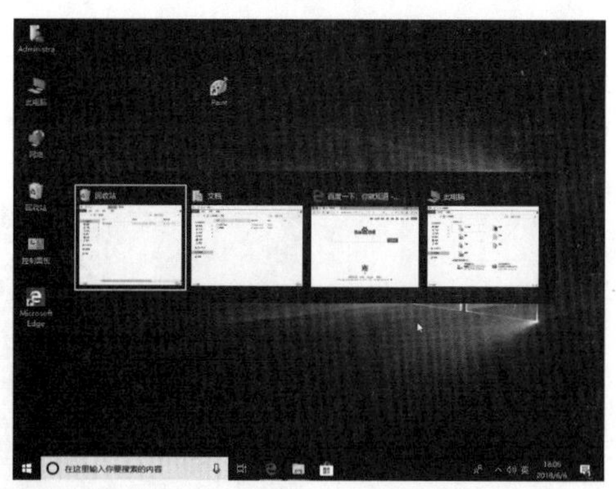

3. 利用【Alt+Esc】组合键

按【Alt+Esc】组合键，即可在各个程序窗口之间依次切换，系统按照从左到右的顺序，依次进行选择，这种方法和上种方法相比，比较耗费时间。

4. 利用【任务视图】按钮

在 Windows 10 中为了方便桌面管理，

增加了任务视图（也叫虚拟桌面），可以在系统中拥有多个桌面，大大提高了使用效率，同时也可以用于切换活动窗口。

提示

任务视图的使用，将本节的举一反三中将具体介绍。

单击任务栏中的【任务视图】按钮，即可以缩略图的形式显示当前所有程序的窗口，在缩略图中单击任一窗口，即可切换至该窗口，如下图所示。

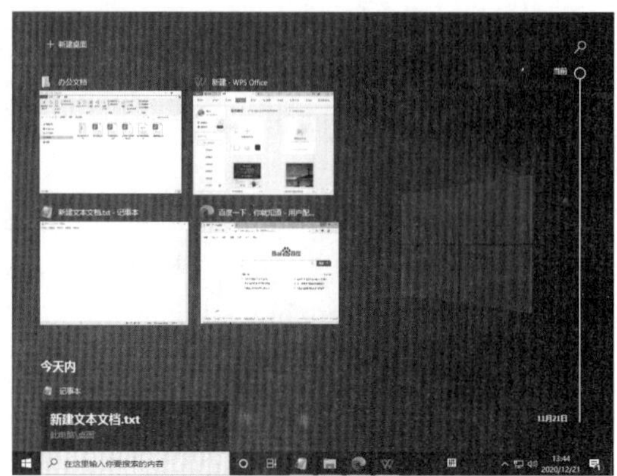

2.4 实战 3：【开始】菜单的基本操作

【开始】菜单是 Windows 10 操作系统的中央控制区域，默认状态下，【开始】按钮位于屏幕的左下方，是 Windows 的 Logo 标识，它存放了操作系统或设置系统的绝大多数命令，还包含了所有的应用程序列表，常用于启动程序、重启和关闭电脑，用户可以通过【开始】菜单完成大部分 Windows 操作。本节将介绍【开始】菜单的基本操作。

2.4.1 认识【开始】菜单

单击桌面左下角的【开始】按钮，即可弹出【开始】菜单，主要由【展开 / 开始】按钮、固定项目列表、应用程序列表和磁贴区域等组成，如下图所示。

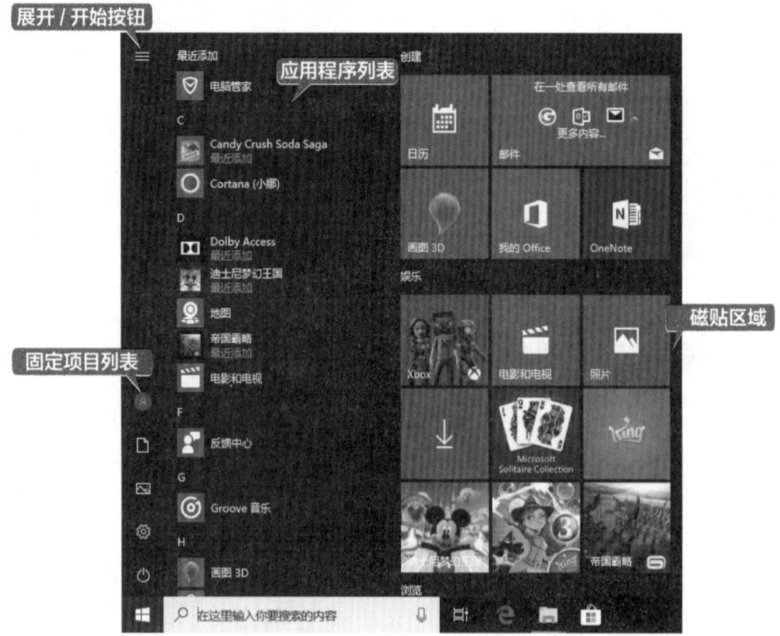

1. 【展开 / 开始】按钮

单击【展开】按钮，可以展开显示所有固定项目的名称。当单击【展开】按钮后，该按钮变为【开始】按钮，如下图所示。

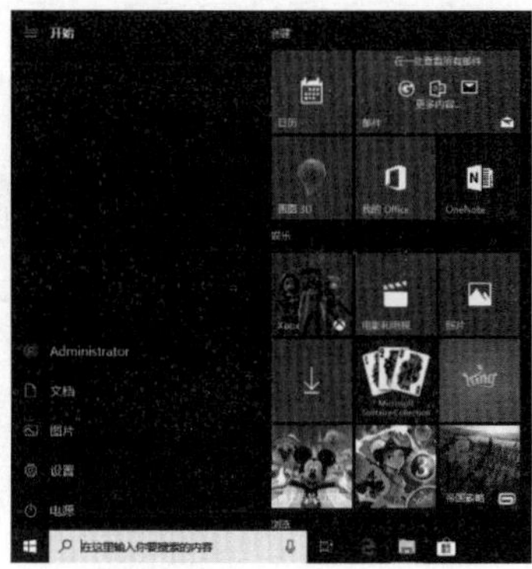

2. 固定项目列表

固定项目列表中包含了【用户】【文档】【图片】【设置】及【电源】按钮。

（1）【用户】按钮

单击【用户】按钮，弹出如下图所示的菜单，用户可以进行更改账户设置、锁定及注销操作。

（2）【文档】按钮

单击【文档】按钮，打开【文档】窗口，在其中可以查看“文档”文件夹中的资源，如下图所示。

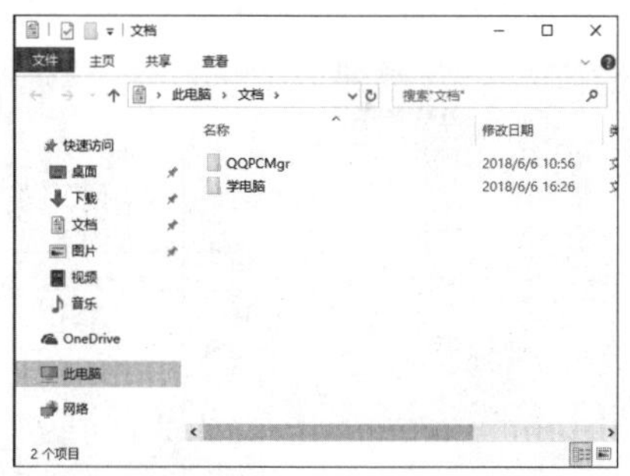

（3）【图片】按钮

单击【图片】按钮，打开【图片】窗口，在其中可以查看“图片”文件夹内的图片文件，如下图所示。

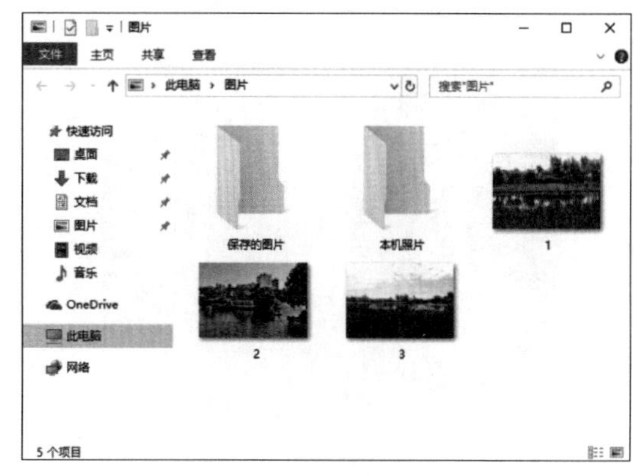

（4）【设置】按钮

单击【设置】按钮，可以打开【设置】面板，在其中可以选择相应的选项，对系统的设备、账户、时间和语言等内容进行设置，如下图所示。

（5）【电源】按钮

【电源】按钮主要是用来对电脑进行关闭操作，包括【睡眠】【关机】【重启】3 个选项，如下图所示。

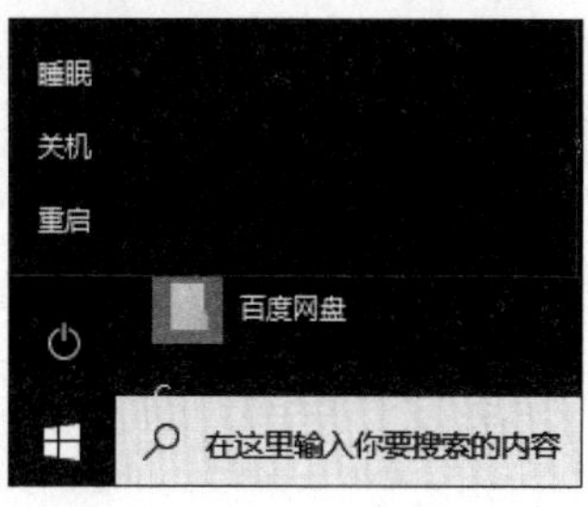

3. 应用程序列表

在应用程序列表中显示了电脑中所有安装的应用程序，通过滚动鼠标滚轮或拖动滑块，可以浏览列表，如下图所示。

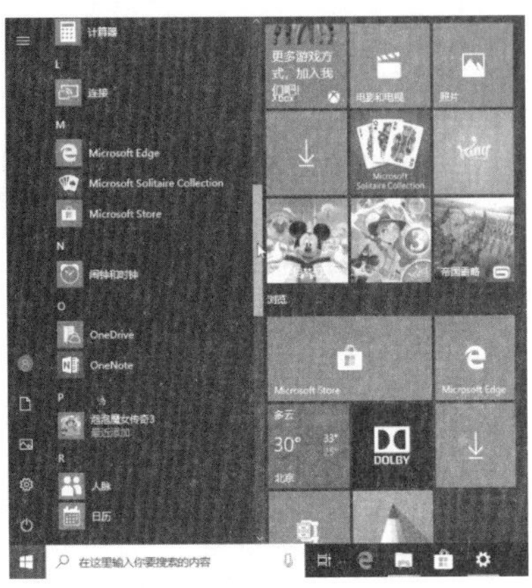

4. 磁贴区域

磁贴区域固定了应用程序的启动图标。Windows 10 的磁贴有图片、文字，且是动态的，应用程序需要更新时可以通过这些磁贴直接反映出来，而无须运行它们，如下图所示。

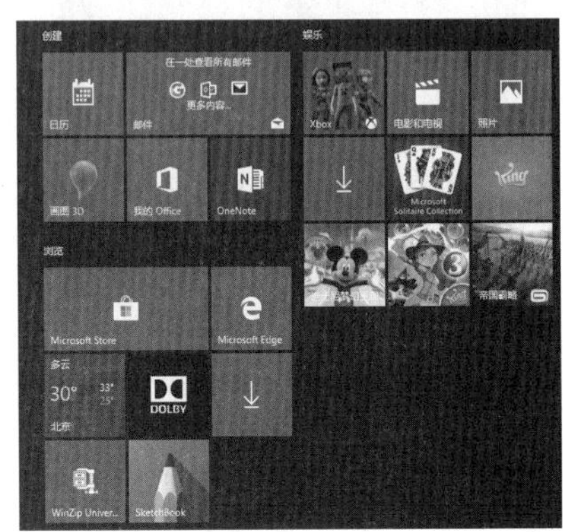

2.4.2 将应用程序固定到【开始】菜单

在 Windows 10 操作系统中，用户可以将常用的应用程序或文档固定到【开始】菜单中，以方便快速查找与打开。将应用程序固定到【开始】菜单的操作步骤如下。

第 1 步 打开应用程序列表，找到需要固定到【开始】菜单中的应用程序图标，然后右击该图标，在弹出的快捷菜单中选择【固定到“开始”屏幕】选项，如下图所示。

第 2 步 该程序被固定到【开始】菜单中，如下图所示。

第 3 步 如果想要将某个应用程序从【开始】菜单中删除，可以右击该应用程序图标，在弹出的快捷菜单中选择【从“开始”屏幕取消固定】选项，如下图所示。

2.4.3 打开与关闭动态磁贴

动态磁贴功能可以说是 Windows 10 操作系统的一大亮点，只要将应用程序的动态磁贴功能开启，就可以及时了解应用程序的更新信息与最新动态。例如，“天气”应用可以在【开始】菜单中实时显示天气情况。

打开与关闭动态磁贴的操作步骤如下。

第 1 步 单击【开始】按钮，打开【开始】菜单，如下图所示。

第 2 步 如果想要关闭某个应用程序的动态磁贴功能，可以右击【开始】菜单面板中的应用程序图标，在弹出的快捷菜单中选择【更多】→【关闭动态磁贴】选项，如下图所示。

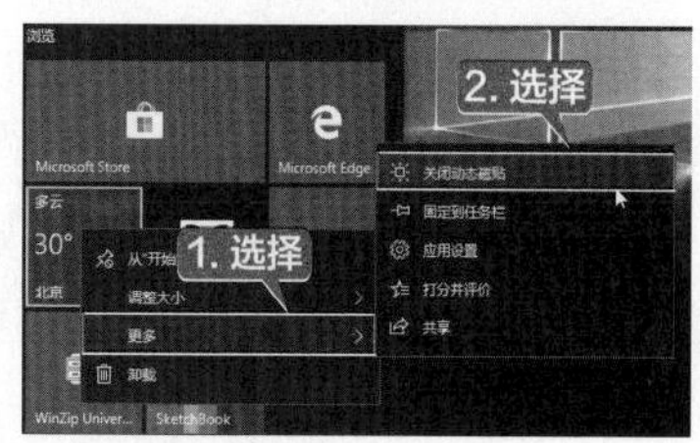

第 3 步 如果想要再次开启某个应用程序的动态磁贴功能，可以右击【开始】菜单面板中的应用程序图标，在弹出的快捷菜单中选择【更多】→【打开动态磁贴】选项，如下图所示。

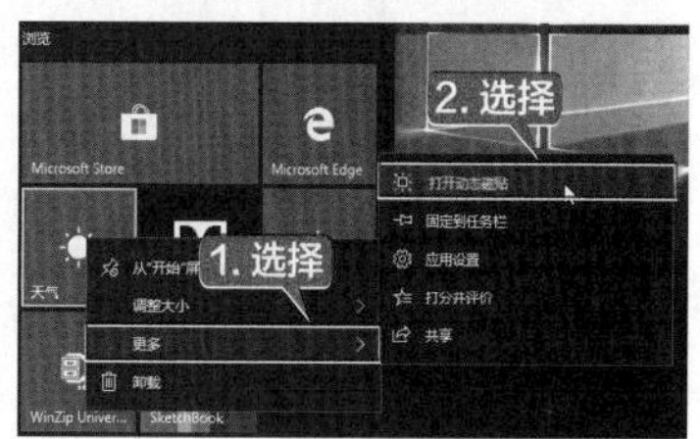

2.4.4 管理【开始】菜单中应用程序图标的分组

在 Windows 10 操作系统中，用户可以对【开始】菜单进行分组管理，具体操作步骤如下。

第 1 步 单击【开始】按钮打开【开始】菜单，将鼠标指针放置在【开始】菜单中“娱乐”上，激活右侧的 ▬ 按钮，可以对屏幕分组进行重命名操作，如将其命名为“影音游戏”，如下图所示。

第 2 步 选择【开始】菜单中的应用程序图标，按住鼠标左键进行拖曳，可以将其拖曳到其他的分组中，如下图所示。

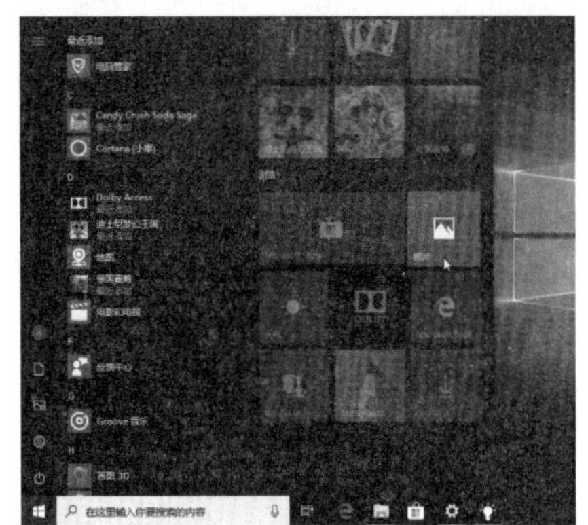

第 3 步 释放鼠标，可以看到【照片】被放置到【浏览】分组中，如下图所示。

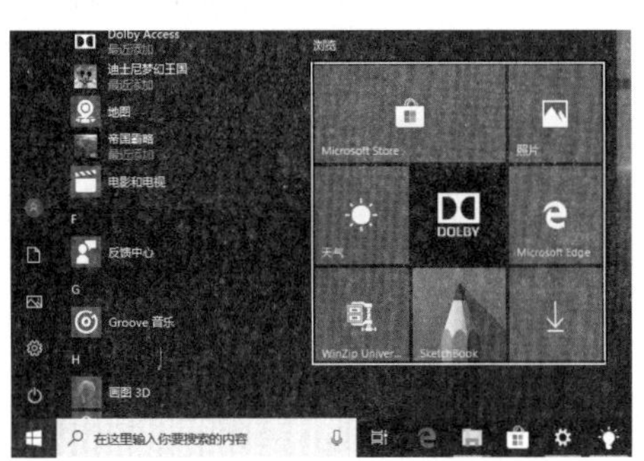

提示

如果在设置电脑时【开始】菜单上的应用未打开，或显示下载图标，可能是应用正在安装或更新，待进展完成后，即可使用。

第 4 步 将其他应用程序图标固定到【开始】菜单中，将其放置在一个分组中，移动鼠标指针至该分组的顶部，可以看到【命名组】信息提示，如下图所示。

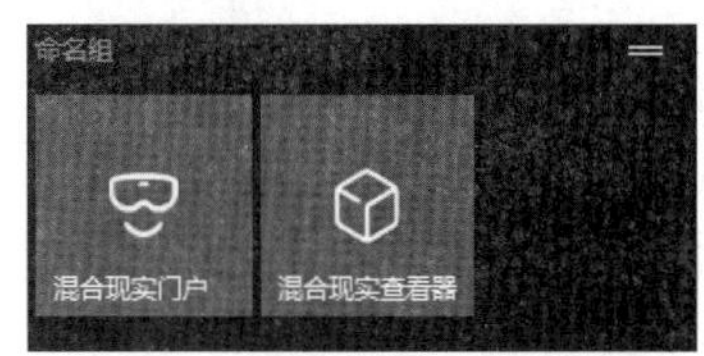

第 5 步 单击【命名组】右侧的按钮或双击组名，可以对其进行命名操作，如这里输入“混合现实”，完成后的效果如下图所示。

举一反三

使用时间线简化你的工作流

Windows 10 新版本中推出了时间线功能，它是一个基于时间的新任务视图。开启时间线后，系统可以跟踪用户在 Windows 10 上访问的内容，例如，访问的文件、网页、文件夹、文档、应用程序等，就像历史记录一样，可以保留用户的浏览记录，并可以立即跳回到特定的文件、网页或文件夹中，这样用户再也不用为自己是否保存工作而担心。

不过时间线并不是所有活动都可以跟踪，此功能仅适用于商店中的 Microsoft 产品或应用程序。如果将其他浏览器作为默认浏览器，时间线就无法准确跟踪它的记录。

1. 查看时间线

如果使用过早期版本的 Windows 10 系统可以发现，时间线并不是一个全新的功能，而是任务视图的升级，在新版本中任务视图的图标也发生了变化，变成了类似时间轴的图标样式。时间线的打开方法和任务视图的打开方法一样，具体操作步骤如下。

第 1 步 单击任务栏中的【任务视图】按钮，如下图所示。

第 2 步 即可快速打开任务视图，其中显示了当前运行的应用程序和所有活动的卡片式缩略图，如下图所示。

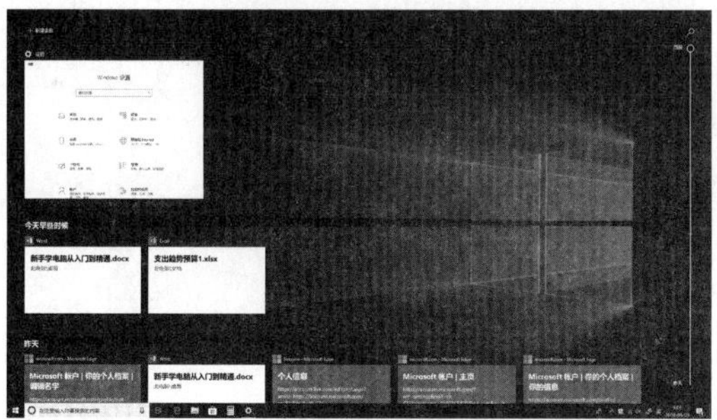

提示

也可以按【Windows+Tab】组合键，快速进入任务视图界面。

第 3 步 拖动右侧的轴或向下滚动鼠标滚轮，即可浏览时间线上的历史活动。如果要查看某个历史活动，单击其缩略图即可。这里单击 Word 的缩略图，如下图所示。

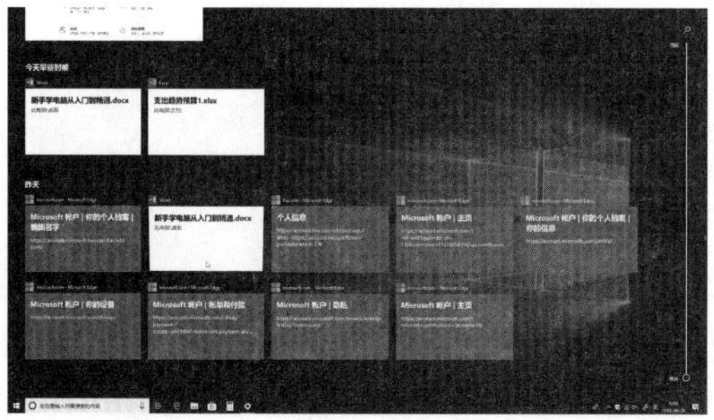

提示

当时间线中有超过 10 项活动记录时，时间线上会显示一个链接，该链接将被标记为“查看所有 × 次活动”。单击该链接，会展开一个详细的时间线，并且显示每小时的活动。

第 4 步 即可启动 Word，并打开该文档，如下图所示。

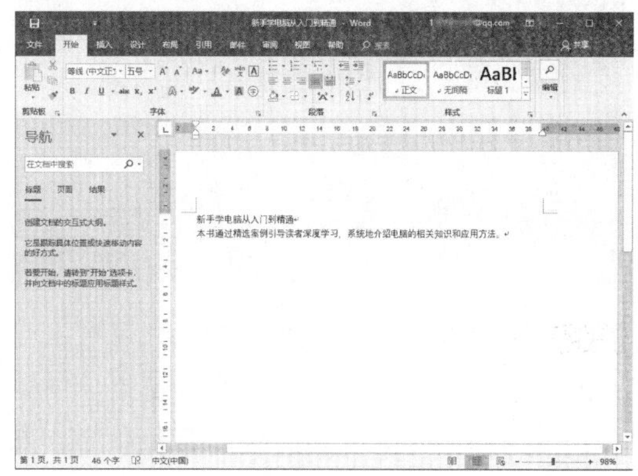

2. 清除时间线上的记录

时间线上的记录与浏览器中的历史记录一样，也可以被管理，用户可以对上面的活动记录进行删除，具体操作步骤如下。

第 1 步 在时间线界面中要删除的活动记录上右击，在弹出的快捷菜单中选择【删除】命令，如下图所示。

提示

使用 Microsoft Edge 时，浏览历史记录将包含在活动记录中。使用 InPrivate 标签页或窗口浏览时，将不会保存活动记录。

第 2 步 即可删除该活动记录，如下图所示。

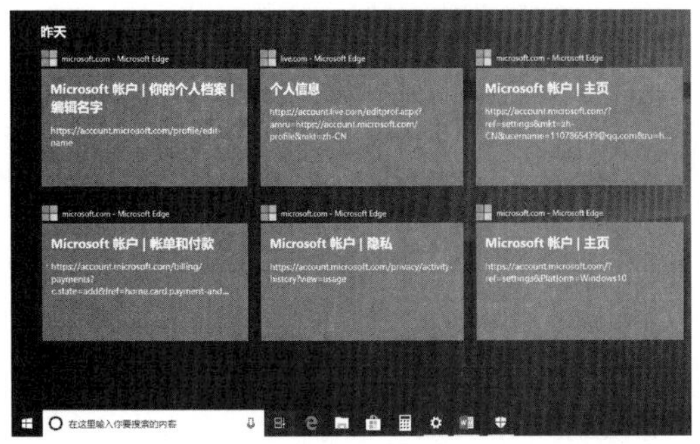

第 3 步 如果要清空某天的记录，则可右击当天的任一活动记录，在弹出的快捷菜单中，单击【清除从昨天起的所有内容】命令，如下图所示。

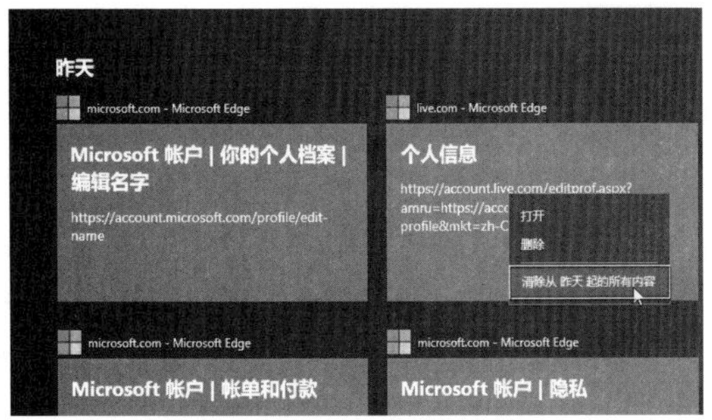

第 4 步 在弹出的提示框中，单击【是】按钮，如下图所示。

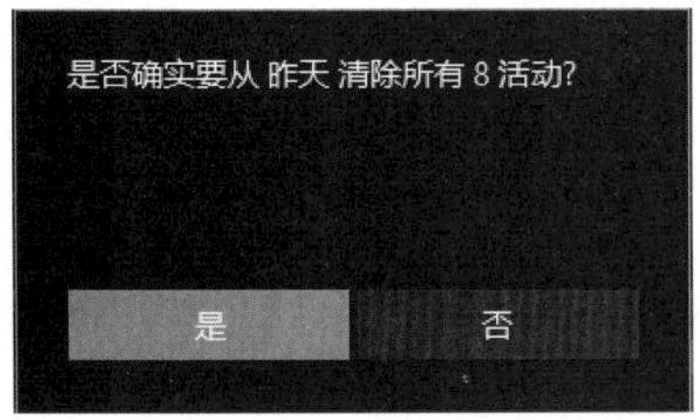

第 5 步 即可清除所选当天的活动记录，如下图所示。

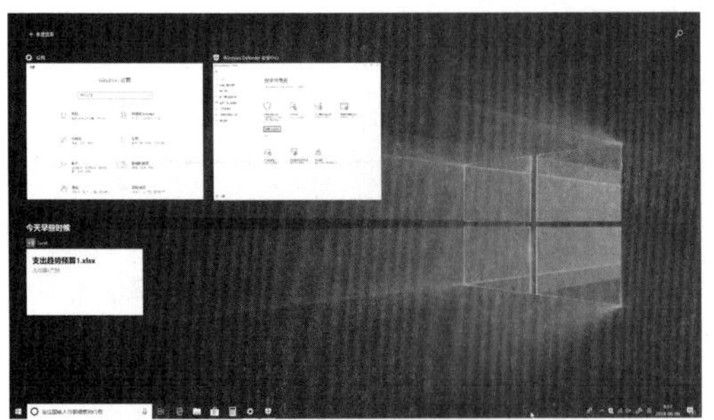

3. 关闭时间线功能

如果用户不想让时间线记住电脑中的操作活动、访问了哪些文档及网页，也不想同步到同一账户下的其他电脑中，可以选择关闭时间线功能，保护用户隐私。

第 1 步 按【Windows+I】组合键，打开【设置】面板，并单击【隐私】选项，如下图所示。

第 2 步 在弹出的【设置－隐私】面板中，选择左侧列表中的【活动历史记录】选项，并在其右侧界面中将【显示账户活动】下的按钮设置为“关”，如下图所示。

> **提示**
>
> 若要停止在本地保存活动记录，可以取消勾选【允许 Windows 从此电脑中收集我的活动】复选框。关闭此功能，则无法使用应用上的依赖活动历史记录的任何功能，如时间线或 Cortana 的“继续中断的工作”功能，但用户仍可以在 Microsoft Edge 中查看自己的浏览历史记录。

提示

若要停止向 Microsoft 发送活动记录，则取消勾选【允许 Windows 将我的活动从此电脑同步到云】复选框。关闭同步功能，则无法使用完整的 30 天时间线，也无法使用跨设备活动。

第 3 步 关闭后进入【任务视图】界面，已不显示时间线，如下图所示。

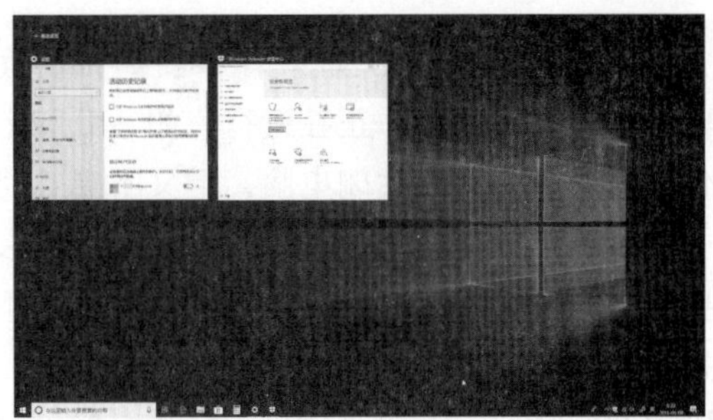

◇ 让电脑字体变得更大

用户可以将电脑的字体调大，使电脑上的内容阅读起来更容易。

第 1 步 在桌面的空白处右击，在弹出的快捷菜单中选择【显示设置】菜单命令，如下图所示。

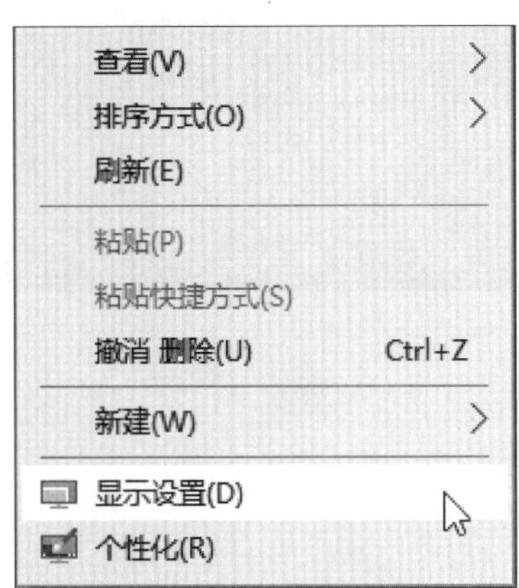

第 2 步 弹出【设置 - 显示】面板，单击右侧【更改文本、应用等项目的大小】的下拉按钮，在弹出的下拉列表中选择【125%】选项，如下图所示。

第 3 步 按【Windows+D】组合键显示桌面，即可看到调大字体后的效果，如下图所示。

◇ 定时关闭电脑

在使用电脑时，如果有事要离开，而电脑中有重要的操作正在进行，如下载和上传文件，不能立即关闭电脑，但又不想长时间开机，可以使用定时关闭电脑功能。例如，要在 2 个小时后关闭电脑，可以执行以下操作。

第 1 步 按【Windows+R】组合键，弹出【运行】对话框，在【打开】文本框中输入“shutdown -s -t 7200”，单击【确定】按钮，如下图所示。

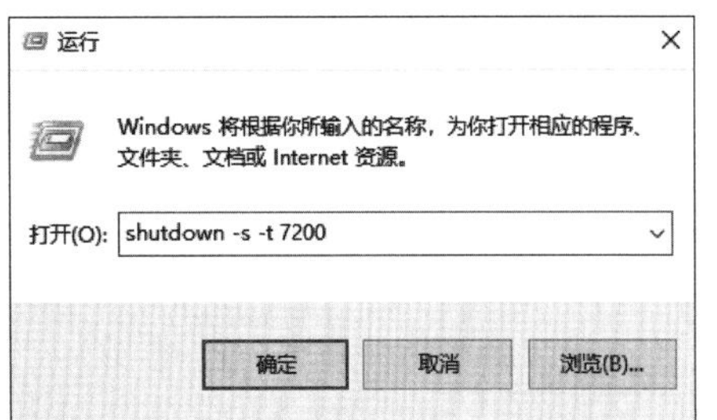

提示

其中“7200”为秒数，“shutdown -s -t 7200”表示在 7200 秒即 2 小时后执行关机操作，如果需要在 1 小时后关机，则命令为“shutdown -s -t 3600”。

第 2 步 桌面右下角即会弹出关机提醒，并显示关机时间，如下图所示。

第 3 步 如果要撤销关机命令，可以再次打开【运行】对话框，输入“shutdown -a”命令，单击【确定】按钮，如下图所示。

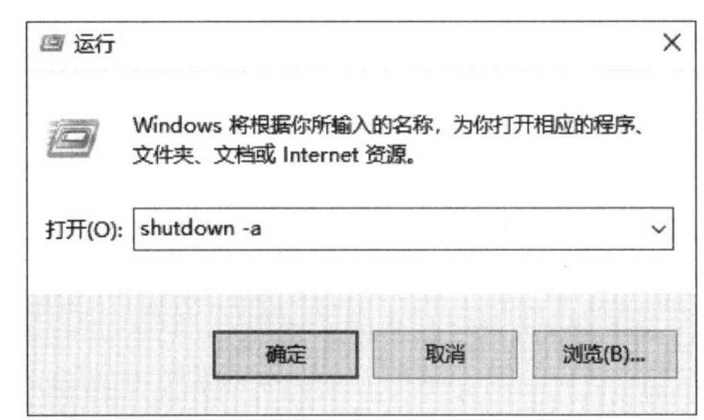

第 4 步 即可终止定时关机任务，并在桌面右下角弹出如下图所示的通知，提示“注销被取消”。

第 3 章

电脑打字——输入法的认识和使用

本章导读

学会输入汉字和英文是使用电脑办公的第一步。对于英文字符，只要按键盘上的字母键即可输入，但汉字不能像英文那样直接用键盘输入，需要使用字母和数字对汉字进行编码，然后通过输入编码得到所需汉字，称为汉字输入法。本章主要介绍输入法的管理、拼音打字、五笔打字等。

思维导图

3.1 电脑打字基础知识

使用电脑打字，首先需要了解电脑打字相关的基础知识，如语言栏、常见的输入法、半角和全角等。

3.1.1 认识语言栏

语言栏是指电脑右下角的输入法，主要用来进行输入法切换。当用户需要在 Windows 中进行文字输入时，就需要用到语言栏。Windows 的默认输入语言是中文，在这种情况下，用键盘在文档中输入的文字是中文；如果要输入英文，则需要在语言栏中进行输入法切换。

如下图所示为 Windows 10 操作系统中的语言栏，单击语言栏上的 英 或 中 按钮，可以进行中文与英文输入状态的切换。

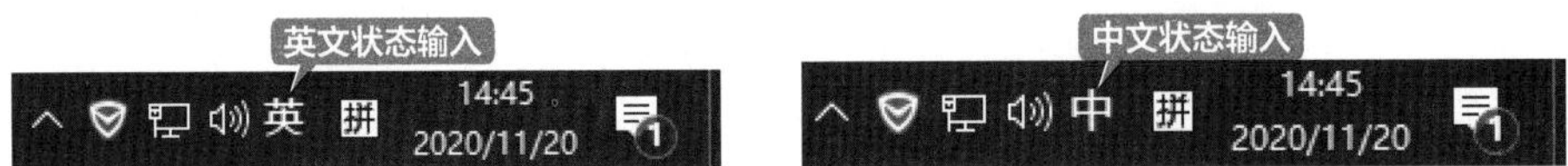

在输入法上右击，弹出如下图所示的快捷菜单，单击【设置】命令。

打开如下图所示的界面，可以进行输入法常规、按键、外观、词库和自学习及高级设置。

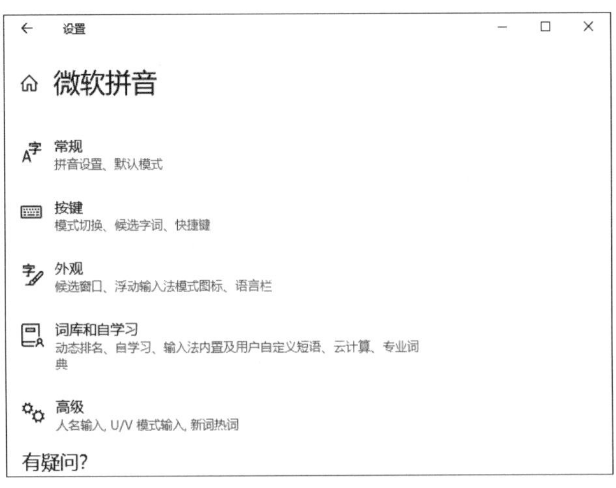

单击【显示语言栏】命令，可以显示微软拼音输入法状态条，如下图所示。

拼 中 ☽ °, 简

3.1.2 常见的输入法

常见的拼音输入法有搜狗拼音输入法、QQ 拼音输入法、微软拼音输入法、智能拼音输入法、全拼输入法等，而五笔输入法主要有搜狗五笔输入法、QQ 五笔输入法和极品五笔输入法等。

1. 搜狗拼音输入法

搜狗拼音输入法是基于搜索引擎技术的输入法产品，用户可以通过互联网备份自己的个性化词库和配置信息。搜狗拼音输入法为国内主流汉字拼音输入法之一。如下图所示为搜狗拼音输入法的状态栏及工具箱。

2. QQ 拼音输入法

QQ 拼音输入法是由腾讯公司开发的一款汉语拼音输入法软件。与大多数拼音输入法一样，QQ 拼音输入法支持全拼、简拼、双拼 3 种基本的拼音输入模式。而在输入方式上，QQ 拼音输入法支持单字、词组、整句的输入方式，如下图所示。

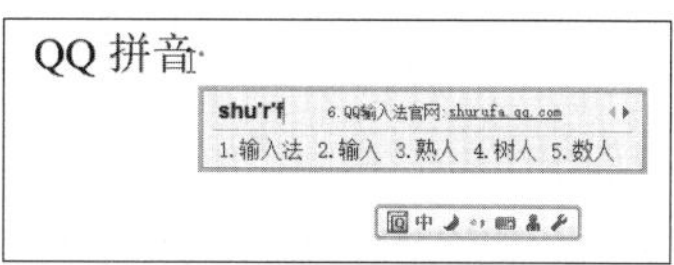

3. 微软拼音输入法

微软拼音输入法（MSPY）是一种基于语句的智能型的拼音输入法，采用拼音作为汉字的录入方式，用户不需要经过专门的学习和培训，就可以轻松使用并熟练掌握这种汉字输入技术。微软拼音输入法提供了模糊音设置，为一些地区说话带口音的用户着想。如下图所示为微软拼音输入法的输入界面。

4. 搜狗五笔输入法

搜狗五笔输入法是互联网五笔输入法，与传统输入法不同的是，它不仅支持随身词库，还有五笔 + 拼音、纯五笔、纯拼音多种模式可选，使得输入法适合更多人群。如下图所示为使用搜狗五笔输入法输入文字时的效果。

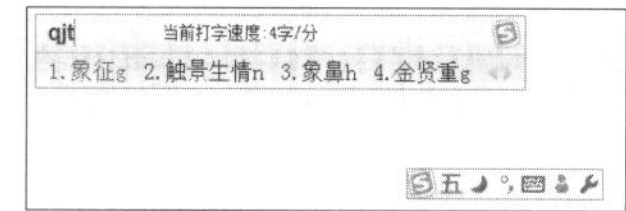

3.1.3 常在哪里打字

打字也需要有“场地”，用来显示输入的文字，常用的能大量显示文字的软件有记事本、文档、写字板等。在输入文字后，还可以设置文字的格式，使文字看起来工整、美观。

WPS Office 是金山公司的一套办公软件，包含了文字、表格、演示、PDF 等，可以满足不同的办公需求。如下图所示为 WPS Office 的文字组件操作界面。

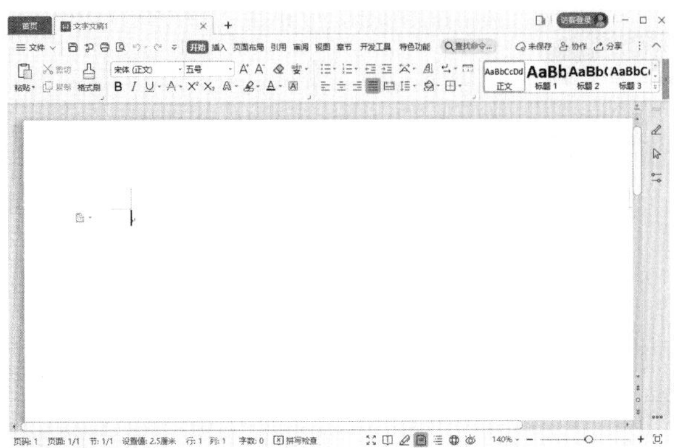

3.1.4 半角和全角

半角和全角主要是针对标点符号来区分的，全角标点占两个字节，半角标点占一个字节。在微软拼音输入法状态条中单击【全角 / 半角】按钮●/☽或者按【Shift+ 空格】组合键，即可在全角与半角之间切换，如下图所示。

3.1.5 中文标点和英文标点

在微软拼音输入法状态条中单击【中 / 英文标点】按钮°,/•,或者按【Ctrl+.】组合键，即可在中英文标点之间切换，如下图所示。

提示

在英文状态下，默认为英文标点，而在中文状态下，默认为中文标点。另外，其他输入法与微软拼音输入法用法相同，不同的输入法可能存在切换快捷键的不同。

3.2 实战 1：输入法的管理

输入法是指为了将各种符号输入计算机或其他设备而采用的编码方法。汉字输入的编码方法基本上都是将音、形、义与特定的键相联系，再根据不同汉字进行组合来完成汉字的输入。

3.2.1 安装其他输入法

Windows 10 操作系统虽然自带了一些输入法，但不一定能满足每个用户的使用需求。用户可以安装和卸载相关的输入法。安装输入法前，用户需要先从网上下载输入法安装程序。

下面以安装搜狗拼音输入法为例，介绍安装输入法的一般方法。

第 1 步 双击下载的安装文件，即可启动搜狗拼音输入法安装向导。选中【已阅读并接受用户协议 & 隐私政策】复选框，单击【自定义安装】按钮，如下图所示。

提示

如果不需要更改设置，可直接单击【立即安装】按钮。

第 2 步 在打开的界面中，可以单击【安装位置】右侧的【浏览】按钮选择软件的安装位置，选择完成后，单击【立即安装】按钮，如下图所示。

即可开始安装，如下图所示。

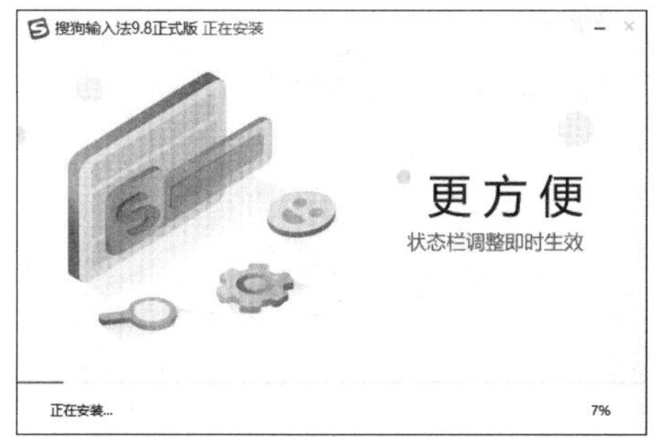

第 3 步 安装完成后，在弹出的界面中，取消勾选含有推荐软件安装的复选框，单击【立即体验】按钮，如下图所示。

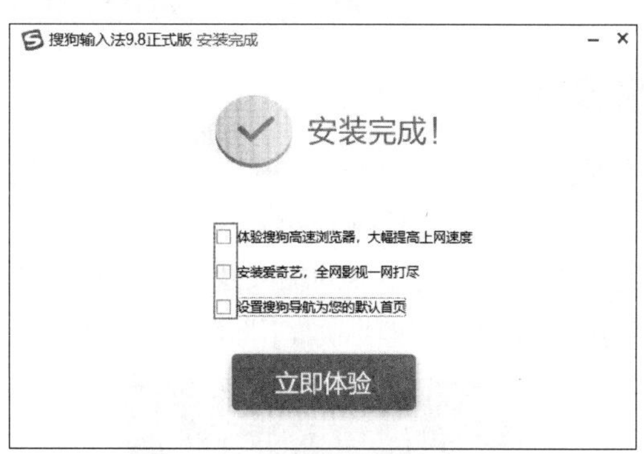

第 4 步 弹出【个性化设置向导】对话框，根据提示分别设置输入法的使用习惯、搜索候选、皮肤、词库及表情，如下图所示。

第 5 步 设置完成后，单击【完成】按钮，即可完成输入法的安装，如下图所示。

3.3.2 切换当前输入法

如果安装了多个输入法，可以在输入法之间进行切换，下面介绍选择与切换输入法的操作。

1. 选择输入法

第1步 在语言栏中单击输入法图标（此时默认的输入法为微软拼音输入法），弹出输入法列表，单击要切换的输入法，如选择【搜狗拼音输入法】选项，如下图所示。

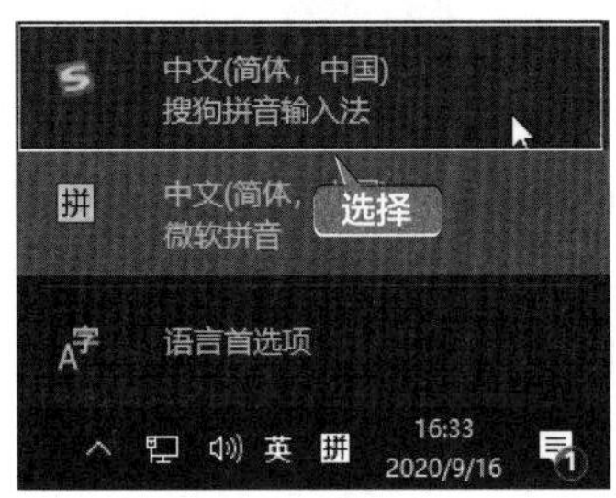

第2步 即可完成输入法的选择，如下图所示。

2. 使用快捷键

虽然上述方法是最常用的方法，但是却不是最快捷的方法，需要进行两步操作完成，而使用快捷键可以快速切换。Windows 10 中切换输入法的快捷键是【Windows+ 空格】组合键，如当前默认为微软拼音输入法，按快捷键后，即可切换至搜狗拼音输入法，当再次按快捷键会再次切换，如下图所示。

3. 中英文的快速切换

在输入文字内容时，有时要交替输入英文和中文，需要来回切换，如果单击语言栏中的图标进行切换比较麻烦，最快捷的方法是按【Shift】键进行切换。

3.3.3 设置默认输入法

如果想在系统启动时自动切换到某一种输入法，可以将其设置为默认输入法，具体操作步骤如下。

第1步 按【Windows+I】组合键，打开【设置】面板，单击【时间和语言】选项，如下图所示。

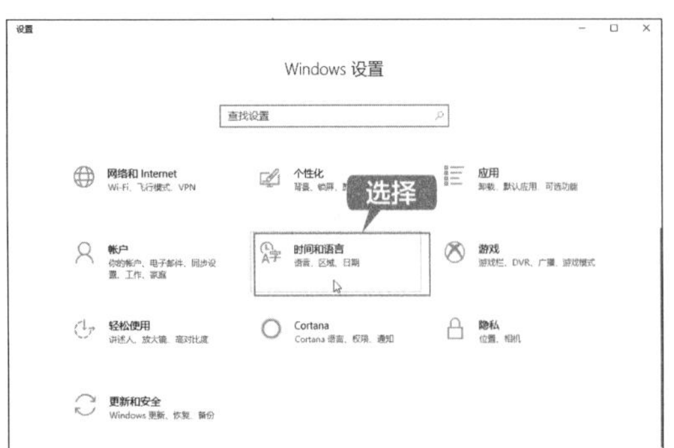

第2步 进入【时间和语言】界面，单击左侧的【区域和语言】选项，然后在【相关设置】区域下，单击【高级键盘设置】，如下图所示。

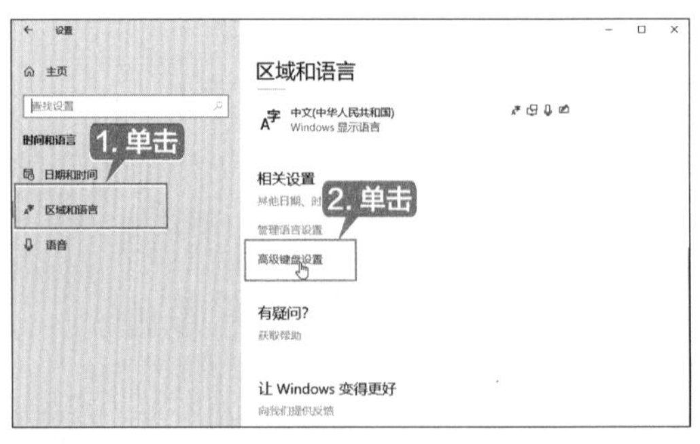

第3步 进入【高级键盘设置】界面，单击【替

代默认输入法】区域下的下拉按钮⌄，如下图所示。

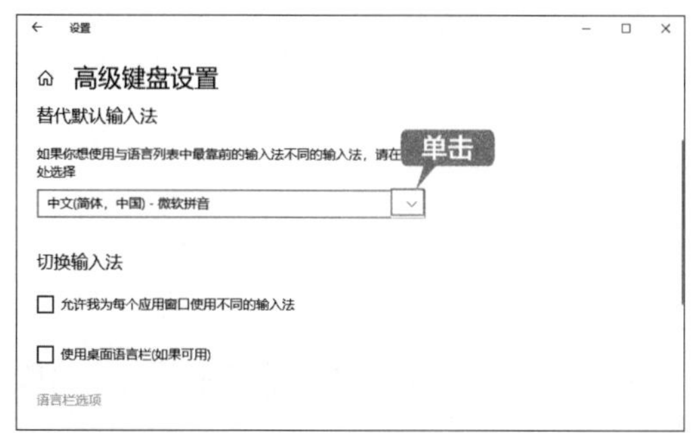

第 4 步 在弹出的下拉列表中，选择要设置的默认输入法，如这里选择“搜狗输入法”选项，即可将其设置为默认输入法，如下图所示。

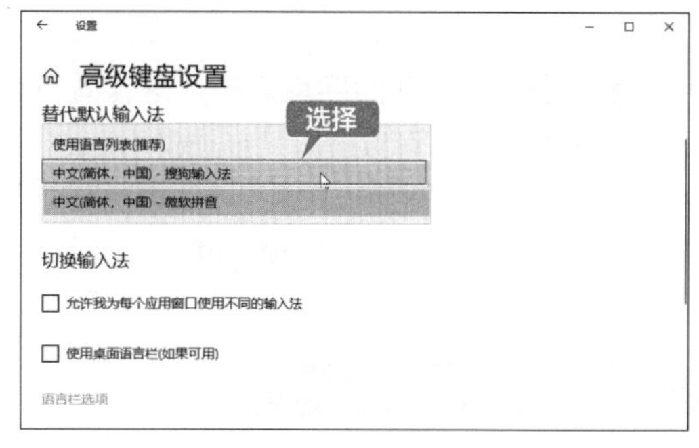

提示

如果没有立即应用默认输入法的设置，重启电脑即可生效。

3.3 实战 2：使用拼音输入法

拼音输入是一种常见的输入方法，用户最初的输入方式基本都是从拼音开始的。拼音输入法按照拼音规则来进行汉字输入，不需要特别记忆，符合人的思维习惯，只要会拼音就可以输入汉字。

3.3.1 全拼输入

全拼输入是拼音输入法中最基本的输入模式，输入汉字的拼音中所有的字母即可，如要输入“你好”，需要输入拼音“nihao”。一般拼音输入法中，默认开启的是全拼输入模式。

例如，要输入“计算机”，在全拼模式下用键盘输入“jisuanji”，即可看到候选词中有“计算机”，按空格键或者该项对应的数字【1】键，即可输入，如下图所示。

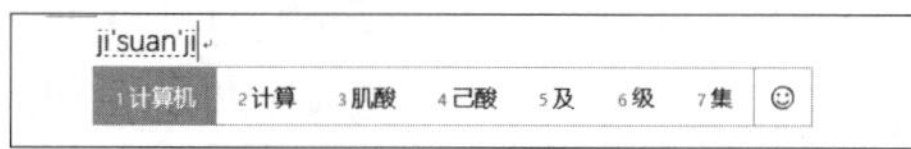

使用全拼时，如果候选词中没有需要的汉字，可以按【↓】键或【↑】键进行翻页。

3.3.2 简拼输入

简拼输入是输入汉字的声母或声母的首字母来进行汉字输入的一种模式，它可以大大地提高输入的效率。例如，要输入“计算机”，只需要输入“jsj”，即可输入“计算机”，如下图所示。

从上图中可以看到，输入简拼后，候选词有很多，正是因为首字母相关的范围过广，输入

法会优先显示较常用的词组。为了提高输入效率，建议使用全拼和简拼进行混合输入，也就是某个字用全拼，另外的字用简拼，这样既可以输入最少的字母，又可以提高输入效率。例如，输入“输入法”，可以输入“shurf”“sruf”或“srfa”，如下图所示。

3.3.3 中英文输入

在写邮件、发送消息时经常需要输入一些英文字符，搜狗拼音输入法自带了中英文混合输入功能，便于用户快速地在中文输入状态下输入英文。

1. 通过按【Enter】键输入拼音

在中文输入状态下，如果要输入拼音，可以在输入汉字的全拼后，直接按【Enter】键输入。下面以输入“电脑”的拼音“diannao”为例进行介绍。

第1步 在中文输入状态下，用键盘输入“diannao”，如下图所示。

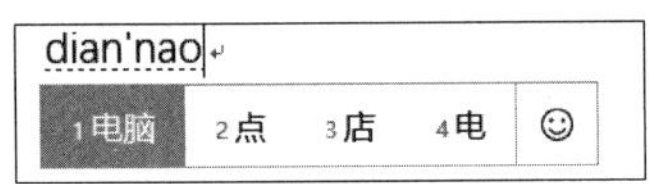

第2步 直接按【Enter】键即可输入英文字符，如下图所示。

Diannao

提示

如果要输入一些包含字母和数字的验证码，如“q8g7”，也可以在中文输入状态下直接输入“q8g7”，然后按【Enter】键。

2. 中英文混合输入

在输入中文字符的过程中，如果要在中间输入英文，就可以使用搜狗拼音输入法的中英文混合输入功能。例如，要输入“你好的英语是 hello”，具体操作步骤如下。

第1步 用键盘输入“nihaodeyingyushihello”，如下图所示。

第2步 此时，直接按空格键或者按数字【1】键，即可输入“你好的英语是 hello”。还可以输入“我要去 party”“说 goodbye”等，如下图所示。

3. 直接输入英文单词

在搜狗拼音输入法的中文输入状态下，还可以直接输入英文单词。下面以输入单词“congratulations”为例进行介绍。

第1步 在中文输入状态下，直接用键盘依次输入字母，从第一个字母开始，输入一些字母后，将会看到候选词中出现该项，如下图所示。

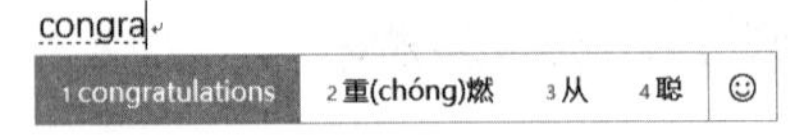

第2步 直接按空格键，即可在中文输入状态下输入英文单词，如下图所示。

Congratulations

另外，如果候选词中没有该单词，可直接输入单词中的所有字母，并按【Enter】键输入该单词。

3.4 实战 3：使用金山打字通练习打字

通过前面的学习，相信读者已经跃跃欲试了，想要快速熟练地使用键盘，需要进行大量的指法练习。在练习的过程中，一定要使用正确的击键方法，这样对输入效率有很大的帮助。下面介绍如何通过金山打字通 2016 进行指法的练习。

3.4.1 安装金山打字通软件

在使用金山打字通 2016 进行打字练习之前，需要在电脑中安装该软件。下面介绍安装金山打字通 2016 的操作方法。

第 1 步 打开电脑上的浏览器，搜索“金山打字通”并进入官网，单击页面中的【免费下载】按钮，如下图所示。

第 2 步 下载完成后，打开【金山打字通 2016 安装】窗口，进入【欢迎使用“金山打字通 2016”安装向导】界面，单击【下一步】按钮，如下图所示。

第 3 步 进入【许可证协议】界面，单击【我接受】按钮，如下图所示。

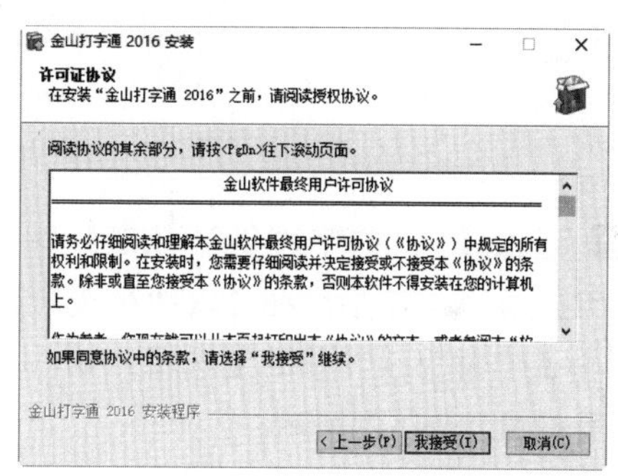

第 4 步 进入【WPS Office】界面，可以根据需要选择【WPS Office，让你的打字学习更有意义（推荐安装）】复选框，单击【下一步】按钮，如下图所示。

第 5 步 进入【选择安装位置】界面，单击【浏览】按钮，可选择软件的安装位置，设置完毕后，单击【下一步】按钮，如下图所示。

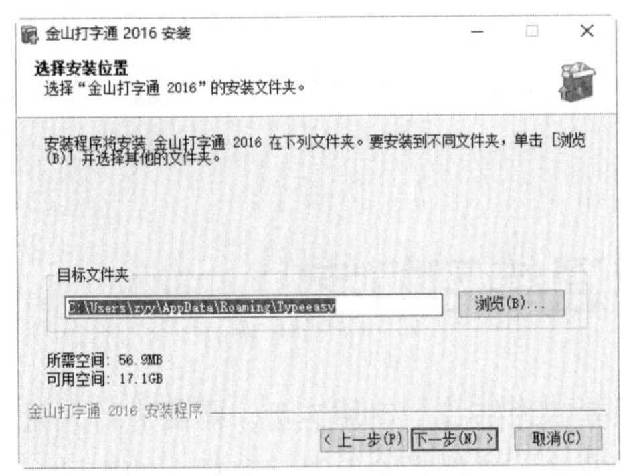

第 6 步 进入【选择“开始菜单”文件夹】界面，单击【安装】按钮，如下图所示。

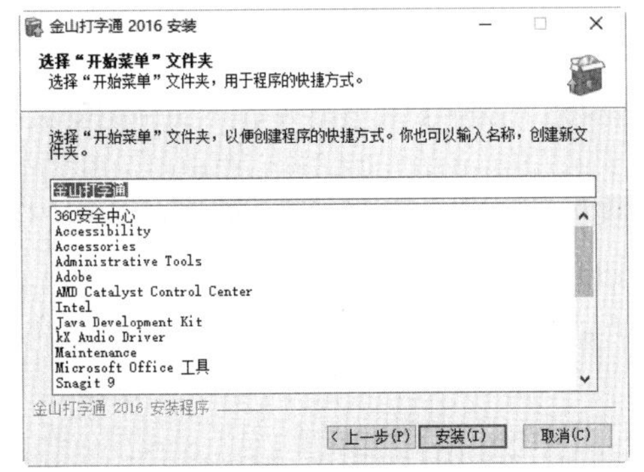

第 7 步 进入【金山打字通 2016 安装】界面，待安装进度条结束后，在【软件精选】界面中取消选中推荐软件前的复选框，单击【下一步】按钮，如下图所示。

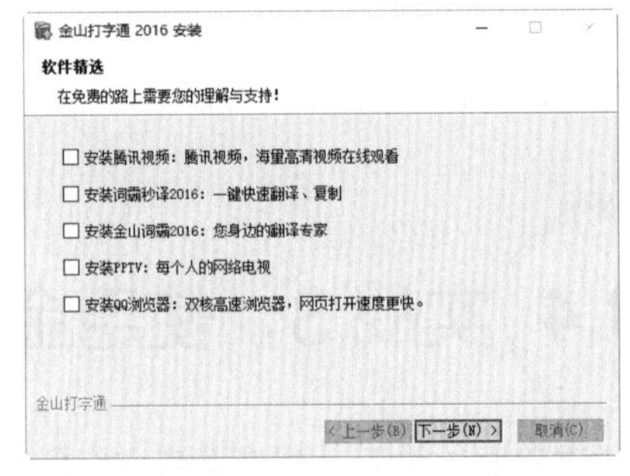

第 8 步 进入【正在完成“金山打字通 2016”安装向导】界面，取消选中复选框，单击【完成】按钮，即可完成软件的安装，如下图所示。

至此，金山打字通 2016 已经安装完成，接下来就是启动金山打字通 2016 软件进行指法练习。

直接双击桌面上的【金山打字通】快捷方式图标，即可启动软件。

3.4.2 字母键位练习

对于初学者来说，进行字母打字练习可以更快地掌握键盘布局，从而快速提高用户对键位的熟悉程度。下面介绍在金山打字通 2016 中进行字母键位练习的操作步骤。

第 1 步 启动金山打字通 2016 后，单击软件主界面右上方的【登录】按钮，如下图所示。

第 2 步 弹出【登录】对话框，在【创建一个昵称】文本框中输入昵称，单击【下一步】按钮，如下图所示。

第 3 步 打开【绑定 QQ】界面，选中【自动登录】和【不再显示】复选框，单击【绑定】按钮，完成与 QQ 的绑定，绑定完成后将会自动登录金山打字通软件，如下图所示。

第 4 步 在软件主界面中单击【新手入门】按钮，弹出对话框，根据自己的熟练程度选择模式，这里选择【自由模式】，如下图所示。

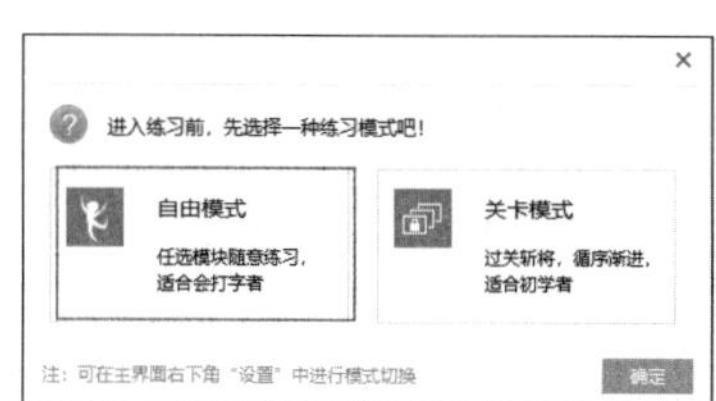

第 5 步 进入【新手入门】界面，选择【字母键位】，如下图所示。

第 6 步 进入【第二关：字母键位】界面，可根据标准键盘下方的指法提示，输入标准键盘上方的字母，进行字母键位练习，如下图所示。

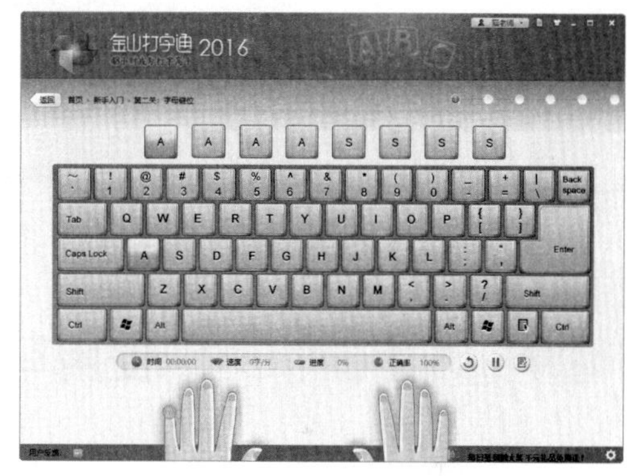

提示

进行字母键位练习时，如果按键错误，则在标准键盘中错误的键位上标记一个错误符号，下方提示按键的正确指法。

第 7 步 用户也可以单击【测试模式】按钮，进入字母键位过关测试，如下图所示。

3.4.3 数字和符号输入练习

数字键和符号键离基准键位较远，很多人喜欢直接把整个手移过去，这样不利于指法练习，而且对以后打字的速度也有影响。希望读者能克服这一点，在指法练习的初期就严格要求自己。

对于数字和符号的输入，与字母键位练习类似。在【新手入门】界面中的【数字键位】和【符号键位】两个选项中，可分别练习数字和符号的输入，如下图所示。

使用写字板写一份通知

本实例主要是以写字板为环境，使用微软拼音输入法来写一份通知，进而学习拼音输入法的使用方法与技巧。一份完整的通知主要包括标题、称呼、正文和落款等内容，因此，要想写好一份通知，首先需要熟悉通知的格式与写作方法，然后按照格式一步一步地进行书写，最终效果如下图所示。

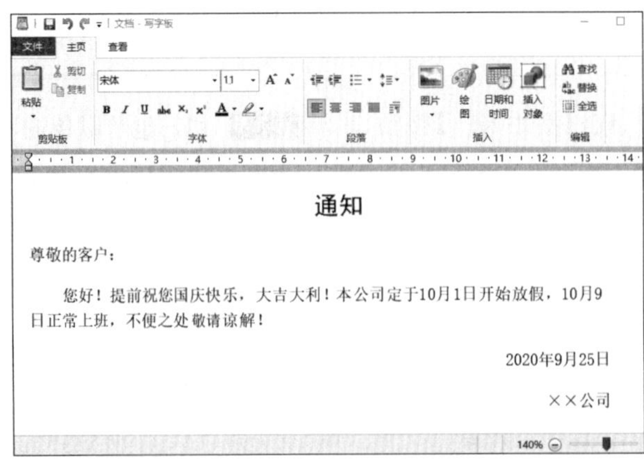

这里以写一份公司国庆放假通知为例，来具体介绍使用写字板书写通知的操作步骤。

1. 设置通知的标题

第 1 步 打开写字板软件，即可创建一个新的空白文档，如下图所示。

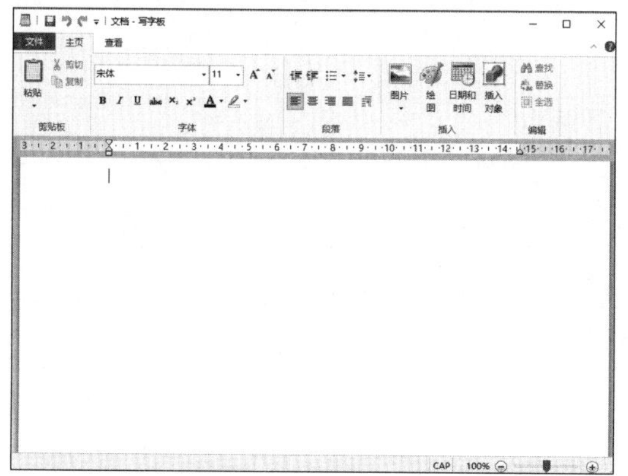

第 2 步 输入通知的标题，用键盘输入“tongzhi”，按空格键选择第一项，如下图所示。

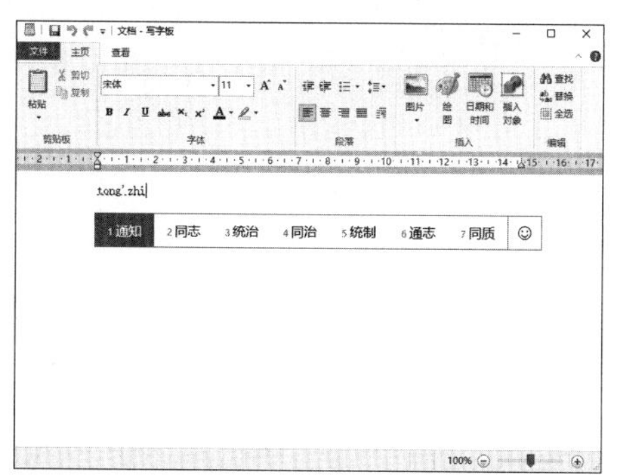

第 3 步 即可输入汉字“通知”，设置字体大小，居中显示在写字板中，如下图所示。

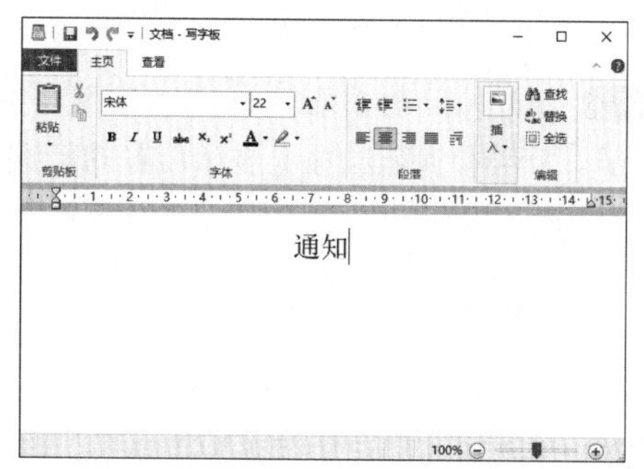

2. 输入通知的称呼与正文

第 1 步 直接输入通知称呼的拼音“zunjingde kehu”，选择正确的汉字，将其插入到文档中，如下图所示。

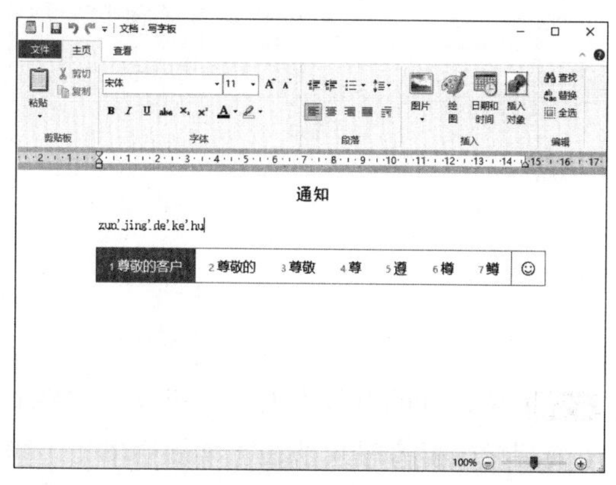

第 2 步 在键盘上按住【Shift】键并按【；】键，输入冒号“：”，如下图所示。

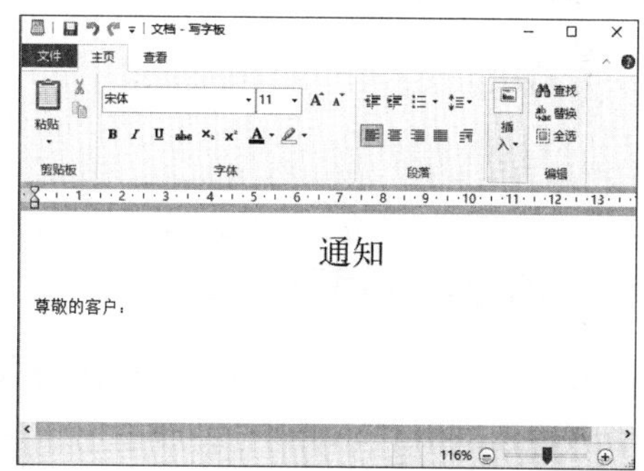

第 3 步 按【Enter】键换行，然后输入正文内容，输入正文时汉字直接按相应的拼音字母，数字可按主键盘区域辅助键区中的数字键，如下图所示。

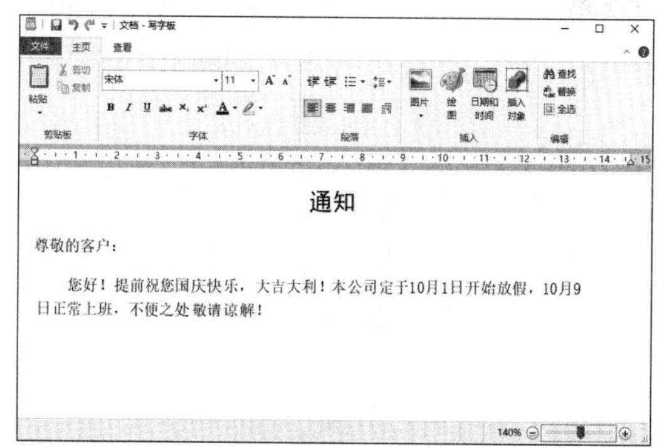

3. 输入通知落款

第 1 步 将光标定位于文档的最后，另起一行输入日期和公司名称，如下图所示。

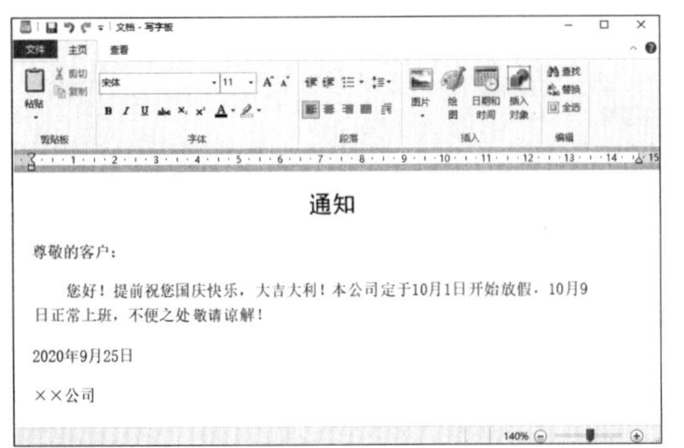

第 2 步 将通知的落款右对齐。至此，就完成了使用微软拼音输入法在写字板中书写一份通知的全部操作，将制作的文档保存即可，最终效果如下图所示。

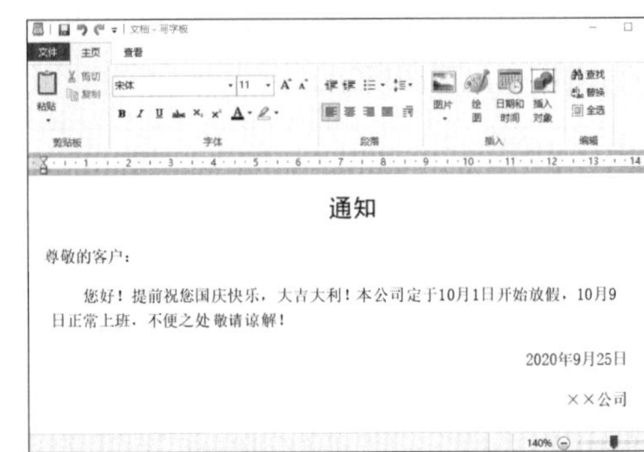

◇ 添加自定义短语

造词工具用于管理和维护自造词词典及自学习词表，用户可以对自造词进行编辑、删除、设置快捷键、导入或导出到文本文件等，使下次输入可以轻松完成。在 QQ 拼音输入法中定义用户词和自定义短语的具体操作步骤如下。

第 1 步 在 QQ 拼音输入法状态下按【I】键，启动 i 模式，并按数字【7】键，如下图所示。

第 2 步 弹出【QQ 拼音造词工具】对话框，选择【用户词】选项卡。假设经常使用“扇淀”这个词，可以在【新词】文本框中输入该词，并单击【保存】按钮，如下图所示。

第 3 步 使用 QQ 拼音输入法输入拼音“shan dian”，即可看到第二项上显示设置的新词“扇淀”，如下图所示。

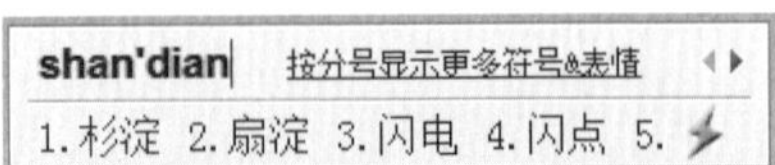

第 4 步 切换到【自定义短语】选项卡，在【自定义短语】文本框中输入“吃葡萄不吐葡萄皮”，在【缩写】文本框中设置缩写，如输入“cpb”，单击【保存】按钮，如下图所示。

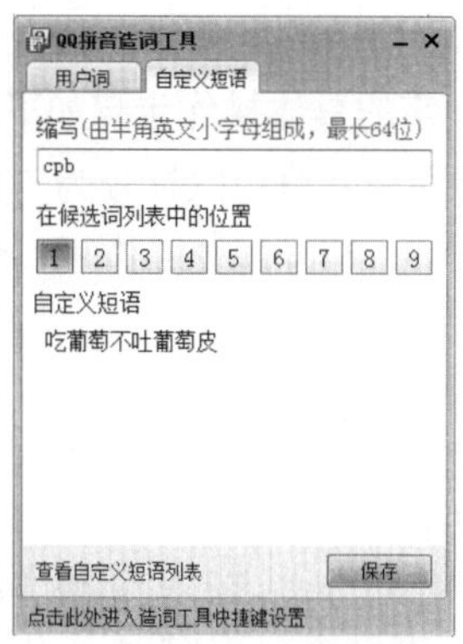

第 5 步 使用 QQ 拼音输入法输入“cpb”，即可看到第一项上显示设置的新短语，如下图所示。

◇ 生僻字的输入

以搜狗拼音输入法为例，使用搜狗拼音输入法可以通过启动 U 模式来输入生僻汉字，在搜狗拼音输入法状态下，输入字母“U”，即可启动 U 模式。

提示

在双拼模式下可按【Shift+U】组合键启动 U 模式。

◇ 笔画输入

常用的汉字均可通过笔画输入的方法输入。如输入“囧”的具体操作步骤如下。

第 1 步 在搜狗拼音输入法状态下，输入字母“U”，启动 U 模式，可以看到笔画对应的按键，如下图所示。

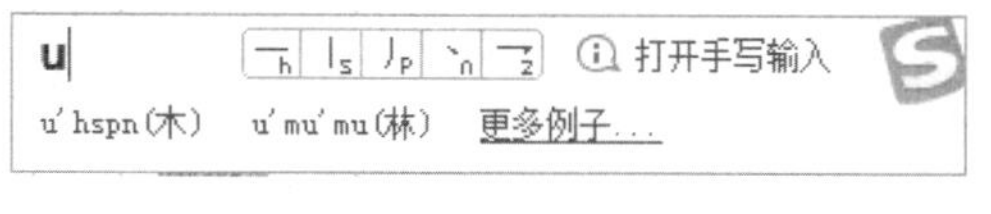

提示

【H】键代表横或提，【S】键代表竖或竖钩，【P】键代表撇，【N】键代表点或捺，【Z】键代表折。

第 2 步 根据“囧”的笔画依次输入“szpnszh”，即可看到显示的汉字及其读音。按数字【2】键，即可将“囧”字插入光标所在位置，如下图所示。

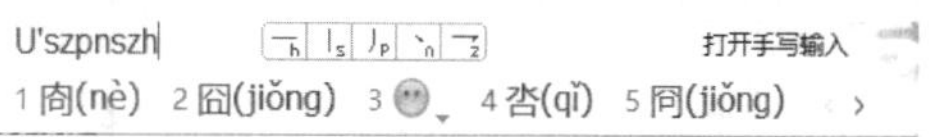

提示

需要注意的是，“忄”的笔画是点点竖（nns），而不是竖点点（snn）、点竖点（nsn）。

◇ 拆分输入

将一个汉字拆分成多个组成部分，在 U 模式下分别输入各部分的拼音，即可得到对应的汉字。例如，输入“犇”“肫”“湸”的方法如下。

第 1 步 “犇”字可以拆分为 3 个“牛（niu）”，因此在搜狗拼音输入法状态下输入“u’niu’niu’niu”（’符号起分隔作用，不用输入），即可显示“犇”字及其汉语拼音，按空格键即可输入，如下图所示。

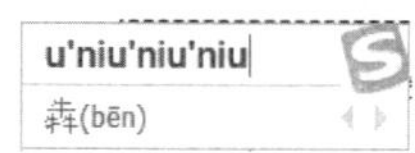

第 2 步 “肫”字可以拆分为“月（yue）”和“屯（tun）”，在搜狗拼音输入法状态下输入“u’yue’tun”（’符号起分隔作用，不用输入），即可显示“肫”字及其汉语拼音，按空格键即可输入，如下图所示。

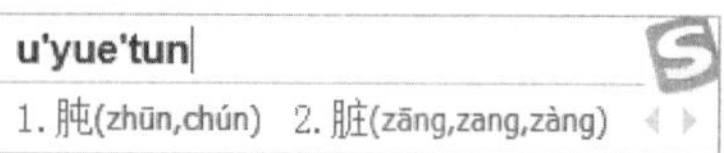

第 3 步 “湸”字可以拆分为“氵（shui）”和“亮（liang）”，在搜狗拼音输入法状态下输入“u’shui’liang”（’符号起分隔作用，不用输入），即可显示“湸”字及其汉语拼音，按数字【2】键即可输入，如下图所示。

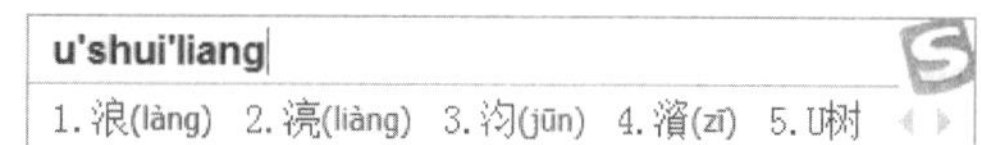

提示

在搜狗拼音输入法中常见的偏旁部首都定义了拼音，如下图所示。

偏旁部首	输入	偏旁部首	输入
阝	fu	忄	xin
卩	jie	钅	jin
讠	yan	礻	shi
辶	chuo	廴	yin
冫	bing	氵	shui
宀	mian	冖	mi
扌	shou	犭	quan
纟	si	幺	yao
灬	huo	罒	wang

◇ 笔画拆分混输

除了使用笔画和拆分的方法输入陌生汉字外，还可以使用笔画拆分混输的方法输入，输入“绎”字的具体操作步骤如下。

第1步 “绎”字左侧可以拆分为“纟（si）”，输入“u' si”（' 符号起分隔作用，不用输入），如下图所示。

第2步 右侧部分可按照笔画顺序，输入“znhhs”，即可看到“绎”字及其正确读音，如下图所示。

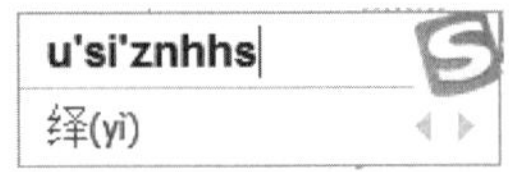

第 4 章

文件管理——管理电脑中的文件资源

本章导读

电脑中的文件资源是 Windows 10 操作系统资源的重要组成部分，只有管理好电脑中的文件资源，才能很好地运用操作系统完成工作和学习。本章主要介绍在 Windows 10 中管理文件资源的基本操作。

思维导图

4.1 认识文件和文件夹

在 Windows 10 操作系统中，文件是最小的数据组织单位，文件中可以存放文本、图像和数值数据等信息。为了便于管理文件，可以把文件组织到目录和子目录中，这些目录被称为文件夹。

4.1.1 文件

文件是 Windows 存取磁盘信息的基本单位，一个文件是磁盘上存储的信息的一个集合，可以是文档、图片、影片，也可以是一个应用程序等。每个文件都有唯一的名称，Windows 10 正是通过文件的名称来对文件进行管理的。如下图所示为一个图片文件。

4.1.2 文件夹

文件夹是从 Windows 95 开始提出的一种名称，主要用来存放文件。在操作系统中，文件和文件夹都有名称，系统是根据它们的名称来存取的。一般情况下，文件和文件夹的命名规则有以下几点。

（1）文件和文件夹的名称长度最多可达 256 个字符，一个汉字相当于两个字符。

（2）文件和文件夹的名称中不能出现这些字符：斜线 (\、/)、竖线 (|)、小于号 (<)、大于号 (>)、冒号 (：)、引号（“、”）、问号（？）、星号 (*)。

（3）文件和文件夹的名称不区分大小写字母，如“abc”和“ABC”是同一个文件名。

（4）通常文件都有扩展名（一般为 3 个字符），用来表示文件的类型。文件夹通常没有扩展名。

（5）同一目录下，文件夹或同类型（扩展名）文件不能同名。

如下图所示为 Windows 10 操作系统的【图片】文件夹，打开该文件夹可以看到其中存放的文件。

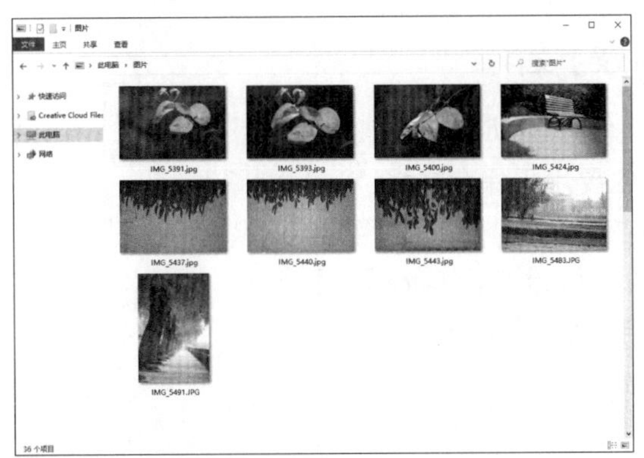

4.1.3 文件和文件夹的存放位置

电脑中的文件或文件夹一般存放在该电脑中的磁盘或【Administrator】文件夹中。

1. 电脑磁盘

文件可以被存放在电脑磁盘的任意位置，但是为了便于管理，文件的存放有以下常见的规则，如下图所示。

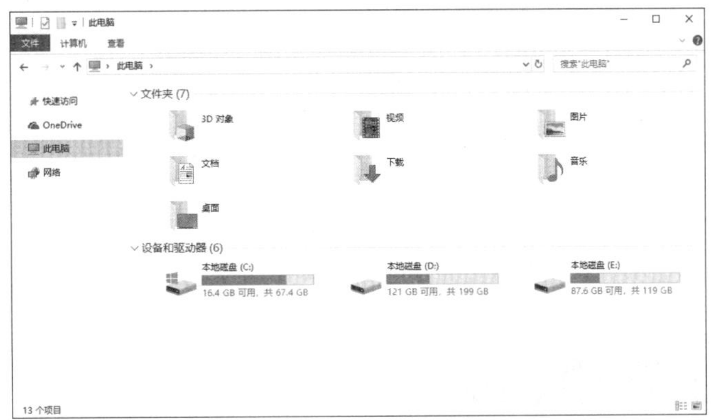

通常情况下，电脑的硬盘会划分为三个分区：C、D 和 E 盘。三个盘的功能分别如下。

C 盘主要用来存放系统文件。所谓系统文件，是指操作系统和应用软件中的系统操作部分。默认情况下系统会被安装在 C 盘，包括常用的程序。

D 盘主要用来存放应用软件文件。例如，Office、Photoshop 和 3ds Max 等程序，常被安装在 D 盘。对于软件的安装，有以下常见的原则。

（1）一般较小的软件，如 Rar 压缩软件等可以安装在 C 盘。

（2）对于较大的软件，如 3ds Max 等，需要安装在 D 盘，这样可以减少占用 C 盘的空间，从而提高系统运行的速度。

（3）几乎所有的软件默认的安装路径都在 C 盘，电脑用得越久，C 盘被占用的空间就越多。随着使用时间的增加，系统反应会越来越慢。因此安装软件时，需要根据具体情况改变安装路径。

E 盘主要用来存放用户自己的文件。例如，用户保存的电影、图片和文档资料文件等。如果硬盘还有多余的空间，可以添加更多的分区。

2.【Administrator】文件夹

【Administrator】文件夹是 Windows 10 中的一个系统文件夹，主要用于保存文档、图片，也可以保存其他任何文件。对于常用的文件，用户可以将其放在【Administrator】文件夹中，以便及时调用，如下图所示。

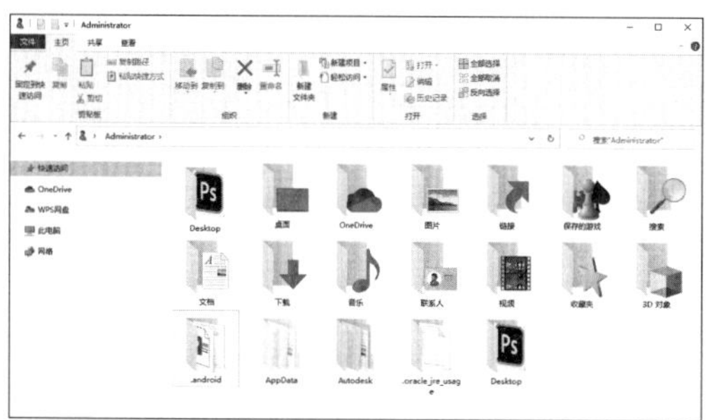

默认情况下，在桌面上并不显示【Administrator】文件夹，用户可以通过选中【桌面图标设置】对话框中的【用户的文件】复选框，将【Administrator】文件夹放置在桌面上，然后双击该图标，打开【Administrator】文件夹，如下图所示。

如果用户对电脑进行了命名或者使用了 Microsoft 账户登录，则会将用户的名称作为该文件夹的名称，如下图所示，该文件夹名称为“51pcbook”。

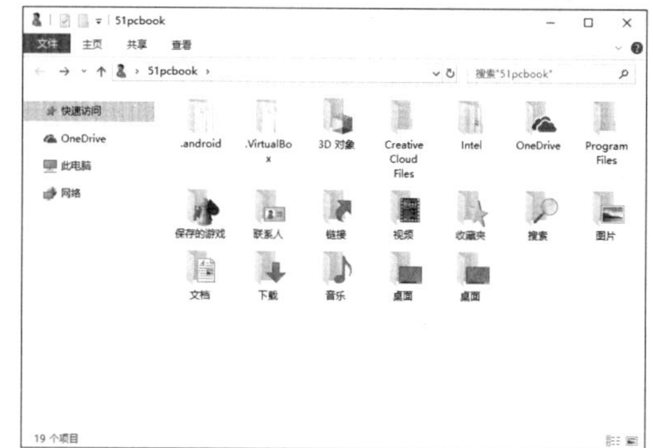

4.1.4 文件和文件夹的路径

文件和文件夹的路径表示文件和文件夹所在的位置，路径在表示的时候有两种方法：绝对路径和相对路径。

绝对路径是从根文件夹开始的表示方法，根通常用“\”来表示（有区别于网络路径），如“C:\Windows\System32”表示 C 盘下面 Windows 文件夹下面的 System32 文件夹，根据文件或文件夹提供的路径，用户可以在电脑上找到该文件或文件夹的存放位置，如下图所示为 C 盘下面 Windows 文件夹下面的 System32 文件夹。

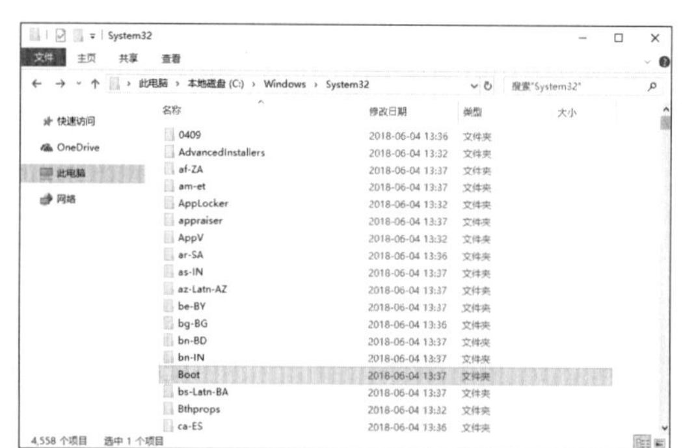

相对路径是从当前文件夹开始的表示方法，如当前文件夹为 C:\Windows，如果要表示它下面的 System32 下面的 Boot 文件夹，

则可以表示为“System32\boot”，而用绝对路径应表示为“C:\Windows\System32\boot”。

4.2 实战 1：快速访问文件资源管理器

在 Windows 10 操作系统中，用户打开文件资源管理器默认显示的是快速访问界面，在快速访问界面中用户可以看到常用的文件夹、最近使用的文件等信息。

4.2.1 常用文件夹

文件资源管理器窗口中，默认包括桌面、下载、文档和图片 4 个固定的文件夹，同时会显示用户最近常用的文件夹。通过打开常用文件夹，用户可以快速查看其中的文件，具体操作步骤如下。

第 1 步 打开【此电脑】窗口，单击导航栏中的【快速访问】选项，如下图所示。

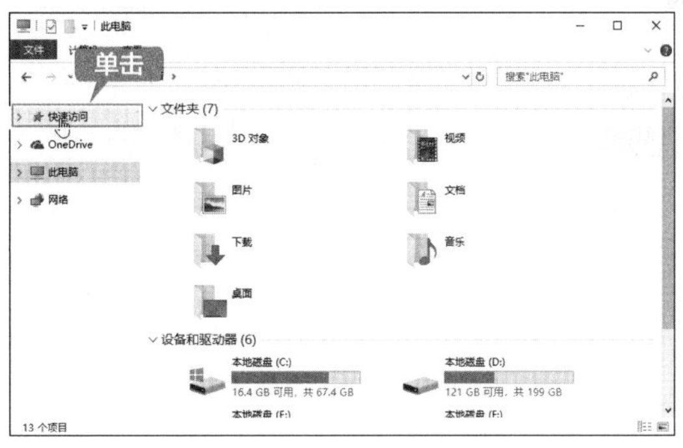

提示

用户可以单击任务栏中的【文件资源管理器】图标，打开【文件资源管理器】窗口。

第 2 步 打开【文件资源管理器】窗口，在其中可以看到【常用文件夹】包含的文件夹列表，如下图所示。

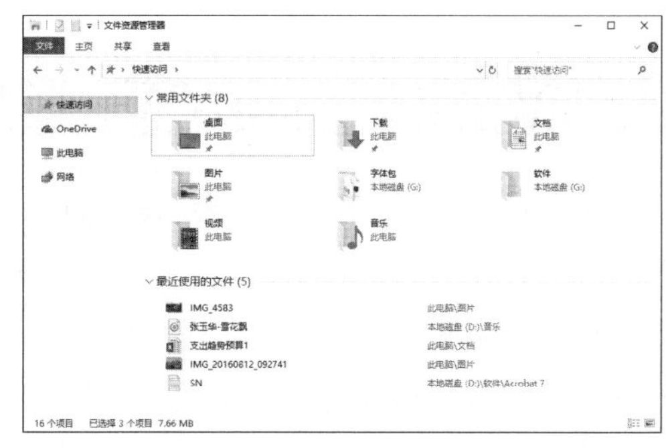

第 3 步 双击打开【图片】文件夹，在其中可以看到该文件夹包含的图片文件，如下图所示。

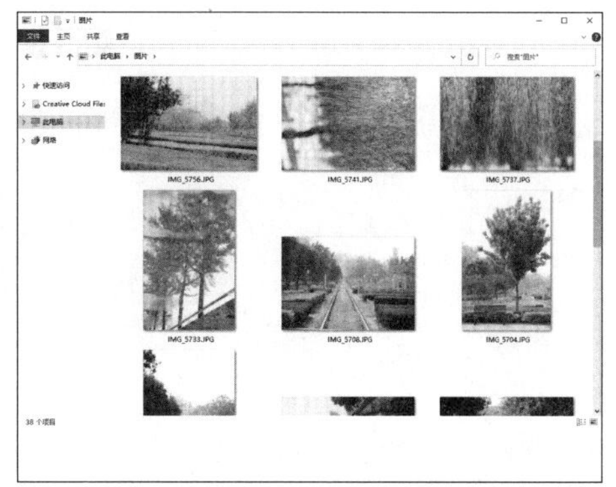

4.2.2 最近使用的文件

文件资源管理器提供最近使用的文件列表，默认显示为 20 个，用户可以通过最近使用的文件列表来快速打开文件，具体操作步骤如下。

第 1 步　打开【文件资源管理器】窗口，在其中可以看到【最近使用的文件】列表，如下图所示。

第 2 步　双击需要打开的文件，即可快速打开该文件，如这里双击“各市场销售数据图表分析 .xlsx”表格文档文件，WPS Office 软件即可打开该文件，如下图所示。

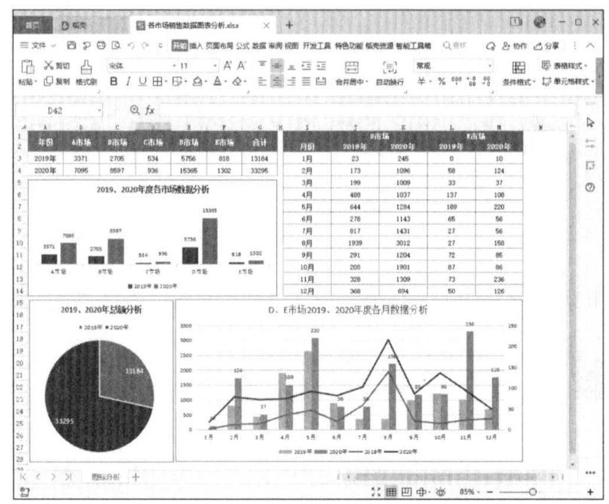

4.2.3 将文件夹固定在“快速访问”

对于常用的文件夹，用户可以将其固定在“快速访问”中，具体操作步骤如下。

第 1 步　选中需要固定在“快速访问”中的文件夹并单击鼠标右键，在弹出的快捷菜单中选择【固定到快速访问】选项，如下图所示。

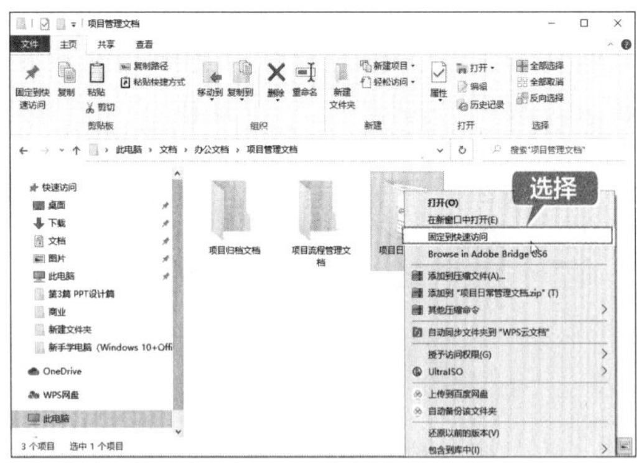

第 2 步　返回到【文件资源管理器】窗口中，可以看到选中的文件夹被固定到“快速访问”中，如下图所示。

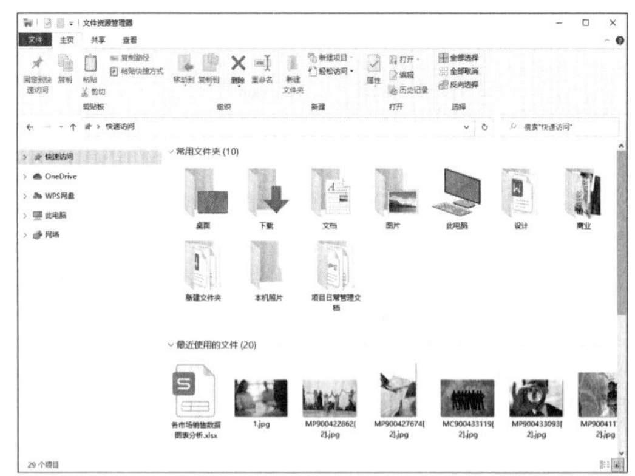

4.3 实战 2：文件和文件夹的基本操作

用户要想管理电脑中的数据，首先要熟练掌握文件或文件夹的基本操作，文件或文件夹的基本操作包括创建文件或文件夹、打开和关闭文件或文件夹、复制和移动文件或文件夹、删除文件或文件夹、重命名文件或文件夹等。

4.3.1 查看文件 / 文件夹（视图）

系统中的文件或文件夹可以通过【查看】右键菜单和【查看】选项卡两种方式进行查看，查看文件或文件夹的操作步骤如下。

第 1 步 在文件夹窗口中，可以看到文件以“详细信息”布局方式显示，单击窗口右下角的【使用大缩略图显示项】按钮 ▭，如下图所示。

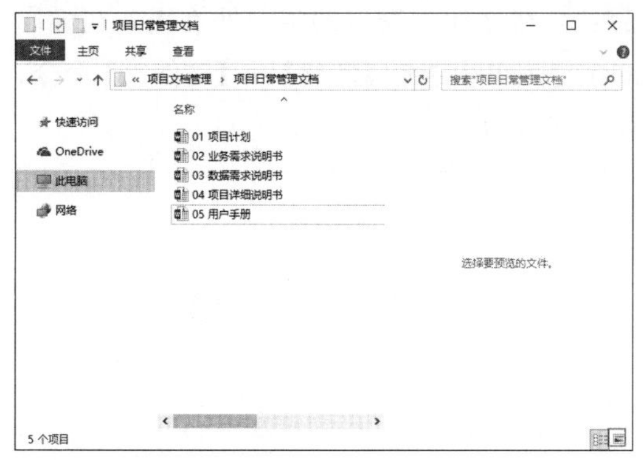

第 2 步 随即文件夹中的文件或子文件夹都以大图标的方式显示，如下图所示。

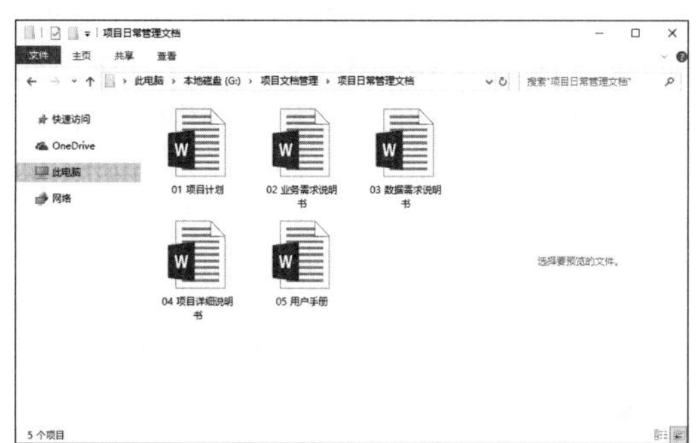

第 3 步 在文件夹窗口中选择【查看】选项卡，在【布局】组中可以看到当前文件或文件夹的布局方式为【大图标】，如下图所示。

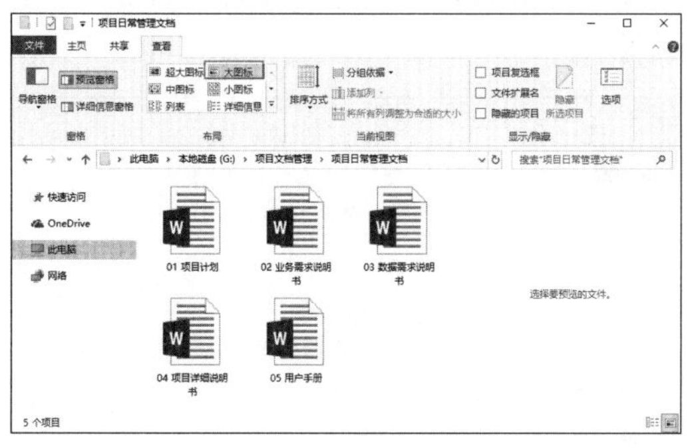

第 4 步 在【布局】组中，可以选择文件或文件夹的显示布局，如单击【列表】选项，即可快速调整，如下图所示。

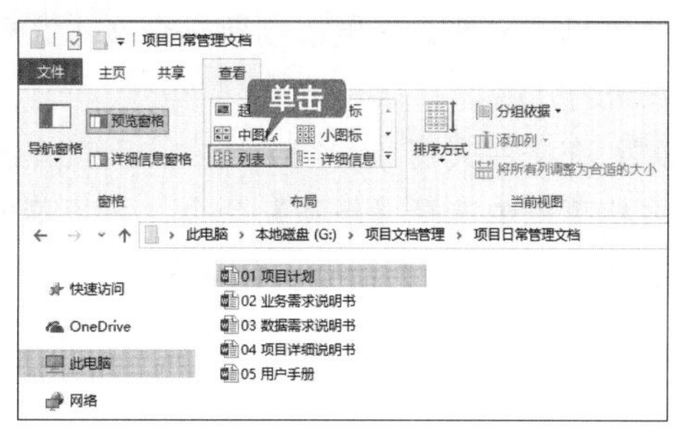

第 5 步 单击【当前视图】组中的【排序方式】按钮，在弹出的列表中，可以选择排序的方式，如下图所示。

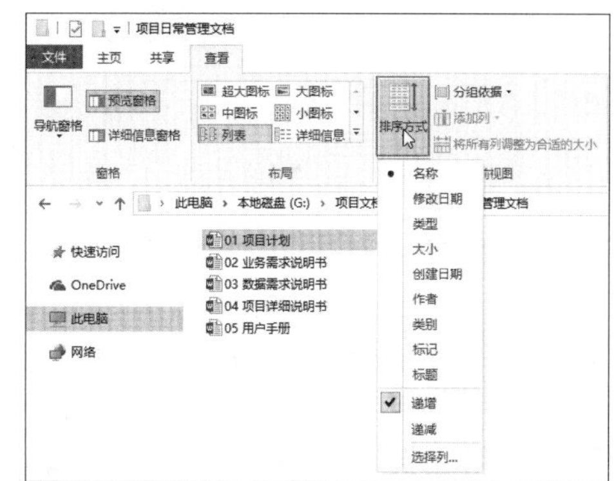

第 6 步 另外，也可以单击【分组依据】按钮，在弹出的列表中，选择条件进行分组，如下图所示。

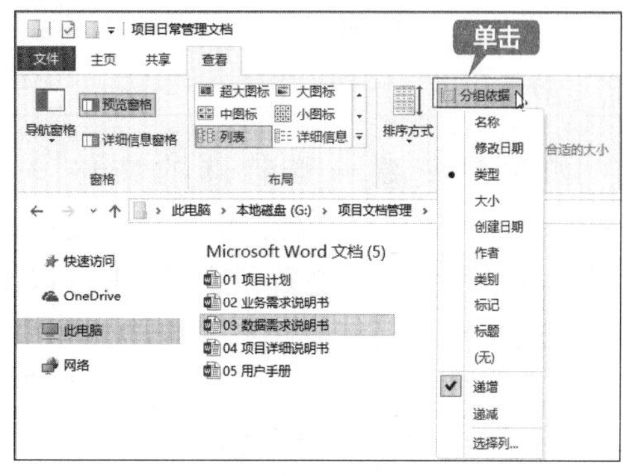

4.3.2 新建文件 / 文件夹

新建文件或文件夹是文件和文件夹管理中最基本的操作，如创建一个文本、文档、图像文件等，并可以根据需要建立一个文件夹管理这些文件。

1. 新建文件

用户可以通过【新建】菜单命令，创建一些常见的文件，这里以创建一个文本文档为例进行介绍。

第1步 在文件夹窗口的空白处右击，在弹出的快捷菜单中选择【新建】命令，在子菜单中选择【文本文档】命令，如下图所示。

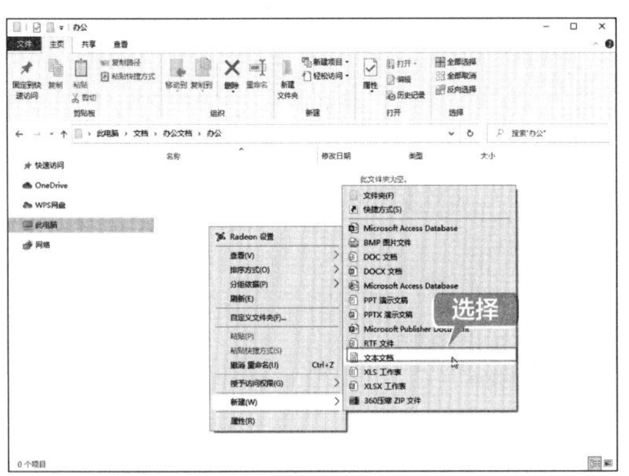

第2步 即可在该文件夹中创建一个“新建文本文档”文件，此时文件名处于编辑状态，输入文件名即可完成创建，如下图所示。

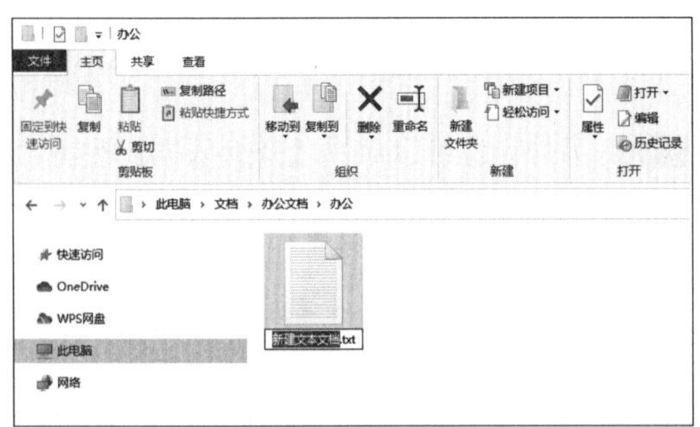

如果要创建一些特殊的文件，如Photoshop、CAD等文档文件，可以使用应用软件中的新建命令进行创建，一般可以使用【Ctrl+N】组合键创建。

2. 新建文件夹

新建文件夹的操作步骤如下。

第1步 在文件夹窗口的空白处右击，在弹出的快捷菜单中选择【新建】→【文件夹】命令，如下图所示。

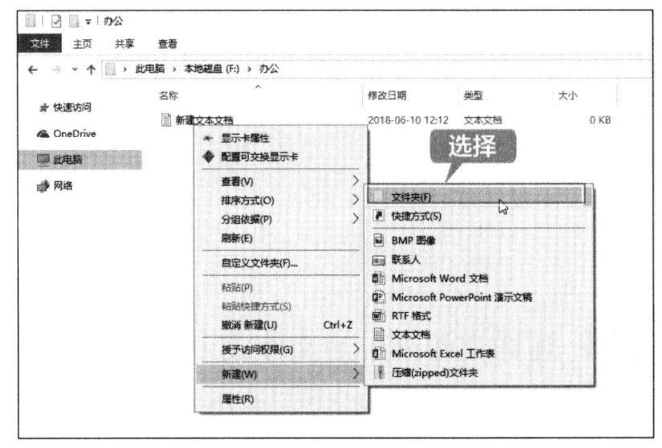

第2步 即可在文件夹中新建一个文件夹，此时文件夹名称处于编辑状态，如下图所示。

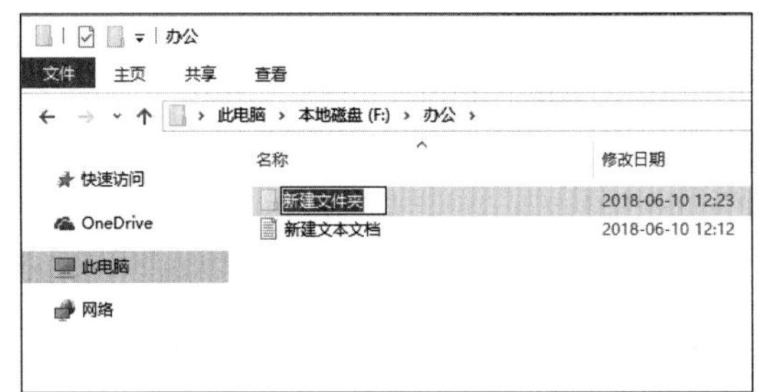

第3步 输入文件夹的名称为“资料文件”，按【Enter】键即可完成文件夹的创建，如下图所示。

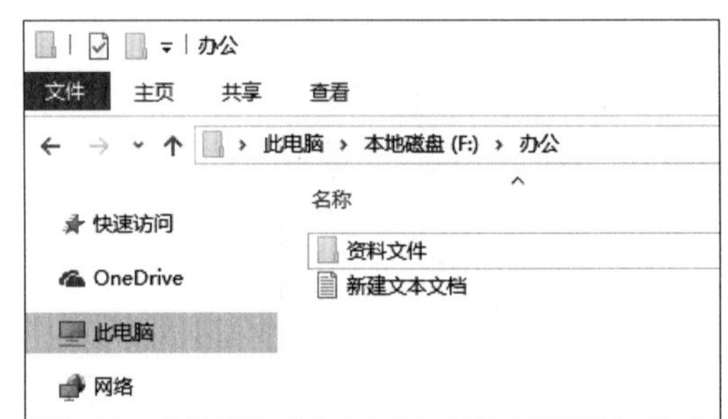

4.3.3 重命名文件 / 文件夹

新建文件或文件夹后，如果没有修改为正确的名称，用户可以在文件资源管理器或任意一个文件夹窗口中，给新建的或已有的文件或文件夹重新命名。

更改文件或文件夹名称的操作方法相同，主要有以下 3 种方法。

1. 使用右键菜单命令

第 1 步 选中要重命名的文件并右击，在弹出的菜单中单击【重命名】命令，如下图所示。

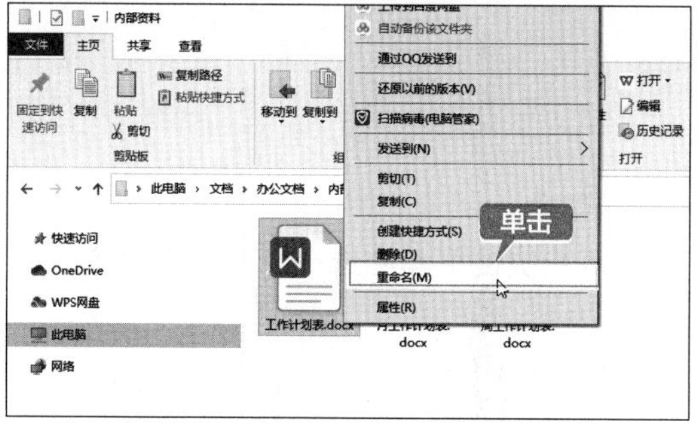

第 2 步 文件的名称被选中，以蓝色背景显示，如下图所示。

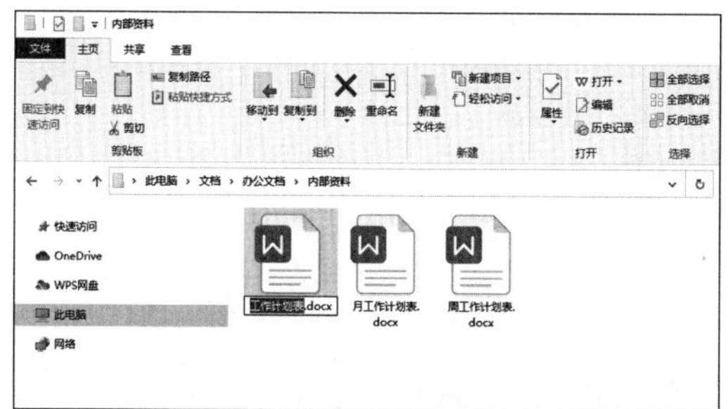

第 3 步 用户可以直接输入文件的名称，按【Enter】键即可完成对文件名称的更改，如下图所示。

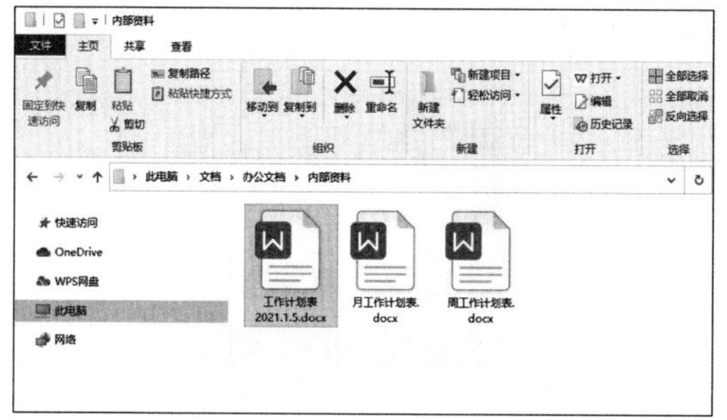

> **提示**
>
> 在重命名文件时，不能随意改变已有文件的扩展名，否则当要打开该文件时，系统不能确认要使用哪种程序打开该文件。
>
> 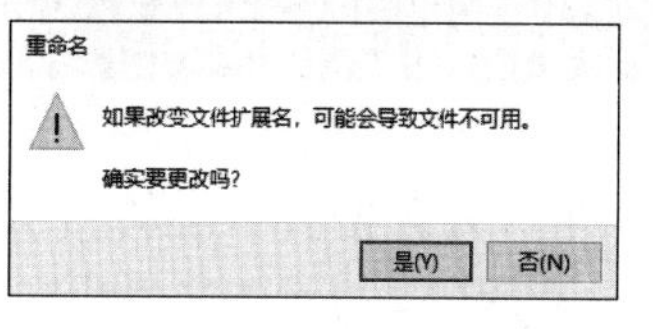
>

如果更改的文件名与文件夹中已有的文件名重复，系统会给出如下图所示的提示，单击【是】按钮，会以文件名后面加上序号来命名，单击【否】按钮，则需要重新输入文件名。

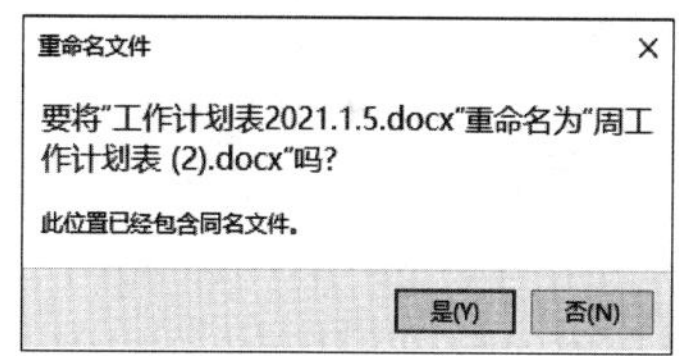

2. 使用功能区重命名

第 1 步 选中要重命名的文件或文件夹，单击【主页】选项卡下【组织】组中的【重命名】按钮，文件或文件夹名称即可进入编辑状态，如下图所示。

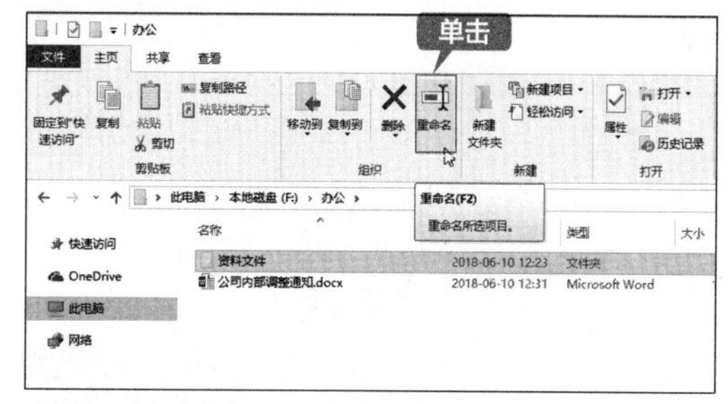

第 2 步 输入新的名称，按【Enter】键确认命名，

如下图所示。

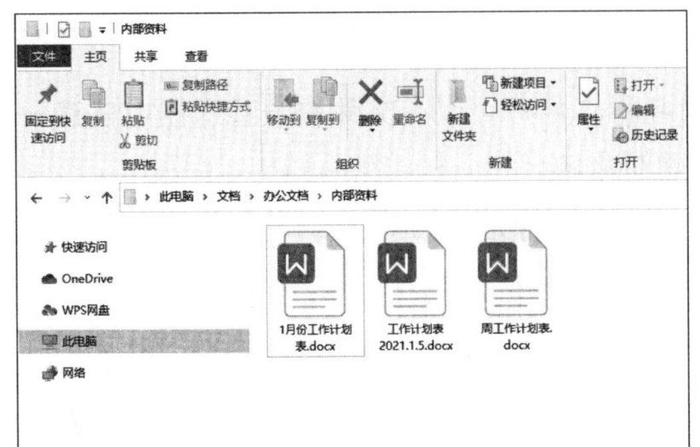

3. 使用【F2】功能键

用户可以选中需要更改名称的文件或文件夹，按【F2】功能键，即可进入编辑状态，从而快速地更改文件或文件夹的名称。

4.3.4 打开和关闭文件 / 文件夹

打开文件或文件夹常用的方法有以下两种。

（1）选择需要打开的文件或文件夹，双击即可将其打开。

（2）选择需要打开的文件或文件夹，右击，在弹出的快捷菜单中选择【打开】命令，如下图所示。

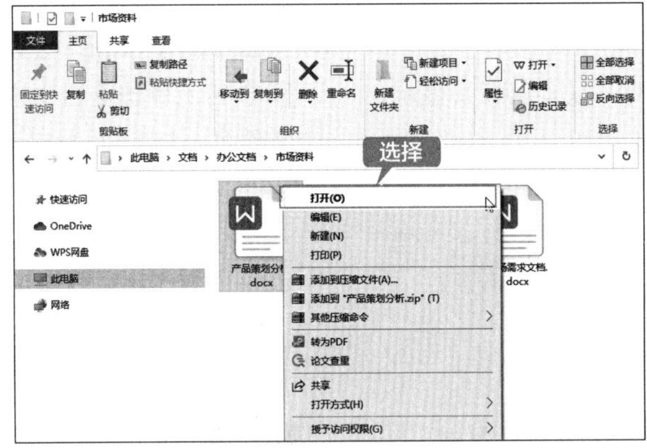

对于文件，用户还可以通过【打开方式】命令将其打开，具体操作步骤如下。

第 1 步 选择需要打开的文件并右击，在弹出的快捷菜单中选择【打开方式】→【选择其他应用】命令，如下图所示。

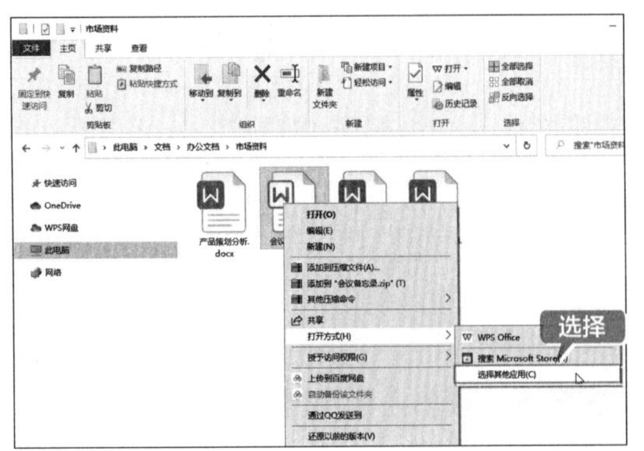

第 2 步 弹出【你要如何打开这个文件?】对话框，在其中选择打开文件的应用程序，本例选择【写字板】选项，单击【确定】按钮，如下图所示。

第 3 步 写字板软件将打开选择的文件，如下图所示。

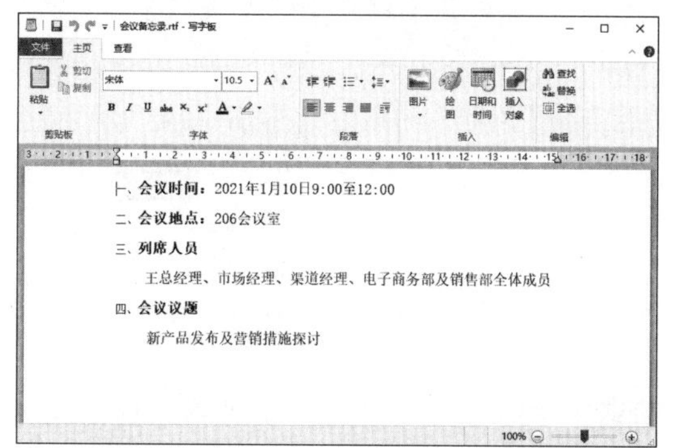

关闭文件或文件夹的常用方法如下。

（1）一般在软件的右上角都有一个关闭按钮，以写字板为例，单击写字板窗口右上角的【关闭】按钮，可以直接关闭文件，如下图所示。

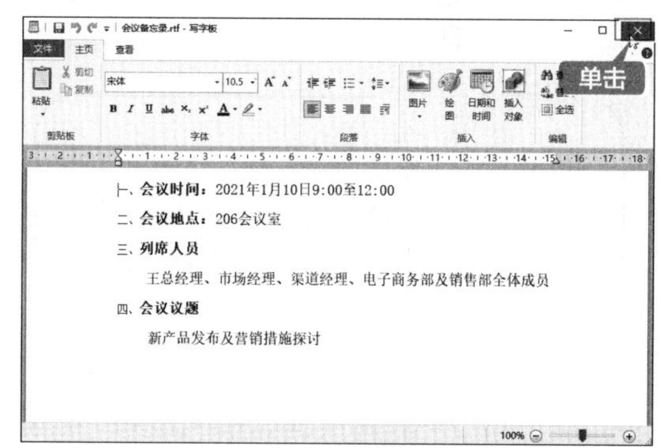

（2）关闭文件夹的操作也很简单，只需要在打开的文件夹窗口中单击右上角的【关闭】按钮即可，如下图所示。

（3）在文件夹窗口中单击【文件】选项卡，在弹出的菜单中选择【关闭】选项，也可以关闭文件夹，如下图所示。

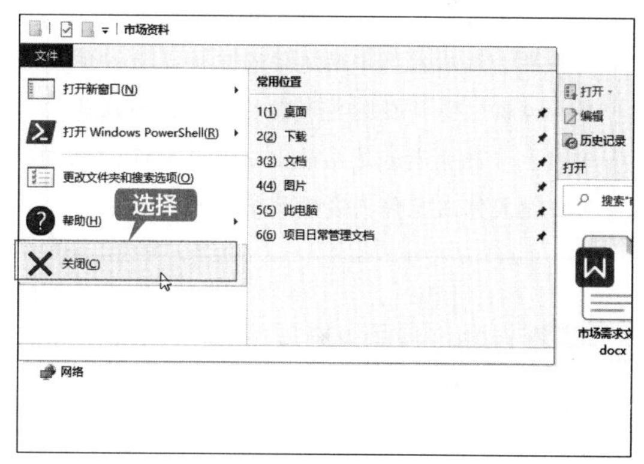

（4）按【Alt+F4】组合键，可以快速关闭当前打开的文件或文件夹。

4.3.5 复制和移动文件 / 文件夹

在日常工作中，经常需要对一些文件进行备份，也就是创建文件的副本，这里就需要用到【复制】命令进行操作。

1. 复制文件和文件夹

复制文件和文件夹的方法有以下几种。

（1）选择要复制的文件或文件夹，按住【Ctrl】键拖曳到目标位置。

（2）选择要复制的文件或文件夹，右击并拖曳到目标位置，在弹出的快捷菜单中选择【复制到当前位置】命令，如下图所示。

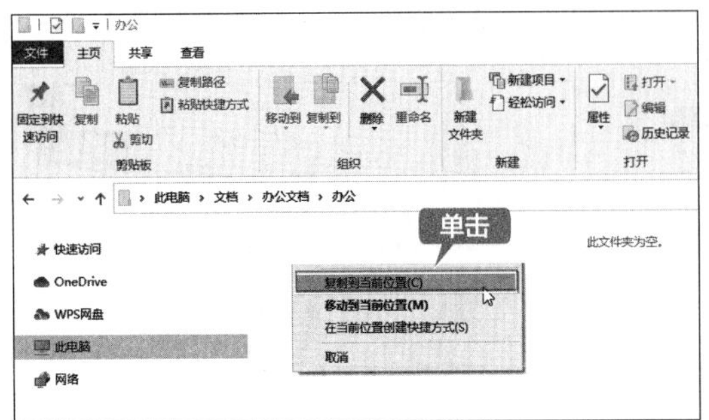

（3）选择要复制的文件或文件夹，按【Ctrl+C】组合键，在目标位置按【Ctrl+V】组合键即可。

> **提示**
>
> 文件和文件夹除了直接复制和发送以外，还有一种更为简单的复制方法。在打开的文件夹窗口中，选中要进行复制的文件或文件夹，然后在选中的文件或文件夹上按住鼠标左键，并拖曳到要粘贴的位置，可以是磁盘、文件夹或者是桌面上，释放鼠标，就可以把文件或文件夹复制到指定的位置了。

2. 移动文件或文件夹

移动文件或文件夹的具体操作步骤如下。

第 1 步 选择需要移动的文件或文件夹并右击，在弹出的快捷菜单中选择【剪切】命令，如下图所示。

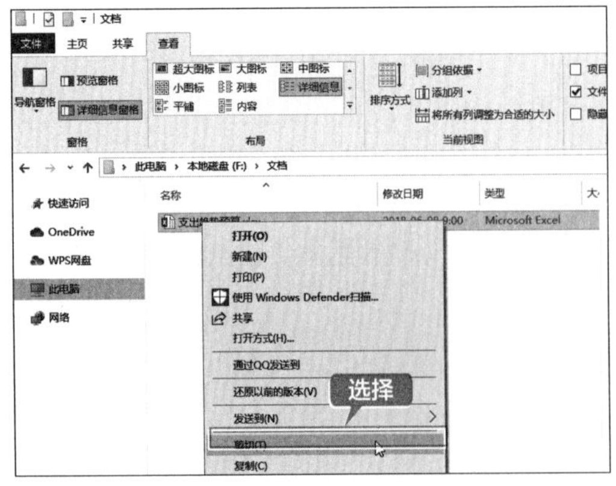

第 2 步 打开目标文件夹并在空白处右击，在弹出的快捷菜单中选择【粘贴】命令，如下图所示。

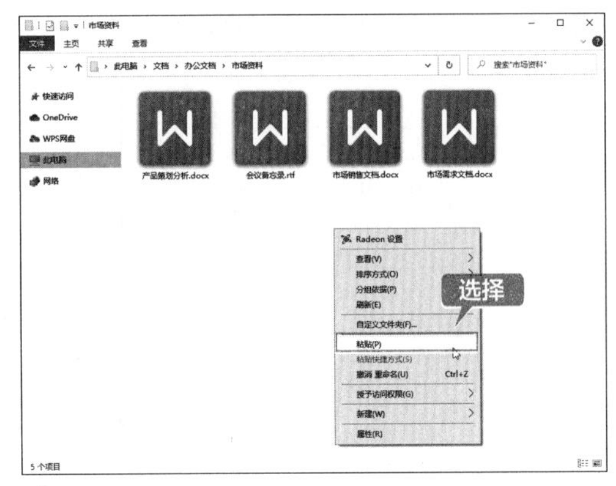

第 3 步 选定的文件或文件夹被移动到目标文件夹，如下图所示。

> **提示**
>
> 用户除了可以使用上述方法移动文件外，还可以使用【Ctrl+X】组合键实现【剪切】功能，再使用【Ctrl+V】组合键实现【粘贴】功能。

用户也可以用鼠标直接拖曳完成移动操作，方法是先选中要移动的文件或文件夹，按住鼠标左键，然后把它拖到需要的文件夹中，并使文件夹反蓝显示，再释放左键，选中的文件或文件夹就移动到指定的文件夹中了，如下图所示。

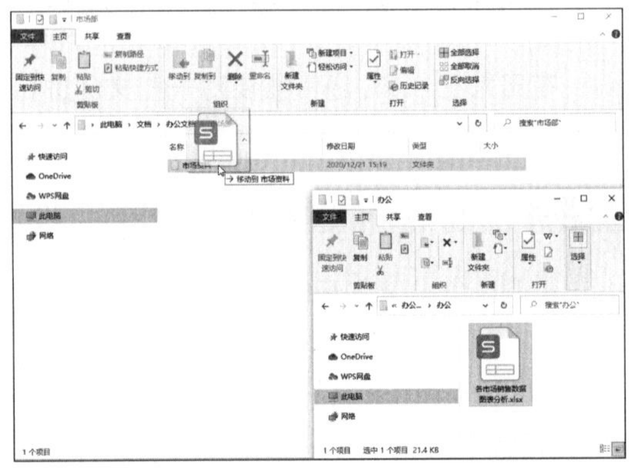

4.3.6 删除文件 / 文件夹

删除文件或文件夹的常用方法有以下几种。

（1）选择要删除的文件或文件夹，按键盘上的【Delete】键或者【Ctrl+D】组合键。

（2）选择要删除的文件或文件夹，单击【主页】选项卡下【组织】组中的【删除】按钮，如下图所示。

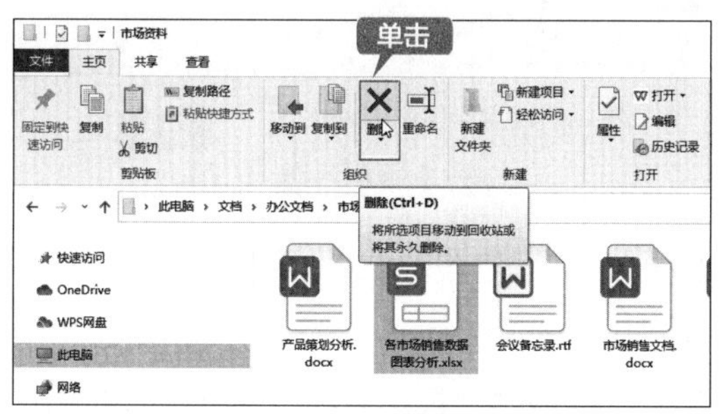

（3）选择要删除的文件或文件夹，右击，在弹出的快捷菜单中选择【删除】命令，如下图所示。

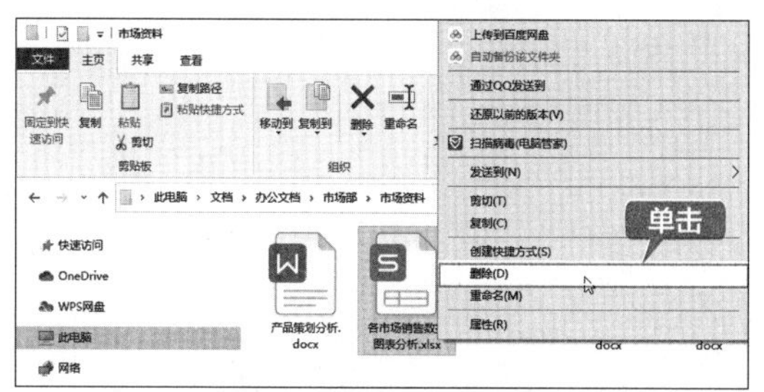

（4）选择要删除的文件或文件夹，直接拖曳到【回收站】中。

> **提示**
>
> 删除命令只是将文件或文件夹移入【回收站】中，并没有从磁盘上清除，如果误删了还需要使用的文件或文件夹，可以从【回收站】中恢复。

如果要彻底删除文件或文件夹，则可以先选择要删除的文件或文件夹，然后按【Shift+Delete】组合键，弹出【删除文件】或【删除文件夹】对话框，提示用户是否确实要永久性地删除此文件或文件夹，单击【是】按钮，即可将其彻底删除，如下图所示。

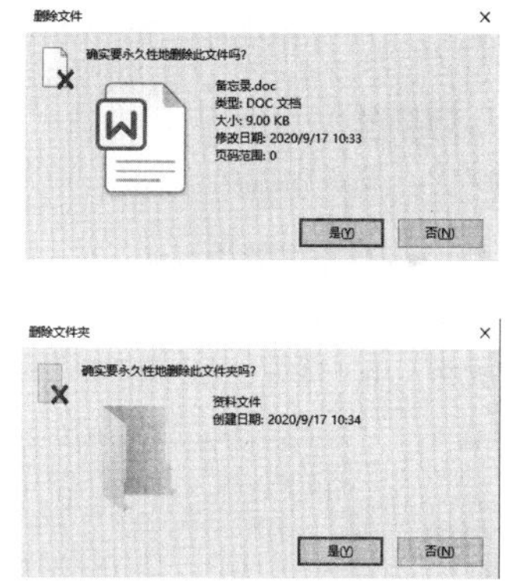

4.4 实战 3：文件和文件夹的高级操作

文件和文件夹的高级操作主要包括隐藏与显示文件或文件夹、压缩与解压文件或文件夹、加密与解密文件或文件夹等。

4.4.1 隐藏和显示文件 / 文件夹

隐藏文件或文件夹可以增强文件的安全性，同时可以防止误操作导致文件丢失。下面介绍如何隐藏和显示文件 / 文件夹。

1. 隐藏文件 / 文件夹

隐藏文件和隐藏文件夹的方法相同，下面以隐藏文件为例，介绍隐藏文件或文件夹的方法。

第1步 选择需要隐藏的文件，如“各市场销售数据图表分析 .xlsx”，右击并在弹出的快捷菜单中选择【属性】命令，如下图所示。

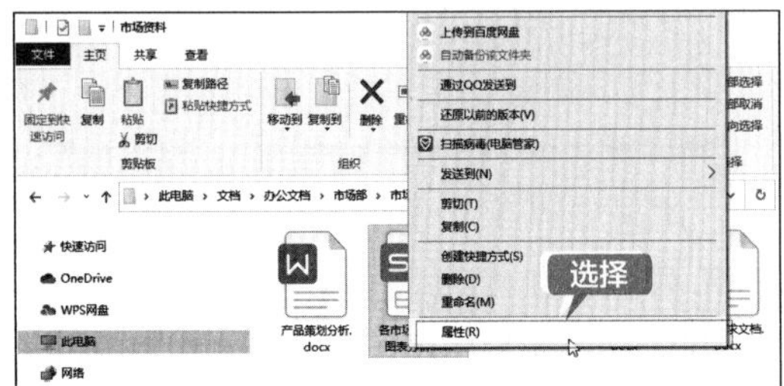

第2步 弹出【各市场销售数据图表分析 .xlsx 属性】对话框，选择【常规】选项卡，然后勾选【隐藏】复选框，单击【确定】按钮，如下图所示。

第3步 选择的文件被成功隐藏，如下图所示。

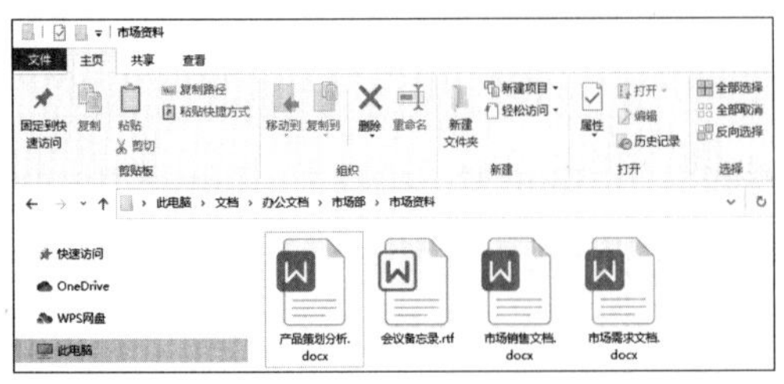

2. 显示文件 / 文件夹

文件（或文件夹）被隐藏后，用户要想调出隐藏文件，需要显示文件，具体操作步骤如下。

第1步 在文件夹窗口中，选择【查看】选项卡，在【显示 / 隐藏】组中勾选【隐藏的项目】复选框，如下图所示。

第2步 此时，即可看到隐藏的文件显示出来，如下图所示。

第3步 选择隐藏的文件并右击，在弹出的快捷菜单中选择【属性】命令，如下图所示。

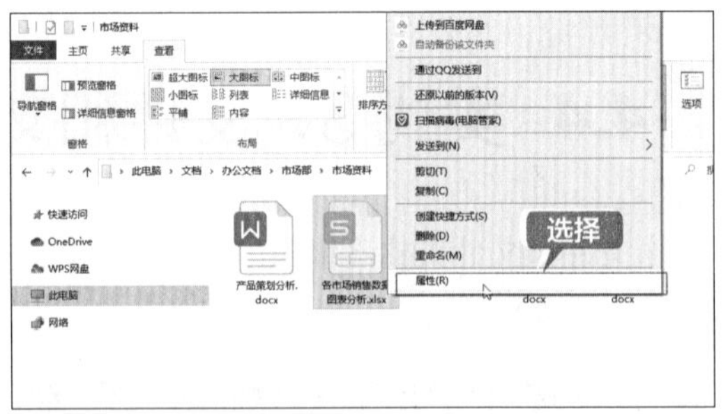

第4步 弹出【各市场销售数据图表分析 .xlsx 属性】对话框，取消勾选【隐藏】复选框，单击【确定】按钮，如下图所示。

第 5 步 此时，隐藏的文件即会完全显示，如下图所示。

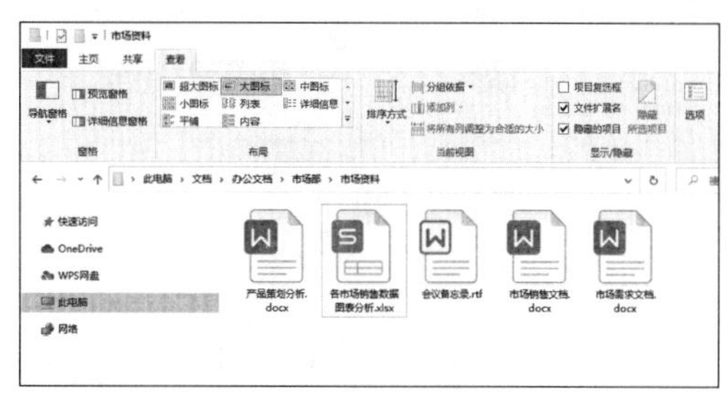

提示

完成显示文件的操作后，用户可根据需要取消勾选【查看】→【隐藏的项目】复选框，从而避免对隐藏的文件的误操作。

4.4.2 压缩和解压文件 / 文件夹

对于特别大的文件，用户可以进行压缩操作，经过压缩的文件将占用较少的磁盘空间，并有利于更快速地传输到其他计算机上，以实现网络上的共享功能。

1. 压缩文件 / 文件夹

下面以文件资源管理器的压缩功能为例，介绍如何压缩文件或文件夹。

第 1 步 选择需要压缩的文件，单击【共享】选项卡下【发送】组中的【压缩】按钮，如下图所示。

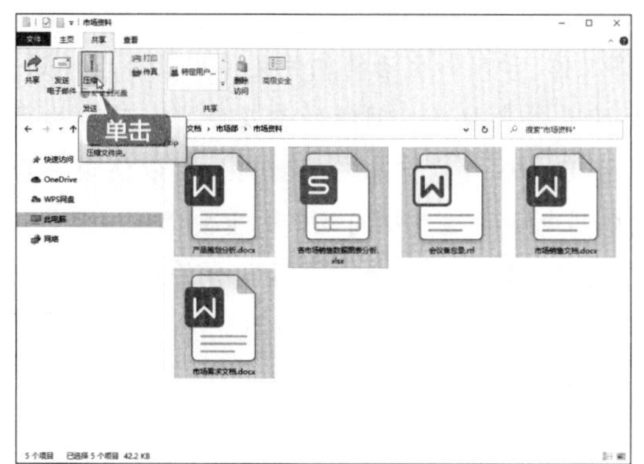

第 2 步 即可将所选文件压缩成一个以“zip”为后缀的文件，如下图所示。

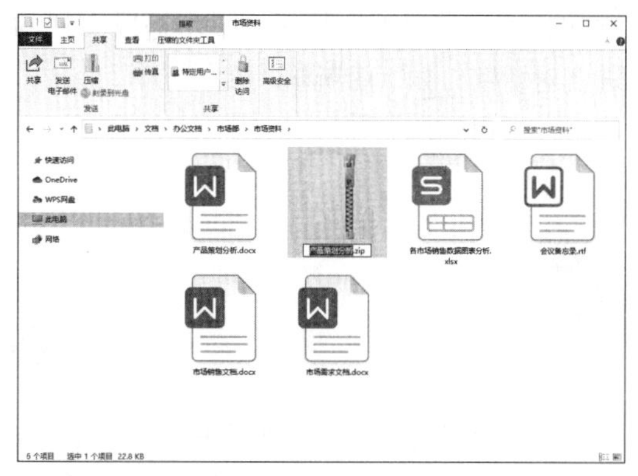

2. 解压文件 / 文件夹

压缩之后的文件或文件夹，如果需要打开，还可以对文件或文件夹进行解压操作，具体操作步骤如下。

第 1 步 选中需要解压的文件并右击，在弹出的快捷菜单中选择【全部解压缩】选项，如下图所示。

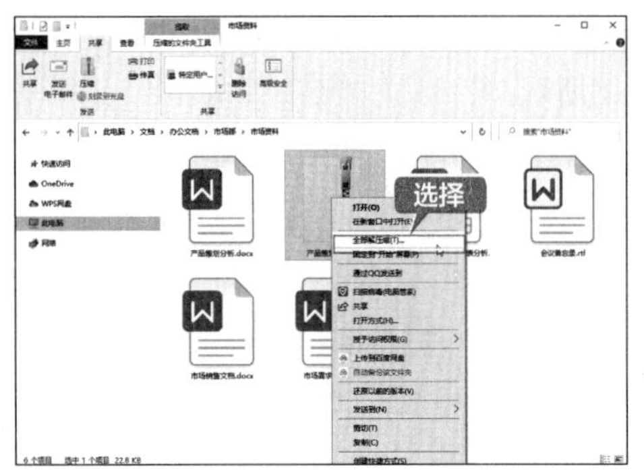

第2步 弹出【提取压缩(Zipped)文件夹】对话框，在其中选择一个目标并提取文件，如下图所示。

第3步 单击【提取】按钮，弹出提取文件的进度对话框，如下图所示。

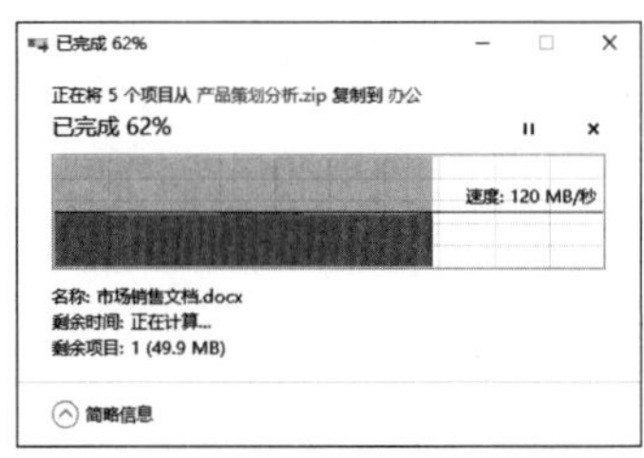

第4步 提取完成后，即会打开提取的目标文件夹，显示解压的文件，如下图所示。

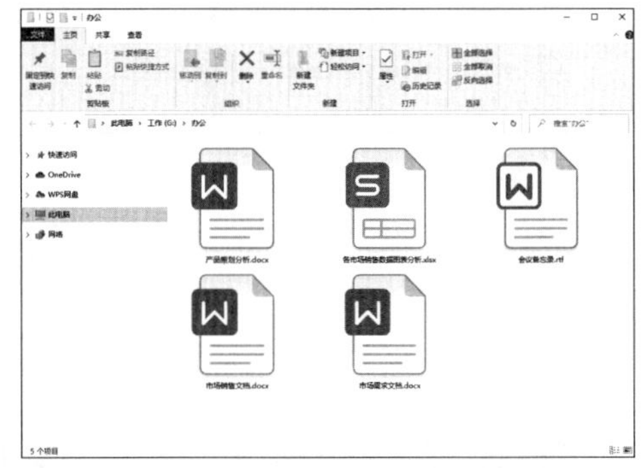

Windows 10 文件资源管理器仅支持 ZIP 格式的压缩和解压，如果压缩文件格式为 RAR 或其他格式，可以下载 360 压缩、好压或 WinRAR 等压缩软件。使用它们不仅可以压缩或解压多种压缩格式，还可以添加密码，保护要锁定的文件。

规划电脑的工作盘

使用电脑办公时通常需要规划电脑的工作盘，将工作、学习和生活的相关文件用盘合理规划，做到工作和生活两不误。现在使用笔记本电脑办公的人越来越多，网络的普及使得电脑办公更加方便，不仅能在办公室办公，还可以在家里办公，且电脑硬盘空间不断增大，可以使用一台电脑处理工作、学习和生活中的文件，因此，合理规划电脑的磁盘空间就十分重要。

常见的规划硬盘分区的操作包括格式化分区、调整分区容量、分割分区、合并分区、删除分区和更改驱动器号等。下面介绍规划硬盘的操作方法。

1. 格式化分区

格式化就是在磁盘中建立磁道和扇区，磁道和扇区建立好之后，电脑才可以使用磁盘来储存数据。不过，对存有数据的硬盘进行格式化，硬盘中的数据将被删除。

第1步 右击【此电脑】窗口中的磁盘 E，在弹出的快捷菜单上选择【格式化】命令，弹出【格

式化软件】对话框（“软件”为卷标），在其中设置磁盘的【文件系统】【分配单元大小】等选项，如下图所示。

第 2 步 单击【开始】按钮，弹出提示对话框。若确认格式化该磁盘，则单击【确定】按钮；若退出，则单击【取消】按钮退出格式化。单击【确定】按钮，即可开始格式化磁盘分区 E，如下图所示。

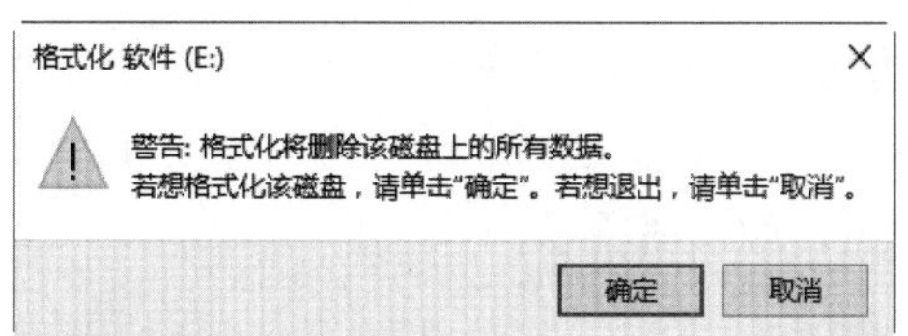

提示

此外，还可以使用 DiskGenius 软件格式化硬盘。

2. 调整分区容量

分区容量不能随意调整，否则可能会导致分区上的数据丢失。下面介绍如何在 Windows 10 操作系统中利用自带的工具调整分区的容量，具体操作步骤如下。

第 1 步 在搜索框中输入“计算机管理”，在弹出的搜索结果中，选择【计算机管理】应用，并单击右侧的【打开】选项，如下图所示。

第 2 步 打开【计算机管理】窗口，单击窗口左侧的【磁盘管理】选项，即可在右侧界面中显示出本机磁盘的信息列表，如下图所示。

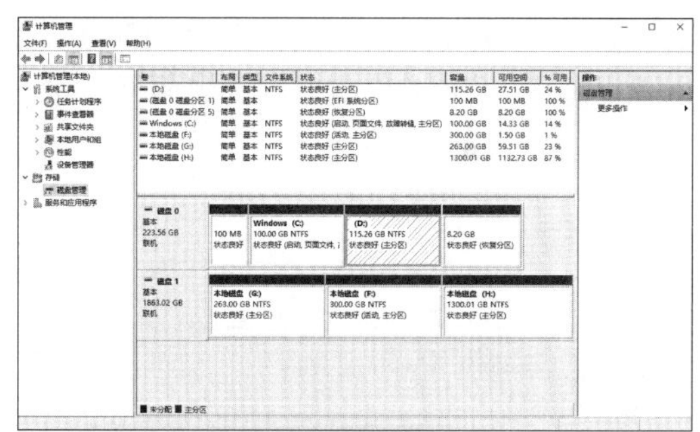

第 3 步 选择需要调整容量的分区并右击，在弹出的快捷菜单中选择【压缩卷】命令，如下图所示。

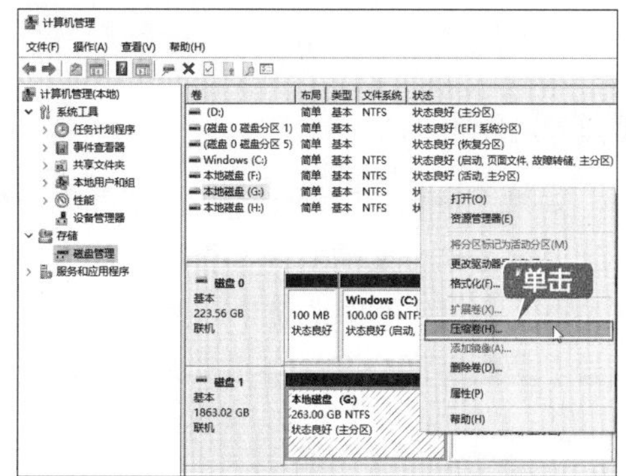

第 4 步 弹出【查询压缩空间】对话框，系统开始查询卷以获取可用的压缩空间，如下图所示。

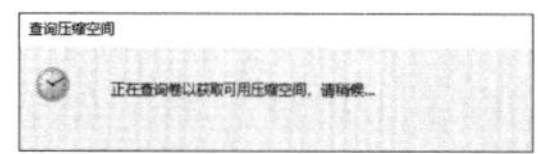

第 5 步 弹出【压缩】对话框，在【输入压缩空间量】文本框中输入调整的分区大小为 10000MB，在【压缩后的总计大小】文本框中显示调整后的容量，单击【压缩】按钮，如下图所示。

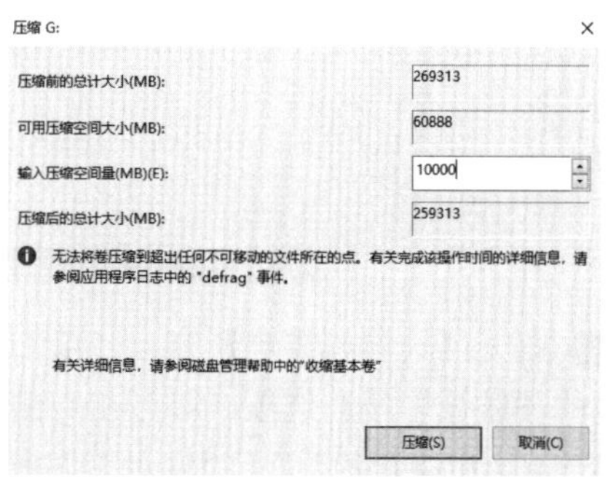

第 6 步 系统将从 G 盘中划分出 10000MB（约为 9.77GB）空间，G 盘的容量被调整，如下图所示。

3. 合并分区

如果用户想合并两个分区，则其中一个分区必须为未分配的空间，否则不能合并。在 Windows 10 操作系统中，用户可用【扩展卷】功能实现分区的合并，具体操作步骤如下。

第 1 步 选择未分配分区旁边的本地磁盘(F:)，右击，在弹出的快捷菜单中选择【扩展卷】命令，如下图所示。

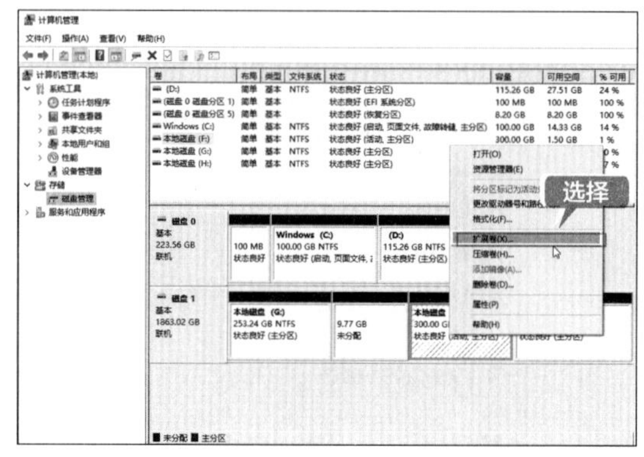

第 2 步 弹出【扩展卷向导】对话框，单击【下一步】按钮，如下图所示。

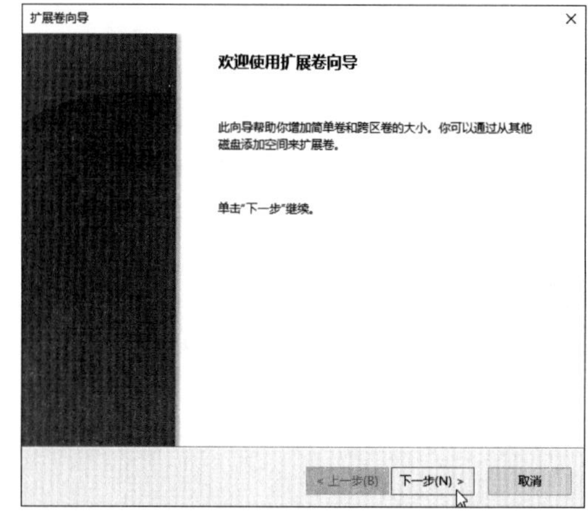

第 3 步 进入【选择磁盘】界面，在【可用】列表框中选择要合并的空间，单击【添加】按钮，如下图所示。

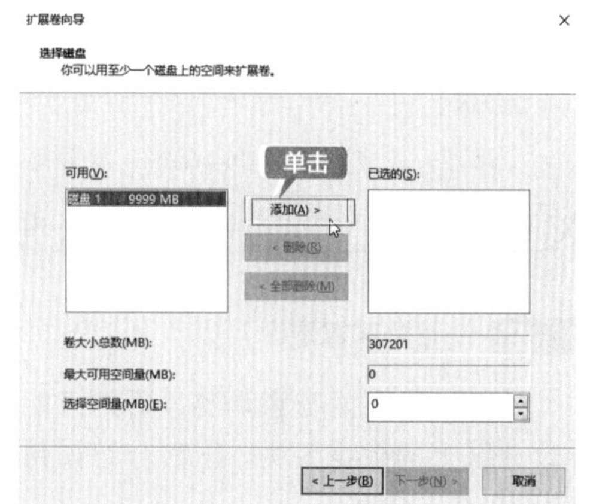

第 4 步 空间被添加到【已选的】列表框中，此时可设置要扩展的空间量，如果要全部合并，则不需要调整，直接单击【下一步】按钮，如下图所示。

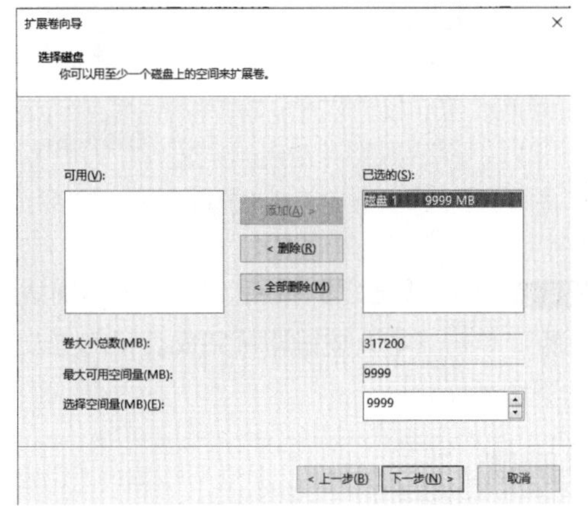

第 5 步 弹出【完成扩展卷向导】界面，单击【完成】按钮，如下图所示。

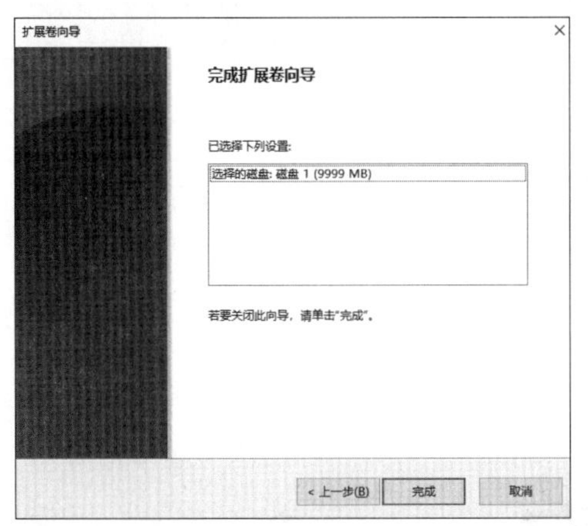

第 6 步 返回到【计算机管理】窗口，两个分区被合并到一个分区中，如下图所示。

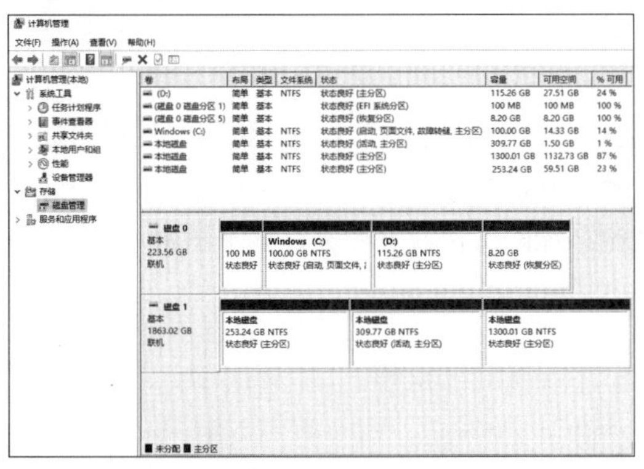

4. 删除分区

删除硬盘分区主要是创建可用于创建新分区的空白空间。如果硬盘当前为单个分区，则不能将其删除，也不能删除系统分区、引导分区或任何包含虚拟内存分页文件的分区，因为 Windows 需要此信息才能正确启动。

删除分区的具体操作步骤如下。

第 1 步 打开【计算机管理】窗口，单击窗口左侧的【磁盘管理】选项，即可在右侧界面中显示出本机磁盘的信息列表。选择需要删除的分区，右击并在弹出的快捷菜单中选择【删除卷】命令，如下图所示。

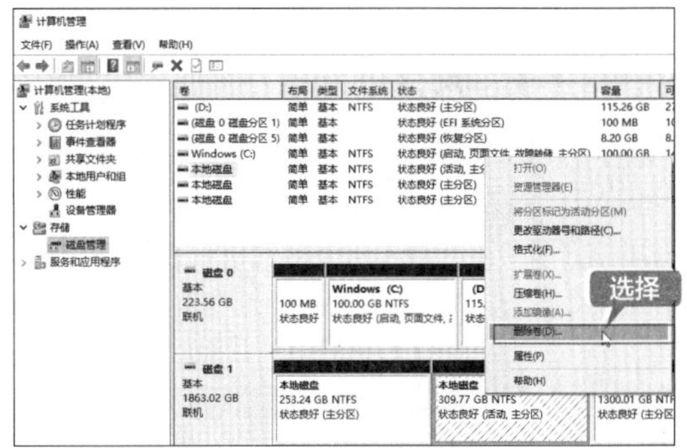

第 2 步 弹出【删除简单卷】对话框，单击【是】按钮，即可删除分区，如下图所示。

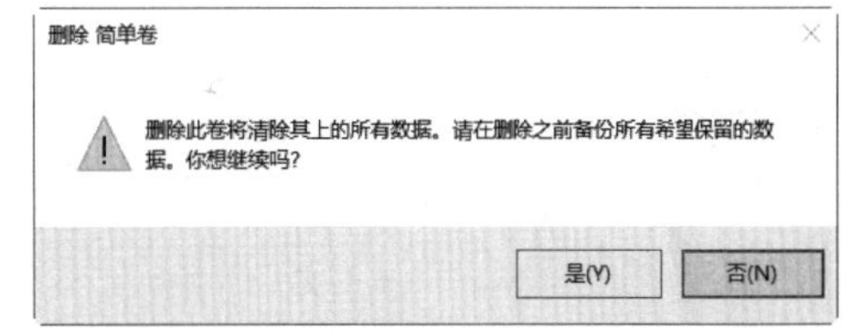

5. 更改驱动器号

利用 Windows 中的【磁盘管理】也可以处理盘符错乱的情况，操作方法非常简单，用户不必再下载其他工具软件，即可处理这一问题。

第 1 步 打开【计算机管理】窗口，单击窗口左侧的【磁盘管理】选项，在右侧磁盘列表中选择要更改的磁盘并右击，在弹出的快捷菜单中选择【更改驱动器号和路径】命令，如下图所示。

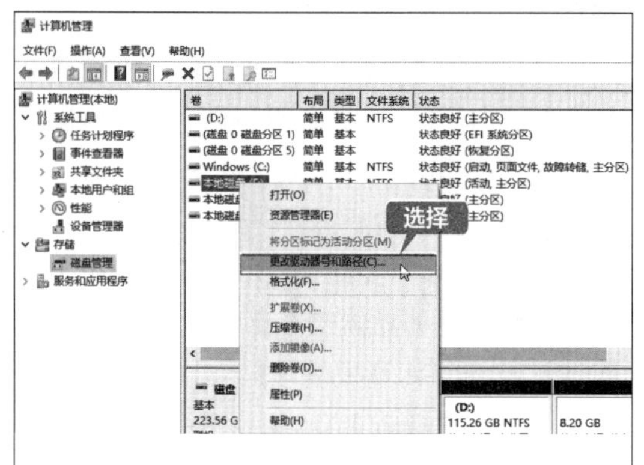

第 2 步 弹出【更改 F:（本地磁盘）的驱动器号和路径】对话框，单击【更改】按钮，如下图所示。

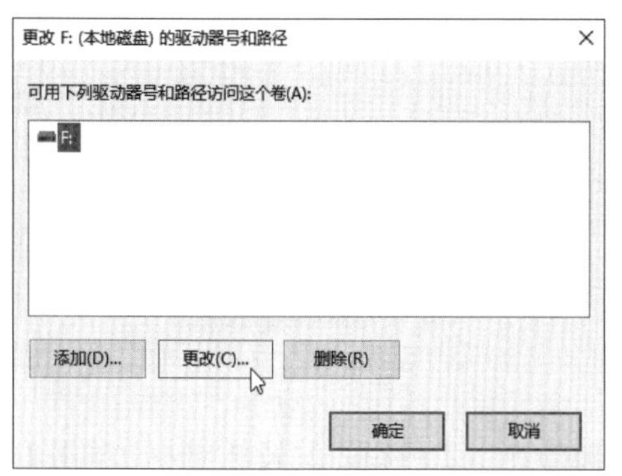

第 3 步 弹出【更改驱动器号和路径】对话框，单击右侧的下拉按钮，在下拉列表中为该驱动器指定一个新的驱动器号，如下图所示。

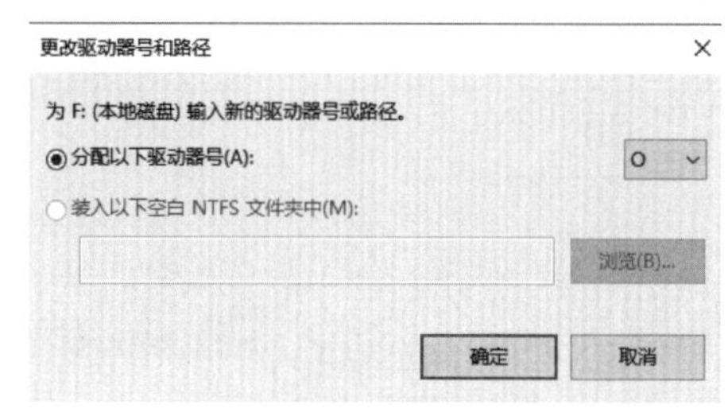

第 4 步 单击【确定】按钮，即可弹出确认对话框，单击【是】按钮即可完成盘符的更改，如下图所示。

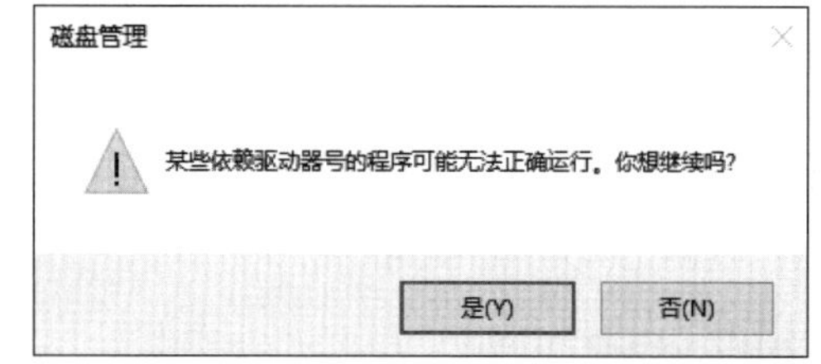

◇ 复制文件的路径

有时我们需要快速确定某个文件的位置，如编程时需要引用某个文件的位置，这时可以快速复制文件 / 文件夹的路径到剪切板，具体操作步骤如下。

第 1 步 打开【文件资源管理器】，在其中找到要复制路径的文件或文件夹，如下图所示。

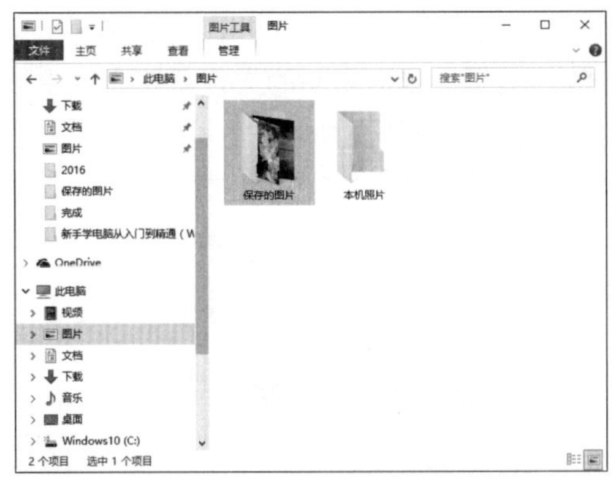

第 2 步 在其上按住【Shift】键并右击，会比直接右击时弹出的快捷菜单多一个【复制为路径】命令，如下图所示。

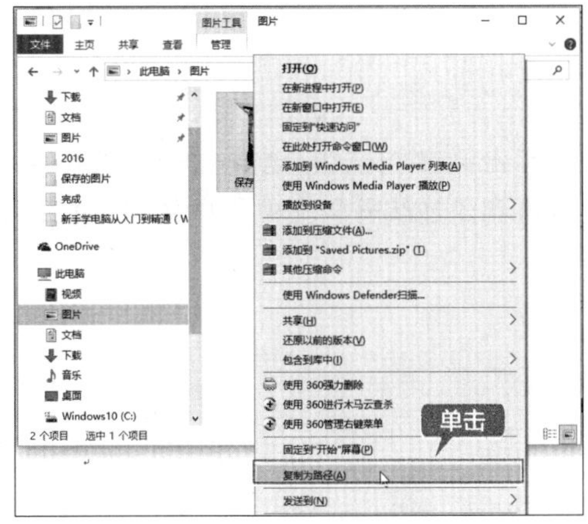

第 3 步 选择【复制为路径】命令，则可以将其路径复制到剪切板中，新建一个记事本文档，按【Ctrl+V】组合键，就可以粘贴路径到记事本中，如下图所示。

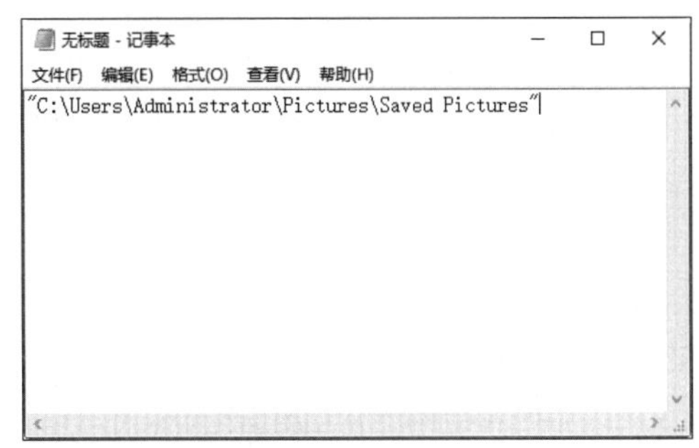

◇ 显示文件的扩展名

Windows 10 系统默认情况下不显示文件的扩展名，用户可以更改设置显示文件的扩展名，具体操作步骤如下。

第 1 步 单击【开始】按钮，在弹出的【开始】菜单中选择【文件资源管理器】选项，打开【文件资源管理器】窗口，如下图所示。

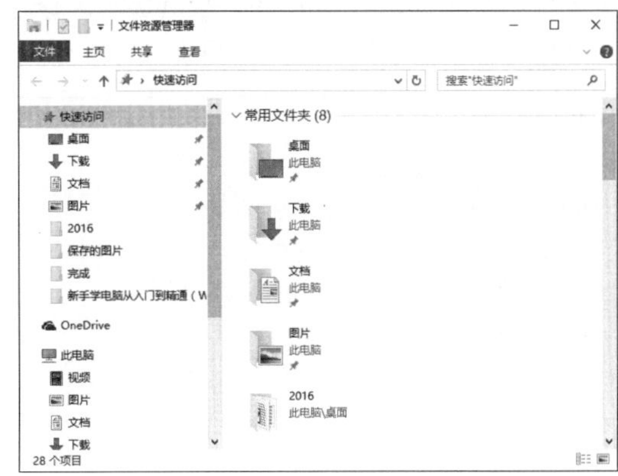

第 2 步 选择【查看】选项卡，在【显示 / 隐藏】组中勾选【文件扩展名】复选框，如下图所示。

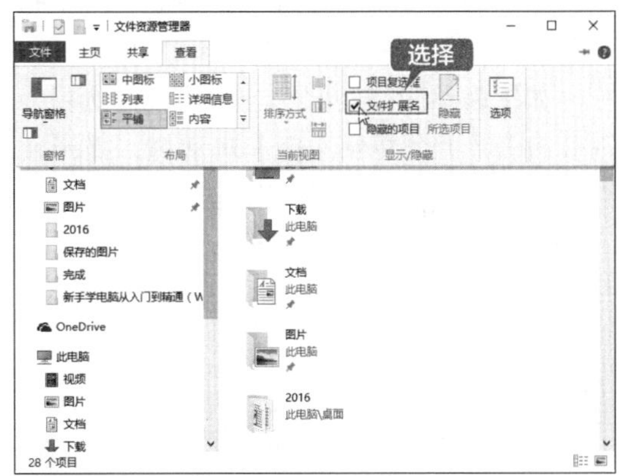

第 3 步 此时打开一个文件夹，用户便可以看到文件的扩展名，如下图所示。

◇ 文件复制冲突的解决方式

复制一个文件后，当需要将其粘贴在目标文件夹中时，如果目标文件夹中包含一个与要粘贴的文件具有相同名称和格式的文件，就会弹出一个信息提示框，如下图所示。

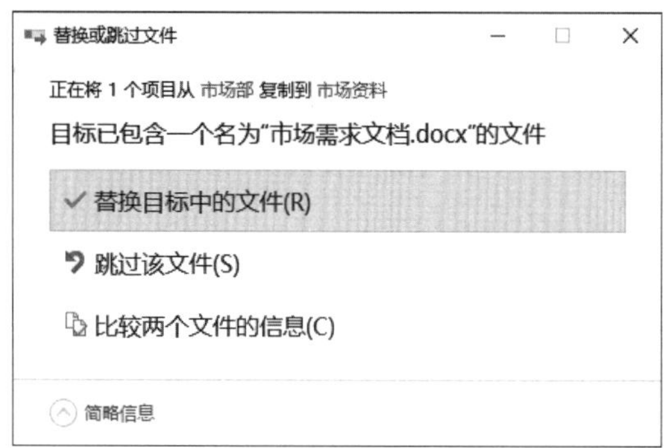

如果选择【替换目标中的文件】选项，则要粘贴的文件会替换原来的文件。

如果选择【跳过该文件】选项，则不粘贴复制的文件，保留原来的文件。

如果选择【比较两个文件的信息】选项，则会打开【1个文件冲突】对话框，提示用户要保留哪些文件，如下图所示。

如果想要保留两个文件，则选中两个文件的复选框，这样复制的文件将在名称中添加一个编号，如下图所示。

单击【继续】按钮，返回到文件夹窗口中，可以看到添加编号的文件与原文件，如下图所示。

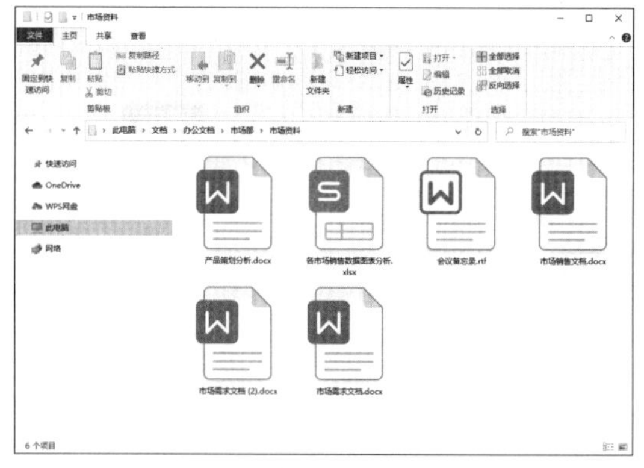

第5章

程序管理——软件的安装与管理

本章导读

一台完整的电脑包括硬件和软件，软件是电脑的管家，用户需要借助软件来完成各项工作。在安装完操作系统后，用户首先要考虑的就是安装软件，通过安装各种类型的软件，可以大大提高电脑的工作效率。本章主要介绍软件的安装、升级、卸载和组件的添加/删除、硬件的管理等基本操作。

思维导图

资源下载码：xsxdn21

5.1 认识常用的软件

软件是多种多样的，渗透了各个领域，分类也极为丰富，主要包括文件处理类、聊天社交类、网络应用类、安全防护类、影音图像类等，下面介绍常用的几类软件。

1. 文件处理类

电脑办公离不开文件的处理。常见的文件处理软件有 WPS Office、Adobe Acrobat 等。如下图所示为 WPS Office 操作界面。WPS Office 是由金山公司开发的一系列办公软件，包括办公软件最常用的文字、表格、演示等多种功能。

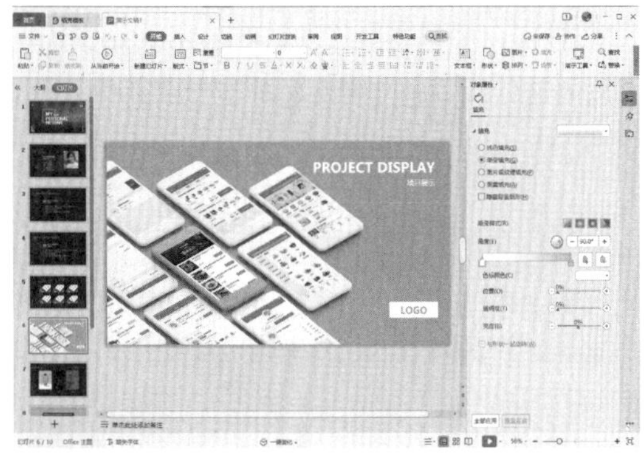

2. 聊天社交类

目前网络上存在的聊天社交类软件有很多，比较常用的有腾讯 QQ（简称 QQ）、微信等。

QQ是一款基于互联网的即时通信软件，支持显示好友在线信息、即时聊天、即时传输文件等。另外，QQ 还有发送离线文件、共享文件、QQ 邮箱、游戏等功能，QQ 的聊天窗口如下图所示。

微信目前主要应用在智能手机上，支持收发语音消息、视频、图片和文字，可以进行群聊。微信除了手机客户端外，还有电脑客户端，如下图所示为电脑客户端的聊天窗口。

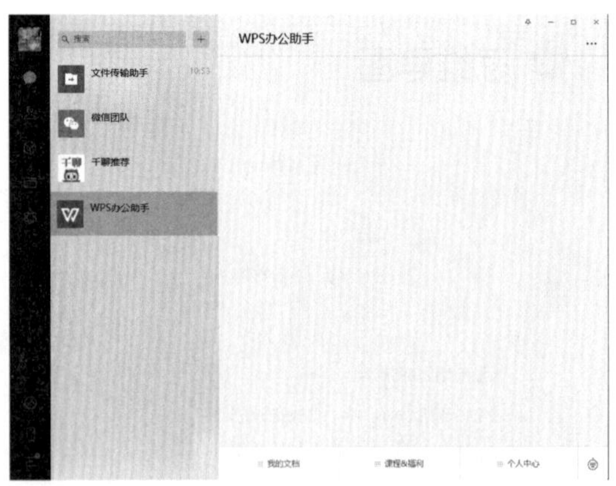

3. 网络应用类

在工作中，经常需要查找或下载资料，通过网络可以快速完成这些工作。常见的网络应用软件有浏览器、下载工具等。

浏览器是指可以显示网页服务器或文件系统的 HTML 文件内容，并让用户与这些文件进行交互的软件。常见的浏览器有 Microsoft Edge 浏览器、搜狗高速浏览器、360 安全浏览器等。如下图所示为 Microsoft Edge 浏览器界面。

4. 安全防护类

在使用电脑办公的过程中，有时电脑会出现死机、黑屏、自动重启、反应速度慢或中毒等现象，导致工作文件丢失。为防止这些现象的发生，用户一定要做好防护措施。常用的免费安全防护类软件有 360 安全卫士、腾讯电脑管家等。

360 安全卫士是一款由奇虎 360 推出的安全防护软件，因其功能强、效果好而广受用户欢迎。360 安全卫士拥有查杀木马、清理插件、修复漏洞、电脑体检、保护隐私等多种功能，并独创了“木马防火墙”功能。360 安全卫士的使用极其方便，用户口碑极佳，用户数量庞大，其主界面如下图所示。

腾讯电脑管家是腾讯公司出品的一款安全防护软件，集专业病毒查杀、智能软件管理、系统安全防护功能于一身，同时还融合了垃圾清理、电脑加速、修复漏洞、软件管理、电脑诊所等一系列辅助管理功能，满足用户杀毒防护和安全管理的双重需求，其主界面如下图所示。

5. 影音图像类

在工作中，经常需要编辑图片或播放影音等，这时就需要使用影音图像类软件。常见的影音图像类软件有 Photoshop、会声会影、爱奇艺等。

Photoshop 是专业的图形图像处理软件，是设计师的必备工具之一。Photoshop 不仅为图形图像设计提供了一个更加广阔的平台，而且在图像处理中还有“化腐朽为神奇”的功能。如下图所示为 Photoshop 2020 软件界面。

5.2 实战 1：安装软件

获取软件安装包的方法主要有 3 种，分别是从软件官方网站下载、从应用商店中下载和从软件管家中下载。

5.2.1 官网下载

官方网站（简称官网）是公开团体主办者体现其意志想法，团体信息公开，并带有专用、权威、公开性质的一种网站，从官网上下载软件安装包是最常用的方法。

从官网上下载安装软件包的操作步骤如下。

第 1 步 打开浏览器，使用搜索引擎搜索软件官网或直接在地址栏中输入官网网址，以下载 QQ 软件安装包为例，打开 QQ 软件安装包的下载页面，单击【立即下载】按钮，如下图所示。

第 2 步 软件安装包开始下载，并在浏览器左下角显示下载的进度，如下图所示。

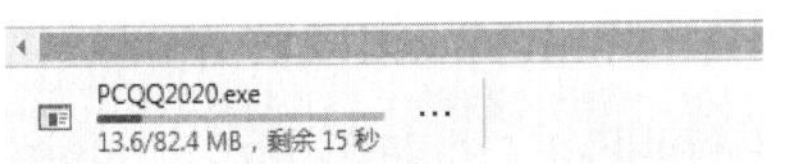

第 3 步 下载完成后，单击显示的【打开文件】命令，即可运行该软件的安装程序，如下图所示。

第 4 步 另外，单击【选项】按钮 ···，在弹出的菜单中选择【在文件夹中显示】命令，即可打开软件安装包所在的文件夹，如下图所示。

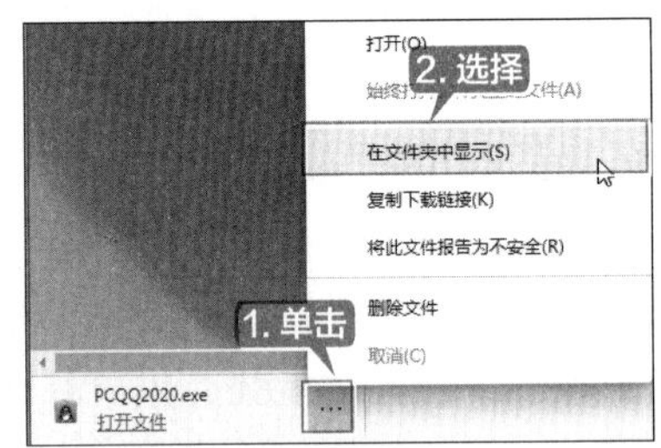

一般情况下，软件的安装过程大致相同，分为运行软件的安装程序、接受许可协议、选择安装路径和进行安装等几个步骤，有些付费软件还会要求输入注册码或产品序列号等。

5.2.2 注意事项

在安装软件的过程中，需要注意一些事项，下面进行详细介绍。

（1）安装软件时注意安装地址。

多数情况下，软件的默认安装地址在 C 盘，但 C 盘是电脑的系统盘，如果 C 盘中安装了过多的软件，很可能导致软件无法运行或者运行缓慢。

（2）安装软件是否有捆绑软件。

很多时候，在安装软件的过程中，会安装一些用户不知道的软件，这些软件就被称为捆绑软件，因此安装软件的过程中，一定要注意是否有捆绑软件，如果有，一定要取消捆绑软件的安装。

（3）电脑中不要安装过多或者功能相同的软件。

每个软件安装在电脑中都占据一定的电脑资源，如果过多地安装，会使电脑反应变慢。安装功能相同的软件也可能导致两款软件之间出现冲突，使软件无法正常运行。

（4）安装软件时尽量选择正式版软件，不要选择测试版软件。

测试版软件意味着这款软件可能并不完善，还存在很多的问题，而正式版则是经过了无数的测试，确认使用不会出现问题后才推出的软件。

（5）安装的软件一定要经过电脑安全软件的安全扫描。

经过电脑安全软件扫描后确认无毒无木马的软件才是最安全的，可以放心地使用。如果安装时出现了警告或阻止的情况，建议停止安装，选择安全的站点重新下载之后再安装该软件。

5.2.3 开始安装

下面介绍如何安装软件，以安装 QQ 为例，具体操作步骤如下。

第 1 步 打开下载的 QQ 软件安装包，弹出安装对话框，用户可以单击【立即安装】按钮直接安装软件，也可以单击【自定义选项】进行自定义安装。这里单击【自定义选项】进行安装，如下图所示。

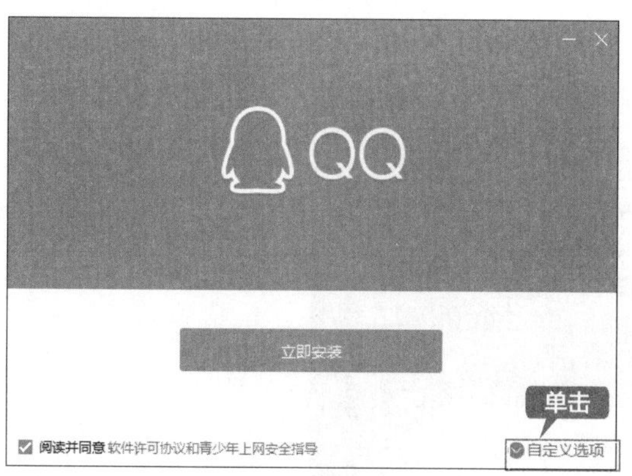

第 2 步 设置软件的安装项及安装地址，单击【立即安装】按钮，如下图所示。

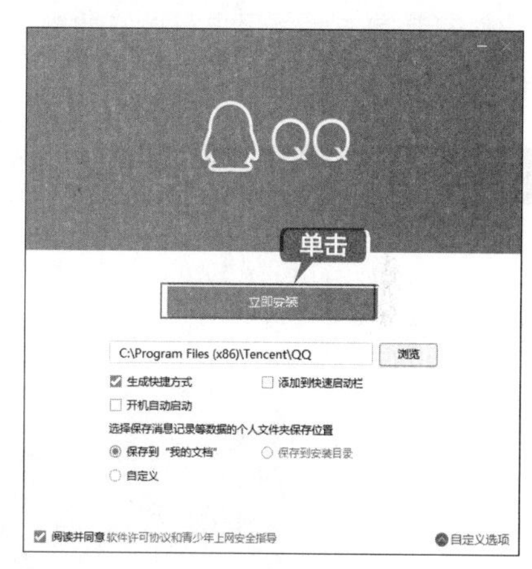

第 3 步 软件即可进入安装状态，在如下图所示的界面中显示安装进度。

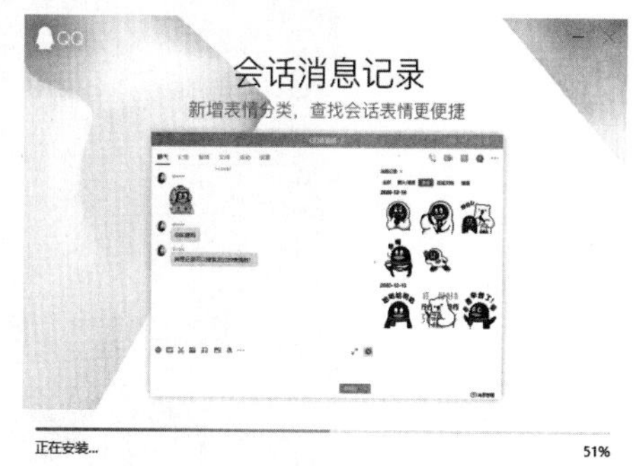

第 4 步 安装完成后，取消勾选安装推荐软件复选框，然后单击【完成安装】按钮，如下图所示。

第 5 步 软件即可启动，打开软件界面，如下图所示。

5.3 实战 2：查找安装的软件

软件安装完成后，用户可以在此电脑中查找安装的软件，包括查看所有程序列表、按首字母和数字查找软件等。

5.3.1 查看所有程序列表

在 Windows 10 操作系统中，用户可以轻松地查看所有程序列表，具体操作步骤如下。

第 1 步 单击【开始】按钮，弹出【开始】菜单，如下图所示。

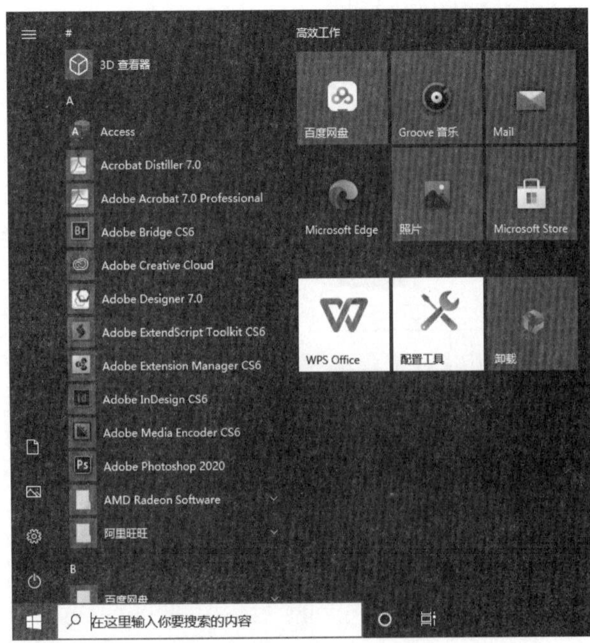

第 2 步 在【开始】菜单左侧的所有程序列表中，向下或向上拖动滑块即可浏览所有安装的程序，如下图所示。

第 3 步 在所有程序列表顶部，显示了【最近添加】的程序列表，单击【展开】，即可查看最近安装的程序，如下图所示。

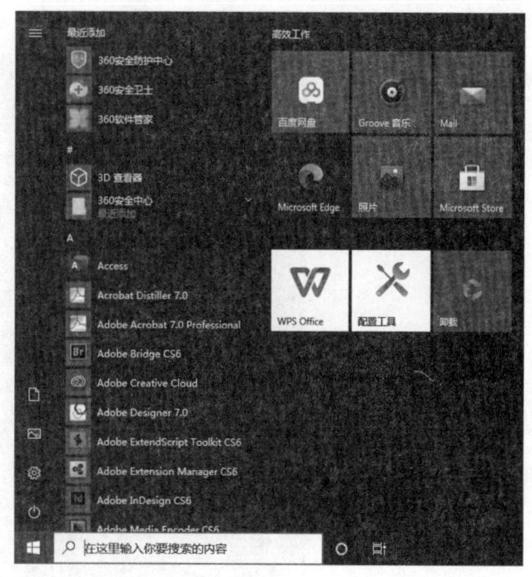

提示

如果菜单中不显示【最近添加】程序列表，可在【设置】→【个性化】→【开始】界面中，将【显示最近添加的应用】选项设置为“开”。

5.3.2 按首字母查找软件

如果所有程序列表中包含很多软件，在找某个软件时，就会比较麻烦。在 Windows 10 的【开始】菜单中应用程序是按首字母进行排序的，用户可以利用首字母来查找软件，具体操作步骤如下。

第 1 步 单击所有程序列表中的任一字母选项，如单击字母C，如下图所示。

第 2 步 即可弹出字母搜索面板，如这里需要查看首字母为“J”的程序，单击面板中的【J】字母，如下图所示。

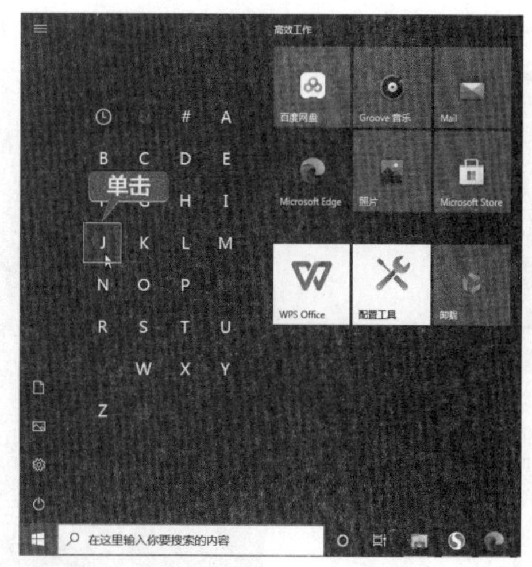

第 3 步 随即返回到所有程序列表中，可以看到首先显示的就是以“J”开头的程序列表，如下图所示。

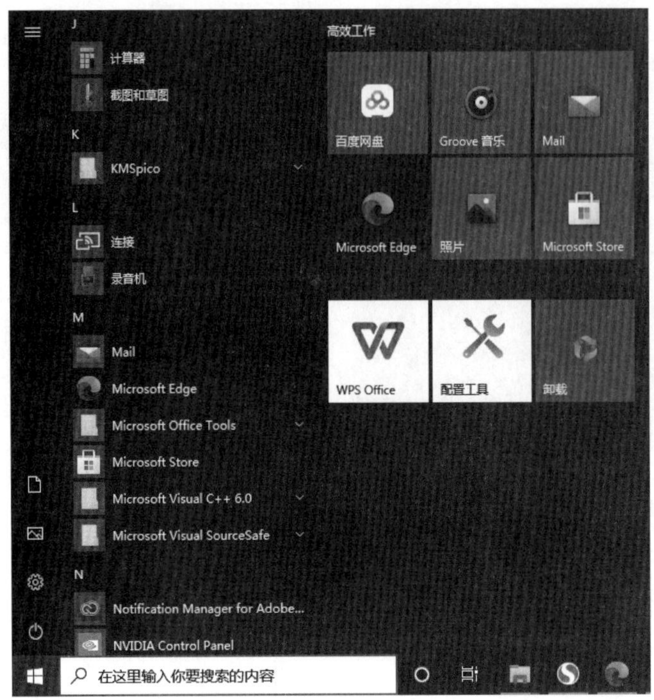

5.3.3 使用搜索框快速查找软件

Windows 10 系统中大大提高了系统的检索速度，借助搜索框，可以快速找到目标软件，而且支持模糊搜索，与按首字母查找软件相比，更为快捷和准确。

第 1 步 在搜索框中输入要搜索的程序名称，如搜索“计算器”，在菜单中会立即匹配相关的程序，单击即可启动该程序，如下图所示。

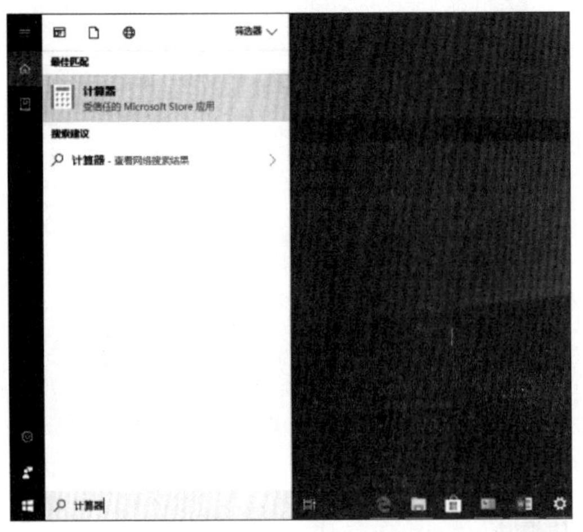

第 2 步 如果仅知道软件的部分字母或关键文字，也可以通过搜索快速查找。如这里查找“Adobe Acrobat 7.0 Professional”，由于名字较长，很难记忆，可以输入“adob”“acr”或“pro”等，通过模糊搜索找到该软件，如下图所示。

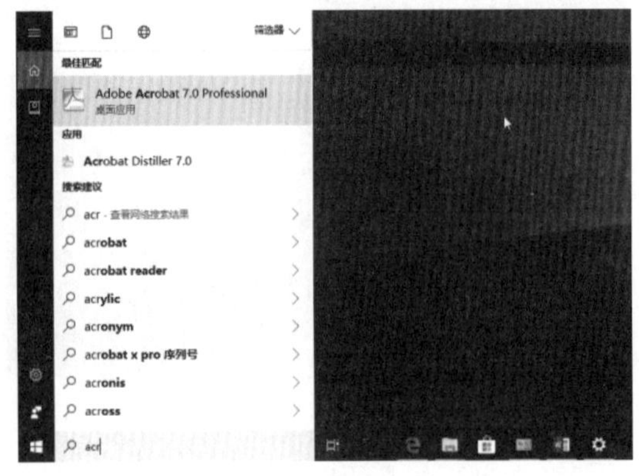

5.4 实战3：更新和升级软件

软件并不是一成不变的，软件公司会根据用户的需求，不断推陈出新，更新一些新的功能，提高软件的用户体验。下面将分别介绍软件自动检测升级和使用第三方管理软件升级的具体方法。

5.4.1 使用软件自动检测升级

下面以更新“腾讯QQ”软件为例，介绍软件升级的一般步骤。

第1步 在QQ软件界面中，单击【主菜单】按钮☰，在弹出的菜单中，单击【升级】选项，如下图所示。

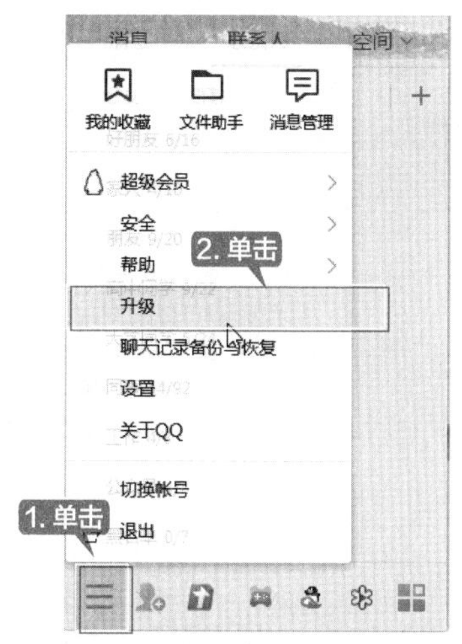

第2步 如果软件有新版本，则弹出对话框并提示“你有最新QQ版本可以更新了”，单击【更新到最新版本】按钮，如下图所示。

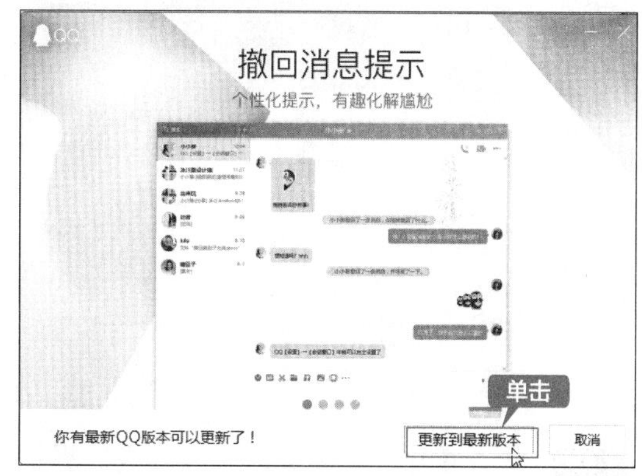

第3步 此时即会开始下载新版本，并在桌面右下角显示“QQ更新”消息框，如下图所示。

第4步 更新下载完成后，弹出如下图所示的消息框，单击【立即重启】按钮，即可完成软件的升级。重启并登录QQ后，会弹出新功能介绍对话框。

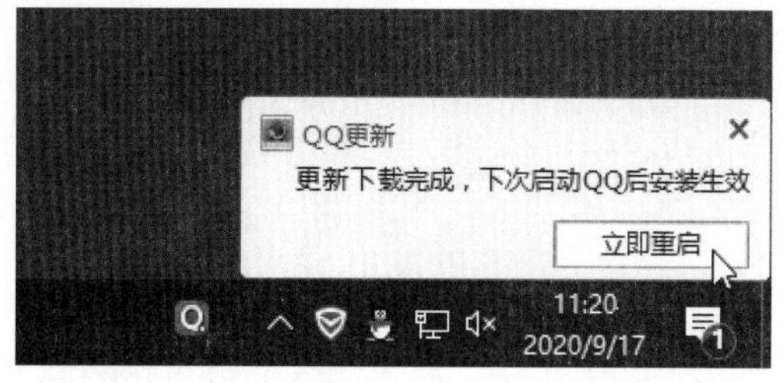

5.4.2 使用第三方管理软件升级

用户可以通过第三方管理软件升级电脑中的软件，如 360 安全卫士和腾讯电脑管家，使用方便，可以一键升级软件。下面以 360 安全卫士为例，介绍如何一键升级电脑中的软件。

第 1 步 打开 360 安全卫士中的“360 软件管家”界面，在顶部的【升级】图标上，可以看到显示的数字“6”，表示有 6 款软件可以升级，如下图所示。

第 2 步 单击【升级】图标，在【升级】界面中即可看到可升级软件列表。如果要升级单个软件，单击该软件右侧的【升级】按钮即可；如果要升级全部软件，单击界面右下角的【一键升级】按钮，同时升级多个软件，如下图所示。

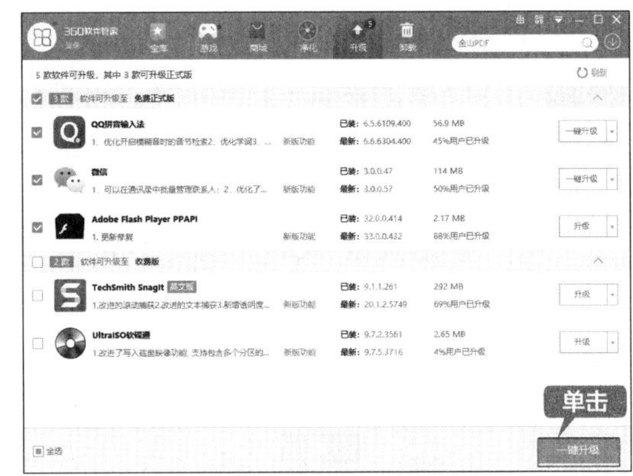

5.5 实战 4：卸载软件

当安装的软件不再有使用需要时，可以将其卸载，以腾出更多的空间来安装需要的软件，在 Windows 10 操作系统中，卸载软件有以下 3 种方法。

5.5.1 在“程序和功能”窗口中卸载软件

在 Windows 10 操作系统中，“程序和功能”是卸载软件的基本方法，具体操作步骤如下。

第 1 步 单击【开始】按钮，打开所有程序列表，右击要卸载的程序图标，在弹出的菜单中，单击【卸载】命令，如下图所示。

第 2 步 打开【程序和功能】窗口，再次选择要卸载的程序，单击【卸载／更改】按钮，如下图所示。

提示

有些程序在选择后，会直接显示【卸载】按钮，单击该按钮即可。

第 3 步 在弹出的软件卸载对话框中，单击【卸载】按钮，如下图所示。

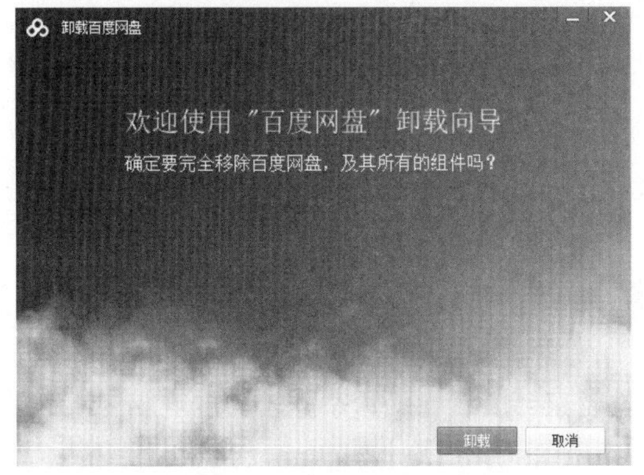

第 4 步 软件随即开始卸载，并显示卸载进程，如下图所示。

第 5 步 卸载完成后，单击【完成】按钮，即可完成卸载，如下图所示。

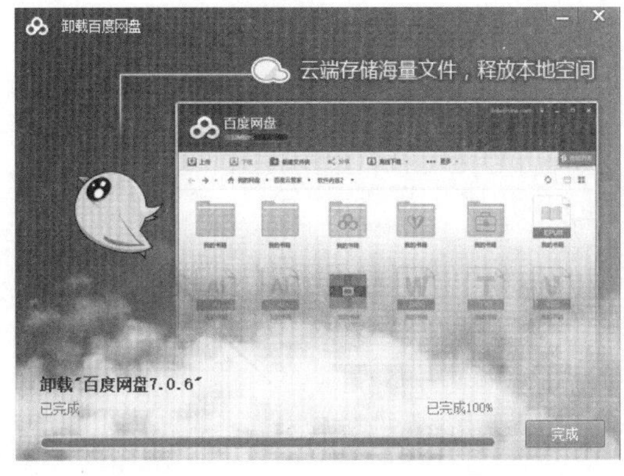

提示

部分软件在单击【完成】按钮前，请确保没有勾选安装其他软件的复选框，否则将会在卸载完成后，安装其他勾选的软件。

5.5.2 在“应用和功能”面板中卸载软件

Windows 10 系统中新增了【设置】面板，代替了低版本操作系统中【控制面板】的部分功能，下面介绍在“应用和功能”面板中卸载软件的方法。

第 1 步 右击【开始】按钮，在弹出的菜单中，单击【应用和功能】命令，如下图所示。

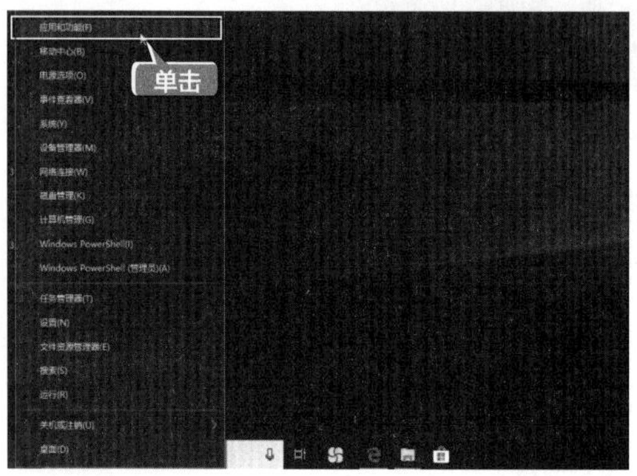

提示

也可以按【Windows+I】组合键，打开【设置】面板，单击【应用】选项，进入【应用和功能】面板。

第 2 步 弹出【应用和功能】面板，选择要卸载的程序，单击程序下方的【卸载】按钮，如下图所示。

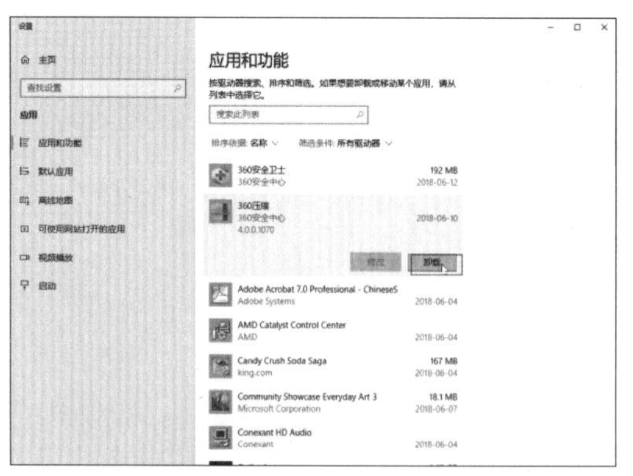

第 3 步 弹出如下图所示的提示框，单击【卸载】按钮。

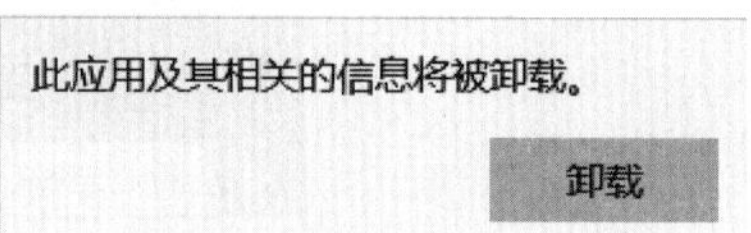

第 4 步 弹出软件卸载对话框，在其中选择相应的选项，单击【立即卸载】按钮，如下图所示。

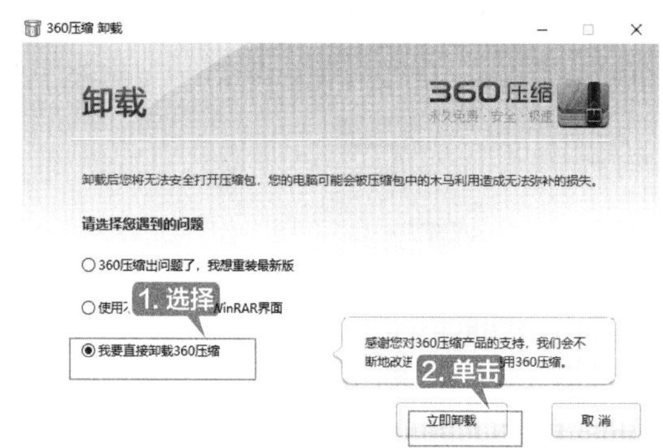

第 5 步 卸载完成后，单击【完成】按钮即可完成卸载，如下图所示。

5.5.3 使用第三方管理软件卸载软件

用户还可以使用第三方管理软件，如 360 软件管家、腾讯电脑管家等来卸载电脑中不需要的软件。

以 360 软件管家为例，单击【卸载】图标，进入软件卸载列表，勾选要卸载的软件，单击【一键卸载】按钮，即可完成卸载，如下图所示。

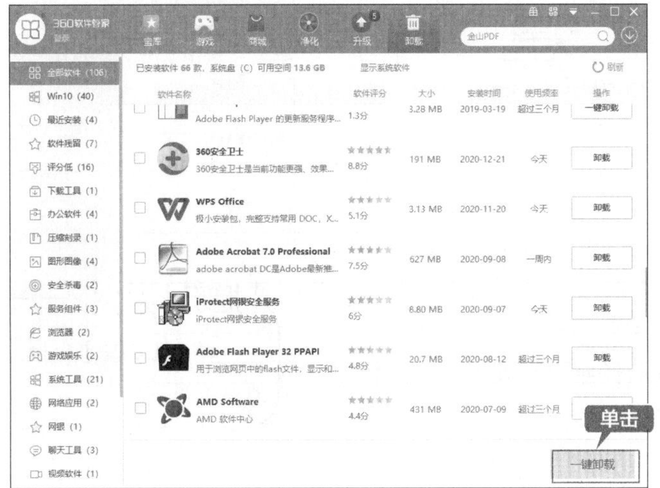

设置默认应用

电脑的功能越来越强大，应用软件的种类也越来越多，往往用户会在电脑上安装多个同样功能的软件，这时该怎么将其中一个软件设置为默认应用呢？设置默认应用的方法有多种，下面以“默认应用”面板为例，设置系统的默认应用。

第 1 步 按【Windows+I】组合键，打开【设置】面板，单击【应用】选项，如下图所示。

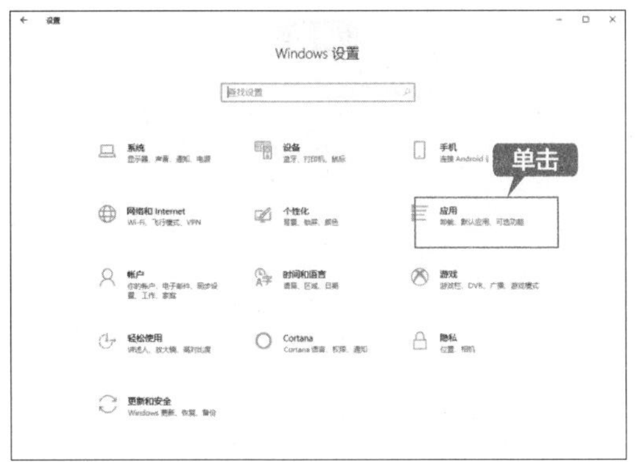

第 2 步 单击左侧列表中的【默认应用】选项，在右侧界面中即可看到电子邮件、地图、音乐播放器、照片查看器、视频播放器及 Web 浏览器的默认应用，如下图所示。

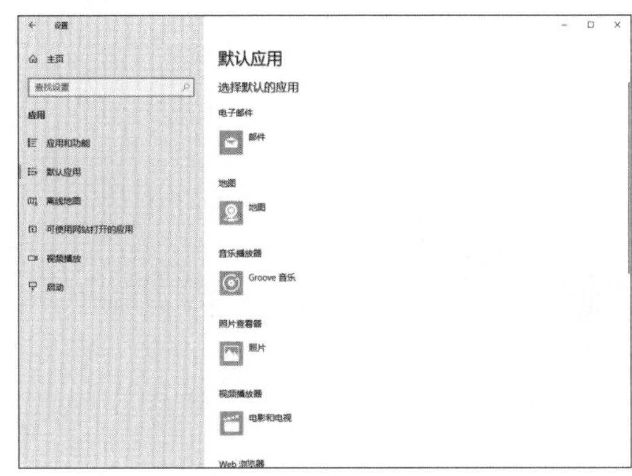

第 3 步 例如，这里要设置视频播放器的默认应用，单击【视频播放器】下当前默认应用“电

影和电视”，如下图所示。

第 4 步 在弹出的【选择应用】列表中，选择要设置的应用，如这里选择“爱奇艺万能播放器”，如下图所示。

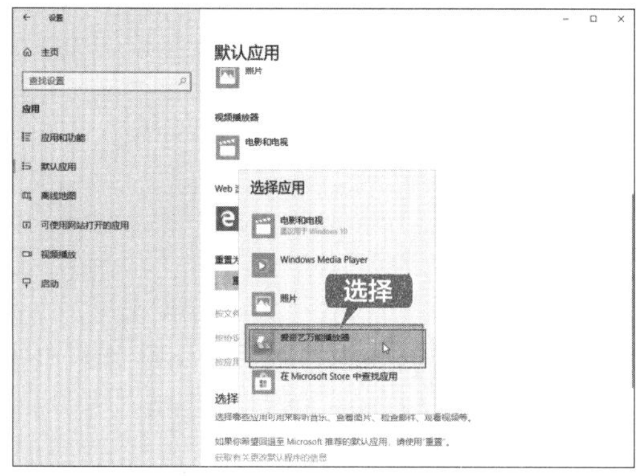

第 5 步 即可看到【视频播放器】下的默认应用显示为“爱奇艺万能播放器”，表示已修改完成，如下图所示。

提示

单击【重置】按钮，将恢复系统推荐的默认应用。

另外，如果要指定软件打开某个类型的文件，则右击一个该类型文件，在弹出的菜单中，单击【打开方式】→【选择其他应用】命令。这里打开 MP4 文件，在弹出的对话框中，选择要打开该类型文件的应用，勾选【始终使用此应用打开 .mp4 文件】复选框，并单击【确定】按钮即可，如下图所示。

◇ 为电脑安装更多字体

如果想在电脑中使用一些特殊的字体，如草书、毛体、广告字体、艺术字体等，都需要用户自行安装。为电脑安装字体的操作步骤如下。

第 1 步 从网上下载字体包，如下图所示为下载的字体包文件夹。

第 2 步 选中需要安装的字体并右击，在弹出的快捷菜单中选择【安装】命令，如下图所示。

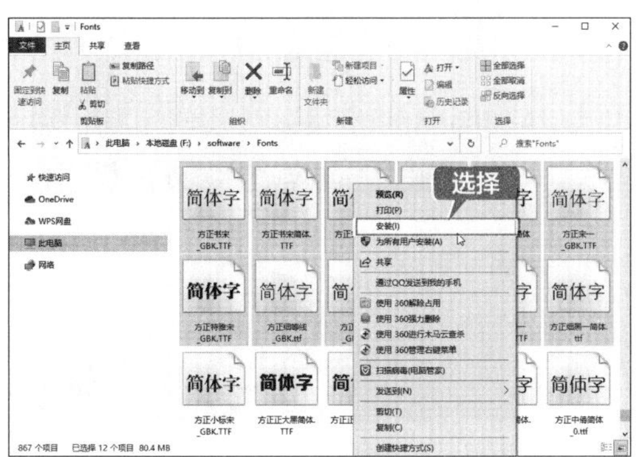

第 3 步 弹出【正在安装字体】对话框，在其中显示了字体安装的进度，如下图所示，安装完成后即可使用。

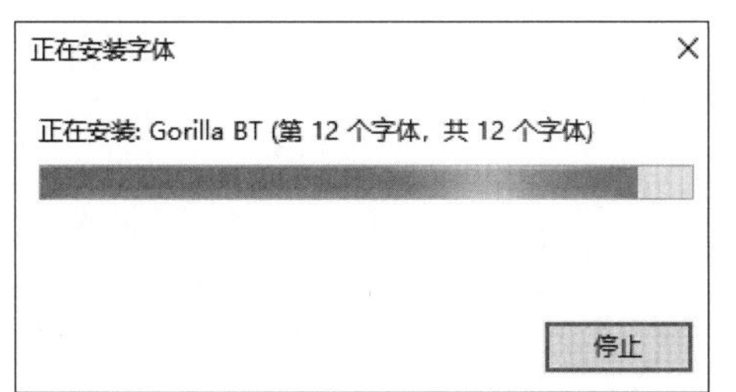

◇ 在 Microsoft Store 中搜索并下载应用程序

Microsoft Store 是 Windows 10 操作系统中的应用商店，用于展示、下载电脑或手机适用的应用程序。在 Windows 10 操作系统中，用户可以使用 Microsoft Store 来搜索、安装应用程序。

第 1 步 在【开始】菜单中，单击【Microsoft Store】图标启动应用商店，然后单击窗口右上角的【搜索】按钮，并在文本框中输入应用程序名称，如这里输入“抖音”，如下图所示。

第 2 步 在打开的界面中显示与“抖音”相匹配的搜索结果，单击要下载的应用程序图标，如下图所示。

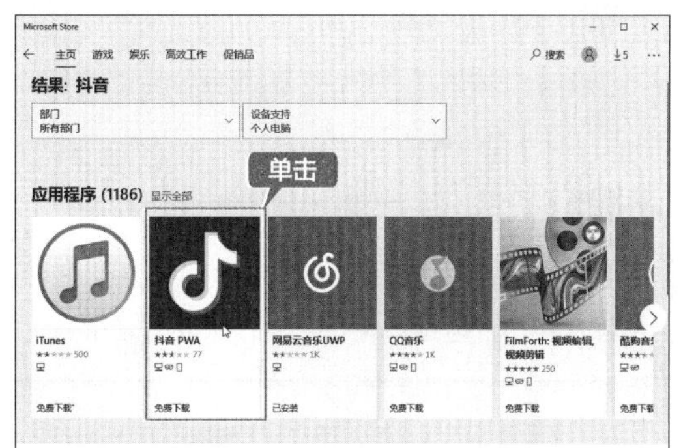

第 3 步 进入应用程序详细信息界面后，单击【获取】按钮，如下图所示。

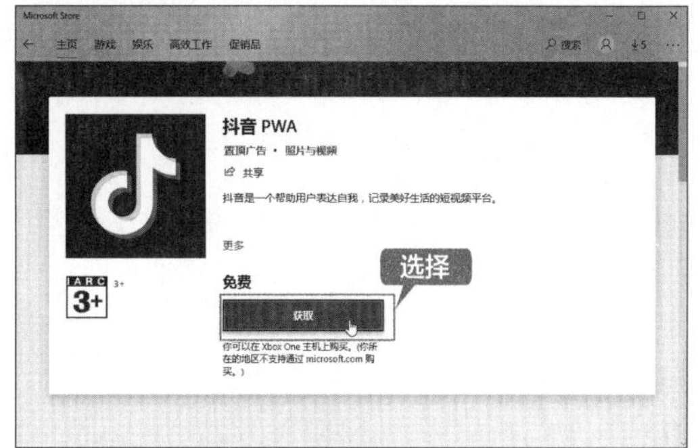

第4步 即可开始下载并安装该应用，如下图所示。

第5步 安装完毕后，单击【启动】按钮，如下图所示。

提示

单击【启动】按钮右侧的 ··· 按钮，在弹出的列表中，可将该应用固定到【开始】菜单或任务栏中，方便使用，如下图所示。

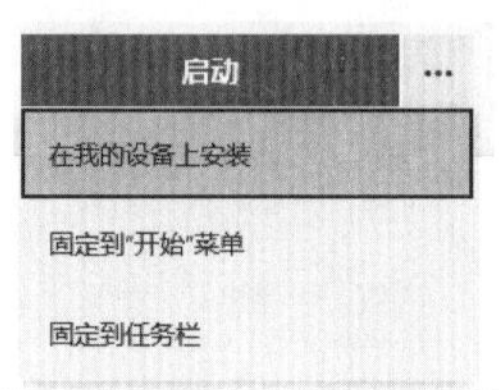

第6步 即可打开应用，并进入其主界面，如下图所示。

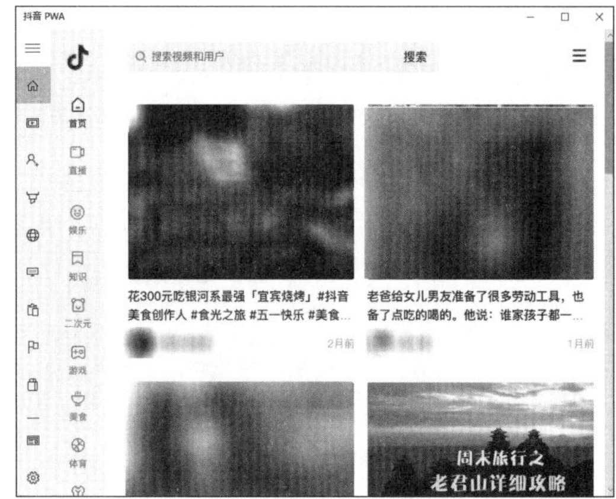

提示

在 Microsoft Store 中，部分应用程序是付费应用，需要支付费用，才能下载使用。如果需要购买，可根据提示，通过银联信用卡、银联借记卡或支付宝等方式购买。

第2篇

网络应用篇

第 6 章

电脑上网——网络的连接与设置

本章导读

互联网影响着人们生活和工作的方式，通过网络可以和千里之外的人进行交流。目前，联网的方式有很多种，主要的联网方式包括光纤宽带上网、小区宽带上网和无线上网等。

思维导图

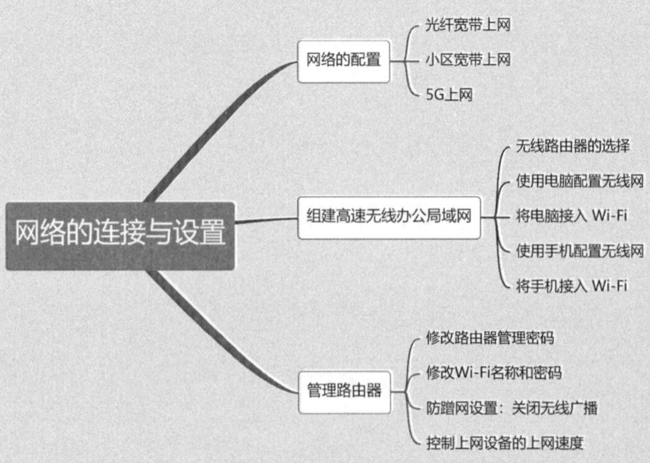

6.1 实战 1：网络的配置

上网的方式多种多样，主要的上网方式包括光纤宽带上网、小区宽带上网、电力线上网等，不同的上网方式所带来的网络体验也不同，本节主要介绍有线网络的设置。

6.1.1 光纤宽带上网

随着人们对网速要求的提高，光纤入户成为目前最常见的家庭联网方式，一般常见的服务商联通、电信和移动都是采用光纤入户的方式，配合千兆光 Modem，用户即可享用光纤上网，速度达百兆至千兆。与之前的 ADSL 接入方式相比，光纤宽带上网以光纤为信号传播载体，在光纤两端装设光 Modem，把传输的数据由电信号转换为光信号进行通信，对于用户而言具有速度快、掉线少的优点。

1. 开通业务

常见的宽带服务商为联通、电信和移动，申请开通宽带上网业务一般可以通过两种途径，一种是携带有效证件，直接到受理宽带业务的当地宽带服务商营业厅申请；另一种是登录当地宽带服务商网站进行在线申请。申请宽带业务后，当地服务商的工作人员会上门安装光 Modem（俗称光纤猫或光猫）并做好上网设置。

> **提示**
>
> 用户申请后会获得一组上网账号和密码。有的宽带服务商会提供光 Modem，有的则不提供，用户需要自行购买。

2. 设备的安装与设置

一般情况下，网络服务提供商的工作人员上门安装光纤时，在将光纤线与光 Modem 连通后，会对连接情况进行测试。如果没有带无线功能的光 Modem，需要通过路由器或电脑进行拨号联网。如下图所示，左侧接口为光纤网接口，由工作人员接入，其右侧的两个口为 LAN 接口（局域网接口），用于连接其他拨号上网设备，如电脑、路由器等，最右侧是电源接口和开关按钮，主要负责连接电源和开 / 关设备。

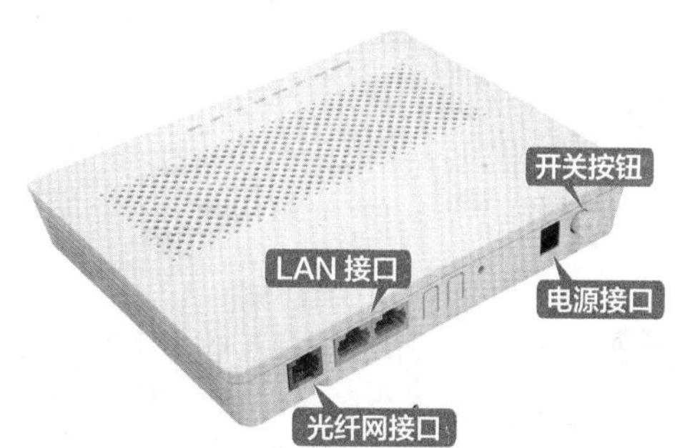

如果使用上述的光 Modem 设备，可用一根网线，一端接入电脑主机后面的 RJ45 网线接口，另一端接入光 Modem 中任意一个 LAN 接口，启动电脑，并进行如下设置，为电脑拨号联网。

第 1 步 单击任务栏中的【网络】按钮，在弹出的界面中选择【宽带连接】选项，如下图所示。

第 2 步 弹出【网络和 INTERNET】设置界面，选择【拨号】选项，在右侧界面中选择【宽带连接】选项，并单击【连接】按钮，如下图所示。

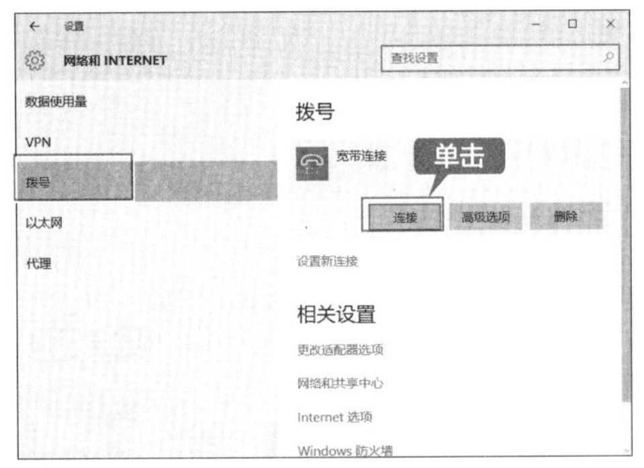

第 3 步 在弹出的【登录】对话框的【用户名】和【密码】文本框中输入服务商提供的用户名和密码，单击【确定】按钮，如下图所示。

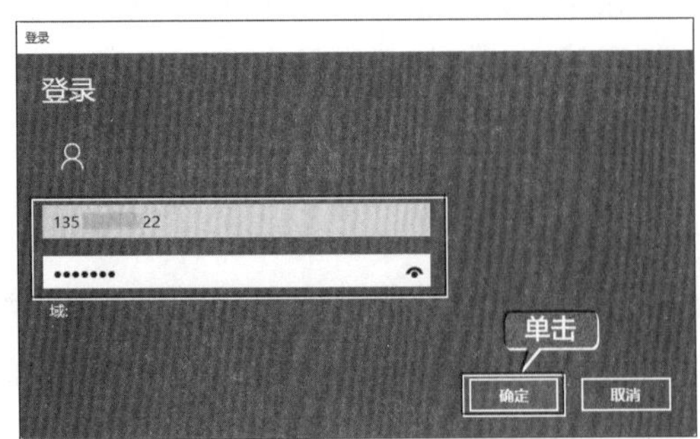

第 4 步 即可看到宽带正在连接，如下图所示，连接完成后即可看到已连接的状态。

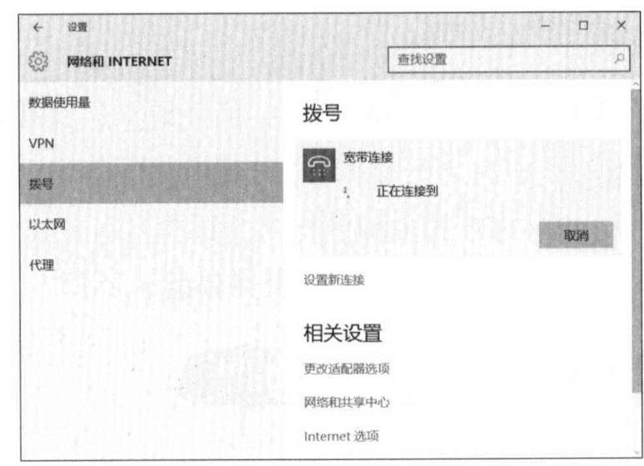

目前，无线光 Modem 已逐渐替代老式光 Modem，如下图所示。服务商大多会为新入网用户提供无线光 Modem，它与老式光 Modem 相比，拥有无线功能，可以直接拨号联网，从光 Modem 的 LAN 接口接出的网线可以直接连接路由器、电脑、交换机、电视等设备。一般情况下，无线光 Modem 虽然有无线功能，但是其信号覆盖面积小，建议接入一个路由器，以达到更好的网络覆盖效果。

提示

不同的无线光 Modem 设备，其 LAN 接口也会稍有区别，如有的 LAN 接口仅支持连接电视，不能连接路由器。部分光 Modem 设备 LAN 接口有百兆和千兆之分，如果带宽为 100 兆以内，可接入任意 LAN 接口，搭配百兆路由器即可；如果带宽为 100 兆以上，建议采用千兆路由器，并接入千兆 LAN 接口，因为百兆路由器最大支持 100 兆带宽，即便带宽为 300 兆，采用百兆路由器的网速也仅相当于 100 兆带宽，而使用千兆路由器，则可达到 300 兆带宽，且最大可支持 1000 兆带宽。正确接入 LAN 接口并选择合适的路由器，可以有更好的上网体验。

6.1.2 小区宽带上网

小区宽带一般指的是光纤到小区，也就是 LAN 宽带，使用大型交换机，分配网线给各户，不需要使用 ADSL Modem 设备，电脑配有网卡即可连接上网，整个小区共享一根光纤。在用户不多的时候，速度非常快。这是大中城市目前比较普遍的一种宽带接入方式，有多家服务商提供此类宽带接入方式，如联通、电信和长城宽带等。

1. 开通业务

小区宽带的开通申请比较简单，用户只需携带自己的有效证件和本机的物理地址到负责小区宽带的服务商申请即可。

2. 设备的安装与设置

小区宽带申请开通业务后，服务商会安排工作人员上门安装。另外，不同的服务商会提供不同的上网信息，有的会提供上网的用户名和密码，有的会提供 IP 地址、子网掩码及 DNS 服务器，也有的会提供 MAC 地址。

3. 电脑端配置

不同的小区宽带上网方式，设置方法也不同。下面介绍不同小区宽带上网方式的设置方法。

（1）使用用户名和密码

如果服务商提供上网的用户名和密码，用户只需将服务商接入的网线连接到电脑上，在【登录】对话框中输入用户名和密码，即可连接上网，如下图所示。

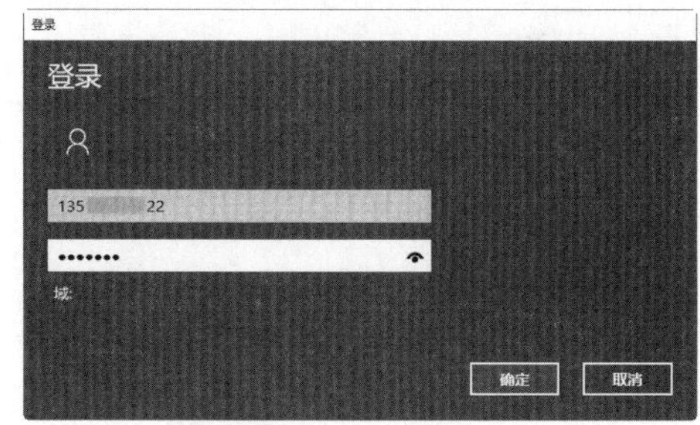

（2）使用 IP 地址上网

如果服务商提供 IP 地址、子网掩码及 DNS 服务器，用户需要在本地连接中设置 Internet（TCP/IP）协议，具体步骤如下。

第 1 步 用网线将电脑的以太网接口和小区的网络接口连接起来，然后在【网络】图标上右击，在弹出的快捷菜单中选择【属性】命令，打开【网络和共享中心】窗口，单击【以太网】，如下图所示。

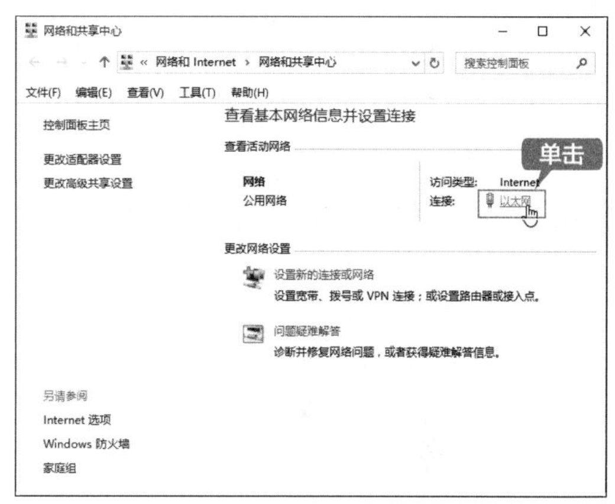

第 2 步 弹出【以太网 状态】对话框，单击【属性】按钮，如下图所示。

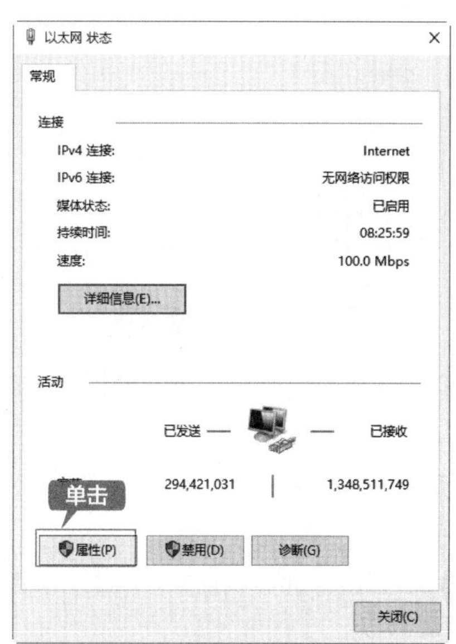

第 3 步 选中【Internet 协议版本 4（TCP/IPv4）】选项，单击【属性】按钮，如下图所示。

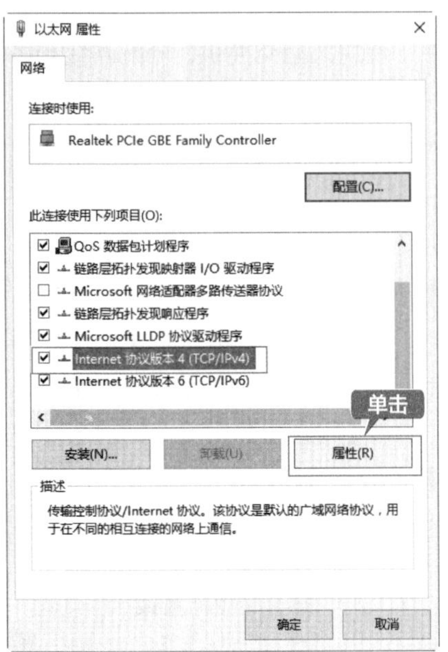

第 4 步 在弹出的对话框中，选中【使用下面的 IP 地址】选项，然后在下面的文本框中填写服务商提供的 IP 地址和 DNS 服务器地址，单击【确定】按钮即可连接，如下图所示。

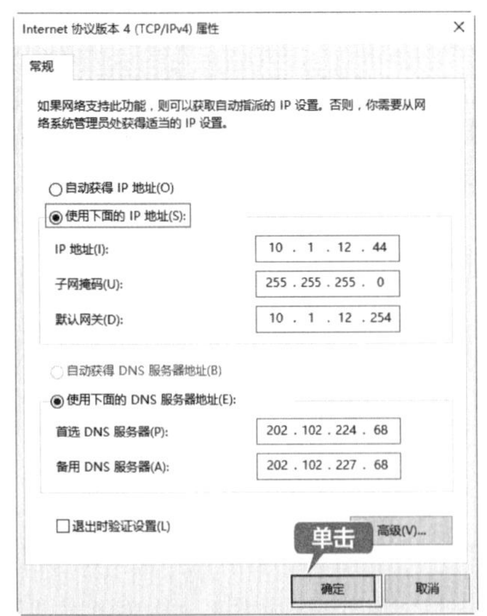

（3）使用 MAC 地址

如果小区或单位提供 MAC 地址，用户可以通过以下步骤进行设置。

第 1 步 打开【以太网 属性】对话框，单击【配置】按钮，如下图所示。

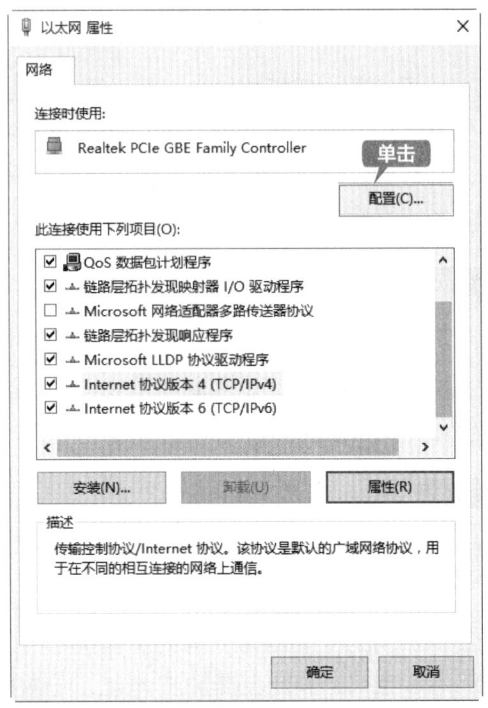

第 2 步 弹出属性对话框，单击【高级】选项卡，在属性列表中选择【Network Address】选项，在右侧【值】文本框中输入 12 位 MAC 地址，单击【确定】按钮即可连接网络，如下图所示。

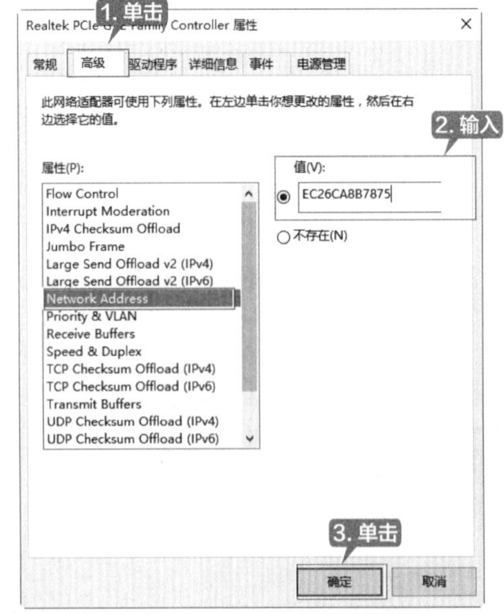

6.1.3 5G 上网

5G 是第五代移动通信技术，理论上传输速度可达 10Gbit/s，比 4G 网络传输速度快百倍，这意味着用户可以用不到 1 秒的时间完成一部超高画质电影的下载。

5G 网络的推出，不但给用户带来超高的带宽，而且以其延迟较低的优势，广泛应用于物联网、远程驾驶、自动驾驶汽车、远程医疗手术及工业智能控制等方面。目前，我国主要一、二线城市已经覆盖 5G 网络，随着 5G 基站的建设，将覆盖更多的地区，使更多的用户可以享受高速率的 5G 网络。

目前，支持 5G 的智能终端主要有手机、笔记本电脑及平板电脑等，如果用户想使用 5G 网络，在拥有 5G 设备终端的前提下，将 SIM 卡开通 5G 网络服务，即可使用 5G 上网。开通 5G 上网服务后，设备终端的上网标识会显示 5G 字样（如下左图所示），其上网速度也会大大提升。

另外，用户也可以将设备的 5G 信号，通过热点分享的形式，供其他无线设备接入网络，同样可以享受超快的 5G 网络，如下右图所示。

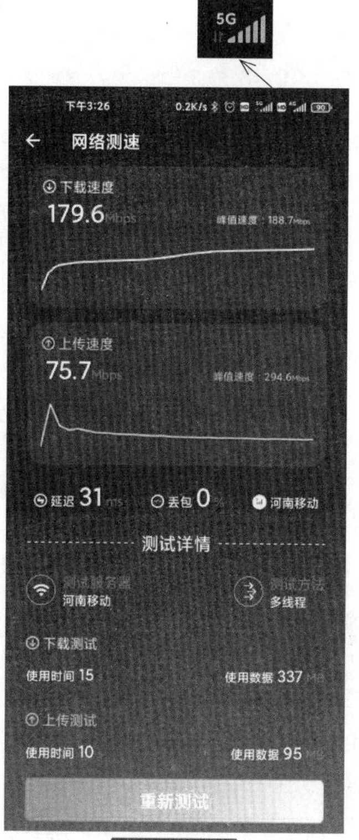

6.2 实战 2：组建高速无线办公局域网

无线局域网络的搭建给家庭无线办公带来了很多便利，用户可以在信号范围内的任意位置使用网络而不受束缚，大大满足了现代人的需求。建立无线局域网的操作比较简单，在有线网络到户后，用户只需连接一个无线路由器，即可建立无线网络，供其他智能设备联网使用。

6.2.1 无线路由器的选择

路由器对于大多数家庭来说，已是必不可少的网络设备，尤其是家庭中拥有无线终端设备，需要通过无线路由器接入网络。下面介绍如何选购路由器。

1. 关于型号的认识

在购买路由器时，会发现标注有1200M、1900M、2400M、3000M等，这里的M是Mbit/s（比特率）的简称，是描述数据传输速度的单位。理论上，600Mbit/s的网速，字节传输的速度是75MB/s，1200Mbit/s的网速，字节传输的速度是150MB/s，用公式表示就是1MB/s=8Mbit/s。

2. 网络接口

无线路由器网络接口一般分为千兆和百兆，目前服务商提供的网络带宽已经达到200MB/s以上，建议选择千兆网络接口。

3. 产品类型

按照用途分类，路由器主要分为家用路由器和企业级路由器两种，家用路由器一般发射频率较小，接入设备也有限，主要满足家庭使用需求；而企业级路由器由于用户较多，发射频率较大，支持更高的无线带宽和更多用户的使用，而且固件具有更多功能，如端口扫描、数据防毒、数据监控等，其价格也较贵。如果是企业用户，建议选择企业级路由器，否则网络的使用会受影响，如网速慢、不稳定、易掉线、设备死机等。

另外，路由器也分为普通路由器和智能路由器，其最主要的区别是，智能路由器拥有独立的操作系统，可以实现智能化管理，用户可以自行安装各种应用控制带宽、在线人数、浏览网页、在线时间，而且拥有强大的USB共享功能。华为、华硕、TP-Link、小米等企业推出了自己的智能路由器，已经被广泛使用。

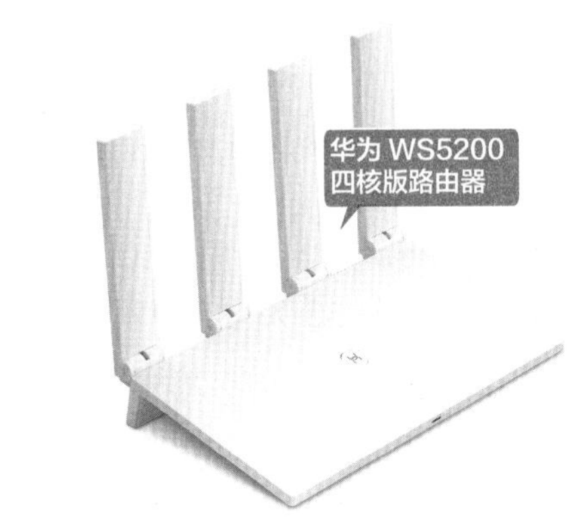

4. 单频、双频还是三频

路由器的单频、双频和三频指的是支持的无线网络通信协议。单频仅支持2.4GHz频段，目前已被逐渐淘汰；双频包含了两个无线频段，一个是2.4GHz，一个是5GHz，在传输速度方面，5GHz频段的传输速度更快，但是其传输距离和穿墙性能不如2.4GHz；三频包含了一个2.4GHz和两个5GHz无线频段，比双频路由器多了一个5GHz频段，方便用户区分不同无线频段中的低速和高速设

备，尤其是家中拥有大量智能家居和无线设备时，三频路由器拥有更高的网络承载力，不过价格较贵，一般用户选用双频路由器即可。

5. Wi-Fi 5 还是 Wi-Fi 6

Wi-Fi 5 和 Wi-Fi 6 是 Wi-Fi 的协议，类似于移动网络的 4G、5G，目前使用较为广泛的是 Wi-Fi 5 标准的路由器，而 Wi-Fi 6 路由器已陆续推出，并覆盖高端、中端和低端三个档位。Wi-Fi 6 路由器最大支持 160MHz 频宽，速度比 Wi-Fi 5 路由器快 3 倍，同时支持更多的设备并发，对于家庭中有多个智能终端的用户是个不错的选择。

6. 安全性

由于路由器是网络中比较关键的设备，对于网络中存在的各种安全隐患，路由器必须要有可靠性，保证线路安全。选购路由器时安全性能是参考的重要指标之一。

7. 控制软件

路由器的控制软件是管理路由器功能的一个关键环节，从软件的安装、参数设置，到软件的版本升级都是必不可少的。软件的安装、参数设置及调试越方便，用户就越容易掌握，从而更好地应用。如今不少路由器已提供 APP 支持，用户可以使用手机调试和管理路由器，对于初级用户上手非常方便。

6.2.2 使用电脑配置无线网

建立无线局域网的第一步就是配置无线路由器，使用电脑配置无线网的操作步骤如下。

1. 设备的连接

在配置无线网时，首先应将准备的路由器、光纤猫及设备连接起来。

首先，确保光纤猫连接正常，将光纤猫接入电源，并将网线插入光纤猫的入网口，确保显示灯正常。

然后，准备一根 1 米左右的网线，将网线插入光纤猫的LAN 口(连接局域网的接口)，并将另一端插入路由器的 WAN 口 (连接网络或宽带的接口)，将路由器接入电源。如果家里配有弱电箱，预埋了网线，则需将弱电箱中的预留网线接入光纤猫，并使用一根短的网线连接预留网口 (如电视背景墙后的网口) 和路由器的 WAN 口。

最后，准备一根网线，连接路由器的 WAN 口和电脑的网口，即可完成设备的连接工作。

具体可参照下图进行连接。

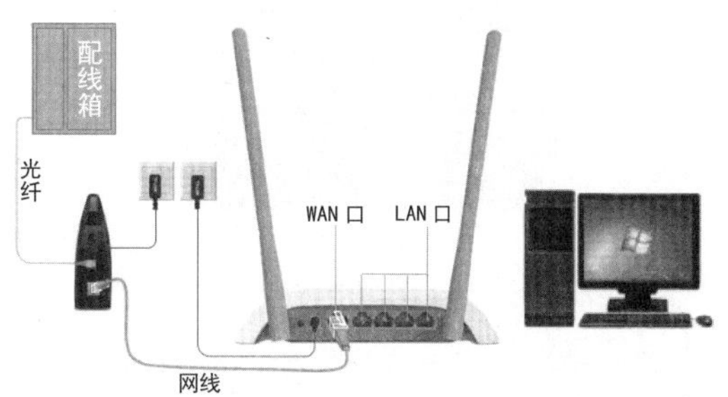

提示

如果电脑支持无线功能或希望使用手机配置网络，只需执行前两步连接工作即可，不需要再使用网线连接路由器和电脑。

2. 配置网络

网络设备及网线连接完成后，即可开始设置网络。本节以华为路由器为例进行介绍，其他品牌的路由器同样可以参照本节介绍的步骤进行操作。

（1）将电脑接入路由器

如果是台式电脑，已经使用网线将路由器和电脑连接，则表示已经将电脑接入路由器。如果电脑支持无线功能或使用其他无线设备，则可按照以下步骤进行连接。

第 1 步 确保电脑的无线网络功能开启，单击任务栏中的■按钮，在弹出的列表中选择要接入路由器的网络，并单击【连接】按钮，如下图所示。

> **提示**
>
> 一般新路由器或恢复出厂设置的路由器在接入电源后，无线网初始状态都是无密码的，方便用户接入并设置网络。
>
> 另外，在无线网列表中，显示有“开放”字样的网络，表示没有密码，但请谨慎连接。显示有“安全”字样的网络，表示网络加密，需要输入密码才能访问。

第 2 步 待网络连接成功后，即表示电脑或无线设备已经接入路由器网络中，如下图所示。

（2）配置账户和密码

第 1 步 打开浏览器，在地址栏中输入路由器的后台管理地址“192.168.3.1”，按【Enter】键即可打开路由器的登录页面，单击【马上体验】按钮，如下图所示。

> **提示**
>
> 不同品牌的路由器，配置地址也不同，用户可以在路由器或说明书上查看配置地址。

第 2 步 进入设置向导页面，选择上网方式，一般路由器会根据所处的上网环境来推荐上网方式，这里选择【拨号上网】，并在下方文本框中输入宽带账号和密码，单击【下一步】按钮，如下图所示。

提示

拨号上网也称 PPPoE，如常见的联通、电信、移动等都属于拨号上网。自动获取 IP，也称动态 IP 或 DHCP，每连接一次网络就会自动分配一个 IP 地址，在设置时，无须输入任何内容，如果光 Modem 已进行拨号设置，则需选择自动获取 IP 方式。静态 IP，也称固定 IP 上网，服务商会给一个固定 IP，设置时输入 IP 地址和子网掩码。Wi-Fi 中继，也称无线中继模式，即无线 AP 在网络连接中起到中继的作用，能实现信号的中继和放大，从而扩大无线网络的覆盖范围，在设置时，连接 Wi-Fi 网络，输入无线网密码即可。

（3）设置 Wi-Fi 名称和密码

第 1 步 进入 Wi-Fi 设置页面，设置 Wi-Fi 名称和密码，单击【下一步】按钮，如下图所示。

提示

目前大部分路由器支持双频模式，可以同时工作在 2.4GHz 和 5.0GHz 频段，用户可以设置两个频段的无线网络。

第 2 步 选择 Wi-Fi 功率模式，这里默认选择【Wi-Fi 穿墙模式】，单击【下一步】按钮，如下图所示。

第 3 步 配置完成后，重启路由器即可生效，如下图所示。

至此，路由器无线网络配置完成。

6.2.3 将电脑接入 Wi-Fi

网络配置完成后，即可接入 Wi-Fi 网络，测试网络是否配置成功。

笔记本电脑具有无线网络功能，但是大部分台式电脑没有无线网络功能，要想接入无线网，需要安装无线网卡，即可实现电脑无线上网。本节介绍如何将电脑接入无线网，具体操作步骤如下。

第 1 步 打开电脑的 WLAN 功能，单击任务栏中的■按钮，在弹出的可连接无线网列表中，选择要连接的无线网，并单击【连接】按钮，如下图所示。

第 2 步 在弹出的【输入网络安全密钥】文本框中输入设置的无线网密码，单击【下一步】按钮，如下图所示。

第 3 步 此时，电脑会尝试连接该网络，并对密码进行验证，如下图所示。

第 4 步 待显示“已连接”时，表示无线网已连接成功，如下图所示。此时可以打开网页或软件进行测试。

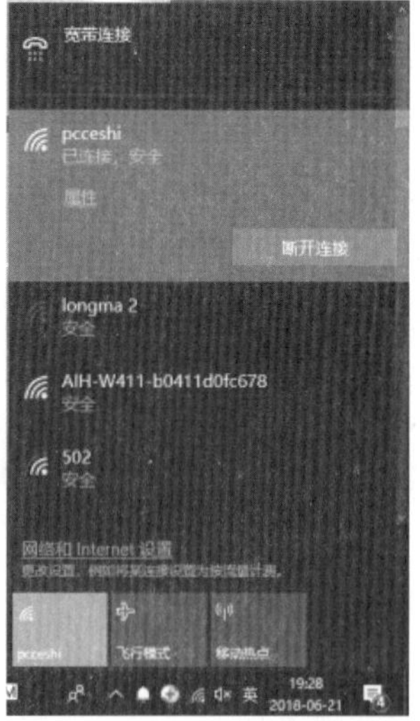

6.2.4 使用手机配置无线网

除了使用电脑配置无线网外，用户还可以使用手机对无线网进行配置，具体操作步骤如下。

第 1 步 打开手机的 WLAN 功能，会自动扫描周围可连接的无线网，在列表中选择要连接的无线网名称，如下图所示。

第 2 步 由于路由器无线网初始状态没有密码，可以直接连接网络，待显示“已连接”时，则表示连接成功，如下图所示。

第 3 步 单击已连接的无线网名称或在浏览器中直接输入路由器配置地址“192.168.3.1”，跳转至配置界面，点击【马上体验】按钮，如下图所示。

第 4 步 进入上网向导，根据选择的上网模式进行设置，这里自动识别为“拨号上网”，分别输入宽带账号和密码，并点击【下一步】按钮，如下图所示。

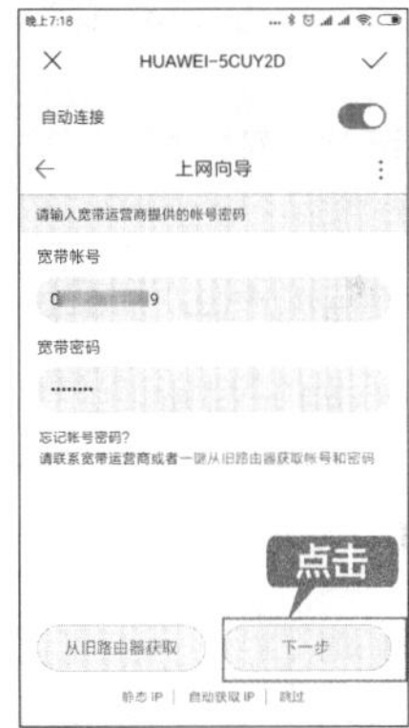

第 5 步 设置 Wi-Fi 的名称和密码，点击【下一步】按钮，如下图所示。

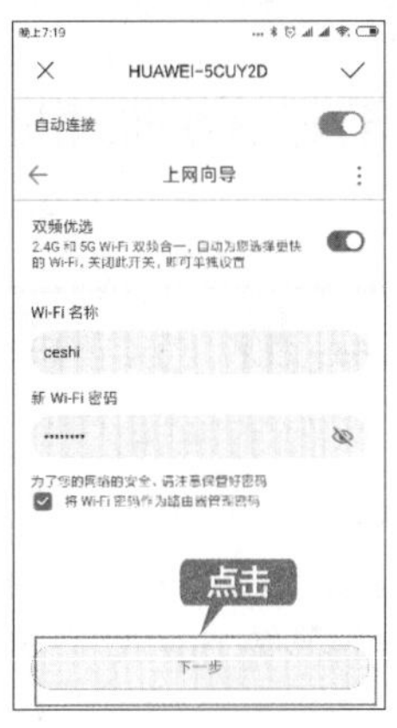

第6步 选择 Wi-Fi 的功率模式，保持默认设置即可，点击【下一步】按钮，如下图所示。

第7步 设置完成后，点击右上角的【完成】按钮☑，重启路由器即可使设置生效，如下图所示。

6.2.5 将手机接入 Wi-Fi

无线局域网配置完成后，用户可以将手机接入 Wi-Fi，实现无线上网，手机接入 Wi-Fi 的操作步骤如下。

第1步 在手机中打开 WLAN 列表，选择要连接的无线网络，如下图所示。

第2步 在弹出的对话框中输入无线网络密码，点击【连接】按钮即可连接，如下图所示。

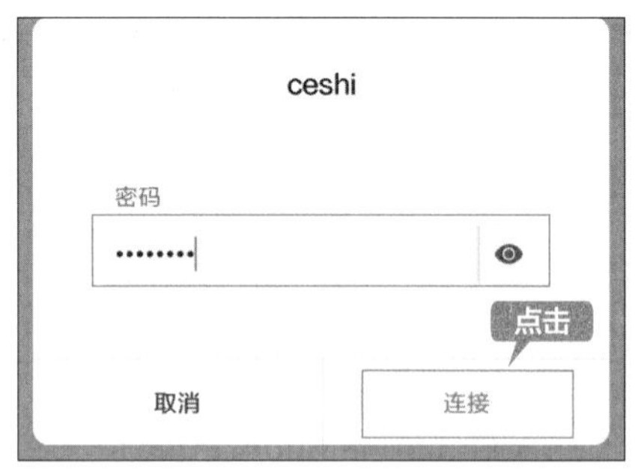

6.3 实战 3：管理路由器

路由器是组建无线局域网的不可缺少的一个设备，尤其是在无线网络被普遍应用的情况下，路由器的安全更是不容忽视。用户可以通过修改路由器管理密码、修改 Wi-Fi 名称和密码、关闭路由器的无线广播功能等方式，提高无线局域网的安全性。

6.3.1 修改路由器管理密码

路由器的初始密码比较简单，为了保证无线局域网的安全，一般需要修改管理密码，部分路由器也称为登录密码，具体操作步骤如下。

第 1 步 打开浏览器，输入路由器的后台管理地址，进入登录页面，输入当前的登录密码，并单击【登录】按钮，如下图所示。

第 2 步 进入路由器后台管理页面，单击【更多功能】选项，如下图所示。

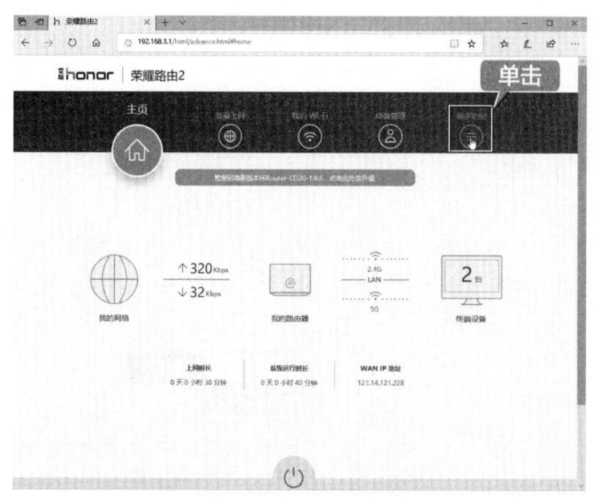

第 3 步 选择【系统设置】→【修改登录密码】选项，在右侧页面中输入当前密码，并输入要修改的新密码，单击【保存】按钮，如下图所示。

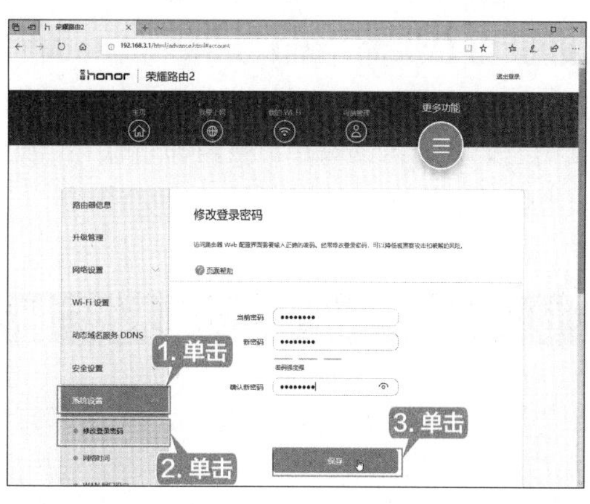

第 4 步 即可保存设置，保存后表示密码修改成功，如下图所示。

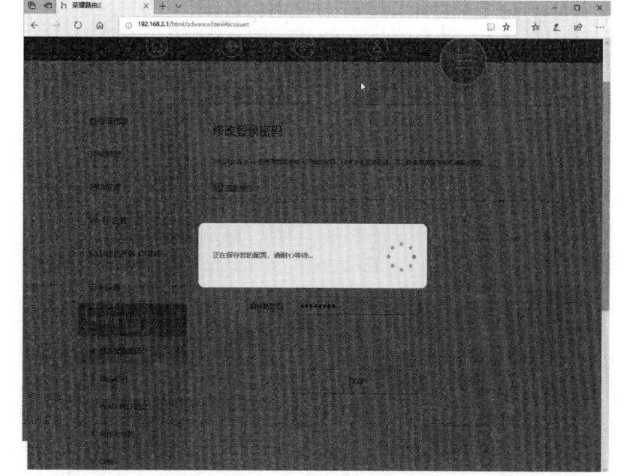

6.3.2 修改 Wi-Fi 名称和密码

Wi-Fi 的名称通常是指路由器当中的 SSID 号，该名称可以根据自己的需要进行修改， 具体操作步骤如下。

第 1 步 打开路由器的后台设置页面，单击【我的 Wi-Fi】选项，如下图所示。

第 2 步 在【Wi-Fi 名称】文本框中输入新的名称，在【Wi-Fi 密码】文本框中输入要设置的密码，单击【保存】按钮即可保存，如下图所示，此时路由器会重启。

> **提示**
>
> 用户也可以单独设置名称或密码。

6.3.3 防蹭网设置：关闭无线广播

路由器的无线广播功能在给用户带来方便的同时，也带来了安全隐患，因此，在不使用无线广播功能的时候，可以将路由器的无线广播功能关闭，具体操作步骤如下。

第 1 步 打开路由器的后台设置页面，选择【更多功能】→【Wi-Fi 设置】→【Wi-Fi 高级】选项，即可在右侧的页面中显示无线网络的基本设置信息，默认状态下 Wi-Fi 无线广播功能是开启的，如下图所示的【Wi-Fi 隐身】功能默认关闭，也表示开启了无线广播功能。

第 2 步 将每个频段的【Wi-Fi 隐身】功能设置为【开启】，单击【保存】按钮即可生效，如下图所示。

> **提示**
>
> 部分路由器默认勾选【开启 SSID 广播】复选框，取消勾选即可。

1. 使用电脑连接

使用电脑连接关闭无线广播后的网络，具体操作步骤如下。

第 1 步 单击任务栏中的 按钮，在弹出的无

线网络列表中，选择【隐藏的网络】，并单击【连接】按钮，如下图所示。

第 2 步 输入网络的名称，并单击【下一步】按钮，如下图所示。

第 3 步 在弹出的提示框中，单击【是】按钮，如下图所示。

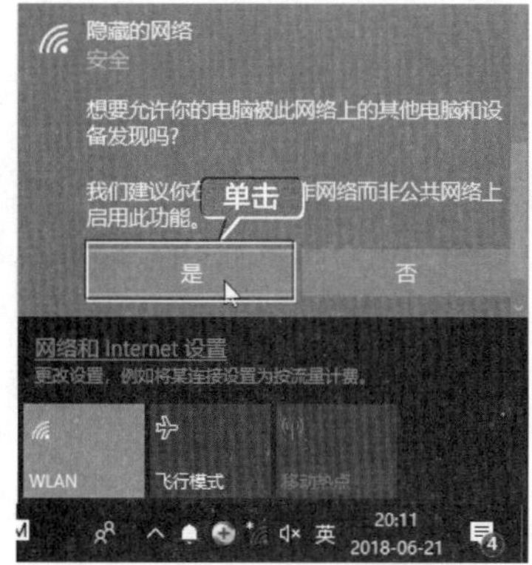

第 4 步 连接成功后，即可显示“已连接”，如下图所示。

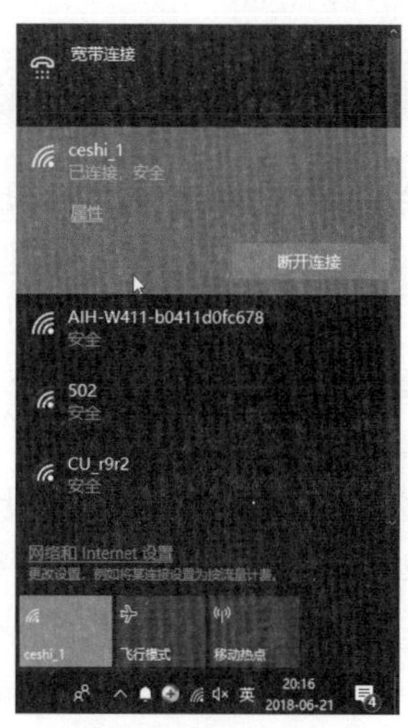

2. 使用手机连接

使用手机连接和电脑的连接方法基本相同，也需要输入网络名称和密码进行连接，具体操作步骤如下。

第 1 步 打开手机 WLAN 功能，在识别的无线网列表中，点击【其他】选项，如下图所示。

第 2 步 进入【手动添加网络】界面，输入网络名称，并将【安全性】设置为“WPA/WPA2 PSK”，然后输入网络密码，点击右上角的✓按钮，即可连接，如下图所示。

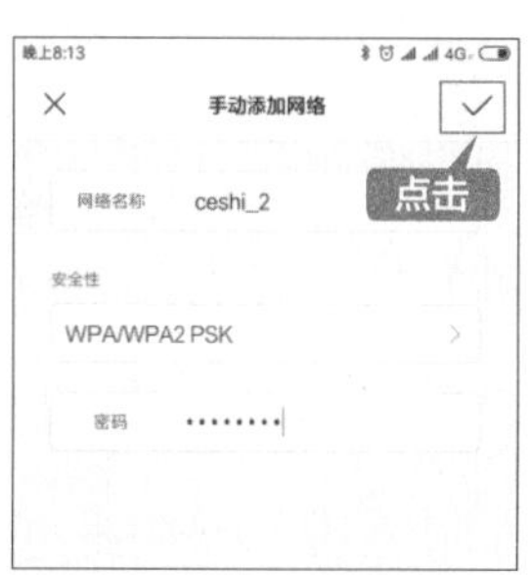

6.3.4 控制上网设备的上网速度

在无线局域网中所有的终端设备都是通过路由器上网的，为了更好地管理各个终端设备的上网情况，管理员可以通过路由器控制上网设备的上网速度，具体操作步骤如下。

第 1 步 打开路由器的后台设置页面，单击【终端管理】选项，在要控制上网的设备后方，将【网络限速】按钮设置为“开”，如下图所示。

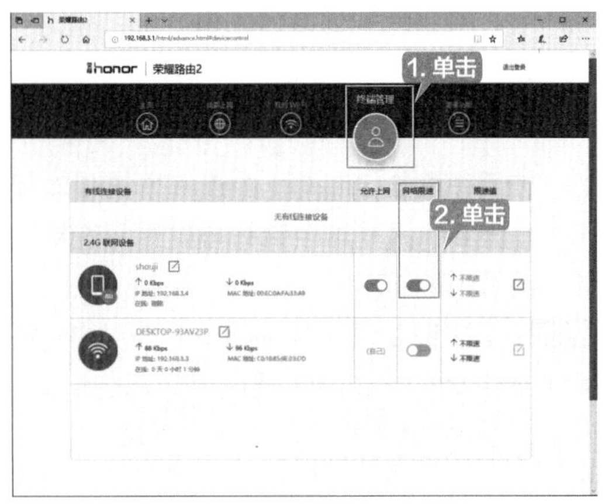

第 2 步 单击【编辑】按钮，在限速调整框中输入限速数值，如下图所示。

第 3 步 设置完成后，即可看到限速的情况，如下图所示。

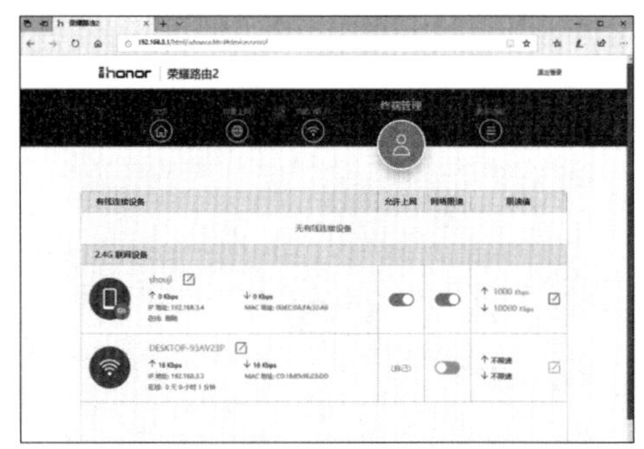

如果要关闭限速，将【网络限速】开关设置为“关”即可。

让电脑使用手机网络上网

随着网络和手机上网的普及，电脑和手机的网络是可以相互共享的，这在一定程度上为用户使用网络带来了便利。如果电脑不在有线网络环境中，且支持无线网络功能，则可以利用手机的“个人热点”功能，为电脑提供网络。

下面以安卓手机为例介绍电脑通过“个人热点”功能使用手机网络上网的具体操作步骤。

第 1 步 打开手机的设置界面，点击【个人热点】选项，如下图所示。

第 2 步 将【便携式 WLAN 热点】功能开启，并点击【设置 WLAN 热点】选项，如下图所示。

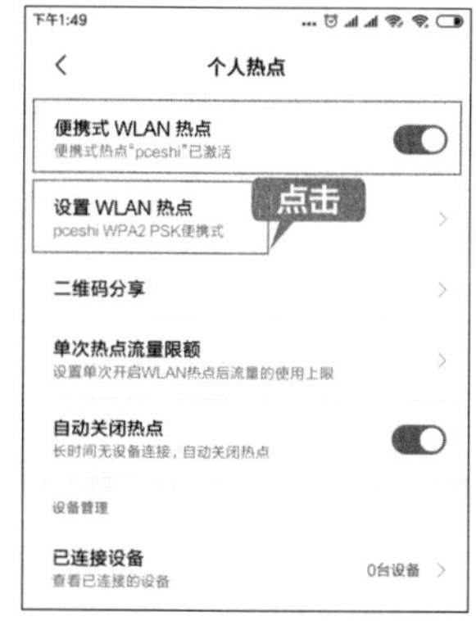

第 3 步 设置 WLAN 热点，可以设置网络名称、安全性、密码及 AP 频段等，设置完成后，点击✓按钮，如下图所示。

第 4 步 在电脑上，单击任务栏右下角的无线连接图标，在打开的界面中显示了电脑自动搜索的无线网络，可以看到手机的无线网络名称“pceshi”，选择该网络并单击【连接】按钮，如下图所示。

第 5 步 输入网络密码，并单击【下一步】按钮，如下图所示。

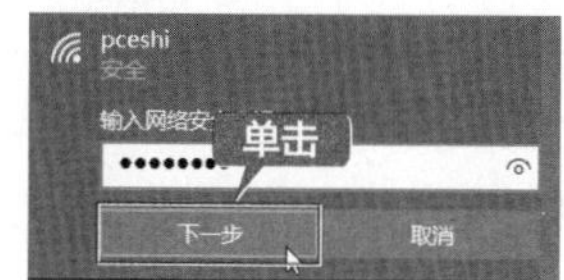

第 6 步 连接成功后，即显示“已连接”信息，如下图所示。

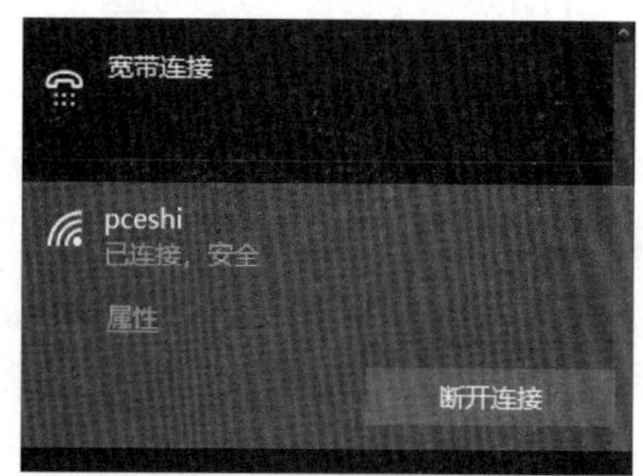

另外，如果电脑没有无线网络功能，可以通过 USB 共享网络的方式，让电脑使用手机网络上网，具体操作步骤如下。

使用数据线将手机与电脑连接，进入【设置】→【个人热点】界面，将【USB 网络共享】功能打开，即可完成设置，如下图所示。

◇ 诊断和修复网络不通问题

当电脑不能正常上网时，说明电脑与网络连接不通，这时就需要诊断和修复网络，具体操作步骤如下。

第1步 打开【网络连接】窗口，右击需要诊断的网络，在弹出的快捷菜单中选择【诊断】选项，如下图所示。

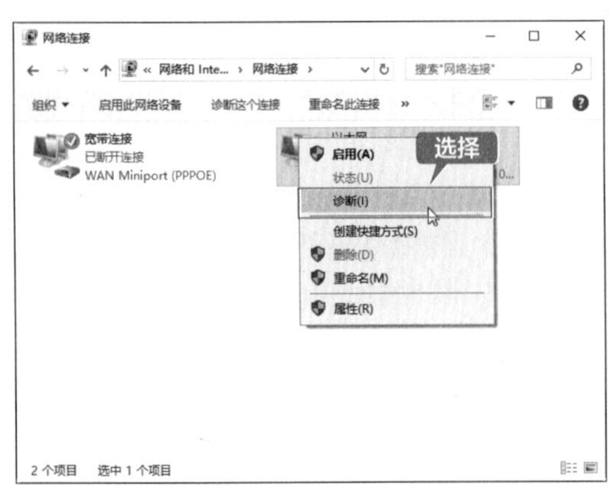

第2步 弹出【Windows 网络诊断】窗口，并显示网络诊断的进度，如下图所示。

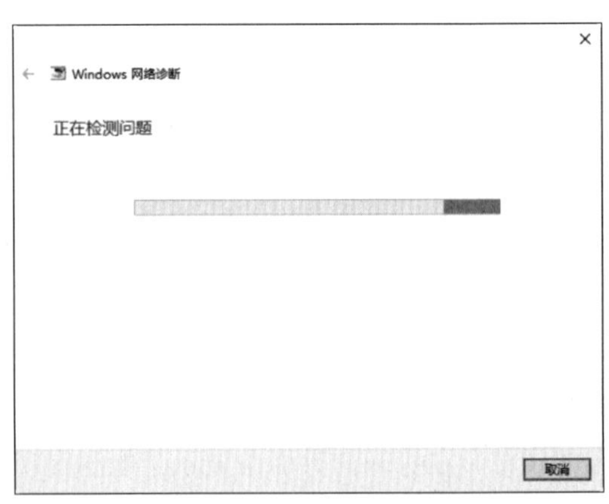

第3步 诊断完成后，将会在窗口中显示诊断的结果，如下图所示。

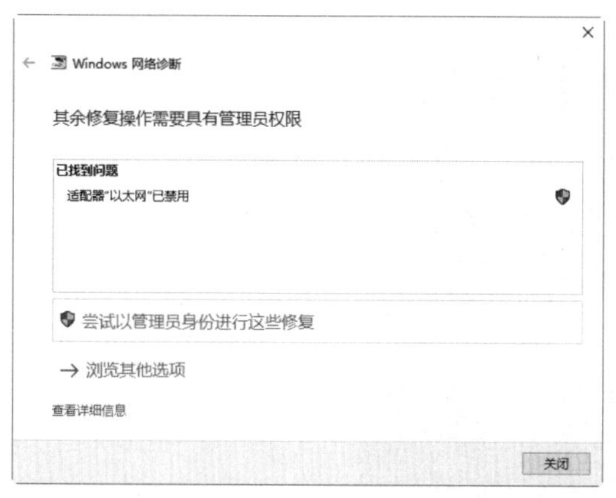

第 4 步 单击【尝试以管理员身份进行这些修复】选项，即可开始对诊断出来的问题进行修复，如下图所示。

Windows 网络诊断
正在解决问题
正在验证是否已解决 网络适配器配置 问题...
取消

第 5 步 修复完成后，会显示修复的结果，提示用户疑难解答已完成，并在下方显示已修复信息提示，如下图所示。

Windows 网络诊断
疑难解答已完成
疑难解答已对系统进行了一些更改。请尝试之前曾尝试执行的任务。
已找到问题
适配器"以太网"已禁用 已修复
关闭疑难解答
浏览其他选项
查看详细信息
关闭

◇ 升级路由器的软件版本

定期升级路由器的软件版本，既可以修补当前版本中存在的 BUG，也可以提高路由器的使用性能，具体操作步骤如下。

第 1 步 进入路由器后台管理页面，在【升级管理】页面中可以看到升级信息，单击【一键升级】按钮，如下图所示。

提示

部分路由器不支持一键升级，可以进入路由器官网，查找对应的型号，下载最新的软件版本到电脑本地位置，通过本地升级。

第 2 步 路由器即可自动升级，如下图所示。

第 3 步 在线下载新版本软件后，即可安装，如下图所示。此时切勿拔掉电源，等待升级即可。

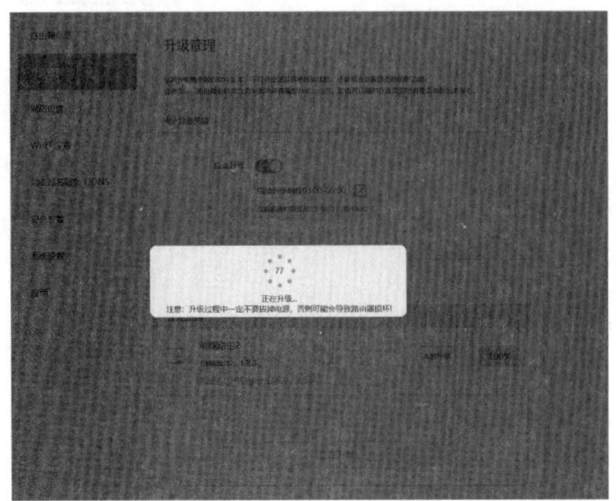

第 7 章

走进网络——开启网络之旅

本章导读

近年来，计算机网络技术取得了飞速的发展，正改变着人们学习和工作的方式。在网上查看信息、下载需要的资源是用户上网时经常进行的活动。

思维导图

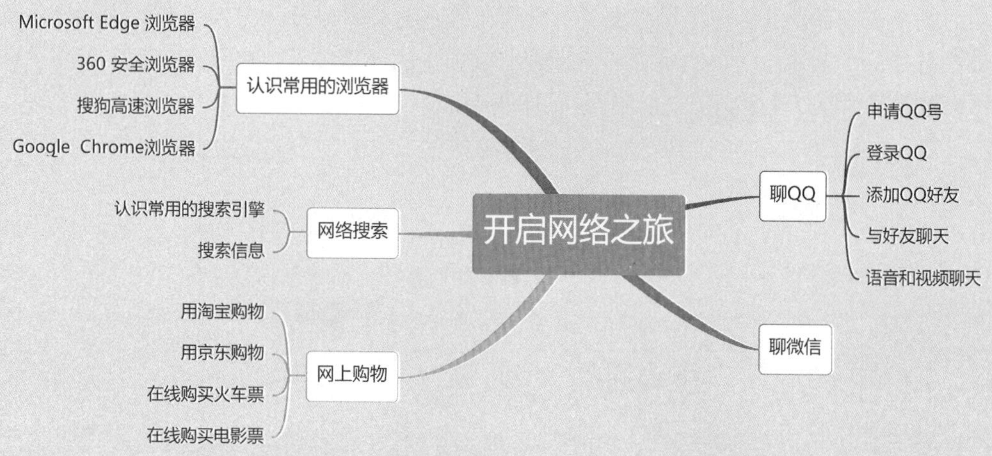

7.1 认识常用的浏览器

浏览器是指可以显示网页服务器或文件系统的 HTML 文件内容，并让用户与这些文件交互的一种软件，一台电脑只有安装了浏览器软件，才能在网页上浏览信息，本节介绍常用的浏览器。

7.1.1 Microsoft Edge 浏览器

Microsoft Edge 浏览器是 Windows 10 操作系统内置的浏览器，Microsoft Edge 浏览器支持内置 Cortana 语音功能，内置阅读器、笔记和分享功能，设计注重实用和极简主义，如下图所示为 Microsoft Edge 浏览器的界面。

7.1.2 360 安全浏览器

360 安全浏览器是常用的浏览器之一，与 360 安全卫士、360 杀毒软件等产品同属于 360 安全中心的系列产品。360 安全浏览器拥有全国最大的恶意网址库，采用恶意网址拦截技术，可自动拦截挂马、欺诈、网银仿冒等恶意网址。其独创的沙箱技术，在隔离模式下即使访问木马也不会被感染，360 安全浏览器的界面如下图所示。

7.1.3 搜狗高速浏览器

搜狗高速浏览器是首款给网络加速的浏览器，通过业界首创的防假死技术，使浏览器运行快速流畅，具有自动网络收藏夹、独立播放网页视频、Flash 游戏提取操作等多项特色功能，并且兼顾大部分用户的使用习惯，支持多标签浏览、鼠标手势、隐私保护、广告过滤等主流功能。搜狗高速浏览器的界面如下图所示。

7.1.4 Google Chrome 浏览器

Google Chrome 浏览器是一款由 Google 公司开发的网页浏览器，具有简洁、高效的特点。Google Chrome 浏览器最大的亮点是采用多进程架构，不会因为恶意网页和应用软件而崩溃，且确保了较快的浏览速度。Google Chrome 浏览器的界面如下图所示。

7.2 实战 1：网络搜索

搜索引擎是指根据一定的策略、运用特定的计算机程序搜集互联网上的信息，在对信息进行组织和处理后，将处理过的信息显示给用户，简单来说，搜索引擎就是一个为用户提供检索服务的系统。

7.2.1 认识常用的搜索引擎

目前网络中常见的搜索引擎有很多种，比较常用的有百度搜索、搜狗搜索、360 搜索等，下面分别进行介绍。

1. 百度搜索

百度是最大的中文搜索引擎，在百度网站中可以搜索页面、图片、新闻、音乐、百科、文档等内容。在 Microsoft Edge 浏览器中，默认的搜索引擎是百度搜索，如下图所示。

2. 搜狗搜索

搜狗搜索是全球首个第三代互动式中文搜索引擎，是中国第二大搜索引擎，凭借独有的 SogouRank 技术及人工智能算法，为用户提供更快、更准、更全面的搜索资源。如下图所示为搜狗搜索引擎的首页。

3. 360 搜索

360 搜索是 360 推出的一款搜索引擎，主打“安全、精准、可信赖”，包括资讯、视频、图片、地图、百科、文库等内容的搜索，通过互联网信息的及时获取和主动呈现，为广大用户提供实用和便利的搜索服务，其界面如下图所示。

7.2.2 搜索信息

使用搜索引擎可以搜索很多信息，如网页、图片、音乐、百科、文库等，用户遇到的问题几乎都可以使用搜索引擎进行搜索。下面以百度搜索为例进行介绍。

1. 搜索网页

搜索网页可以说是百度搜索最基本的功能，在百度中搜索网页的具体操作步骤如下。

第 1 步 打开 Microsoft Edge 浏览器，在地址栏中输入想要搜索网页的关键字，如输入“蜜蜂”，如下图所示。

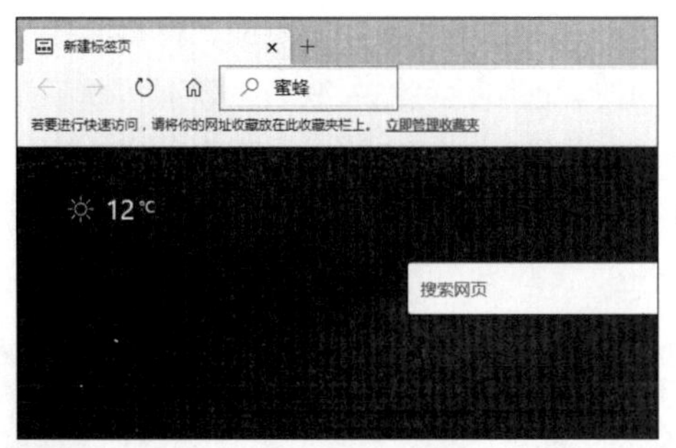

第 2 步 按【Enter】键即可进入【蜜蜂＿百度搜索】页面，如下图所示。

第 3 步 单击需要查看的网页，这里单击【蜜蜂－百度百科】超链接，即可打开【蜜蜂＿百度百科】页面，在其中可以查看有关"蜜蜂"的详细信息，如下图所示。

2. 搜索图片

使用百度搜索引擎搜索图片的具体操作步骤如下。

第 1 步 打开百度首页，将鼠标指针放置在【更多】选项上，在弹出的下拉列表中选择【图片】选项，如下图所示。

第 2 步 进入百度图片搜索页面，在搜索文本框中输入需要搜索图片的关键字，如输入"玫瑰"，单击【百度一下】按钮或按【Enter】键，如下图所示。

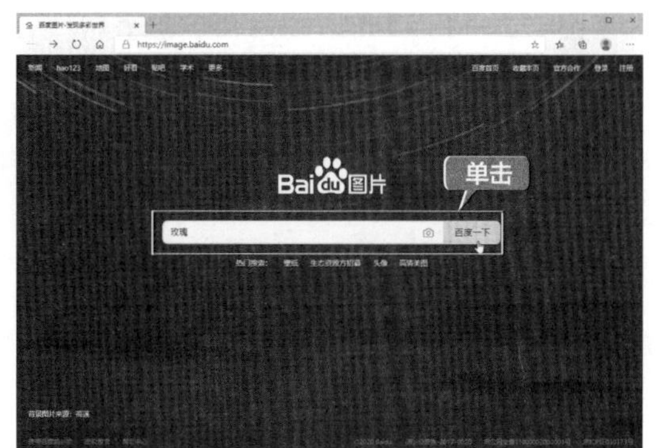

第 3 步 进入有关"玫瑰"的图片搜索结果页面，在页面中单击任意一张图片，如下图所示。

第 4 步 即可以大图的形式显示该图片，如下图所示。

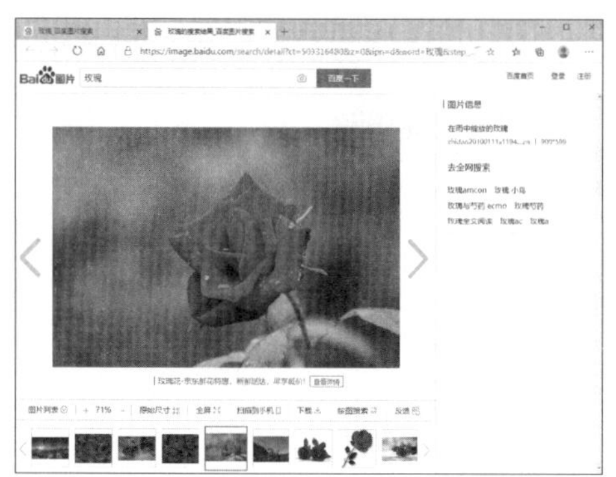

3. 搜索音乐

使用百度搜索引擎搜索音乐的具体操作步骤如下。

第1步 打开百度首页，将鼠标指针放置在【更多】选项上，在弹出的下拉列表中选择【音乐】选项，如下图所示。

第2步 进入“千千音乐”页面，在页面顶部右侧的搜索框中，可输入歌名、歌词、歌手或专辑等，如输入“回家”，如下图所示。

第3步 单击【搜索】按钮，即可打开有关“回家”的音乐搜索结果，如下图所示。

7.3 实战 2：网上购物

网购平台就是提供网络购物的站点，用户足不出户即可购买到需要的商品。此外，用户也可以在网上购买火车票、电影票等，为生活带来了极大便利。

本节主要介绍如何通过电脑进行网上购物。

7.3.1 用淘宝购物

要想在淘宝网上购买商品，首先要注册一个账号，以淘宝会员的身份在其网站上进行购物，下面介绍如何在淘宝网上注册会员并购买商品。

1. 注册淘宝会员

第1步 启动浏览器，在地址栏中输入淘宝网网址，打开淘宝网首页，单击页面左上角的【免费注册】按钮，如下图所示。

第2步 打开【用户注册】页面并弹出注册协议，单击【同意协议】按钮，如下图所示。

第3步 进入【设置用户名】界面，在其中输入自己的手机号进行注册。

第4步 单击【下一步】按钮，打开【验证手机】界面，在其中输入淘宝网发送给手机的短信验证码，单击【确认】按钮，如下图所示。

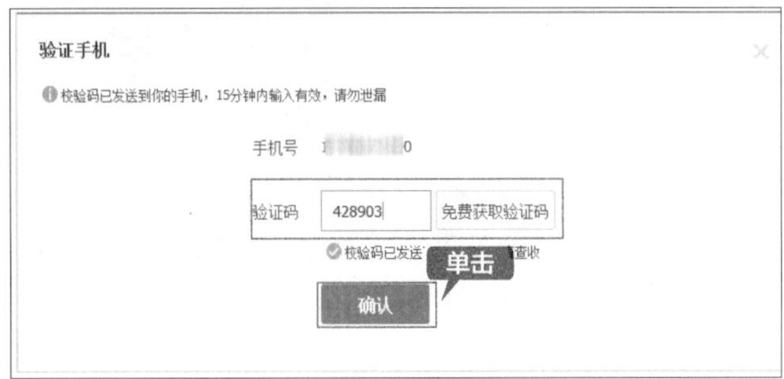

第5步 打开【填写账号信息】界面，输入相关的账号信息，单击【提交】按钮，如下图所示。

第 6 步 进入【设置支付方式】界面，输入相关信息，单击【同意协议并确定】按钮，如下图所示。

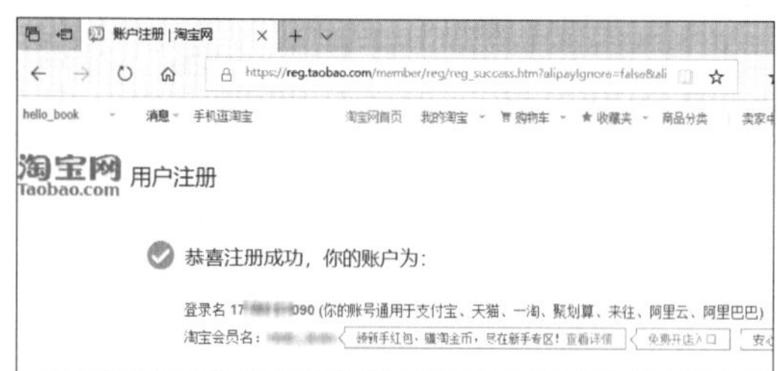

第 7 步 进入【注册成功】页面，在其中显示用户注册成功信息，如下图所示。

2. 在淘宝网上购买商品

第 1 步 在淘宝网的首页搜索文本框中输入想要购买的商品关键词，如这里想要购买一个手机壳，就可以输入“手机壳”，单击【搜索】按钮，如下图所示。

第 2 步 弹出搜索结果页面，可以设置筛选条件，精确地搜索商品，如下图所示。

第 3 步 单击图片或标题弹出商品的详细信息页面，根据需求选择商品的颜色、数量，单击【立即购买】按钮，如下图所示。

提示

也可以单击【加入购物车】按钮，将该商品加入购物车，和其他商品合并结算。

第 4 步 进入确认订单信息页面，设置收货地址并确认商品信息无误后，单击【提交订单】按钮，如下图所示。

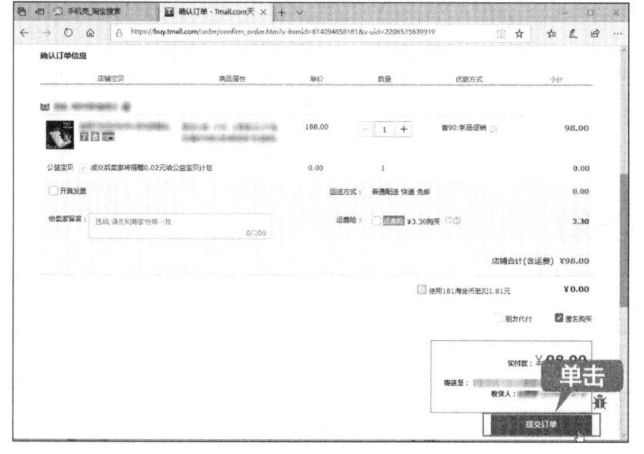

第 5 步 进入支付宝页面，在其中选择付款方式，并输入支付宝的支付密码，单击【确认付款】按钮，如下图所示。

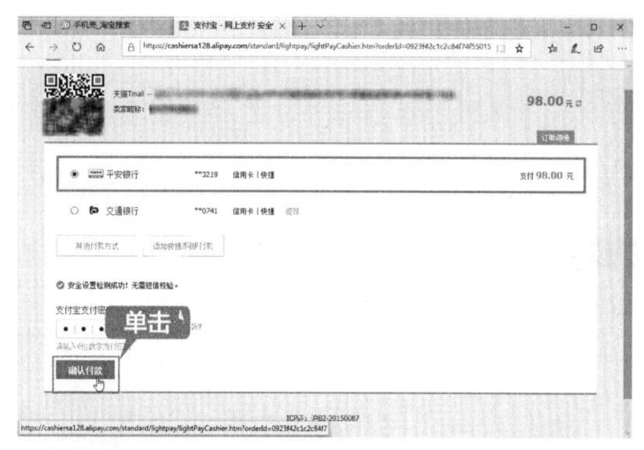

第 6 步 付款成功后，提示“您已成功付款”，表示已完成整个网上购物操作流程，如下图所示。此时，只需要等待快递送货即可。

7.3.2 用京东购物

京东商城是综合网上购物商城，其家电、电子产品种类丰富，且配送速度快，深受用户喜爱。本节介绍如何在京东商城购买手机，具体操作步骤如下。

第 1 步 启动浏览器，在地址栏中输入京东商城的网址，打开京东商城首页，单击页面顶部的【你好，请登录】超链接，如下图所示。

提示

如果没有京东账号，则可单击【免费注册】超链接，根据提示注册账号即可。

第 2 步　进入【欢迎登录】页面，输入用户名和密码，单击【登录】按钮，如下图所示。

第 3 步　即可以会员的身份登录到京东商城，如下图所示。

第 4 步　在京东商城首页的搜索框中输入想要购买的商品，如这里想要购买一部华为手机，可以在搜索框中输入"华为P40 Pro"，单击【搜索】按钮，如下图所示。

第 5 步　即可搜索出相关的商品信息，单击要购买的商品图片，如下图所示。

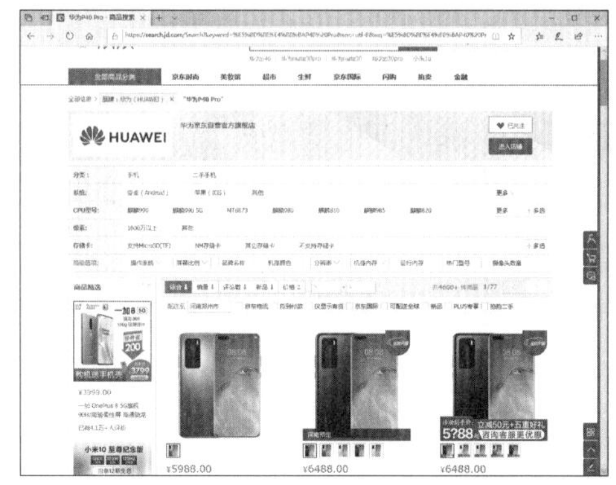

第 6 步　进入商品的详细信息页面，在其中可以查看相关的购买信息，以及商品的相关说明信息，如商品颜色、版本及内存等，选择完成后单击【加入购物车】按钮，如下图所示。

第 7 步　即可将自己喜欢的商品放置到购物车中，这时可以去购物车中进行结算，也可以继续在网站中选购其他的商品。单击【去购物车结算】按钮，如下图所示。

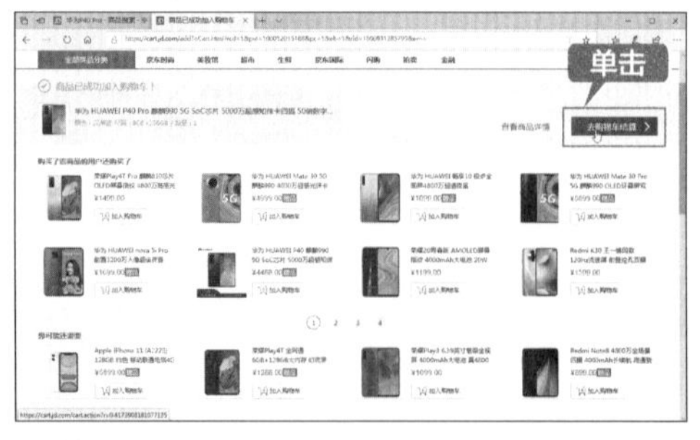

第 8 步　即可进入购物车页面，在其中显示了商品的单价、购买数量等信息。勾选要购买的商品左侧的复选框，并单击【去结算】按钮，

如下图所示。

第 9 步 进入订单结算页面，在其中设置收货人信息、支付方式等，然后单击【提交订单】按钮，如下图所示。

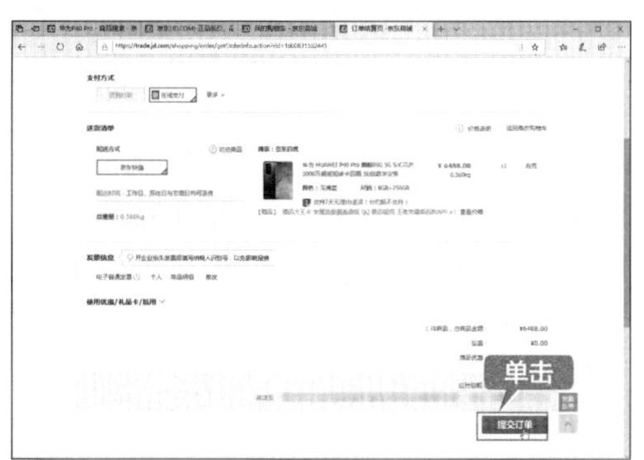

提示

京东自营商品支持货到付款，用户可以在收到商品后，确认没有问题，再将款项支付给送货人员。

第 10 步 进入【收银台】页面，在其中可以选择付款的方式，输入支付密码，然后单击【立即支付】按钮，即可完成购买，如下图所示。

7.3.3 在线购买火车票

根据行程，提前在网上购买火车票，可以节省排队购票的时间，也可以避免一些意外情况发生。本节介绍如何在网上购买火车票。

第 1 步 在浏览器地址栏中输入中国铁路 12306 的网址，按【Enter】键进入该网站，在首页选择【出发地】【到达地】和【出发日期】等信息，然后单击【查询】按钮，如下图所示。

第 2 步 即可搜索到相关的车次信息，可以根据【车次类型】【出发车站】及【发车时间】等进行筛选。选择要购买的车次后，单击【预订】按钮，如下图所示。

第 3 步 在弹出的登录对话框中，输入用户名和密码，并根据提示点击验证图片，然后单击【立即登录】按钮，如下图所示。

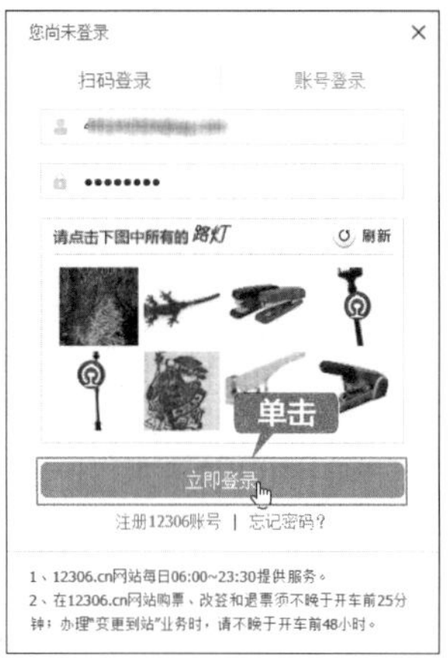

提示

如没有该网站账号，单击【注册 12306 账号】超链接，注册账号。

第 4 步 选择乘客信息和席别，然后单击【提交订单】按钮，如下图所示。

提示

如果要添加新联系人（乘车人），可单击【新增乘客】按钮，在弹出的【新增乘客】对话框中，增加常用联系人。

第 5 步 弹出【请核对以下信息】对话框，选择座位，并确认车次信息无误后，单击【确认】按钮，如下图所示。

第 6 步 进入订单信息页面，即可看到车厢和座位信息，确认无误后，单击【网上支付】按钮，然后选择支付方式进行支付即可，如下图所示。

提示

确认订单后需要在 30 分钟内完成支付，否则订单将被取消。支付完成后，提示“交易已成功”，表示已成功购票。

7.3.4 在线购买电影票

用户可以从网上电影购票平台购买电影票，直接在网上选择观看电影的场次与座位，然后去电影院指定的取票处取票即可，既节省时间，又能参与商家举办的优惠活动。

常用的电影在线购票平台主要有以下两个。

1. 猫眼电影

猫眼电影是美团旗下的一家集合了媒体内容、在线购票、用户互动社交、电影衍生产品销售等服务的一站式电影互联网平台，是观众使用较多、口碑较好的电影购票平台，其界面如下图所示。

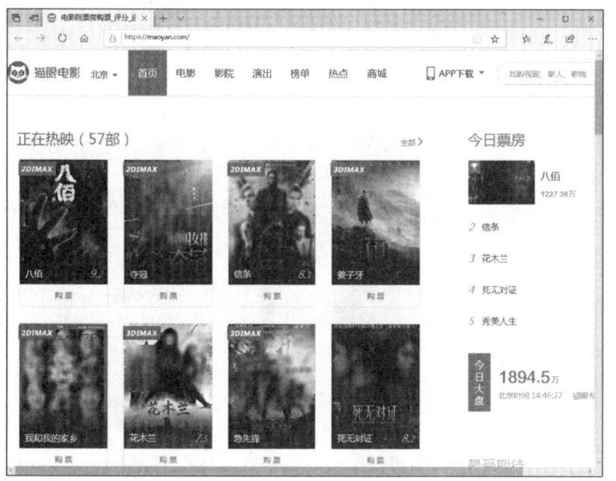

2. 淘票票

淘票票是阿里巴巴集团旗下的电影购票服务平台，与金逸、万达、卢米埃、上影、中影等 10 余家业内知名影院合作，支持在线选座及兑换券购买，其界面如下图所示。

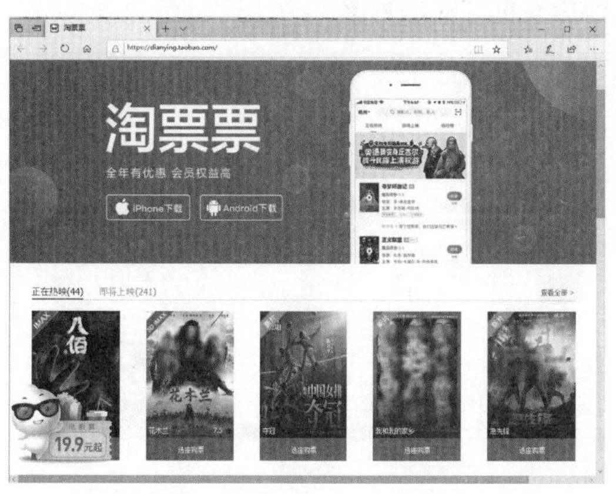

下面以在淘票票平台购买电影票为例，介绍网上购买电影票的流程，具体操作步骤如下。

第 1 步 打开浏览器，在地址栏中搜索“淘票票”，并在结果中选择官方网站链接，即会跳转到淘票票官网并自动定位所在城市。单击页面顶部左侧的【亲，请登录】超链接，如下图所示。

第 2 步 进入登录页面，输入账号和密码，并单击【登录】按钮，或使用手机淘宝扫码登录，如下图所示。

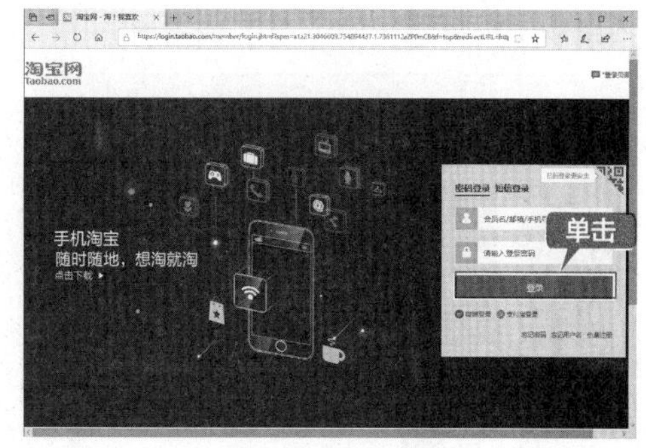

> **提示**
>
> 淘票票属于阿里巴巴旗下平台，用户可以使用淘宝或支付宝账户直接登录。

第 3 步　登录后，返回淘票票首页。用户可以选择购票的城市，然后通过影片、影院、正在上映、即将上映或查看全部的方式，查看电影放映时间及售票情况，如这里单击【查看全部】超链接，如下图所示。

第 4 步　进入如下图所示的页面，可以看到【正在热映】并可选座购票的电影列表。

第 5 步　选择要观看的电影，单击海报下方的【选座购票】按钮，如下图所示。

第 6 步　在打开的页面中选择电影院及观看电影的时间场次，单击【选座购票】按钮，如下图所示。

第 7 步　在影院选座页面中选择观影的座位，其中灰色为不可选座位，用户可根据观影人数选择具体需要的座位数，当座位显示为红色，则表示已选中座位，确认无误后，单击页面右侧的【确认信息，下单】按钮，如下图所示。

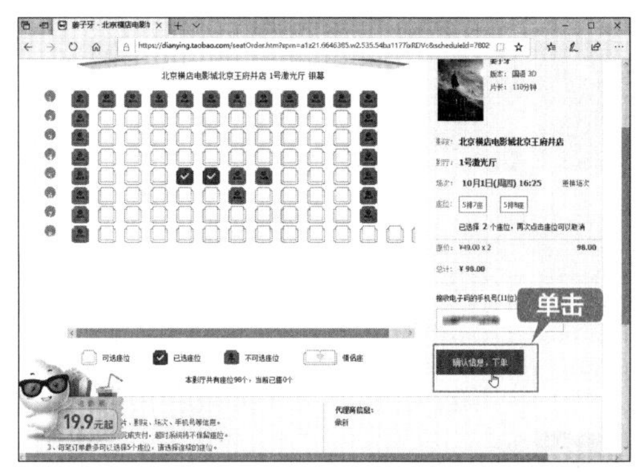

第 8 步　进入如下图所示的页面，平台会为订单保留 15 分钟支付时间，15 分钟内支付有效，逾期则所选座位作废，确认信息无误后，单击【确认订单，立即支付】按钮，根据提示选择支付方式即可。

提示

用户在购买电影票时需注意，部分在线选座的电影票在售出之后不予退换。

7.4 实战 3：聊 QQ

QQ 是一款基于互联网的即时通信软件，支持显示好友在线信息、即时聊天、即时传输文件等。另外，QQ 还有发送离线文件、共享文件、QQ 邮箱、游戏等功能。

7.4.1 申请 QQ 号

使用 QQ 进行聊天，首先需要安装 QQ 并申请 QQ 号，其中安装 QQ 的方法已在 5.2 节中进行详细介绍，下面具体介绍申请 QQ 号的操作步骤。

第 1 步 双击桌面上的 QQ 快捷图标，即可打开 QQ 登录窗口，单击【注册账号】超链接，如下图所示。

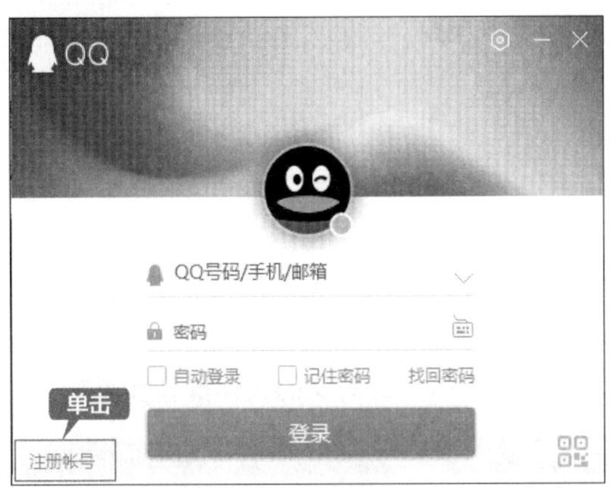

第 2 步 即可打开【QQ 注册】网页，在其中输入注册账号的昵称、密码、手机号码，并单击【发送短信验证码】按钮，如下图所示。

第 3 步 将手机收到的短信验证码输入【短信验证码】文本框中，并单击【立即注册】按钮，如下图所示。

第 4 步 注册成功后，即会获得 QQ 号，如下图所示。

7.4.2 登录 QQ

QQ 号申请成功后，用户即可登录自己的 QQ，具体操作步骤如下。

第 1 步 返回 QQ 登录窗口，输入申请的 QQ 号和密码，单击【登录】按钮，如下图所示。

第 2 步 登录成功后，即可打开 QQ 的主界面，如下图所示。

7.4.3 添加 QQ 好友

使用 QQ 与朋友聊天，首先需要添加对方为 QQ 好友。添加 QQ 好友的具体操作步骤如下。

第 1 步 在 QQ 的主界面中，单击底部的【加好友】按钮，如下图所示。

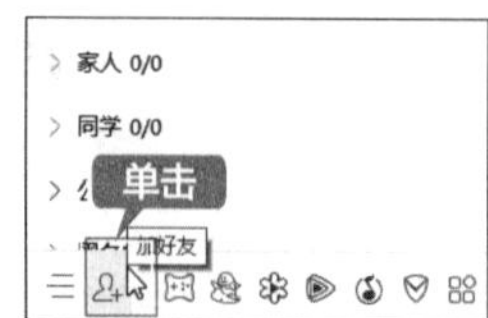

第 2 步 打开【查找】对话框，在上方的文本框中输入对方的 QQ 号或昵称，单击【查找】按钮，如下图所示。

第 3 步 即可在下方显示出查找到的相关用户，单击【加好友】按钮 + 好友，如下图所示。

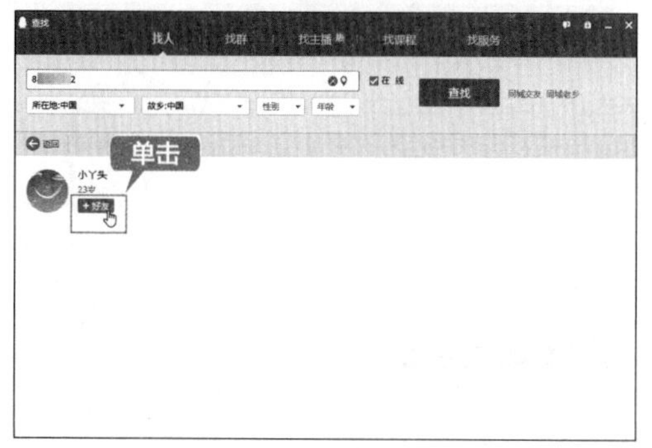

第 4 步 弹出【添加好友】对话框，输入验证信息，单击【下一步】按钮，如下图所示。

第 5 步 设置好友备注姓名和分组，单击【下一步】按钮，如下图所示。

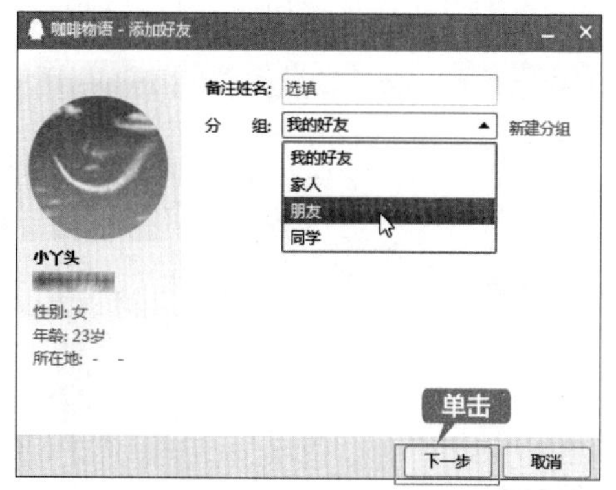

第 6 步 好友申请信息已成功发送给对方，单击【完成】按钮，关闭【添加好友】对话框，如下图所示。

第 7 步 当把添加好友的信息发送给对方后，对方的QQ账号中弹出验证消息，如下图所示。

第 8 步 打开验证消息，单击【同意】按钮，弹出【添加】对话框，在其中输入备注姓名并选择分组，如下图所示。

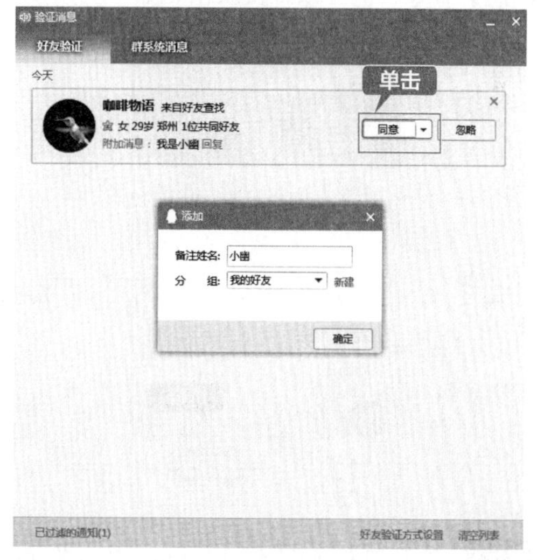

第 9 步 单击【确定】按钮，即可完成好友的添加操作，在【验证消息】对话框中显示已同意，如下图所示。

第 10 步 这时 QQ 自动弹出与对方的会话窗口，如下图所示。

7.4.4 与好友聊天

收发消息是QQ最常用和最重要的功能，给好友发送文字消息的具体操作步骤如下。

第 1 步 在 QQ 主界面上选择想要聊天的好友，右击并在弹出的快捷菜单中选择【发送即时消息】命令，也可以直接双击，如下图所示。

第 2 步 弹出与好友的会话窗口，输入文字，单击【发送】按钮，即可将文字消息发送给对方，如下图所示。

第 3 步 在会话窗口中单击【选择表情】按钮☺，弹出系统默认表情库，如下图所示。

第 4 步 选择要发送的表情，如“睡”表情，如下图所示。

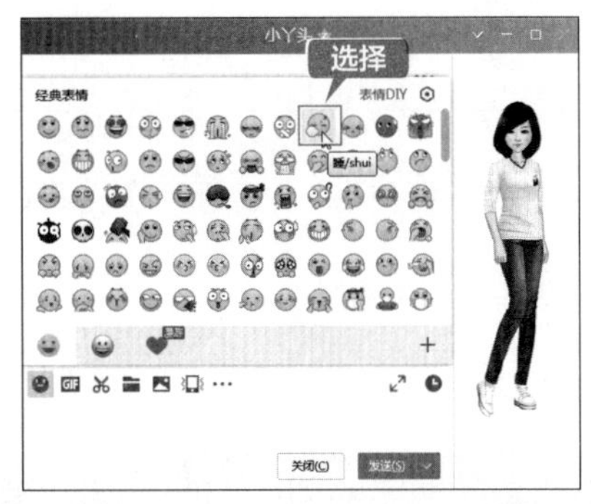

第 5 步 单击【发送】按钮，即可发送表情，如下图所示。

第 6 步 用户不仅可以使用系统自带的表情，还可以添加自定义表情，单击【表情设置】按钮 ⊙，在弹出的下拉列表中选择【添加表情】选项，如下图所示。

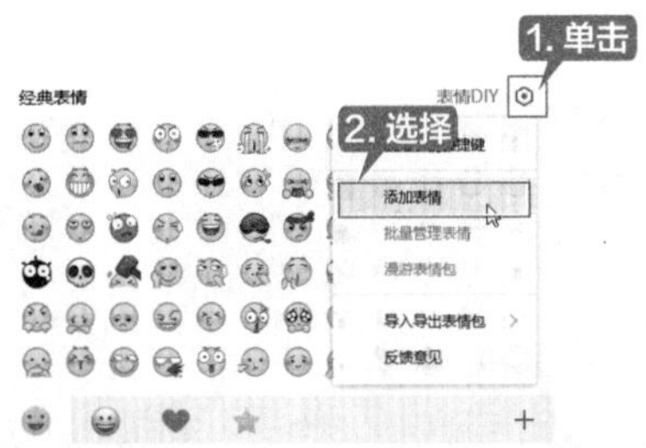

第 7 步 弹出【打开】对话框，选择要添加为表情的图片，单击【打开】按钮，如下图所示。

第 8 步 打开【添加自定义表情】对话框，在其中选择自定义表情存放的分组，这里选择【我的收藏】，单击【确定】按钮，如下图所示。

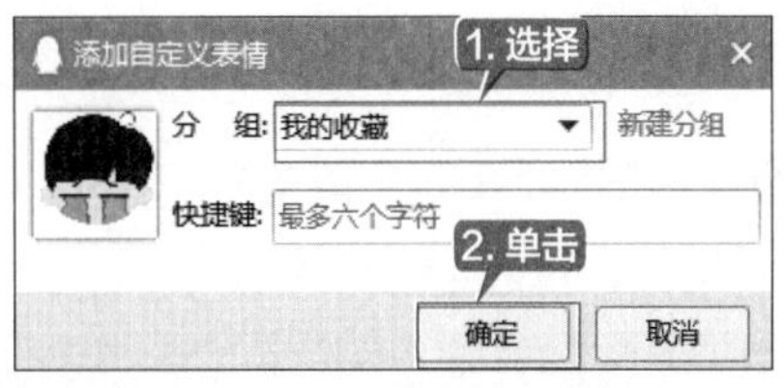

第 9 步 返回到会话窗口中，单击【选择表情】按钮，在弹出的表情面板中可以查看添加的自定义表情，如下图所示。

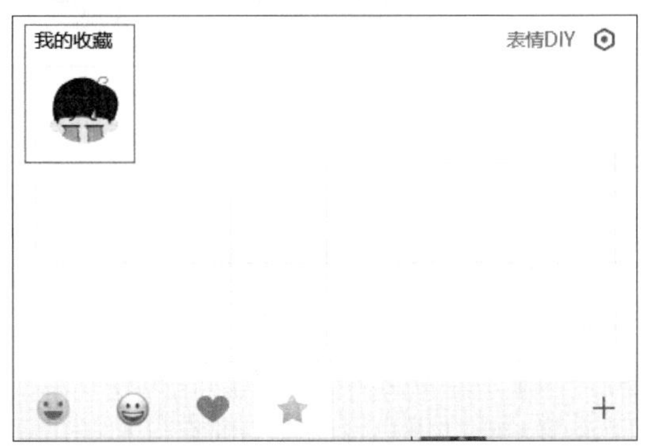

第 10 步 选择要发送给好友的表情，然后单击【发送】按钮，即可将该表情发送给好友，如下图所示。

7.4.5 语音和视频聊天

用户使用 QQ 不仅可以通过发送文字和图像的方式与好友进行交流，还可以通过语音和视频进行沟通。

通过语音和视频聊天的具体操作步骤如下。

第 1 步 打开与好友的会话窗口，单击【发起语音通话】按钮，如下图所示。

第 2 步 即可向对方发送语音聊天邀请，如果对方同意语音聊天，会提示已经和对方建立了连接，此时用户可以调节麦克风和扬声器的音量大小，进行通话。如果要结束语音聊天，则单击【挂断】按钮，即可结束语音聊天，如下图所示。

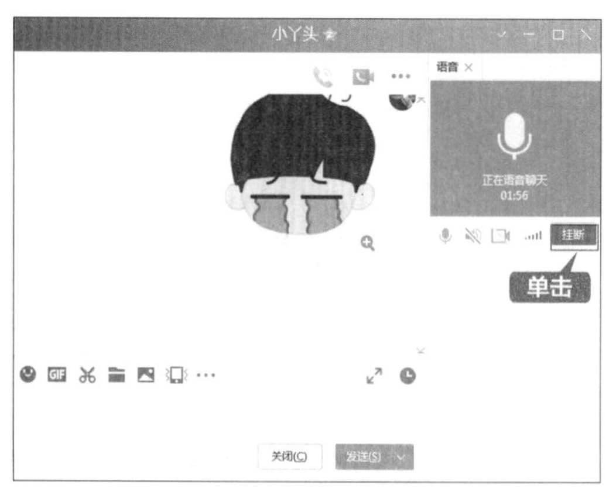

第 3 步 在会话窗口中单击【发起视频通话】按钮，即可向对方发送视频通话邀请，如下图所示。

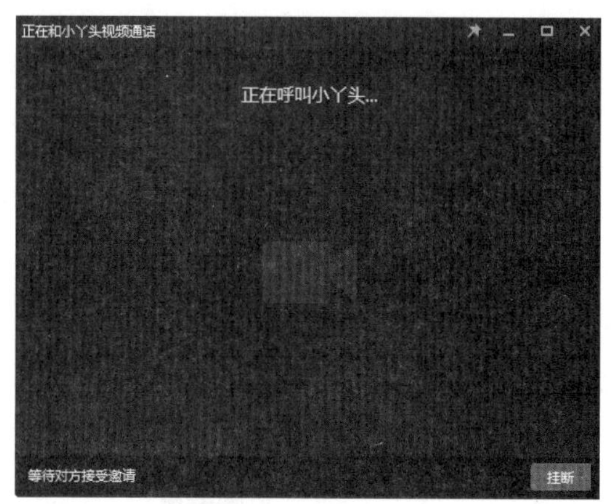

第 4 步 如果对方同意视频通话，会提示已经和对方建立了连接并显示出对方的头像。如果没有安装好摄像头，则不会显示任何画面，但可以语音聊天，也可以发送特效、表情及文字等。如果要结束视频通话，单击【挂断】按钮即可，如下图所示。

7.5 实战 4：聊微信

微信目前主要应用在智能手机上，支持收发语音消息、视频、图片和文字，可以进行群聊。微信除了手机客户端外，还有电脑客户端。

微信电脑客户端和网页版功能基本相同，一个是在客户端中登录，一个是在网页浏览器中登录，下面介绍微信电脑客户端的登录方法。

第 1 步 打开电脑中的微信客户端，弹出登录窗口，显示二维码验证界面，如下图所示。

第 2 步 在手机微信中，点击➕按钮，在弹出的菜单中选择【扫一扫】功能，如下图所示。

第 3 步 扫描电脑上的二维码，弹出界面提示用户在手机上确认登录，点击手机界面上的【登录】按钮，如下图所示。

第 4 步 验证通过后，电脑端即可进入微信主界面，如下图所示。

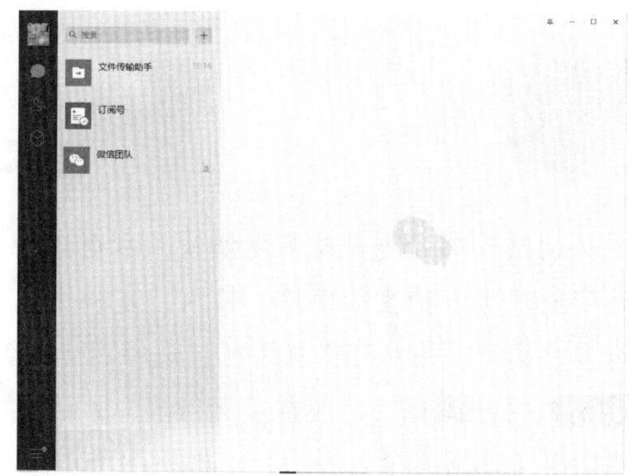

第 5 步 单击【通讯录】按钮，进入通讯录界面，选择要发送消息的好友，并在右侧好友信息窗口中单击【发消息】按钮，如下图

所示。

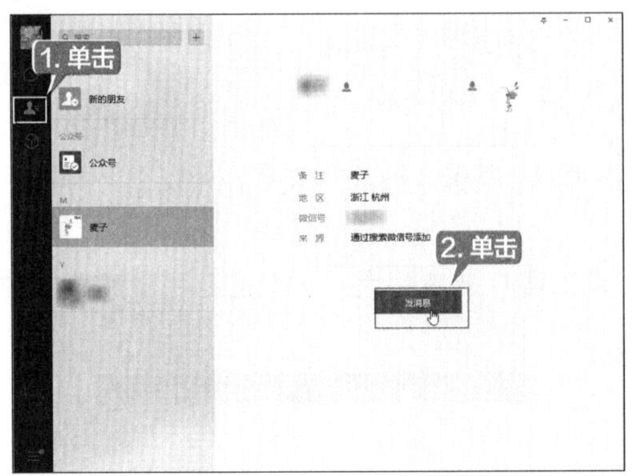

第 6 步 进入聊天窗口，在文本框中输入要发送的消息，单击【发送】按钮或按【Enter】键，如下图所示。

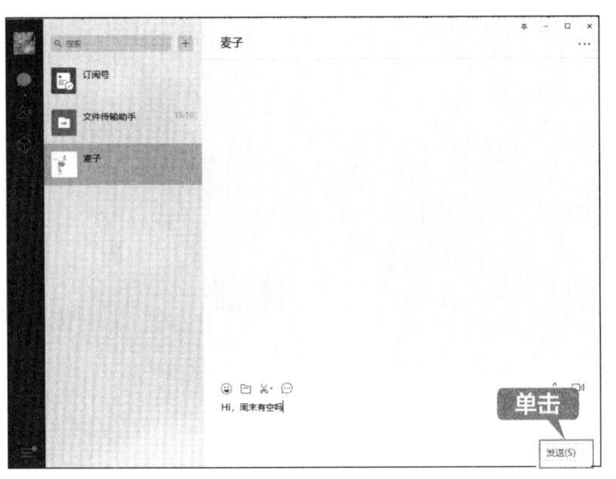

第 7 步 即可发送消息，与好友聊天。另外也可以单击窗口中的【表情】按钮发送表情，还可以发送文件、截图等，与 QQ 用法相似，如下图所示。

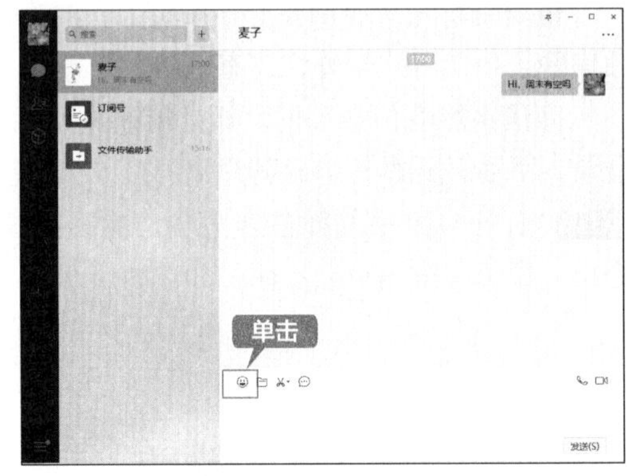

第 8 步 如果要退出微信，在任务栏中右击【微信】图标，在弹出的菜单中单击【退出微信】即可，如下图所示。

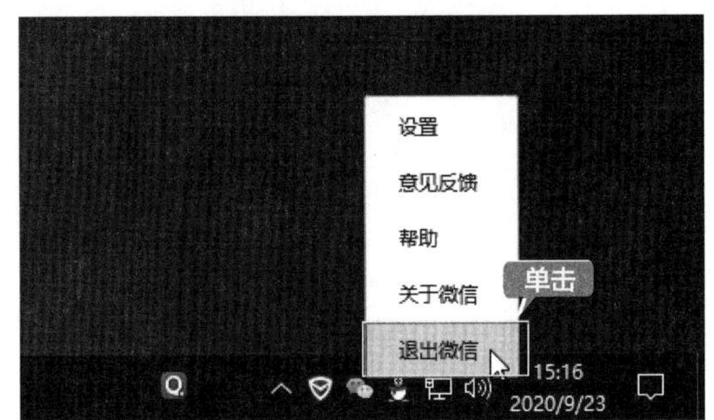

网上缴纳水电煤费

网络和移动支付越来越便捷，水电煤费可以直接通过电脑或手机进行缴纳，无须再前往各大营业厅去缴纳生活费用。目前，支持缴纳生活费用的平台有很多，如支付宝、微信、各大银行客户端等，用户可根据情况，选择网上缴纳渠道。本节以支付宝为例，介绍如何缴纳水费。

第 1 步 打开浏览器，搜索“支付宝”，进入其官方网站首页。单击【我是个人用户】按钮（一般情况下都属于个人用户），如下图所示。

第 2 步 进入如下图所示的页面，单击【登录】按钮（如无支付宝账号，则可单击【立即注册】按钮，根据提示进行注册）。

第 3 步 进入登录页面，输入账号和密码，单击【登录】按钮，如下图所示。

第 4 步 进入支付宝首页后，单击页面底部的【水电煤缴费】按钮，如下图所示。

第 5 步 进入水电煤缴费页面，选择所在城市及要缴费的业务，如单击【缴水费】按钮，如下图所示。

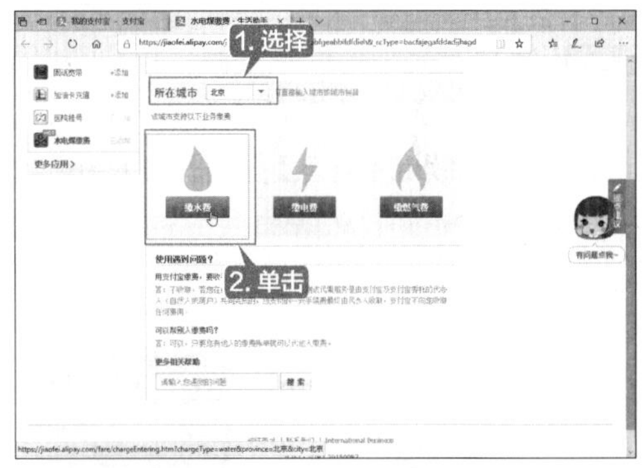

第 6 步 选择公用事业单位并输入用户编号，单击【查询】按钮，如下图所示。

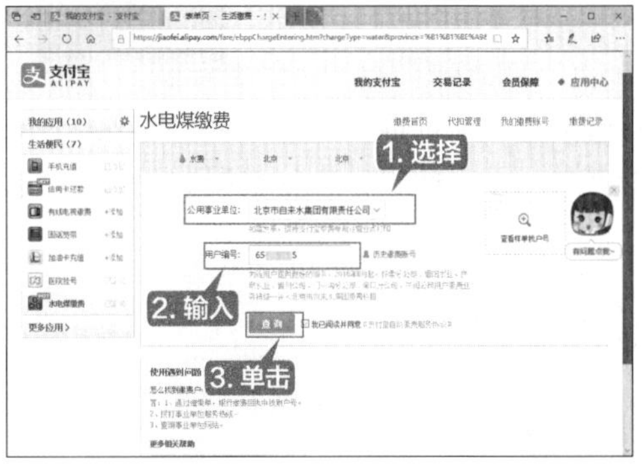

提示

如果有使用支付宝缴费的记录，则可单击【历史缴费账号】超链接，直接进行查询和缴费，无须再次输入账号。

第 7 步 如果查询到欠费，则会显示需缴费金额，确认缴费信息无误后，输入缴费金额，单击【去缴费】按钮，如下图所示。

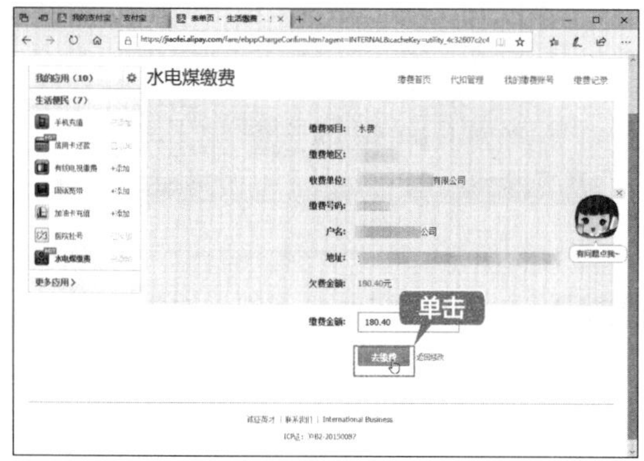

第 8 步 此时即会进入订单页面，用户可以通过支付宝 APP 创建的缴费订单进行付款，也可以单击【继续电脑付款】按钮，如下图所示。

第 9 步 进入支付页面，选择要付款的银行卡，然后输入支付密码，单击【确认付款】按钮，如下图所示。

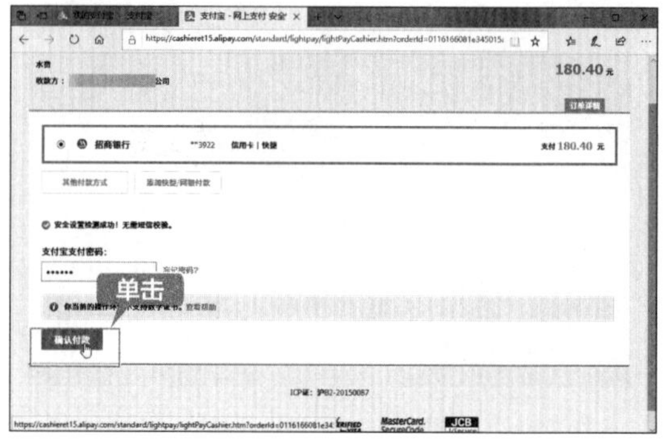

提示

如果首次使用支付宝，则需根据提示添加个人银行卡信息。

第 10 步 支付成功后，提示缴费成功信息，如下图所示。

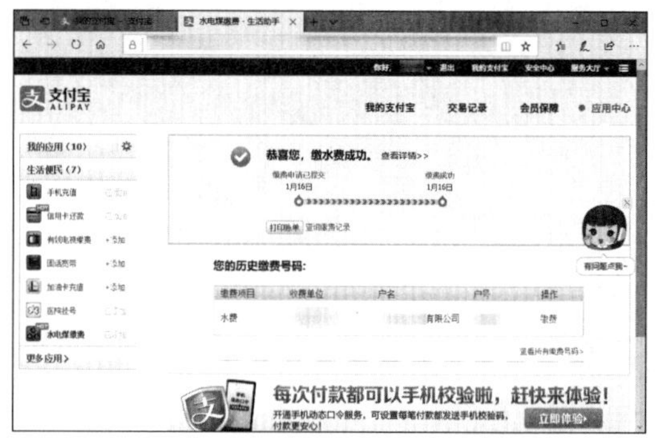

◇ 调整网页文字内容大小

在使用浏览器时，可以缩放网页，以满足用户的阅读需求。

第 1 步 缩小网页。在浏览器界面中，按住【Ctrl】键，然后向下滚动鼠标滚轮，即可缩小页面，将页面调整到合适的大小后，松开鼠标滚轮和【Ctrl】键即可，如下图所示。

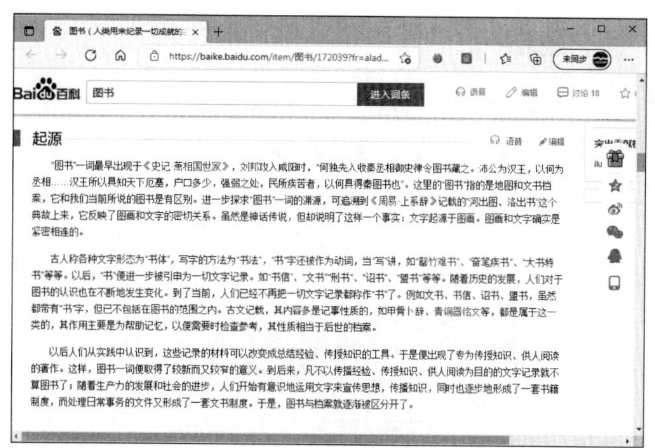

第 2 步 放大网页。按住【Ctrl】键，然后向上滚动鼠标滚轮，即可放大页面，将页面调整到合适的大小后，松开鼠标滚轮和【Ctrl】键即可，如下图所示。

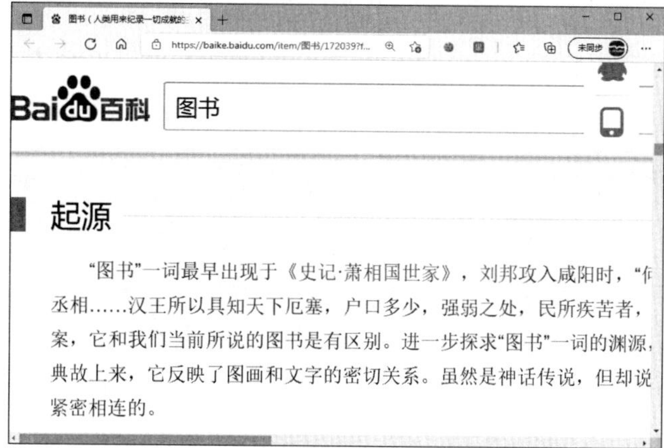

提示

另外，也可以按【Ctrl+-】组合键缩小页面，按【Ctrl++】组合键放大页面。

第 3 步 恢复默认显示大小。缩小或放大页面后，如果要恢复默认页面显示大小，则可按【Ctrl+0】组合键，如下图所示。

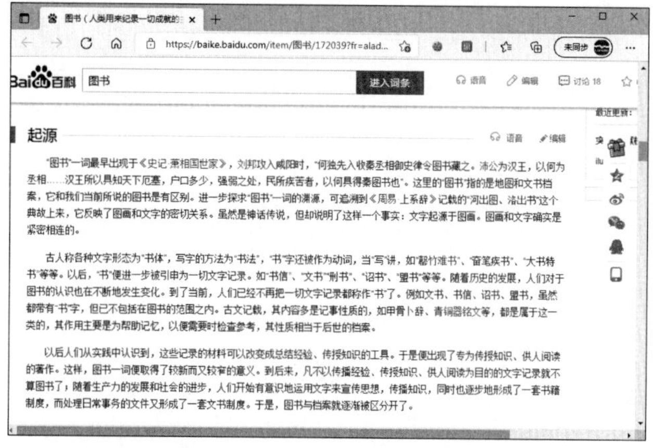

◇ 一键锁定 QQ 保护隐私

用户离开电脑时，如果担心别人看到自己的 QQ 聊天消息，除了退出 QQ 外，还可以将其锁定，防止别人翻看 QQ 聊天记录，下面介绍锁定 QQ 的操作方法。

第1步 打开 QQ 界面，按【Ctrl+Alt+L】组合键，弹出提示框，选择锁定 QQ 的方式，可以选择 QQ 密码解锁，也可以选择独立密码解锁，这里选择使用 QQ 密码解锁，单击【确定】按钮，即可锁定 QQ，如下图所示。

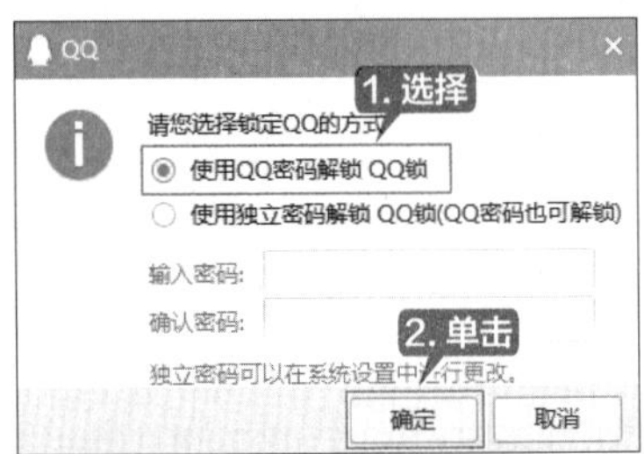

第2步 QQ 在锁定状态下，将不会弹出新消息，单击【解锁】图标或按【Ctrl+Alt+L】组合键进行解锁，在密码框中输入解锁密码，按【Enter】键即可解锁，如下图所示。

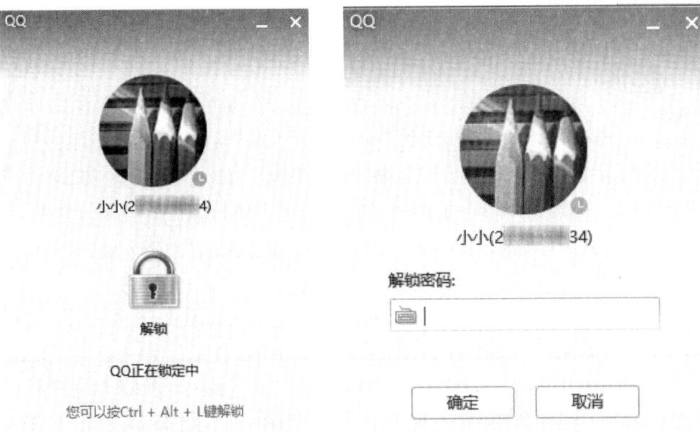

第 8 章

影音娱乐——多媒体和游戏

本章导读

网络为人们创造了一个广阔的影音娱乐世界，丰富的网络资源给网络增加了无穷的魅力。用户可以在网络中找到自己喜欢的音乐、电影或网络游戏，并能充分体验高清的音频与视频带来的听觉、视觉上的享受。

思维导图

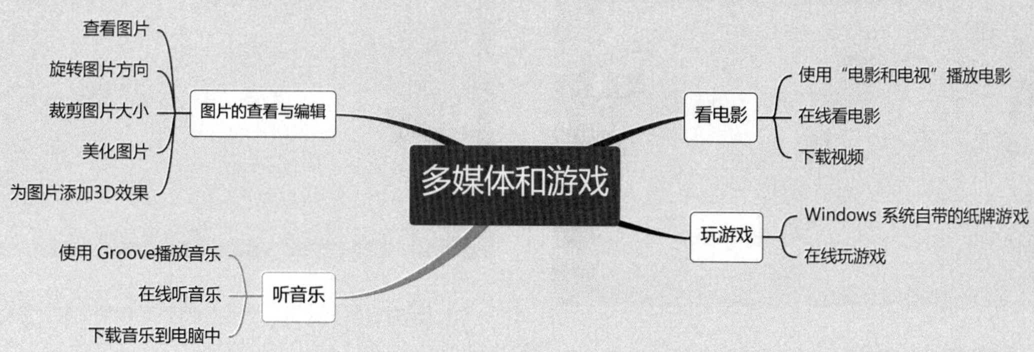

8.1 实战 1：图片的查看与编辑

Windows 10 操作系统自带的照片功能给用户带来了全新的数码体验，该软件提供了高效的图片管理、编辑、查看等功能。

8.1.1 查看图片

使用“照片”应用查看图片的操作步骤如下。

第 1 步 打开图片所在的文件夹，即可以缩略图的形式展示图片，如下图所示。

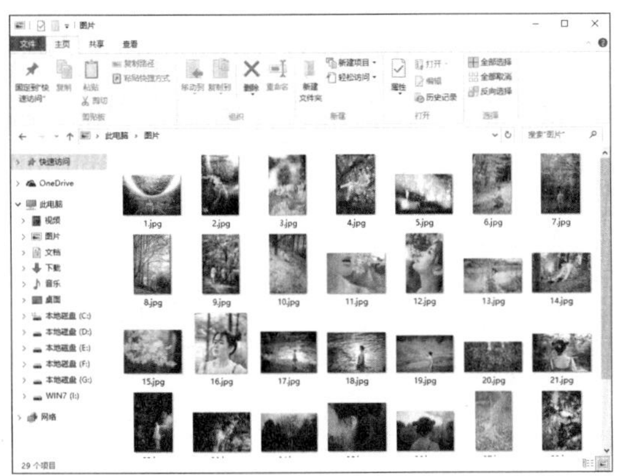

第 2 步 如果要查看某张图片，则双击要查看的图片，即可打开“照片”应用查看图片，单击【下一个】按钮，可以切换至下一张图片，如下图所示。

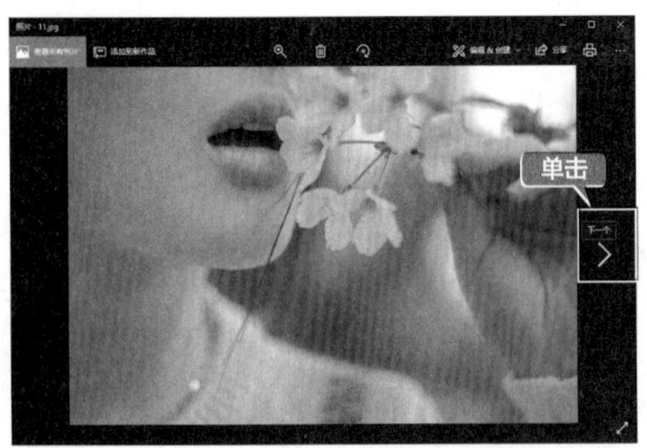

> **提示**
>
> 按住【Alt】键并向上或向下滚动鼠标滚轮，可以向上或向下切换图片。

第 3 步 按【F5】键，即可以全屏幻灯片的形式查看图片，图片上无任何按钮遮挡，且自动切换并播放该文件夹内的图片，如下图所示，按【Esc】键退出全屏浏览。

第 4 步 单击【放大】按钮，可以放大显示图片，并弹出控制器，拖曳滑块可以调整图片大小，如下图所示。

> **提示**
>
> 按住【Ctrl】键并向上或向下滚动鼠标滚轮，可以放大或缩小图片大小比例，也可以双击鼠标左键，放大或缩小图片大小

提示

比例。按【Ctrl+1】组合键为实际大小显示图片，按【Ctrl+0】组合键为适应窗口大小显示图片。

第 5 步 单击【缩小】按钮可以将图片恢复到原始比例，如下图所示。

8.1.2 旋转图片方向

在查看图片时，如果发现图片方向颠倒，可以通过旋转图片，纠正图片的方向。

第 1 步 打开要旋转的图片，单击【旋转】按钮或按【Ctrl+R】组合键，如下图所示。

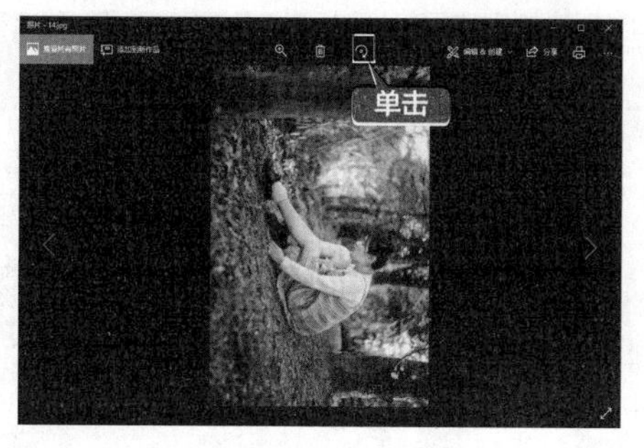

第 2 步 图片即会逆时针旋转 90°，再次单击则再次旋转，直至旋转为合适的方向即可，如下图所示。

8.1.3 裁剪图片大小

在编辑图片时，为了突出图片的主体，可以对多余的部分进行裁剪，以达到更好的效果。

第 1 步 打开要裁剪的图片，单击【编辑 & 创建】按钮，在弹出的菜单中选择【编辑】选项，或直接按【Ctrl+E】组合键，如下图所示。

第 2 步 进入编辑模式，单击【裁剪和旋转】按钮，如下图所示。

第 3 步 将鼠标指针移至定界框的控制点上，单击并拖动鼠标调整定界框的大小，如下图所示。

第 4 步 也可以单击【纵横比】按钮，选择要调整的纵横比，左侧预览窗口中即可显示效果，如下图所示。

第 5 步 尺寸调整完毕后，单击【完成】按钮，即可完成调整。单击【保存】按钮，将替换原有图片为编辑后的图片，单击【保存副本】按钮，则另存为一张新图片，原图片继续保留。这里单击【保存副本】按钮，如下图所示。

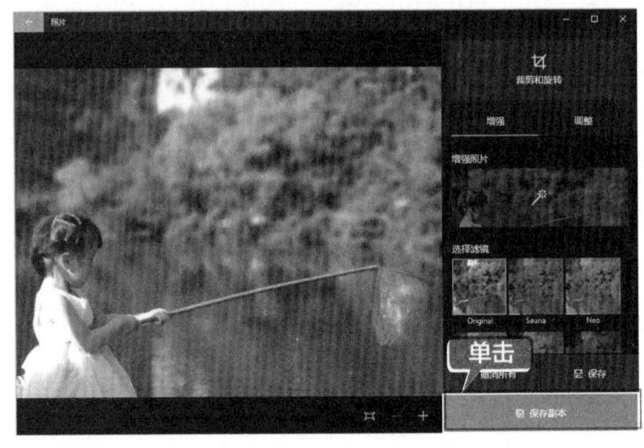

第 6 步 即可生成一张新图片，其文件名会发生变化，并进入图片预览模式，如下图所示。

8.1.4 美化图片

除了基本编辑外，使用“照片”应用还可以增强图片的效果和调整图片的色彩等。

第 1 步 打开要美化的图片，单击【编辑＆创建】按钮，在弹出的菜单中选择【编辑】选项，或直接按【Ctrl+E】组合键，如下图所示。

第 2 步 进入编辑模式，单击【增强】按钮，如下图所示。

第 3 步 图片即会自动调整，并显示调整后的效果，也可以拖曳鼠标调整增强强度，如下图所示。

第 4 步 如果需要为图片应用滤镜，单击可预览滤镜效果，如下图所示。

第 5 步 单击【调整】选项卡，拖曳鼠标可调整光线、颜色、清晰度及晕影等，调整完成后，单击【保存】按钮即可，如下图所示。

8.1.5 为图片添加 3D 效果

除了一些简单的编辑和美化，“照片”应用还增加了创建 3D 效果功能。

第 1 步 打开要编辑的图片，单击【编辑 & 创建】按钮，在弹出的菜单中选择【添加 3D 效果】选项，如下图所示。

第 2 步 即可打开 3D 照片编辑器，单击【效果】按钮，在界面右侧展示了内置的 3D 效果，如下图所示。

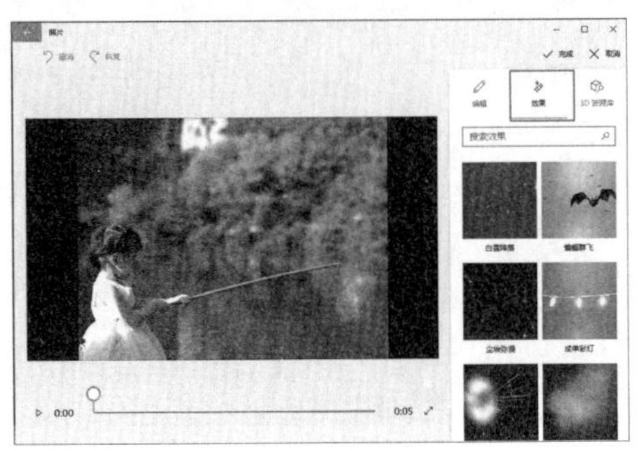

第 3 步 选择效果，如单击【欢乐时刻】效果，进入编辑界面，可以移动效果附加到图片中的某一位置并设置效果展示的时间，也可以设置效果的音量，如下图所示。

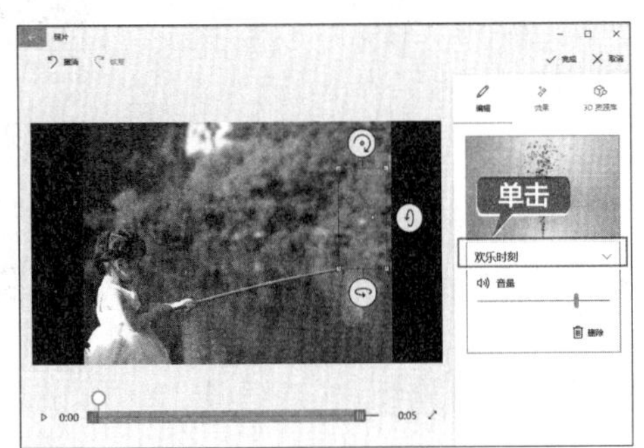

第 4 步 设置完成后，单击【完成】按钮即可保存，如下图所示。

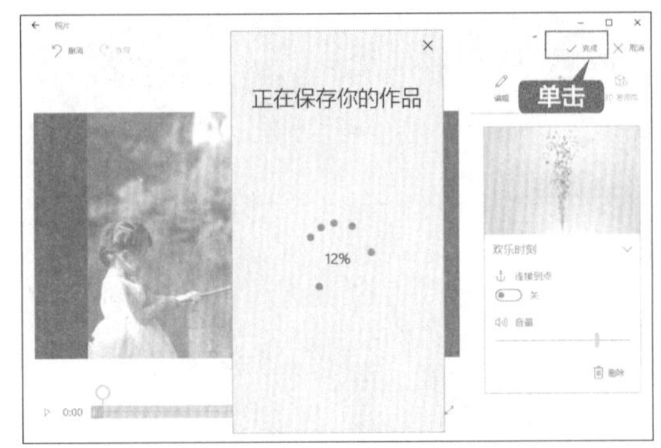

第 5 步 保存完毕后，即会生成一个 MP4 格式的小视频，如下图所示。

8.2 实战 2：听音乐

在网络中，音乐一直是热点之一，只要电脑中安装有合适的播放器，就可以播放从网上下载的音乐文件。如果电脑中没有安装合适的播放器，也可以到音乐网站中听音乐。

8.2.1 使用 Groove 播放音乐

Windows 10 系统中自带 Groove 音乐播放器，可以播放音乐及搜索音乐，用户可以使用该播放器播放自己喜欢的音乐。

如果用户想播放电脑上的单个音乐，双击音乐文件或右击打开，即可播放。如果音乐文件较多，则需要批量添加到播放列表中，如下图所示。

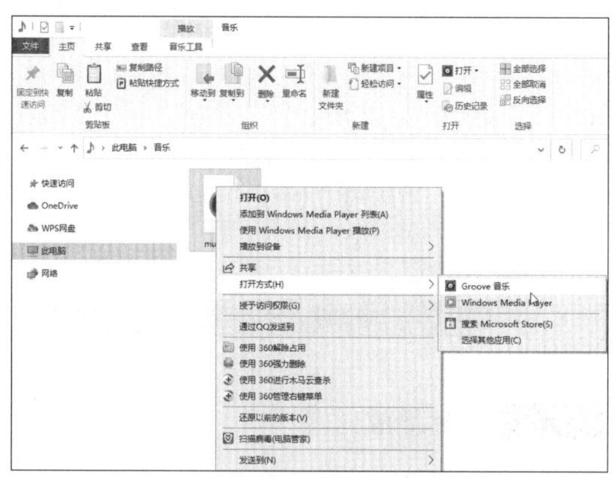

1. 添加音乐文件到播放器

添加音乐文件到播放器的具体操作步骤如下。

第 1 步 单击【开始】按钮，在所有程序列表中选择【Groove 音乐】，如下图所示。

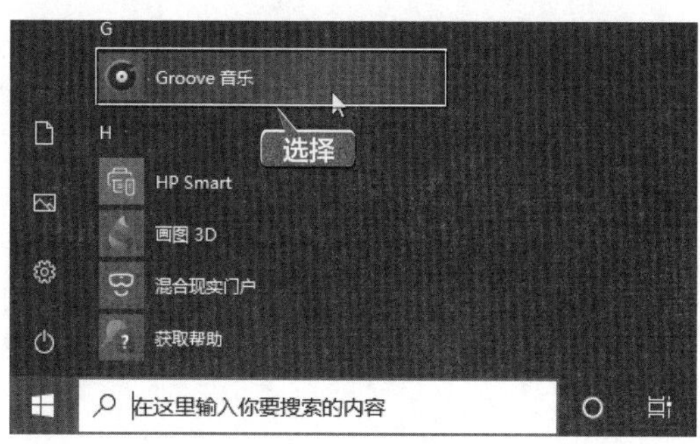

第 2 步 首次打开【Groove 音乐】界面，软件会进行一些准备和设置工作，如下图所示。

第 3 步 准备完成后，即可进入软件界面。在【我的音乐】界面中，单击【显示查找音乐的位置】超链接，如下图所示。

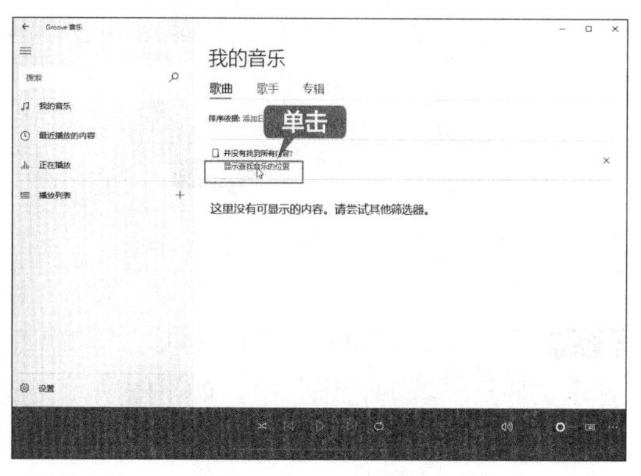

第 4 步 在弹出的对话框中，单击【添加文件夹】按钮，如下图所示。

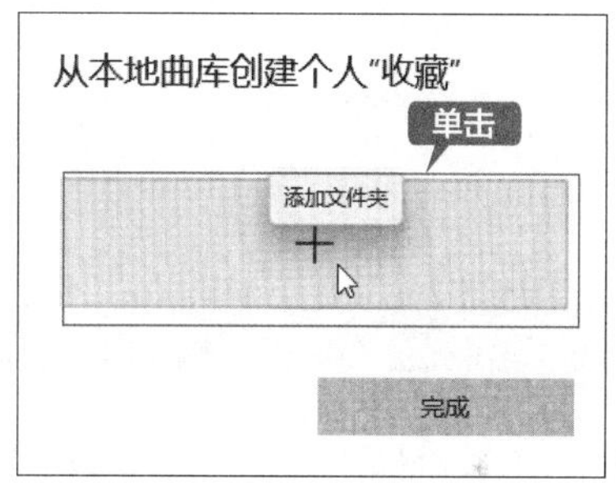

第 5 步 在弹出的【选择文件夹】对话框中，选择电脑中音乐文件所在的文件夹，并单击【将此文件夹添加到音乐】按钮，如下图所示。

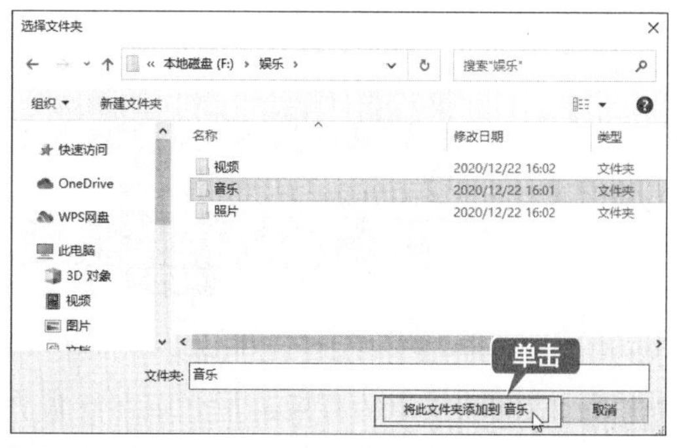

第 6 步 返回【从本地曲库创建个人“收藏”】对话框，单击【完成】按钮，如下图所示。

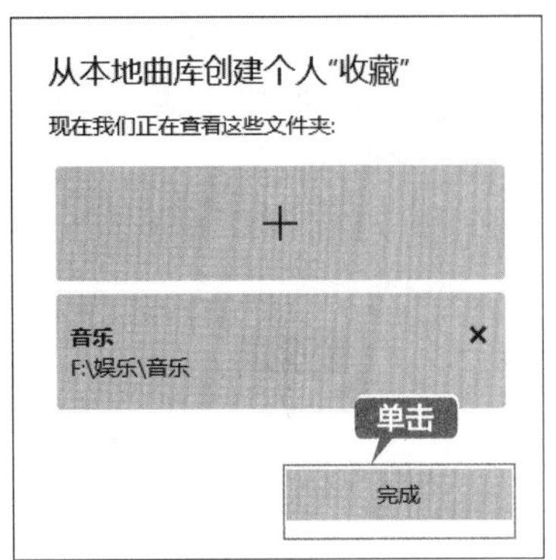

第 7 步 即会返回 Groove 音乐界面，自动添加音乐文件到“我的音乐”中，如下图所示。

第 8 步 选择要播放的音乐，勾选名称前的复选框，单击【播放】按钮，如下图所示。

第 9 步 随即将选中的音乐添加到正在播放列表中，用户可以通过界面下方的控制按钮控制音乐的播放，如下图所示。

2. 创建播放列表

用户可以根据喜好创建播放列表，方便自己聆听歌曲。

第 1 步 在 Groove 音乐界面中，单击左侧的【新建播放列表】按钮 +，如下图所示。

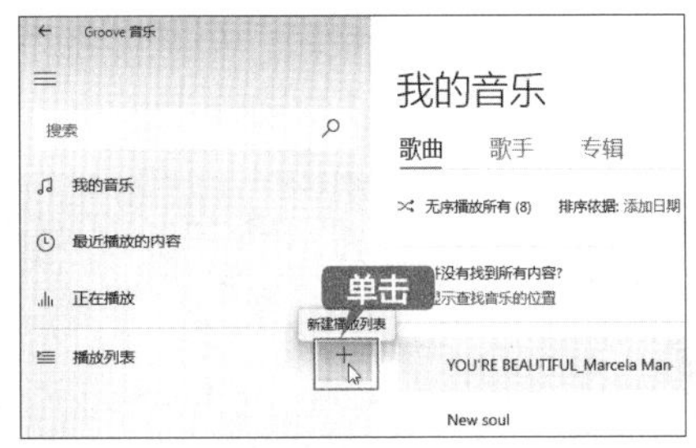

第 2 步 在弹出的对话框中，设置播放列表的名称，并单击【创建播放列表】按钮，如下图所示。

第 3 步 即可创建播放列表，并进入其界面，如下图所示。

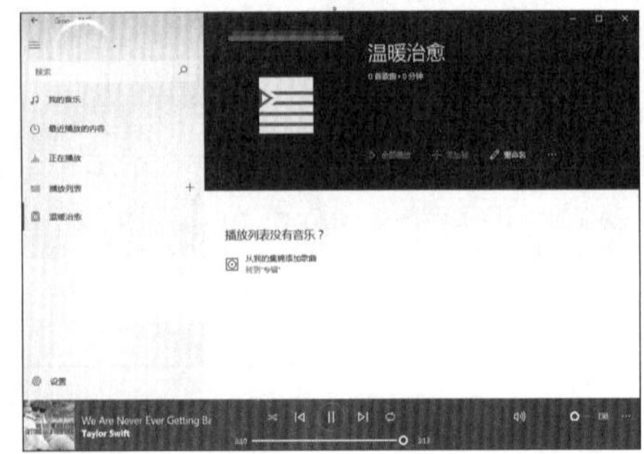

第 4 步 单击左侧的【我的音乐】选项，可在音乐列表中选择要添加到播放列表的音乐，并单击【添加到】按钮，在弹出的列表中，选择要添加的播放列表，如下图所示。

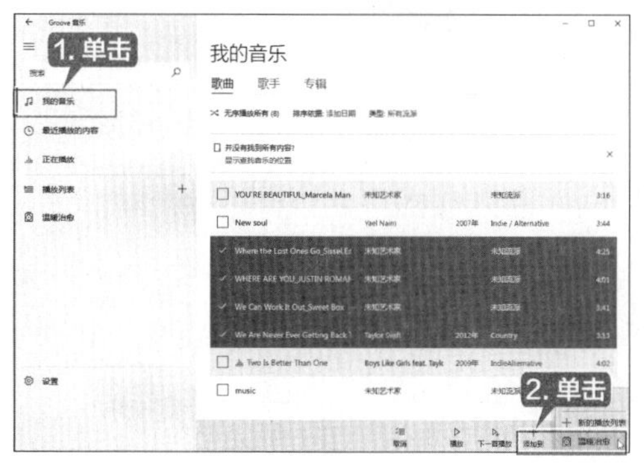

第 5 步 添加完成后，单击左侧创建的播放列表名称，即可进入该播放列表，单击【全部播放】按钮，即可播放列表中的所有音乐，如下图所示。

8.2.2 在线听音乐

要想在网上听音乐，最常用的方法就是访问音乐网站，然后单击想听的音乐的超链接， 就可以在网上欣赏美妙的音乐了。

1. 在网页中听音乐

音乐网站中通常收录了数万首音乐，那么如何才能在众多的音乐中找到自己喜欢的音乐呢?下面具体介绍如何在音乐网站上查找自己喜欢的音乐。

第 1 步 打开浏览器，进入百度首页，将鼠标指针放置在【更多】选项上，在弹出的下拉列表中选择【音乐】选项，如下图所示。

第 2 步 进入“千千音乐”页面，搜索“再见”进入音乐搜索结果页面，单击要播放的音乐右侧的【播放】按钮，如下图所示。

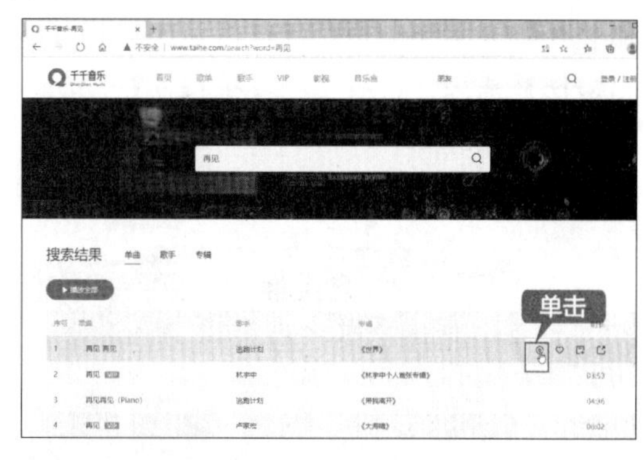

提示

用户还可以在音乐网站中选择已有分类或推荐音乐，试听其中的音乐。

第 3 步 即可打开在线播放页面播放所选音乐，如下图所示。

2. 在音乐软件中听音乐

在网页中播放音乐，虽然比较方便，但是与音乐播放器相比，音乐的音质并不是特别好，如果想播放更高品质的音乐，可以尝试使用音乐播放软件进行播放。本节以酷我音乐为例，介绍在音乐软件中听音乐的方法。

第 1 步 下载并安装酷我音乐，启动软件，进入其主界面，默认左侧选择【推荐】选项，其顶部包含了【精选】【歌手】【排行榜】【歌曲分类】【主播电台】【音乐现场】和【会员专区】选项，这里选择【排行榜】，如下图所示。

第 2 步 进入推荐排行榜界面，其中包含了“飙升榜”“新歌榜”和“热歌榜”分类，如选择“新歌榜”，界面中即显示 20 首新歌排行，如下图所示。

第 3 步 在音乐列表中，单击音乐名称即可播放，界面底部为播放控制栏，单击【打开音乐详情页】按钮，如下图所示。

第 4 步 即可进入音乐详情页，显示歌词、音乐律动等信息，如下图所示。

第 5 步 如果音乐名称后有【观看 MV】图标▶，则表明该音乐有 MV，可以单击图标播放音乐的 MV，如下图所示。

8.2.3 下载音乐到电脑中

将音乐下载到电脑中，即使没有网络，也可以随时播放电脑中的音乐。下载音乐的方式有很多种，如在网页中下载，在音乐软件中缓存到电脑等，本节以 QQ 音乐为例，介绍下载音乐的方法。

第 1 步 下载并安装 QQ 音乐，启动软件进入主界面，单击左上角的【登录】按钮，如下图所示。

第 2 步 弹出登录对话框，输入 QQ 号和密码，单击【立即登录】按钮，如下图所示。

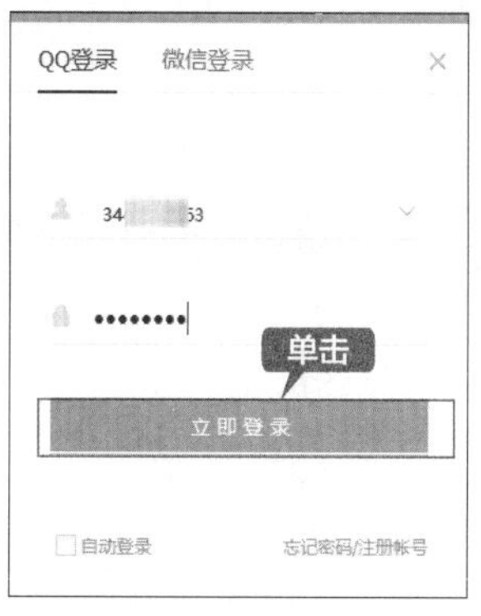

提示

QQ 音乐只有在登录状态下，才能进行音乐下载。

第 3 步 在顶部搜索框中输入要下载的音乐，如输入“西厢记”，即可搜索出相应的音乐列表，在要下载的音乐名称后，单击【下载】按钮⤓，如下图所示。

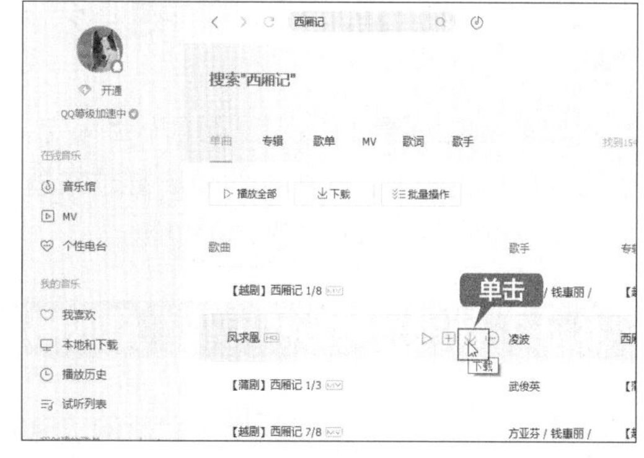

第 4 步 弹出音乐品质选择列表，选择要下载的品质，如这里选择【HQ 高品质】选项，如下图所示。

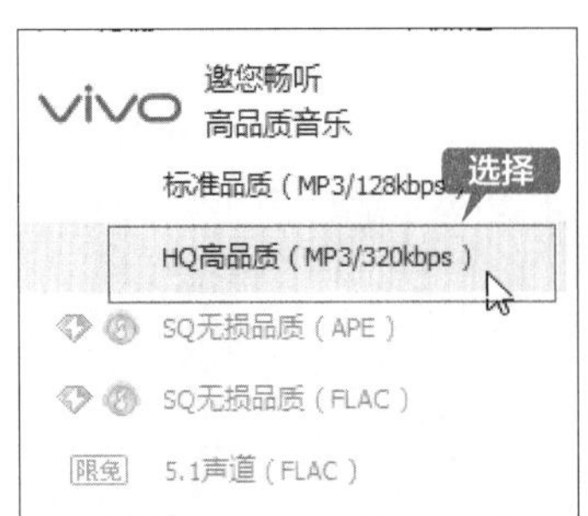

第 5 步 即可添加下载任务，单击界面左侧的【本地和下载】选项，在【正在下载】列表中即可看到下载的音乐，如下图所示。

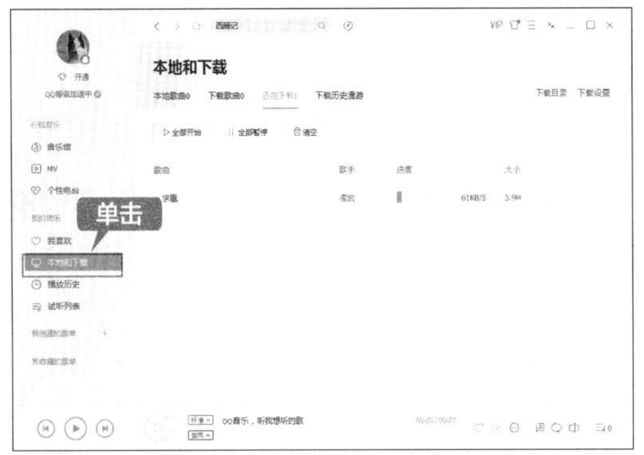

第 6 步 下载完成后，单击【本地歌曲】选项，即可看到下载的音乐。右击本地歌曲列表中的音乐，在弹出的快捷菜单中，单击【浏览本地文件】命令，如下图所示。

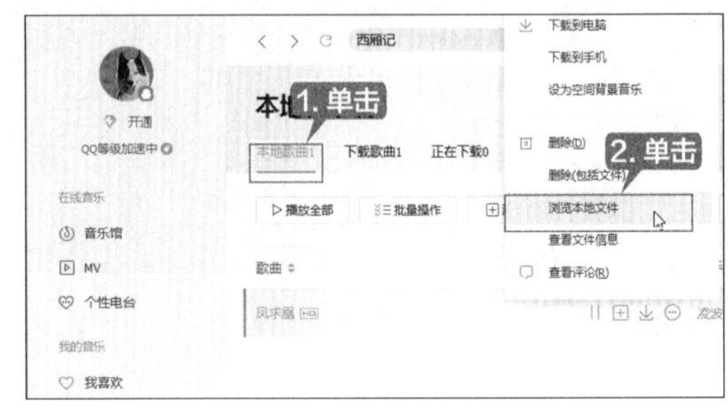

第 7 步 即可打开下载的音乐所在的文件夹，查看下载的音乐，如下图所示。

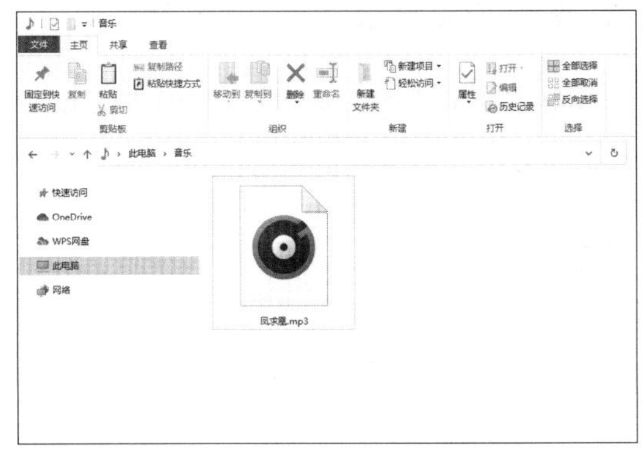

8.3 实战 3：看电影

以前看电影要到电影院，而且节目固定，观众需要提前安排好时间才能观看感兴趣的电影。但随着网络的普及，人们在线看电影越来越方便了。在线看电影不受时间与地点的限制，节目丰富，甚至可以观看世界各地的电影。

8.3.1 使用“电影和电视”播放电影

Windows 10 系统中新增了全新的“电影和电视”应用，该应用可以给用户提供更全面的视频服务，使用“电影和电视”播放电影的具体操作步骤如下。

第 1 步 在电脑中找到电影文件保存的位置，并打开该文件夹，如下图所示。

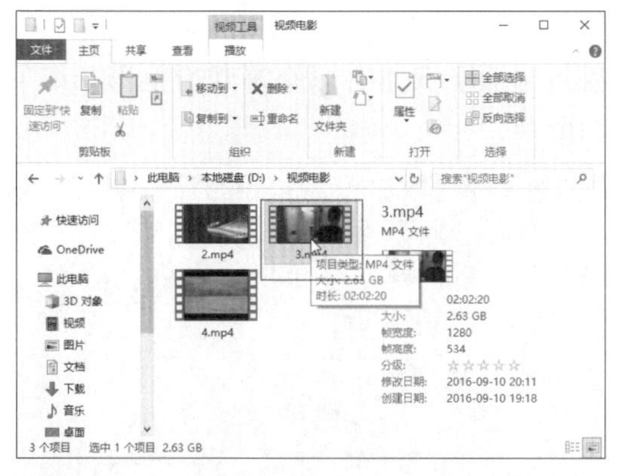

第 2 步 选中需要播放的电影文件并右击，在弹出的快捷菜单中选择【打开方式】→【电影和电视】选项，如下图所示。

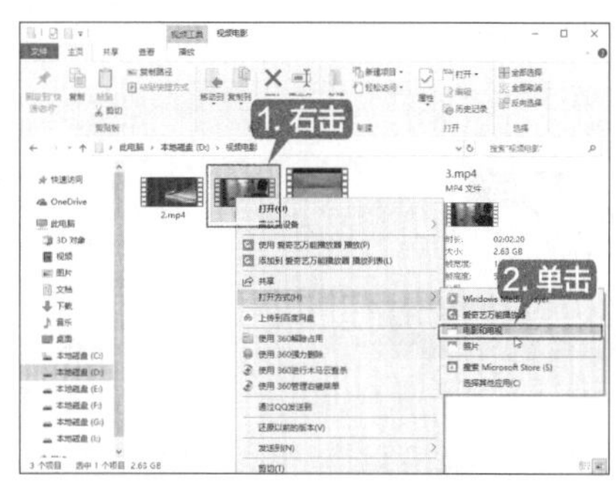

第 3 步 即可在“电影和电视”应用中播放电影，如下图所示。

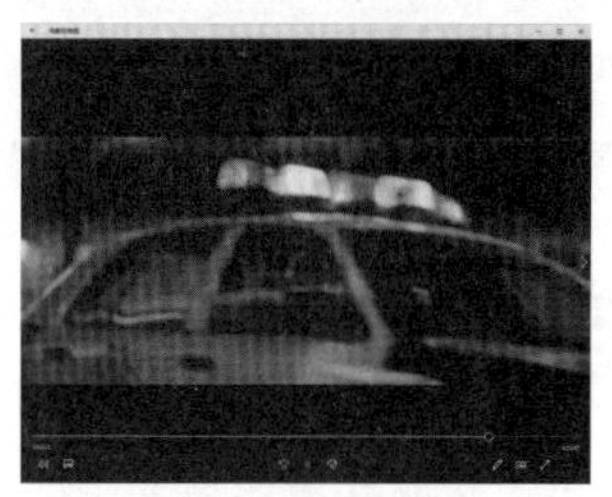

8.3.2 在线看电影

在网页中除了可以听音乐，还可以看电影，这里以在“优酷”网站看电影为例，介绍在网页中看电影的具体操作步骤。

第 1 步 打开浏览器，在地址栏中输入优酷网址，然后按【Enter】键，即可进入优酷首页，单击页面中的【电影】按钮，如下图所示。

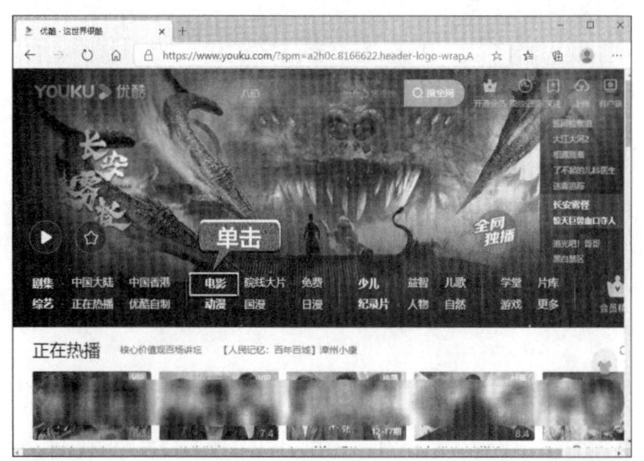

第 2 步 即可进入【电影】页面，可以根据分类查找自己喜欢的电影及频道，如下图所示。

第 3 步 也可以在搜索框中输入自己想观看的电影名称，如这里输入“阿甘正传”，按【Enter】键进行搜索，即可在打开的页面中查看有关“阿甘正传”的电影搜索结果，单击【播放】按钮，如下图所示。

提示

部分电影需要成为该视频网站付费会员方可观看。

第4步 即可在打开的页面中观看该电影，在播放画面上双击可以全屏观看电影，如下图所示。

8.3.3 下载视频

用户可以将网站或播放器中的视频下载到电脑中，如使用迅雷可以下载网页中的视频，也可以使用播放器中的缓存功能，把视频下载到电脑中，即使在没有网络或者网速不佳的情况下，也可以方便、流畅地观看视频。本节以爱奇艺为例，介绍如何下载视频到电脑中。

第1步 打开爱奇艺视频客户端，在顶部搜索栏中输入要下载的视频名称，单击【搜索】按钮，如下图所示。

第2步 即可搜索出相关的视频列表，在搜索的视频结果中，单击【下载】按钮，如下图所示。

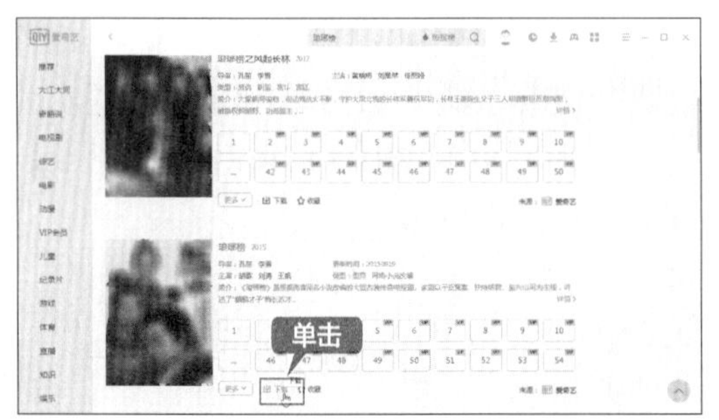

提示

使用爱奇艺、优酷、腾讯视频及芒果TV等客户端缓存视频，仅支持视频来源为本网站的视频缓存下载，且部分视频仅支持该视频网站会员下载和观看。

第3步 在弹出的对话框中，选择要下载的清晰度、内容，单击【下载】按钮，如下图所示。

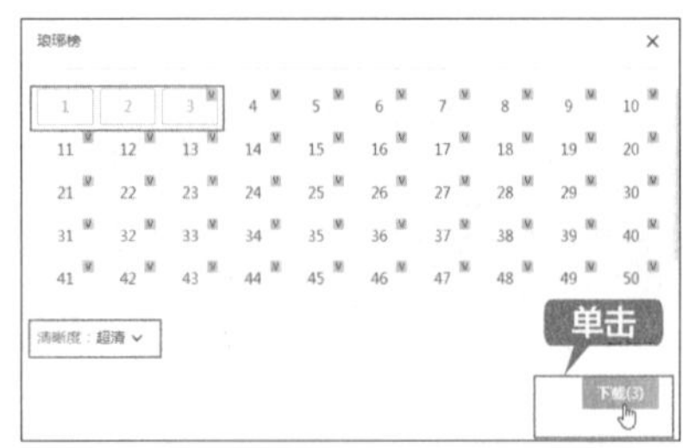

第4步 弹出提示框，表示已将所选视频加入下载列表中，此时可单击【我的下载】按钮，如下图所示。

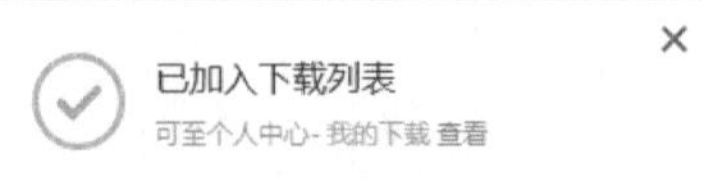

第 5 步 进入下载列表，可以看到下载的速度及进程，如下图所示。

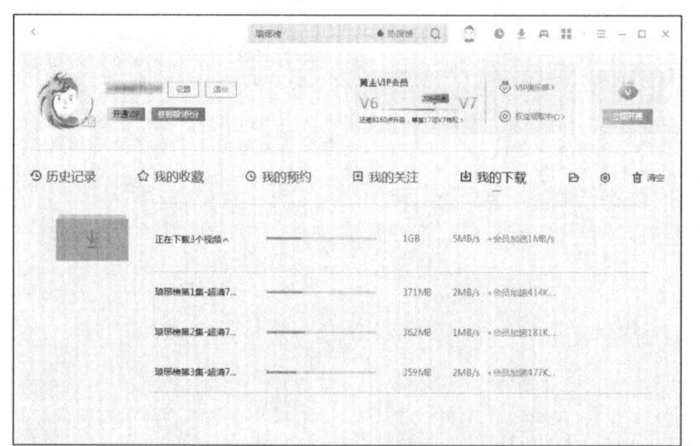

第 6 步 下载完成后，即可在【我的下载】列表中，查看下载完成的视频，单击视频名称，即可播放该视频。单击【下载文件夹】按钮，可打开视频文件所在的文件夹。下载的视频观看完毕后，可单击视频名称右侧的【删除】按钮，删除对应的视频，为电脑释放存储空间，如下图所示。

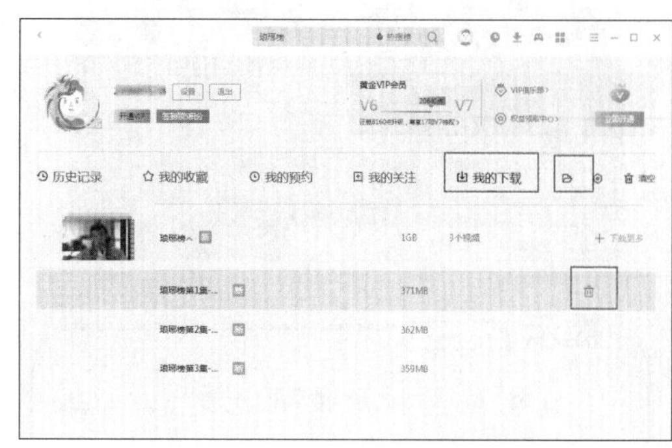

8.4 实战 4：玩游戏

电脑游戏已经成为许多人休闲娱乐的方式，电脑游戏的种类非常多，常见的电脑游戏主要可以分为棋牌类游戏、休闲类游戏、角色扮演类游戏等类型。

8.4.1 Windows 系统自带的纸牌游戏

蜘蛛纸牌是 Windows 系统自带的纸牌游戏，该游戏的目标是以最少的移动次数移走玩牌区的所有牌。根据难度级别，纸牌由 1 种、2 种或 4 种不同的花色组成。纸牌分 10 列排列，每列的顶牌正面朝上，其余的牌正面朝下，剩下的牌叠放在右下角发牌区。

蜘蛛纸牌的玩法规则如下。

（1）要想赢得一局，必须按降序从 K 到 A 排列纸牌，将所有纸牌从玩牌区移走。

（2）在中级和高级难度中，纸牌的花色必须相同。

（3）在按降序成功排列纸牌后，该列纸牌将被从玩牌区回收。

（4）在不能移动纸牌时，可以单击发牌区中的发牌叠，系统会开始新一轮发牌。

（5）不限制一次移动的纸牌张数。如果一列牌花色相同，且按顺序排列，则可以整列移动。

启动蜘蛛纸牌的具体操作步骤如下。

第 1 步 单击【开始】按钮，在弹出的【开始】菜单中单击【Microsoft Solitaire Collection（微软纸牌集合）】图标，如下图所示。

提示

如果在电脑中没有找到 Microsoft Solitaire Collection 应用，可通过 Microsoft Store 应用商店下载。

第 2 步 进入【Microsoft Solitaire Collection】欢迎界面，无须进行任何操作，如下图所示。

第 3 步 进入【Microsoft Solitaire Collection】游戏选择界面，其中集合了 5 个纸牌游戏。单击【蜘蛛纸牌】图标，如下图所示。

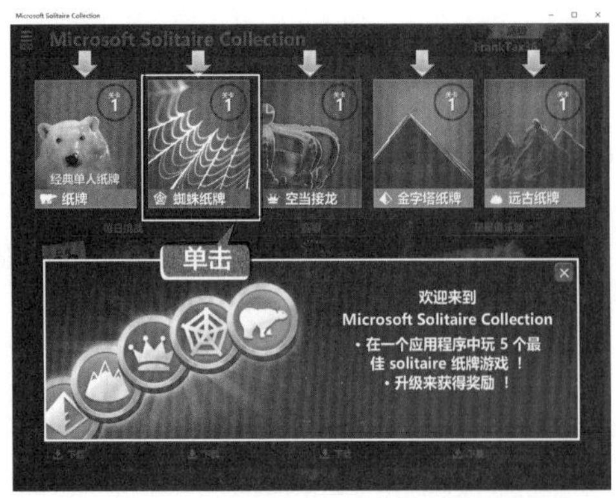

第 4 步 即可进入【蜘蛛纸牌】游戏界面，如下图所示。

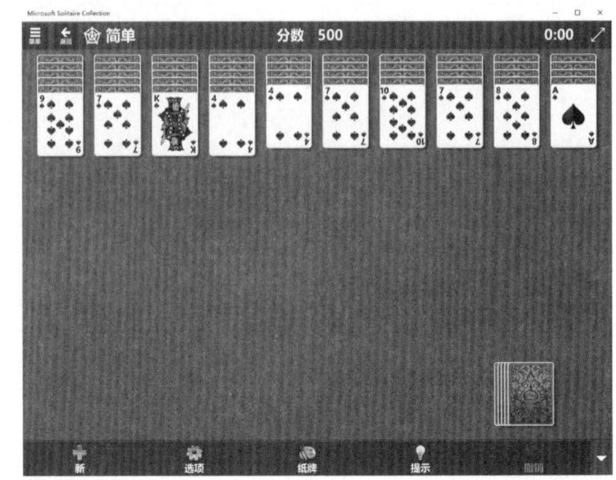

第 5 步 单击底部的【选项】按钮，在弹出的【游戏选项】对话框中可以对游戏的参数进行设置，如下图所示。

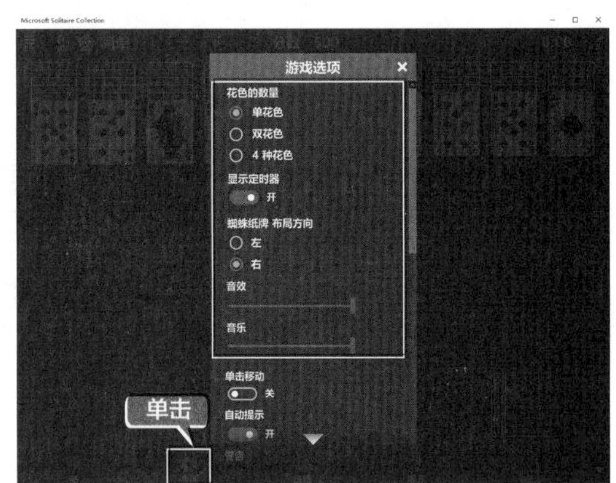

第 6 步 如果用户不知道该如何移动纸牌，可以单击底部的【提示】按钮，系统将提示用户可以如何操作，如下图所示。

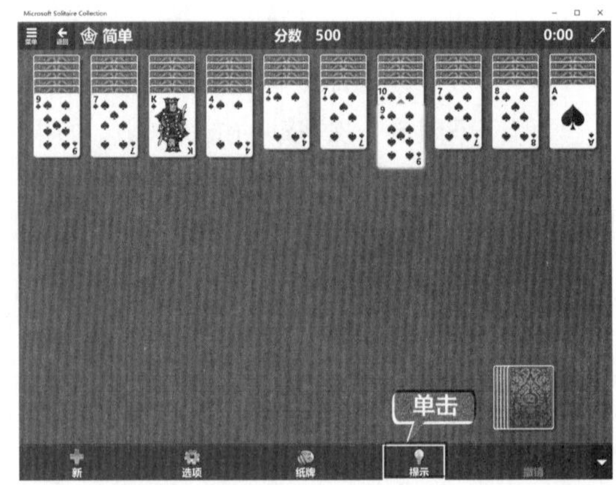

第 7 步 按降序从 K 到 A 排列纸牌，直到将所有纸牌从玩牌区回收，如下图所示。

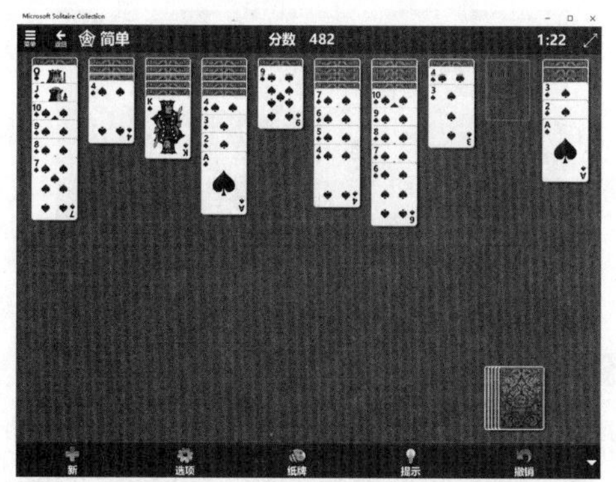

第 8 步 根据移牌规则移动纸牌，单击右下角发牌区的牌组可以发牌。在发牌前，用户需要确保没有空列，否则不能发牌，如下图所示。

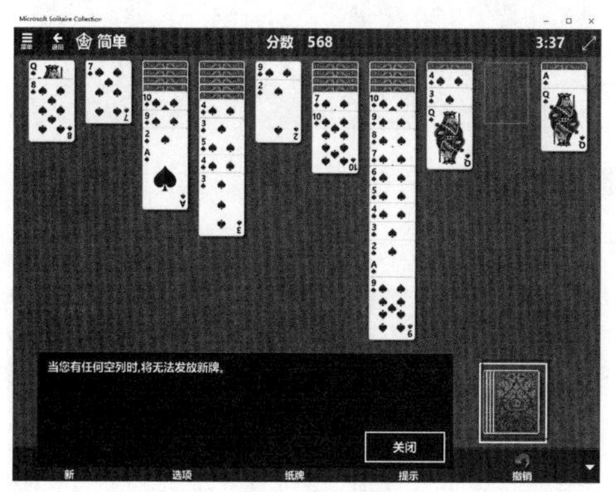

第 9 步 所有的牌按照从 K 到 A 排列并完成回收后，系统会播放纸牌飞舞的动画，表示本局胜利，如下图所示。

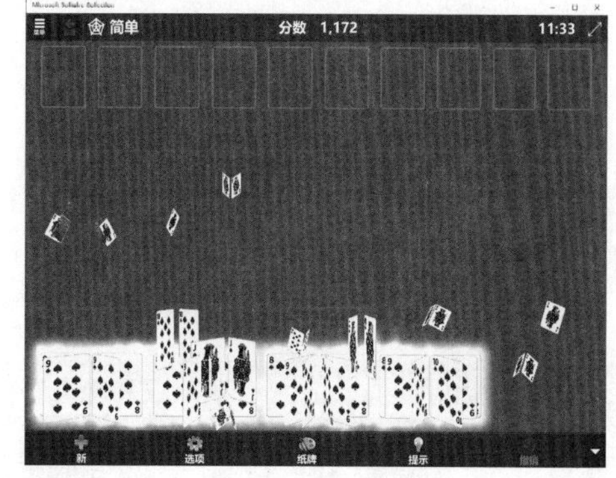

第 10 步 单击【新游戏】按钮，即可开始新的游戏。单击【主页】按钮，则退出游戏，返回到【Microsoft Solitaire Collection】主界面，如下图所示。

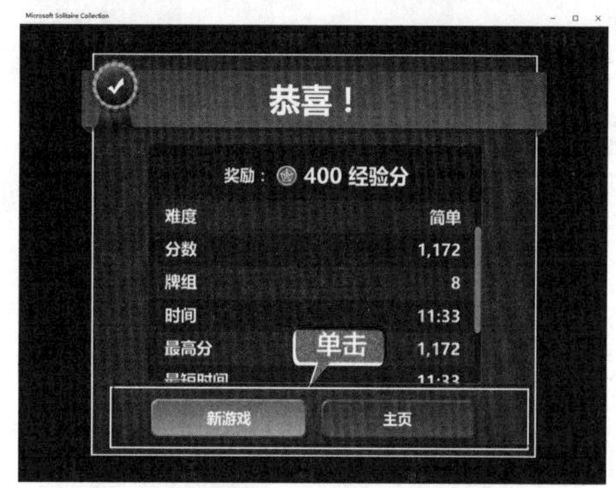

8.4.2 在线玩游戏

斗地主是广受喜爱的多人在线网络游戏，其趣味性十足，且不用太多的脑力和时间， 是游戏休闲不错的选择。下面以在 QQ 游戏大厅中玩斗地主为例，介绍在 QQ 游戏大厅玩游戏的具体操作步骤。

第 1 步 在 QQ 主界面中单击【QQ 游戏】按钮，如下图所示。

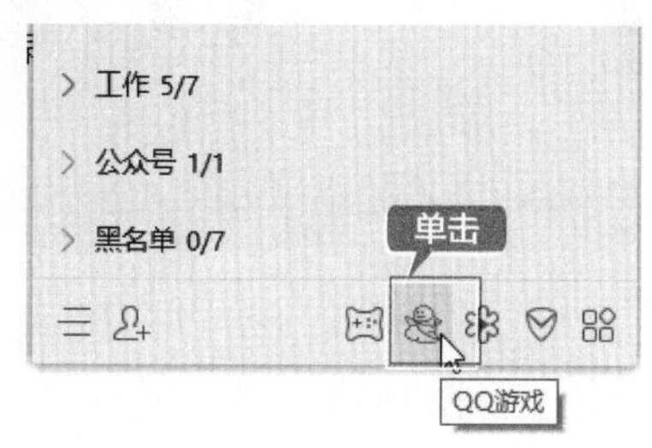

第 2 步 如果电脑中没有安装 QQ 游戏，则会弹出【在线安装】对话框，单击【安装】按钮即可安装，如下图所示。如果已经安装 QQ 游戏，则直接进入 QQ 游戏大厅界面。

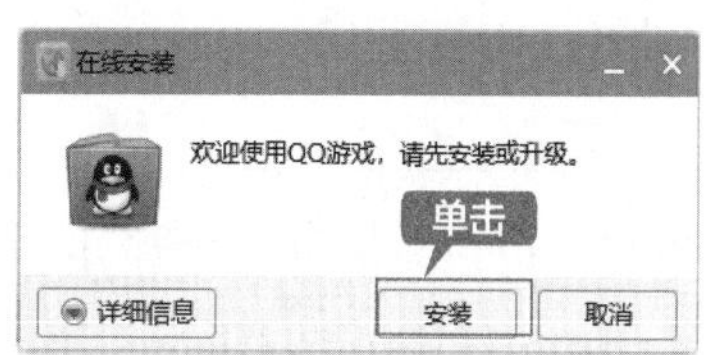

第3步 单击【安装】按钮后，即可下载并安装软件，根据提示进行安装即可，如下图所示。

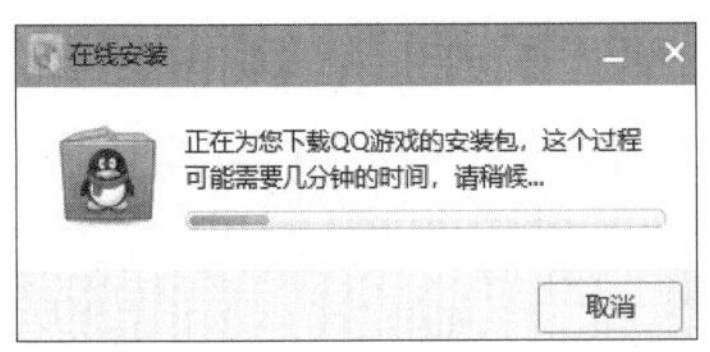

第4步 安装完成后，即可进入QQ游戏大厅，初次使用时“我的游戏”中无任何游戏，可单击【去游戏库找】按钮，如下图所示。

第5步 进入游戏库列表，选择游戏的分类，并选择要添加的游戏，单击【添加游戏】按钮，如下图所示。

第6步 弹出【下载管理】对话框，在其中显示欢乐斗地主的下载进度，如下图所示。

第7步 下载完成后，会自动安装并进入游戏主界面，如下图所示。选择要进行的游戏模式，如单击“经典模式”。

第8步 选择经典模式下的玩法，如“经典玩法”，如下图所示。

第9步 选择经典玩法下的“新手场”，如下图所示。

第10步 进入新手场后，单击【开始游戏】按钮，如下图所示。

第11步 系统会自动匹配玩家，并发牌给玩家，可以根据所持牌的情况，决定是否要“叫地

主”，也可以使用一定的道具，如“超级加倍”“记牌器”等，如下图所示。

第 12 步 本局游戏结束后，可再次单击【开始游戏】按钮，开始新的游戏，如下图所示。

将喜欢的音乐 / 电影传输到手机中

在电脑上下载的音乐或电影只能在电脑上聆听或观看，如果用户想要把音乐或电影传输到手机中，随时随地享受音乐或电影带来的快乐，该如何操作呢？

智能手机可以随时随地进行网络连接，用户可以利用网络来实现电脑与手机的相互连接，进行数据传输。电脑与手机间传输数据通常会借助第三方软件来完成，如 QQ、微信等，如下图所示为电脑与手机进行无线传输数据的界面。

另外，使用数据线也可以实现电脑与手机的数据传输，如下图所示为手机转换成移动存储设备在电脑中的显示效果，其中 U 盘 (I:) 和 U 盘 (J:) 就是手机转换成 U 盘之后在电脑当中显示的效果。

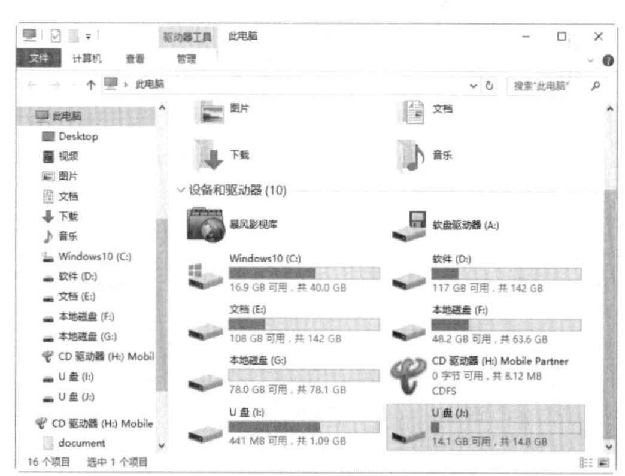

将音乐和电影传输到手机中的操作方法如下。

1. 使用网络进行传输

第 1 步 打开 QQ 主界面，单击【我的设备】组，展开【我的设备】列表，如下图所示。

第 2 步 双击【我的 Android 手机】选项，即可打开如下图所示的界面。

第 3 步 单击【传送文件】按钮，打开【打开】对话框，在其中找到要发送的音乐和电影文件，如下图所示。

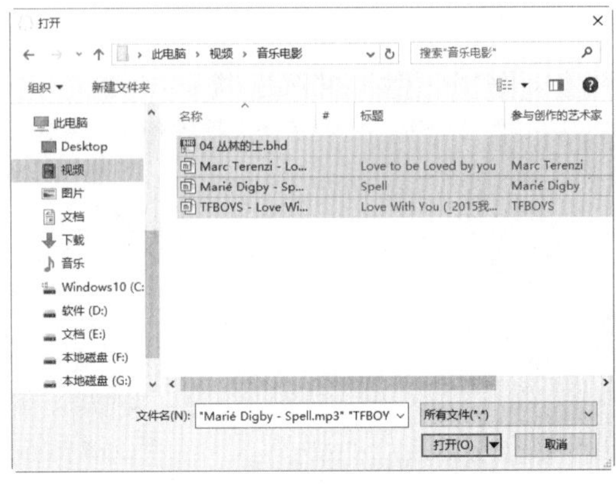

第 4 步 单击【打开】按钮，返回到如下图所示的界面，在其中可以看到选择的音乐和电影文件，并显示发送的进度。

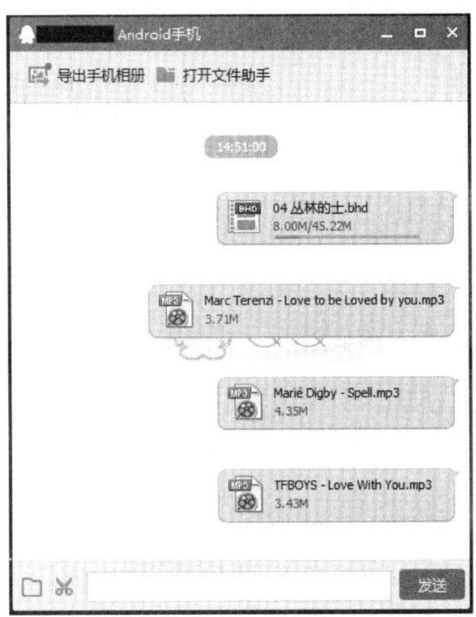

第 5 步 在手机中登录 QQ，即可显示如下图所示的提示信息。

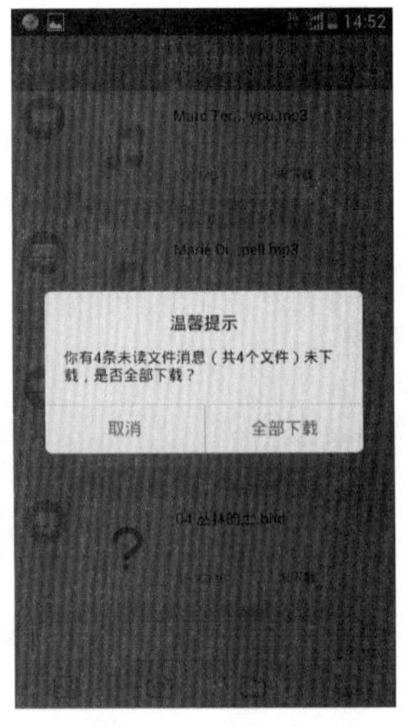

第 6 步 在手机中点击相应文件，即可开始下载从电脑中传输过来的音乐和电影文件，如下图所示。

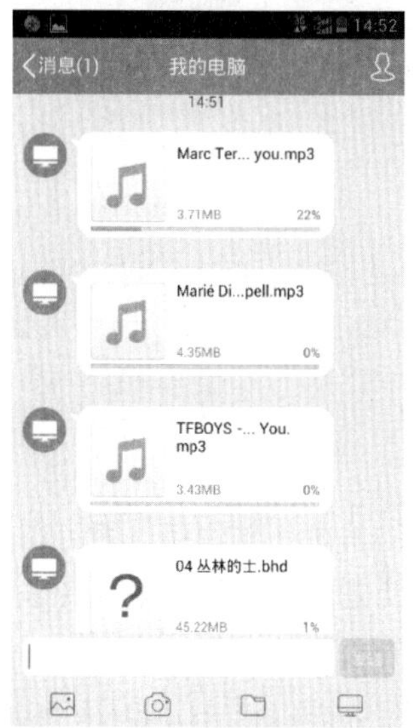

第 7 步 下载完毕后，即完成将电脑中的音乐和电影传输到手机中的操作。

2. 使用数据线进行传输

第 1 步 使用数据线将手机连接到电脑上，然后在电脑中打开需要传输的音乐和电影所在的文件夹，如下图所示。

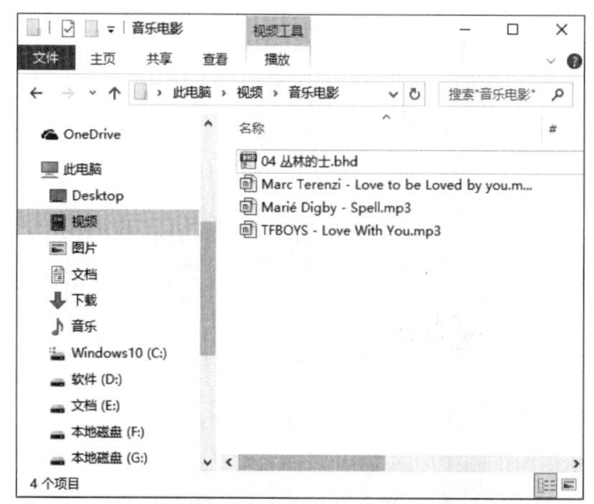

第 2 步 选中需要传输的音乐和电影并右击，在弹出的快捷菜单中选择【复制】命令，如下图所示。

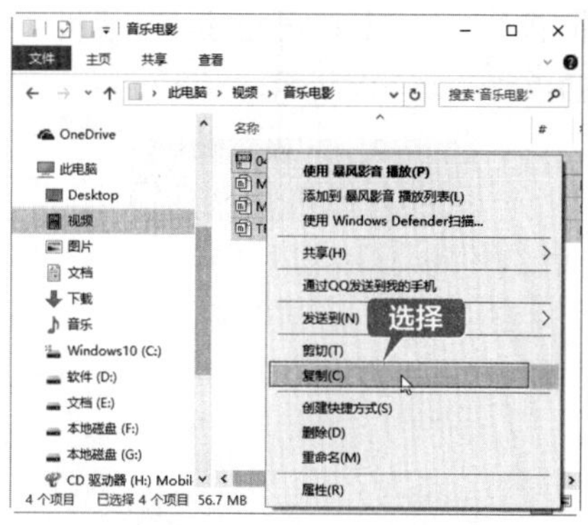

第 3 步 在电脑中打开代表手机的 U 盘，并找到保存音乐文件的文件夹，在空白处右击，在弹出的快捷菜单中选择【粘贴】命令，如下图所示。

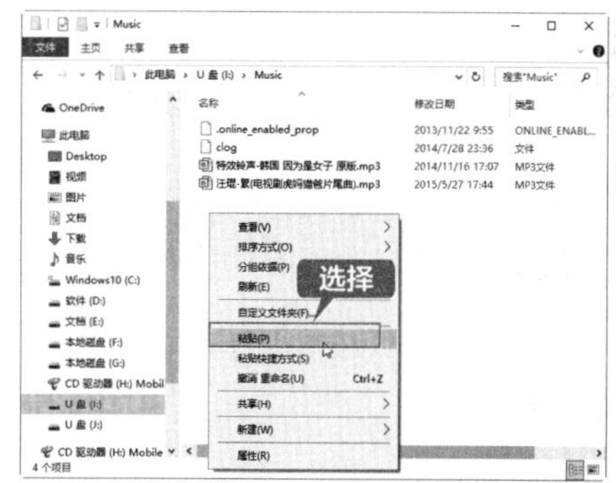

第 4 步 弹出提示框，在其中显示了文件复制的进度，如下图所示。

第 5 步 完成后即可在代表手机的 U 盘当中查看复制之后的音乐或电影，如下图所示。

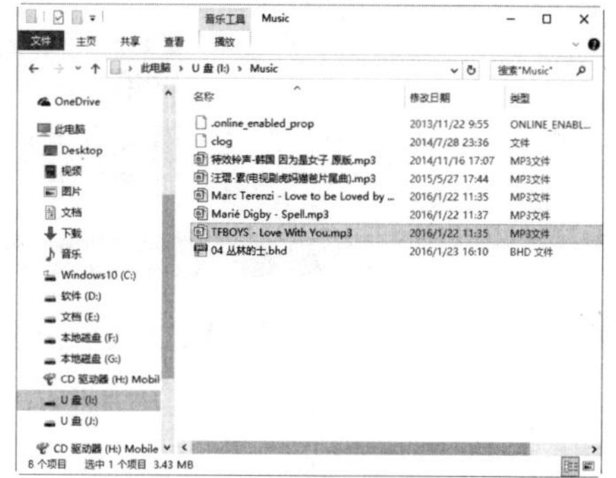

第 6 步 将手机与电脑断开连接，在手机中打开音乐播放器，如下图所示。

第 7 步 点击【本地歌曲】按钮，即可在【本地歌曲】列表中查看传输的音乐文件，如下图所示。

第 8 步 点击其中一首音乐，即可在手机中播放，至此就完成了将电脑中的音乐和电影传输到手机中的操作。

◇ 将歌曲剪辑成手机铃声

第 1 步 下载并安装酷狗音乐，进入主界面，如下图所示。

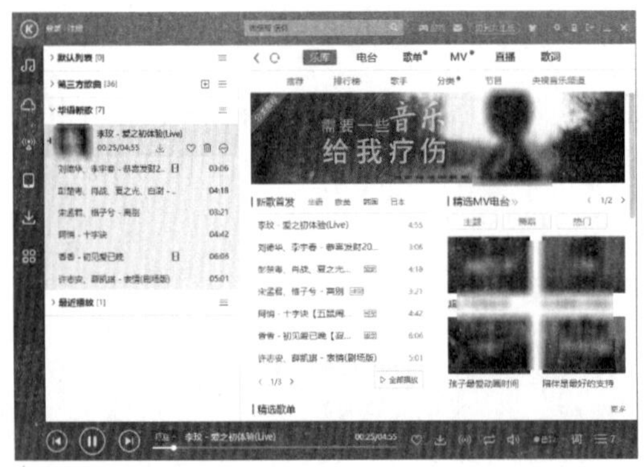

第 2 步 单击界面左侧的【更多】按钮，打开【更多】功能界面，如下图所示。

第 3 步 单击【铃声制作】按钮，打开【酷狗铃声制作专家】对话框，如下图所示。

第 4 步 单击【添加歌曲】按钮，打开【打开】对话框，在其中选择一首歌曲，单击【打开】按钮，如下图所示。

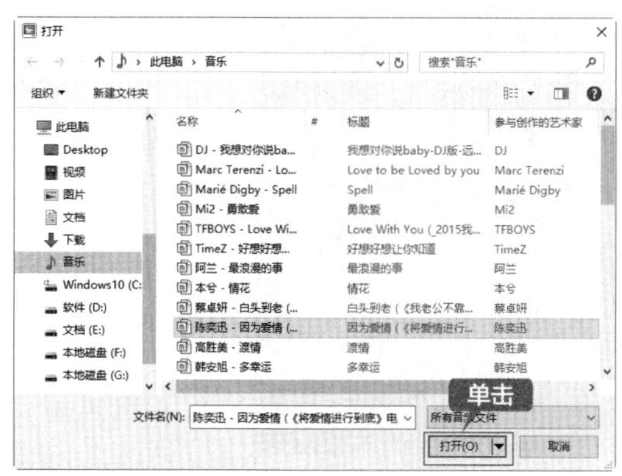

第 5 步 返回到【酷狗铃声制作专家】对话框中，如下图所示。

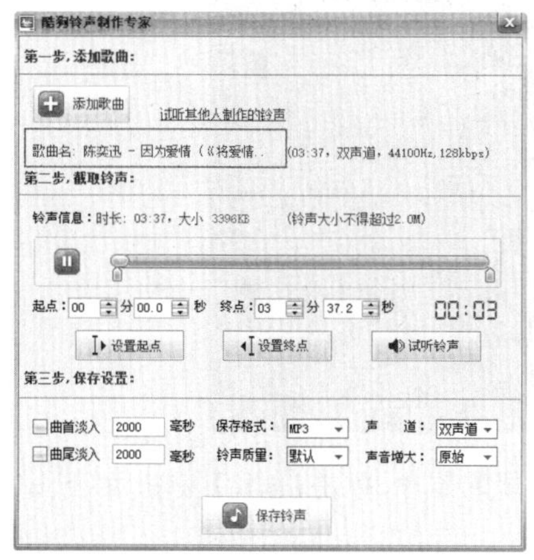

第 6 步 单击【设置起点】和【设置终点】按钮，设置铃声的起点和终点，如下图所示。

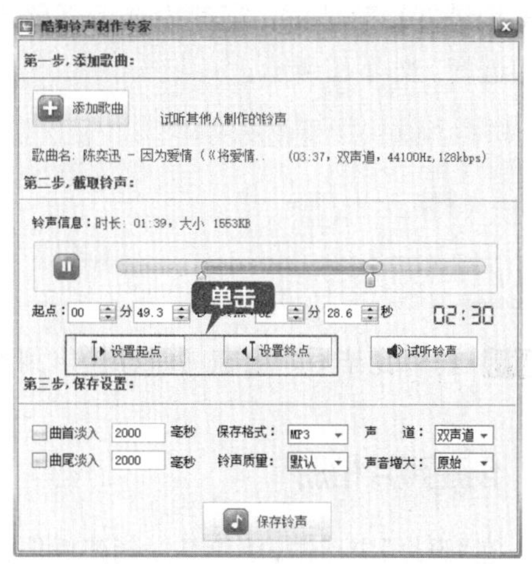

第 7 步 在【第三步，保存设置】区域中单击【铃声质量】右侧的下拉按钮，在弹出的下拉列表中选择铃声的质量，如下图所示。

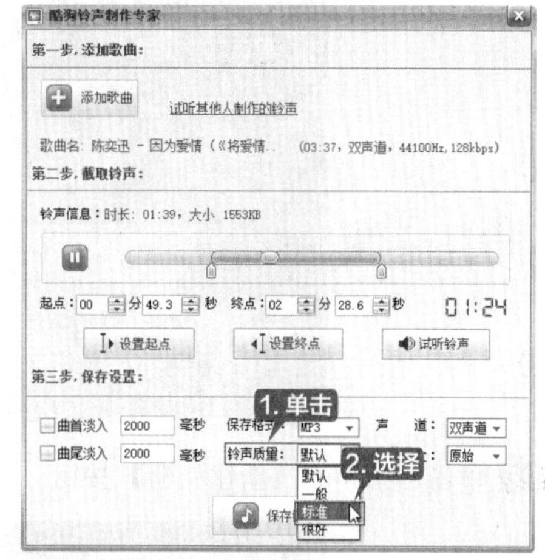

第 8 步 设置完毕后，单击【保存铃声】按钮，打开【另存为】对话框，在其中输入铃声的名称，并选择铃声的保存类型，如下图所示。

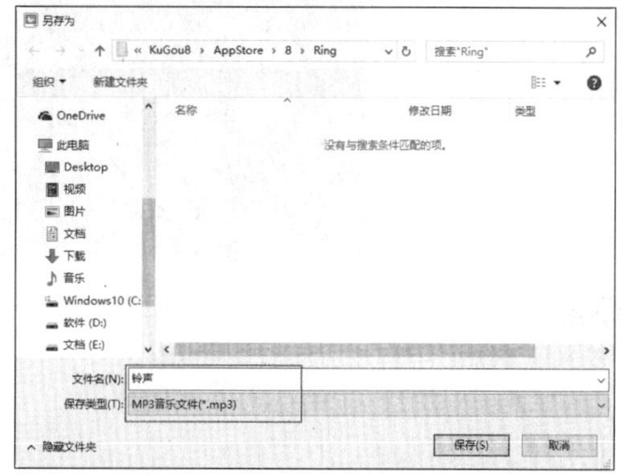

第 9 步 单击【保存】按钮，打开【保存铃声到本地进度】对话框，在其中显示了铃声保存的进度，如下图所示。

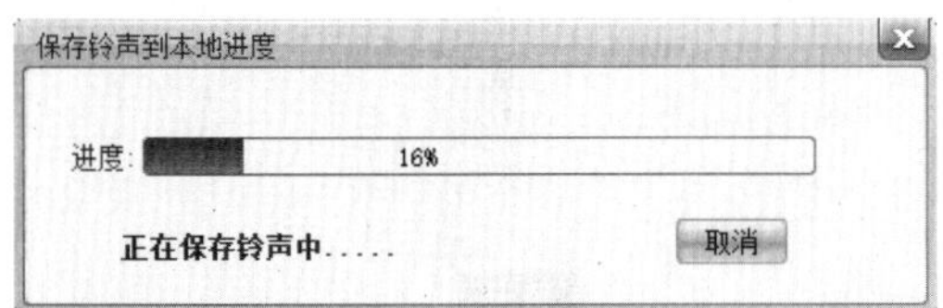

第 10 步 保存完毕后，会在【保存铃声到本地进度】对话框的下方显示“铃声保存成功”信息提示，单击【确定】按钮，关闭对话框，如下图所示。

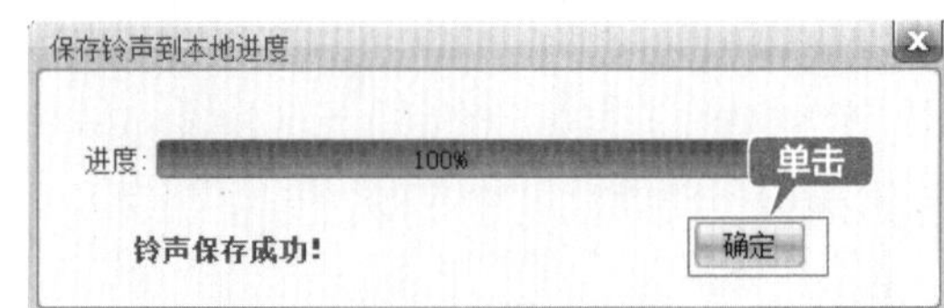

◇ 创建照片相册

在“照片”应用中，用户可以创建相册，将同一主题或同一时间段的照片添加到同一个相册中，并为其设置封面，方便查看。创建相册的具体操作步骤如下。

第 1 步 打开“照片”应用，单击界面顶部的【相册】按钮，如下图所示。

第 2 步 单击右上角的【新建相册】按钮，并单击弹出的【相册】按钮，如下图所示。

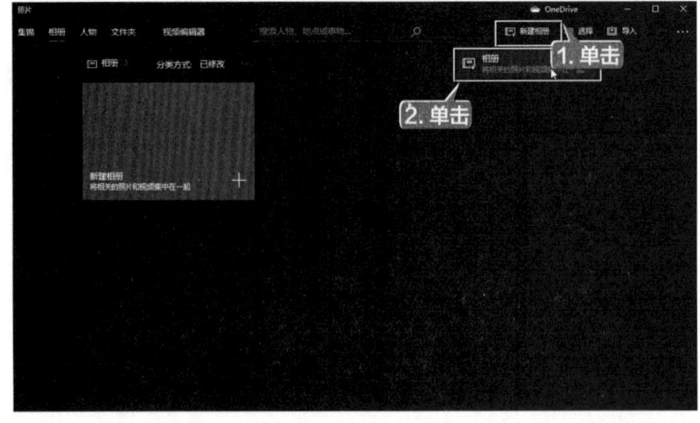

第 3 步 进入【新建相册】界面中，浏览并选择要添加到相册的照片，单击【创建】按钮，如下图所示。

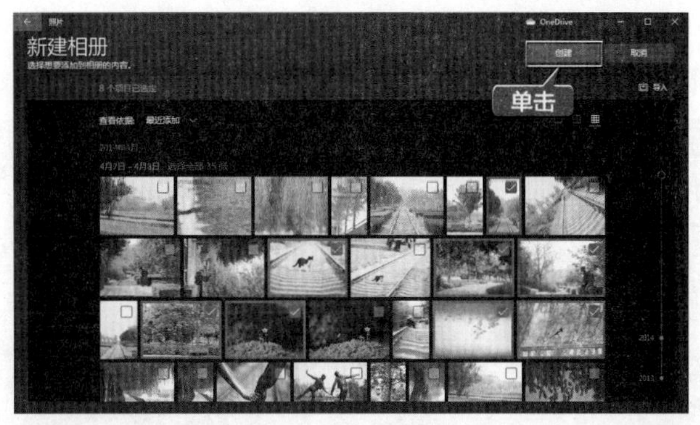

第 4 步 进入相册编辑界面，在标题文本框中编辑相册的标题，然后单击【完成】按钮，如下图所示。

第 5 步 标题命名完成后，单击右上角的【幻灯片放映】按钮，如下图所示。

第 6 步 即可以幻灯片的形式放映相册，按【Esc】键可退出幻灯片放映，如下图所示。

第 7 步 单击相册界面中的【观看】按钮，即可以视频的形式观看相册，还可以设置视频的主题、内容等，单击【完成视频】按钮，可以生成一个视频文件，如下图所示。

第 8 步 单击【编辑副本】按钮或相册界面中的【编辑】按钮，打开视频编辑器，对视频的背景音乐、文本、动作等进行编辑，完成后，单击【完成视频】按钮即可保存，如下图所示。

第3篇

WPS Office 办公篇

第 9 章

基本文档——WPS 文字的基本操作

本章导读

掌握文档的基本操作、表格应用、图文混排等操作技巧，是学习 WPS 文字制作专业文档的前提。本章将介绍这些基本的操作技巧，为读者以后的学习打下坚实的基础。

思维导图

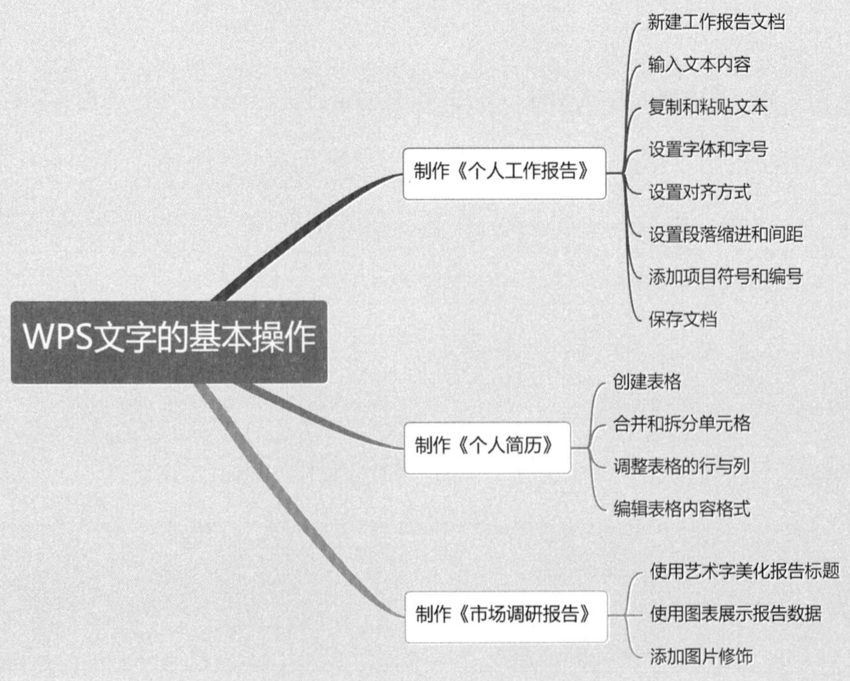

9.1 基本操作——制作《个人工作报告》

工作报告用于对一定时期内的工作加以总结、分析和研究，肯定成绩，找出问题，得出经验教训。本节以制作个人工作报告为例介绍 WPS 文字的基本操作。

本节素材结果文件

	素材	素材 \ch09\ 个人工作报告 .wps
	结果	结果 \ch09\ 个人工作报告 .wps

9.1.1 新建工作报告文档

在使用 WPS Office 制作《个人工作报告》文档之前，首先需要创建一个空白文档。

第 1 步 单击电脑桌面左下角的【开始】按钮⊞，在弹出的【开始】菜单中选择【WPS Office】选项，如下图所示。

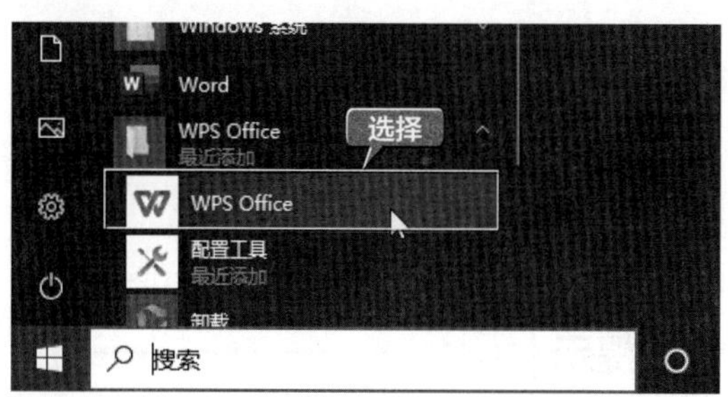

第 2 步 即可启动 WPS Office 软件，并进入如下图所示的界面。单击界面左侧或顶部的【新建】按钮。

第 3 步 进入【新建】界面，单击【文字】按钮，并在显示的【推荐模板】区域中，单击【新建空白文档】选项，如下图所示。

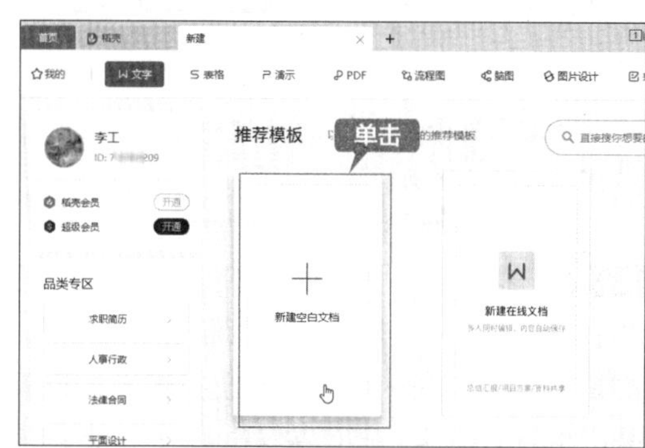

第 4 步 即可新建一个名称为“文字文稿 1”的空白文档，如下图所示。

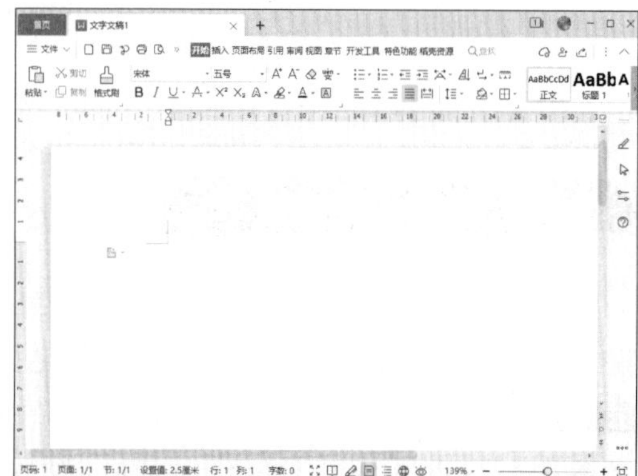

9.1.2 输入文本内容

文本的输入非常简便，只要会使用键盘打字，就可以在文档的编辑区域输入文本内容。

Windows 10 系统的默认语言是中文，语言栏显示中文模式图标 中，在此状态下输入的文本即为中文。

第1步 在编辑区域中输入文本内容，如这里输入标题“个人工作报告”，如下图所示。

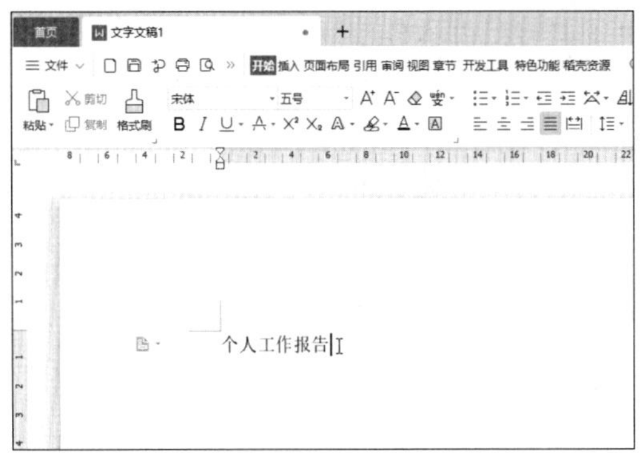

提示

在编辑文档时，有时也需要输入英文和英文标点符号，按【Shift】键即可在中文和英文输入法之间切换。

第2步 在输入的过程中，当文字到达一行的最右端时，输入的文本将自动跳转到下一行。如果在未输入完一行时就要换行输入，也就是产生新的段落，则可按【Enter】键来创建新的段落，产生段落标记“↵”，如下图所示。

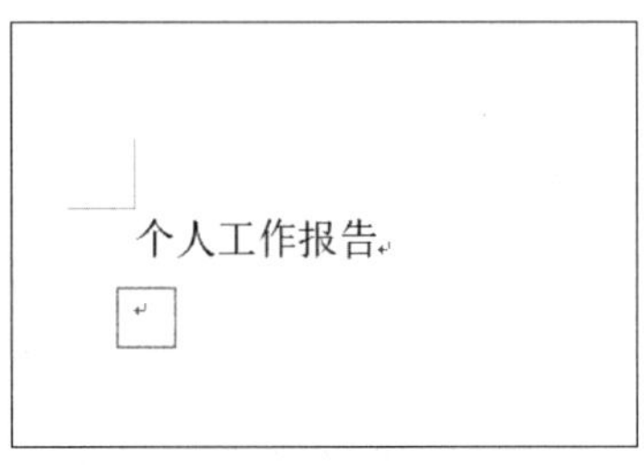

第3步 输入第二行文字，并将光标放置在文档中第二行文字的句末，按【Shift+;】组合键，即可在文档中输入一个中文的全角冒号“：”，如下图所示。

个人工作报告
尊敬的各位领导、各位同事：

提示

单击【插入】选项卡下的【符号】按钮，在弹出的下拉列表中的【符号大全】区域，单击【符号】→【标点】，也可以将标点符号插入文档中。

9.1.3 复制和粘贴文本

当需要多次输入同样的文本内容或从其他地方复制文本时，可以使用复制和粘贴文本的方法，节约时间，提高工作效率。复制和粘贴文本的具体操作步骤如下。

第1步 打开素材文件，将光标放置在文本的开始位置，按住鼠标左键并拖曳到文末，这时所有文本会以阴影的形式显示。选择完成后，释放鼠标左键，阴影中的文字就被选中了，如下图所示。

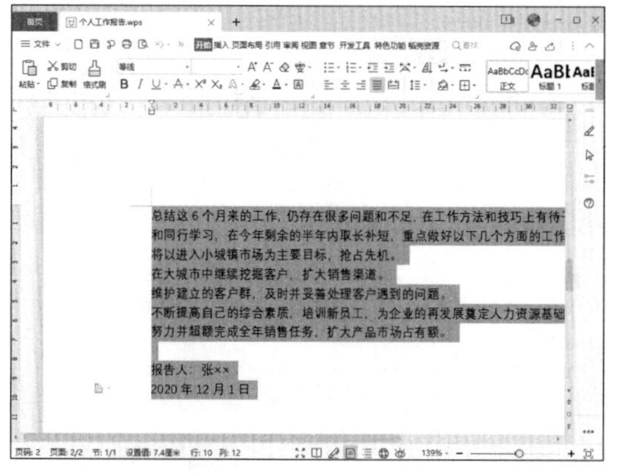

提示

单击文档的空白区域，即可取消文本的选择。

第 2 步 单击【开始】选项卡下的【复制】按钮 复制 或按【Ctrl+C】组合键，如下图所示。

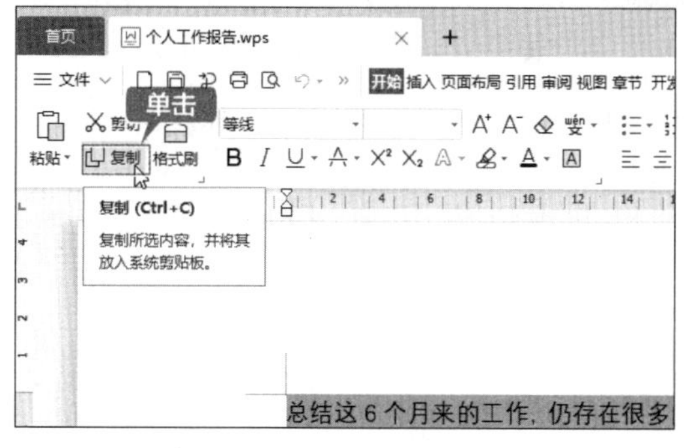

第 3 步 在“文字文稿 1”文档中，将光标定位在第三行位置，单击【开始】选项卡下的【粘贴】按钮 或按【Ctrl+V】组合键，如下图所示。

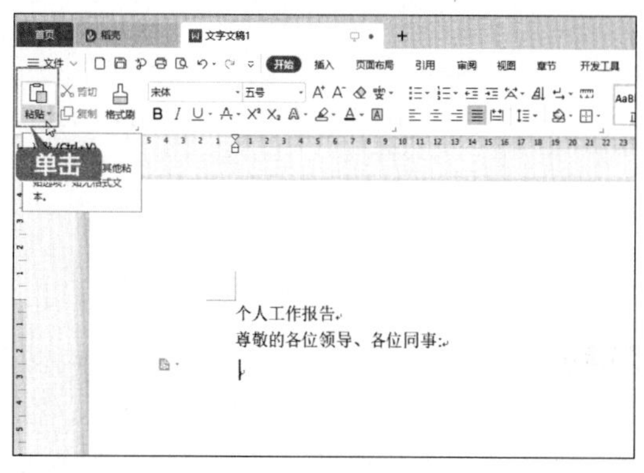

第 4 步 即可将所选文本粘贴到“文字文稿 1”文档中，如下图所示。

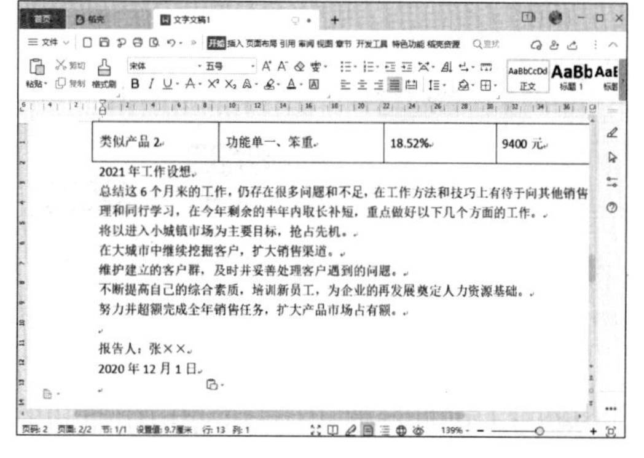

9.1.4 设置字体和字号

在 WPS 文字中，文本默认为宋体、五号、黑色。用户可以根据需要对字体和字号进行设置，具体操作步骤如下。

第 1 步 接 9.1.3 节操作，选中文档中第一行的标题文本，单击【开始】选项卡中的【字体】对话框按钮 ⌟ ，如下图所示。

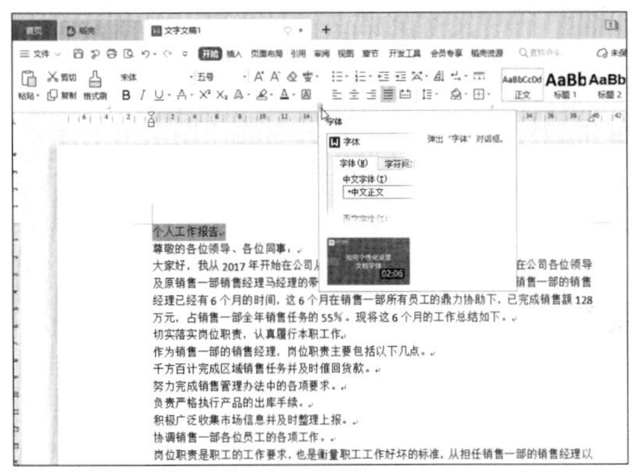

第 2 步 在弹出的【字体】对话框中选择【字体】选项卡，单击【中文字体】的下拉按钮⌄，在弹出的下拉列表中选择“华文楷体”选项，选择【字形】列表中的“常规”选项，在【字号】列表中选择“二号”选项，单击【确定】按钮，如下图所示。

第 3 步 选中“尊敬的各位领导、各位同事：”文本，打开【字体】对话框并选择【字体】选项卡，设置【中文字体】为“华文楷体”，【字形】为“常规”，【字号】为“四号”，设置完成后单击【确定】按钮，如下图所示。

第 4 步 设置正文字体为“楷体”，字号为“小四”，设置完成后的效果如下图所示。

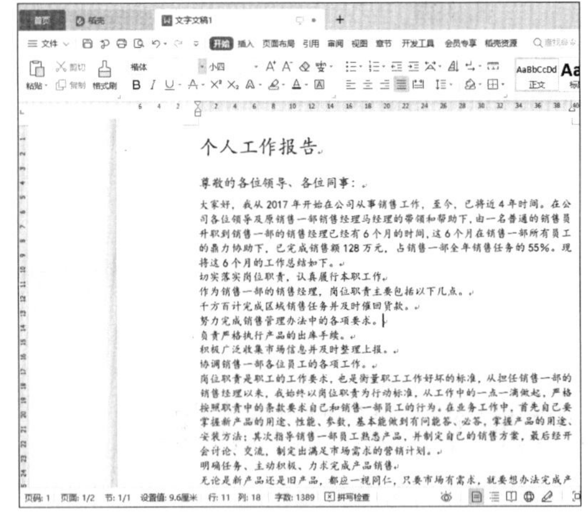

提示

另外，用户也可以在【开始】选项卡下的【字体】设置区域，快速设置字体、字号等，如下图所示。

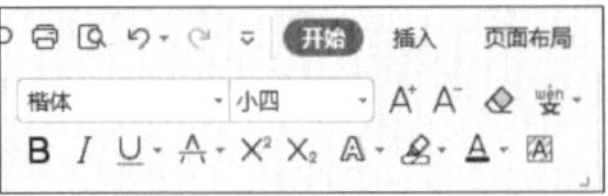

9.1.5 设置对齐方式

整齐的排版效果可以使文档更为美观。文档排版主要的 5 种对齐方式分别为左对齐、右对齐、居中对齐、两端对齐和分散对齐。设置段落对齐的具体操作步骤如下。

第 1 步 选中标题文本，单击【开始】选项卡下【段落】组中的【居中对齐】按钮 ☰，如下图所示。

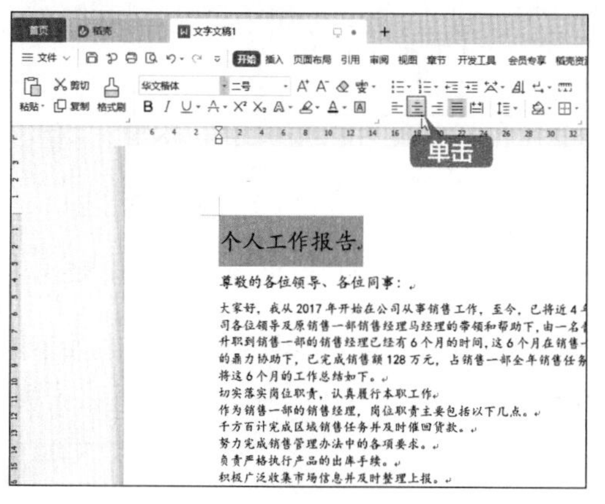

第 2 步 设置居中对齐后的效果如下图所示。

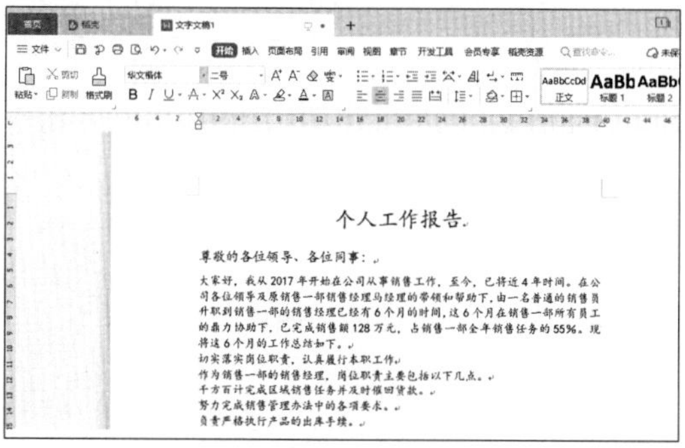

第 3 步 选中文档最后的落款，单击【开始】选项卡下【段落】组右下角的【段落】对话框按钮 ⌟，弹出【段落】对话框。在【常规】区域中的【对齐方式】下拉列表中选择【右对齐】选项，单击【确定】按钮，如下图所示。

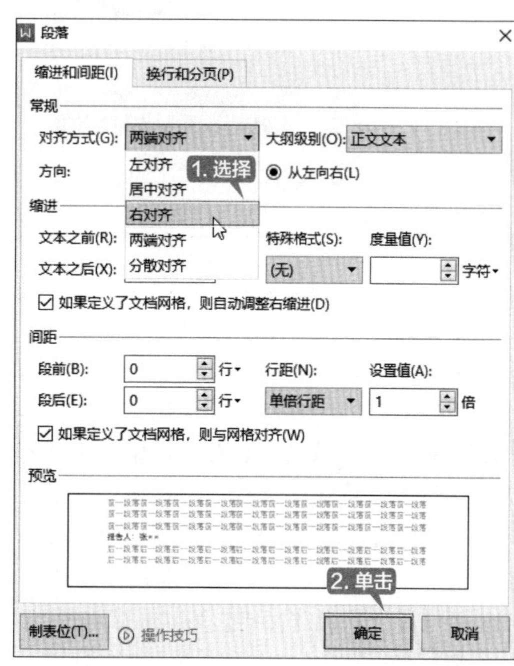

第 4 步 即可看到设置文本右对齐后的效果，如下图所示。

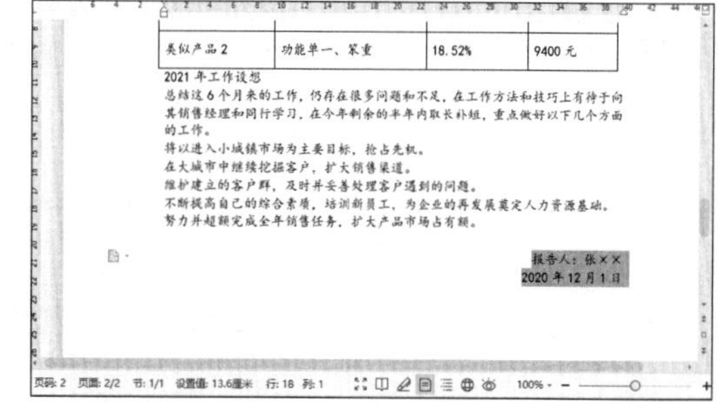

9.1.6 设置段落缩进和间距

段落缩进是指段落到左右页面边线的距离。根据中文的书写习惯，通常情况下，正文中的每个段落的首行都会缩进两个字符。段落间距是指文档中段落与段落之间的距离，行距是指行与行之间的距离。下面就来介绍在“文字文稿 1”文档中设置段落缩进和间距的方法。

第1步 选中文档中正文的第一段内容，单击【开始】选项卡下【段落】组右下角的【段落】对话框按钮 ⌟，如下图所示。

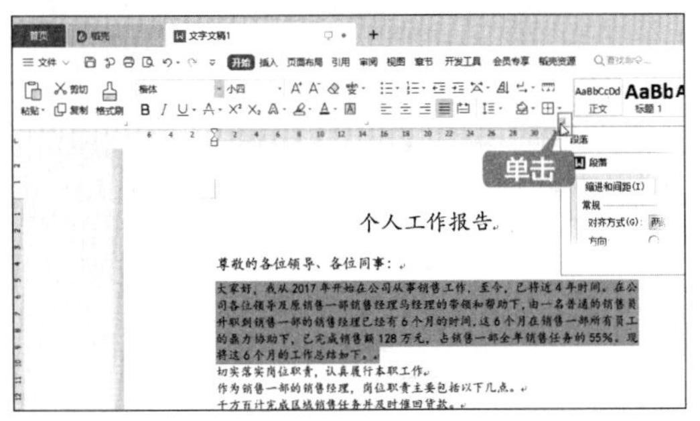

提示

在【开始】选项卡下【段落】组中单击【减小缩进量】按钮 和【增加缩进量】按钮 ，也可以调整缩进。

第2步 在弹出的【段落】对话框中单击【缩进】区域中【特殊格式】下拉按钮，在下拉列表中选择【首行缩进】选项，在【度量值】文本框中输入“2”，在【间距】区域中分别设置【段前】和【段后】为“0.5”行，在【行距】下拉列表中选择【多倍行距】选项，【设置值】为“1.1”倍，单击【确定】按钮，如下图所示。

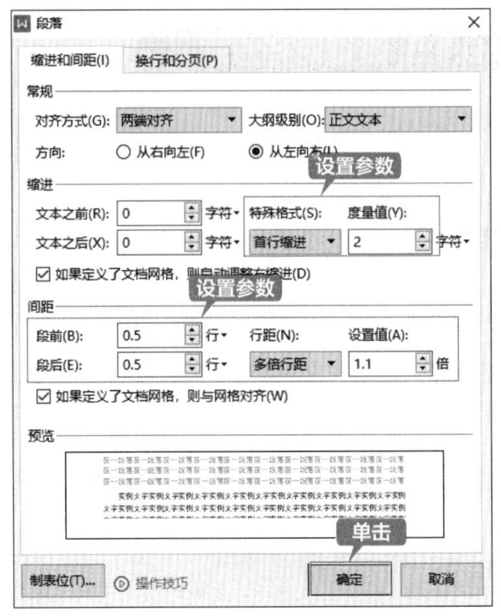

第3步 设置段落缩进和间距后的效果如下图所示。

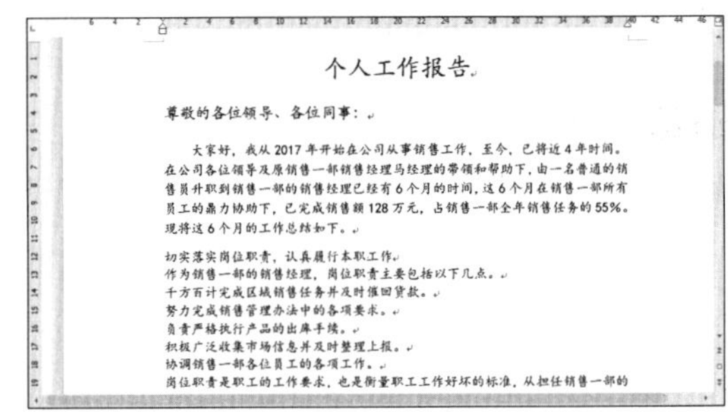

第4步 使用同样的方法，为其他正文内容设置段落的缩进和间距，效果如下图所示。

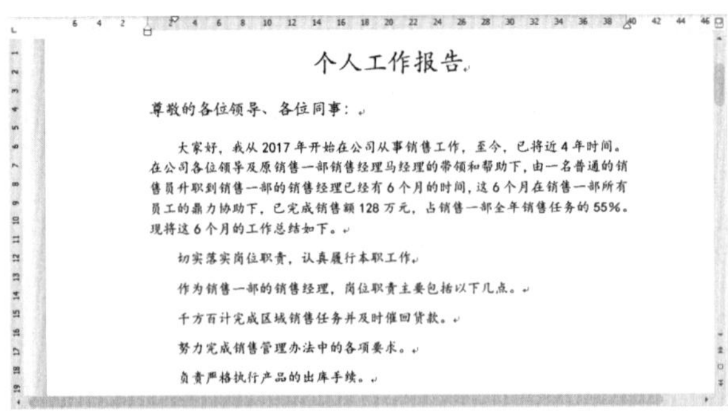

9.1.7 添加项目符号和编号

在文档中使用项目符号和编号，可以使文档中的内容条理更清晰，不仅美观，还便于读者阅读，且具有突出显示重点内容的作用。

第 1 步 选中需要添加项目符号的内容，单击【开始】选项卡下【段落】组中的【项目符号】下拉按钮 ，在弹出的下拉列表中选择一种项目符号样式，如下图所示。

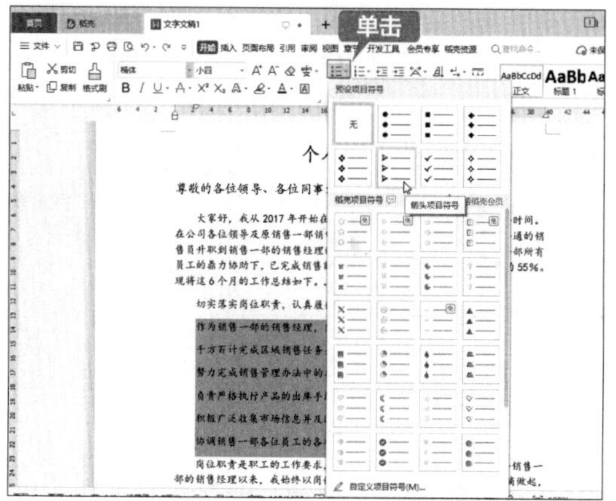

第 2 步 即可看到添加项目符号后的效果，如下图所示。

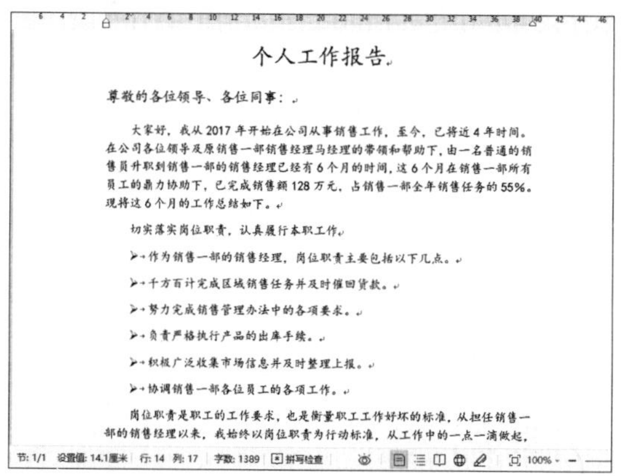

个人工作报告

尊敬的各位领导、各位同事：

大家好，我从 2017 年开始在公司从事销售工作，至今，已将近 4 年时间。在公司各位领导及原销售一部销售经理马经理的带领和帮助下，由一名普通的销售员升职到销售一部的销售经理已经有 6 个月的时间，这 6 个月在销售一部所有员工的鼎力协助下，已完成销售额 128 万元，占销售一部全年销售任务的 55%。现将这 6 个月的工作总结如下。

切实落实岗位职责，认真履行本职工作。

- 作为销售一部的销售经理，岗位职责主要包括以下几点。
- 千方百计完成区域销售任务并及时催回贷款。
- 努力完成销售管理办法中的各项要求。
- 负责严格执行产品的出库手续。
- 积极广泛收集市场信息并及时整理上报。
- 协调销售一部各位员工的各项工作。

岗位职责是职工的工作要求，也是衡量职工工作好坏的标准，从担任销售一部的销售经理以来，我始终以岗位职责为行动标准，从工作中的一点一滴做起。

提示

在添加项目符号和编号时，如果段落缩进发生偏移，可以根据实际需求调整。

第 3 步 选中文档中需要添加编号的段落，单击【开始】选项卡下【段落】组中的【编号】下拉按钮 ，在弹出的下拉列表中选择一种编号样式，如下图所示。

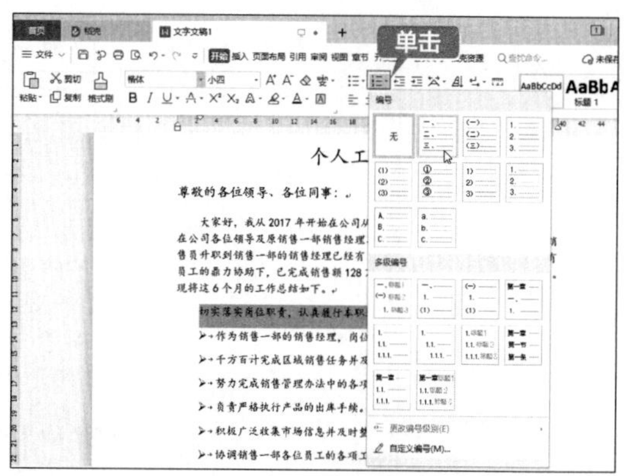

第 4 步 即可看到为所选段落添加编号后的效果，如下图所示。

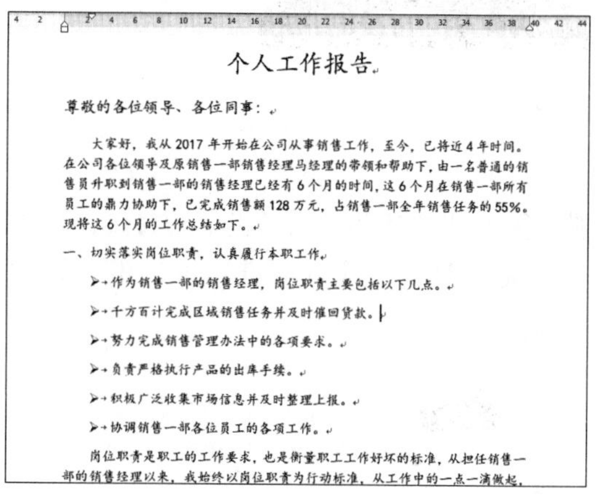

个人工作报告

尊敬的各位领导、各位同事：

大家好，我从 2017 年开始在公司从事销售工作，至今，已将近 4 年时间。在公司各位领导及原销售一部销售经理马经理的带领和帮助下，由一名普通的销售员升职到销售一部的销售经理已经有 6 个月的时间，这 6 个月在销售一部所有员工的鼎力协助下，已完成销售额 128 万元，占销售一部全年销售任务的 55%。现将这 6 个月的工作总结如下。

一、切实落实岗位职责，认真履行本职工作。

- 作为销售一部的销售经理，岗位职责主要包括以下几点。
- 千方百计完成区域销售任务并及时催回贷款。
- 努力完成销售管理办法中的各项要求。
- 负责严格执行产品的出库手续。
- 积极广泛收集市场信息并及时整理上报。
- 协调销售一部各位员工的各项工作。

岗位职责是职工的工作要求，也是衡量职工工作好坏的标准，从担任销售一部的销售经理以来，我始终以岗位职责为行动标准，从工作中的一点一滴做起。

第 5 步 选择其他要添加该样式编号的段落，重复第 3 步的操作，即可为其他段落添加相同样式的编号，如下图所示。

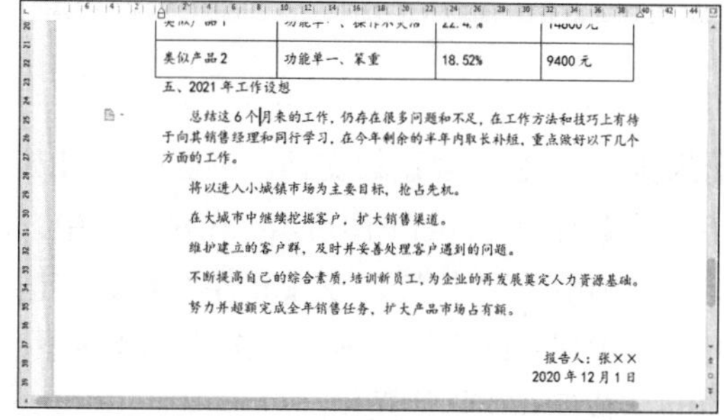

类似产品 2	功能单一、笨重	18.52%	9400 元

五、2021 年工作设想

总结这 6 个月来的工作，仍存在很多问题和不足，在工作方法和技巧上有待于向其销售经理和同行学习，在今年剩余的半年内取长补短，重点做好以下几个方面的工作。

将以进入小城镇市场为主要目标，抢占先机。

在大城市中继续挖掘客户，扩大销售渠道。

维护建立的客户群，及时并妥善处理客户遇到的问题。

不断提高自己的综合素质，培训新员工，为企业的再发展奠定人力资源基础。

努力并超额完成全年销售任务，扩大产品市场占有額。

报告人：张××
2020 年 12 月 1 日

第 6 步 使用同样的方法，为文档中其他需要添加编号的段落添加不同样式的编号，效果如下图所示。

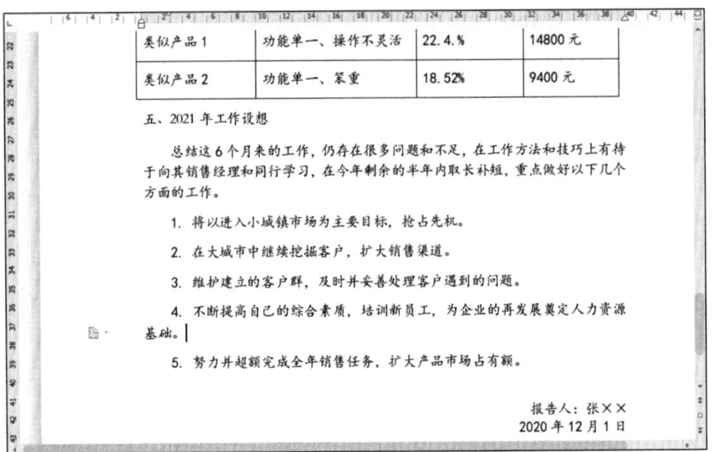

类似产品 1	功能单一、操作不灵活	22.4.%	14800 元
类似产品 2	功能单一、笨重	18.52%	9400 元

五、2021 年工作设想

总结这 6 个月来的工作，仍存在很多问题和不足，在工作方法和技巧上有待于向其销售经理和同行学习，在今年剩余的半年内取长补短，重点做好以下几个方面的工作。

1. 将以进入小城镇市场为主要目标，抢占先机。
2. 在大城市中继续挖掘客户，扩大销售渠道。
3. 维护建立的客户群，及时并妥善处理客户遇到的问题。
4. 不断提高自己的综合素质，培训新员工，为企业的再发展奠定人力资源基础。
5. 努力并超额完成全年销售任务，扩大产品市场占有额。

报告人：张××
2020 年 12 月 1 日

9.1.8 保存文档

文档创建或修改完成后，如果不将其保存，该文档就不能被再次使用。为了防止死机、应用程序停止工作等异常情况或忘记保存导致文档丢失，应养成随时保存文档的习惯。

第 1 步 单击快速访问工具栏中的【保存】按钮或按【Ctrl+S】组合键，如下图所示。

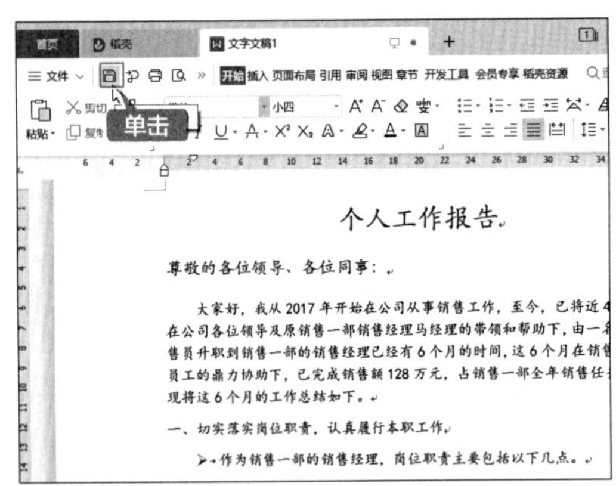

第 2 步 如果是新创建的文档，则会弹出【另存文件】对话框，如下图所示。在对话框中，选择文件保存的位置，在【文件名】文本框中输入要保存的文件名称，单击【保存】按钮，即可完成保存文档的操作。

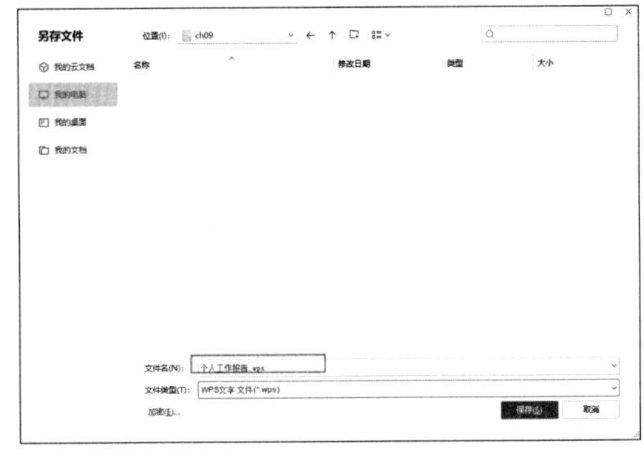

提示

如果是对已有文件进行修改，保存时则不会弹出【另存文件】对话框，而是在原有文件基础上保存。如果要保留原有文件并保存修改后的版本，可以按【F12】键或按【Ctrl+Shift+S】组合键，打开【另存文件】对话框，另存文档。

9.2 表格应用——制作《个人简历》

在 WPS 文字文档中可以插入简单的表格，不仅能丰富文档的内容，还能更准确地展示相关信息。在 WPS 文字文档中可以通过插入表格、设置表格格式等操作完成表格的制作。本节以制作个人简历为例介绍表格的编辑与处理。

本节素材结果文件

	素材	无
	结果	结果 \ch09\ 个人简历 .wps

9.2.1 创建表格

表格是由多个行或列的单元格组成的，用户可以在单元格中添加文字或图片。下面介绍创建表格的方法。

第1步 新建一个文档，并将其另存为“个人简历 .wps”，如下图所示。

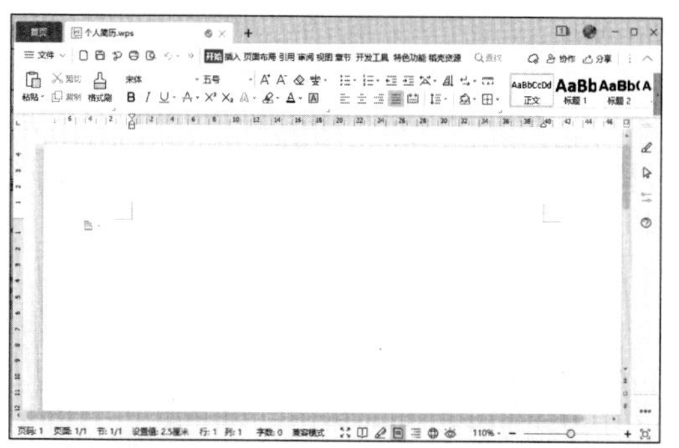

第2步 输入标题“个人简历”，设置其【字体】为“华文楷体”，【字号】为“小一”，并设置居中对齐，然后按两次【Enter】键换行，并单击【清除格式】按钮，如下图所示。

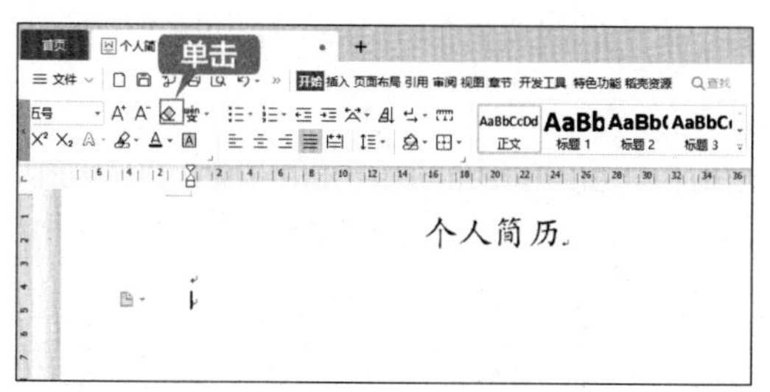

第3步 将光标定位到需要插入表格的位置，在【插入】选项卡下【表格】下拉菜单中选择【插入表格】选项，如下图所示。

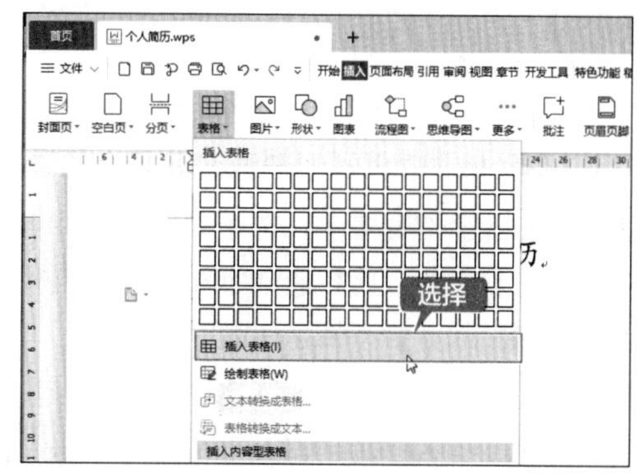

提示

在【插入表格】下拉菜单的网格区域中，可以快速插入 8 行 17 列以内的表格。用户可以将鼠标指针指向网格，向右下方拖曳，鼠标指针所经过的网格就会被全部选中并高亮显示。在网格顶部的提示栏中会显示网格被选中的行数和列数，同时鼠标指针所在的网格区域也可以预览到所要插入的表格。

第 4 步 弹出【插入表格】对话框，在【表格尺寸】区域中设置【列数】为“5”、【行数】为“9”，然后单击【确定】按钮，如下图所示。

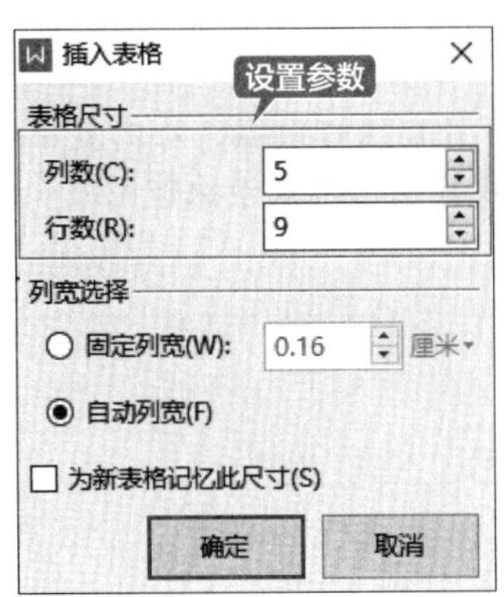

第 5 步 在文档中插入一个 9 行 5 列的表格，如下图所示。

9.2.2 合并和拆分单元格

把相邻单元格之间的边线擦除，就可以将两个或多个单元格合并成一个大单元格；而在一个单元格中添加一条或多条边线，则可以将一个单元格拆分成两个或多个小单元格。下面介绍如何合并与拆分单元格。

1. 合并单元格

实际操作中，有时需要将表格的某一行或某一列中的多个单元格合并为一个单元格。使用【合并单元格】功能可以快速清除多余的边线，使多个单元格合并成一个单元格。

第 1 步 在创建的表格中，选中要合并的单元格。单击【表格工具】选项卡下的【合并单元格】按钮，如下图所示。

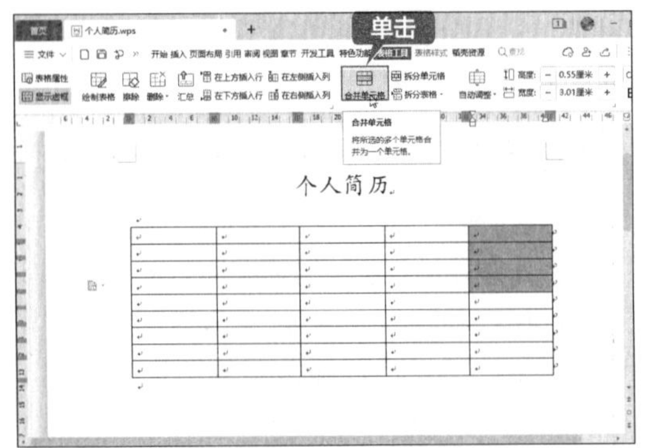

第 2 步 所选单元格区域被合并成一个单元格，如下图所示。

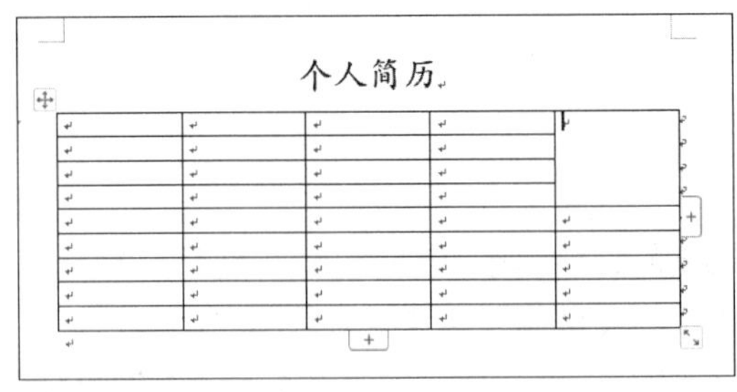

第 3 步 使用同样的方法，合并其他单元格区域，合并后的效果如下图所示。

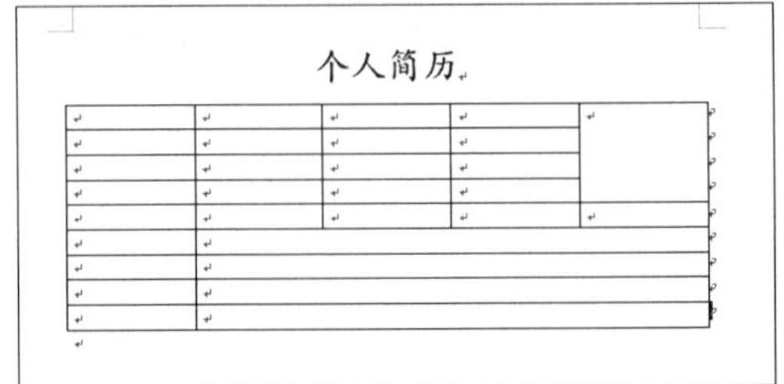

2. 拆分单元格

拆分单元格就是将选中的单元格拆分成等宽或等高的多个小单元格。可以同时对多个单元格进行拆分。

第1步 选中要拆分的单元格或者将光标移动到要拆分的单元格中，这里选择第 6 行的后 4 列单元格。单击【表格工具】选项卡下的【拆分单元格】按钮 拆分单元格，如下图所示。

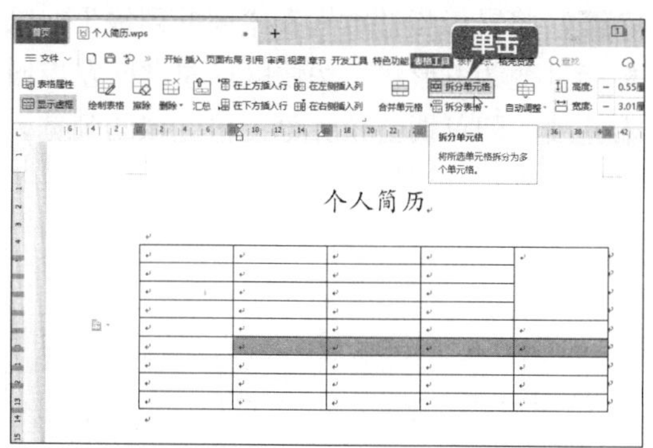

第2步 弹出【拆分单元格】对话框，单击【列数】和【行数】文本框右侧的微调按钮，分别调节单元格要拆分成的列数和行数，也可以直接在文本框中输入数值。这里设置【列数】为“2”，【行数】为“5”，单击【确定】按钮，如下图所示。

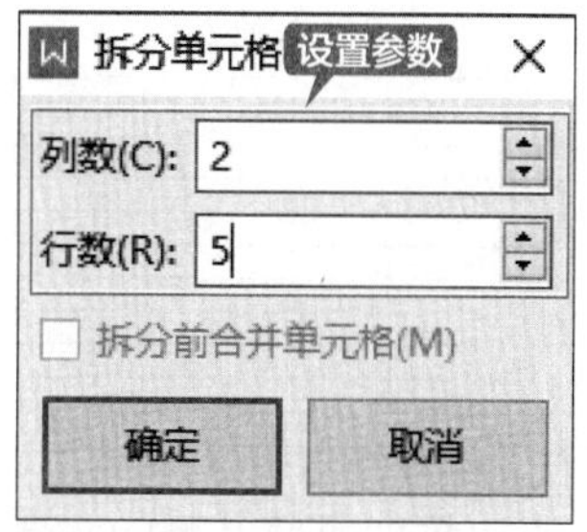

第3步 所选单元格区域被拆分成 5 行 2 列的单元格，如下图所示。

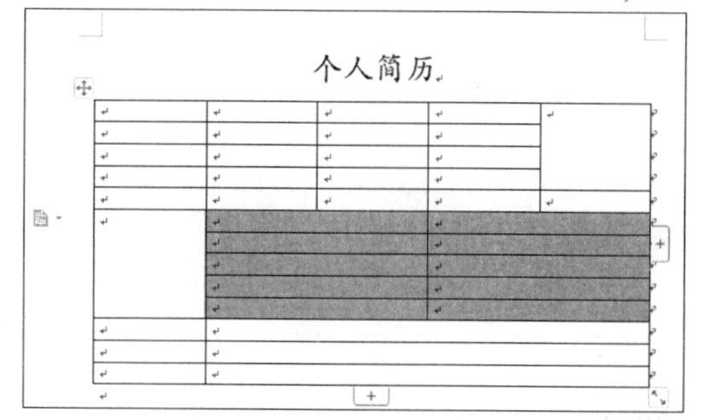

9.2.3 调整表格的行与列

在文档中插入表格后，还可以对表格进行编辑，如添加和删除边框、设置行高和列宽等。

第1步 添加边框。单击【表格工具】选项卡下的【绘制表格】按钮，如下图所示。

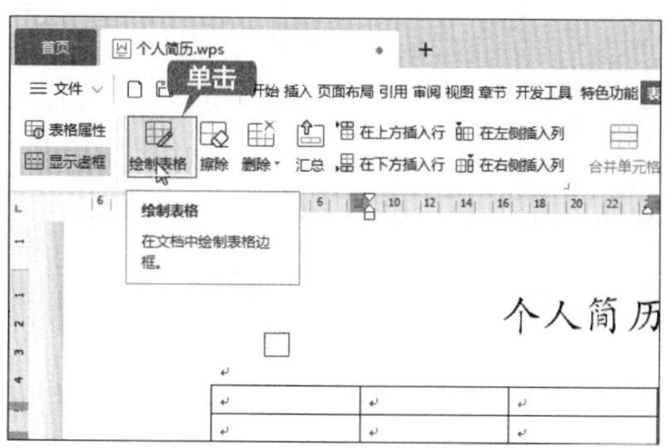

第2步 当鼠标指针变为铅笔形状 时，在需要绘制表格的地方单击并拖曳鼠标进行绘制，如下图所示。

第3步 删除边框。单击【表格工具】选项卡下的【擦除】按钮，鼠标指针变为橡皮

形状，将鼠标指针移动到需要删除的边框上，如下图所示。

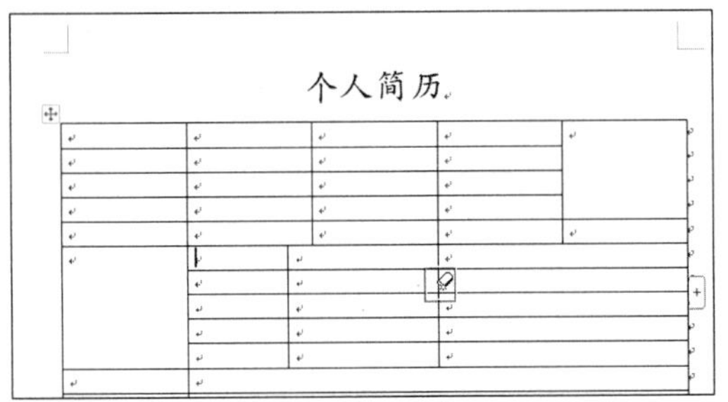

第4步 单击边框即可将其删除，删除后的效果如下图所示。

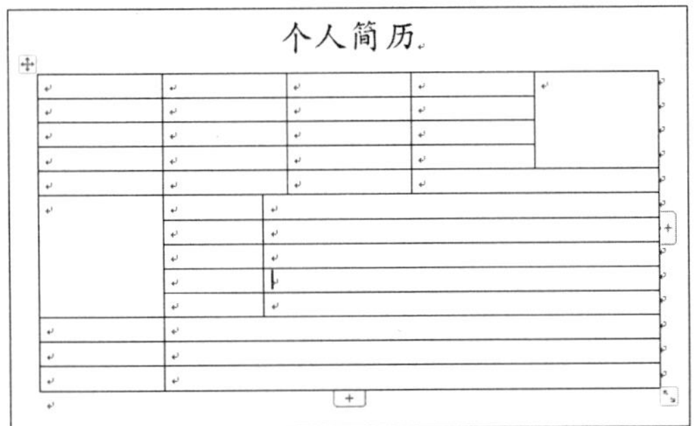

第5步 将鼠标指针移动到要调整行高的行线上，鼠标指针会变为形状，按住鼠标左键向上或向下拖曳，此时会显示一条虚线来指示新的行高，如下图所示。

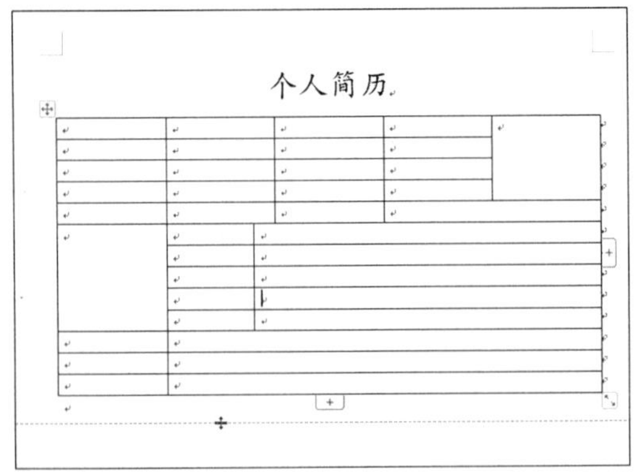

第6步 在合适的位置释放鼠标左键，即可完成调整行高的操作，如下图所示。

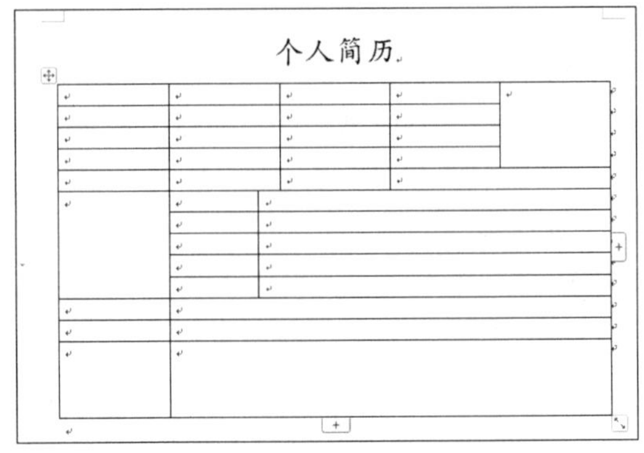

第7步 将鼠标指针放置在中间的列线上，鼠标指针变为形状，按住鼠标左键向左或向右拖曳，即可调整相关单元格区域的列宽，如下图所示。

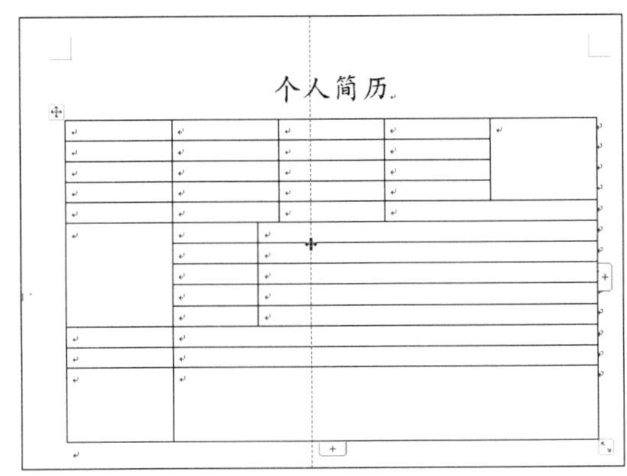

第8步 使用同样的方法，根据需要调整文档中表格的行高及列宽，最终效果如下图所示。

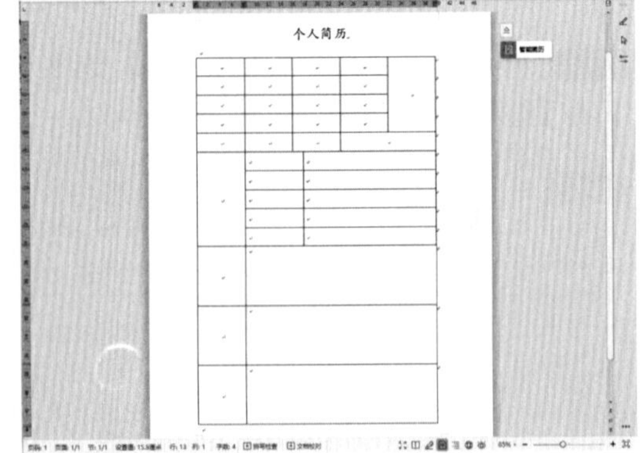

提示

此外，单击【表格工具】选项卡下的【高度】和【宽度】微调按钮或直接输入数据，即可精确调整行高及列宽，如下图所示。

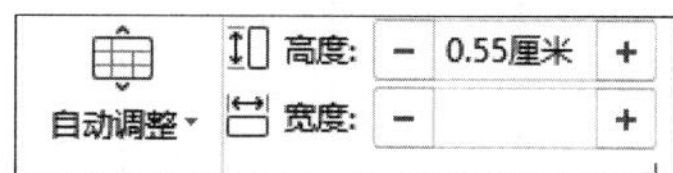

9.2.4 编辑表格内容格式

表格创建完成后，即可在表格中输入内容并设置内容的格式，具体操作步骤如下。

第 1 步 根据需要在表格中输入内容，效果如下图所示。

个人简历

姓名		性别		照片
出生年月		民族		
学历		专业		
电话		电子邮箱		
籍贯		联系地址		
求职意向	目标职位			
	目标行业			
	期望薪金			
	期望工作地区			
	到岗时间			
教育履历				
工作经历				
个人评价				

第 2 步 选中表格前 5 行，设置文本的【字体】为“楷体”，【字号】为“14”，效果如下图所示。

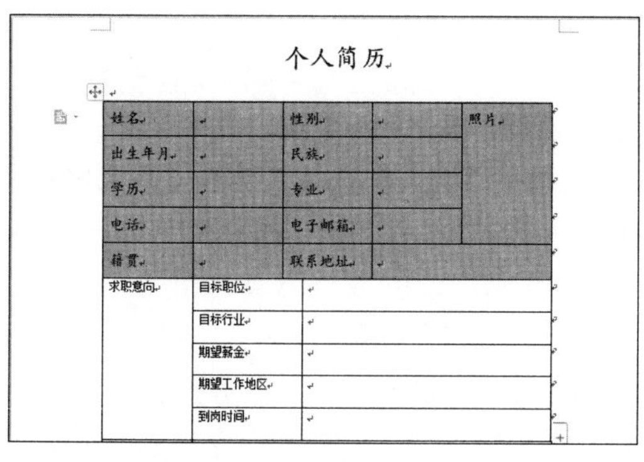
个人简历

姓名		性别		照片
出生年月		民族		
学历		专业		
电话		电子邮箱		
籍贯		联系地址		
求职意向	目标职位			
	目标行业			
	期望薪金			
	期望工作地区			
	到岗时间			

第 3 步 单击【表格工具】选项卡下的【对齐方式】按钮，在弹出的下拉列表中，单击【水平居中】选项，将文本水平居中对齐，如下图所示。

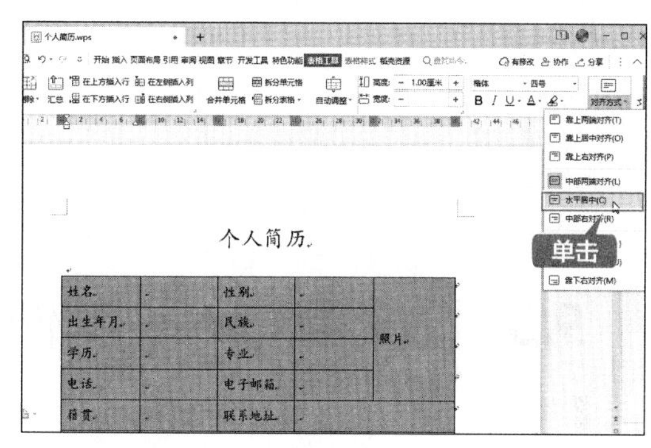

第 4 步 设置对齐后的效果如下图所示。

个人简历

姓名		性别		照片
出生年月		民族		
学历		专业		
电话		电子邮箱		
籍贯		联系地址		
求职意向	目标职位			

第 5 步 使用同样的方法，根据需要设置“求职意向”右侧单元格区域文本的【字体】为“楷体”，【字号】为“14”，并设置【对齐方式】为“中部两端对齐”，效果如下图所示。

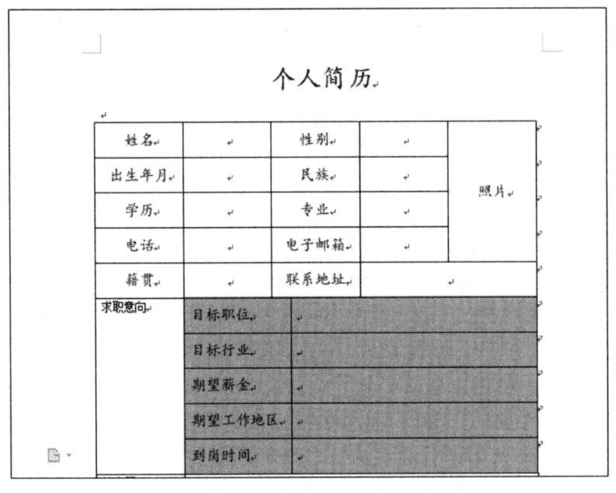

第6步 根据需要设置其他文本的【字体】为“楷体”，【字号】为“16”，添加【加粗】效果，并设置【对齐方式】为“水平居中”，效果如下图所示。

个人简历

姓名		性别		照片
出生年月		民族		
学历		专业		
电话		电子邮箱		
籍贯		联系地址		
求职意向	目标职位			
	目标行业			
	期望薪金			
	期望工作地区			
	到岗时间			
教育履历				
工作经历				
个人评价				

至此，就完成了个人简历的制作。

9.3 图文混排——制作《市场调研报告》

一篇图文并茂的文档，看起来会更加生动，也更加美观。在WPS文字中可以通过插入艺术字、图片、组织结构图及自选图形等展示文本或数据内容。本节以制作市场调研报告为例，介绍在WPS文字中图文混排的操作。

本节素材结果文件		
	素材	素材\ch09\xx男士洁面膏市场调研报告.wps
	结果	结果\ch09\xx男士洁面膏市场调研报告.docx

9.3.1 使用艺术字美化报告标题

使用艺术字功能可以制作出精美的文字效果，使市场调研报告的标题更加鲜明醒目。

第1步 打开素材文件，将光标定位在文档最上方位置，单击【插入】选项卡下的【艺术字】按钮，在弹出的下拉列表中选择一种艺术字样式，如下图所示。

第 2 步 文档中即会插入艺术字文本框，单击文本框后的【布局选项】按钮，在弹出的列表中选择【嵌入型】选项，如下图所示。

第 3 步 即可将艺术字文本框更改为“嵌入型”布局效果，然后在文本框中，输入调研报告的标题“×× 男士洁面膏市场调研报告”，完成插入艺术字标题的操作，效果如下图所示。

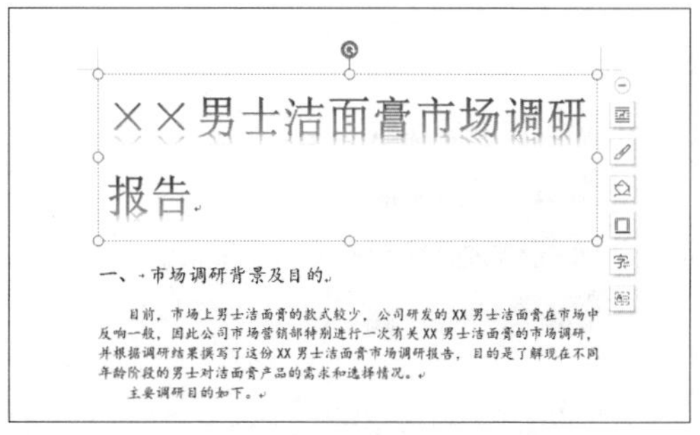

第 4 步 选择标题，设置【字体】为“微软雅黑”，【字号】为“28”，效果如下图所示。

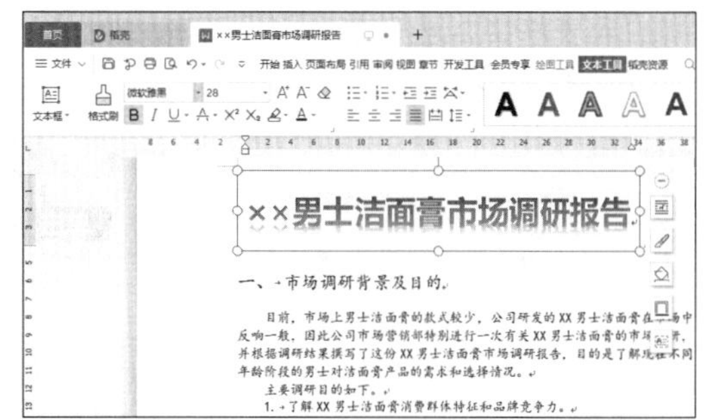

9.3.2 使用图表展示报告数据

通过对收集的大量数据进行分析，提取有用的信息并得出结论，从而对数据加以详细研究和概括总结，是分析数据的常用方法。WPS Office 提供了插入图表的功能，可以对数据进行简单的分析，从而清楚地表达数据的变化关系，分析数据的规律，并进行预测。

第 1 步 将光标定位在要插入图表的位置，单击【插入】选项卡下的【图表】按钮 图表，如下图所示。

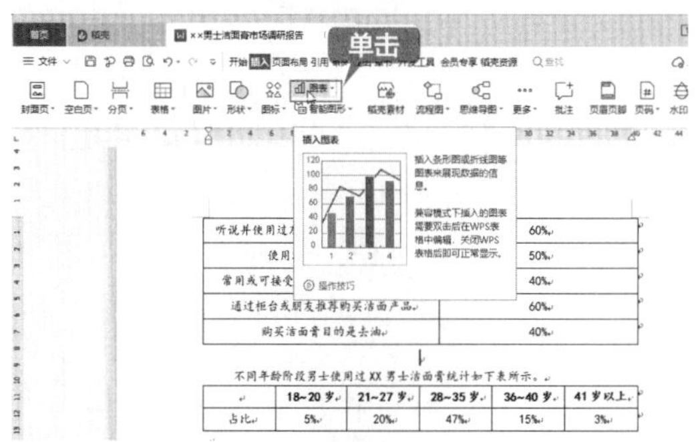

第 2 步 弹出【插入图表】对话框，选择要插入的图表类型，如这里选择【条形图】→【簇状条形图】区域中的图表样式，然后单击【插入】按钮，如下图所示。

第3步 即可插入一个条形图表，在图表区域右击，在弹出的快捷菜单中，单击【编辑数据】选项，如下图所示。

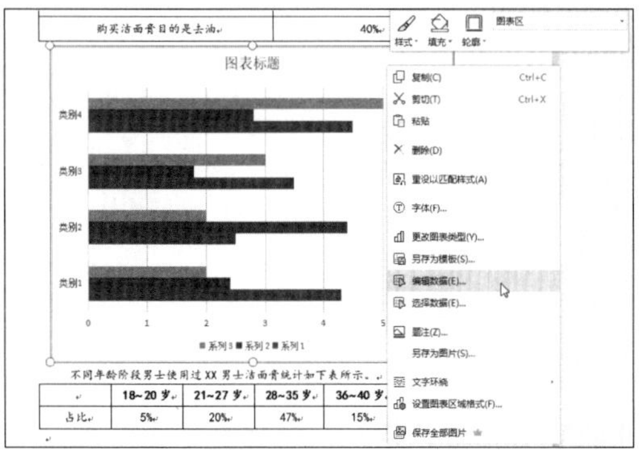

第4步 清除原表格数据，将要创建图表的数据输入表格中，然后单击右上角的【关闭】按钮，关闭表格窗口，如下图所示。

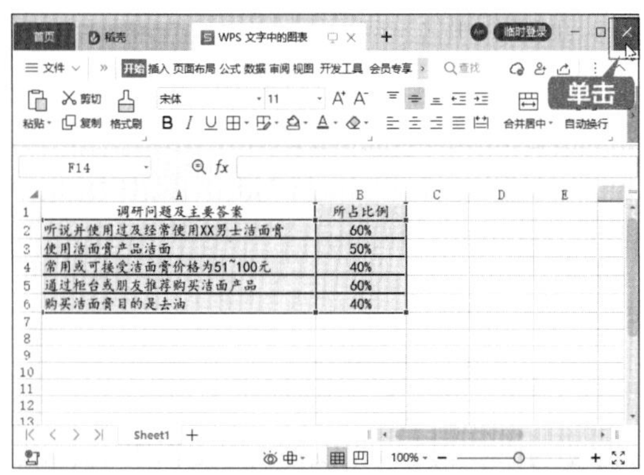

调研问题及主要答案	所占比例
听说并使用过及经常使用XX男士洁面膏	60%
使用洁面膏产品洁面	50%
常用或可接受洁面膏价格为51~100元	40%
通过柜台或朋友推荐购买洁面产品	60%
购买洁面膏目的是去油	40%

第5步 返回到文档编辑窗口，即可看到插入的条形图，如下图所示。

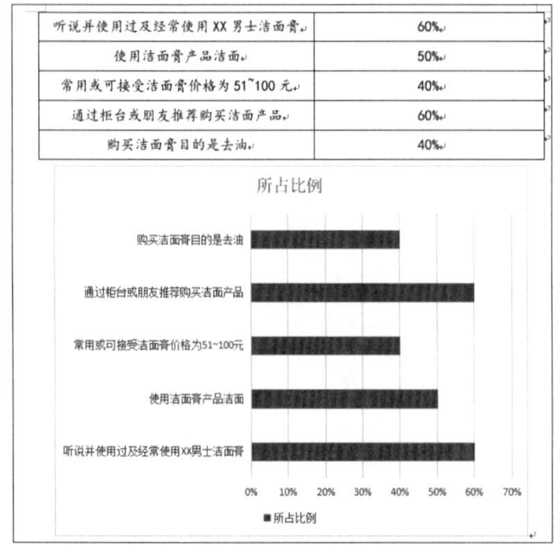

听说并使用过及经常使用 XX 男士洁面膏。	60%
使用洁面膏产品洁面	50%
常用或可接受洁面膏价格为 51~100 元。	40%
通过柜台或朋友推荐购买洁面产品。	60%
购买洁面膏目的是去油	40%

第6步 使用鼠标拖曳图表的控制点，调整图表大小，如下图所示。

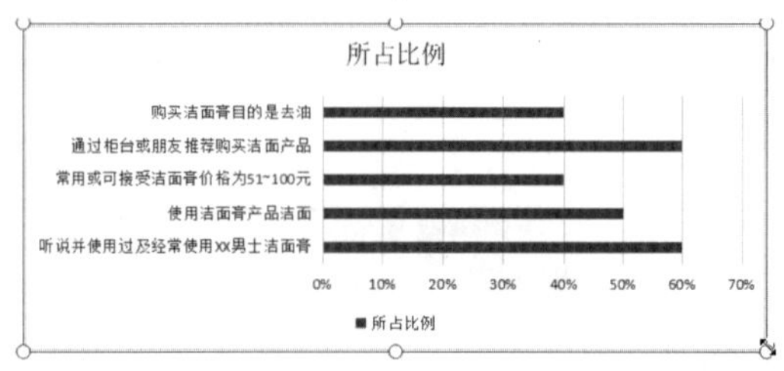

第7步 双击图表标题，设置标题文字及其字体格式，按【Enter】键调整跨页表格问题，效果如下图所示。

调查问题及主要答案	所占比例
听说并使用过及经常使用 XX 男士洁面膏	60%
使用洁面膏产品洁面	50%
常用或可接受洁面膏价格为 51~100 元	40%
通过柜台或朋友推荐购买洁面产品	60%
购买洁面膏目的是去油	40%

调研问题及主要答案比例统计

购买洁面膏目的是去油
通过柜台或朋友推荐购买洁面产品
常用或可接受洁面膏价格为51~100元
使用洁面膏产品洁面
听说并使用过及经常使用XX男士洁面膏
0% 10% 20% 30% 40% 50% 60% 70%
所占比例

第8步 使用同样的方法，添加其他图表，效果如下图所示。

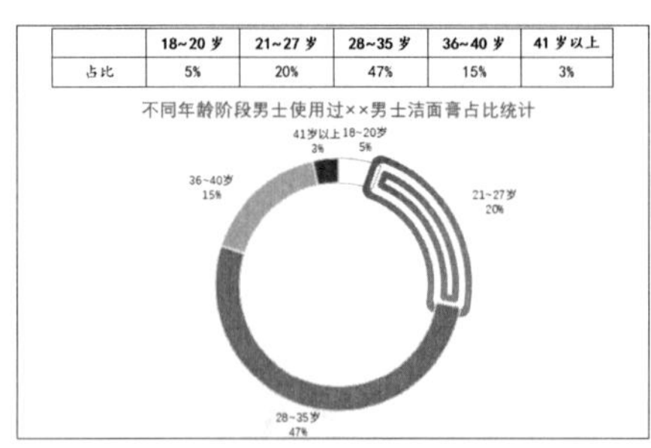

	18~20 岁	21~27 岁	28~35 岁	36~40 岁	41 岁以上
占比	5%	20%	47%	15%	3%

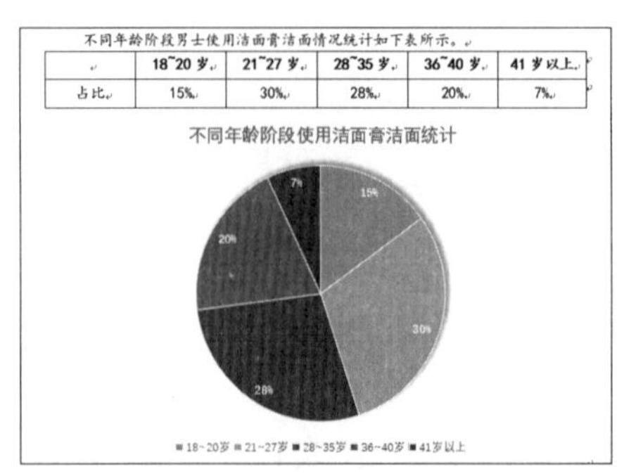

不同年龄阶段男士使用洁面膏洁面情况统计如下表所示。

	18~20 岁	21~27 岁	28~35 岁	36~40 岁	41 岁以上
占比	15%	30%	28%	20%	7%

9.3.3 添加图片修饰

在文档中插入图片，可以使文档看起来更加生动、形象。插入图片后，在文档中可以对图片进行编辑处理。

第 1 步 双击页眉位置，进入编辑状态，将光标定位至页眉中，然后单击【插入】选项卡下的【图片】按钮，如下图所示。

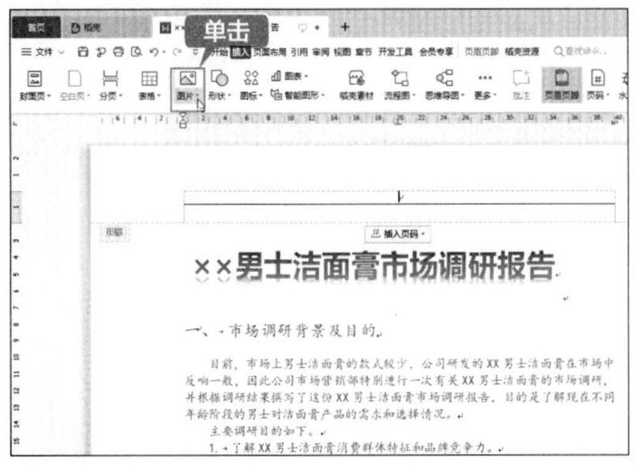

第 2 步 在弹出的【插入图片】对话框中选择“素材\ch09\01.jpg”文件，单击【打开】按钮，如下图所示。

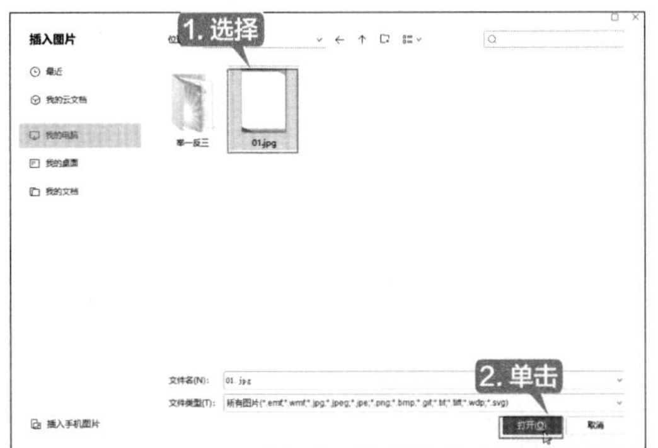

第 3 步 在页眉中插入图片后，单击【图片工具】选项卡下的【环绕】按钮，在弹出的下拉列表中选择【衬于文字下方】选项，如下图所示。

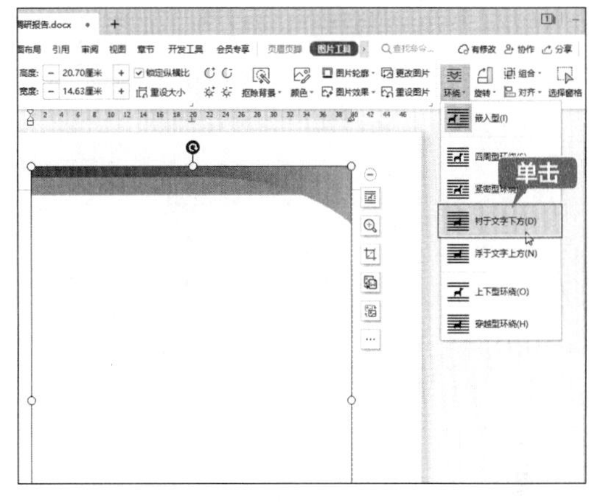

第 4 步 将鼠标指针放置在图片上方，当鼠标指针变为 形状时，按住鼠标左键并拖曳，即可调整图片的位置，使图片左上角与文档页面左上角对齐，然后将鼠标指针放置在图片右下角的控制点上，按住鼠标左键并拖曳调整图片的大小，效果如下图所示。

第 5 步 单击【页眉页脚】选项卡下的【关闭】按钮，退出页眉和页脚的编辑状态，插入并调整图片的位置及大小后的效果如下图所示。

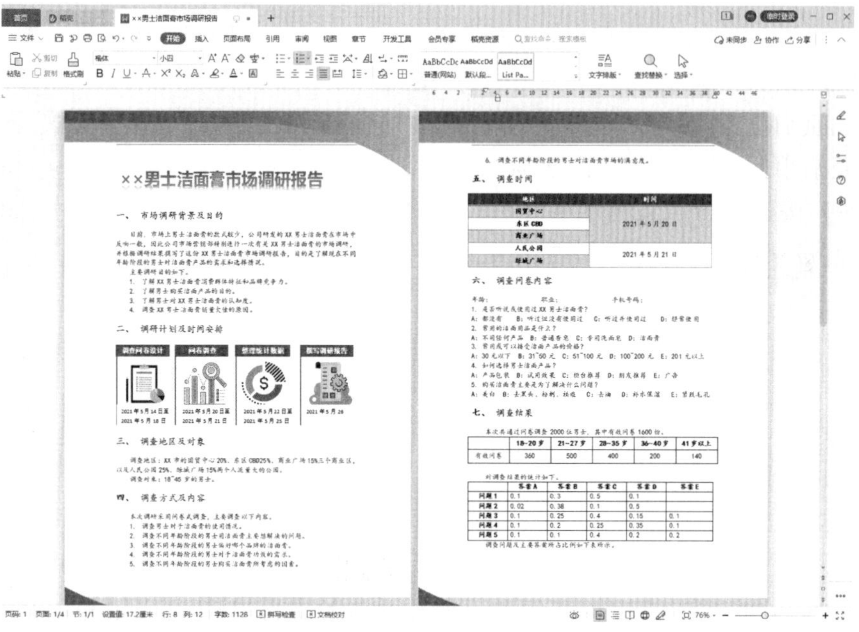

至此，就完成了市场调研报告的制作。

举一反三

制作企业宣传单

与市场调研报告类似的文档还有企业宣传单、公司简报、招聘启事、广告宣传等。制作这类文档时，要求做到色彩统一，图文结合，排版简洁，使读者能把握重点并快速获取需要的信息。下面就以制作企业宣传单为例进行介绍 。

本节素材结果文件

	素材	素材 \ch09\“举一反三”文件夹
	结果	结果 \ch09\ 企业宣传单 .wps

1. 设置页面

新建空白文档，并将其另存为“企业宣传单 .wps”，设置页边距、纸张方向及纸张大小等，如下图所示。

2. 输入并设置宣传单内容

根据需要，输入企业宣传单的相关内容（可以打开"素材\ch09\举一反三\企业资料.txt"文件，复制其中的内容），并设置段落样式，如下图所示。

热烈庆祝××电器销售公司开业10周年

××电器销售公司成立于2011年5月20日，目前有员工100人，是一家综合型电器销售公司，主要产品包括冰箱、彩电、洗衣机、空调、抽油烟机、热水器及各类小家电等。公司一直以"客户第一、质量保证、价格优惠、服务至上"为经营理念，通过规模经营、统购分销、集中配送等先进经营方式，将运输成本降至最低，最大限度地为消费者争取并提供利益优惠。

××电器销售公司为消费者提供人性化的专业服务，订货、安装、维修一条龙式服务，无理由退换、低价补偿、即买即送三大服务保障，让消费者省心、放心、开心，尽享购物之乐。

2021年5月20日是××电器销售公司10周年店庆，在2021年5月20日至2021年5月27日期间将举办"迎店庆，欢乐一周购"活动，超强的折扣力度，活动期间商品最低1折销售，凡购物5000元以上者均可参加2021年5月28日的现金抽奖活动，张张有奖，奖金最高可达1万元。

3. 为标题应用艺术字

选择标题，将其设置为艺术字，并调整艺术字的大小、颜色及位置等，如下图所示。

热烈庆祝××电器销售公司开业10周年

××电器销售公司成立于2011年5月20日，目前有员工100人，是一家综合型电器销售公司，主要产品包括冰箱、彩电、洗衣机、空调、抽油烟机、热水器及各类小家电等。公司一直以"客户第一、质量保证、价格优惠、服务至上"为经营理念，通过规模经营、统购分销、集中配送等先进经营方式，将运输成本降至最低，最大限度地为消费者争取并提供利益优惠。

××电器销售公司为消费者提供人性化的专业服务，订货、安装、维修一条龙式服务，无理由退换、低价补偿、即买即送三大服务保障，让消费者省心、放心、开心，尽享购物之乐。

2021年5月20日是××电器销售公司10周年店庆，在2021年5月20日至2021年5月27日期间将举办"迎店庆，欢乐一周购"活动，超强的折扣力度，活动期间商品最低1折销售，凡购物5000元以上者均可参加2021年5月28日的现金抽奖活动，张张有奖，奖金最高可达1万元。

4. 插入图片并美化

根据需要在宣传单中插入图片，对图片进行美化，并调整部分文字的颜色，最终效果如下图所示。

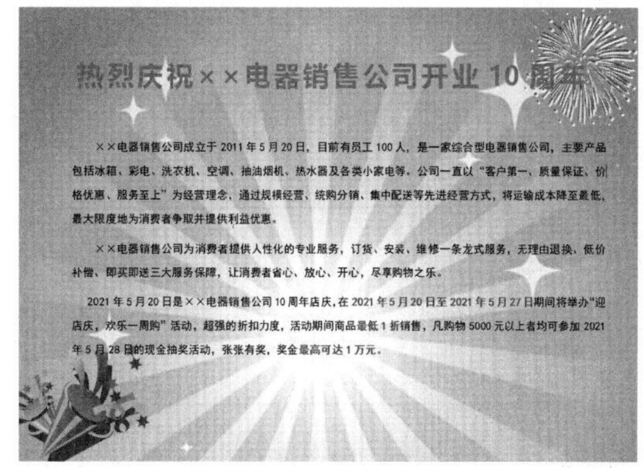
热烈庆祝××电器销售公司开业10周年

××电器销售公司成立于2011年5月20日，目前有员工100人，是一家综合型电器销售公司，主要产品包括冰箱、彩电、洗衣机、空调、抽油烟机、热水器及各类小家电等。公司一直以"客户第一、质量保证、价格优惠、服务至上"为经营理念，通过规模经营、统购分销、集中配送等先进经营方式，将运输成本降至最低，最大限度地为消费者争取并提供利益优惠。

××电器销售公司为消费者提供人性化的专业服务，订货、安装、维修一条龙式服务，无理由退换、低价补偿、即买即送三大服务保障，让消费者省心、放心、开心，尽享购物之乐。

2021年5月20日是××电器销售公司10周年店庆，在2021年5月20日至2021年5月27日期间将举办"迎店庆，欢乐一周购"活动，超强的折扣力度，活动期间商品最低1折销售，凡购物5000元以上者均可参加2021年5月28日的现金抽奖活动，张张有奖，奖金最高可达1万元。

◇ 为跨页表格自动添加表头

如果表格行数较多，会自动调整到下一页中，默认情况下，下一页的表格是没有表头的。用户可以根据需要为跨页的表格设置自动添加表头，具体操作步骤如下。

第1步 打开"素材\ch09\跨页表格.wps"文件，可以看到第二页中表格上方没有表头，如下图所示。

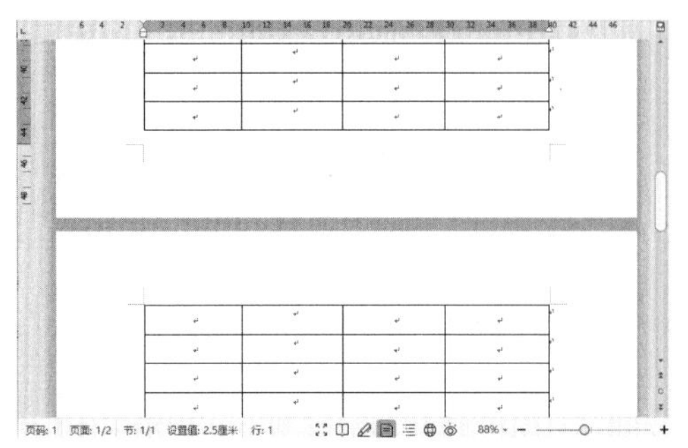

第 2 步 选中第一页的表头并右击，在弹出的快捷菜单中选择【表格属性】命令，如下图所示。

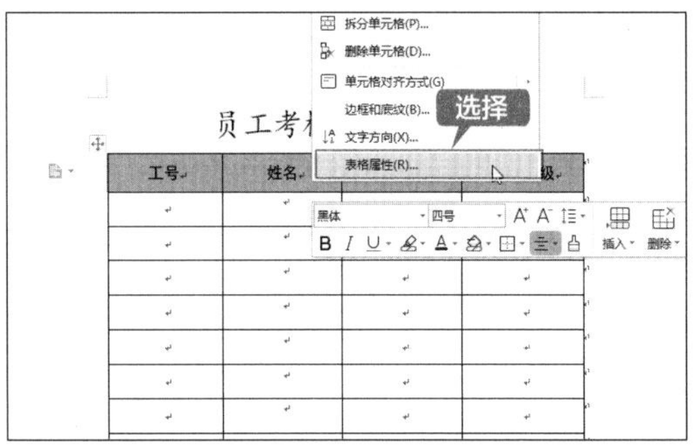

> **提示**
>
> 另外，选中第一页的表头后，单击【表格工具】→【标题行重复】按钮 标题行重复，可快速添加跨页表头。

第 3 步 弹出【表格属性】对话框，勾选【行】选项卡下【选项】区域中的【在各页顶端以标题行形式重复出现】复选框，单击【确定】按钮，如下图所示。

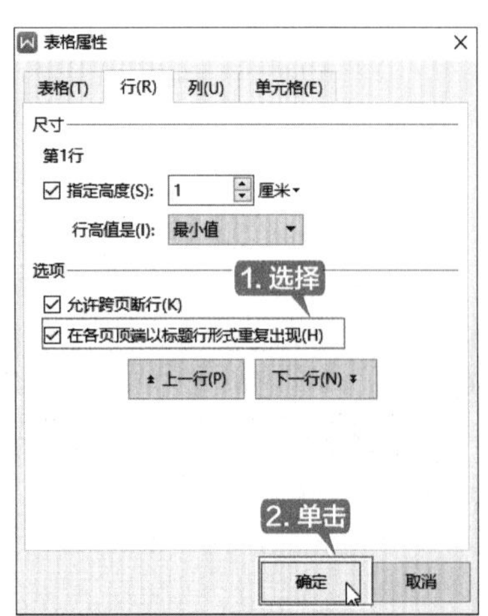

第 4 步 即可在第二页表格首行添加跨页表头，效果如下图所示。

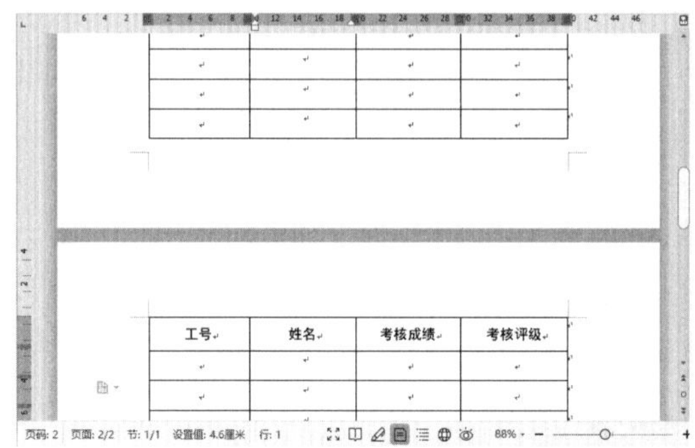

◇ 在表格上方的空行中输入内容

有时在表格制作完成后，还需要在表格前添加一行空行，遇到这种情况该怎么办呢？下面介绍其解决方法。

第 1 步 将光标定位至第一个单元格最前面的位置，如下图所示。

工号	姓名	考核成绩	考核评级

第 2 步 按【Enter】键，即可在表格前插入空行，如下图所示。

工号	姓名	考核成绩	考核评级

> **提示**
>
> 此方法仅当表格在文档最顶端的位置时适用。

第 10 章

高级文档——使用 WPS 文字排版长文档

本章导读

排版长文档，高效、准确、专业是关键。很多用户在排版长文档时，会遇到各种问题，如修改文字格式速度慢且格式不容易统一，复杂的页眉页脚搞不定，只会手动编写目录等。WPS 文字作为常用的办公软件，在处理长文档时，有其独特的优势。本章将介绍 WPS 文字在排版长文档时的优势，帮助大家轻松搞定长文档。

思维导图

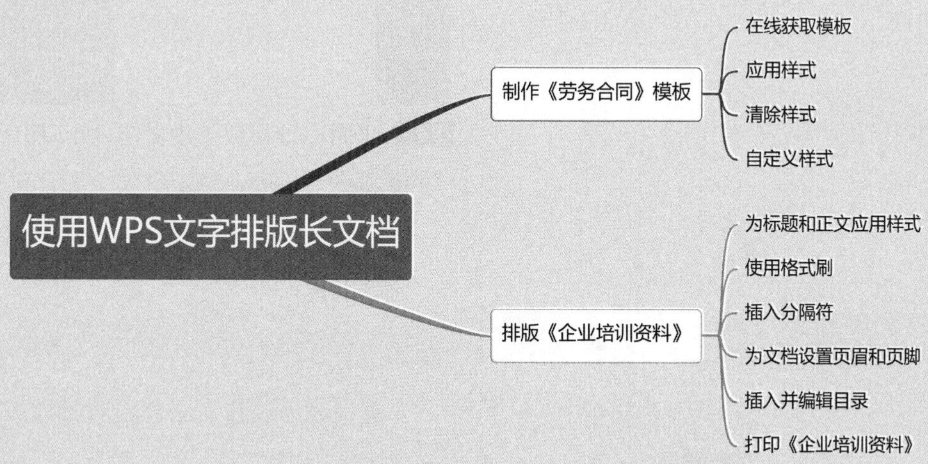

10.1 模板与样式——制作《劳务合同》模板

劳务合同是指以劳动形式提供给社会的服务民事合同，是当事人各方在平等协商的情况下就某一项劳务及劳务成果所达成的协议。劳务合同是日常办公中较为常见的文档，一般都会制作固定的模板，方便后续套用。本节主要介绍如何制作劳务合同模板。

10.1.1 在线获取模板

WPS Office 内置了海量模板，用户可以根据需求进行搜索并下载。在线获取模板的具体操作步骤如下。

第1步 启动 WPS Office，在【新建】窗口中选择【文字】选项，并进入其【推荐模板】界面，然后在搜索框中输入“劳务合同”，如下图所示。

第2步 按【Enter】键即可搜索相关模板，如下图所示。

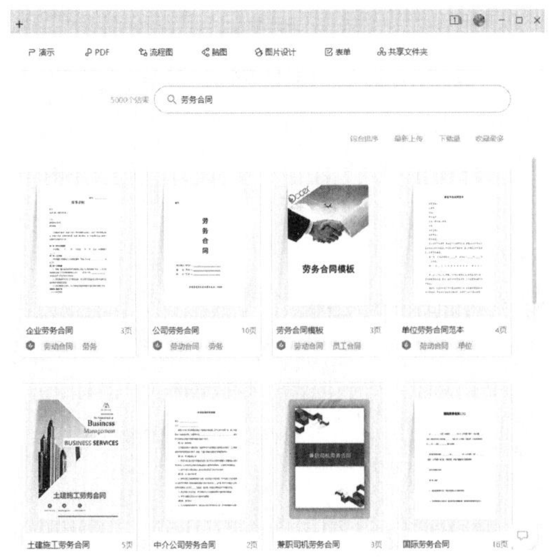

提示

WPS Office 在线模板缩略图中，左下角显示图标的，表示该模板为付费模板，稻壳会员或 WPS 超级会员可以免费使用；左下角显示免图标的，表示该模板为免费模板。

第3步 单击模板缩略图，即可预览模板，如下图所示。如果要应用该模板，则单击右侧的【立即下载】按钮。

第4步 即可以该模板创建文档，如下图所示。

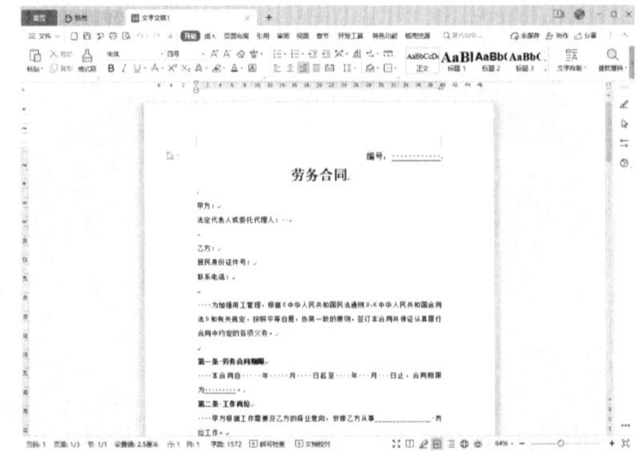

10.1.2 应用样式

样式是字体格式和段落格式的集合。在进行长文本排版时，可以对需要设置相同格式的文本重复套用特定样式，以提高排版效率。WPS Office 内置了许多样式，用户可以直接应用，具体操作步骤如下。

第 1 步 选中劳务合同的标题，单击【开始】选项卡下【样式】组中的下拉按钮，在下拉列表中选择一种样式，如下图所示。

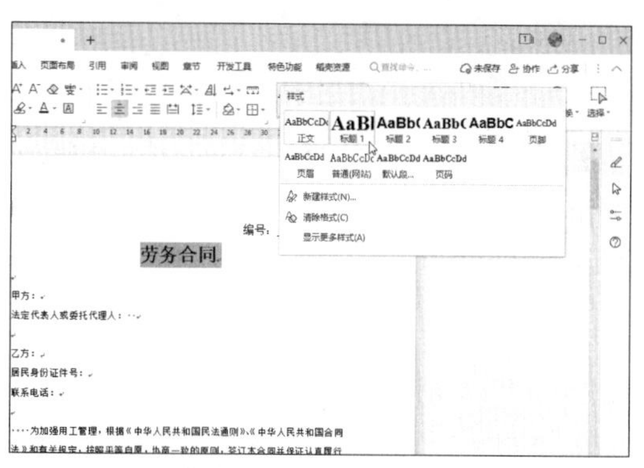

第 2 步 即可在文档中看到样式的效果，然后将标题设置为居中显示，如下图所示。

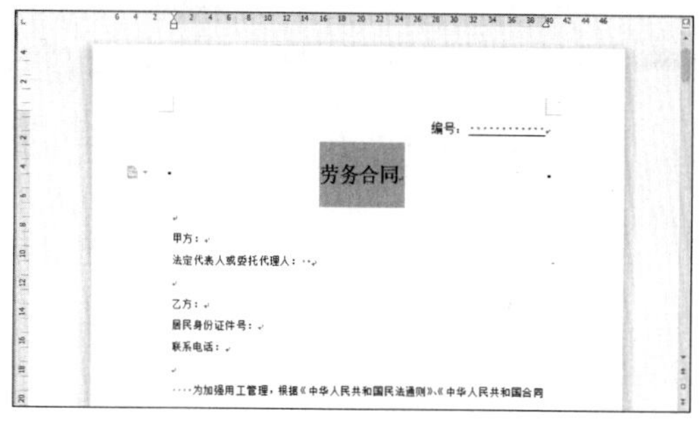

10.1.3 清除样式

如果下载的模板中文字的样式过于混乱，为了方便管理和统一，可以将样式清除，具体操作步骤如下。

第 1 步 选中要清除样式的文本，单击【开始】选项卡下【样式】组中的下拉按钮，在下拉列表中选择【清除格式】命令，如下图所示。

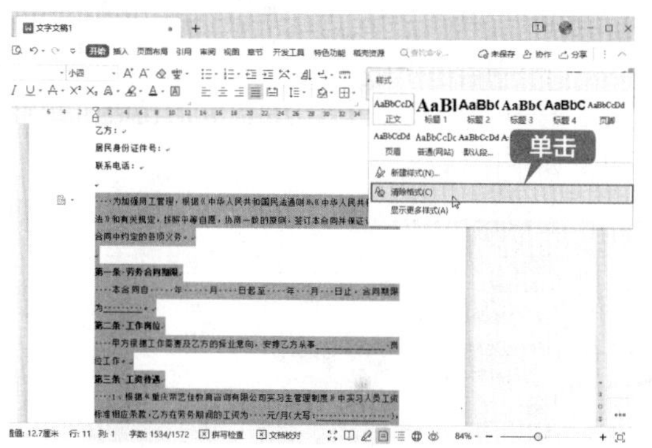

第 2 步 即可清除样式，然后删除文本中多余的空格，最终效果如下图所示。

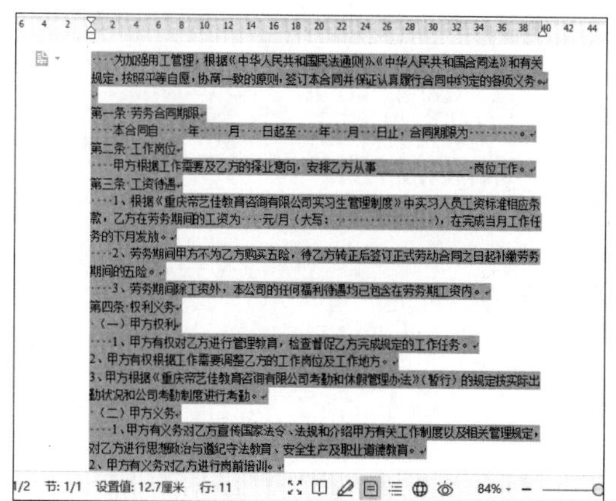

10.1.4 自定义样式

WPS Office 为用户提供的标准样式能够满足一般格式文档的需要，但用户在实际工作中常

常会遇到一些特殊格式的文档，这时就需要新建样式，具体操作步骤如下。

第1步 单击任务窗格中的【样式和格式】按钮，在弹出的【样式和格式】窗口中，单击【新样式】按钮，如下图所示。

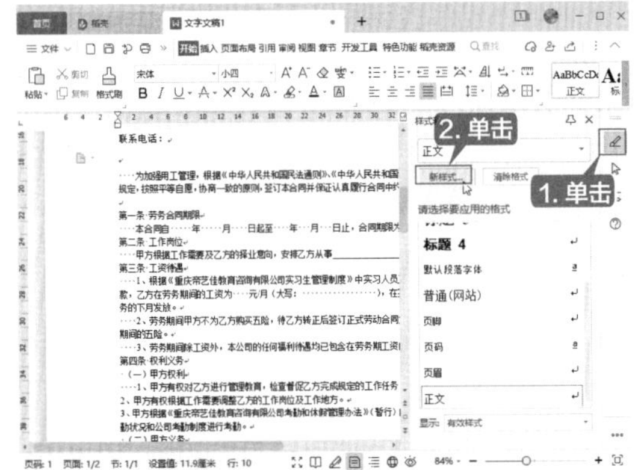

第2步 弹出【新建样式】对话框，设置样式的名称为“合同正文”，字体格式为“宋体”“小四”，单击【格式】按钮，在下拉列表中选择【段落】选项，如下图所示。

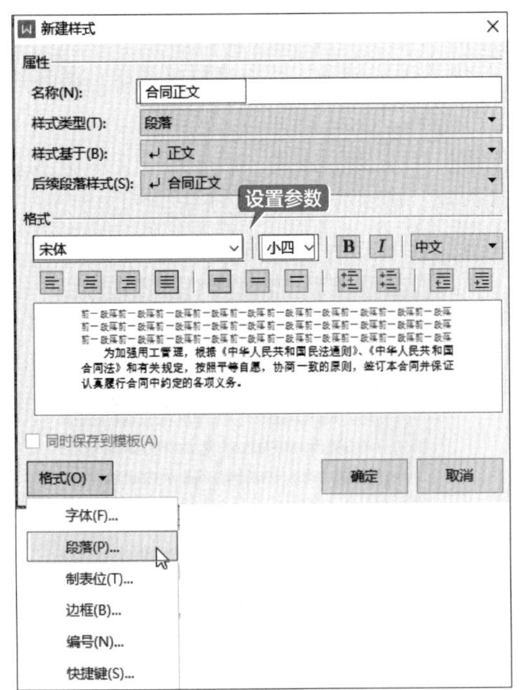

第3步 弹出【段落】对话框，设置段落的缩进和间距，单击【确定】按钮，如下图所示。

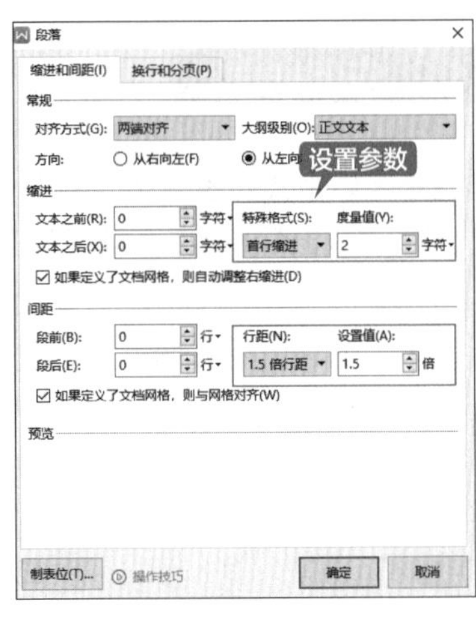

第4步 返回【新建样式】对话框，单击【确定】按钮，即可创建“合同正文”样式，如下图所示。

第5步 使用同样的方法新建样式，设置样式的名称为“合同标题”，字体格式为“黑体”“四号”，设置段落的大纲级别为“1级”，段前、段后间距为“0.5”行，然后单击【确定】按钮，如下图所示。

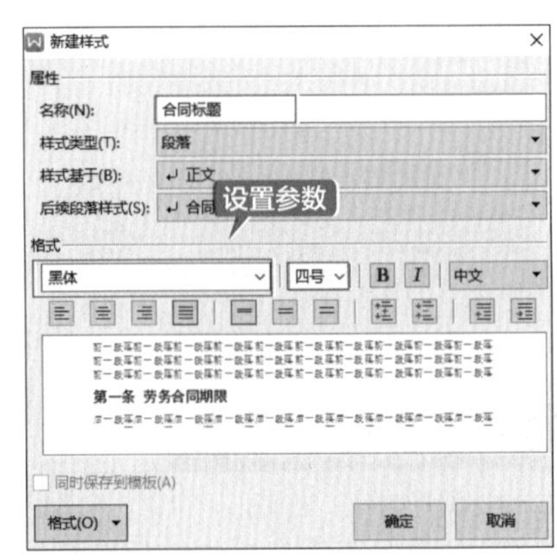

第 6 步 选中正文第一段文字，打开样式列表，选择列表中的“合同正文”样式，即可应用样式，如下图所示。

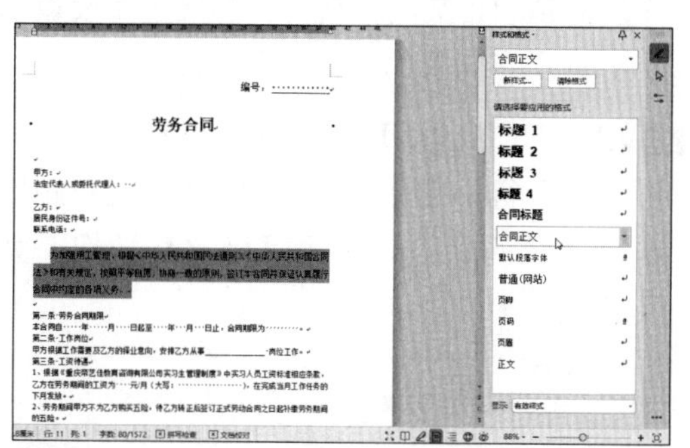

第 7 步 使用同样的方法，设置其他文本的正文或标题样式，如下图所示。

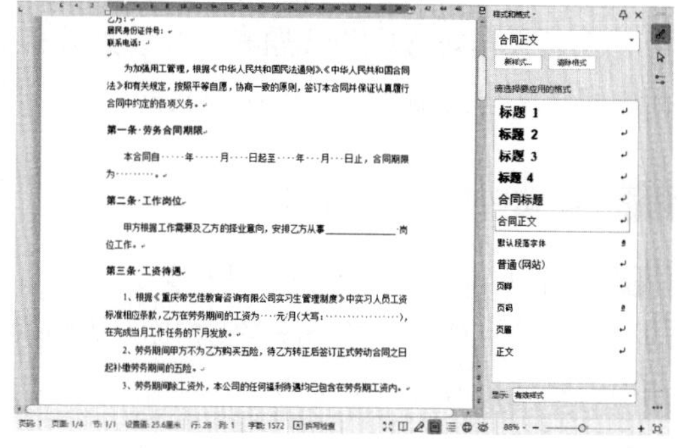

第 8 步 设置文档头部和尾部文本的字体和段落格式，并保存为“劳务合同 .wps”，最终效果如下图所示。

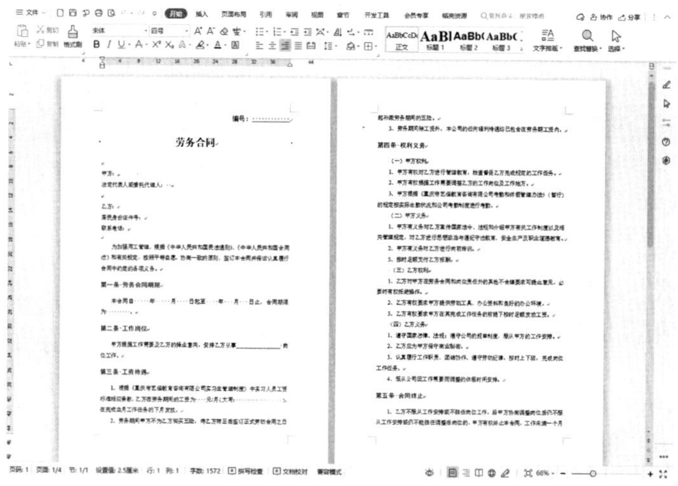

10.2 长文档排版——排版《企业培训资料》

企业培训资料是为了提高员工素质和能力，对员工进行培养和训练所需的文档，培训资料需要每位员工学习。制作一份格式统一、工整的企业培训资料，不仅能使培训资料更加专业、美观，还便于查看，达到让受训人员快速把握培训重点、掌握培训内容的目的。本节以排版一份企业培训资料为例，介绍排版长文档的方法。

本节素材结果文件		
	素材	素材 \ch10\ 企业培训资料 .wps
	结果	结果 \ch10\ 企业培训资料 .wps

10.2.1 为标题和正文应用样式

在长文档排版中为标题和正文设置好样式后，修改标题和正文的格式时，直接应用设置的标题和正文样式即可。在应用样式前，首先需要修改 WPS 文字内置的标题和正文样式。

1. 修改标题和正文样式

第1步 打开素材文件，在【开始】选项卡下的“标题 1”样式上右击，在弹出的快捷菜单中选择【修改样式】命令，如下图所示。

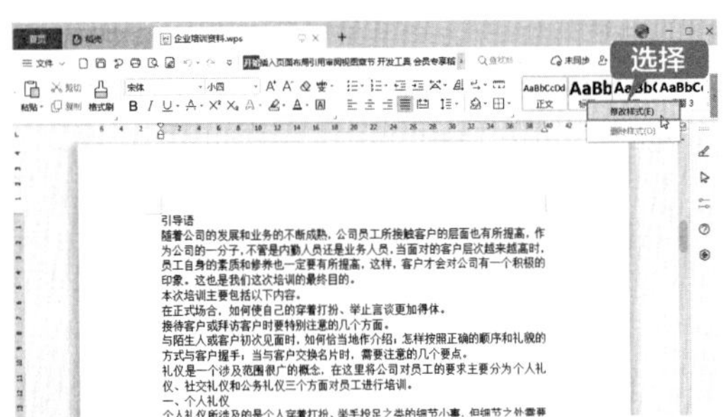

第2步 弹出【修改样式】对话框，设置【样式基于】为“无样式”，在【格式】区域设置【字体】为“等线”，【字号】为“三号”，并设置【加粗】效果，如下图所示。

第3步 单击【格式】按钮，在弹出的菜单中选择【段落】选项，如下图所示。

第4步 打开【段落】对话框，设置【段前】为“0.5”行，【段后】为“1”行，【行距】为“1.5 倍行距”，单击【确定】按钮，如下图所示。

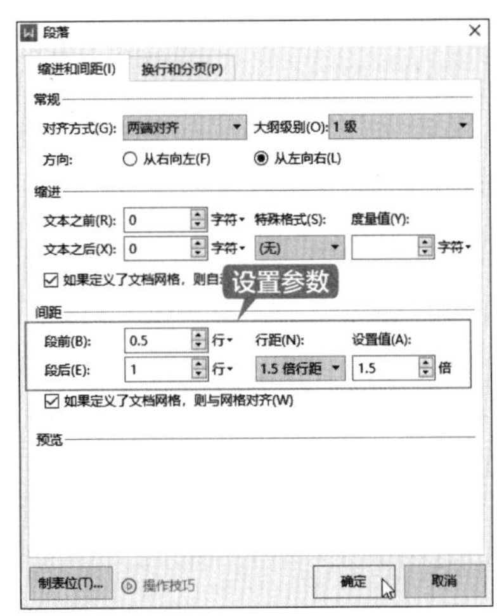

第5步 返回到【修改样式】对话框，单击【确定】按钮，完成对“标题 1”样式的修改，如下图所示。

第6步 使用同样的方法，修改“标题 2”样式，设置【样式基于】为“无样式”，【字体】为“等线”，【字号】为“小三”，并设置【加粗】效果；设置【段前】为“0.5”行，【段后】为“0.5”行，【行距】为“多倍行距”，【设

置值】为“1.2”倍，如下图所示。

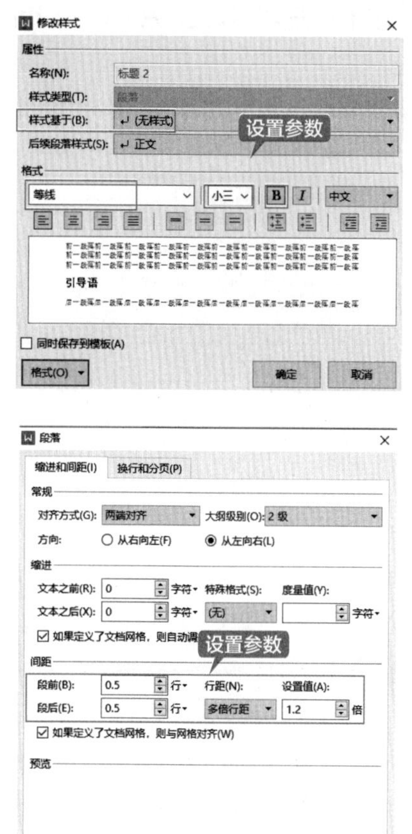

第 7 步 修改“正文”样式，设置【字体】为“微软雅黑”，【字号】为“小四”；设置【缩进】的【特殊格式】为“首行缩进”，【度量值】为“2”字符，【行距】为“多倍行距”，【设置值】为“1.2”倍，如下图所示。

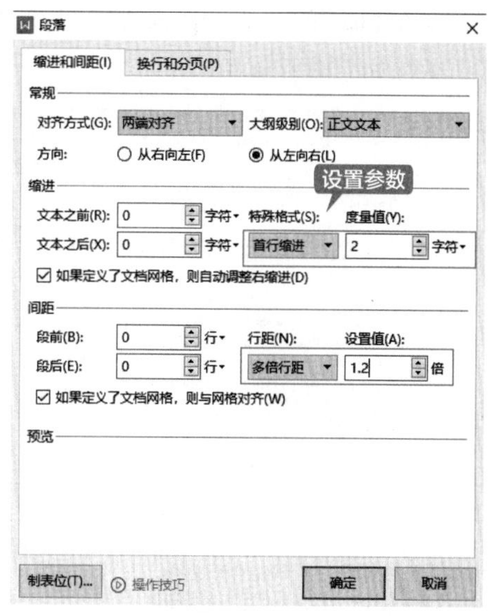

2. 应用标题和正文样式

第 1 步 选择“引导语”文本所在段落，单击【开始】→【标题 1】选项，应用“标题 1”样式，效果如下图所示。

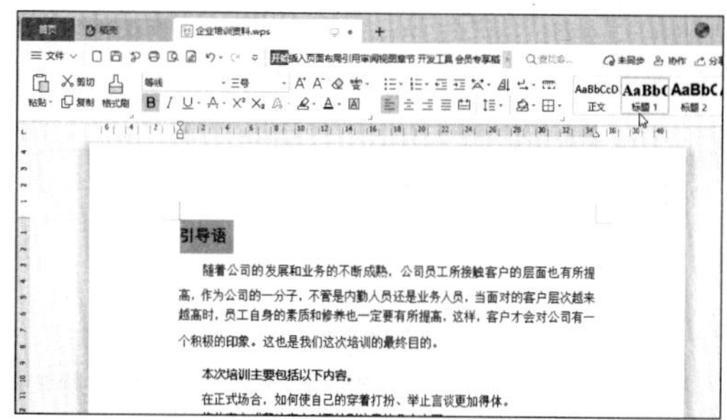

第 2 步 使用同样的方法，为其他标题应用“标题 1”样式，效果如下图所示。

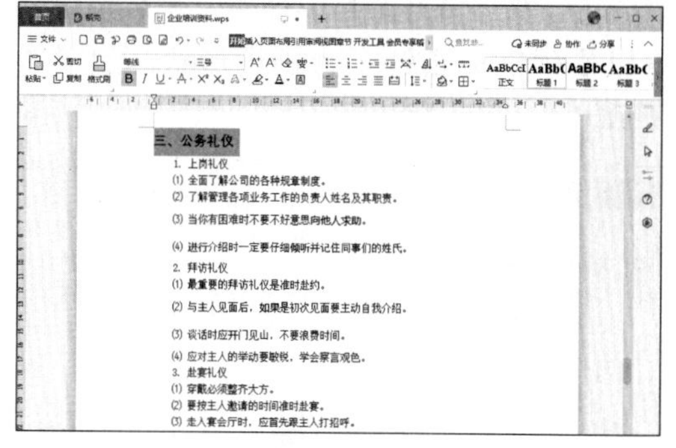

第 3 步 选择“1. 面容仪表”文本所在段落，单击【开始】→【标题 2】选项，应用“标题 2”

样式，并为其他相同级别的段落应用“标题 2”样式，效果如下图所示。

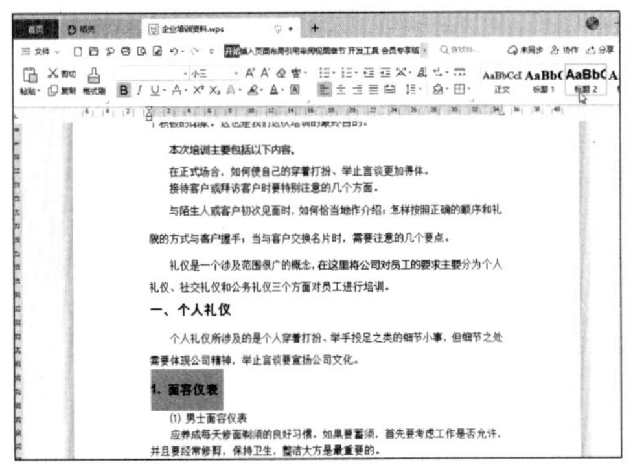

第 4 步 依次选择正文内容，单击【开始】→【正文】选项，应用“正文”样式，效果如下图所示。

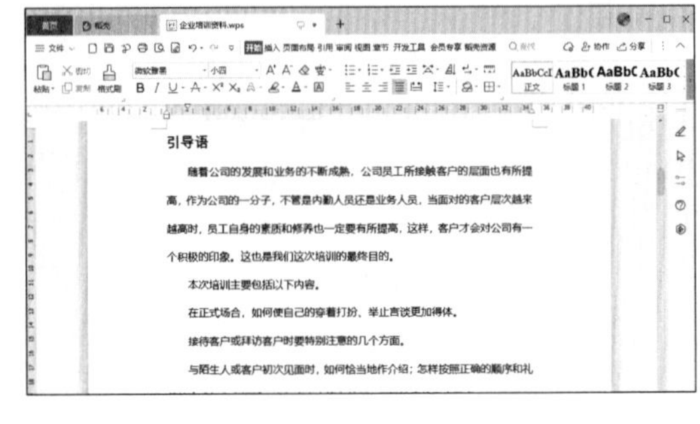

10.2.2 使用格式刷

除了对文本应用样式外，还可以使用格式刷工具对相同级别的文本进行格式设置。使用格式刷的具体操作步骤如下。

第 1 步 选择“（1）男士面容仪表”文本，单击【开始】→【加粗】按钮B，为文本应用“加粗”样式，效果如下图所示。

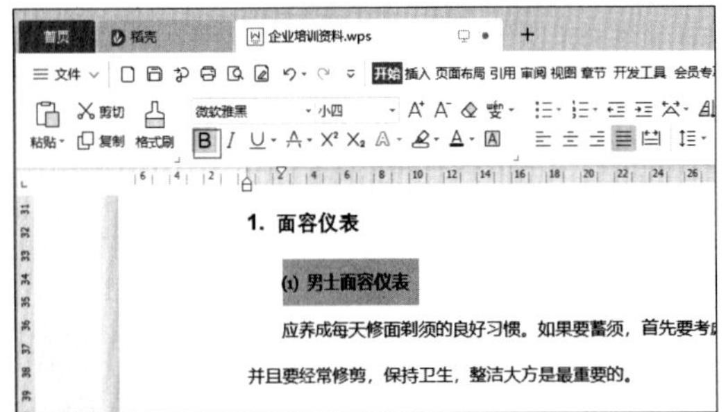

第 2 步 将光标放置在“（1）男士面容仪表”段落内，双击【开始】→【格式刷】按钮，可以看到鼠标指针变为刷子形状，如下图所示。

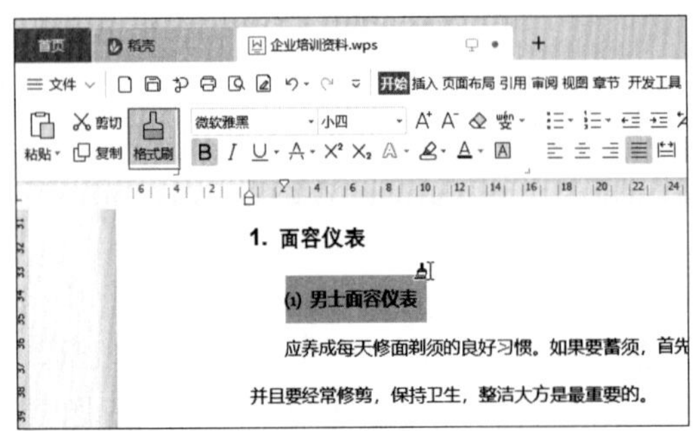

提示

单击【格式刷】按钮，仅可应用一次复制的样式，双击【格式刷】按钮，可重复多次应用复制的样式，直至按【Esc】键结束。

第 3 步 在其他要应用该样式的段落前双击，即可将复制的样式应用到该段落，效果如下图所示。

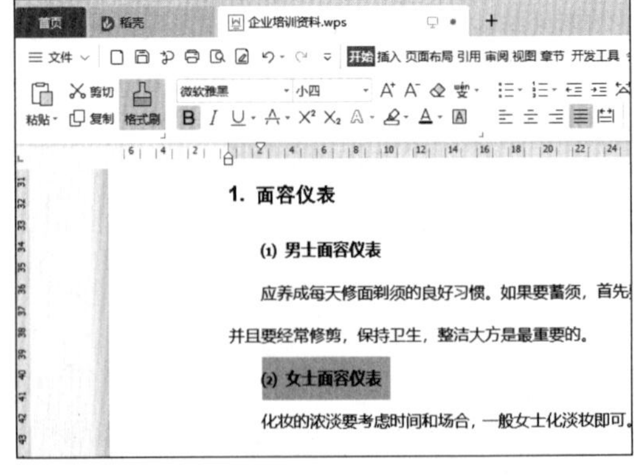

第 4 步 重复第 3 步的操作，将复制的样式通过格式刷应用至所有需要应用该样式的段落，然后按【Esc】键结束格式刷命令，效果如下图所示。

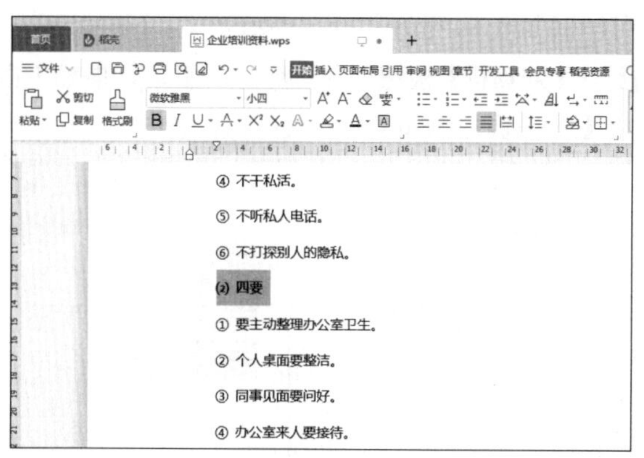

10.2.3 插入分隔符

WPS 文字提供了分页符、分栏符、换行符、下一页分节符、连续分节符、偶数页分节符、奇数页分节符 7 种分隔符号。排版长文档时，如果要设置不同的页眉、页脚，可以通过分节符控制；如果仅需要另起一页显示后面的内容，页眉、页脚等格式不变时，可以插入分页符。

1. 插入分页符

这里需要让引导语内容单独显示在一页，引导语和后面的培训内容设置相同的页眉、页脚，可以通过插入分页符实现。插入分页符的具体操作步骤如下。

第 1 步 将光标定位至要分页显示的文本前，这里将光标放置在“一、个人礼仪”文本前，单击【页面布局】→【分隔符】按钮，在弹出的下拉列表中选择【分页符】命令，如下图所示。

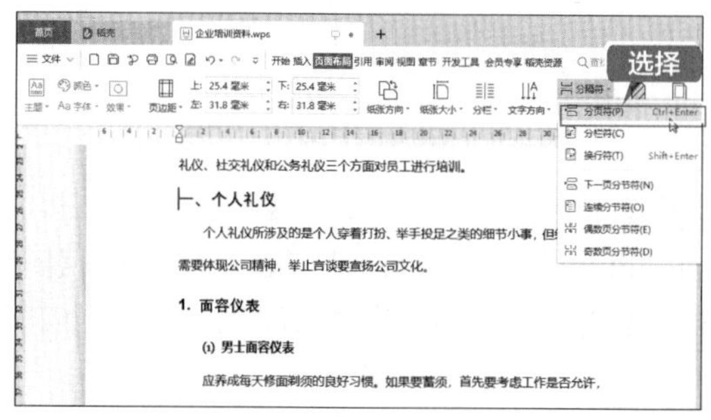

提示

也可以直接按【Ctrl+Enter】组合键实现分页操作。

第 2 步 即可在光标所在位置插入分页符，分页后效果如下图所示。

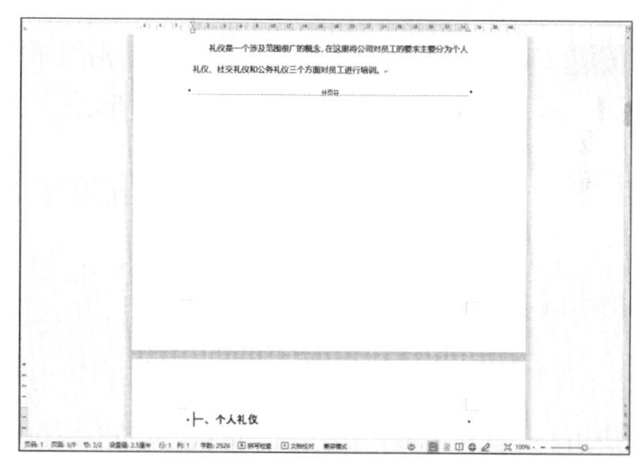

2. 插入下一页分节符

在引导语上方需要预留显示目录的页面，插入目录的操作将在 10.2.5 节进行介绍。此处需要添加一个空白页，并且目录页面中不需要显示页眉和页脚，即前后页面有不同的页眉、页脚，因此，这里需要通过分节符来实现，具体操作步骤如下。

第 1 步 将光标放置在“引导语”文本所在段落前方，单击【页面布局】→【分隔符】按钮，在弹出的下拉列表中选择【下一页分节符】命令，如下图所示。

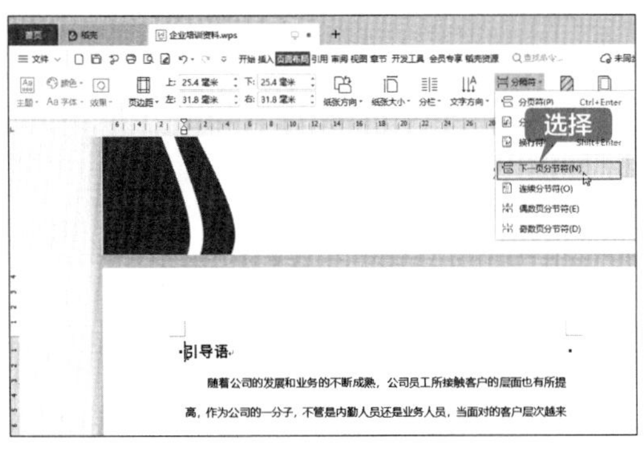

第 2 步 在“引导语”文本上方即会插入一个空白页面，效果如下图所示。

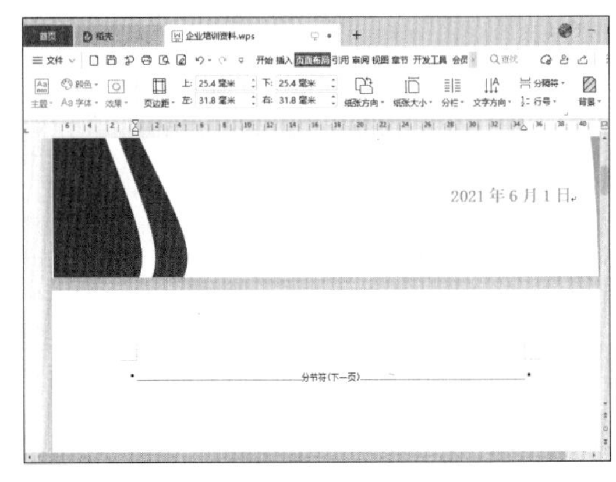

10.2.4 为文档设置页眉和页脚

在 10.2.3 节中插入了分隔符，用于实现插入不同的页眉和页脚。封面页和目录页中不显示页眉和页脚，引导语页面和培训资料正文内容页面有相同的页眉和页脚。在设置页眉和页脚前首先要取消分节符下方内容的【同前节】选项，这样才能为后面的页面设置不同的页眉和页脚，否则会延续前一节的页眉和页脚。为文档设置页眉和页脚的具体操作步骤如下。

第 1 步 将光标放置在引导语页面，单击【插入】→【页眉页脚】按钮，如下图所示。

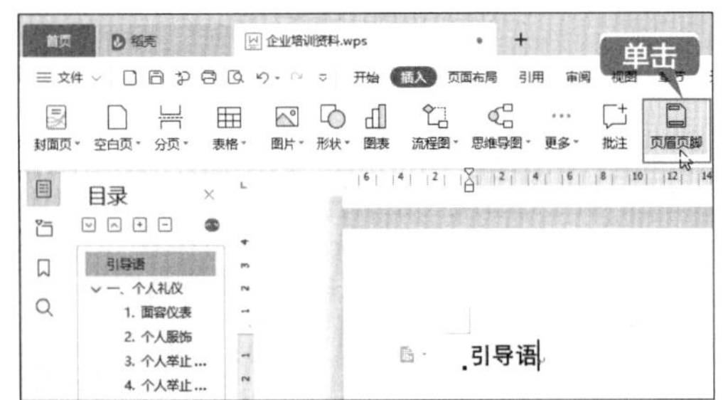

第 2 步 光标会自动显示在引导语页面的页眉位置，可以看到【页眉页脚】→【同前节】按钮的背景颜色显示为灰色，并且在页眉右下方位置显示有“与上一节相同”的提示，如下图所示。

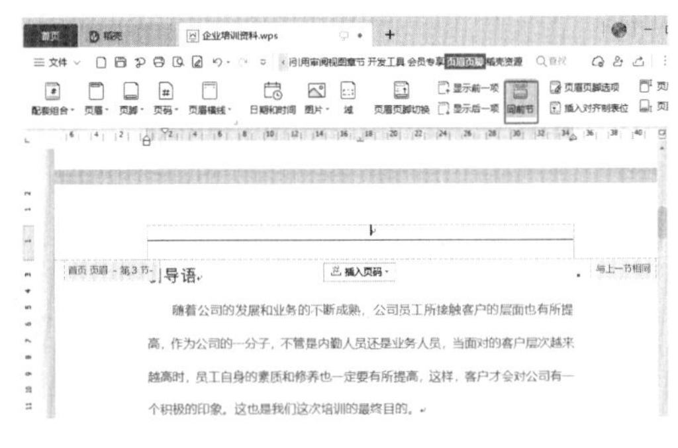

第 3 步 单击【页眉页脚】→【同前节】按钮，当按钮背景显示为白色时，表示已关闭了【同前节】选项，页眉右下方位置“与上一节相同”的提示消失，如下图所示。

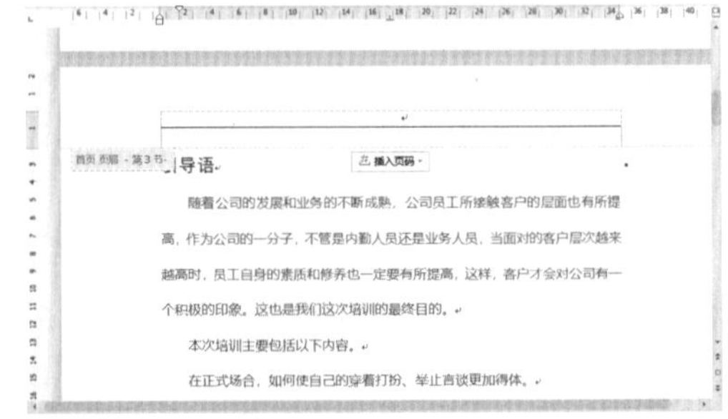

第 4 步 单击【页眉页脚】→【页眉页脚切换】按钮，切换至页脚位置，并单击【页眉页脚】→【同前节】按钮，取消页脚与上一节的连接，如下图所示。

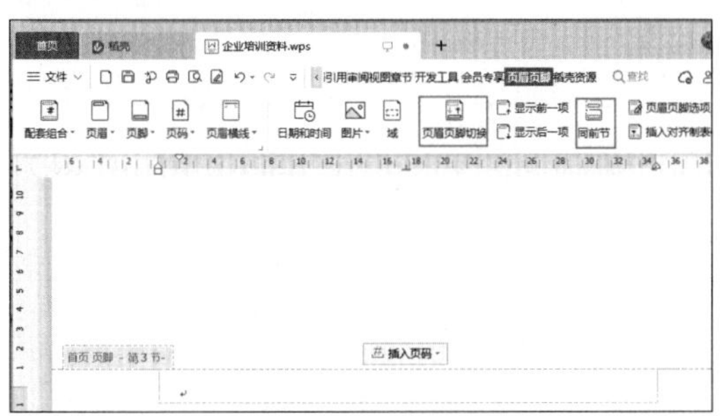

第 5 步 返回至引导语页面页眉位置，单击【页眉页脚】→【页眉页脚选项】按钮，如下图所示。

第 6 步 打开【页眉 / 页脚设置】对话框，仅勾选【奇偶页不同】复选框，单击【确定】按钮，如下图所示。

页眉/页脚设置
页面不同设置
首页不同(A)
勾选
奇偶页不同(V)
显示页眉横线
显示奇数页页眉横线(B)
显示偶数页页眉横线(C)
显示首页页眉横线(D)
页眉/页脚同前节
奇数页页眉同前节(E)
奇数页页脚同前节(J)
偶数页页眉同前节(G)
偶数页页脚同前节(K)
首页页眉同前节(I)
首页页脚同前节(L)
页码
页眉(H) 无
页脚(F) 无
确定
取消

第 7 步 在引导语页面页眉位置输入“× × 咨询公司”，并根据需要设置字体样式，效果如下图所示。

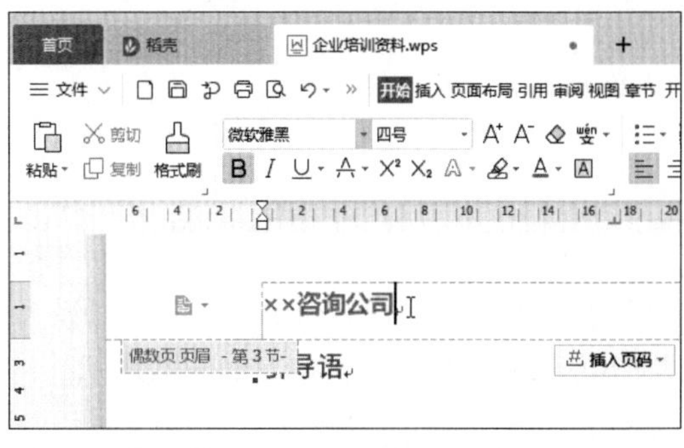

第 8 步 在奇数页页眉输入“企业培训资料”，并根据需要设置字体样式，效果如下图所示。

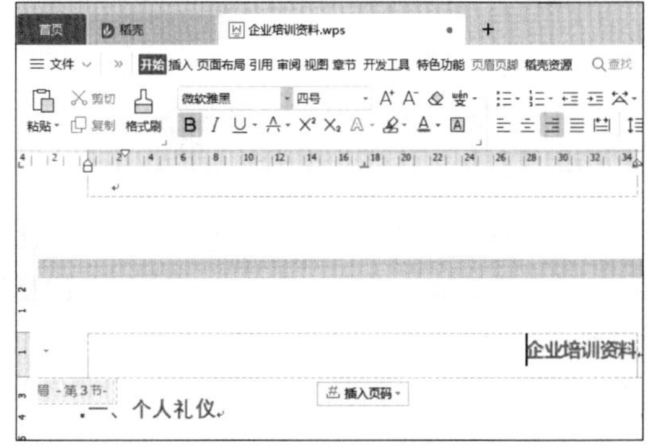

第 9 步 将光标放置在引导语页面页脚位置，单击【页眉页脚】→【页码】按钮，在弹出的下拉列表中选择【页脚】→【页脚中间】选项，如下图所示。

第 10 步 插入页码后，默认页码是从“0”开始的，可以设置起始页码为“1”，单击【重新编号】按钮，如下图所示。

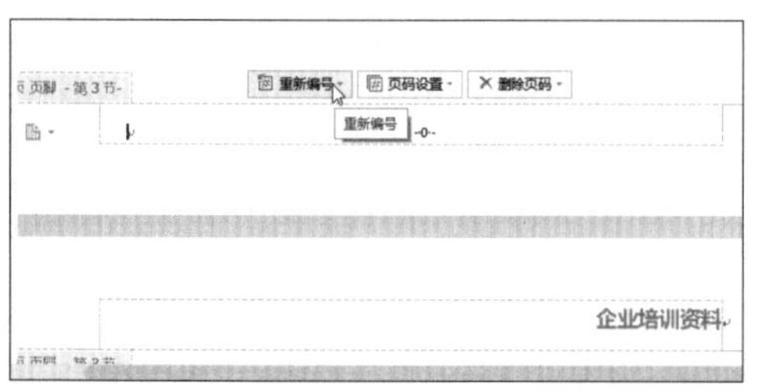

第 11 步 在弹出的下拉界面中将页码编号设为“1”，单击后方的 ✓ 按钮，如下图所示。

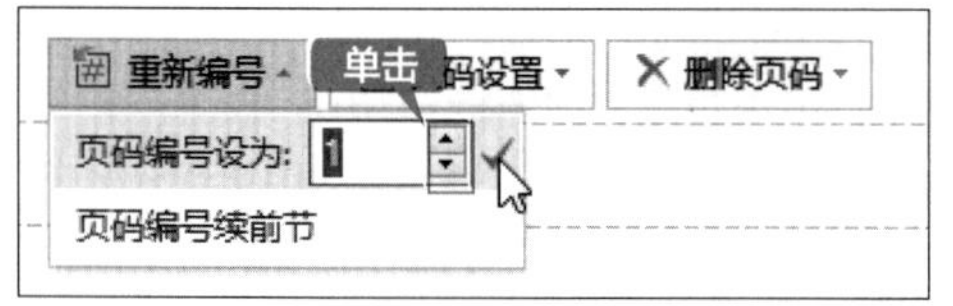

第 12 步 完成页眉及页脚的设置，单击【页眉页脚】→【关闭】按钮，退出页眉和页脚的编辑，最终效果如下图所示。

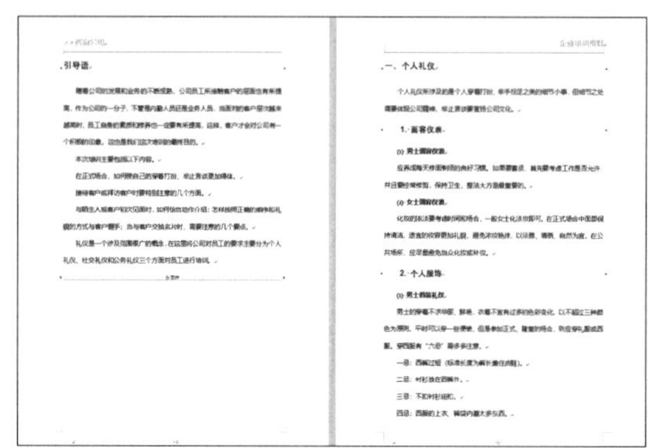

10.2.5 插入并编辑目录

目录是长文档中的重要组成部分，可以帮助读者更方便地阅读长文档，使读者能更快地找到自己想要阅读的内容。插入并编辑目录的具体操作步骤如下。

第 1 步 选择目录页，在“分节符（下一页）”分节符前按【Enter】键新增一行，输入“目录”文本，并根据需要设置文本样式，效果如下图所示。

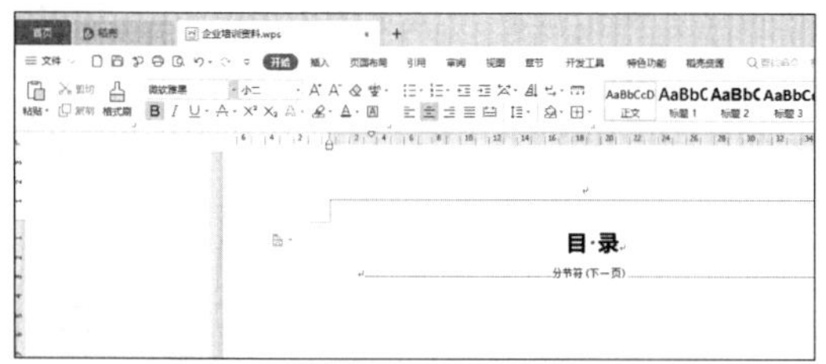

第 2 步 将光标放置在“目录”文本下一行，并清除当前格式。单击【引用】→【目录】按钮，在弹出的下拉列表中选择【自定义目录】选项，如下图所示。

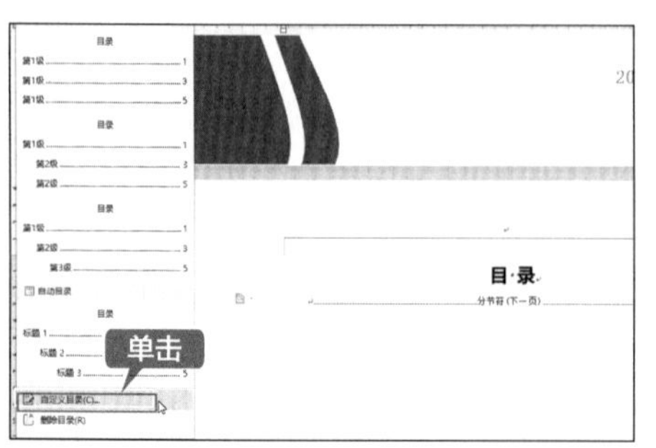

第 3 步 弹出【目录】对话框，设置【显示级别】为“2”，其他选项不变，单击【确定】按钮，如下图所示。

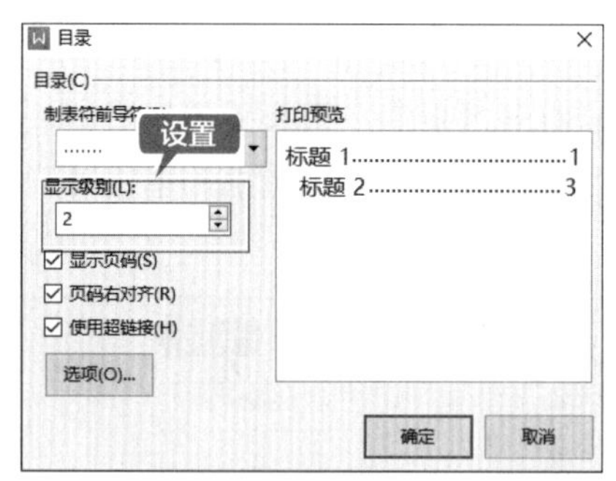

第 4 步 完成提取目录的操作，如下图所示。

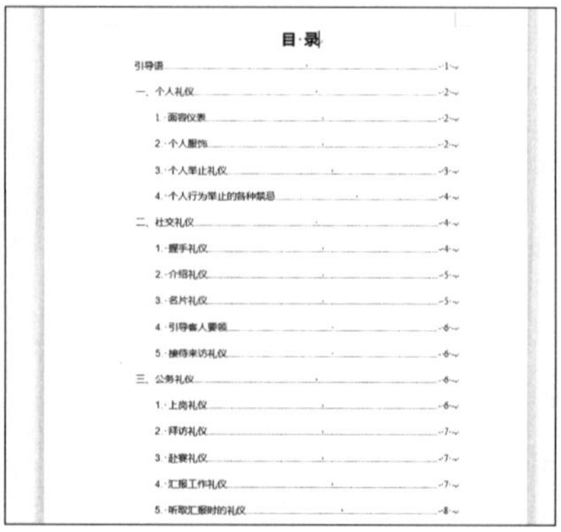

提示

按住【Ctrl】键并单击目录中的标题，可快速定位至该标题所在的位置。

第 5 步 根据需要调整目录的字体和段落样式，完成插入并编辑目录的操作，最终效果如下图所示。

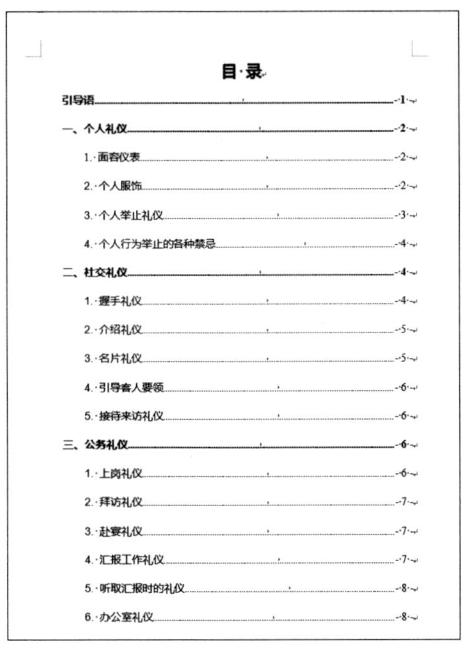

目·录

引导语……1

一、个人礼仪……2

1. 面容仪表……2

2. 个人服饰……2

3. 个人举止礼仪……3

4. 个人行为举止的各种禁忌……4

二、社交礼仪……4

1. 握手礼仪……4

2. 介绍礼仪……5

3. 名片礼仪……5

4. 引导客人要领……6

5. 接待来访礼仪……6

三、公务礼仪……6

1. 上岗礼仪……6

2. 拜访礼仪……7

3. 赴宴礼仪……7

4. 汇报工作礼仪……7

5. 听取汇报时的礼仪……8

6. 办公室礼仪……8

提示

如果修改了文档内容，标题位置发生变化，需要重新提取目录。在目录上右击，在弹出的快捷菜单中选择【更新域】选项，弹出【更新目录】对话框。选中【更新整个目录】单选按钮，单击【确定】按钮，完成目录的更新操作，如下图所示。

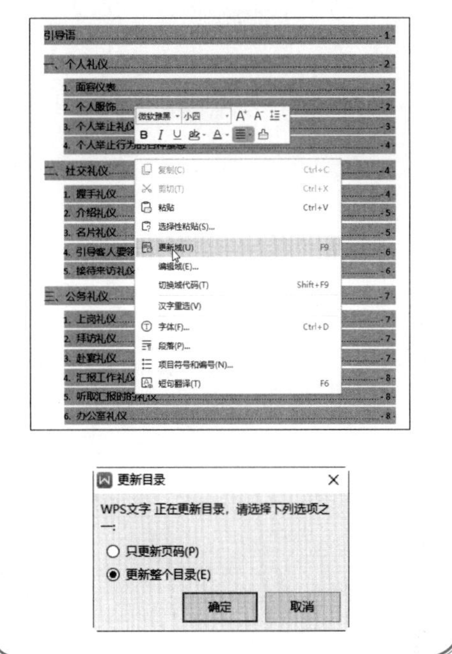

10.2.6 打印《企业培训资料》

企业培训资料排版完成后，就可以查看预览并将资料打印出来发放给员工，预览及打印企业培训资料的具体操作步骤如下。

第 1 步 单击【文件】→【打印】→【打印预览】选项，如下图所示。

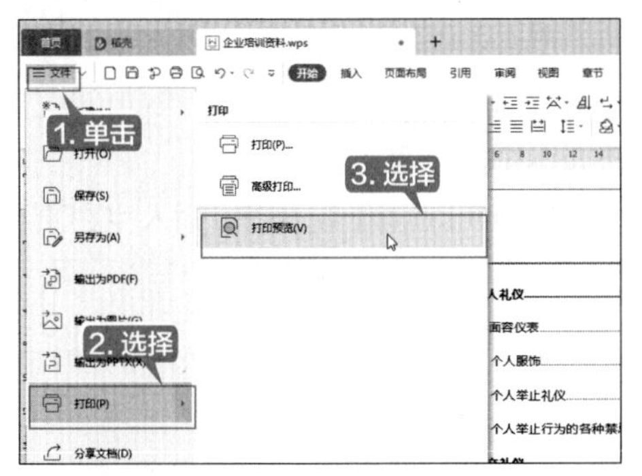

第 2 步 进入打印预览界面，如下图所示。

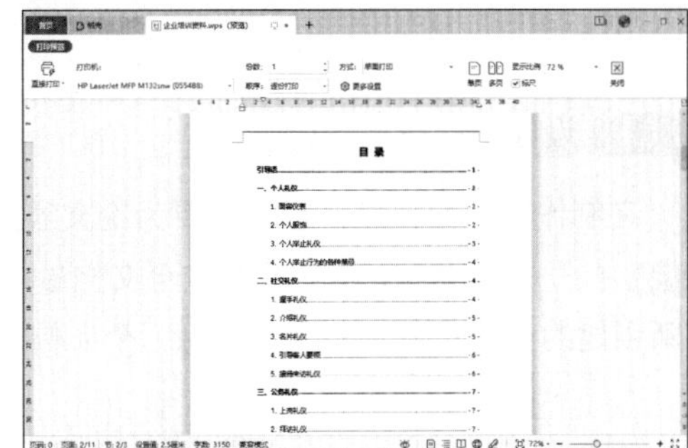

第 3 步 如果打印预览时没有发现需要修改的问题，就可以打印文档，在【打印机】下方选择打印机，设置【份数】为参加培训人员的数量，如输入“25”，在【方式】下拉列表中可以选择打印方式，如单面打印或双面打印等。设置完成后单击【直接打印】按钮，即可打印企业培训资料，如下图所示。

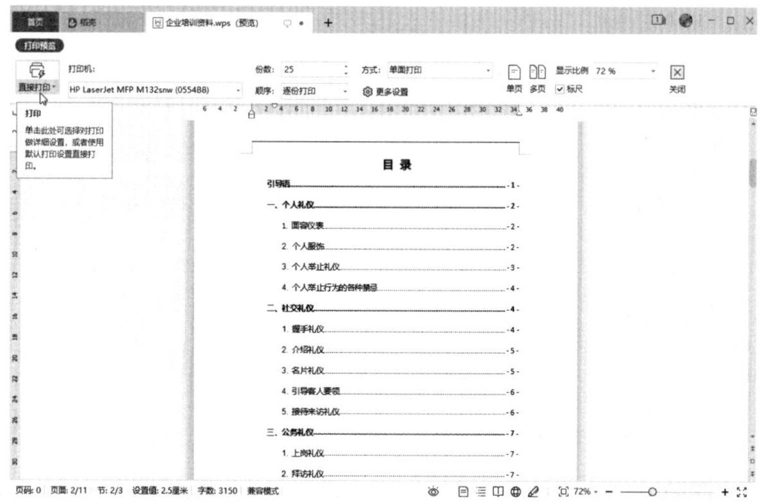

排版《毕业论文》

排版毕业论文时需要注意的是，文档中同一类别的文本格式要统一，层次要有明显的区分，要对同一级别的段落设置相同的样式，还要将需要单独显示的页面单独显示。毕业论文主要由首页、正文、目录等内容组成，在排版毕业论文时，首先需要做的就是设计好论文的首页，然后根据论文要求设置正文的字体和段落样式，最后提取目录。

本节素材结果文件		
	素材	素材 \ch10\ 毕业论文 .wps
	结果	结果 \ch10\ 毕业论文 .wps

1. 设计毕业论文首页

在制作毕业论文时，首先需要为论文添加首页，来展示个人信息。

第 1 步 打开素材文件，将光标定位至文档最前的位置，按【Ctrl+Enter】组合键，插入空白页面。在新创建的空白页中输入学校信息、个人信息和指导教师名称等，如下图所示。

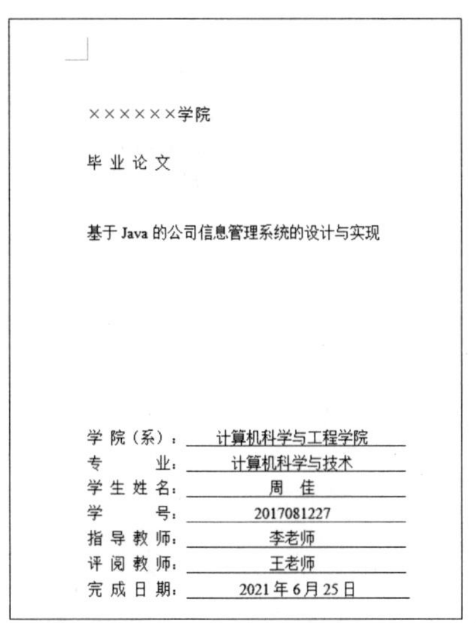

××××××学院

毕 业 论 文

基于 Java 的公司信息管理系统的设计与实现

学 院（系）：计算机科学与工程学院
专　　　业：计算机科学与技术
学 生 姓 名：周　佳
学　　　号：2017081227
指 导 教 师：李老师
评 阅 教 师：王老师
完 成 日 期：2021 年 6 月 25 日

第 2 步 根据需要分别为不同的文本设置不同的样式，如下图所示。

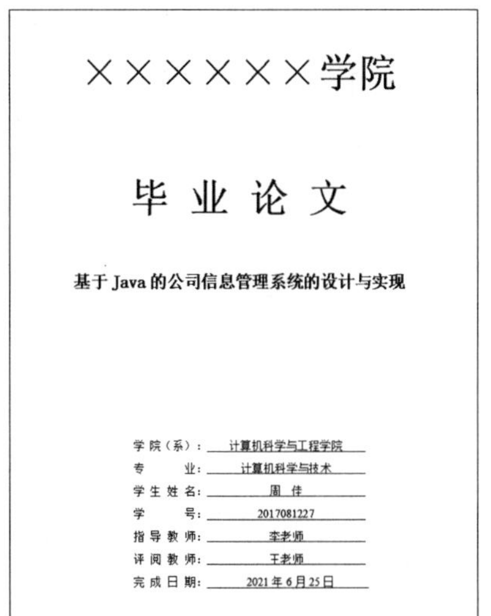

××××××学院

毕 业 论 文

基于 Java 的公司信息管理系统的设计与实现

学 院（系）：计算机科学与工程学院
专　　　业：计算机科学与技术
学 生 姓 名：周　佳
学　　　号：2017081227
指 导 教 师：李老师
评 阅 教 师：王老师
完 成 日 期：2021 年 6 月 25 日

2. 设计毕业论文标题及正文样式

在撰写毕业论文的时候，学校会统一毕业论文的格式，需要根据规定的格式统一样式。对于一些特殊的格式，如表注、图注等，也可以根据学校要求，单独创建新样式。

第 1 步 在“正文”样式上右击，在弹出的快捷菜单中选择【修改样式】选项，打开【修改样式】对话框，设置【字体】为“宋体”，【字号】为“小四”，如下图所示。

第 2 步 单击【格式】按钮，选择【段落】选项，打开【段落】对话框，设置【特殊格式】为“首行缩进”，【度量值】为“2”字符，设置【行距】为“多倍行距”，【设置值】为“1.25”倍，单击【确定】按钮，返回【修改样式】对话框，单击【确定】按钮完成设置，如下图所示。

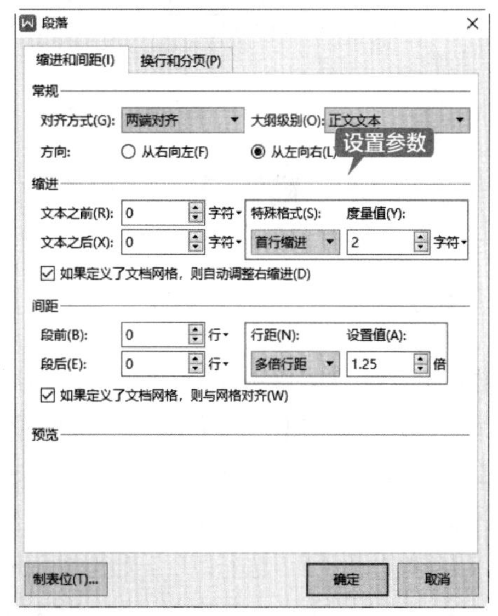

第 3 步 在“标题 1”样式上右击，选择【修改样式】选项，在【修改样式】对话框中设置【样式基于】为“无样式”，设置【字体】为“黑体”，【字号】为“小三”，设置对齐方式为“居中”。单击【格式】按钮，选择【段落】选项，在【段落】对话框中设置【特殊格式】为“无”，【段前】为“0.5”行，【段后】为“1”行，【行距】为“1.5 倍行距”，如下图所示。

第 4 步 使用同样的方法设置“标题 2”样式。设置【字体】为“黑体”，【字号】为“四号”，在【段落】对话框中设置【特殊格式】为“无”，【段前】为“0.5”行，【段后】为“0.5”行，【行距】为“1.5 倍行距”，如下图所示。

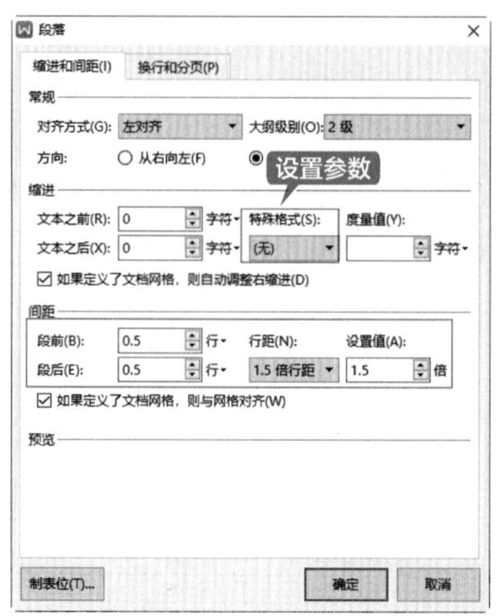

第 5 步 修改“标题 3”样式。设置【字体】为“黑体”，【字号】为“小四”，在【段落】对话框中设置【特殊格式】为“无”，【段前】为“0.5”行，【段后】为“0”行，【行距】为“1.5 倍行距”，如下图所示。

3. 应用论文标题及正文样式

设置标题及正文样式后，可逐个应用样式至标题或正文段落，应用样式后的毕业论文效果如下图所示。

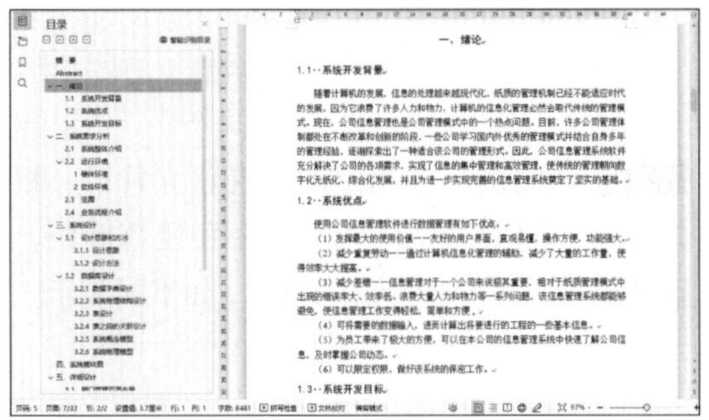

4. 设置分页

在毕业论文中，中英文摘要、结论、参考文献、致谢等内容需要在单独的页面显示，可以按【Ctrl+Enter】组合键插入分页符，效果如下图所示。

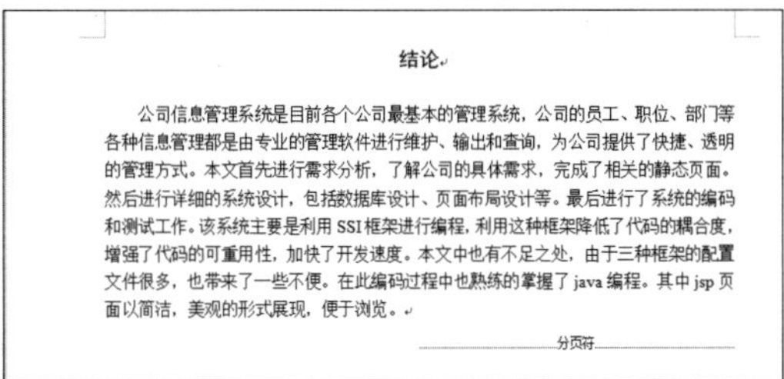

结论

公司信息管理系统是目前各个公司最基本的管理系统，公司的员工、职位、部门等各种信息管理都是由专业的管理软件进行维护、输出和查询，为公司提供了快捷、透明的管理方式。本文首先进行需求分析，了解公司的具体需求，完成了相关的静态页面。然后进行详细的系统设计，包括数据库设计、页面布局设计等。最后进行了系统的编码和测试工作。该系统主要是利用 SSI 框架进行编程，利用这种框架降低了代码的耦合度，增强了代码的可重用性，加快了开发速度。本文中也有不足之处，由于三种框架的配置文件很多，也带来了一些不便。在此编码过程中也熟练的掌握了 java 编程。其中 jsp 页面以简洁，美观的形式展现，便于浏览。

分页符

5. 设置页眉并插入页码

在毕业论文中需要根据学校要求插入页眉，页眉通常设置为奇偶页不同，奇数页页眉显示学校名称，偶数页页眉则显示毕业论文名称，使文档看起来更美观，在页脚中还需要插入页码。

第 1 步 单击【插入】→【页眉页脚】按钮，进入页眉页脚编辑状态，单击【页眉页脚】→【页眉页脚选项】按钮，打开【页眉 / 页脚设置】对话框，勾选【奇偶页不同】复选框，单击【确定】按钮，如下图所示。

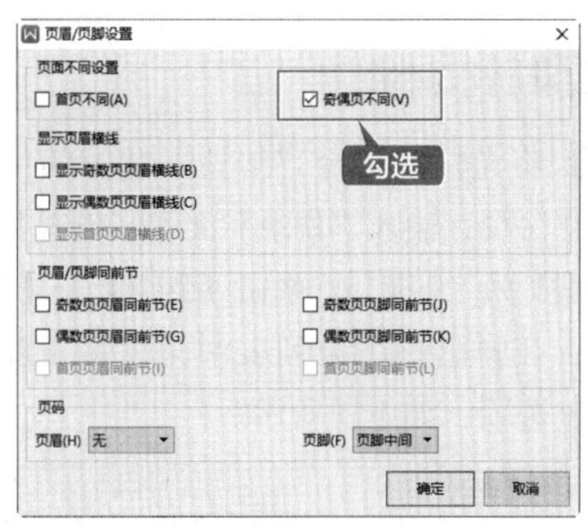

第 2 步 在摘要页面的页脚位置插入页码，并设置页码从“1”开始，如下图所示。

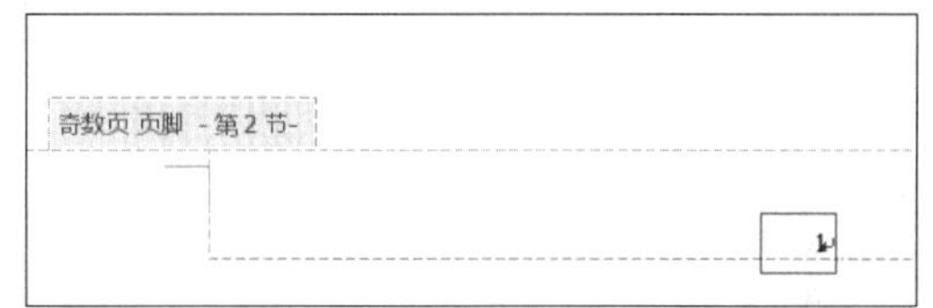

第 3 步 在奇数页页眉中输入文本，并根据需要设置字体样式，如下图所示。

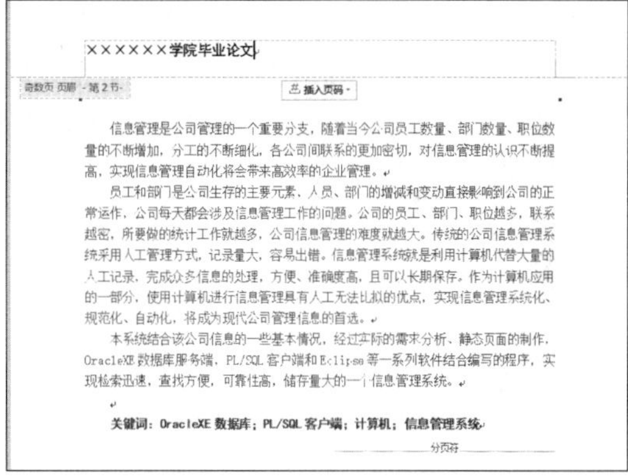

××××××学院毕业论文

奇数页 页眉 -第 2 节-　插入页码

信息管理是公司管理的一个重要分支，随着当今公司员工数量、部门数量、职位数量的不断增加，分工的不断细化，各公司间联系的更加密切，对信息管理的认识不断提高，实现信息管理自动化将会带来高效率的企业管理。

员工和部门是公司生存的主要元素、人员、部门的增减和变动直接影响到公司的正常运作，公司每天都会涉及信息管理工作的问题。公司的员工、部门、职位越多，联系越密，所要做的统计工作就越多，公司信息管理的难度就越大。传统的公司信息管理系统采用人工管理方式，记录量大，容易出错。信息管理系统就是利用计算机代替大量的人工记录，完成众多信息的处理，方便、准确度高，且可以长期保存。作为计算机应用的一部分，使用计算机进行信息管理具有人工无法比拟的优点，实现信息管理系统化、规范化、自动化，将成为现代公司管理信息的首选。

本系统结合该公司信息的一些基本情况，经过实际的需求分析、静态页面的制作，OracleXE 数据库服务端，PL/SQL 客户端和 Eclipse 等一系列软件结合编写的程序，实现检索迅速，查找方便，可靠性高，储存量大的一个信息管理系统。

关键词：OracleXE 数据库；PL/SQL 客户端；计算机；信息管理系统

分页符

第 4 步 在偶数页页眉中输入文本，并设置字体样式，如下图所示。

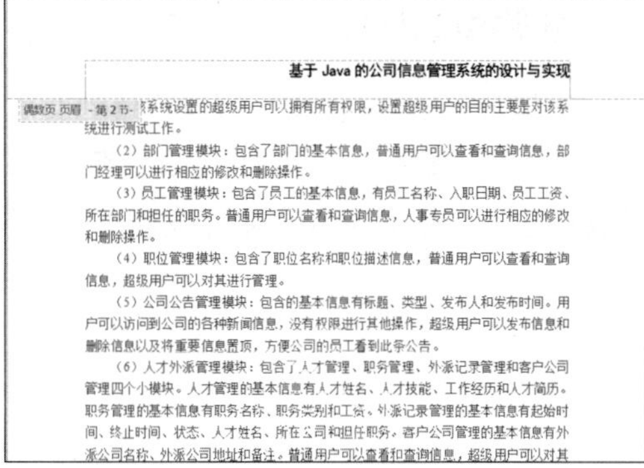

基于 Java 的公司信息管理系统的设计与实现

偶数页 页眉 -第 2 节-

该系统设置的超级用户可以拥有所有权限，设置超级用户的目的主要是对该系统进行测试工作。

（2）部门管理模块：包含了部门的基本信息，普通用户可以查看和查询信息，部门经理可以进行相应的修改和删除操作。

（3）员工管理模块：包含了员工的基本信息，有员工名称、入职日期、员工工资、所在部门和担任的职务。普通用户可以查看和查询信息，人事专员可以进行相应的修改和删除操作。

（4）职位管理模块：包含了职位名称和职位描述信息，普通用户可以查看和查询信息，超级用户可以对其进行管理。

（5）公司公告管理模块：包含的基本信息有标题、类型、发布人和发布时间。用户可以访问到公司的各种新闻信息，没有权限进行其他操作，超级用户可以发布信息和删除信息以及将重要信息置顶，方便公司的员工看到此条公告。

（6）人才外派管理模块：包含了人才管理、职务管理、外派记录管理和客户公司管理四个小模块。人才管理的基本信息有人才姓名、人才技能、工作经历和人才简历。职务管理的基本信息有职务名称、职务类别和工资。外派记录管理的基本信息有起始时间、终止时间、状态、人才姓名、所在公司和担任职务。客户公司管理的基本信息有外派公司名称、外派公司地址和备注。普通用户可以查看和查询信息，超级用户可以对其

6. 提取目录

第 1 步 将光标定位至“绪论”前方的位置，新建空白页，输入“目录”文本，设置其【大纲级别】为“1 级”。单击【引用】→【目录】按钮，在弹出的下拉列表中，单击【自定义目录】选项，如下图所示。

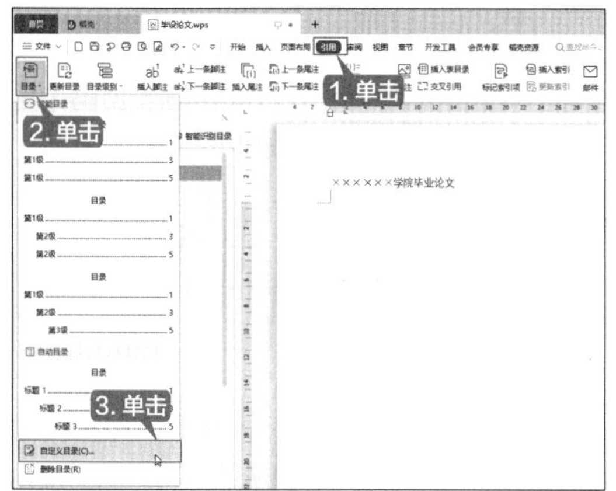

第 2 步 打开【目录】对话框，在【显示级别】微调框中输入或选择显示级别为“3”，在【打印预览】区域可以看到设置后的效果，单击【确定】按钮，如下图所示。

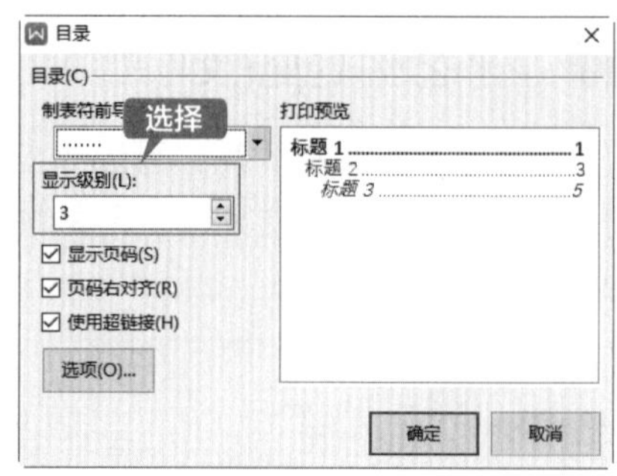

第 3 步 此时就会在指定的位置建立目录。根据需要，设置目录的字体大小和段落间距，至此就完成了毕业论文的排版，如下图所示。

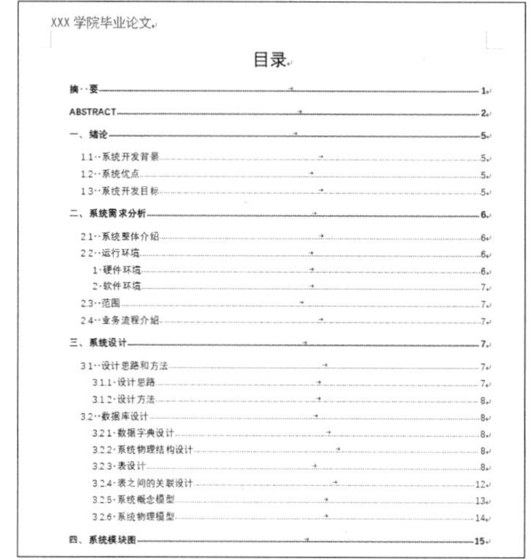

◇ 删除页眉横线

在编辑文档的页眉时，经常会遇到页眉处自带横线的问题，即使页眉中没有内容，横线仍然固执地定在那里，打印时也会显示在页面的最顶端。删除页眉横线的具体操作步骤如下。

第 1 步 打开“素材 \ch10\ 高手支招 1.wps”文档，可以看到奇数页页眉位置显示有横线，如下图所示。

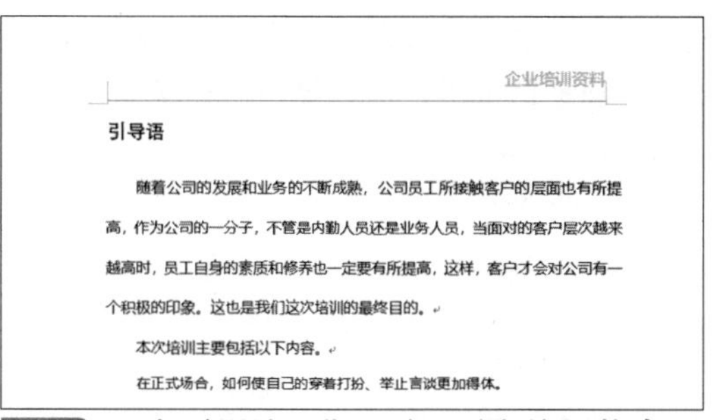

第 2 步 双击页眉处，进入页眉页脚编辑状态。单击【页眉页脚】→【页眉横线】按钮，在弹出的下拉列表中，选择【删除横线】选项，如下图所示。

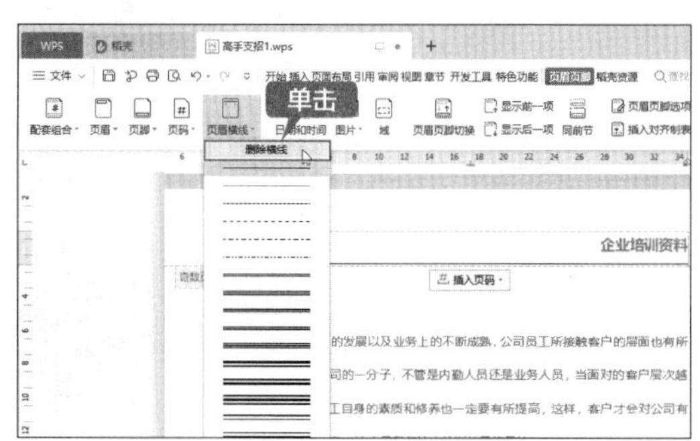

第 3 步 即可删除页眉中的横线，如下图所示。

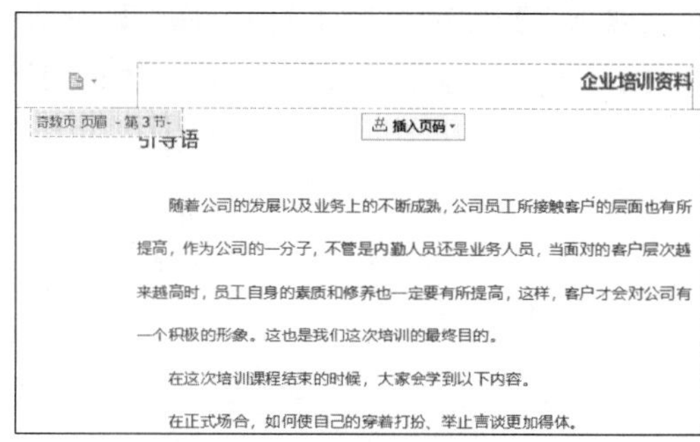

提示

进入页眉页脚编辑状态，将光标置于页眉处。单击【开始】→【正文】样式，或者单击【开始】→【新样式】→【清除格式】选项也可以删除页眉处横线，但同时会改变页眉文字的样式，需要重新设置页眉样式。

◇ 为样式设置快捷键

创建样式后，可以为样式设置快捷键，选择要应用样式的段落，直接按快捷键即可应用样式。

第 1 步 打开“素材 \ch10\ 高手支招 2.wps”文件，在“标题 1”样式上右击，在弹出的快捷菜单中选择【修改样式】选项，打开【修改样式】对话框。单击【格式】按钮，选择【快捷键】选项，如下图所示。

第2步 弹出【快捷键绑定】对话框，在键盘上按下要设置的快捷键，这里按【Ctrl+Alt+1】组合键，单击【指定】按钮，返回【修改样式】对话框，单击【确定】按钮。选择要应用样式的段落，按【Ctrl+Alt+1】组合键即可应用“标题 1”样式，如下图所示。

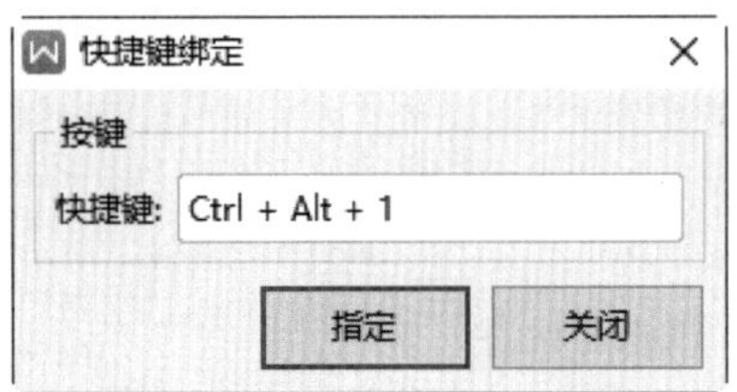

第 11 章

基本表格——WPS 表格的基本处理

本章导读

WPS 表格提供了创建工作簿与工作表、输入和填充数据、行列操作、页面设置、设置字体与对齐方式、添加边框等基本操作，可以方便地记录和管理数据。

思维导图

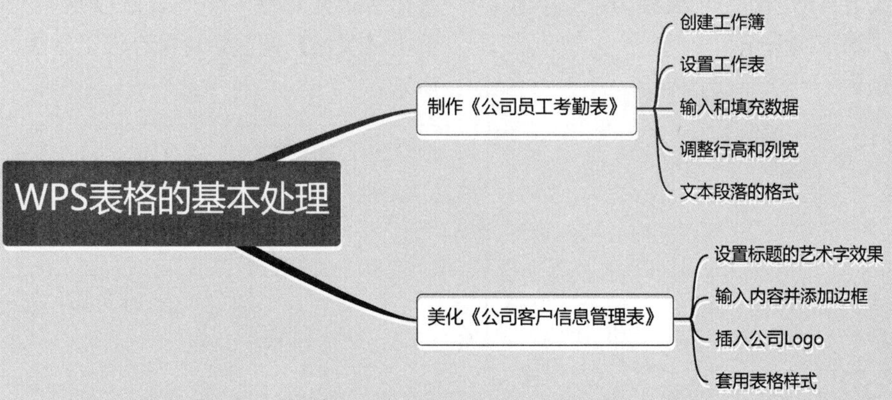

11.1 基础操作——制作《公司员工考勤表》

制作公司员工考勤表要做到数据精确，确保能准确记录公司员工的考勤情况。本节以制作公司员工考勤表为例，介绍 WPS 表格的基本操作。

本节素材结果文件

	素材	无
	结果	结果 \ch11\ 公司员工考勤表 .et

11.1.1 创建工作簿

在制作公司员工考勤表时，首先要创建空白工作簿，并对创建的工作簿进行保存与命名。

第 1 步 启动 WPS Office，在【新建】窗口中选择【表格】选项，进入其【推荐模板】界面，然后单击【新建空白文档】按钮，如下图所示。

第 2 步 系统会自动创建一个名称为“工作簿 1”的工作簿，如下图所示。

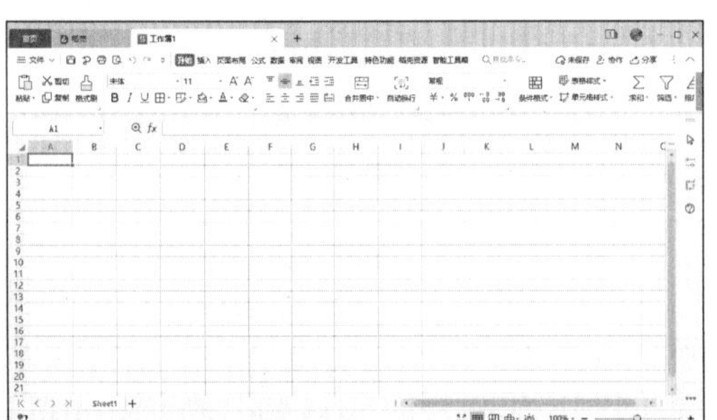

第 3 步 按【Ctrl+S】组合键，在打开的【另存文件】对话框中选择文件要保存的位置，并在【文件名】文本框中输入“公司员工考勤表”，选择文件类型为“WPS 表格 文件（*.et）”，单击【保存】按钮即可保存该工作簿，如下图所示。

11.1.2 设置工作表

工作表是工作簿中的一个表，初始状态下一个工作簿中有一个工作表，用户可以根据需要添加工作表，在工作表的标签上显示系统默认的工作表名称为 Sheet1、Sheet2、Sheet3。本节主要介绍公司员工考勤表中工作表的基本操作。

第 1 步 单击已有工作表标签后的【新建工作表】按钮＋，如下图所示。

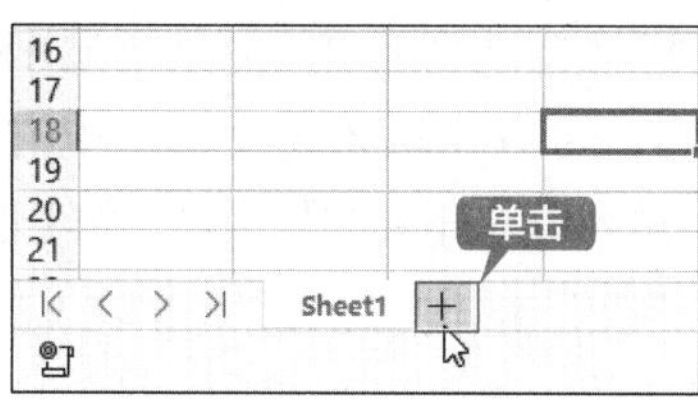

第 2 步 即可在已有工作表的后面创建一个新工作表，如下图所示。

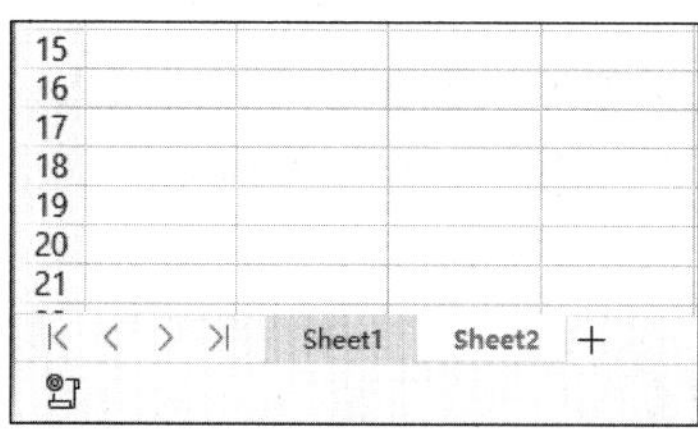

第 3 步 双击要重命名的工作表标签 Sheet1，标签 Sheet1 进入可编辑状态，如下图所示。

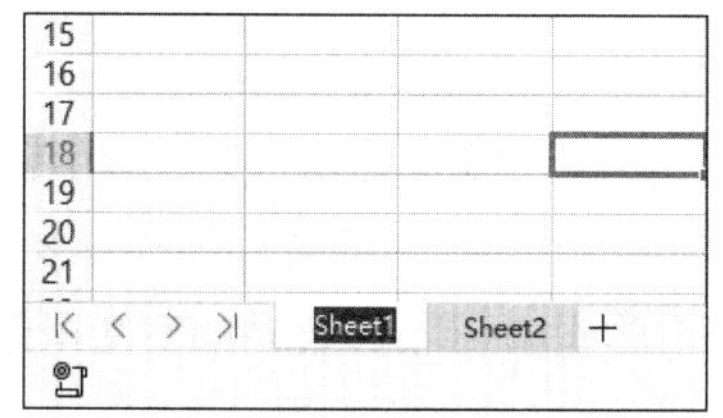

第 4 步 输入新的工作表名，按【Enter】键即可完成对该工作表的重命名操作，如下图所示。

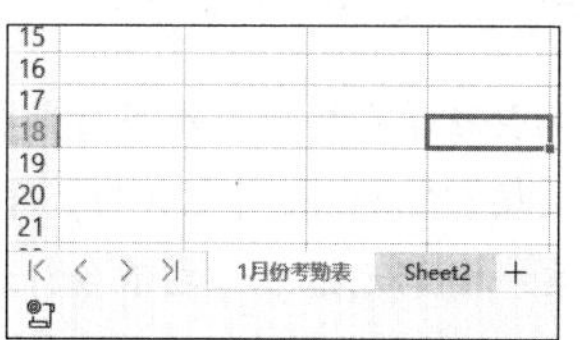

提示

在要重命名的工作表标签上右击，在弹出的快捷菜单中选择【重命名】选项，也可重命名工作表。

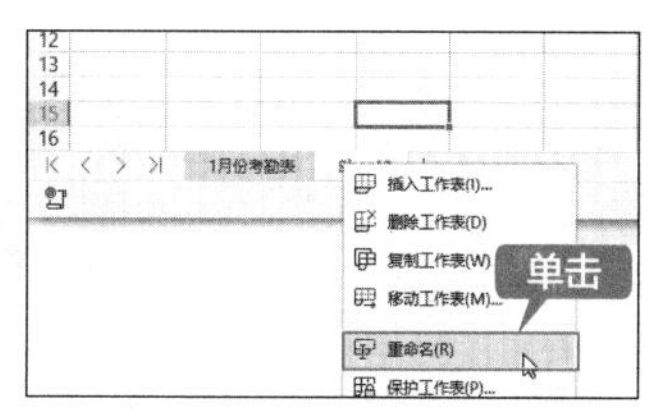

第 5 步 如果要删除多余的工作表，可以选中要删除的工作表并在标签上右击，在弹出的快捷菜单中选择【删除工作表】选项，即可将其删除，如下图所示。

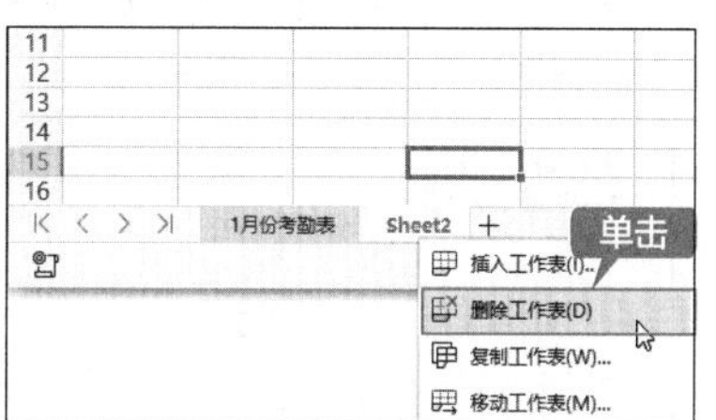

11.1.3 输入和填充数据

对于单元格中输入的数据，WPS 表格可以自动根据数据的特征进行处理并显示出来。本节介绍公司员工考勤表中如何输入和填充数据。

第 1 步 选择要输入数据的单元格，输入数据后按【Enter】键，WPS 表格会自动识别数据类型，并将单元格对齐方式默认为“左对齐”。在考勤表中输入其他数据，如下图所示。

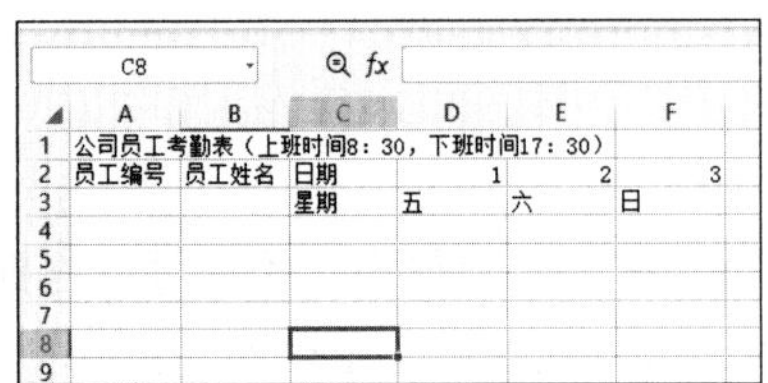

提示

如果要在单元格中输入多行数据，在需要换行处按【Alt+Enter】组合键，即可换行。换行后在一个单元格中将显示多行文本，行高也会自动增大。

第 2 步 选择 A2:A3 单元格区域，单击【开始】选项卡下的【合并居中】按钮的下拉按钮，在弹出的列表中选择【合并单元格】选项，如下图所示。

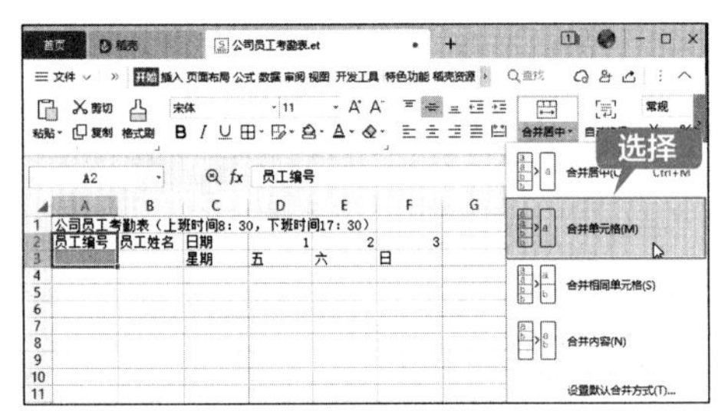

第 3 步 即可将 A2 和 A3 两个单元格合并为一个单元格，使用同样的方法将 A4:A5、B2:B3、B4:B5 单元格区域合并，如下图所示。

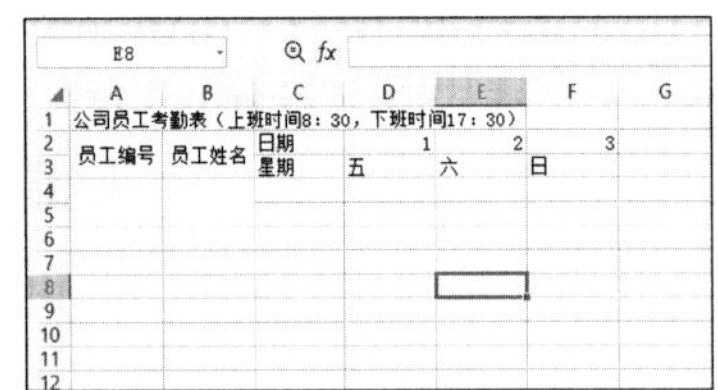

第 4 步 拖曳合并后的 A4 和 B4 单元格，向下填充至第 43 行，如下图所示。

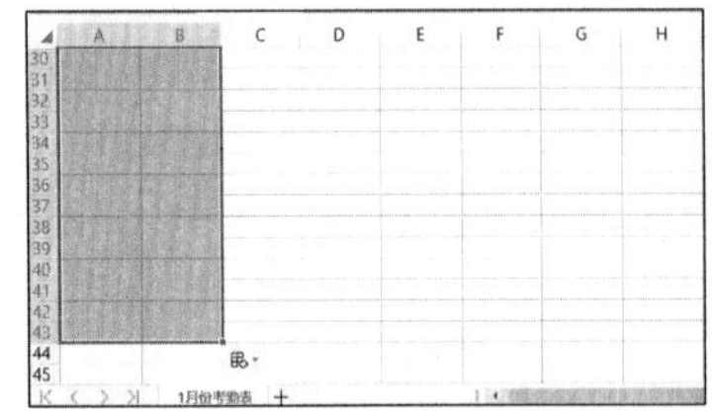

第 5 步 选择 D2:F3 单元格区域，向右拖曳填充至 AH 列，如下图所示。

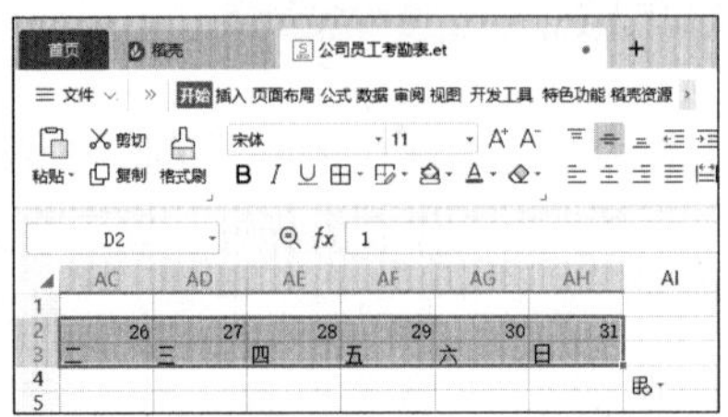

第 6 步 如果输入以数字 0 开头的数字串，WPS 表格将自动省略 0。如果要显示输入的全部内容，可以先输入英文标点中的单引号（'），再输入以 0 开头的数字串，如下图所示。

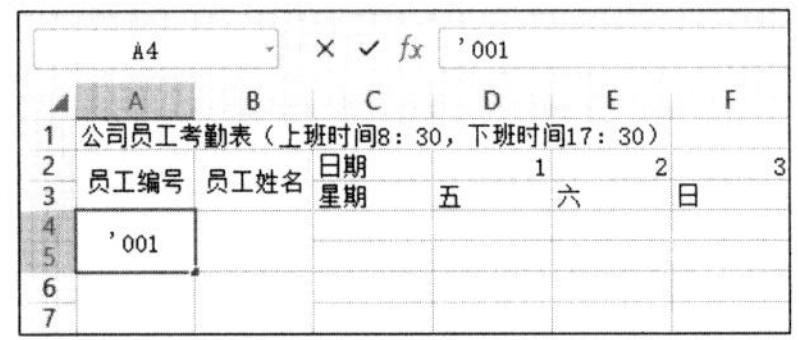

第 7 步 按【Enter】键即可完成输入，然后向下填充至“020”，如下图所示。

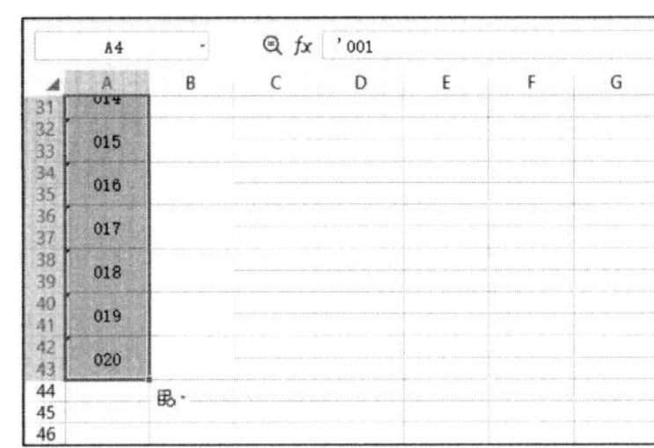

第 8 步 在 B 列中输入姓名，在 C 列中输入“上午”“下午”，并向下进行填充，然后合并 A1:AH1 单元格区域，效果如下图所示。

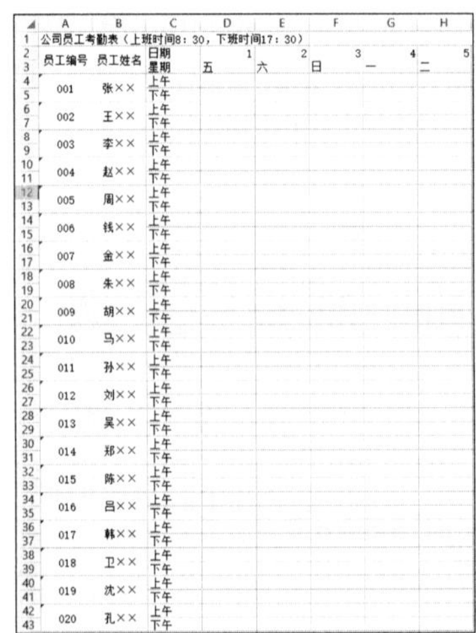

11.1.4 调整行高和列宽

在考勤表中，如果单元格的宽度或高度不足，会导致数据显示不完整，这时就需要调整行高和列宽，使考勤表的布局更加合理、美观。

第 1 步 将鼠标指针移动到第 1 行与第 2 行的行号之间，当指针变成✢形状时，按住鼠标左键并向上拖曳可使第 1 行的行高变小，向下拖曳可使行高变大，如下图所示。

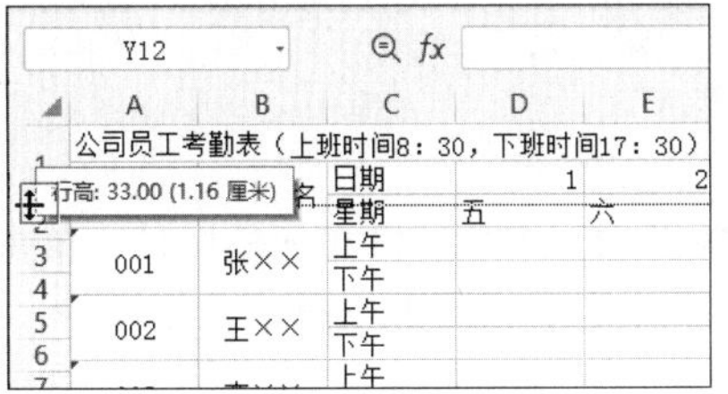

第 2 步 向下拖曳到合适的位置时，释放鼠标左键，即可增大行高，如下图所示。

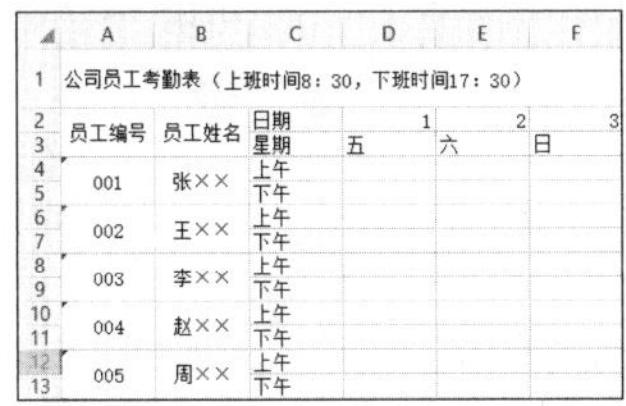

第 3 步 选择 D 列至 AH 列，单击【开始】选项卡下的【行和列】按钮，在弹出的下拉列表中选择【最适合的列宽】选项，如下图所示。

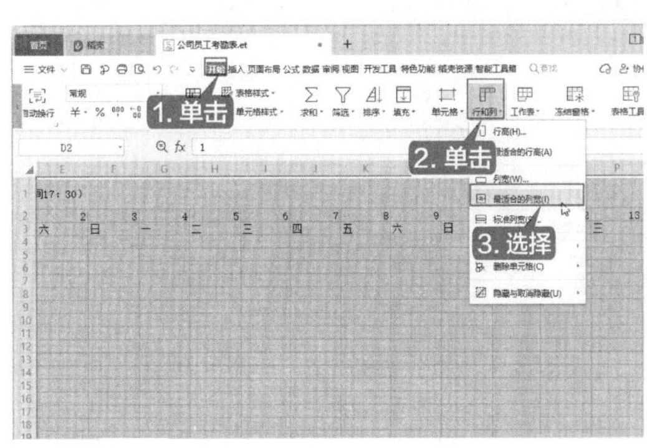

第 4 步 即可根据单元格内容自动调整列宽，效果如下图所示。

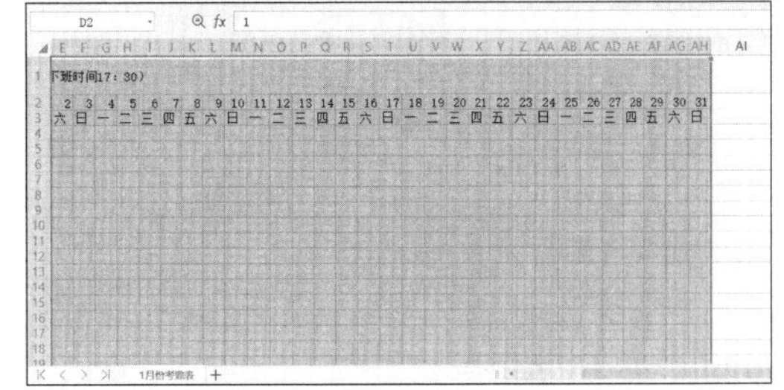

11.1.5 文本段落的格式

在表格中设置字体格式、对齐方式、边框和背景等，可以美化考勤表的外观。

第 1 步 选择 A1 单元格，单击【开始】选项卡下【字体】右侧的下拉按钮，在弹出的下拉列表中选择“微软雅黑”选项，如下图所示。

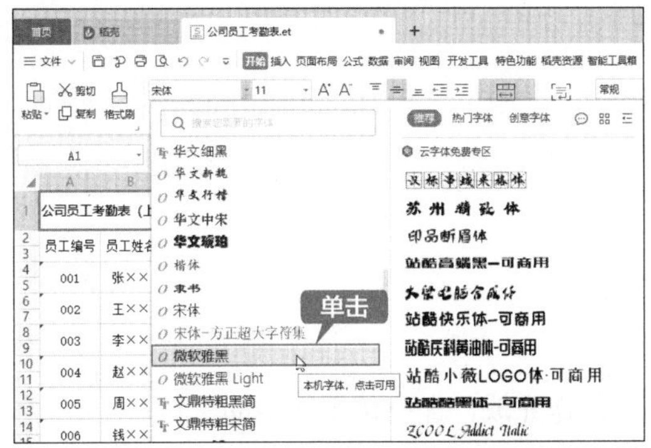

第 2 步 设置字号为“18”，然后双击 A1 单元格进入编辑状态，选中单元格中的“（上班时间 8:30，下班时间 17:30）”文本，设置颜色为“红色”，字号为“12”，效果如下图所示。

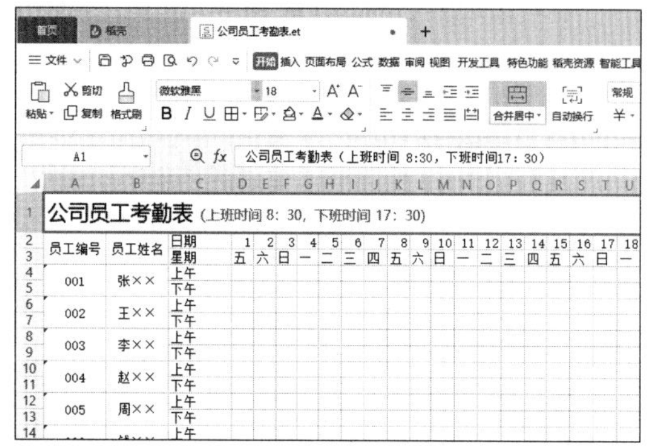

第 3 步 选择第 2 行和第 3 行，设置字体为“微软雅黑”，字号为“12”，如下图所示。

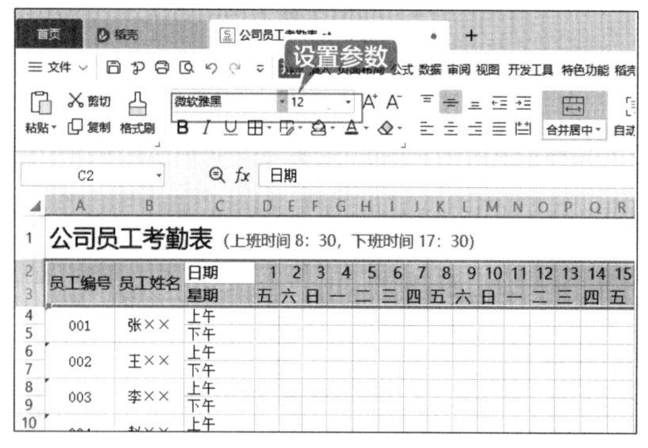

第 4 步 选择第 4~43 行，设置字体为“仿宋”，字号为“11”，如下图所示。

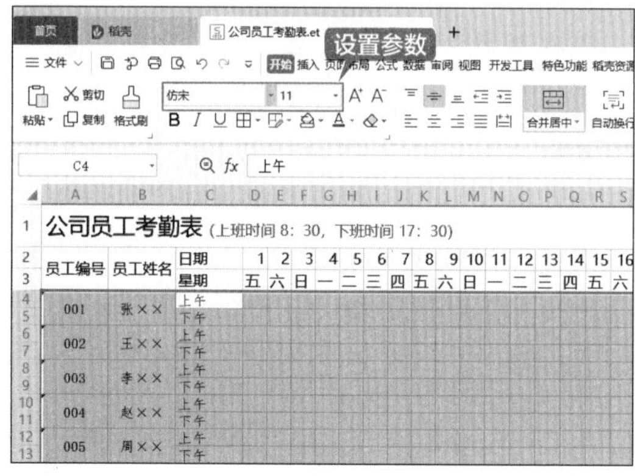

第 5 步 选择 A1:AH43 单元格区域，单击【开始】选项卡下的【水平居中】按钮三，如下图所示。

第 6 步 考勤表中的数据会全部居中显示，效果如下图所示。

至此，公司员工考勤表制作完成，保存该工作簿即可。

11.2 表格美化——美化《公司客户信息管理表》

工作表的管理和美化是制作表格的一个重要环节。通过对表格格式进行设置，可以使表格的框线、底纹以不同的形式表现出来。本节以美化公司客户信息管理表为例，介绍美化表格的相关操作。

本节素材结果文件		
	素材	素材 \ch11\ 客户表 .et
	结果	结果 \ch11\ 公司客户信息管理表 .et

11.2.1 设置标题的艺术字效果

在美化公司客户信息管理表时，首先要设置表格的标题，利用艺术字对表格标题进行设计与美化。

第 1 步 新建一个工作簿，将工作簿保存为“公司客户信息管理表 .et”，如下图所示。

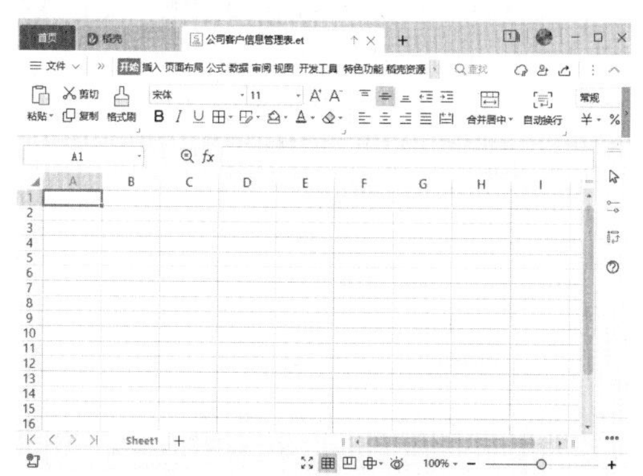

第 2 步 单击【插入】选项卡下的【艺术字】按钮，在弹出的预设样式列表中，选择需要设置的样式，如下图所示。

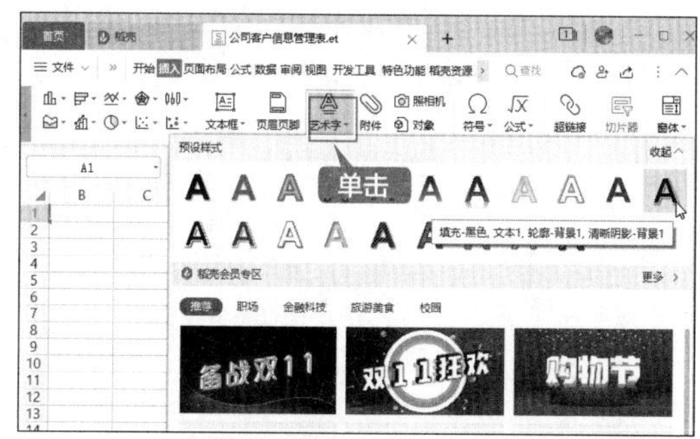

第 3 步 插入艺术字后，在艺术字文本框中输入“公司客户信息管理表”，如下图所示。

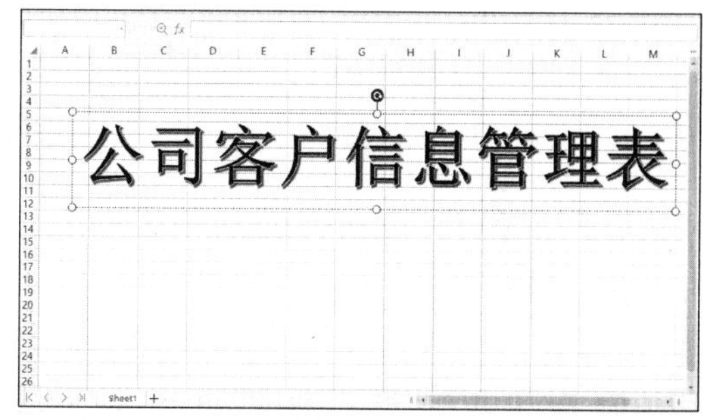

第 4 步 合并 A1:L1 单元格区域，设置艺术字的字体、字号，并调整文本框的位置至合并后的单元格区域中，然后将文本的对齐方式设置为“垂直居中”和“水平居中”，效果如下图所示。

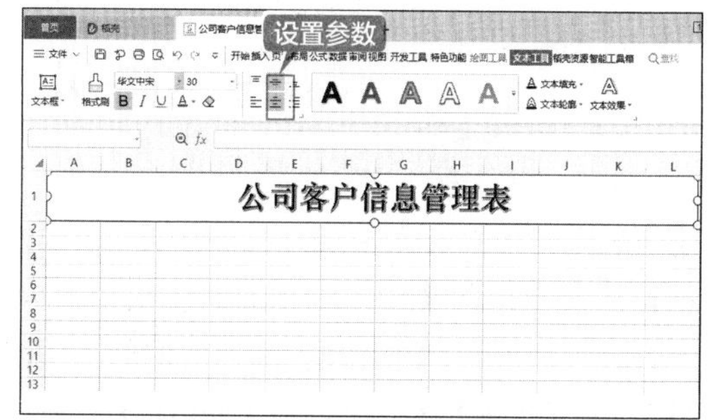

11.2.2 输入内容并添加边框

在表格中，单元格四周的灰色网格线默认是不会被打印出来的。为了使表格更加规范、美观，可以为表格设置边框。通过对话框设置边框的具体操作步骤如下。

第1步 打开素材文件，将素材文件中的数据复制到“公司客户信息管理表”工作簿中，如下图所示。

第2步 根据文本内容，调整行高和列宽，并设置段落对齐方式为“居中”，效果如下图所示。

第3步 选中要添加边框的单元格区域A2:L23，单击【开始】选项卡下【字体】组右下角的【字体设置】对话框按钮 ⌟，如下图所示。

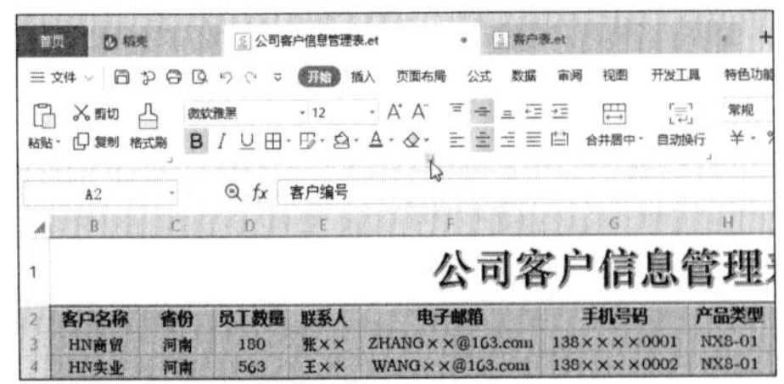

第4步 弹出【单元格格式】对话框，选择【边框】选项卡，在【线条】样式列表框中选择一种样式，然后在【颜色】下拉列表中选择“黑色”，在【预置】区域中单击【外边框】图标，如下图所示。

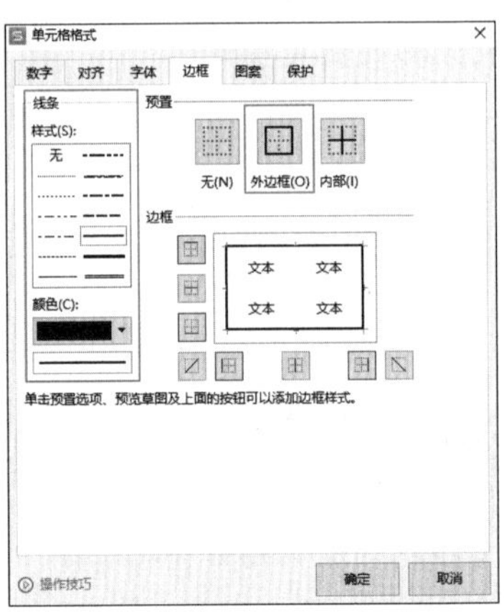

第5步 在【线条】样式列表框中选择另一种样式，然后在【颜色】下拉列表中选择“黑色”，在【预置】区域中单击【内部】图标，单击【确定】按钮，如下图所示。

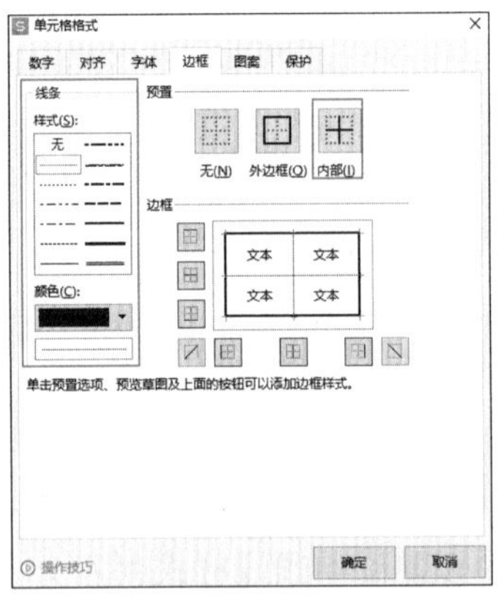

第6步 添加边框后，效果如下图所示。

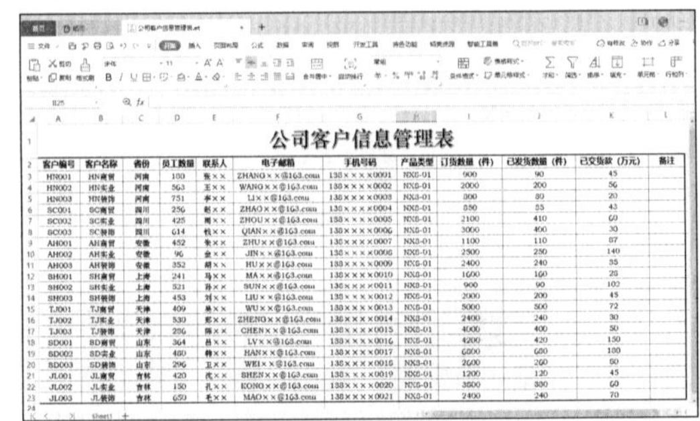

11.2.3 插入公司 Logo

在工作表中插入图片可以使工作表更美观。下面以插入公司 Logo 为例，介绍插入图片的方法，具体操作步骤如下。

第 1 步 单击【插入】选项卡下的【图片】按钮，在弹出的列表中选择【浮动图片】选项，然后单击【本地图片】按钮，如下图所示。

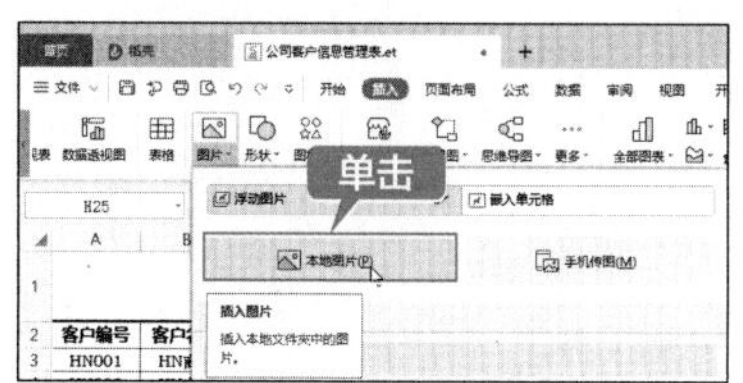

第 2 步 弹出【插入图片】对话框，打开素材图片存储的位置，并选择要插入的公司 Logo 图片，单击【打开】按钮，如下图所示。

第 3 步 即可将选择的图片插入到工作表中，如下图所示。

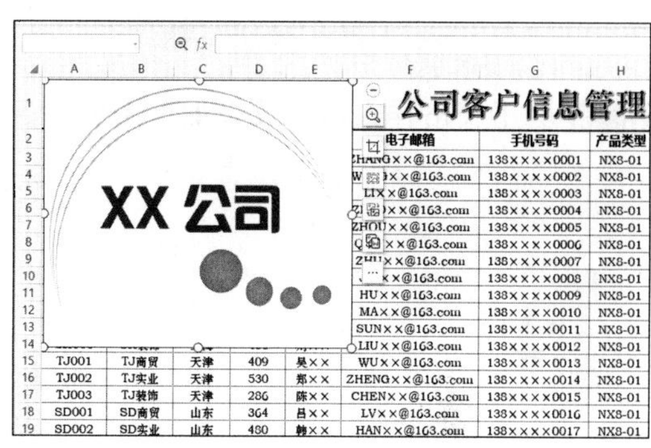

第 4 步 调整图片的大小和位置，效果如下图所示。

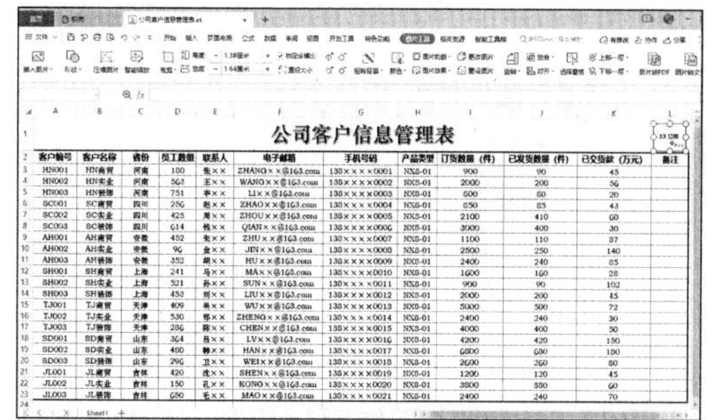

11.2.4 套用表格样式

WPS 表格中预置有多种表格样式，分为浅色系、中色系和深色系 3 组，用户可以直接套用这些预置的样式，以提高工作效率。

第 1 步 选择 A2:L23 单元格区域，单击【开始】选项卡下的【表格样式】按钮，在弹出的列表中单击【中色系】选项，并选择一种表格样式，如下图所示。

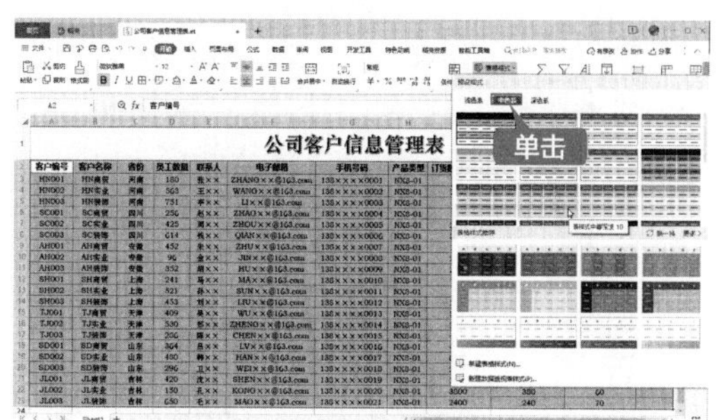

第 2 步 弹出【套用表格样式】对话框，单击【确定】按钮，如下图所示。

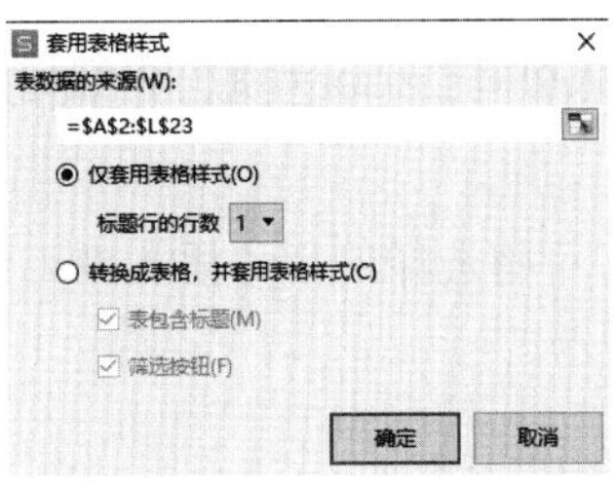

第 3 步 套用表格样式后的效果如下图所示。

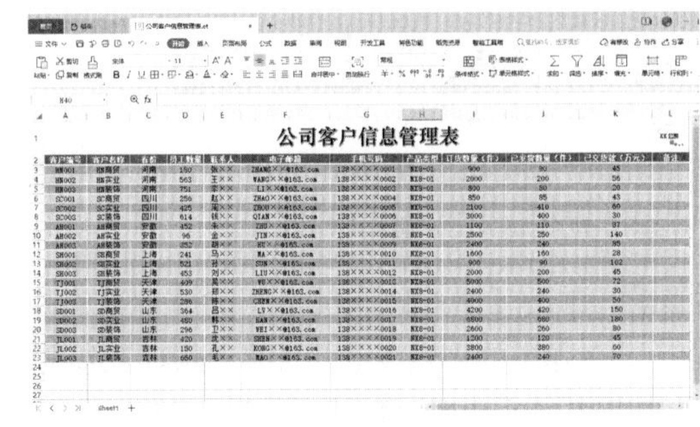

举一反三

排版《装修预算表》

与公司客户信息管理表类似的工作表还有装修预算表、人事变更表、采购表、期末成绩表等。制作和美化这类表格时，都要做到主题鲜明、制作规范、重点突出，便于公司更好地管理内部信息。下面介绍装修预算表的制作方法，具体操作步骤如下。

本节素材结果文件		
	素材	素材 \ch11\ 预算表 .et
	结果	结果 \ch11\ 装修预算表 .et

1. 创建空白工作簿

新建空白工作簿，保存并命名为“装修预算表 .et”。打开“素材 \ch11\ 预算表 .et”文件，复制其中的内容并粘贴至“装修预算表”工作簿中，如下图所示。

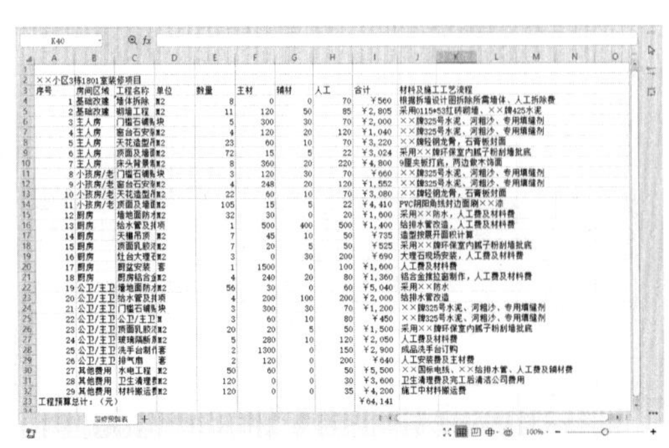

2. 编辑装修预算表

输入标题并设置为艺术字效果，根据需要调整表格正文的字体及字号，并设置表格行高与列宽，如下图所示。

3. 设置条件格式

在装修预算表中设置条件格式，突出人工费用数值高于平均值的单元格，以及使用数据条显示成本合计数据，如下图所示。

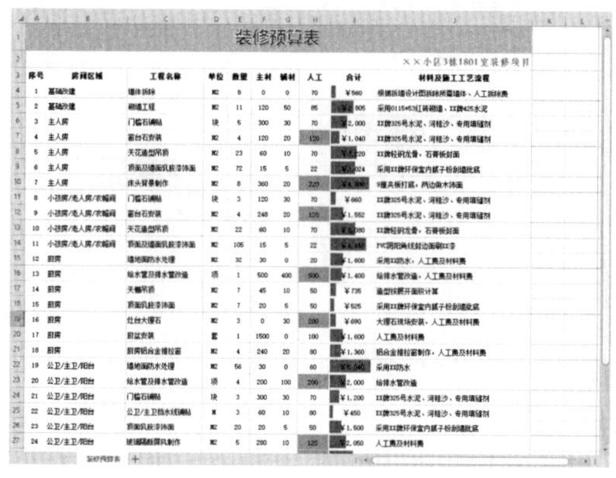

装修预算表

××小区3栋1801室装修项目

序号	房间区域	工程名称	单位	数量	主材	辅材	人工	合计	材料及施工工艺流程
1	基础改建	墙体拆除	M2	8	0	0	70	¥560	根据拆墙设计图拆除所需墙体、人工拆除费
2	基础改建	砌墙工程	M2	11	120	50	85	¥2,805	采用0115*53红砖砌墙、XX牌425水泥
3	主人房	门槛石铺贴	块	5	300	30	70	¥2,000	XX牌325号水泥、河粗沙、专用填缝剂
4	主人房	窗台石安装	M2	4	120	20	120	¥1,040	XX牌325号水泥、河粗沙、专用填缝剂
5	主人房	天花造型吊顶	M2	23	60	10	70	[illegible]	XX牌轻钢龙骨，石膏板封面
6	主人房	顶面及墙面乳胶漆饰面	M2	72	15	5	22	[illegible]	采用XX牌环保室内腻子粉刮墙批底
7	主人房	床头背景制作	M2	8	360	20	220	[illegible]	9厘夹板打底，两边做木饰面
8	小孩房/老人房/衣帽间	门槛石铺贴	块	3	120	30	70	¥660	XX牌325号水泥、河粗沙、专用填缝剂
9	小孩房/老人房/衣帽间	窗台石安装	M2	4	248	20	120	¥1,552	XX牌325号水泥、河粗沙、专用填缝剂
10	小孩房/老人房/衣帽间	天花造型吊顶	M2	22	60	10	70	[illegible]	XX牌轻钢龙骨，石膏板封面
11	小孩房/老人房/衣帽间	顶面及墙面乳胶漆饰面	M2	105	15	5	22	[illegible]	PVC阴阳角线封边面刷XX漆
12	厨房	墙地面防水处理	M2	32	30	0	20	¥1,600	采用XX防水，人工费及材料费
13	厨房	给水管及排水管改造	项	1	500	400	500	¥1,400	给排水管改造，人工费及材料费
14	厨房	天棚吊顶	M2	7	45	10	50	¥735	造型按展开面积计算
15	厨房	顶面乳胶漆饰面	M2	7	20	5	50	¥525	采用XX牌环保室内腻子粉刮墙批底
16	厨房	灶台大理石	M2	3	0	30	200	¥690	大理石现场安装，人工费及材料费
17	厨房	厨盆安装	套	1	1500	0	100	¥1,600	人工费及材料费
18	厨房	厨房铝合金推拉窗	M2	4	240	20	80	¥1,360	铝合金推拉窗制作，人工费及材料费
19	公卫/主卫/阳台	墙地面防水处理	M2	56	30	0	60	[illegible]	采用XX防水
20	公卫/主卫/阳台	给水管及排水管改造	项	4	200	100	200	¥2,000	给排水管改造
21	公卫/主卫/阳台	门槛石铺贴	块	3	300	30	70	¥1,200	XX牌325号水泥、河粗沙、专用填缝剂
22	公卫/主卫/阳台	公卫/主卫挡水线铺贴	M	3	60	10	80	¥450	XX牌325号水泥、河粗沙、专用填缝剂
23	公卫/主卫/阳台	顶面乳胶漆饰面	M2	20	20	5	50	¥1,500	采用XX牌环保室内腻子粉刮墙批底
24	公卫/主卫/阳台	玻璃隔断屏风制作	M2	5	280	10	120	¥2,050	人工费及材料费

4. 应用样式和主题

在装修预算表中根据需要套用表格样式和主题，对装修预算表进行美化，样式和主题的选择以清晰、易读为标准，让表格看起来更加美观，如下图所示。

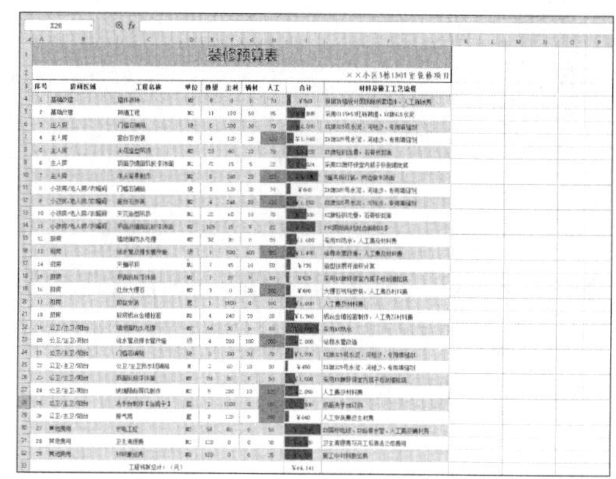

◇ 使用【Ctrl+Enter】组合键批量输入相同数据

在表格中，如果要输入大量相同的数据，除了使用填充功能外，还可以使用快捷键，一键快速录入多个单元格。

第1步 在表格中，按住【Ctrl】键选择要输入数据的单元格，并在任意单元格中输入数据，如下图所示。

B8 × ✓ fx WPS Office

	A	B	C	D	E	F	G
1							
2							
3							
4							
5							
6							
7							
8		WPS office					
9							
10							
11							
12							
13							

第2步 按【Ctrl+Enter】组合键，即可在所选单元格中输入同一数据，如下图所示。

B8 fx WPS Office

	A	B	C	D	E	F
1	WPS Office					
2			WPS Office			
3						
4	WPS Office		WPS Office			
5		WPS Office				
6						
7						
8		WPS Offi	WPS Office			
9						
10						
11						

◇ 删除表格中的空行

如果表格中含有多余的空行，逐个删除会比较麻烦。此时用户可以采用下述方法，快速删除表格中的空行。

第 1 步 打开“素材\ch11\删除空行.et”工作簿，选择 A 列，如下图所示。

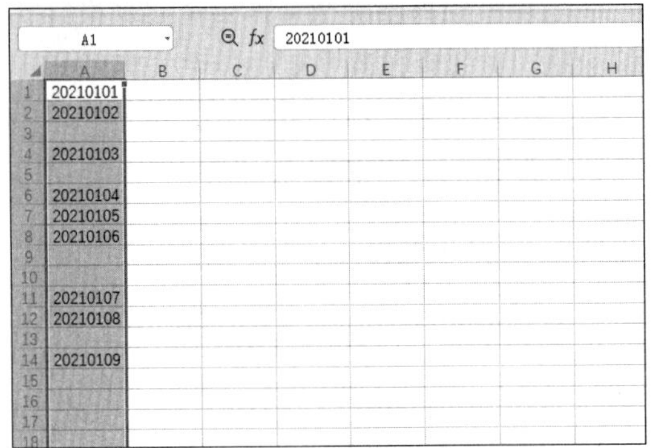

第 2 步 按【Ctrl+G】组合键，弹出【定位】对话框，选择【空值】单选选项，单击【定位】按钮，如下图所示。

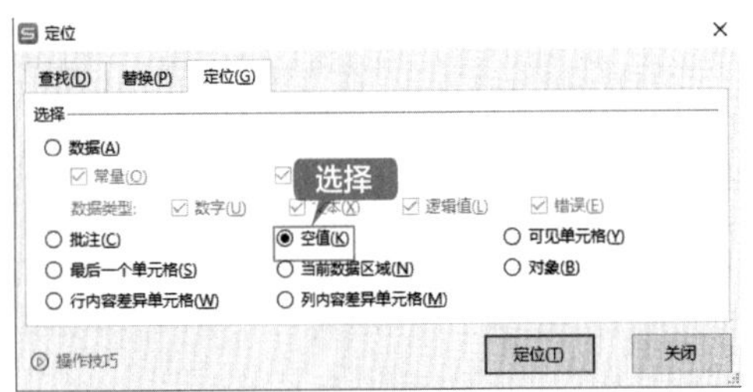

第 3 步 即可看到空白单元格被选中。右击选中的单元格，在弹出的快捷菜单中，选择【删除】→【整行】命令，如下图所示。

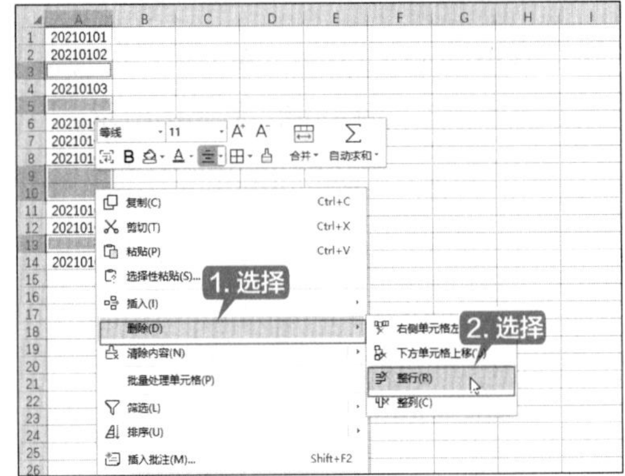

第 4 步 空行即被删除，效果如下图所示。

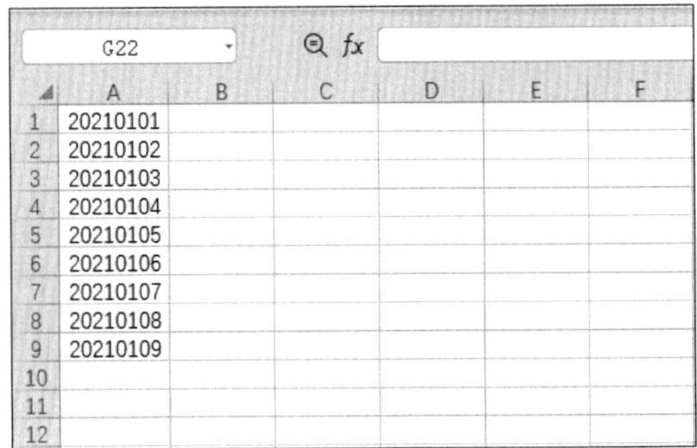

第 12 章

数据分析——数据的计算和分析

本章导读

使用 WPS 表格可以对表格中的数据进行计算和分析，如使用公式与函数，可以快速计算表格中的数据；使用图表可以清晰地展示出数据的情况；使用排序功能可以将表格中的数据按照特定的规则排序；使用筛选功能可以将满足条件的数据单独显示等。本章主要介绍在表格中对数据的计算和分析。

思维导图

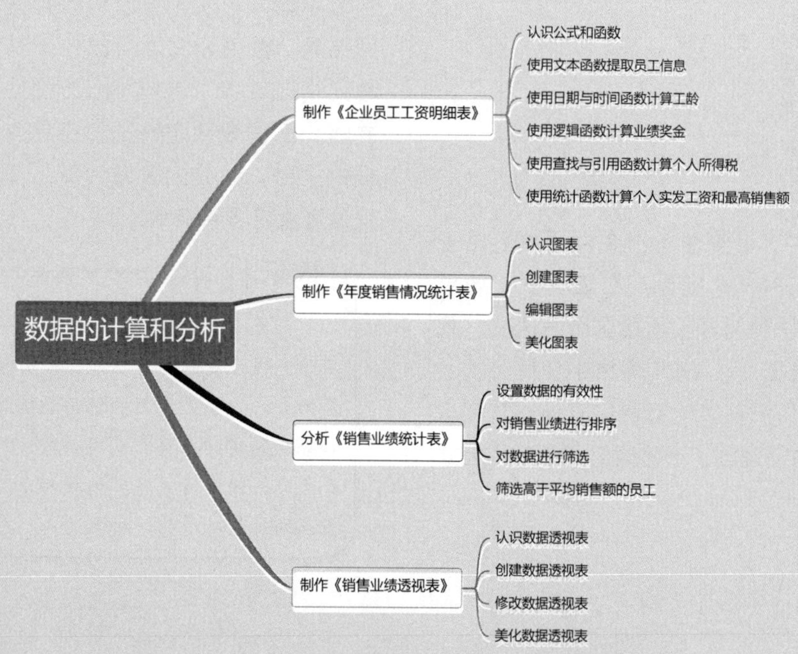

12.1 函数应用——制作《企业员工工资明细表》

公式和函数是 WPS 表格的重要组成部分，有着强大的计算能力，为用户分析和计算表格中的数据提供了很大的便利。使用公式和函数可以节省处理数据的时间，降低在处理大量数据时出错的概率。本节通过制作企业员工工资明细表介绍公式的输入和使用。

本节素材结果文件

	素材	素材 \ch12\ 企业员工工资明细表 .et
	结果	结果 \ch12\ 企业员工工资明细表 .et

12.1.1 认识公式和函数

在表格中，使用公式和函数是数据计算的重要方式，它可以使各类数据处理工作变得更加方便。在使用公式和函数计算之前，首先介绍它们的基本概念。

1. 认识公式

在如下图所示的案例中，要计算总支出金额，只需将各项支出金额相加即可。如果通过手动计算，或使用计算器计算，在面对大量数据时效率是非常低的，也无法保证数据的准确性。

	A	B	C	D
1	支出项目	支出金额		
2	水电费	￥ 139.65		
3	燃气费	￥ 72.63		
4	物业费	￥ 102.00		
5				
6	总支出			
7				
8				

在表格中，计算总支出金额用单元格表示为 B2+B3+B4，这就是一个表达式，如果使用等号“=”作为开头连接这个表达式，就形成了一个公式。在 WPS 表格中使用公式必须以等号“=”开头，后面紧接着操作数和运算符。为了方便理解，下面给出几个应用公式的例子。

=2020+1

=SUM（A1:A9）

= 现金收入 － 支出

上面的例子体现了公式的语法，即公式以等号“=”开头，后面紧接着操作数和运算符，操作数可以是常数、单元格引用、单元格名称或工作表函数等。

公式使用数学运算符来处理数值、文本、工作表函数及其他函数，在单元格或单元格区域中输入公式，可以对数据进行计算并返回结果。数值和文本可以位于其他单元格或单元格区域中，这样可以方便地更改数据，并赋予工作表动态特征。在更改工作表中数据的同时，让公式来做计算工作，用户可以快速地查看多种结果。

提示

函数是 WPS 表格中内置的一段程序，用于完成预定的计算功能，或者说是一种内置的公式。公式是用户根据数据统计、处理和分析的实际需要，利用函数、引用、常量等参数，通过运算符号连接起来，完成用户需求的计算功能的一种表达式。

输入公式时单元格中的数据由以下几个元素组成。

（1）运算符，如“+”（相加）或“*”（相乘）。

（2）单元格引用（包含了定义名称的单元格和区域）。

（3）数值和文本。

（4）工作表函数（如 SUM 函数或 AVERAGE 函数）。

在单元格中输入公式后，单元格中会显示公式的计算结果。当选中单元格时，编辑栏中会显示公式。几个常见类型的公式如表 12-1 所示。

表 12-1 常见类型的公式及说明

公式	说明
=2021*0.5	公式只使用了数值，建议使用单元格与单元格相乘
=A1+A2	将 A1 和 A2 单元格中的值相加
=Income−Expenses	用单元格 Income（收入）的值减去单元格 Expenses（支出）的值
=SUM(A1:A12)	将 A1 至 A12 所有单元格中的值相加
=A1=C12	比较 A1 和 C12 单元格。如果相等，公式返回值为 TRUE；反之则为 FALSE

2. 认识函数

（1）函数的基本概念

表格中所提到的函数其实是一些预定义的公式，它们使用一些被称为参数的特定数值按特定的顺序或结构进行计算。每个函数描述都包括一个语法行，它是一种特殊的公式，所有的函数必须以等号“=”开始，必须按语法的特定顺序进行计算。

【插入函数】对话框为用户提供了一个使用半自动方式输入函数及其参数的方法。使用【插入函数】对话框可以保证正确的函数拼写，以及顺序正确的参数。

打开【插入函数】对话框常用的方法有以下 2 种。

① 在【公式】选项卡中，单击【函数库】组中的【插入函数】按钮 fx。

② 单击编辑栏中的【插入函数】按钮 fx。

【插入函数】对话框如下图所示。

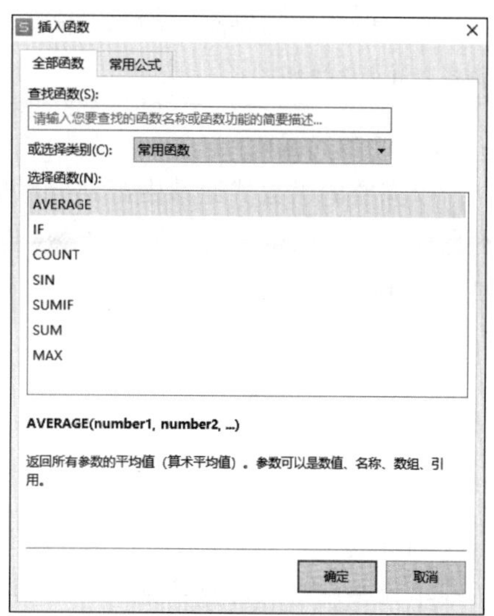

如果要使用内置函数，【插入函数】对话框中有一个函数类别下拉列表，从中选择一种类别，该类别中所有的函数就会出现在【选择函数】列表框中。

如果不确定需要哪一类函数，可以通过对话框顶部的【查找函数】文本框搜索相应的函数。输入要查找函数的名称或功能，即会自动显示相关函数列表。

选择函数后单击【确定】按钮，弹出【函数参数】对话框。通过【函数参数】对话框可以为函数设定参数，不同的函数有不同的参数。要使用单元格或区域引用作为参数，可以手动输入地址或单击参数选择框，选择单元格或区域。在设定所有的函数参数后，单击【确定】按钮即可，如下图所示。

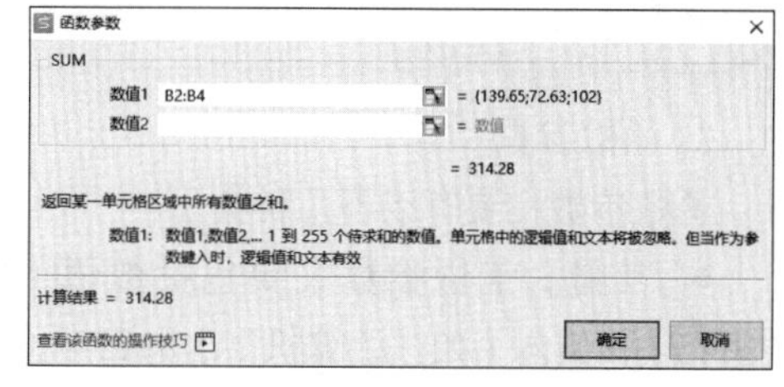

> **提示**
>
> 通过【插入函数】对话框可以向一个公式中插入函数，通过【函数参数】对话框可以修改公式中的参数。
>
> 如果在输入函数时改变了想法，可以单击【取消】按钮×。

（2）函数的组成

一个完整的函数式通常由 3 部分组成，分别是标识符、函数名称、函数参数，其格式如下图所示。

① 标识符

在单元格中输入计算函数时，必须先输入“=”，称为函数的标识符。

> **提示**
>
> 如果不输入“=”，通常输入的函数式将被作为文本处理，不返回运算结果。如果输入“+”或“－”，也可以返回函数式的结果，确认输入后，在函数式的前面会自动添加标识符“=”。

② 函数名称

函数标识符后面的英文是函数名称。

> **提示**
>
> 大多数函数名称是对应英文单词的缩写。有些函数名称是由多个英文单词（或缩写）组合而成的，例如，条件求和函数 SUMIF 是由求和函数 SUM 和条件函数 IF 组成的。

③ 函数参数

函数参数主要有以下几种类型。

- 常量。常量参数主要包括数值（如 123.45）、文本（如“计算机”）和日期（如 2019-1-1）等。
- 逻辑值。逻辑值参数主要包括逻辑真（TRUE）、逻辑假（FALSE）及逻辑判断表达式（例如，A3 单元格不为空表示为“A3<>()”）的结果等。
- 单元格引用。单元格引用参数主要包括单个单元格的引用和单元格区域的引用等。
- 名称。在工作簿文档各个工作表中自定义的名称，可以作为本工作簿内的函数参数直接引用。
- 其他函数式。用户可以用一个函数式的返回结果作为另一个函数式的参数。对于这种形式的函数式，通常称为函数嵌套。
- 数组参数。数组参数可以是一组常量（如 2、4、6），也可以是单元格区域的引用。

> **提示**
>
> 如果一个函数中涉及多个参数，可用英文逗号将每个参数隔开。

（3）函数的分类

WPS 表格中提供了类型丰富的内置函数，按照功能可以分为财务函数、日期与时间函数、数学与三角函数、统计函数、查找与引用函数、数据库函数、文本函数、逻辑函数、信息函数和工程函数 10 类。用户可以在【插入函数】对话框中查看这 10 类函数。

各类型函数的作用如表 12-2 所示。

表 12-2 函数的类型和作用

函数类型	作用
财务函数	进行一般的财务计算
日期与时间函数	可以分析和处理日期及时间
数学与三角函数	可以在工作表中进行简单的计算
统计函数	对数据区域进行统计分析
查找与引用函数	在数据清单中查找特定数据或查找一个单元格引用
数据库函数	分析数据清单中的数值是否符合特定条件
文本函数	在公式中处理字符串
逻辑函数	进行逻辑判断或复合检验
信息函数	确定存储在单元格中数据的类型
工程函数	用于工程分析

12.1.2 使用文本函数提取员工信息

员工信息是工资表中必不可少的一项信息，但在输入信息时逐个输入不仅浪费时间，还容易出现错误，文本函数则很擅长处理这种字符串类型的数据。使用文本函数可以快速准确地将员工信息输入工资表中，具体操作步骤如下。

第 1 步 打开素材文件，选择“工资表”工作表，在 B2 单元格中输入公式“=TEXT(员工基本信息 !A2,0)”，如下图所示。

MAX　fx =TEXT(员工基本信息!A2, 0)

	A	B	C	D	E
1	编号	员工编号	员工姓名	工龄	工龄工资
2	1	=TEXT(员工基本信息!A2,0)			
3	2				

提示

公式“=TEXT(员工基本信息 !A2,0)”用于显示“员工基本信息”工作表中 A2 单元格的“员工编号”。

第 2 步 按【Enter】键确认，即可将“员工基本信息”工作表中相应单元格的数据引用到 B2 单元格中，如下图所示。

B2　fx =TEXT(员工基本信息!A2, 0)

	A	B	C	D	E
1	编号	员工编号	员工姓名	工龄	工龄工资
2	1	101001			
3	2				
4	3				
5	4				
6	5				
7	6				

第 3 步 使用快速填充功能将公式填充到 B3:B11 单元格区域中，效果如下图所示。

B2　fx =TEXT(员工基本信息!A2, 0)

	A	B	C	D	E	F	G
1	编号	员工编号	员工姓名	工龄	工龄工资	应发工资	个人所得税
2	1	101001					
3	2	101002					
4	3	101003					
5	4	101004					
6	5	101005					
7	6	101006					
8	7	101007					
9	8	101008					
10	9	101009					
11	10	101010					
12							
13							

工资表　员工基本信息　销售奖金表　业绩奖金

第 4 步 在 C2 单元格中输入“=TEXT(员工基本信息 !B2,0)”，如下图所示。

MAX　fx =TEXT(员工基本信息!B2, 0)

	A	B	C	D	E
1	编号	员工编号	员工姓名	工龄	工龄工资
2	1	101001	=TEXT(员工基本信息!B2,0)		
3	2	101002			
4	3	101003			
5	4	101004			
6	5	101005			
7	6	101006			
8	7	101007			
9	8	101008			

提示

公式“=TEXT(员工基本信息 !B2,0)”用于显示“员工基本信息”工作表中 B2 单元格的“员工姓名”。

第 5 步 按【Enter】键确认，即可将员工姓名填充到 C2 单元格中，如下图所示。

C2　fx =TEXT(员工基本信息!B2, 0)

	A	B	C	D	E
1	编号	员工编号	员工姓名	工龄	工龄工资
2	1	101001	张××		
3	2	101002			
4	3	101003			
5	4	101004			
6	5	101005			
7	6	101006			
8	7	101007			

第 6 步 使用快速填充功能将公式填充到 C3:C11 单元格区域中，效果如下图所示。

C2　fx =TEXT(员工基本信息!B2, 0)

	A	B	C	D	E
1	编号	员工编号	员工姓名	工龄	工龄工资
2	1	101001	张××		
3	2	101002	王××		
4	3	101003	李××		
5	4	101004	赵××		
6	5	101005	钱××		
7	6	101006	孙××		
8	7	101007	李××		
9	8	101008	胡××		
10	9	101009	马××		
11	10	101010	刘××		

12.1.3 使用日期与时间函数计算工龄

员工工龄是计算员工工龄工资的依据。使用日期与时间函数可以准确地计算出员工工龄，根据工龄即可计算出工龄工资，具体操作步骤如下。

第1步 选择“工资表”工作表，在D2单元格中输入公式“=DATEDIF(员工基本信息!C2,TODAY(),"y")”，如下图所示。

MAX | =DATEDIF(员工基本信息!C2,TODAY(),"y")

	A	B	C	D	E	F
1	编号	员工编号	员工姓名	工龄	工龄工资	应发工资
2	1	101001	张××	C2,TODAY(), y")		
3	2	101002	王××			
4	3	101003	李××			
5	4	101004	赵××			
6	5	101005	钱××			
7	6	101006	孙××			
8	7	101007	李××			
9	8	101008	胡××			
10	9	101009	马××			

提示

DATEDIF函数用于计算两个日期间相差的年、月、日，其中计算方式“y”用于计算相差的整年数，不足一年不计入。

第2步 按【Enter】键确认，即可计算出员工工龄，使用快速填充功能快速计算出其他员工工龄，效果如下图所示。

D2 | =DATEDIF(员工基本信息!C2,TODAY(),"y")

	A	B	C	D	E	F
1	编号	员工编号	员工姓名	工龄	工龄工资	应发工资
2	1	101001	张××	13		
3	2	101002	王××	12		
4	3	101003	李××	12		
5	4	101004	赵××	10		
6	5	101005	钱××	10		
7	6	101006	孙××	8		
8	7	101007	李××	7		
9	8	101008	胡××	6		
10	9	101009	马××	6		
11	10	101010	刘××	5		

第3步 选中E2单元格，输入公式“=D2*100”，按【Enter】键，即可计算出对应员工的工龄工资，如下图所示。

E2 | =D2*100

	A	B	C	D	E	F
1	编号	员工编号	员工姓名	工龄	工龄工资	应发工资
2	1	101001	张××	13	¥1,300.0	
3	2	101002	王××	12		
4	3	101003	李××	12		
5	4	101004	赵××	10		
6	5	101005	钱××	10		
7	6	101006	孙××	8		
8	7	101007	李××	7		
9	8	101008	胡××	6		
10	9	101009	马××	6		
11	10	101010	刘××	5		

第4步 使用填充柄填充计算出其他员工的工龄工资，效果如下图所示。

E2 | =D2*100

	A	B	C	D	E	F
1	编号	员工编号	员工姓名	工龄	工龄工资	应发工资
2	1	101001	张××	13	¥1,300.0	
3	2	101002	王××	12	¥1,200.0	
4	3	101003	李××	12	¥1,200.0	
5	4	101004	赵××	10	¥1,000.0	
6	5	101005	钱××	10	¥1,000.0	
7	6	101006	孙××	8	¥800.0	
8	7	101007	李××	7	¥700.0	
9	8	101008	胡××	6	¥600.0	
10	9	101009	马××	6	¥600.0	
11	10	101010	刘××	5	¥500.0	

12.1.4 使用逻辑函数计算业绩奖金

业绩奖金是企业员工工资的一部分，根据员工的业绩划分为几个等级，每个等级的奖金比例不同。逻辑函数可以用来进行复合检验，因此很适合计算这种类型的数据，具体操作步骤如下。

第1步 切换至“销售奖金表”工作表，在D2单元格中输入公式“=HLOOKUP(C2,业绩奖金标准!$B$2:$F$3,2)”，按【Enter】键确认，即可得出奖金比例，如下图所示。

D2　=HLOOKUP(C2,业绩奖金标准!$B$2:$F$3,2)

员工编号	员工姓名	销售额	奖金比例	奖金
101001	张××	¥48,000.0	0.1	
101002	王××	¥38,000.0		
101003	李××	¥52,000.0		
101004	赵××	¥45,000.0		
101005	钱××	¥45,000.0		
101006	孙××	¥62,000.0		
101007	李××	¥30,000.0		
101008	胡××	¥34,000.0		
101009	马××	¥24,000.0		
101010	刘××	¥8,000.0		

提示

HLOOKUP 函数是表格中的横向查找函数，公式“=HLOOKUP(C2, 业绩奖金标准!$B$2:$F$3,2)”中第 3 个参数设置为“2”，表示以 C2 单元格中数据为进行查找的数值，在“业绩奖金标准！ $B$2:$F$3”区域中进行查找并返回第 2 行的值。

第 2 步 使用填充柄工具将公式填充至下方单元格中，效果如下图所示。

D2　=HLOOKUP(C2,业绩奖金标准!$B$2:$F$3,2)

员工编号	员工姓名	销售额	奖金比例	奖金
101001	张××	¥48,000.0	0.1	
101002	王××	¥38,000.0	0.07	
101003	李××	¥52,000.0	0.15	
101004	赵××	¥45,000.0	0.1	
101005	钱××	¥45,000.0	0.1	
101006	孙××	¥62,000.0	0.15	
101007	李××	¥30,000.0	0.07	
101008	胡××	¥34,000.0	0.07	
101009	马××	¥24,000.0	0.03	
101010	刘××	¥8,000.0	0	

第 3 步 选中 E2 单元格，在单元格中输入公式“=IF(C2<50000,C2*D2,C2*D2+500)”，按【Enter】键确认，即可计算出该员工的奖金金额，如下图所示。

E2　=IF(C2<50000,C2*D2,C2*D2+500)

员工编号	员工姓名	销售额	奖金比例	奖金
101001	张××	¥48,000.0	0.1	¥4,800.0
101002	王××	¥38,000.0	0.07	
101003	李××	¥52,000.0	0.15	
101004	赵××	¥45,000.0	0.1	
101005	钱××	¥45,000.0	0.1	
101006	孙××	¥62,000.0	0.15	
101007	李××	¥30,000.0	0.07	
101008	胡××	¥34,000.0	0.07	
101009	马××	¥24,000.0	0.03	
101010	刘××	¥8,000.0	0	

提示

单月销售额大于等于 50 000 元，则额外给予 500 元奖金。

第 4 步 使用快速填充功能计算其他员工奖金金额，效果如下图所示。

E2　=IF(C2<50000,C2*D2,C2*D2+500)

员工编号	员工姓名	销售额	奖金比例	奖金
101001	张××	¥48,000.0	0.1	¥4,800.0
101002	王××	¥38,000.0	0.07	¥2,660.0
101003	李××	¥52,000.0	0.15	¥8,300.0
101004	赵××	¥45,000.0	0.1	¥4,500.0
101005	钱××	¥45,000.0	0.1	¥4,500.0
101006	孙××	¥62,000.0	0.15	¥9,800.0
101007	李××	¥30,000.0	0.07	¥2,100.0
101008	胡××	¥34,000.0	0.07	¥2,380.0
101009	马××	¥24,000.0	0.03	¥720.0
101010	刘××	¥8,000.0	0	¥0.0

12.1.5 使用查找与引用函数计算个人所得税

个人所得税根据个人收入的不同实行阶梯形式的征收方式，因此直接计算比较复杂。在表格中，这类问题可以通过查找与引用函数来解决，具体操作步骤如下。

第 1 步 切换至“工资表”工作表，在 F2 单元格中输入公式“= 员工基本信息 !D2- 员工基本信息 !E2+ 工资表 !E2+ 销售奖金表 !E2”，按【Enter】键确认，计算员工应发工资。利用填充功能计算出其他员工应发工资，如下图所示。

F2　=员工基本信息!D2-员工基本信息!E2+工资表!E2+销售奖金表!E2

编号	员工编号	员工姓名	工龄	工龄工资	应发工资	个人所得税	实发工资
1	101001	张××	13	¥1,300.0	¥11,885.0		
2	101002	王××	12	¥1,200.0	¥9,022.0		
3	101003	李××	12	¥1,200.0	¥14,662.0		
4	101004	赵××	10	¥1,000.0	¥9,950.0		
5	101005	钱××	10	¥1,000.0	¥9,772.0		
6	101006	孙××	8	¥800.0	¥14,338.0		
7	101007	李××	7	¥700.0	¥6,360.0		
8	101008	胡××	6	¥600.0	¥6,362.0		
9	101009	马××	6	¥600.0	¥4,524.0		
10	101010	刘××	5	¥500.0	¥3,348.0		

工资表　员工基本信息　销售奖金表　业绩奖金

第 2 步 计算员工“张 ××”的个人所得税，在 G2 单元格中输入公式“=IF(F2<税率表 !E$2,0,LOOKUP(工资表 !F2-税率表 !E$2,税率表 !C$4:C$10,(工资表 !F2-税率表 !E$2)*税率表 !D$4:D$10-税率表 !E$4:E$10))”，按【Enter】键，即可得出员工“张 ××”应缴纳的个人所得税，如下图所示。

G2　=IF(F2<税率表!E$2,0,LOOKUP(工资表!F2-税率表!E$2,税率表!C$4:C$10,(工资表!F2-税率表!E$2)*税率表!D$4:D$10-税率表!E$4:E$10))

编号	员工编号	员工姓名	工龄	工龄工资	应发工资	个人所得税	实发工资
1	101001	张××	13	¥1,300.0	¥11,885.0	478.5	
2	101002	王××	12	¥1,200.0	¥9,022.0		
3	101003	李××	12	¥1,200.0	¥14,662.0		
4	101004	赵××	10	¥1,000.0	¥9,950.0		
5	101005	钱××	10	¥1,000.0	¥9,772.0		
6	101006	孙××	8	¥800.0	¥14,338.0		
7	101007	李××	7	¥700.0	¥6,360.0		
8	101008	胡××	6	¥600.0	¥6,362.0		
9	101009	马××	6	¥600.0	¥4,524.0		
10	101010	刘××	5	¥500.0	¥3,348.0		

> **提示**
>
> 通过 LOOKUP 函数根据税率表查找对应的个人所得税，使用 IF 函数可以返回高于起征点员工所缴纳的个人所得税。

第 3 步 使用快速填充功能填充下方单元格，计算出其他员工应缴纳的个人所得税，效果如下图所示。

编号	员工编号	员工姓名	工龄	工龄工资	应发工资	个人所得税	实发工资
1	101001	张××	13	¥1,300.0	¥11,885.0	478.5	
2	101002	王××	12	¥1,200.0	¥9,022.0	192.2	
3	101003	李××	12	¥1,200.0	¥14,662.0	756.2	
4	101004	赵××	10	¥1,000.0	¥9,950.0	285	
5	101005	钱××	10	¥1,000.0	¥9,772.0	267.2	
6	101006	孙××	8	¥800.0	¥14,338.0	723.8	
7	101007	李××	7	¥700.0	¥6,360.0	40.8	
8	101008	胡××	6	¥600.0	¥6,362.0	40.86	
9	101009	马××	6	¥600.0	¥4,524.0	0	
10	101010	刘××	5	¥500.0	¥3,348.0	0	

12.1.6 使用统计函数计算个人实发工资和最高销售额

统计函数作为专门进行统计分析的函数，可以很快地在工作表中统计相应的数据。

第 1 步 在 H2 单元格中输入公式“=F2-G2”，按【Enter】键确认，计算“张 ××”的实发工资，使用填充柄工具将公式填充至下方单元格，计算其他员工实发工资，效果如下图所示。

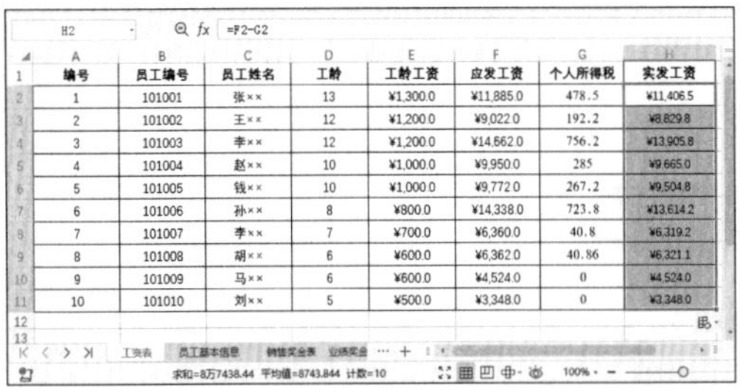

H2　=F2-G2

编号	员工编号	员工姓名	工龄	工龄工资	应发工资	个人所得税	实发工资
1	101001	张××	13	¥1,300.0	¥11,885.0	478.5	¥11,406.5
2	101002	王××	12	¥1,200.0	¥9,022.0	192.2	¥8,829.8
3	101003	李××	12	¥1,200.0	¥14,662.0	756.2	¥13,905.8
4	101004	赵××	10	¥1,000.0	¥9,950.0	285	¥9,665.0
5	101005	钱××	10	¥1,000.0	¥9,772.0	267.2	¥9,504.8
6	101006	孙××	8	¥800.0	¥14,338.0	723.8	¥13,614.2
7	101007	李××	7	¥700.0	¥6,360.0	40.8	¥6,319.2
8	101008	胡××	6	¥600.0	¥6,362.0	40.86	¥6,321.1
9	101009	马××	6	¥600.0	¥4,524.0	0	¥4,524.0
10	101010	刘××	5	¥500.0	¥3,348.0	0	¥3,348.0

求和=8万7438.44　平均值=8743.844　计数=10

第 2 步 选择“销售奖金表”工作表，选中 G3 单元格，单击编辑栏左侧的【插入函数】按钮 fx，如下图所示。

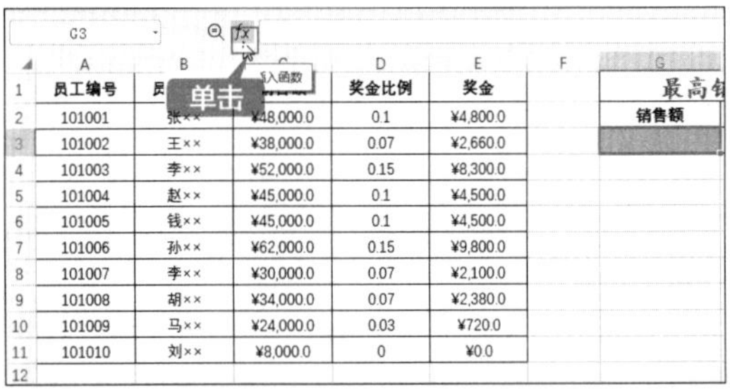

员工编号	员	[illegible]	奖金比例	奖金
101001	张××	¥48,000.0	0.1	¥4,800.0
101002	王××	¥38,000.0	0.07	¥2,660.0
101003	李××	¥52,000.0	0.15	¥8,300.0
101004	赵××	¥45,000.0	0.1	¥4,500.0
101005	钱××	¥45,000.0	0.1	¥4,500.0
101006	孙××	¥62,000.0	0.15	¥9,800.0
101007	李××	¥30,000.0	0.07	¥2,100.0
101008	胡××	¥34,000.0	0.07	¥2,380.0
101009	马××	¥24,000.0	0.03	¥720.0
101010	刘××	¥8,000.0	0	¥0.0

单击

第 3 步 弹出【插入函数】对话框，在【选择函数】列表框中选择 MAX 函数，单击【确定】按钮，如下图所示。

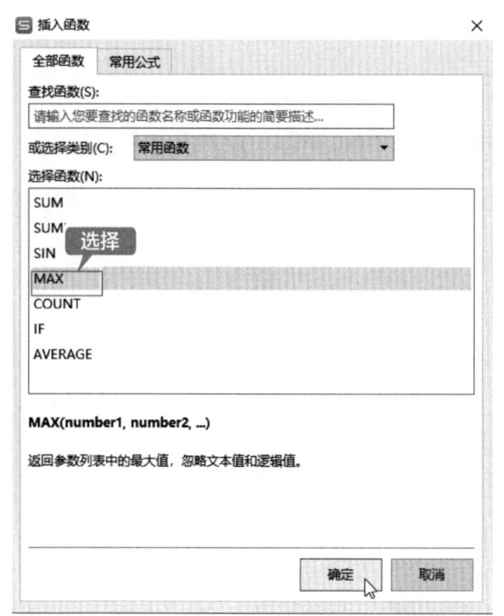

第 4 步 弹出【函数参数】对话框，在【数值 1】文本框中输入“销售额”，单击【确定】按钮，如下图所示。

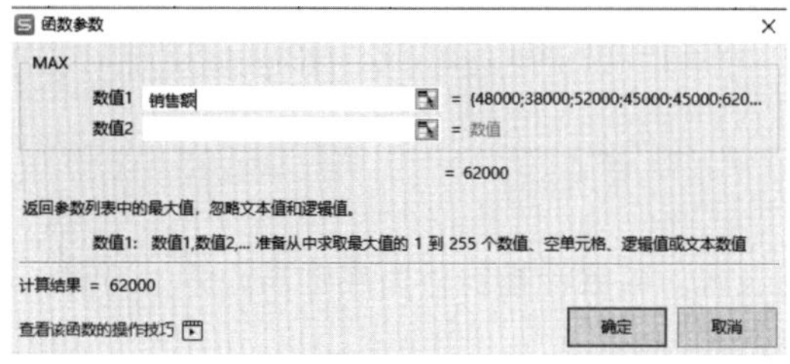

第 5 步 即可查找最高销售额并显示在 G3 单元格中，如下图所示。

G3 =MAX(销售额)

	C	D	E	F	G	H
1	销售额	奖金比例	奖金		最高销售业绩	
2	¥48,000.0	0.1	¥4,800.0		销售额	姓名
3	¥38,000.0	0.07	¥2,660.0		62000	
4	¥52,000.0	0.15	¥8,300.0			
5	¥45,000.0	0.1	¥4,500.0			
6	¥45,000.0	0.1	¥4,500.0			
7	¥62,000.0	0.15	¥9,800.0			
8	¥30,000.0	0.07	¥2,100.0			
9	¥34,000.0	0.07	¥2,380.0			
10	¥24,000.0	0.03	¥720.0			
11	¥8,000.0	0	¥0.0			
12						
13						
14						

第 6 步 在 H3 单元格中输入公式“=INDEX(B2:B11,MATCH(G3,C2:C11,))”，按【Enter】键，即可显示最高销售额对应的员工姓名，如下图所示。

H3 =INDEX(B2:B11,MATCH(G3,C2:C11,))

	C	D	E	F	G	H
1	销售额	奖金比例	奖金		最高销售业绩	
2	¥48,000.0	0.1	¥4,800.0		销售额	姓名
3	¥38,000.0	0.07	¥2,660.0		62000	孙××
4	¥52,000.0	0.15	¥8,300.0			
5	¥45,000.0	0.1	¥4,500.0			
6	¥45,000.0	0.1	¥4,500.0			
7	¥62,000.0	0.15	¥9,800.0			
8	¥30,000.0	0.07	¥2,100.0			
9	¥34,000.0	0.07	¥2,380.0			
10	¥24,000.0	0.03	¥720.0			
11	¥8,000.0	0	¥0.0			
12						
13						

提示

公式“=INDEX(B2:B11,MATCH(G3, C2: C11,))”的含义为将 G3 单元格的值与 C2:C11 单元格区域的值进行匹配，并返回 B2:B11 单元格区域中对应的值。

12.2 图表分析——制作《年度销售情况统计表》

图表作为一种比较形象、直观的表达形式，不仅可以直观地展示各种数据的大小，还可以展示数据增减变化的情况，以及部分数据与总数据之间的关系等信息。本章以制作年度销售情况统计表为例，介绍图表的使用。

本节素材结果文件		
	素材	素材 \ch12\2020 年年度销售情况统计表 .xlsx
	结果	结果 \ch12\2020 年年度销售情况统计表 .xlsx

12.2.1 认识图表

图表主要由图表区、绘图区、图表标题、数据标签、坐标轴、图例、数据表和背景组成。

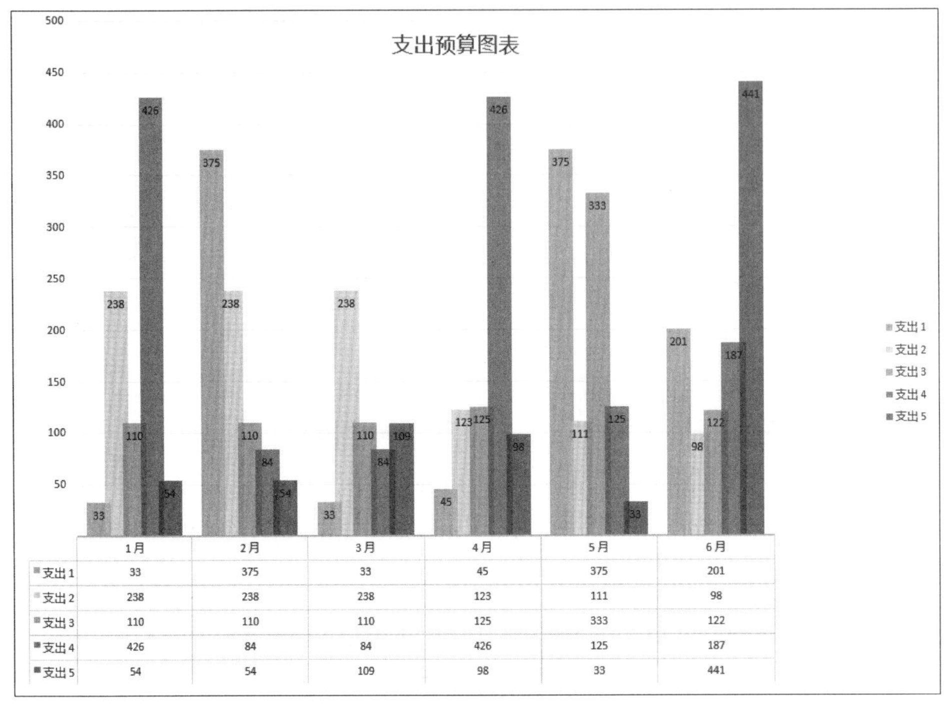

	1月	2月	3月	4月	5月	6月
支出 1	33	375	33	45	375	201
支出 2	238	238	238	123	111	98
支出 3	110	110	110	125	333	122
支出 4	426	84	84	426	125	187
支出 5	54	54	109	98	33	441

（1）图表区

图表中所有元素组成的区域称为图表区。在图表区，当鼠标指针停留在图表元素上方时，WPS 表格就会显示元素的名称，方便用户查看图表元素。

（2）绘图区

绘图区主要显示图表中的数据，数据随着工作表中数据的更新而同步更新。

（3）图表标题

创建图表后，图表中会自动添加标题文本框，只需在文本框中输入标题即可。

（4）数据标签

图表中绘制的相关数据点的数据来自数据的行和列。如果要快速标识图表中的数据，可以为图表的数据添加数据标签，在数据标签中可以显示系列名称、类别名称和百分比。

（5）坐标轴

默认情况下，WPS 表格会自动确定图表中坐标轴的刻度，用户也可以自定义刻度，以满足使用需要。当在图表中绘制的数据相差较大时，可以将垂直坐标轴改为对数刻度。

（6）图例

图例用方框表示，用于标识图表中的数据系列对应的颜色或图案。创建图表后，图例以默认的颜色显示图表中的数据系列，用户可以根据需要进行修改。

（7）数据表

数据表是反映图表中源数据的表格，默认的图表中一般不显示数据表。单击【图表工具】选项卡下【图表布局】组中的【添加元素】按钮，在弹出的下拉列表中选择【数据表】选项，在其子菜单中选择相应的选项，即可显示数据表。

（8）背景

背景主要用于衬托图表，可以使图表更加美观。

12.2.2 创建图表

下面介绍创建图表的具体操作步骤。

第 1 步 打开素材文件，选中 A2:M7 单元格区域，单击【插入】选项卡下的【插入柱形图】按钮，在弹出的下拉列表中选择【二维柱形图】区域中的【簇状柱形图】选项，如下图所示。

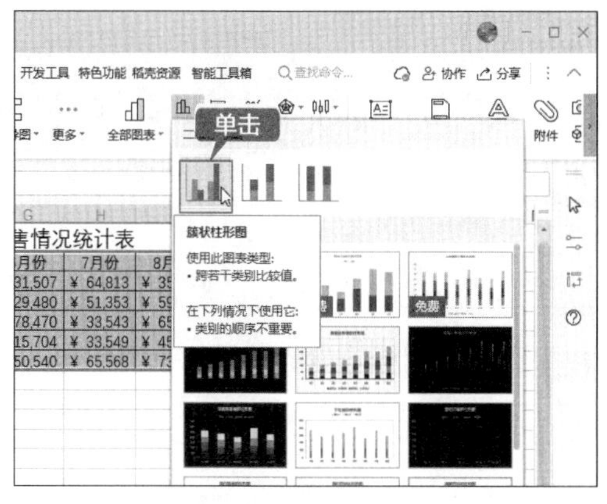

提示

也可以单击【全部图表】按钮，打开【插入图表】对话框，选择图表的类型，并插入图表。

第 2 步 即可在该工作表中生成一个柱形图表，如下图所示。

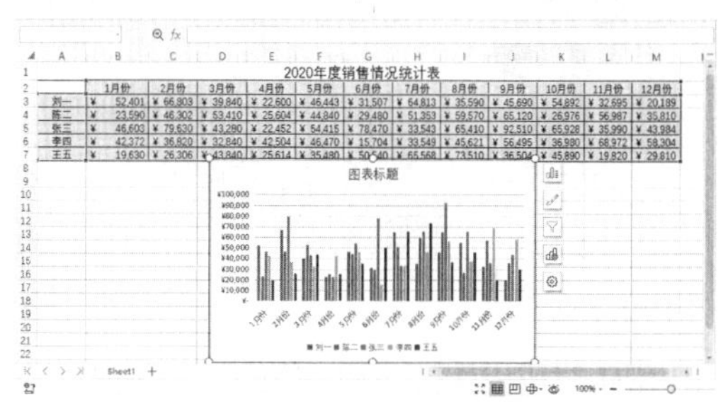

12.2.3 编辑图表

创建图表后，用户可以根据需要对图表进行编辑和修改，具体操作步骤如下。

第 1 步 调整图表大小。选中创建的图表，单击控制点并拖曳鼠标调整图表的大小，如下图所示。

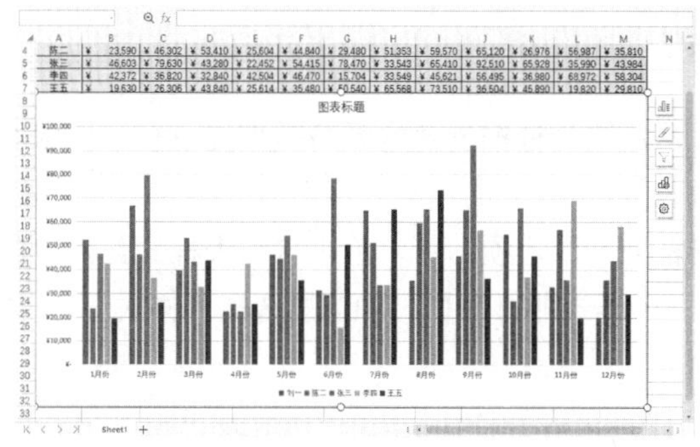

第 2 步 添加图表标题。在图表标题文本框中输入图表标题“2020 年年度销售情况统计图表”，如下图所示。

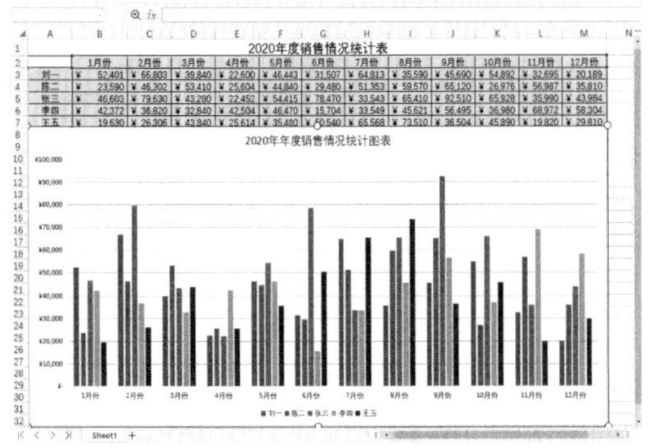

第 3 步 修改图表布局。单击【图表工具】选项卡下的【快速布局】按钮，在弹出的列表中选择一种布局样式，如下图所示。

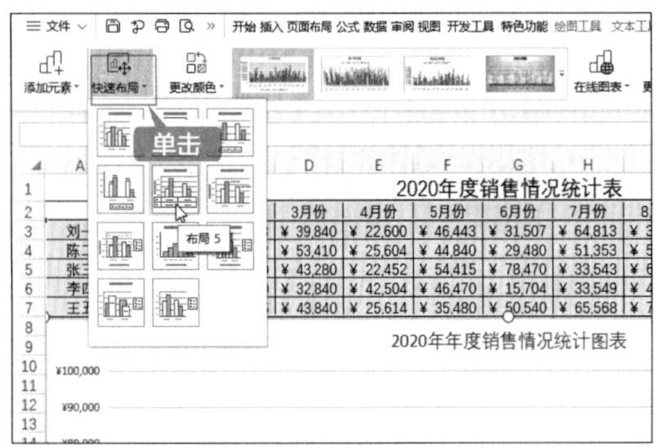

第 4 步 即可修改图表布局，然后命名坐标轴标题，效果如下图所示。

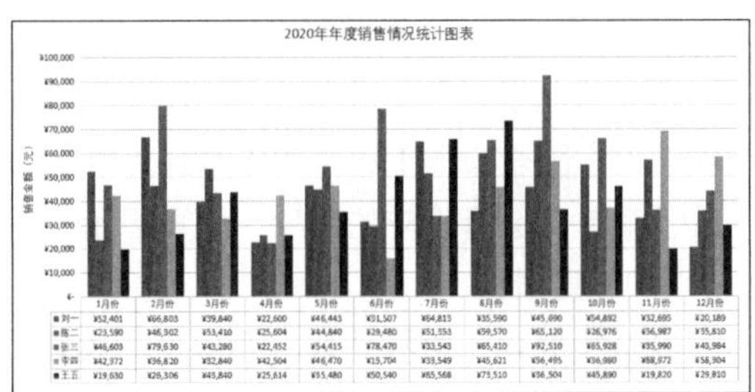

第 5 步 选择要添加数据标签的数据系列，如选择“张三”数据系列，单击【图表工具】选项卡下的【添加元素】按钮，在弹出的列表中选择【数据标签】→【数据标签外】选项，如下图所示。

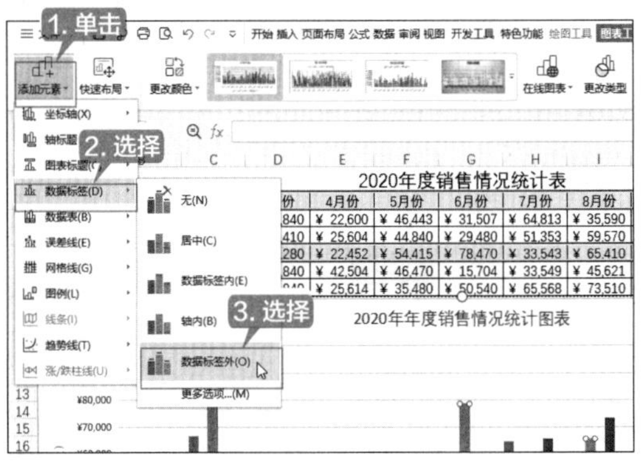

第 6 步 添加数据标签后的效果如下图所示。

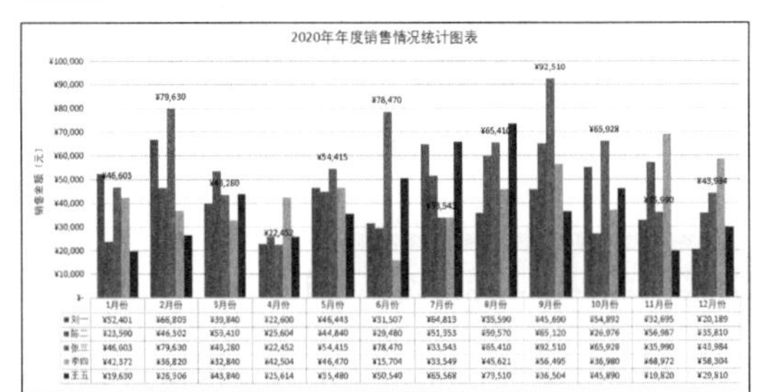

12.2.4 美化图表

在表格中创建图表后，系统会根据创建的图表类型提供多种图表样式，对图表起到美化的作用。

第 1 步 选中图表，在【图表工具】选项卡下，单击【图表样式】右侧的下拉按钮，在弹出的图表样式列表中，单击任意一个样式即可套用，如这里选择“样式 7”，如下图所示。

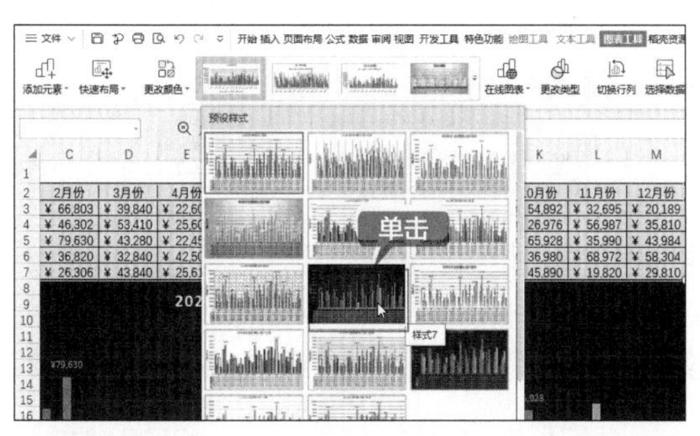

第 2 步 即可应用图表样式，效果如下图所示。

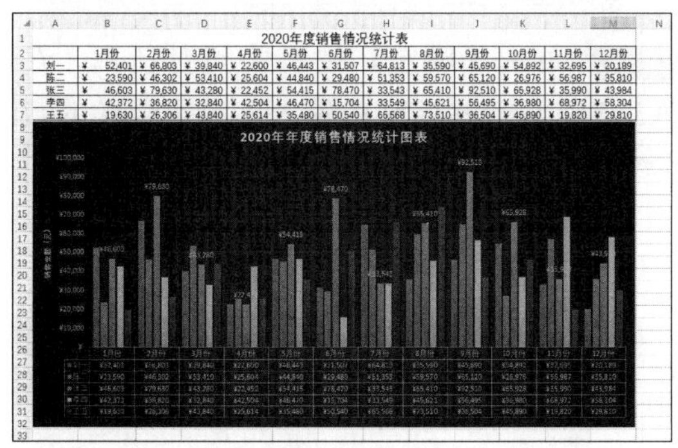

第 3 步 单击【更改颜色】按钮，在弹出的颜色列表中，可以为数据系列应用不同的颜色，如下图所示。

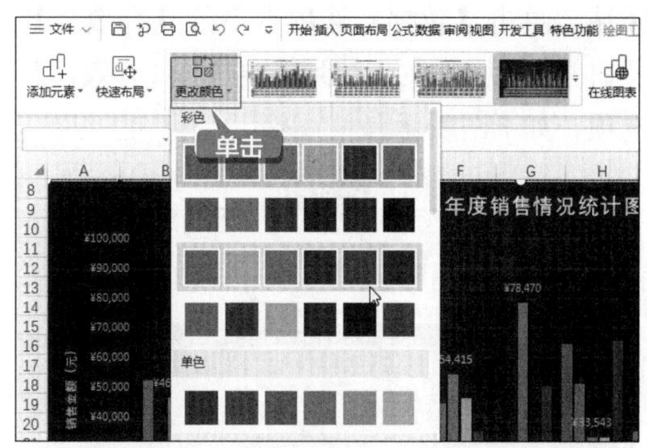

第 4 步 图表的最终效果如下图所示。

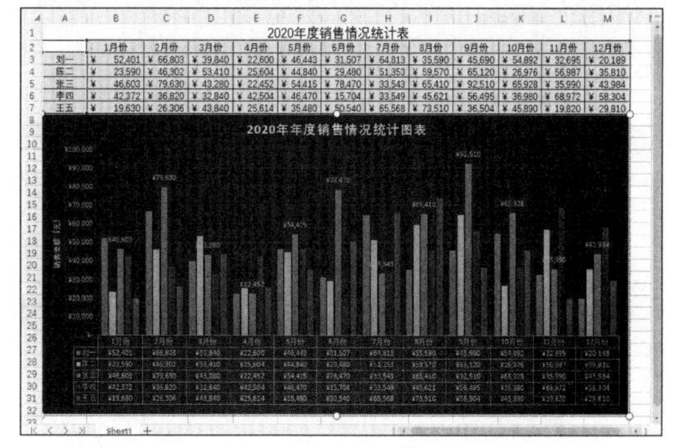

12.3 基本分析——分析《销售业绩统计表》

销售业绩统计表中通常需要使用表格计算公司员工的销售业绩情况。在 WPS 表格中，设置数据的有效性可以帮助分析工作表中的数据，例如，对数据进行有效性的设置、排序、筛选等。本节以制作销售业绩统计表为例介绍数据的基本分析方法。

本节素材结果文件

	素材	素材 \ch12\2020 年第 4 季度销售业绩统计表 .et
	结果	结果 \ch12\2020 年第 4 季度销售业绩统计表 .et

12.3.1 设置数据的有效性

在工作表中输入数据时，为了避免输入错误的数据，可以为单元格设置有效的数据范围，限制用户只能输入指定范围内的数据，这样可以极大地降低数据处理操作的复杂性，具体操作步骤如下。

第 1 步 打开素材文件，选择 A3:A17 单元格区域，单击【数据】选项卡下的【有效性】按钮，在弹出的下拉列表中选择【有效性】选项，如下图所示。

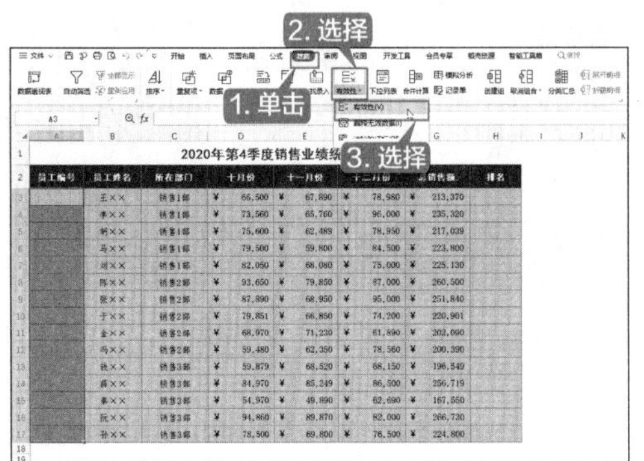

第 2 步 弹出【数据有效性】对话框，选择【设置】选项卡，在【允许】下拉列表中选择【文本长度】，在【数据】下拉列表中选择【等于】，在【数值】文本框中输入“5”，如下图所示。

第 3 步 选择【出错警告】选项卡，在【样式】下拉列表中选择【警告】选项，在【标题】和【错误信息】文本框中输入警告信息，如下图所示。

第 4 步 单击【确定】按钮关闭对话框，在 A3:A17 单元格区域中输入不符合要求的数据时，会提示警告信息，如下图所示。

第 5 步 输入正确的员工编号并向下填充，完成后效果如下图所示。

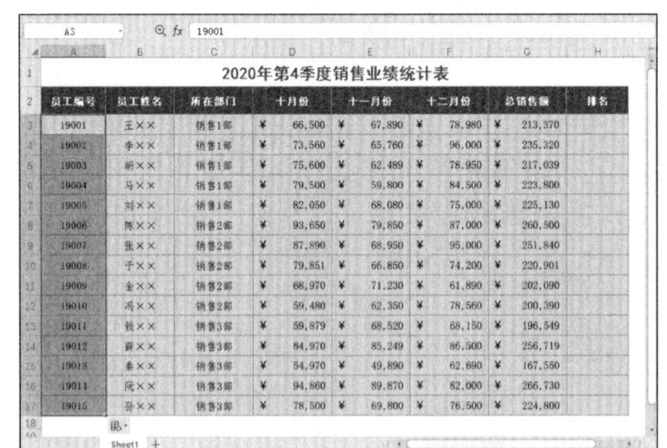

12.3.2 对销售业绩进行排序

用户可以对员工的销售业绩进行排序，下面介绍自动排序和自定义排序的操作。

1. 自动排序

WPS 表格中提供了多种排序方法，用户可以在销售业绩统计表中根据总销售额进行单条件排序，具体操作步骤如下。

第1步 接 12.3.1 节的操作，如果要对员工的销售业绩进行由低到高排序，选择总销售额所在的 G 列的任意一个单元格，如下图所示。

G7　=SUM(D7:F7)

员工编号	员工姓名	所在部门	十月份	十一月份	十二月份	总销售额	排名
19001	王××	销售1部	¥ 66,500	¥ 67,890	¥ 78,980	¥ 213,370	
19002	李××	销售1部	¥ 73,560	¥ 65,760	¥ 96,000	¥ 235,320	
19003	胡××	销售1部	¥ 75,600	¥ 62,489	¥ 78,950	¥ 217,039	
19004	马××	销售1部	¥ 79,500	¥ 59,800	¥ 84,500	¥ 223,800	
19005	刘××	销售1部	¥ 82,050	¥ 68,080	¥ 75,000	¥ 225,130	
19006	陈××	销售2部	¥ 93,650	¥ 79,850	¥ 87,000	¥ 260,500	
19007	张××	销售2部	¥ 87,890	¥ 68,950	¥ 95,000	¥ 251,840	
19008	于××	销售2部	¥ 79,851	¥ 66,850	¥ 74,200	¥ 220,901	
19009	金××	销售2部	¥ 68,970	¥ 71,230	¥ 61,890	¥ 202,090	
19010	冯××	销售2部	¥ 59,480	¥ 62,350	¥ 78,560	¥ 200,390	
19011	钱××	销售3部	¥ 59,879	¥ 68,520	¥ 68,150	¥ 196,549	
19012	薛××	销售3部	¥ 84,970	¥ 85,249	¥ 86,500	¥ 256,719	
19013	秦××	销售3部	¥ 54,970	¥ 49,890	¥ 62,690	¥ 167,550	
19014	阮××	销售3部	¥ 94,860	¥ 89,870	¥ 82,000	¥ 266,730	
19015	孙××	销售3部	¥ 78,500	¥ 69,800	¥ 76,500	¥ 224,800	

Sheet1

第2步 单击【数据】选项卡下的【排序】按钮，在弹出的下拉列表中选择【升序】选项，如下图所示。

选择
升序(S)
降序(O)
自定义排序(U)...

员工编号	员工姓名	所在部门	十月份	十一月份	十二月份
19001	王××	销售1部	¥ 66,500	¥ 67,890	¥ 78,980
19002	李××	销售1部	¥ 73,560	¥ 65,760	¥ 96,000
19003	胡××	销售1部	¥ 75,600	¥ 62,489	¥ 78,950
19004	马××	销售1部	¥ 79,500	¥ 59,800	¥ 84,500
19005	刘××	销售1部	¥ 82,050	¥ 68,080	¥ 75,000
19006	陈××	销售2部	¥ 93,650	¥ 79,850	¥ 87,000

第3步 即可按照员工总销售额由低到高的顺序显示数据，如下图所示。

G7　=SUM(D7:F7)

员工编号	员工姓名	所在部门	十月份	十一月份	十二月份	总销售额	排名
19013	秦××	销售3部	¥ 54,970	¥ 49,890	¥ 62,690	¥ 167,550	
19011	钱××	销售3部	¥ 59,879	¥ 68,520	¥ 68,150	¥ 196,549	
19010	冯××	销售2部	¥ 59,480	¥ 62,350	¥ 78,560	¥ 200,390	
19009	金××	销售2部	¥ 68,970	¥ 71,230	¥ 61,890	¥ 202,090	
19001	王××	销售1部	¥ 66,500	¥ 67,890	¥ 78,980	¥ 213,370	
19003	胡××	销售1部	¥ 75,600	¥ 62,489	¥ 78,950	¥ 217,039	
19008	于××	销售2部	¥ 79,851	¥ 66,850	¥ 74,200	¥ 220,901	
19004	马××	销售1部	¥ 79,500	¥ 59,800	¥ 84,500	¥ 223,800	
19015	孙××	销售3部	¥ 78,500	¥ 69,800	¥ 76,500	¥ 224,800	
19005	刘××	销售1部	¥ 82,050	¥ 68,080	¥ 75,000	¥ 225,130	
19002	李××	销售1部	¥ 73,560	¥ 65,760	¥ 96,000	¥ 235,320	
19007	张××	销售2部	¥ 87,890	¥ 68,950	¥ 95,000	¥ 251,840	
19012	薛××	销售3部	¥ 84,970	¥ 85,249	¥ 86,500	¥ 256,719	
19006	陈××	销售2部	¥ 93,650	¥ 79,850	¥ 87,000	¥ 260,500	
19014	阮××	销售3部	¥ 94,860	¥ 89,870	¥ 82,000	¥ 266,730	

第4步 若选择【排序】按钮下的【降序】选项，即可按照员工总销售额由高到低的顺序显示数据，如下图所示。

员工编号	员工姓名	所在部门	十月份	十一月份	十二月份	总销售额	排名
19014	阮××	销售3部	¥ 94,860	¥ 89,870	¥ 82,000	¥ 266,730	
19006	陈××	销售2部	¥ 93,650	¥ 79,850	¥ 87,000	¥ 260,500	
19012	薛××	销售3部	¥ 84,970	¥ 85,249	¥ 86,500	¥ 256,719	
19007	张××	销售2部	¥ 87,890	¥ 68,950	¥ 95,000	¥ 251,840	
19002	李××	销售1部	¥ 73,560	¥ 65,760	¥ 96,000	¥ 235,320	
19005	刘××	销售1部	¥ 82,050	¥ 68,080	¥ 75,000	¥ 225,130	
19015	孙××	销售3部	¥ 78,500	¥ 69,800	¥ 76,500	¥ 224,800	
19004	马××	销售1部	¥ 79,500	¥ 59,800	¥ 84,500	¥ 223,800	
19008	于××	销售2部	¥ 79,851	¥ 66,850	¥ 74,200	¥ 220,901	
19003	胡××	销售1部	¥ 75,600	¥ 62,489	¥ 78,950	¥ 217,039	
19001	王××	销售1部	¥ 66,500	¥ 67,890	¥ 78,980	¥ 213,370	
19009	金××	销售2部	¥ 68,970	¥ 71,230	¥ 61,890	¥ 202,090	
19010	冯××	销售2部	¥ 59,480	¥ 62,350	¥ 78,560	¥ 200,390	
19011	钱××	销售3部	¥ 59,879	¥ 68,520	¥ 68,150	¥ 196,549	
19013	秦××	销售3部	¥ 54,970	¥ 49,890	¥ 62,690	¥ 167,550	

2. 多条件排序

在“2020 年第 4 季度销售业绩统计表 .et”工作簿中，用户可以根据部门对员工的销售业绩进行排序。

第1步 单击【数据】选项卡下的【排序】按钮，在弹出的下拉列表中选择【自定义排序】选项，如下图所示。

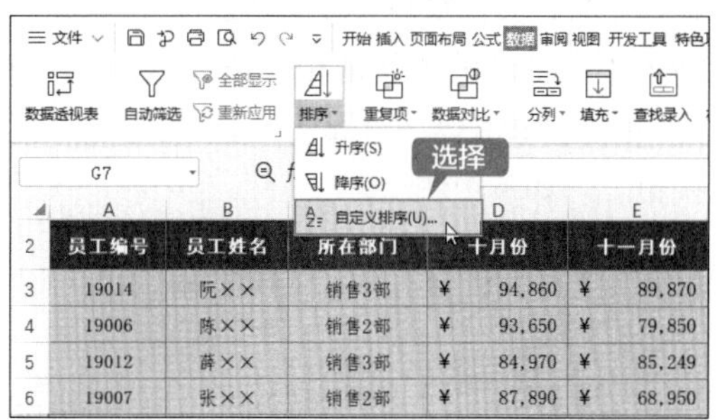

第2步 弹出【排序】对话框，在【主要关键字】下拉列表中选择【所在部门】选项，在【次序】下拉列表中选择【升序】选项，如下图所示。

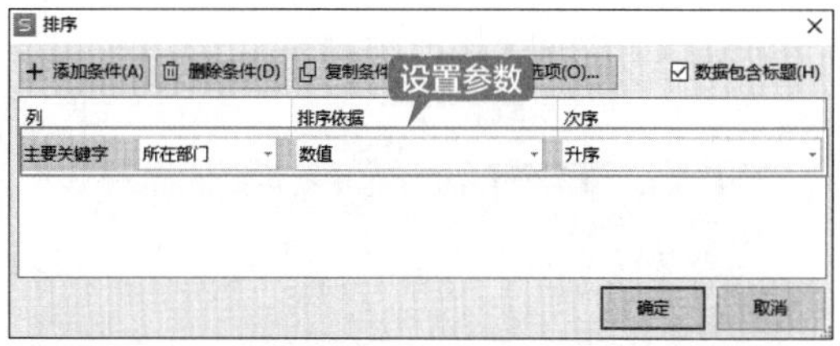

第3步 单击【添加条件】按钮，新增排序条件，在【次要关键字】下拉列表中选择【总销售额】选项，在【次序】下拉列表中选择【降序】选项，单击【确定】按钮，如下图所示。

第 4 步 即可看到按照自定义排序后的效果，如下图所示。

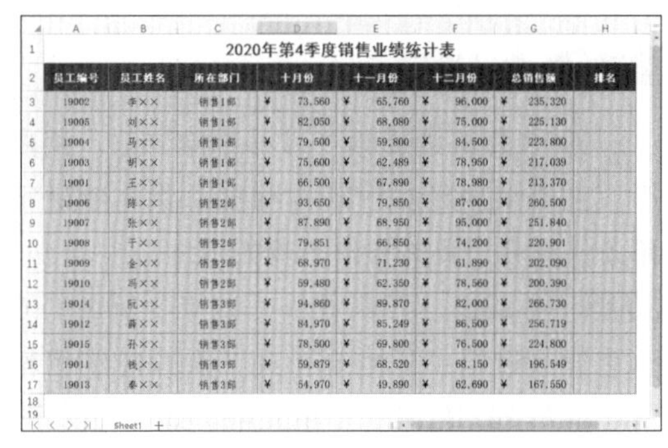

12.3.3 对数据进行筛选

WPS 表格提供数据筛选功能，可以准确、方便地找出符合要求的数据，具体操作步骤如下。

1. 单条件筛选

单条件筛选就是将符合一种条件的数据筛选出来，具体操作步骤如下。

第 1 步 在打开的工作簿中，选择 A2:H17 单元格区域，单击【数据】选项卡下的【自动筛选】按钮，如下图所示。

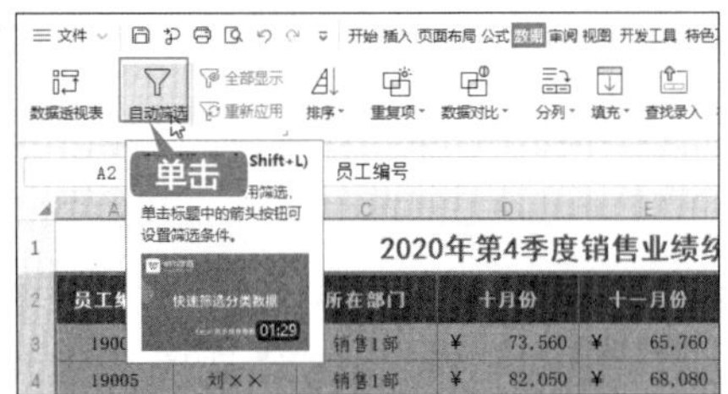

第 2 步 此时在表头行每个字段的右侧出现一个筛选按钮，如下图所示。

第 3 步 单击“员工姓名”字段的筛选按钮，在弹出的下拉列表中取消选择【全选】复选框，选择“胡 ××”和“钱 ××”复选框，单击【确定】按钮，如下图所示。

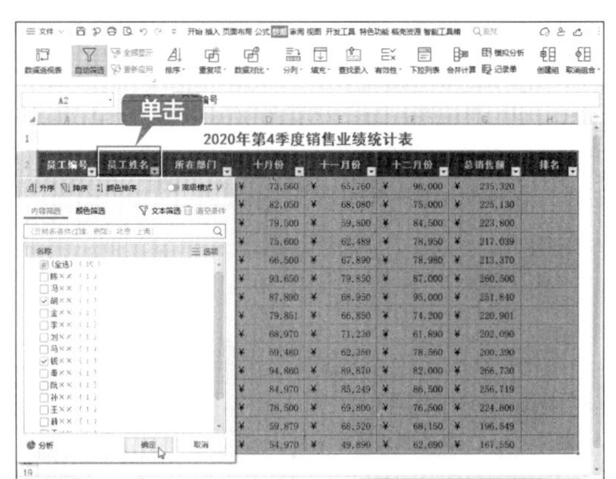

第 4 步 经过筛选后的数据如下图所示，可以看到仅显示了“胡 ××”和“钱 ××”两位员工的销售业绩，其他记录被隐藏。

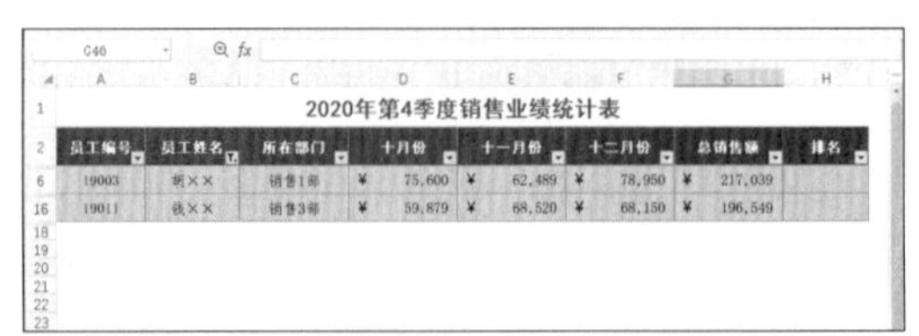

2. 按文本筛选

在工作簿中，可以根据文本进行筛选，如筛选出姓“冯”和姓“金”的员工的销售情况，

具体操作步骤如下。

第 1 步 接上节的操作，单击“员工姓名”字段右侧的筛选按钮，在弹出的下拉列表中勾选【全选】复选框，单击【确定】按钮，使所有员工的销售业绩显示出来，如下图所示。

第 2 步 单击“员工姓名”字段右侧的筛选按钮，在弹出的下拉列表中选择【文本筛选】→【开头是】选项，如下图所示。

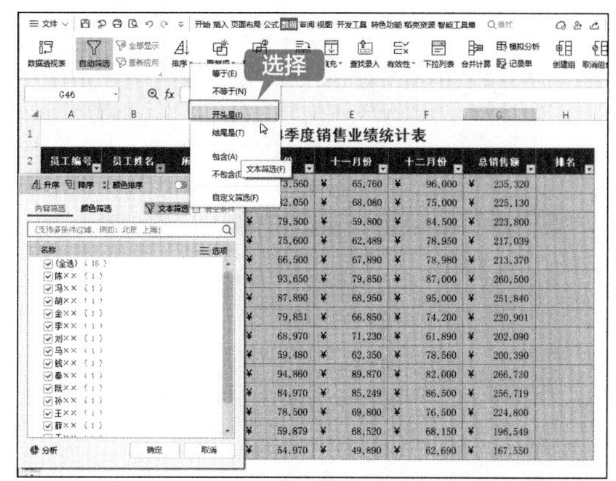

第 3 步 弹出【自定义自动筛选方式】对话框，在【开头是】后面的文本框中输入“冯”，选中【或】单选选项，并在下方的选择框中选择【开头是】选项，在文本框中输入“金”，单击【确定】按钮，如下图所示。

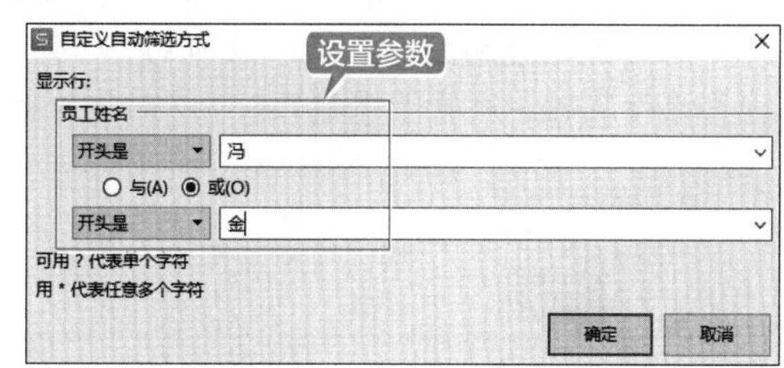

第 4 步 筛选出姓“冯”和姓“金”的员工的销售业绩，如下图所示。

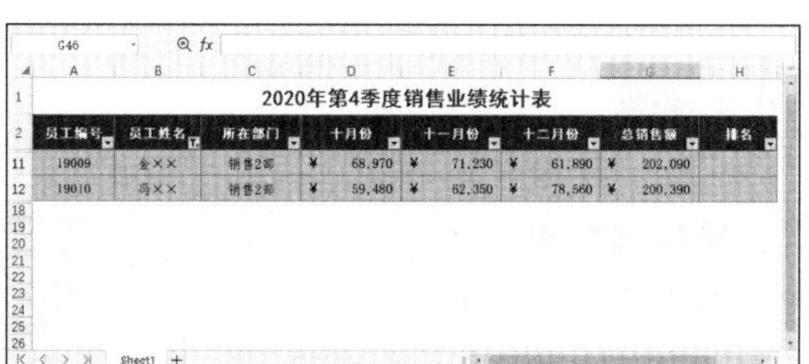

12.3.4 筛选高于平均销售额的员工

如果要查看哪些员工的总销售额高于平均值，可以使用 WPS 表格的筛选功能，不用计算平均值，即可筛选出高于平均销售额的员工。

第 1 步 接 12.3.3 节的操作，取消当前筛选，单击“总销售额”字段右侧的筛选按钮，在弹出的下拉列表中单击【数字筛选】→【高于平均值】选项，如下图所示。

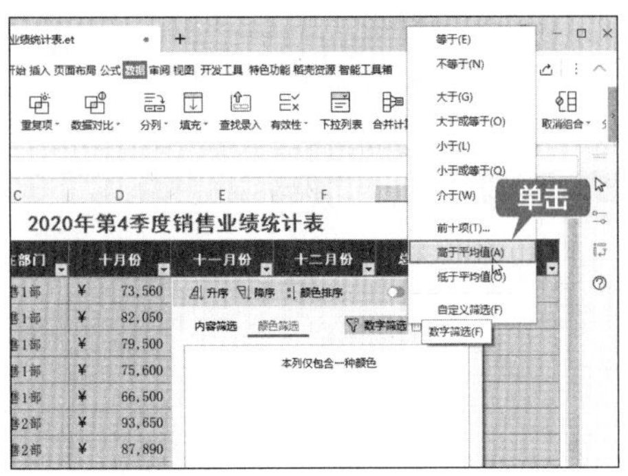

第2步 筛选出总销售额高于平均值的员工，如下图所示。

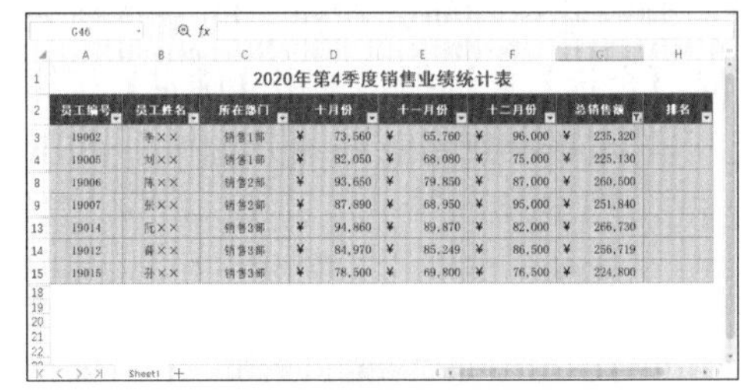

12.4 高级分析——制作《销售业绩透视表》

销售业绩透视表可以清晰地展示出数据的汇总情况，对于数据的分析、决策起到至关重要的作用。在表格中，使用数据透视表可以深入分析数值数据。创建数据透视表以后，可以对其进行编辑，包括修改布局、添加或删除字段、格式化表中的数据，以及对透视表进行复制和删除等操作。本节以制作销售业绩透视表为例介绍数据透视表的相关操作。

本节素材结果文件

	素材	素材\ch12\销售业绩透视表.et
	结果	结果\ch12\销售业绩透视表.et

12.4.1 认识数据透视表

数据透视表是一种对大量数据快速汇总和建立交叉列表的交互式动态表格，能帮助用户分析、组织既有数据，是 WPS 表格中的数据分析利器。

数据透视表的主要用途是从数据库的大量数据中生成动态的数据报告，对数据进行分类汇总和聚合，帮助用户分析和组织数据。

数据透视表还可以对数据较多、结构复杂的工作表进行筛选、排序、分组和有条件地设置格式，显示数据中的规律。

对于任何一个数据透视表来说，都可以将其整体结构划分为 4 大区域，分别是行区域、列区域、值区域和筛选器，如下图所示。

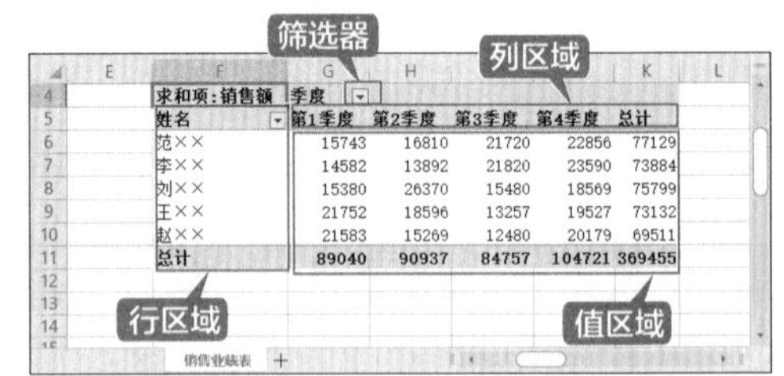

（1）行区域

行区域用于将字段显示为报表一侧的行，将放入的字段按照垂直方向上展开显示。通常在行区域中放置一些可用于进行分组或分类的内容。

（2）列区域

列区域用于将字段显示为报表顶部的列，

与行区域相同，只是分布方向不同，行区域垂直排列，列区域水平分布。例如，上图中的第 1 季度和第 2 季度等，可以很明显地看出数据随时间变化的趋势。

（3）值区域

在数据透视表中，包含数值的大面积区域就是值区域。值区域中的数据是对数据透视表中行字段和列字段数据的计算和汇总，该区域中的数据一般都是可以进行运算的。默认情况下，WPS 表格对值区域中的数值型数据进行求和，对文本型数据进行计数。

（4）筛选器

筛选器位于数据透视表的最上方，由一个或多个下拉列表组成，通过选择下拉列表中的选项，可以一次性对整个数据透视表中的数据进行筛选。

12.4.2 创建数据透视表

创建数据透视表的具体操作步骤如下。

第 1 步 打开素材文件，单击【插入】选项卡下的【数据透视表】按钮，如下图所示。

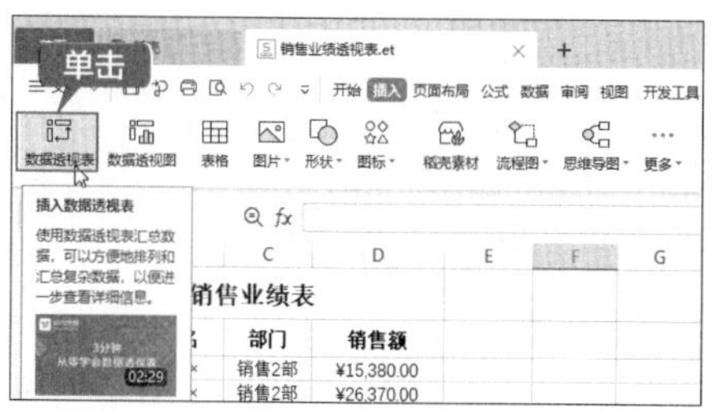

第 2 步 弹出【创建数据透视表】对话框，选择【请选择单元格区域】单选选项，并单击右侧的按钮，如下图所示。

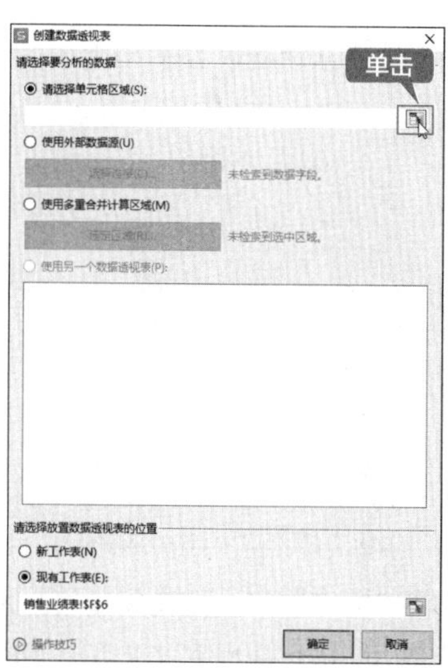

第 3 步 对话框折叠后，用鼠标拖曳选择 A2:D22 单元格区域，然后单击按钮，如下图所示。

第 4 步 返回到【创建数据透视表】对话框，在【请选择放置数据透视表的位置】区域选择【现有工作表】单选选项，并选择一个单元格，单击【确定】按钮，如下图所示。

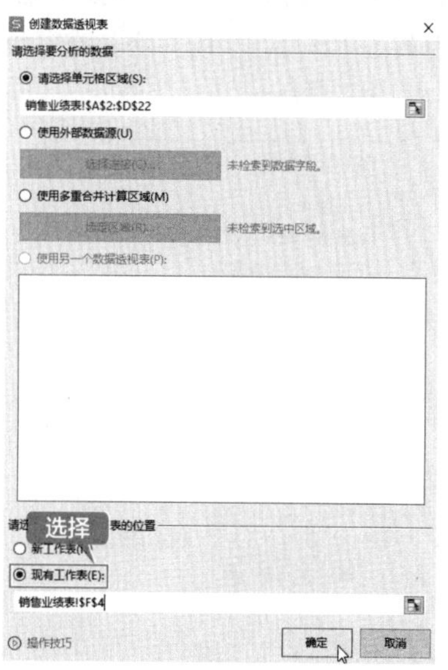

第 5 步 即可看到表格中插入了数据透视表。选择放置数据透视表位置的单元格，然后单击【分析】选项卡下的【字段列表】按钮 ，如下图所示。

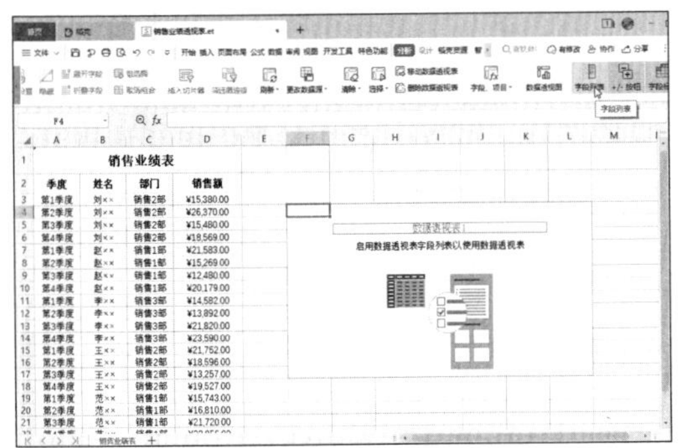

第 6 步 窗口右侧会显示【数据透视表】任务窗格，包含了【字段列表】和【数据透视表区域】区域。将“销售额”字段拖曳到【值】区域中，将“季度”字段拖曳到【列】区域中，将“姓名”字段拖曳到【行】区域中，将“部门”字段拖曳到【筛选器】区域中，如下图所示。

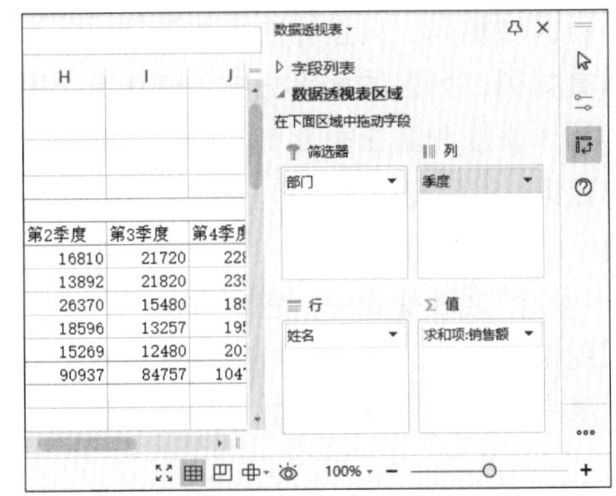

第 7 步 创建的数据透视表如下图所示。

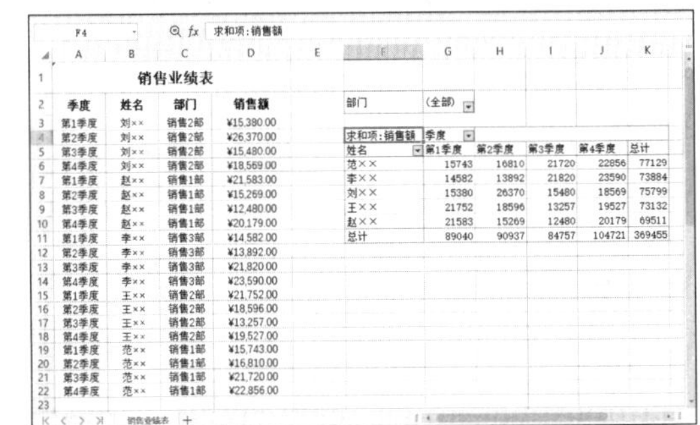

12.4.3 修改数据透视表

创建数据透视表后，可以对其行和列进行交换，从而修改数据透视表的布局，重组数据透视表。

第 1 步 展开【数据透视表区域】，在【列】区域中单击“季度”字段并将其拖曳到【行】区域中，如下图所示。

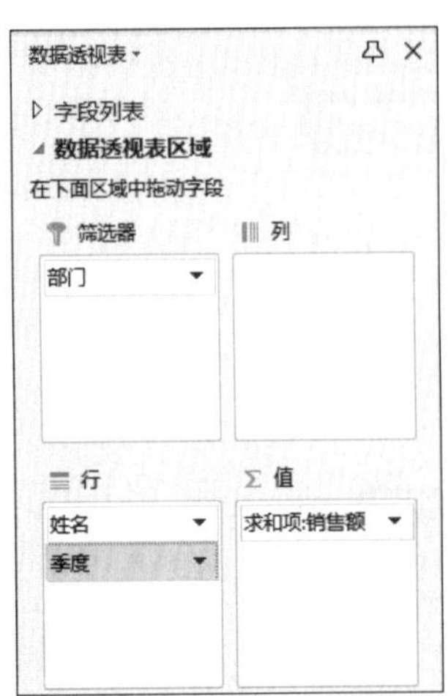

第 2 步 此时数据透视表如下图所示。

第 3 步 将“姓名”字段拖曳到【列】区域中，并将“部门”字段拖曳到“季度”字段上方，此时数据透视表如下图所示。

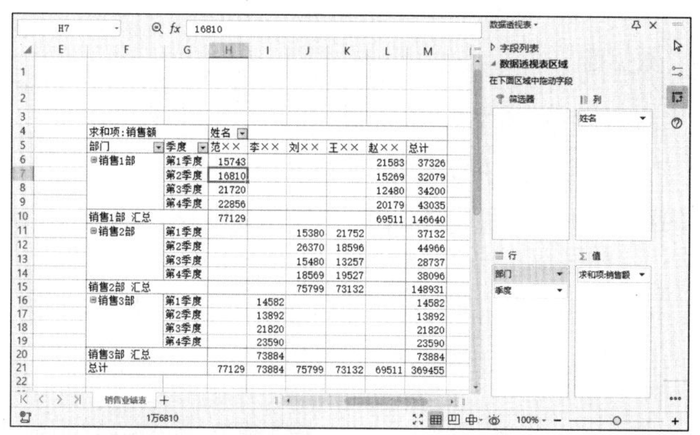

求和项:销售额		姓名					
部门	季度	范××	李××	刘××	王××	赵××	总计
销售1部	第1季度	15743				21583	37326
	第2季度	16810				15269	32079
	第3季度	21720				12480	34200
	第4季度	22856				20179	43035
销售1部 汇总		77129				69511	146640
销售2部	第1季度			15380	21752		37132
	第2季度			26370	18596		44966
	第3季度			15480	13257		28737
	第4季度			18569	19527		38096
销售2部 汇总				75799	73132		148931
销售3部	第1季度		14582				14582
	第2季度		13892				13892
	第3季度		21820				21820
	第4季度		23590				23590
销售3部 汇总			73884				73884
总计		77129	73884	75799	73132	69511	369455

12.4.4 美化数据透视表

创建数据透视表后，还可以对其进行美化，使数据透视表更加美观。

第 1 步 接 12.4.3 节的操作，选择数据透视表，单击【设计】选项卡下样式列表右侧的【其他】按钮，在弹出的下拉列表中选择一种样式，如下图所示。

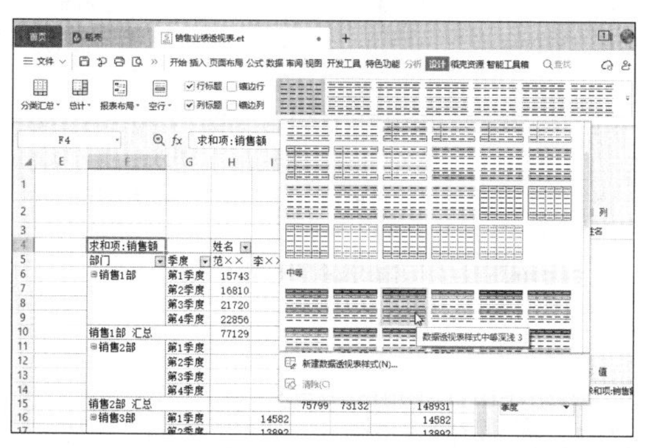

第 2 步 即可更改数据透视表的样式，如下图所示。

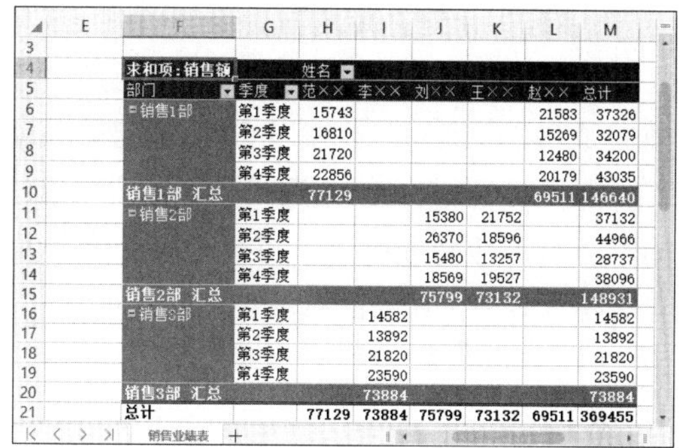

求和项:销售额		姓名					
部门	季度	范××	李××	刘××	王××	赵××	总计
销售1部	第1季度	15743				21583	37326
	第2季度	16810				15269	32079
	第3季度	21720				12480	34200
	第4季度	22856				20179	43035
销售1部 汇总		77129				69511	146640
销售2部	第1季度			15380	21752		37132
	第2季度			26370	18596		44966
	第3季度			15480	13257		28737
	第4季度			18569	19527		38096
销售2部 汇总				75799	73132		148931
销售3部	第1季度		14582				14582
	第2季度		13892				13892
	第3季度		21820				21820
	第4季度		23590				23590
销售3部 汇总			73884				73884
总计		77129	73884	75799	73132	69511	369455

举一反三

制作《财务明细查询表》

下面将综合运用本章所学知识制作财务明细查询表，具体操作步骤如下。

本节素材结果文件

素材	素材 \ch12\ 财务明细查询表 .et
结果	结果 \ch12\ 财务明细查询表 .et

1. 创建工作表“数据源”

打开素材文件，创建一个新的工作表，将该工作表重命名为“数据源”，在工作表中输入如下图所示的内容。

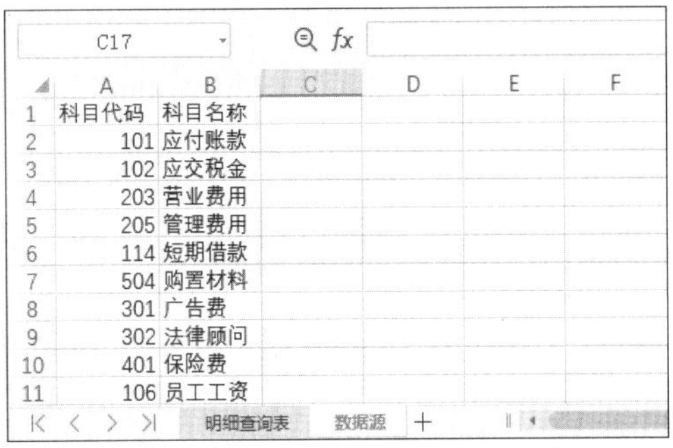

C17　fx

	A	B
1	科目代码	科目名称
2	101	应付账款
3	102	应交税金
4	203	营业费用
5	205	管理费用
6	114	短期借款
7	504	购置材料
8	301	广告费
9	302	法律顾问
10	401	保险费
11	106	员工工资

明细查询表　数据源

2. 使用函数

选择“明细查询表”工作表，在 E3 单元格中输入公式“=VLOOKUP(数据源 !A2, 数据源 !A2:B11,2)”，按【Enter】键确认输入，即可在 E3 单元格中返回科目代码对应的科目名称“应付账款”。将函数填充至下面单元格区域中，如下图所示。

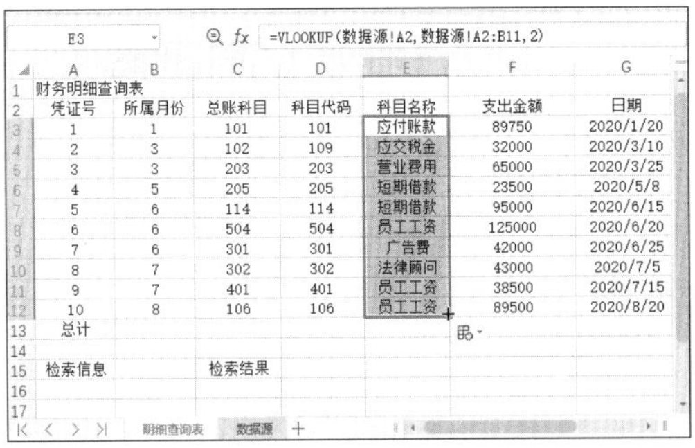

E3　fx　=VLOOKUP(数据源!A2,数据源!A2:B11,2)

	A	B	C	D	E	F	G
1	财务明细查询表						
2	凭证号	所属月份	总账科目	科目代码	科目名称	支出金额	日期
3	1	1	101	101	应付账款	89750	2020/1/20
4	2	3	102	109	应交税金	32000	2020/3/10
5	3	3	203	203	营业费用	65000	2020/3/25
6	4	5	205	205	短期借款	23500	2020/5/8
7	5	6	114	114	短期借款	95000	2020/6/15
8	6	6	504	504	员工工资	125000	2020/6/20
9	7	6	301	301	广告费	42000	2020/6/25
10	8	7	302	302	法律顾问	43000	2020/7/5
11	9	7	401	401	员工工资	38500	2020/7/15
12	10	8	106	106	员工工资	89500	2020/8/20
13	总计						
14							
15	检索信息		检索结果				

明细查询表　数据源

3. 计算支出总额

选中 F3:F12 单元格区域，设置数字格式为货币。选中 F13 单元格，输入公式“=SUM（F3:F12）”，按【Enter】键确认，即可计算出支出金额总计，如下图所示。

F13　fx　=SUM(F3:F12)

	A	B	C	D	E	F	G
1	财务明细查询表						
2	凭证号	所属月份	总账科目	科目代码	科目名称	支出金额	日期
3	1	1	101	101	应付账款	¥ 89,750.00	2020/1/20
4	2	3	102	109	应交税金	¥ 32,000.00	2020/3/10
5	3	3	203	203	营业费用	¥ 65,000.00	2020/3/25
6	4	5	205	205	短期借款	¥ 23,500.00	2020/5/8
7	5	6	114	114	短期借款	¥ 95,000.00	2020/6/15
8	6	6	504	504	员工工资	¥ 125,000.00	2020/6/20
9	7	6	301	301	广告费	¥ 42,000.00	2020/6/25
10	8	7	302	302	法律顾问	¥ 43,000.00	2020/7/5
11	9	7	401	401	员工工资	¥ 38,500.00	2020/7/15
12	10	8	106	106	员工工资	¥ 89,500.00	2020/8/20
13	总计					¥ 643,250.00	
14							
15	检索信息		检索结果				

明细查询表　数据源

4. 查询财务明细

选中 B15 单元格，并输入需要查询的凭证号，这里输入“6”，然后在 D15 单元格中输入公式“=LOOKUP(B15,A3:F12)”，按【Enter】键确认输入，即可检索出凭证号“6”对应的支出金额，如下图所示。

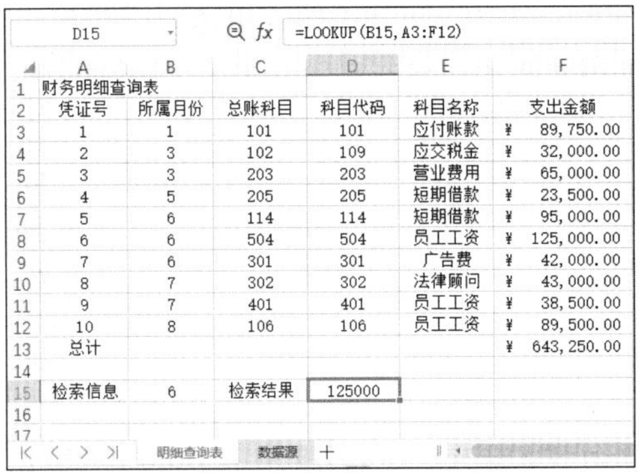

D15　fx　=LOOKUP(B15,A3:F12)

	A	B	C	D	E	F
1	财务明细查询表					
2	凭证号	所属月份	总账科目	科目代码	科目名称	支出金额
3	1	1	101	101	应付账款	¥ 89,750.00
4	2	3	102	109	应交税金	¥ 32,000.00
5	3	3	203	203	营业费用	¥ 65,000.00
6	4	5	205	205	短期借款	¥ 23,500.00
7	5	6	114	114	短期借款	¥ 95,000.00
8	6	6	504	504	员工工资	¥ 125,000.00
9	7	6	301	301	广告费	¥ 42,000.00
10	8	7	302	302	法律顾问	¥ 43,000.00
11	9	7	401	401	员工工资	¥ 38,500.00
12	10	8	106	106	员工工资	¥ 89,500.00
13	总计					¥ 643,250.00
14						
15	检索信息	6	检索结果	125000		

明细查询表　数据源

5. 美化报表

合并 A1:G1 单元格区域，设置标题文字效果和对齐方式，并适当调整行高和列宽，设置表格样式，完成财务明细查询表的美化操作，效果如下图所示。

	A	B	C	D	E	F	G
1	财务明细查询表						
2	凭证号	所属月份	总账科目	科目代码	科目名称	支出金额	日期
3	1	1	101	101	应付账款	¥ 89,750.00	2020/1/20
4	2	3	102	109	应交税金	¥ 32,000.00	2020/3/10
5	3	3	203	203	营业费用	¥ 65,000.00	2020/3/25
6	4	5	205	205	短期借款	¥ 23,500.00	2020/5/8
7	5	6	114	114	短期借款	¥ 95,000.00	2020/6/15
8	6	6	504	504	员工工资	¥ 125,000.00	2020/6/20
9	7	6	301	301	广告费	¥ 42,000.00	2020/6/25
10	8	7	302	302	法律顾问	¥ 43,000.00	2020/7/5
11	9	7	401	401	员工工资	¥ 38,500.00	2020/7/15
12	10	8	106	106	员工工资	¥ 89,500.00	2020/8/20
13	总计					¥ 643,250.00	
14							
15	检索信息	6	检索结果	125000			

明细查询表　数据源　100%

◇ 筛选多个表格的重复值

如果多个表格中有重复值，并且需要将这些重复值筛选出来，可以对它们进行筛选操作。下面介绍如何从所有部门的员工名单中筛选出编辑部的员工。

第 1 步 打开“素材\ch12\筛选多个表格中的重复值.et”文件，选中 A2:A13 单元格区域，单击【数据】选项卡下的【高级筛选】对话框按钮 ⌟，如下图所示。

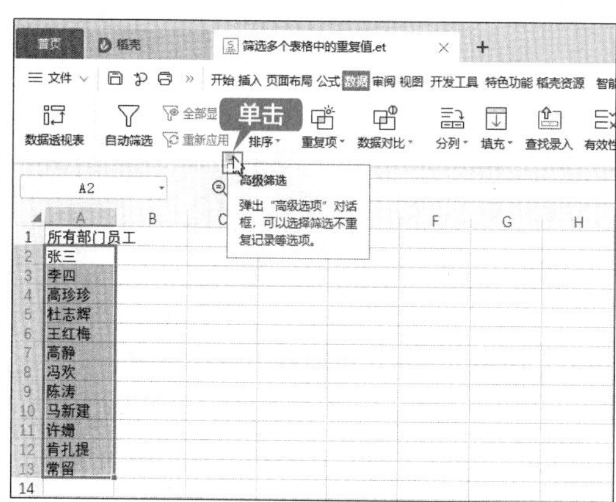

第 2 步 打开【高级筛选】对话框，选中【方式】区域中的【将筛选结果复制到其它位置】单选按钮，单击【条件区域】文本框右侧的按钮，选择“Sheet2”工作表中的 A2:A8 单元格区域，如下图所示。

第 3 步 在【高级筛选】对话框中，选择【复制到】引用的单元格区域，单击【确定】按钮，如下图所示。

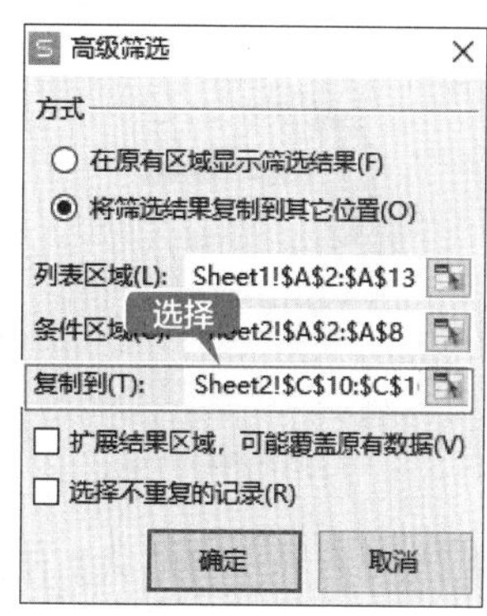

第 4 步 即可筛选出两个表格中的重复值，如下图所示。

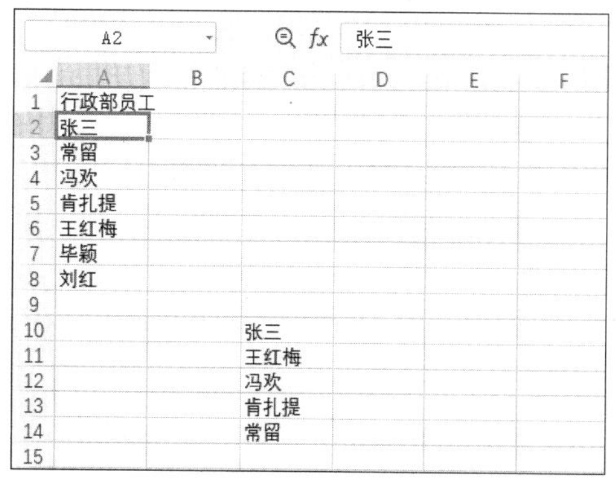

◇ 分离饼图制作技巧

创建的饼状图可以转换为分离饼图，具体操作步骤如下。

第 1 步 打开“素材\ch12\人数统计表.xlsx”文件，并创建一个饼状图图表，如下图所示。

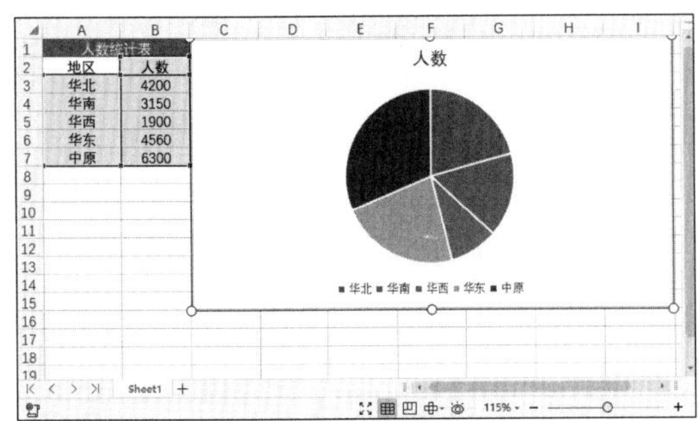

第 2 步 选中任意数据系列并右击，在弹出的快捷菜单中选择【设置数据系列格式】选项，如下图所示。

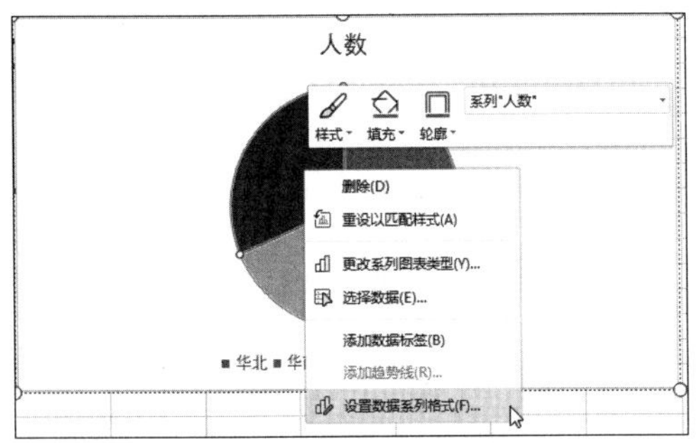

第 3 步 打开【设置数据系列格式】任务窗格，展开【系列选项】区域，然后在【第一扇区起始角度】文本框中输入“19°”，在【饼图分离程度】文本框中输入“10%”，如下图所示。

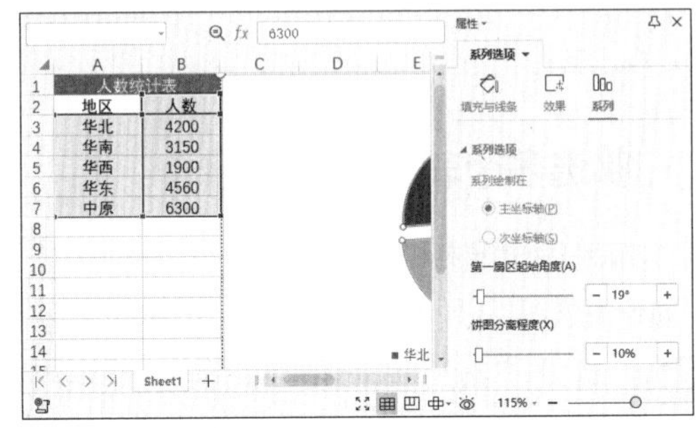

第 4 步 单击【图表工具】选项卡，在图表样式列表中选择【样式 2】选项，效果如下图所示。

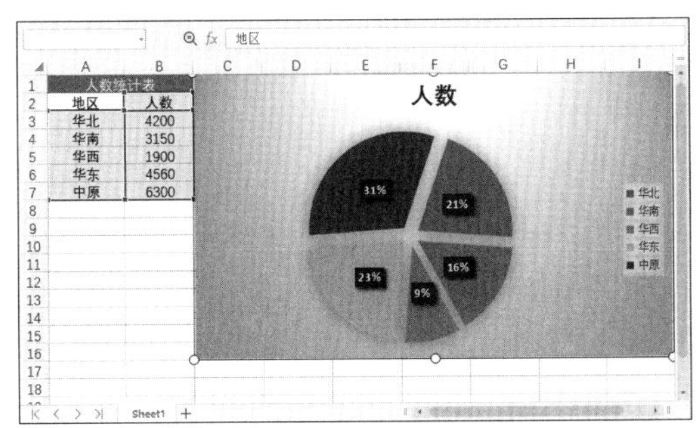

第 13 章

演示文稿制作——WPS 演示的基本操作

本章导读

制作幻灯片是职场中重要的办公技能，无论是策划书、项目报告还是竞聘演讲、年终总结等，都可以通过幻灯片的形式，给人留下深刻的印象，打动观众。本章主要介绍 WPS 演示的基本操作。

思维导图

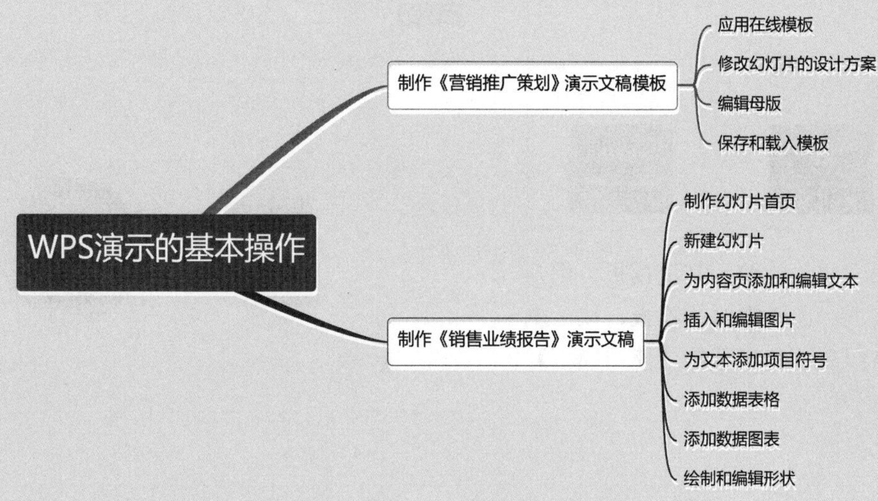

13.1 模板创建——制作《营销推广策划》演示文稿模板

对于初学者来说，模板就是一个框架，可以方便地在其中填入内容。WPS 演示中提供了大量的在线模板，用户可以根据需要下载模板，快速套用。本节以制作营销推广策划演示文稿模板为例，介绍模板的创建方法。

本节素材结果文件		
	素材	无
	结果	结果\ch13\营销推广策划.dpt

13.1.1 应用在线模板

本节介绍创建在线模板的方法，具体操作步骤如下。

第1步 启动 WPS Office，在【新建】窗口中选择【演示】选项，进入其【推荐模板】界面，然后在搜索框中输入“营销推广策划”，按【Enter】键确认，如下图所示。

第2步 即可搜索相关的演示文稿模板。用户可以预览缩略图，选择需要的模板，然后单击该模板缩略图右下角显示的【使用模板】按钮，如下图所示。

第3步 即可应用该模板，如下图所示。

13.1.2 修改幻灯片的设计方案

应用模板后，用户可以更改设计主题、配色等，使其满足自己的需求，具体操作步骤如下。

第 1 步 单击【设计】选项卡下的【魔法】按钮，如下图所示。

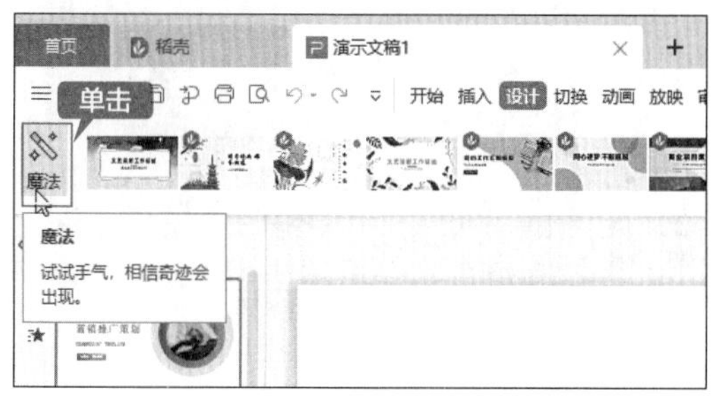

第 2 步 此时，WPS 演示会智能生成一种设计方案。如果不满意，可以再次单击【魔法】按钮，生成新的设计方案，效果如下图所示。

第 3 步 另外，用户也可以单击【更多设计】按钮，里面提供了众多演示设计方案，如下图所示。

第 4 步 弹出如下图所示的对话框，显示了各种在线设计方案。用户可以通过搜索或右侧的标签、颜色筛选需要的设计方案。

第 5 步 选择场景为“工作总结”，并选择颜色，即可筛选相关的设计方案。将鼠标指针移至要应用的设计方案缩略图上并单击，如下图所示。

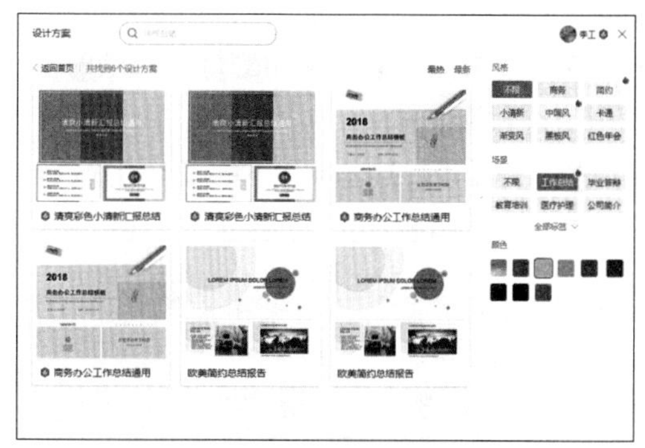

第 6 步 即可应用设计方案，如下图所示。

第7步 单击【配色方案】按钮，在弹出的【预设颜色】列表中选择要应用的颜色，如下图所示。

第8步 即可更改幻灯片的配色方案，如下图所示。

13.1.3 编辑母版

幻灯片母版是幻灯片层次结构中的顶层，用于存储有关演示文稿的主题和幻灯片版式的信息，包括背景、颜色、字体、效果、占位符大小和位置。每个演示文稿中至少包含一个幻灯片母版。编辑幻灯片母版可以对演示文稿中的所有幻灯片（包括以后添加到演示文稿中的幻灯片）进行统一的样式更改。使用幻灯片母版时，无需在多张幻灯片上重复输入相同的信息，可以为用户节省很多时间。

第1步 单击【设计】选项卡下的【编辑母版】按钮，如下图所示。

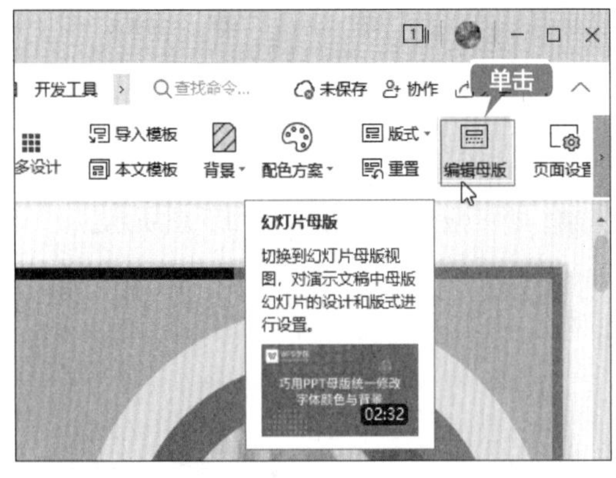

提示

也可以单击【视图】选项卡下的【幻灯片母版】按钮，进入母版视图模式。

第2步 即可进入幻灯片母版视图模式，如下图所示。

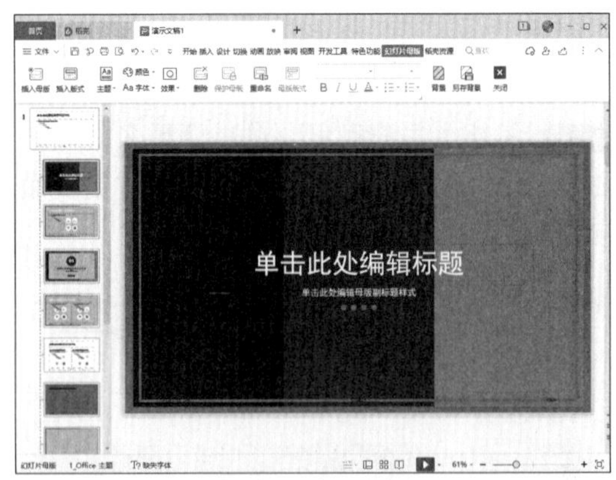

第3步 选择标题文字，可以设置标题的字体及样式，如下图所示。

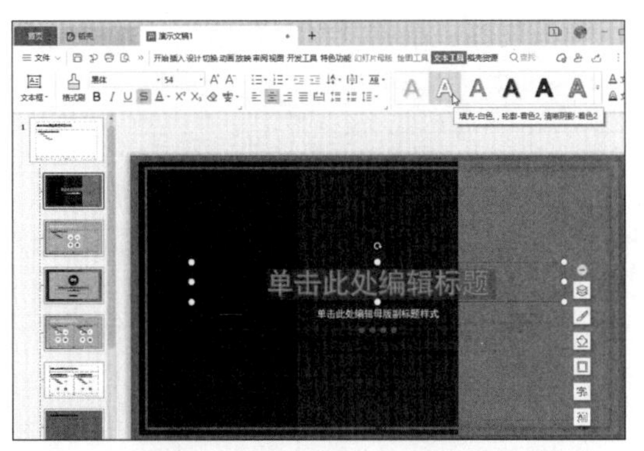

第 4 步 根据需求调整幻灯片内容的段落格式、幻灯片背景及版式等，编辑完成后，单击【关闭母版视图】按钮，即可返回幻灯片普通视图模式，如下图所示。

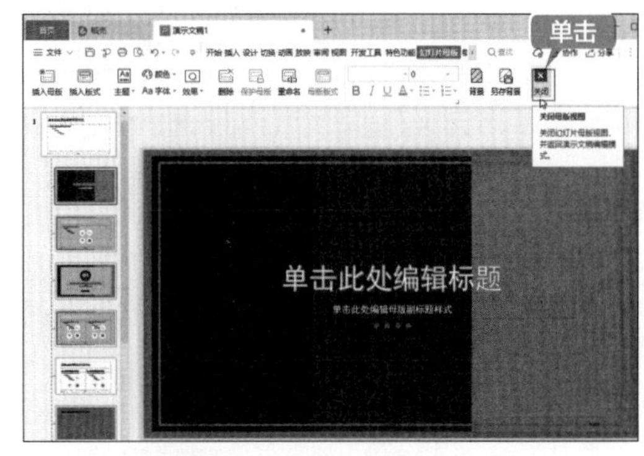

13.1.4 保存和载入模板

模板设计完成后，可以将其保存到电脑中，方便随时应用。

第 1 步 按【Ctrl+S】组合键，打开【另存文件】对话框，选择要存储的位置，设置文件名称，然后选择文件类型为“WPS 演示 模板文件(*.dpt)”，单击【保存】按钮，如下图所示。

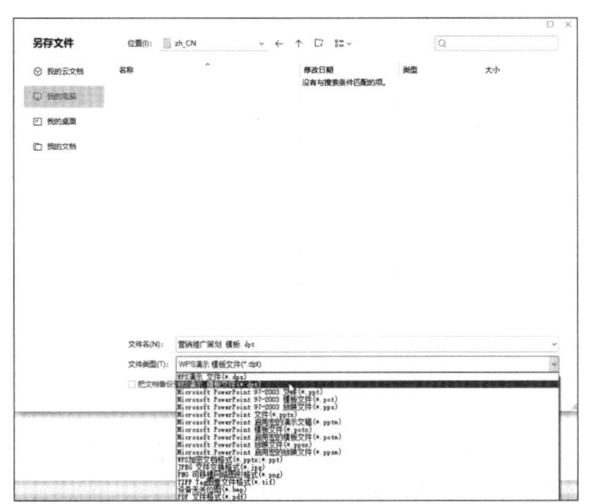

第 2 步 即可保存扩展名为“.dpt”的模板文件，如下图所示。

另外，用户也可以载入本地模板，具体操作步骤如下。

第 1 步 单击【设计】选项卡下的【导入模板】按钮，如下图所示。

第 2 步 弹出【应用设计模板】对话框，选择要应用的模板文件，单击【打开】按钮，即可应用该模板，如下图所示。

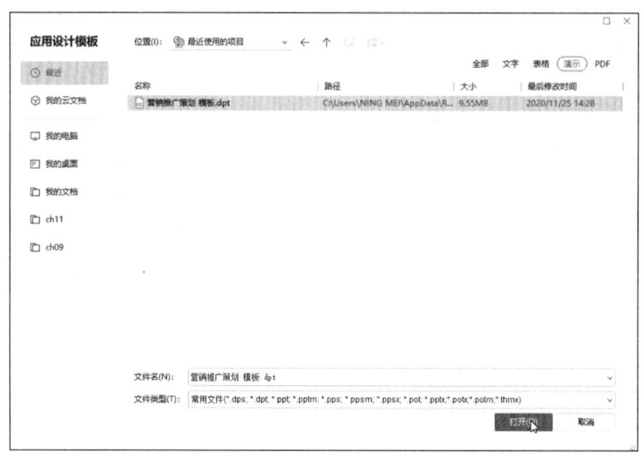

13.2 基本操作——制作《销售业绩报告》演示文稿

销售业绩报告主要用于展示公司的销售业绩情况。本节以制作销售业绩报告演示文稿为例，介绍 WPS 演示的基本操作技巧。

本节素材结果文件		
	素材	素材 \ch13\×× 产品销售业绩报告 .potx
	结果	结果 \ch13\×× 产品销售业绩报告 .pptx

13.2.1 制作幻灯片首页

制作销售业绩报告演示文稿时，首先要制作幻灯片首页，首页上主要展示演示文稿的标题、制作单位（制作人）、时间等，具体操作步骤如下。

第 1 步 打开素材文件，单击幻灯片中的文本占位符，添加幻灯片标题“× × 产品销售业绩报告”，在【开始】选项卡下设置标题文本的【字体】为“华文中宋”，【字号】为“50”，并调整标题文本框的位置，如下图所示。

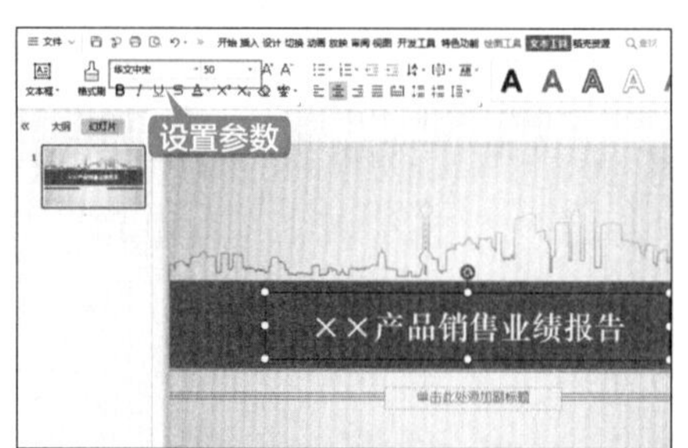

第 2 步 选择标题文本，单击【文本工具】选项卡下的按钮，打开【预设样式】列表，设置字体的样式，如下图所示。

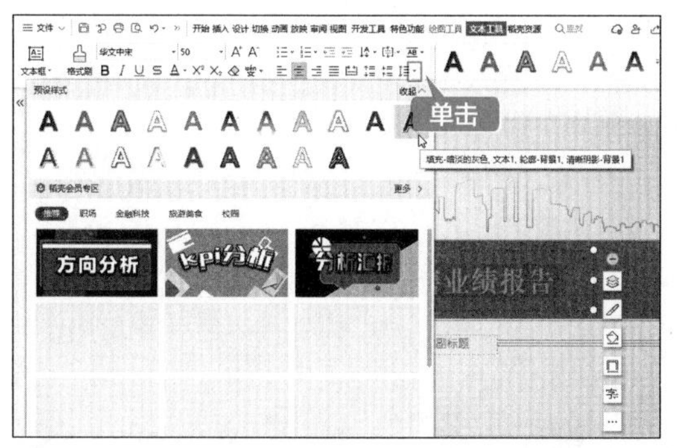

第 3 步 单击【文本效果】按钮，在弹出的列表中，设置字体的显示效果，如下图所示。

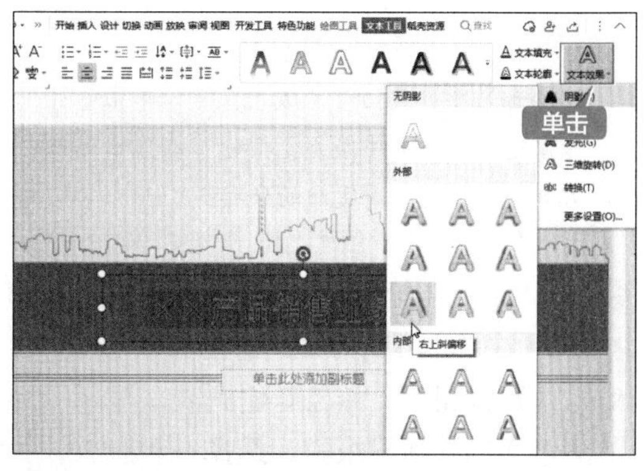

第 4 步 使用同样的方法，在副标题文本框中输入副标题文本，并设置文本格式，调整文本框的位置，最终效果如下图所示。

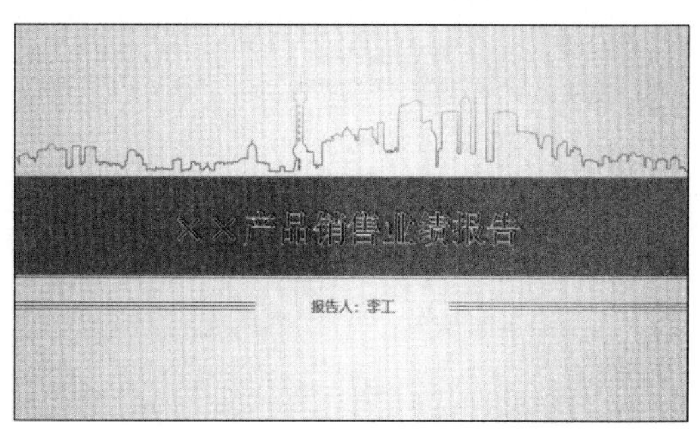

13.2.2 新建幻灯片

幻灯片首页制作完成后，可以新建幻灯片，设计后面的内容。新建幻灯片的具体操作步骤如下。

第 1 步 在【幻灯片】窗格中右击，在弹出的快捷菜单中选择【新建幻灯片】命令，如下图所示。

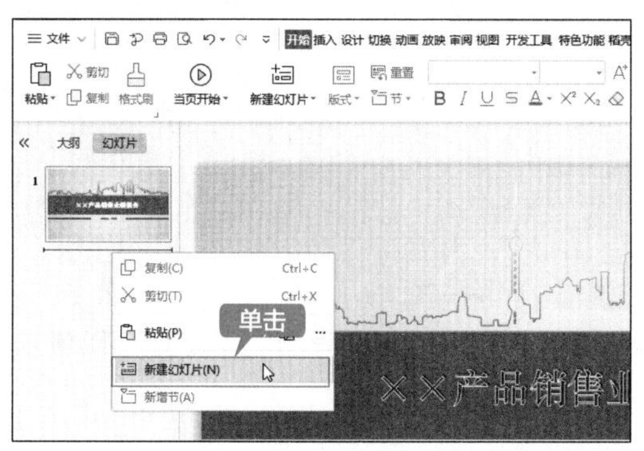

第 2 步 即可快速新建幻灯片，如下图所示。

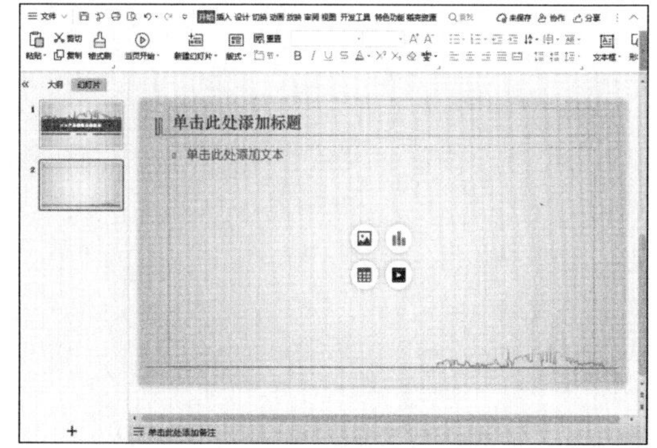

提示

如果要更改幻灯片版式，可以单击【开始】选项卡下的【版式】按钮，在弹出的版式列表中，选择要更改的版式。

第 3 步 单击【开始】选项卡下的【新建幻灯片】按钮 或单击【幻灯片】窗格底部的【新建幻灯片】按钮＋，弹出新建列表，显示了当前演示文稿的所有版式，选择一种版式，如下图所示。

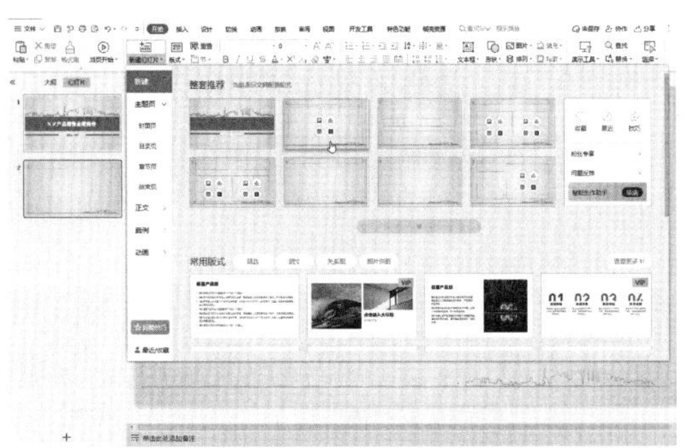

第 4 步 即可新建该版式的幻灯片，如下图所示。

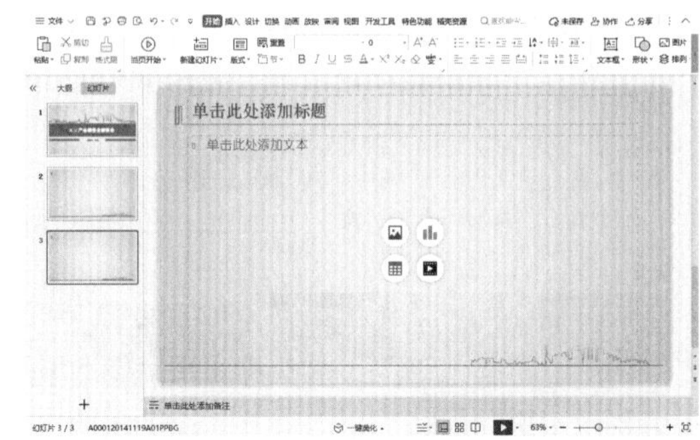

提示

如果要删除幻灯片，在【幻灯片】窗格中选中该页幻灯片，按【Delete】键即可删除。

13.2.3 为内容页添加和编辑文本

在普通视图中，新建的幻灯片中会出现“单击此处添加标题”或“单击此处添加文本”等提示文本，这种文本统称为“文本占位符”。在文本占位符上单击，即可输入文本，同时，输入的文本会自动替换文本占位符。

第 1 步 选择第 2 页幻灯片，在标题文本框中输入标题“一、公司概括”，如下图所示。

第 2 步 在“单击此处添加文本”上单击，可直接输入文字，这里将“素材 \ch13\ 公司概括 .txt”文件中的内容复制到幻灯片中，如下图所示。

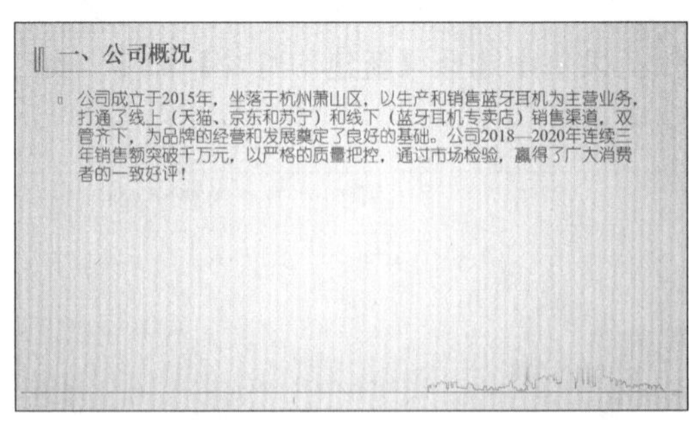

第 3 步 删除首行的项目符号，并设置字体为“方正楷体简体”，字号为“24”，如下图所示。

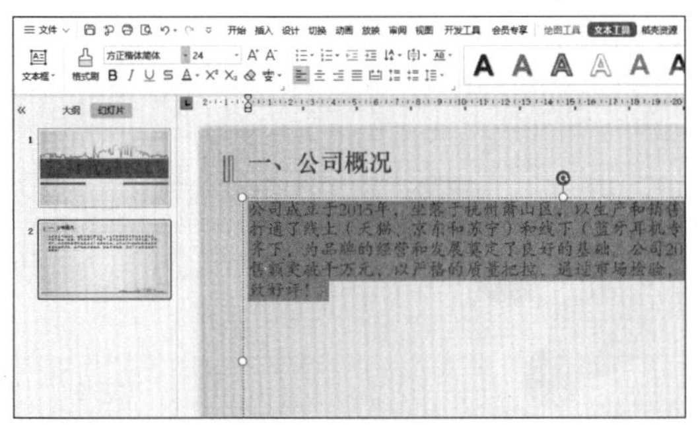

第 4 步 单击【开始】选项卡下的【段落】对话框按钮⌟，如下图所示。

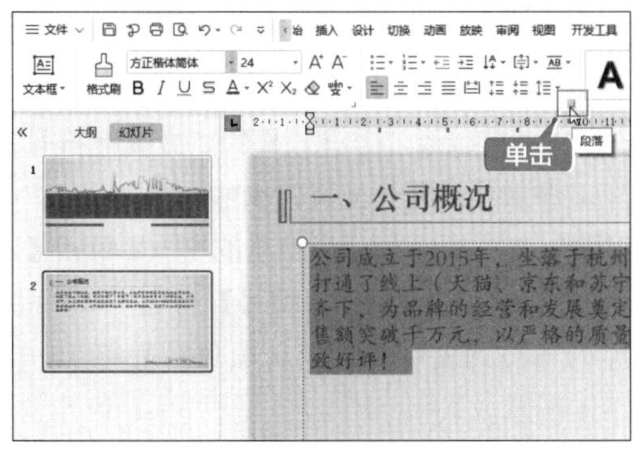

第 5 步 弹出【段落】对话框，在【缩进和间距】选项卡下，设置【对齐方式】为“两端对齐”，【特殊格式】为“首行缩进”，【度量值】为“2”字符，【行距】为“双倍行距”，单击【确定】按钮，如下图所示。

第 6 步 设置后效果如下图所示。

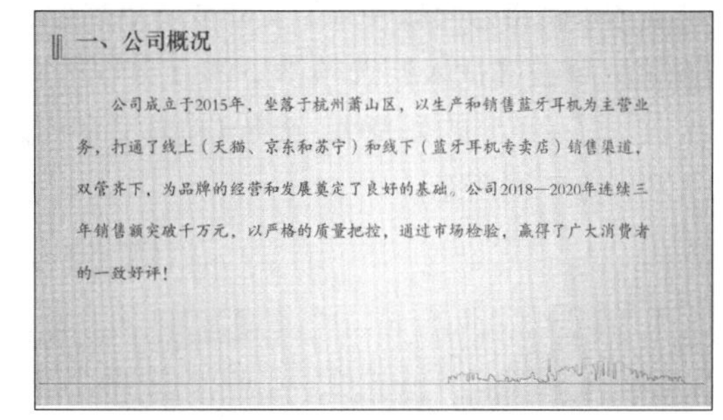

13.2.4 插入和编辑图片

在制作幻灯片时插入适当的图片，可以达到图文并茂的效果。插入和编辑图片的具体操作步骤如下。

第 1 步 选择第 3 张幻灯片，输入标题“二、主力产品”，并单击幻灯片中的【插入图片】按钮，如下图所示。

第 2 步 弹出【插入图片】对话框，选择“素材\ch13\图 1.jpg”图片，单击【打开】按钮，如下图所示。

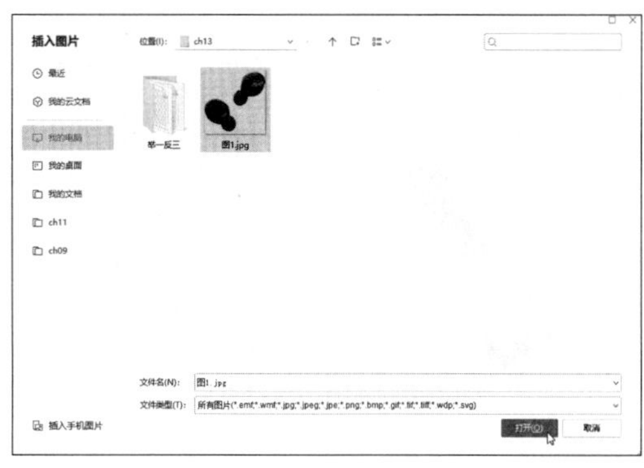

第 3 步 将图片插入到幻灯片中，效果如下图所示。

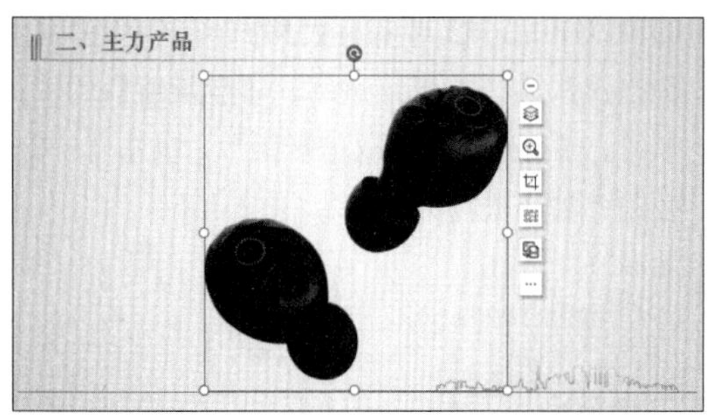

第4步 选中图片，并将其移动到合适的位置，如下图所示。

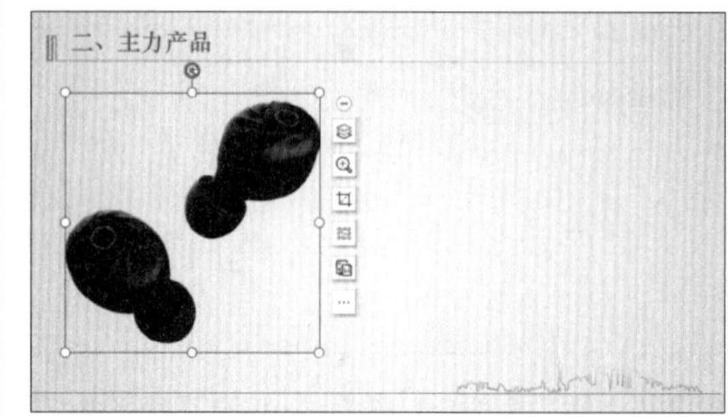

13.2.5 为文本添加项目符号

在演示文稿中可以添加项目符号，项目符号是放在文本前以添加强调效果的点或其他符号，精美的项目符号可以使演示文稿变得更加生动、专业。添加项目符号的具体操作步骤如下。

第1步 单击【插入】选项卡下的【文本框】按钮，在弹出的列表中，选择【横向文本框】选项，如下图所示。

第2步 在图片的右侧绘制一个文本框，并输入文本内容，如下图所示。

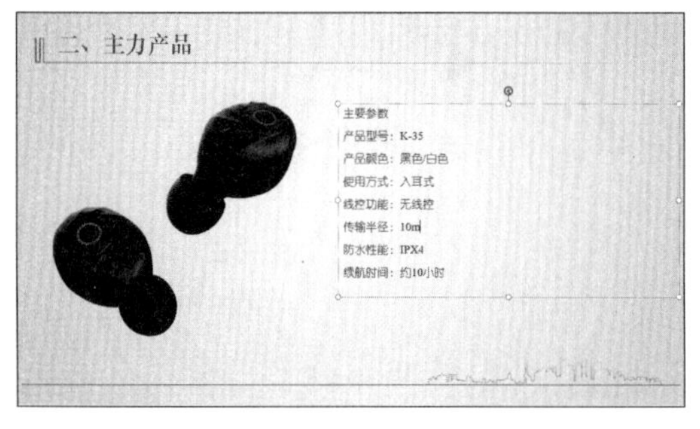

第3步 选中要添加项目符号的文本，单击【开始】选项卡下的【项目符号】按钮，在弹出的下拉列表中选择一种项目符号样式，如下图所示。

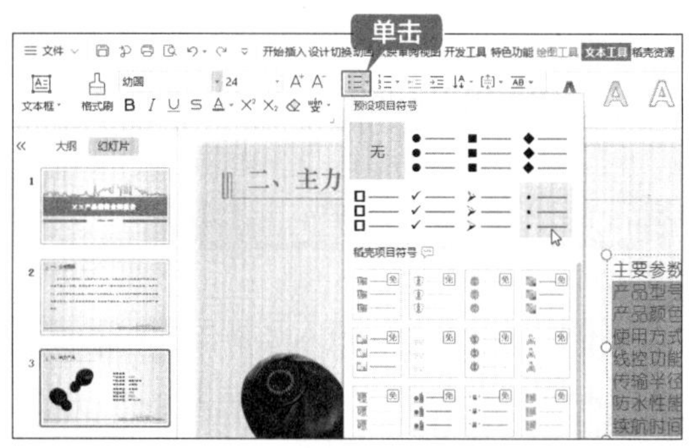

第4步 即可添加该样式的项目符号，设置字体及段落格式，效果如下图所示。

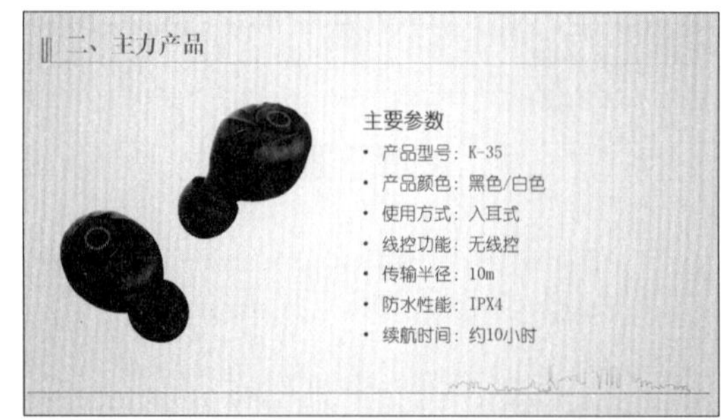

13.2.6 添加数据表格

在演示文稿中可以插入表格，并设置表格样式，使销售业绩报告中要传达的信息更加简洁、直观。

第 1 步 新建标题和内容幻灯片，并输入该页幻灯片的标题“三、10 月份各渠道销售情况表”，然后单击幻灯片中的【插入表格】按钮，如下图所示。

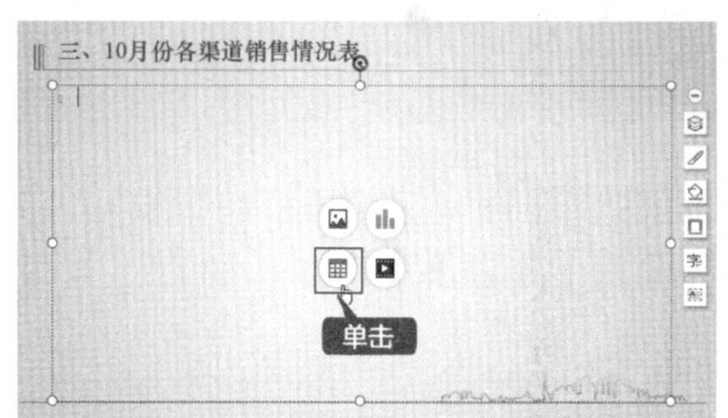

第 2 步 弹出【插入表格】对话框，设置要插入表格的行、列数，单击【确定】按钮，如下图所示。

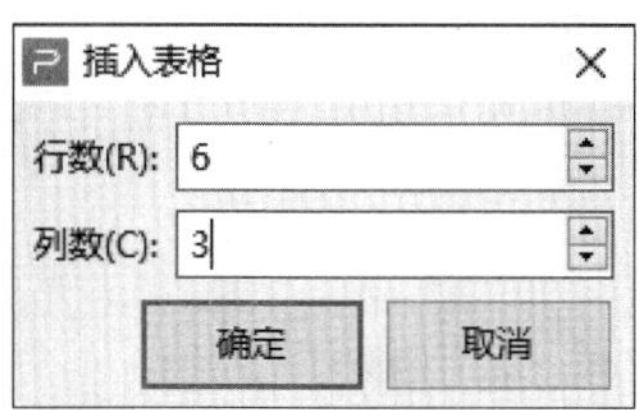

第 3 步 即可在幻灯片中插入一个 6 行 3 列的表格，如下图所示。

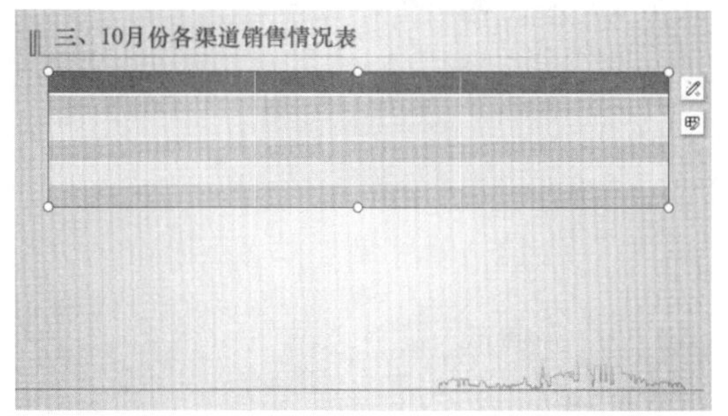

第 4 步 在表格中输入内容，并设置表格内容“居中对齐”显示，如下图所示。

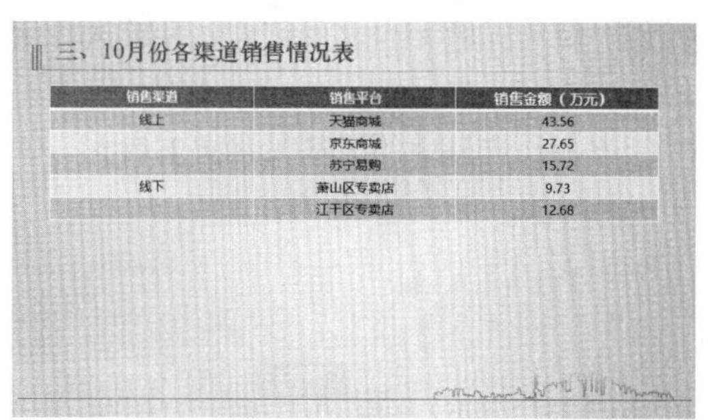

第 5 步 根据需要合并单元格，适当调整行高和列宽，并设置内容“水平居中”显示，效果如下图所示。

第 6 步 选中表格某一行，在旁边的悬浮框中，单击【智能样式】按钮，对表格进行美化，如这里选择【强调】→【外侧描边】选项，为表格添加样式和效果，如下图所示。

13.2.7 添加数据图表

在幻灯片中插入图表，可以使幻灯片的内容更为丰富。与文字和数据相比，形象直观的图表更容易让人理解，也可以使幻灯片的内容展示更加清晰。

第 1 步 新建标题和内容幻灯片，并输入该页幻灯片的标题“四、各季度销售情况对比”，然后单击幻灯片中的【插入图表】按钮，如下图所示。

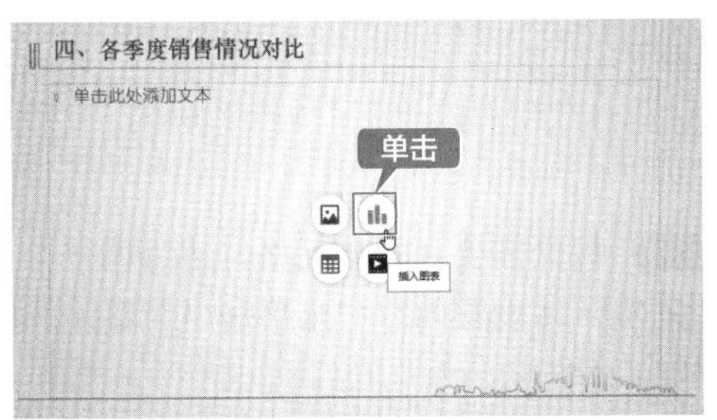

第 2 步 在弹出的【插入图表】对话框中，选择左侧【柱形图】选项，并在右侧选择【簇状柱形图】选项，然后单击【插入】按钮，如下图所示。

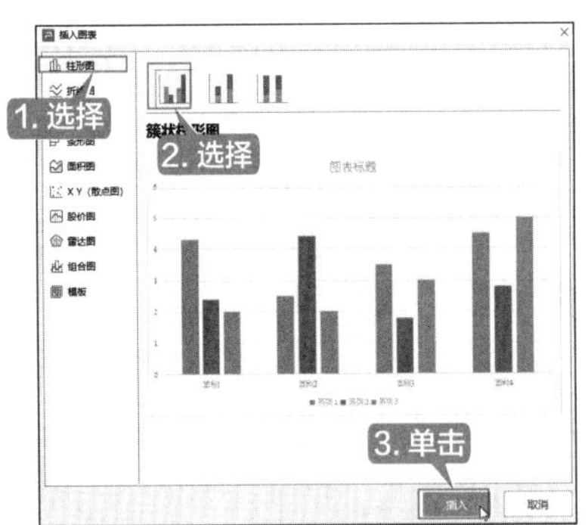

第 3 步 即可在幻灯片中插入一个图表，单击【图表工具】选项卡下的【编辑数据】按钮，如下图所示。

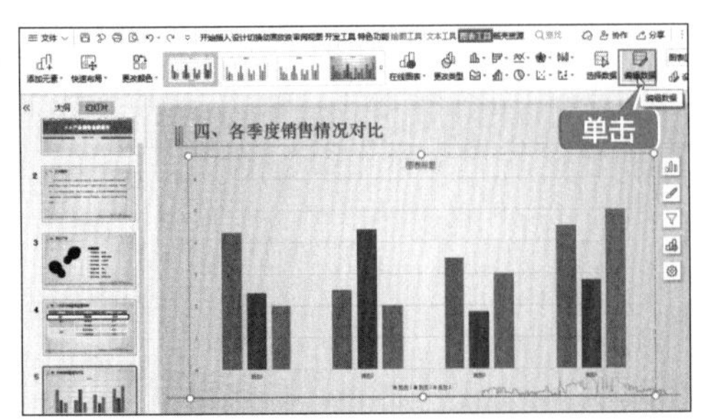

第 4 步 即可打开一个工作簿，在其中输入数据，如下图所示。

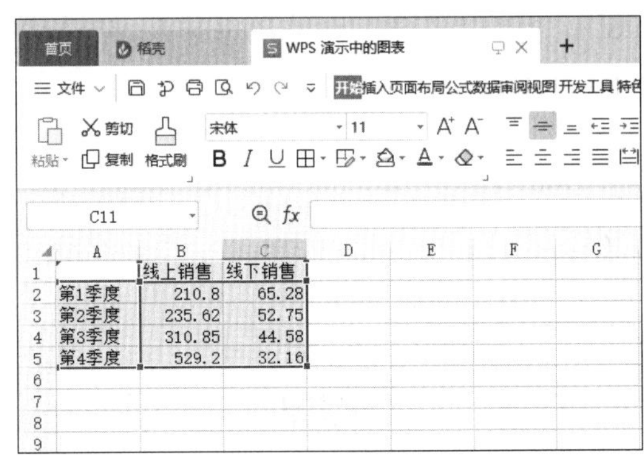

	A	B	C
1		线上销售	线下销售
2	第1季度	210.8	65.28
3	第2季度	235.62	52.75
4	第3季度	310.85	44.58
5	第4季度	529.2	32.16

第 5 步 输入完成后关闭工作簿，即可更新图表中的数据，效果如下图所示。

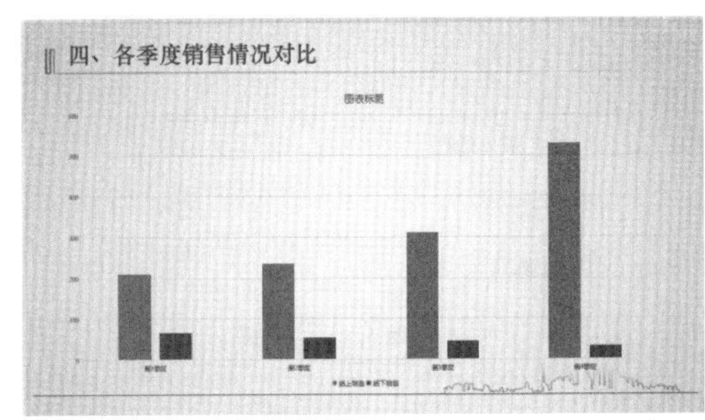

第 6 步 根据需求，调整图表的大小、颜色、元素等，如下图所示。

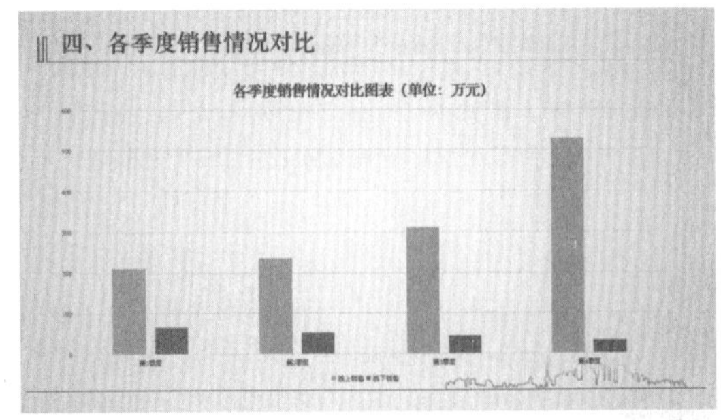

13.2.8 绘制和编辑形状

在销售业绩报告演示文稿中，绘制和编辑形状可以丰富演示文稿内容的展现形式，美化演示文稿。

第 1 步 新建标题和内容幻灯片，并输入该页幻灯片的标题“五、展望未来”，删除内容文本框，然后单击【插入】选项卡下的【形状】按钮，在弹出的下拉列表中选择【箭头总汇】区域中的【上箭头】形状，如下图所示。

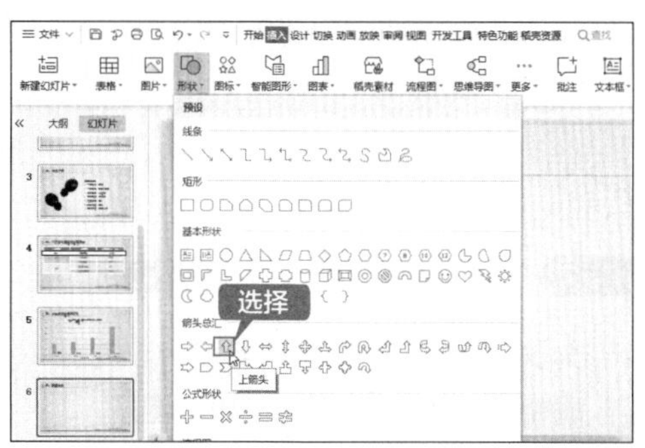

第 2 步 此时鼠标指针在幻灯片中显示为十字+，在幻灯片空白处单击鼠标左键并拖曳到适当位置释放鼠标，绘制的形状如下图所示。

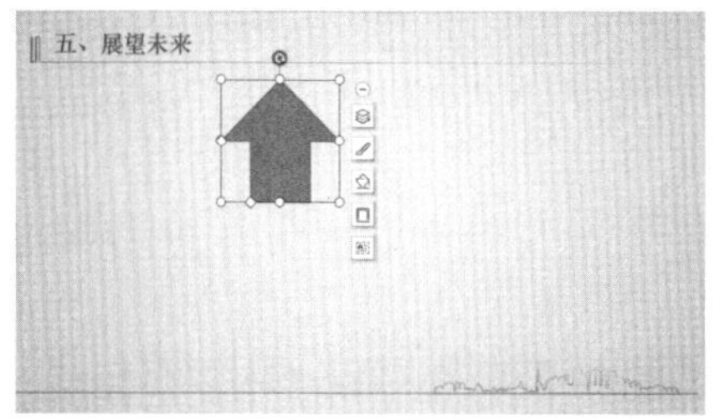

第 3 步 单击【绘图工具】选项卡下的【其他】按钮，在弹出的下拉列表中选择一种主题填充，即可应用该样式，如下图所示。

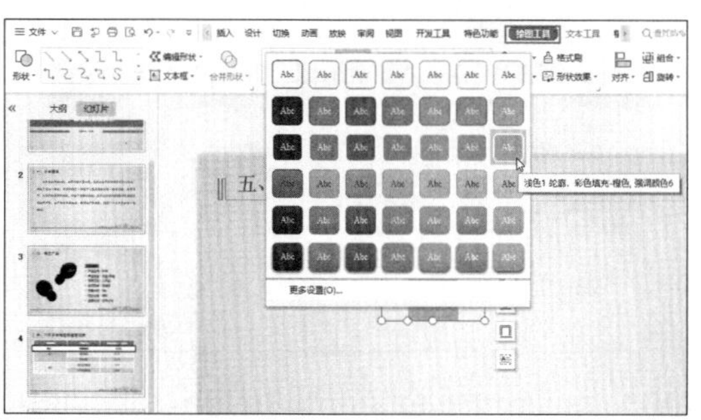

第 4 步 重复上面的操作步骤，插入矩形形状，并设置形状样式，如下图所示。

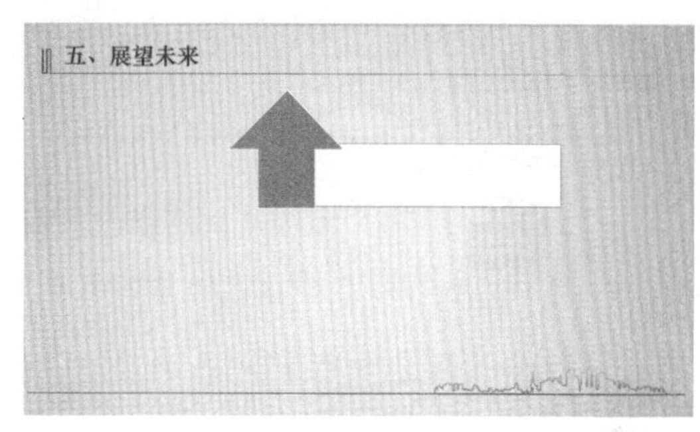

第 5 步 选中插入的上箭头和矩形形状并复制粘贴 2 次，调整形状的位置，然后分别设置形状的填充样式，效果如下图所示。

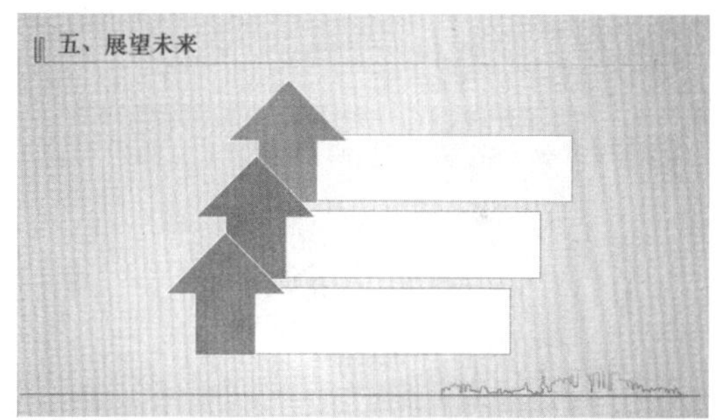

第 6 步 在形状中输入文本，并根据需要设置文本样式，最终效果如下图所示。

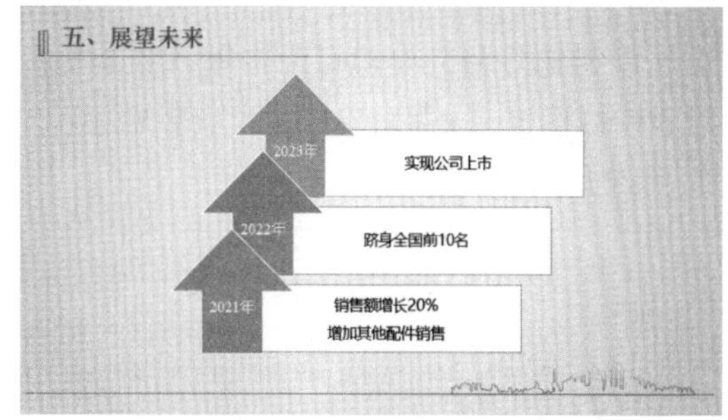

至此，销售业绩报告演示文稿制作完成，将其保存为“××产品销售业绩报告.pptx”。

设计述职报告演示文稿

与销售业绩报告演示文稿类似的还有述职报告演示文稿、企业发展战略演示文稿等。设计制作这类演示文稿时，要做到内容客观、重点突出、个性鲜明，使公司能了解演示文稿的重点内容，并突出个人魅力。下面以设计述职报告演示文稿为例进行介绍，具体操作步骤如下。

本节素材结果文件		
	素材	素材 \ch13\“述职报告”文件夹
	结果	结果 \ch13\ 述职报告 .dps

1. 新建演示文稿

新建空白演示文稿，为演示文稿应用设计主题，如下图所示。

2. 新建幻灯片

新建幻灯片，在幻灯片中输入文本，并设置字体格式、段落对齐方式、段落缩进等，如下图所示。

前言

大家好，我叫王××，2019年开始在公司从事销售工作，于1年前担任销售一部销售经理一职，主要负责公司产品的销售。在工作期间，始终以公司的规章、制度为指导，努力完成销售任务并不断发展壮大我的团队。在这一年中，我带领销售一部完成年度销售任务1500万元，并超额销售1068万元，一年中销售总额达到2568万元。

3. 添加项目符号，进行图文混排

为文本添加项目符号与编号，并插入图片，调整图片大小和位置，如下图所示。

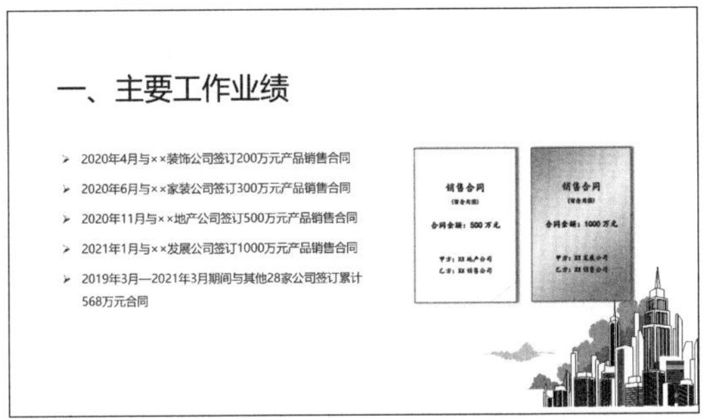

4. 添加数据表格，设计结束页

插入表格，设置表格的样式，并设计结束页，保存设计好的演示文稿，如下图所示。

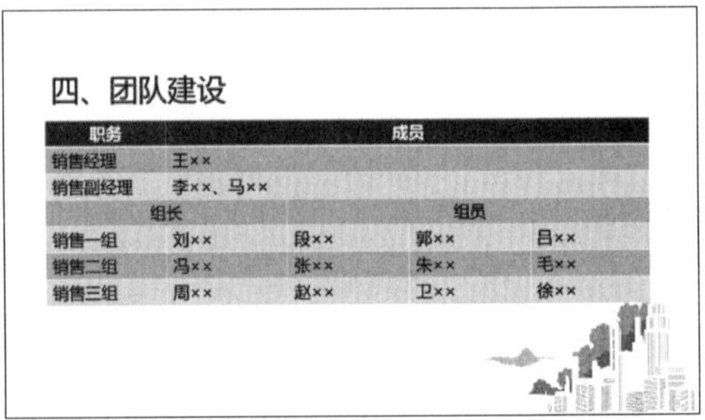
四、团队建设

职务	成员			
销售经理	王××			
销售副经理	李××、马××			
	组长	组员		
销售一组	刘××	段××	郭××	吕××
销售二组	冯××	张××	朱××	毛××
销售三组	周××	赵××	卫××	徐××

◇ 使用取色器为演示文稿配色

在 WPS 演示中可以对图片、形状等任何颜色进行取色，以更好地设计演示文稿，具体操作步骤如下。

第 1 步 选择要填充的文本框、形状或文字等，例如，这里选择一种形状，单击【绘图工具】选项卡下【填充】右侧的下拉按钮，在弹出的【主题颜色】面板中选择【取色器】选项，如下图所示。

第 2 步 在幻灯片上单击任意一点，拾取该点颜色，如下图所示。

第 3 步 即可将拾取的颜色填充到形状中，效果如下图所示。

◇ 快速对齐多个形状、图片等对象

在制作演示文稿时，如果在一张幻灯片上插入了多个形状、图片等，可以快速将它们进行顶端对齐、左侧对齐、均匀分布等，使版面整齐美观。

第 1 步 绘制 5 个形状，用鼠标框选这些形状，其顶部会显示悬浮框，单击其中的【靠上对齐】按钮，如下图所示。

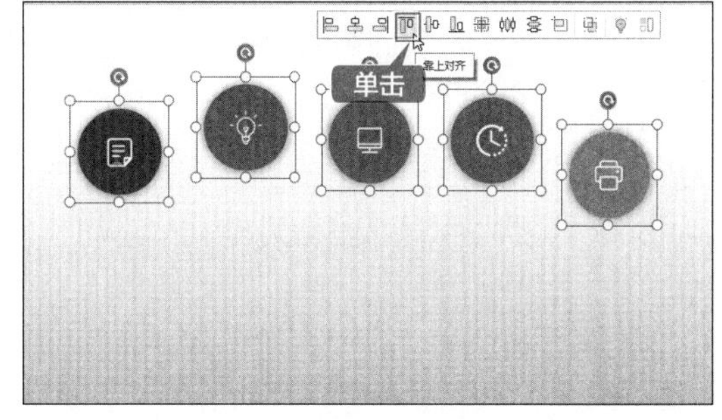

第 2 步 所选形状就会顶端对齐，如下图所示。

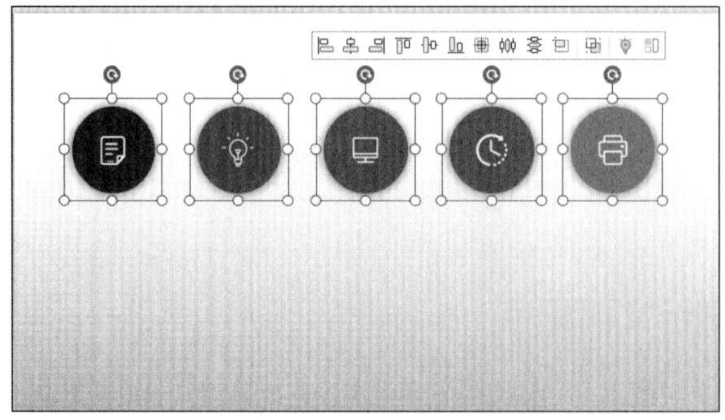

第 3 步 单击悬浮框上的【横向分布】按钮 ⫴，如下图所示。

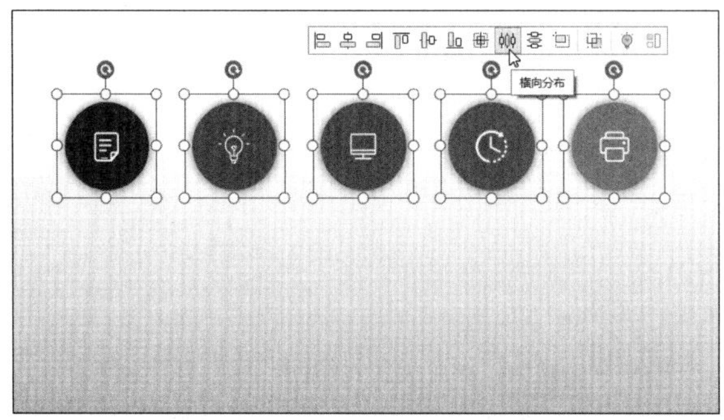

第 4 步 所选形状即会横向均匀对齐，如下图所示。

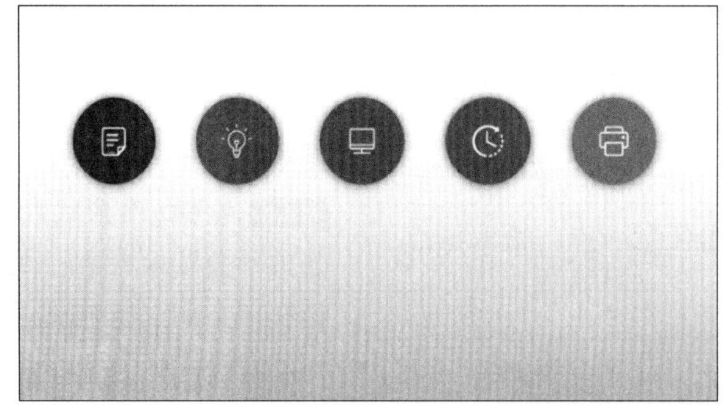

第 14 章

演示文稿进阶——WPS 演示的动画及放映设置

本章导读

动画及放映设置是 WPS 演示的重要功能，可以使幻灯片的过渡和显示给观众带来绚丽多彩的视觉享受。本章主要介绍演示文稿动画及放映的设置。

思维导图

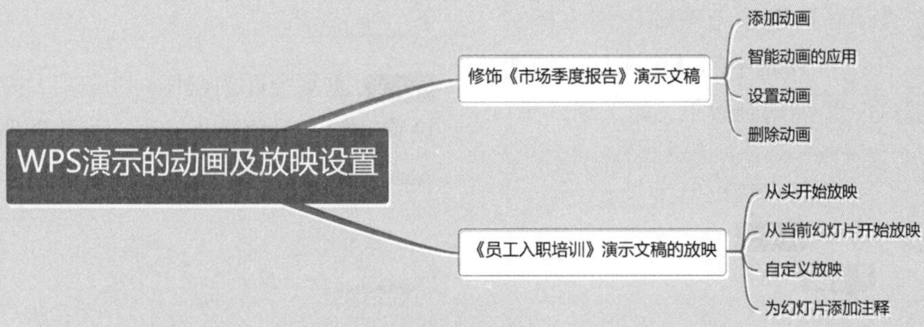

14.1 应用动画——修饰《市场季度报告》演示文稿

修饰市场季度报告演示文稿的主要工作是对公司的市场季度报告演示文稿进行动画修饰。在 WPS 演示中，添加并设置动画可以有效加深观众对幻灯片的印象。本节以修饰市场季度报告为例介绍动画的添加和设置方法。

本节素材结果文件		
	素材	素材 \ch14\ 市场季度报告 .dps
	结果	结果 \ch14\ 市场季度报告 .dps

14.1.1 添加动画

在幻灯片中，可以为对象添加进入动画。例如，可以使对象渐入、从边缘飞入或跳入视图中。添加进入动画的具体操作步骤如下。

第 1 步 打开素材文件，选择幻灯片中要添加动画效果的文字，如下图所示。

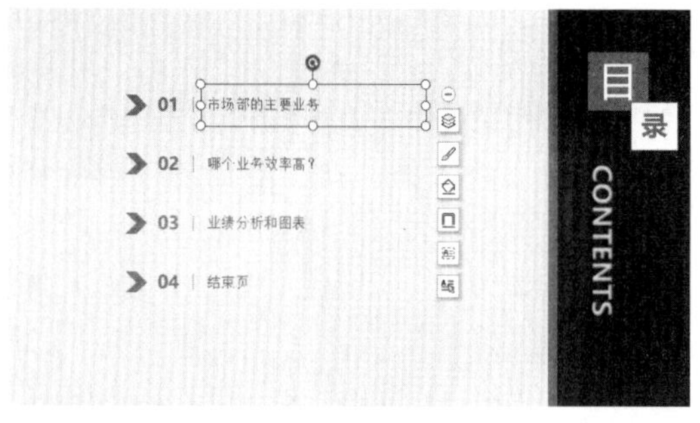

第 2 步 单击【动画】选项卡下动画列表框右侧的按钮，在下拉列表中的【进入】区域选择【擦除】选项，添加动画效果，如下图所示。

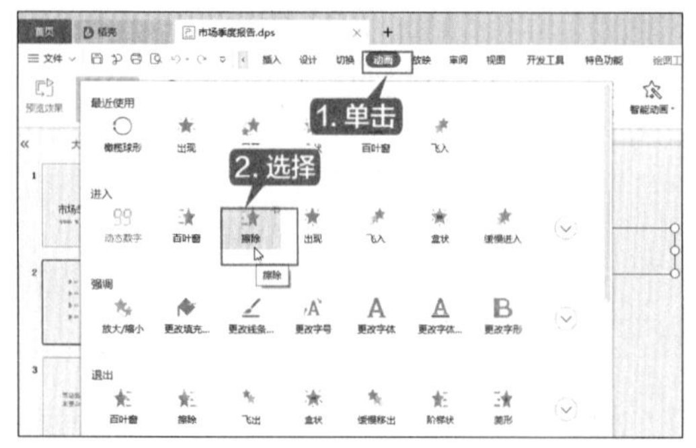

第 3 步 添加动画效果后，左侧【幻灯片】窗格中该页幻灯片缩略图旁会显示动画标识★，如下图所示。

第 4 步 重复上面的操作，为幻灯片中其他需要设置动画的对象添加动画，如下图所示。

14.1.2 智能动画的应用

智能动画是 WPS 演示的特色功能，可以方便、快速地为所选对象添加动画，具体操作步骤如下。

第 1 步 使用鼠标框选要添加动画的对象，如下图所示。

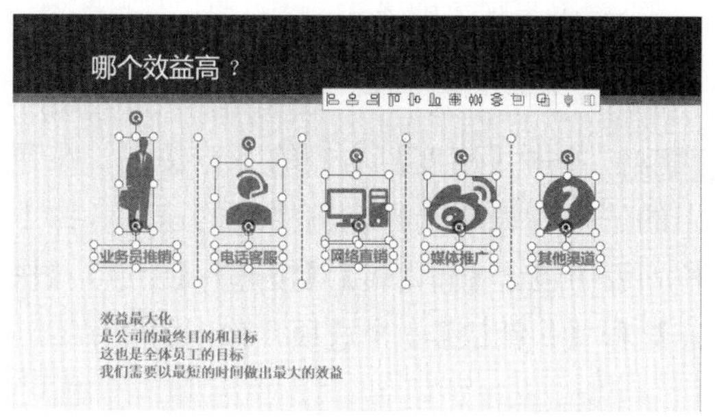

第 2 步 单击【动画】选项卡下的【智能动画】按钮，在弹出的动画列表中选择动画即可应用，如下图所示。

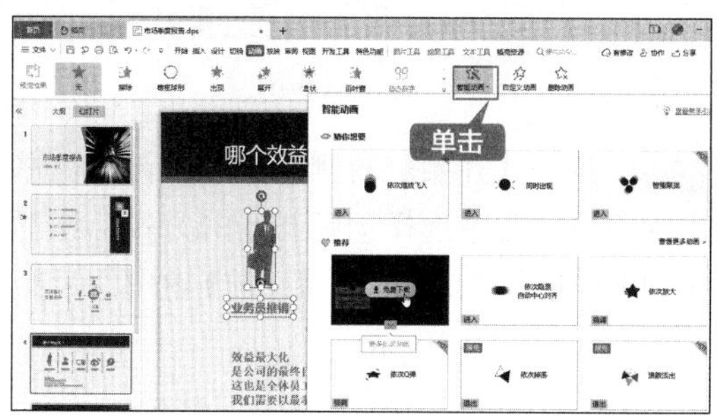

14.1.3 设置动画

在幻灯片中添加动画后，可以对动画进行设置，包括调整动画顺序、为动画计时等。

第 1 步 在添加了动画的幻灯片页面中，单击【动画】选项卡下的【自定义动画】按钮 ，右侧即会弹出【自定义动画】窗格，如下图所示。

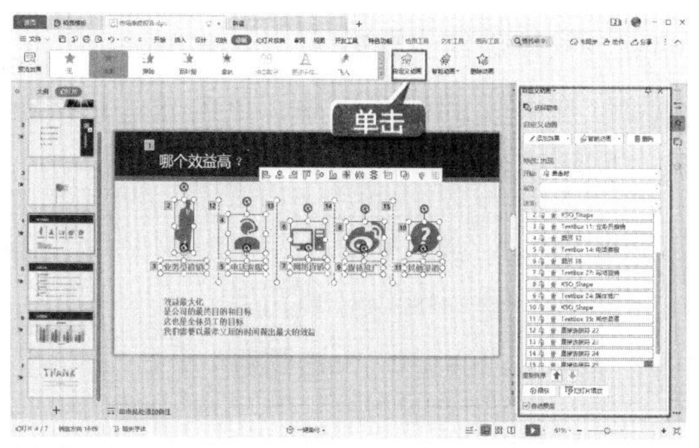

第 2 步 选择【自定义动画】窗格中需要调整顺序的动画，如选择动画 4，然后单击列表框下方的向上按钮或向下按钮进行调整，如下图所示。

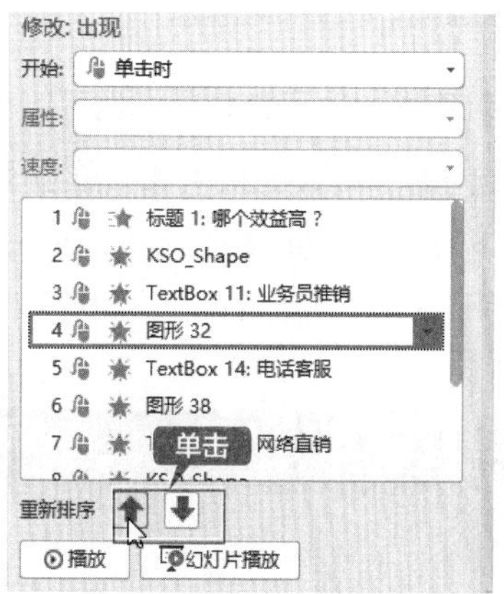

提示

选中要调整顺序的动画，然后按住鼠标左键并拖曳到合适位置，释放鼠标，即可将动画重新排序。

添加动画后，可以在【自定义动画】窗格中为动画指定开始、方向和速度。

第 1 步 在【自定义动画】窗格中，选择要修改的动画，此时即可看到【开始】【方向】【速度】

后方的选项变为可选状态，如下图所示。

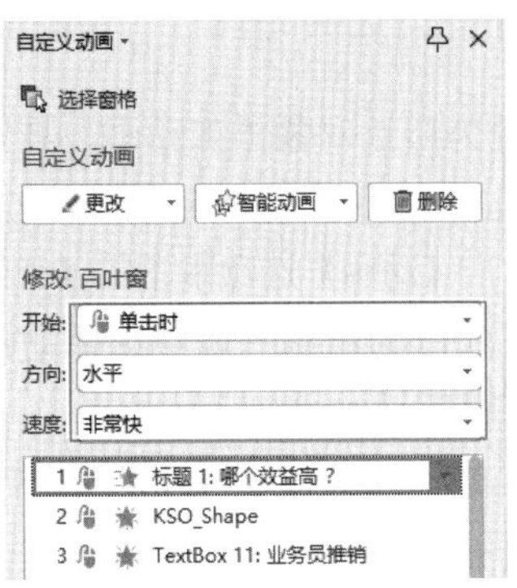

第 2 步 单击【开始】右侧的下拉按钮，在弹出的下拉列表中选择动画开始的方式。该下拉列表中包含【单击时】【之前】和【之后】3 个选项，如下图所示。

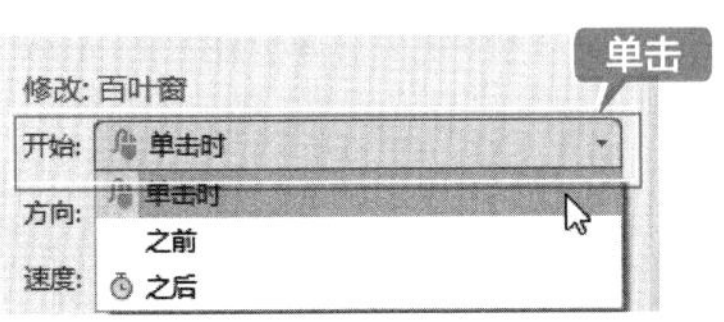

第 3 步 单击【方向】右侧的下拉按钮，在弹出的下拉列表中选择动画进入的方向。该下拉列表中包含【水平】和【垂直】2 个选项，如下图所示。

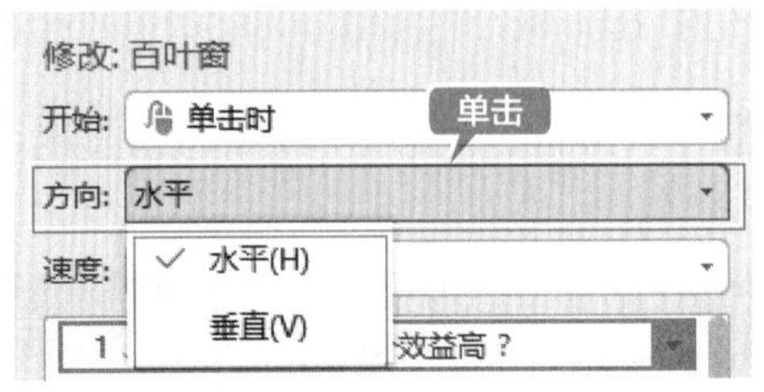

第 4 步 单击【速度】右侧的下拉按钮，在弹出的下拉列表中选择动画播放的速度。该下拉列表中包含【非常慢】【慢速】【中速】【快速】和【非常快】5 个选项，如下图所示。

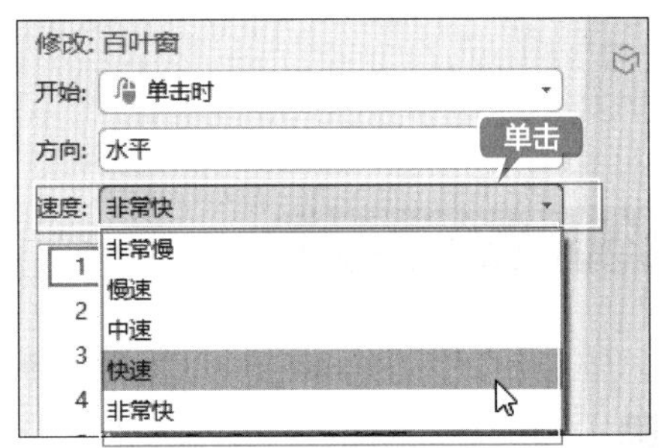

14.1.4 删除动画

为对象添加动画效果后，也可以根据需要删除动画，具体操作步骤如下。

第 1 步 选择添加了动画的对象，单击【动画】选项卡下的【删除动画】按钮，如下图所示。

第 2 步 在弹出的提示框中，单击【是】按钮即可删除动画，如下图所示。

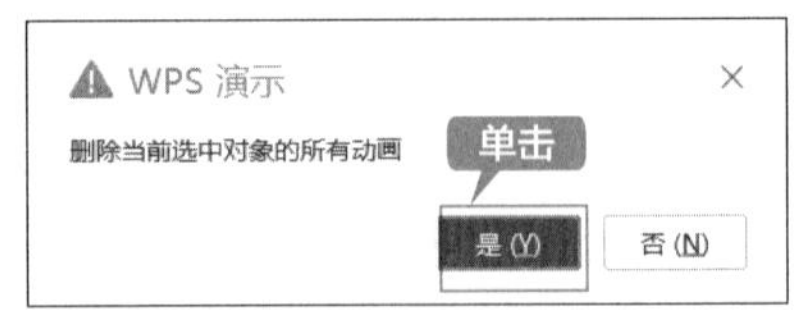

另外，也可以通过以下两种方法删除动画。

方法一：通过动画列表删除动画

单击【动画】选项卡下动画列表中的【无】选项，如下图所示。

方法二：在【自定义动画】窗格中删除动画

打开【自定义动画】窗格，选择要删除的动画，然后单击【删除】按钮即可删除动画，如下图所示。

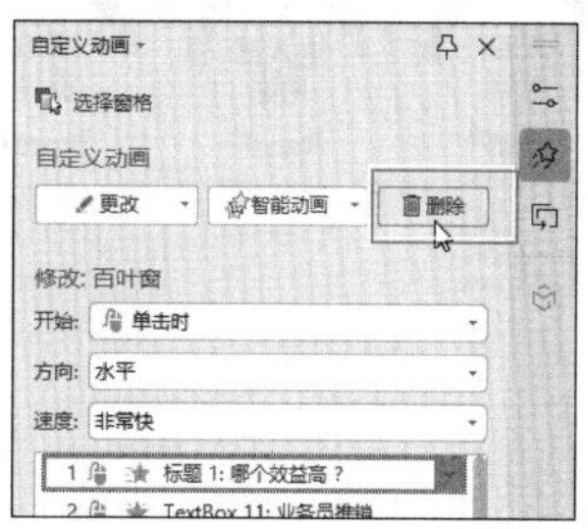

14.2 放映幻灯片——《员工入职培训》演示文稿的放映

员工入职培训演示文稿主要用于对新入职的员工进行岗前培训，帮助新员工适应新工作。WPS 演示为用户提供了多种放映方法，本节以放映员工入职培训演示文稿为例介绍幻灯片的放映方法。

本节素材结果文件		
	素材	素材 \ch14\ 员工入职培训 .dps
	结果	结果 \ch14\ 员工入职培训 .dps

14.2.1 从头开始放映

通常情况下展示幻灯片会选择从头开始放映，从头开始放映幻灯片的具体操作步骤如下。

第 1 步 打开素材文件，单击【放映】选项卡下的【从头开始】按钮 或按【F5】键，如下图所示。

第 2 步 幻灯片从头开始放映，如下图所示。

第 3 步 单击鼠标、按【Enter】键或按空格键即可切换到下一张幻灯片，如下图所示。

提示

按键盘上的【↑】【↓】【←】【→】方向键或滚动鼠标滚轮，也可以向上或向下切换幻灯片。

第 4 步 按【Esc】键则退出放映，并返回幻灯片普通视图界面，如下图所示。

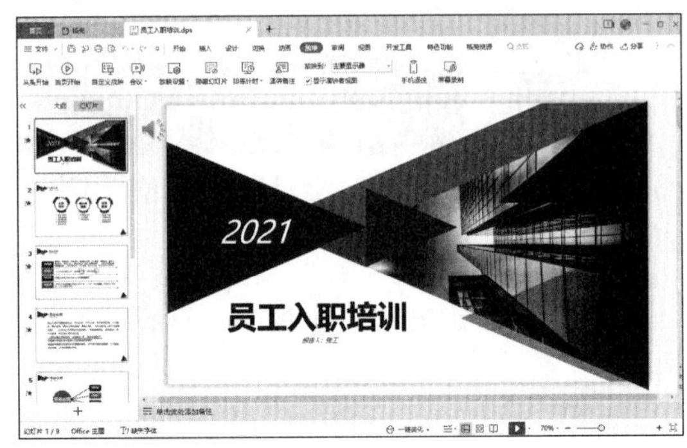

14.2.2 从当前幻灯片开始放映

在放映幻灯片时可以从选定的当前幻灯片开始放映，具体操作步骤如下。

第 1 步 打开素材文件，选中第 3 张幻灯片，单击【放映】选项卡下的【当页开始】按钮，如下图所示。

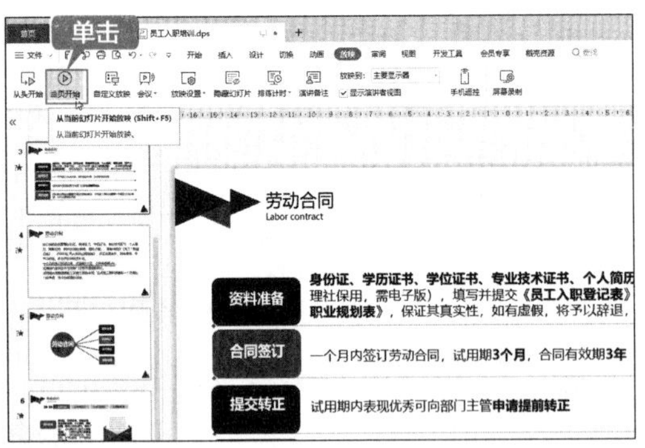

第 2 步 即可从当前幻灯片开始放映，如下图所示。

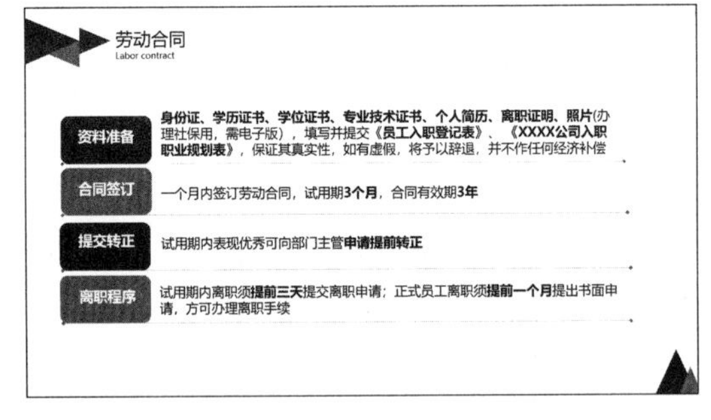

14.2.3 自定义放映

利用【自定义放映】功能，可以为幻灯片设置多种自定义放映方式。设置自定义放映幻灯片的具体操作步骤如下。

第 1 步 打开素材文件，单击【放映】选项卡下的【自定义放映】按钮，如下图所示。

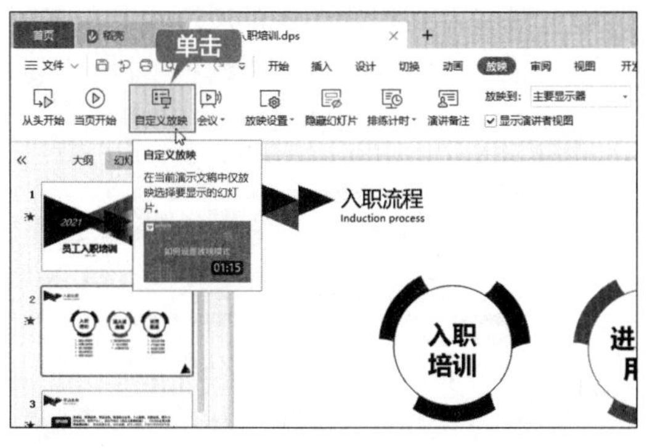

第 2 步 弹出【自定义放映】对话框，单击【新建】按钮，如下图所示。

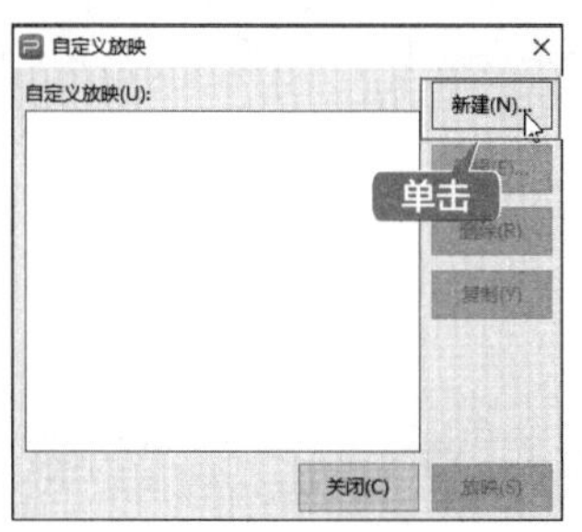

第 3 步 弹出【定义自定义放映】对话框，命名幻灯片放映的名称，并在【在演示文稿中的幻灯片】列表框中选择需要放映的幻灯片，单击【添加】按钮，即可将选中的幻灯片添加到【在自定义放映中的幻灯片】列表框中，单击【确定】按钮，如下图所示。

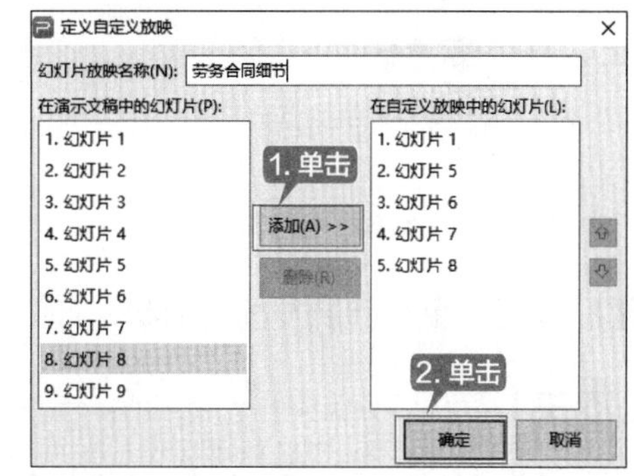

第 4 步 返回到【自定义放映】对话框，选择幻灯片放映名称，单击【放映】按钮，即可自定义放映幻灯片，如下图所示。

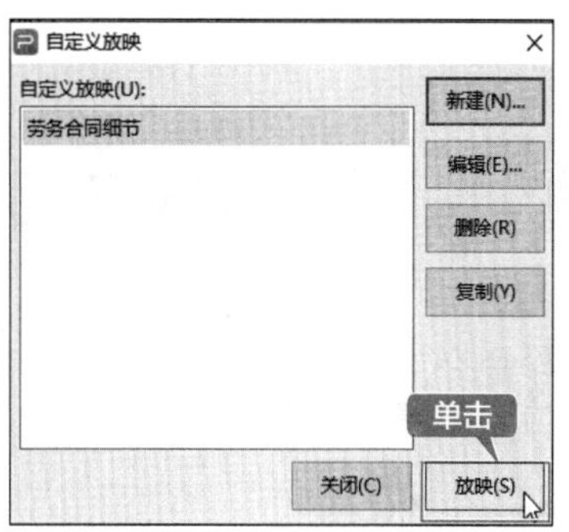

14.2.4 为幻灯片添加注释

要想使观看者更加了解幻灯片所表达的内容，可以在幻灯片中添加注释。添加注释的具体操作步骤如下。

第 1 步 放映幻灯片，单击左下角的✏图标，在弹出的快捷菜单中选择【水彩笔】命令，如下图所示。

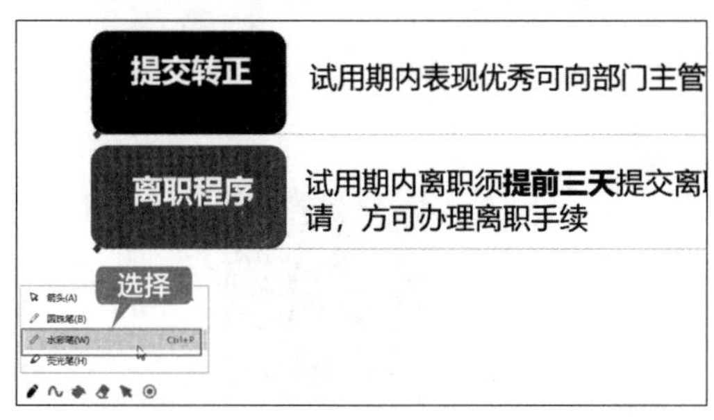

第 2 步 此时，鼠标指针变为水彩笔形状，可以通过拖曳鼠标在幻灯片上添加注释，如下图所示。

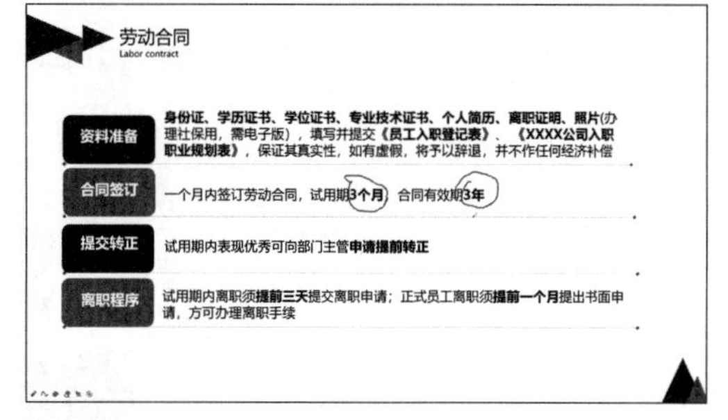

第 3 步 单击左下角的∿图标，在弹出的快捷

菜单中选择【波浪线】命令，如下图所示。

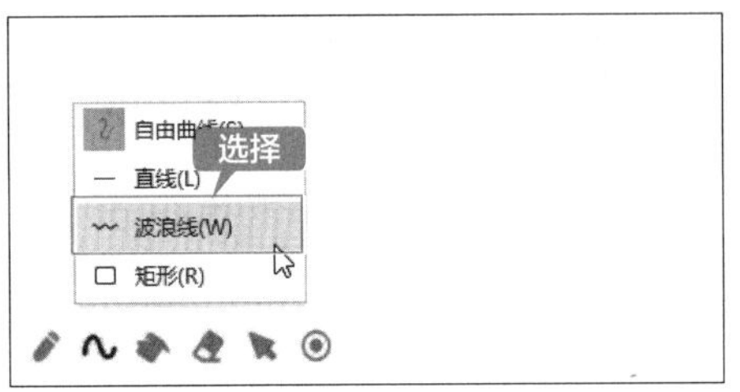

第 4 步 此时，鼠标指针变为形状，可以通过拖曳鼠标在幻灯片上添加波浪线，如下图所示。

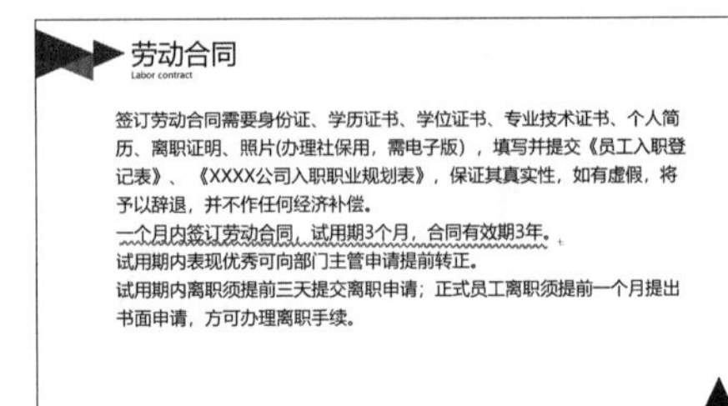

提示

在放映幻灯片时，可以按【Ctrl+E】组合键执行【橡皮擦】命令，鼠标指针变为形状时，在幻灯片中有注释的位置按住鼠标左键拖曳，即可擦除注解。也可以单击左下角的图标，在弹出的快捷菜单中选择【擦除幻灯片上的所有墨迹】命令，将注解全部清除。

举一反三

设计《产品宣传展示》演示文稿动画效果

下面以设计产品宣传展示演示文稿为例，介绍动画、切换效果的应用及幻灯片的放映，读者可以按照以下思路进行对同类演示文稿的设计。

本节素材结果文件		
	素材	素材 \ch14\ 绿化植物产品宣传展示 .dps
	结果	结果 \ch14\ 绿化植物产品宣传展示 dps

1. 为幻灯片中的图片添加动画效果

打开素材文件，为幻灯片中的图片添加动画效果，使产品展示更加引人注目，如下图所示。

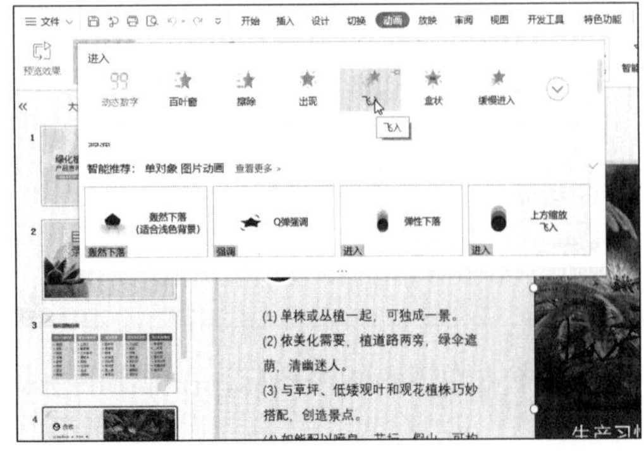

2. 为幻灯片中的文字添加动画效果

为幻灯片中的文字添加动画效果。文字是幻灯片中的重要元素，添加合适的动画效果，可以使文字很好地与其他元素融合在一起，如下图所示。

3. 为幻灯片添加动画效果

为各页幻灯片添加动画效果，使幻灯片之间的切换更加自然，如下图所示。

4. 设置放映方式

设置幻灯片放映方式后，即可根据需求进行放映，如下图所示。

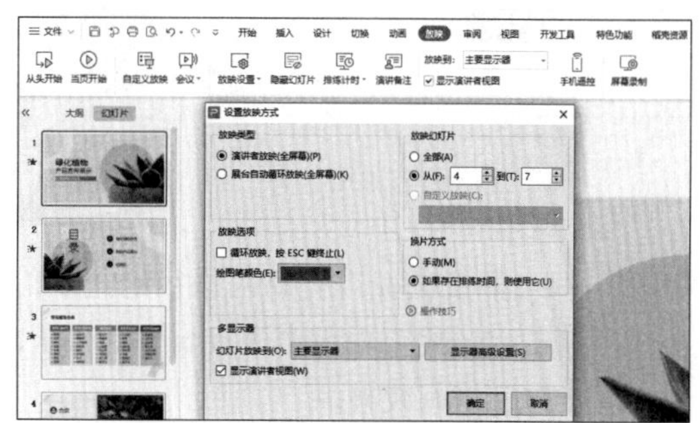

◇ 为幻灯片添加动画路径

除了对幻灯片应用动画样式外，还可以为其添加动画路径，文字、图片等对象会沿着绘制的路径呈现动画效果，具体操作步骤如下。

第 1 步 选择要添加动画的对象，单击【动画】选项卡下动画列表框右侧的 ▿ 按钮，在下拉列表中的【动作路径】区域选择【橄榄球形】选项，如下图所示。

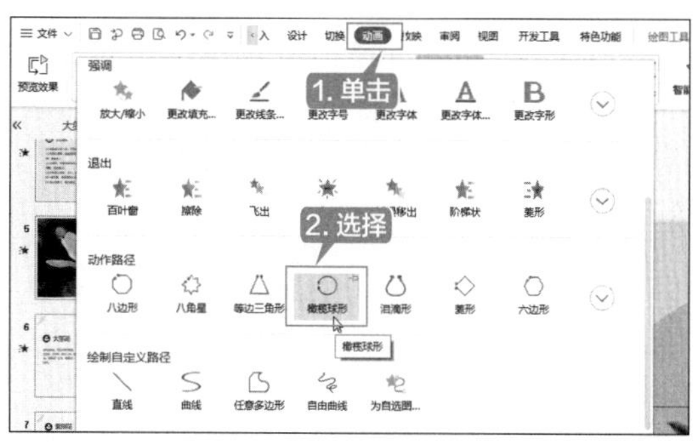

第 2 步 即可为所选对象添加动作路径，打开【自定义动画】窗格，即可看到其动作路径情况，如下图所示。

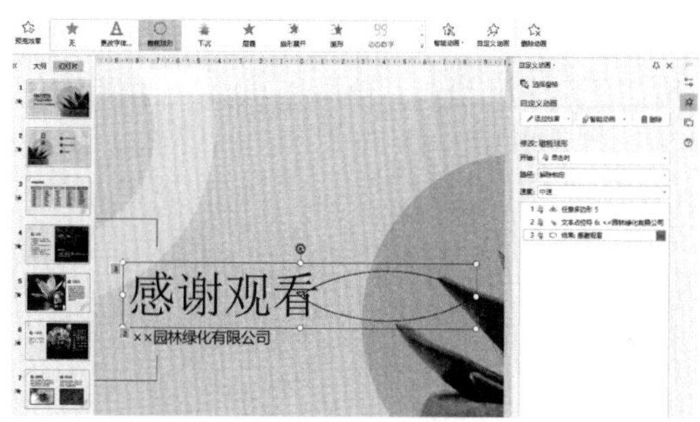

第 3 步 另外，也可以在动画列表中的【绘制自定义路径】区域选择一种路径选项，如选择【曲线】选项，如下图所示。

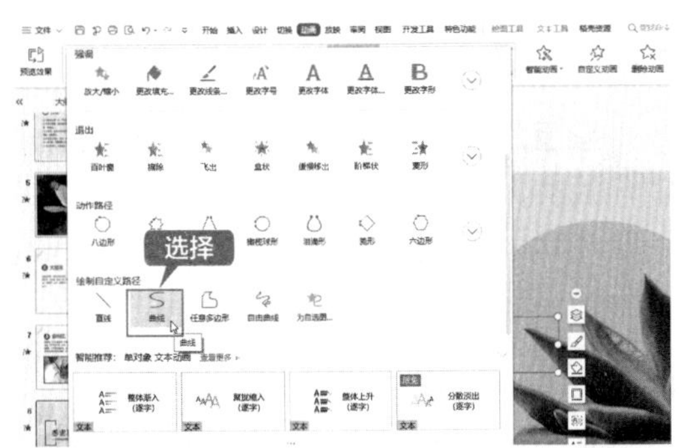

第 4 步 即可拖曳鼠标进行动画路径的绘制，如下图所示。绘制完成后，按【Enter】键确认，并会自动测试动画效果。

◇ 放映幻灯片时隐藏鼠标指针

在放映幻灯片时可以隐藏鼠标指针，以得到更好的放映效果，具体操作步骤如下。

第 1 步 按【F5】键进入幻灯片放映，如下图所示。

第 2 步 单击左下角的 图标，在弹出的快捷菜单中选择【永远隐藏】命令，即可隐藏鼠标指针，如下图所示。

提示

按【Ctrl+H】组合键，也可以隐藏鼠标指针。

第 15 章

玩转 PDF——轻松编辑 PDF 文档

本章导读

PDF 是一种便携式文档格式，可以更鲜明、准确、直观地展示文档内容，而且兼容性好，无法随意编辑，并支持多样化的格式转换，广泛应用于各种工作场景，如公司文件、学习资料、电子图书、产品说明、文章资讯等。本章主要介绍新建、编辑和处理 PDF 文档的操作技巧。

思维导图

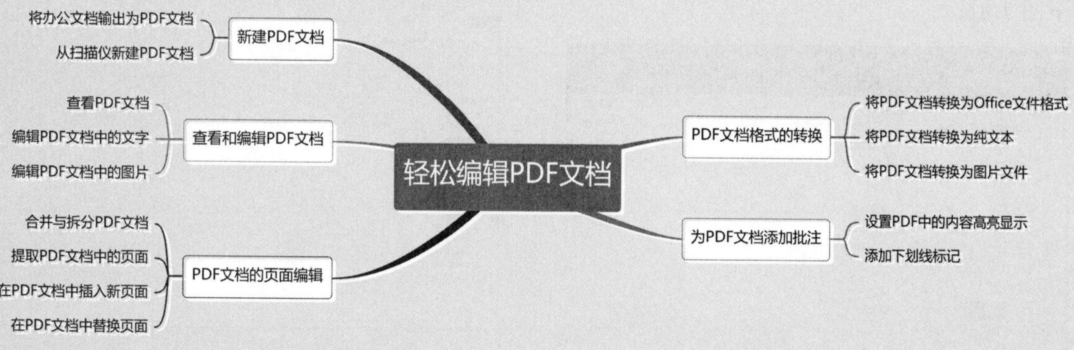

15.1 新建 PDF 文档

在学习编辑 PDF 文档之前，掌握如何新建 PDF 文档是非常有必要的，下面介绍新建 PDF 文档的方法。

15.1.1 将办公文档输出为 PDF 文档

WPS Office 支持将文字、表格及演示文档输出为 PDF 文档，具体操作步骤如下。

第 1 步 使用 WPS Office 打开要转换的办公文档，如这里打开演示文稿，单击【输出为 PDF】按钮，如下图所示。

第 2 步 弹出【输出为 PDF】对话框，选择要转换的页面范围、输出设置和保存目录，单击【开始输出】按钮，如下图所示。

提示

单击【添加文件】按钮，可以添加多个文件进行批量转换。在【输出设置】中，输出为“普通 PDF”后，可以通过编辑软件编辑 PDF 文档，而“纯图 PDF”则转换为图片形式，不可复制，也不可编辑。

第 3 步 此时即可输出，并显示输出状态，提示“输出成功”后，表示已经完成转换，如下图所示。

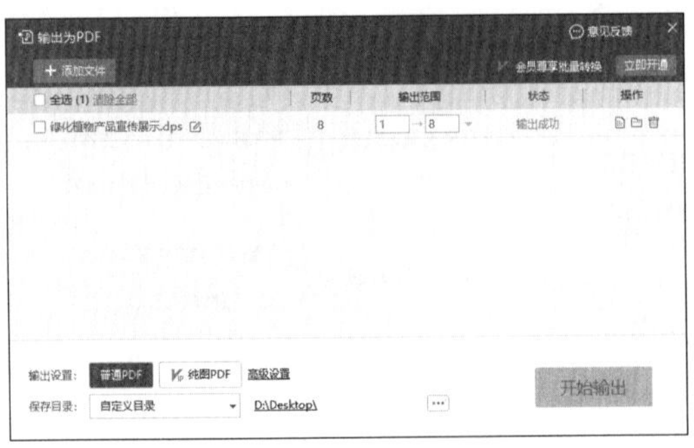

第 4 步 打开设置的保存目录文件夹，即可看到输出的 PDF 文档，如下图所示。

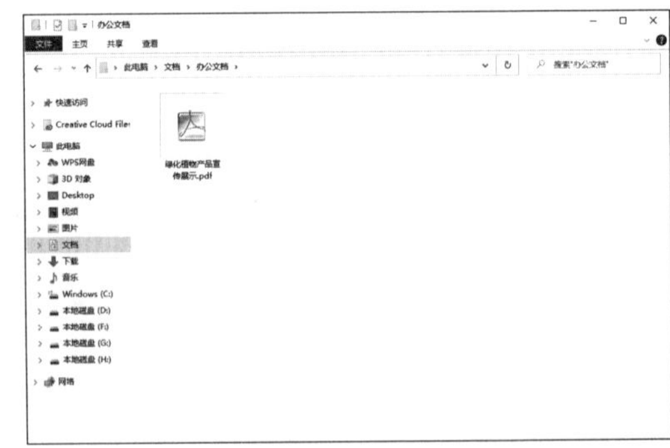

15.1.2 从扫描仪新建 PDF 文档

用户可以使用扫描仪将一些纸质文档扫描并创建为 PDF 文档，具体操作步骤如下。

第 1 步 将要扫描的纸质文档放入扫描仪中，打开 WPS Office，单击【新建】→【PDF】选项，在【新建 PDF】区域中，单击【从扫描仪新建】选项，如下图所示。

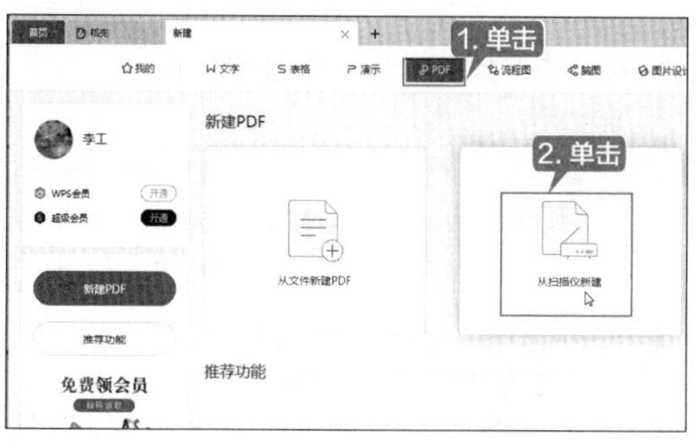

第 2 步 弹出【扫描设置】对话框，选择扫描仪，然后单击【确定】按钮，如下图所示。

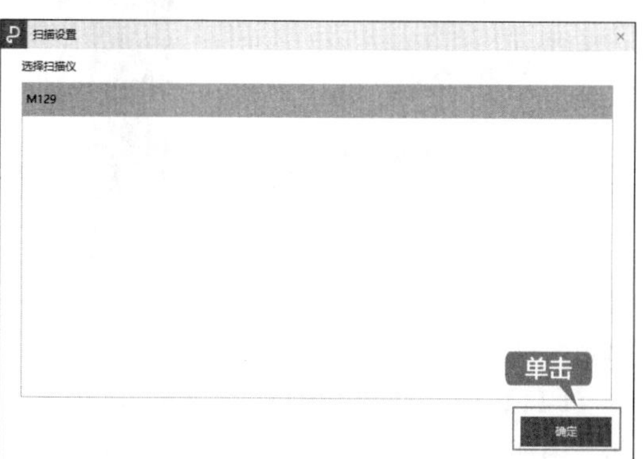

第 3 步 弹出如下图所示的对话框，设置扫描选项，单击【扫描】按钮。

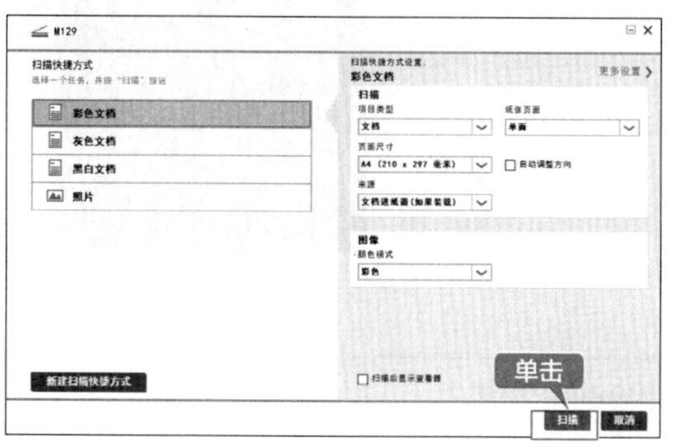

第 4 步 即可对纸质文档进行扫描并显示扫描状态，如下图所示。

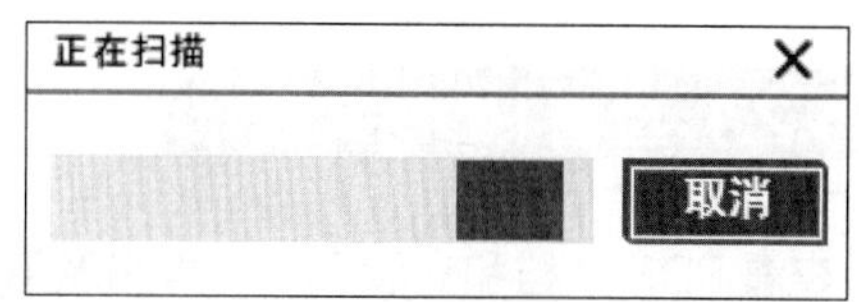

第 5 步 扫描完成后，即可新建一个 PDF 文档，如下图所示。

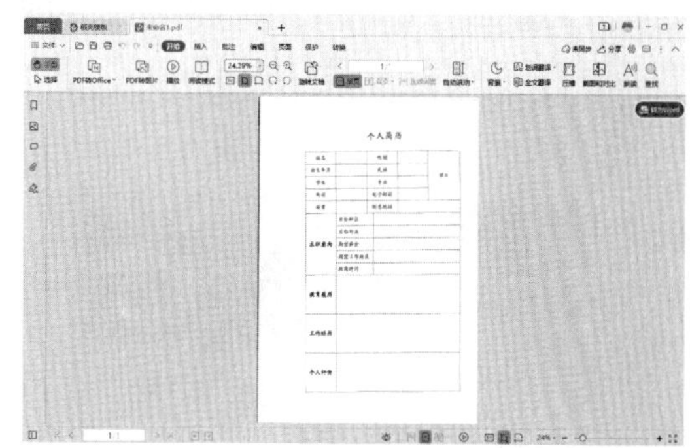

第 6 步 按【Ctrl+S】组合键，弹出【另存文件】对话框，设置文件名，单击【保存】按钮，即可保存新建的 PDF 文档。

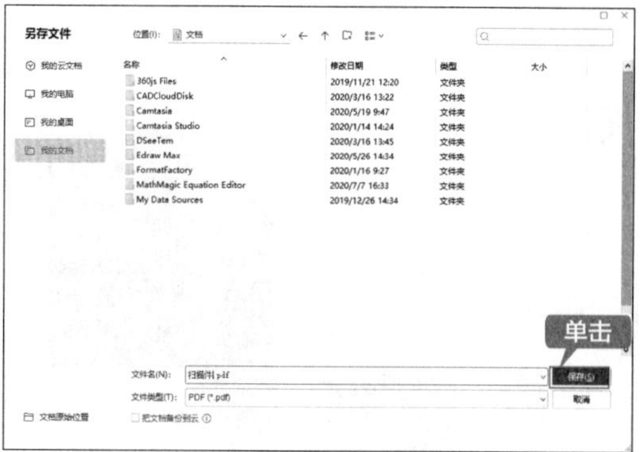

15.2 查看和编辑 PDF 文档

WPS Office 支持查看和编辑 PDF 文档，如阅读 PDF，编辑文字、图片，添加水印和签名等。本节具体介绍查看和编辑 PDF 文档的操作方法。

15.2.1 查看 PDF 文档

查看 PDF 文档和查看文字、表格及演示文稿文档的方法一致，具体操作步骤如下。

第 1 步 双击 PDF 文档，WPS Office 即可打开该文档，如下图所示。

第 2 步 单击窗口左侧的【查看文档缩略图】按钮，即可打开【缩略图】窗格，显示文档各页内容的缩略图，用户可单击缩略图定位至该页，如下图所示。

提示

也可以通过滚动鼠标滚轮阅读 PDF 文档，或通过左下角的页码控制按钮，切换阅读页面。

第 3 步 拖曳窗口右下角的控制柄，可以调整 PDF 文档的显示比例，方便阅读，如下图所示。

第 4 步 单击窗口右下角的【全屏】按钮或按【F11】键，即可全屏查看该 PDF 文档，如下图所示。

提示

再次按【F11】键或按【Esc】键，即可退出全屏视图。

15.2.2 编辑 PDF 文档中的文字

编辑 PDF 文档中的文字是最常用的编辑 PDF 操作之一，具体操作步骤如下。

第 1 步 打开“素材 \ch15\ 公司年中工作报告 .pdf”文档，单击【编辑】选项卡下的【编辑文字】按钮，如下图所示。

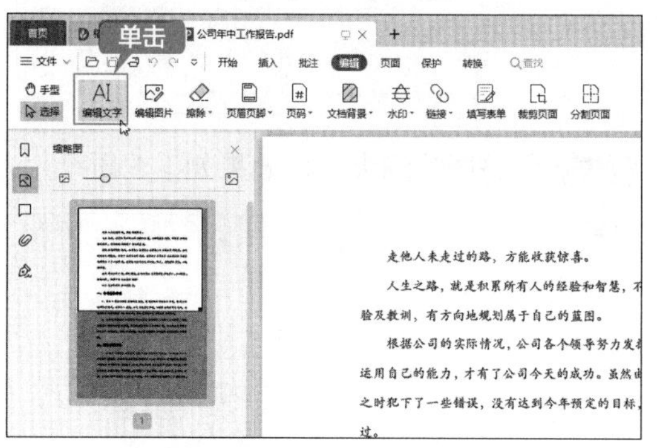

提示

编辑文字功能仅支持 WPS Office 会员使用。另外，纯图 PDF 是无法进行文字编辑的。

第 2 步 即可进入文字编辑模式，文本内容会显示在文本框中，如下图所示。

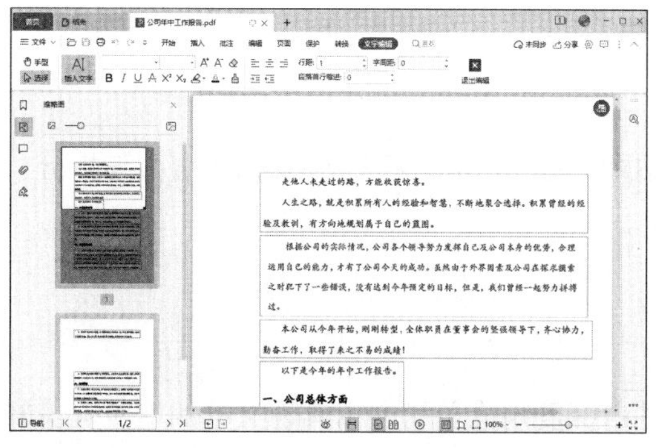

第 3 步 将光标定位至要修改的位置，如放在第一段，输入“公司年中工作报告”，如下图所示。

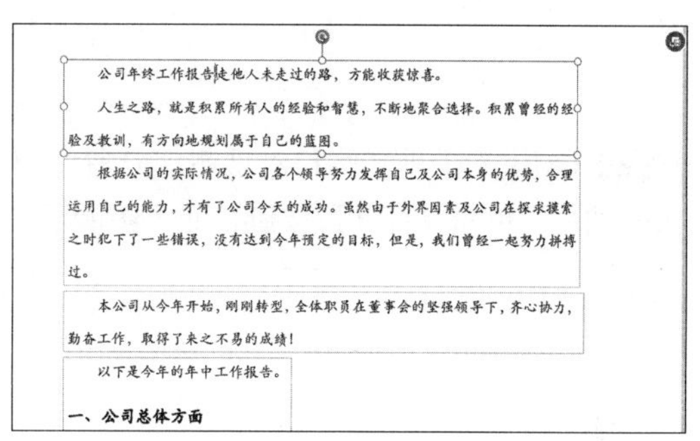

第 4 步 在输入的文本后按【Enter】键，使后面内容另起一行，然后调整文字和段落的格式、文本框大小和位置，效果如下图所示。

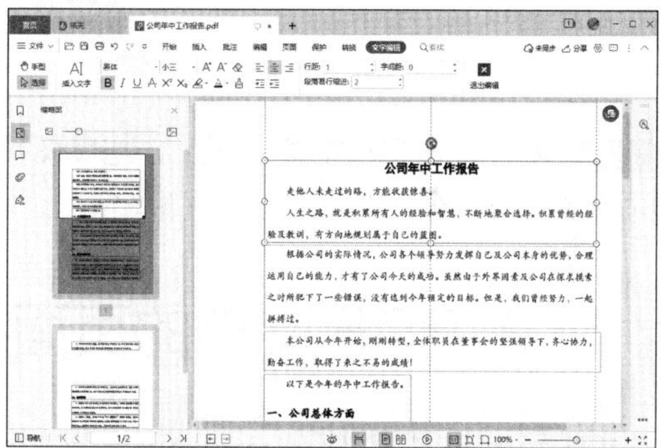

单击【退出编辑】按钮，即可完成编辑。使用同样的方法，可以修改和删除 PDF 文档中的内容。

15.2.3 编辑 PDF 文档中的图片

用户可以在 PDF 文档中插入和删除图片，并调整图片的大小及位置，具体操作步骤如下。

第 1 步 接 15.2.2 节的操作，单击【插入】选项卡下的【插入图片】按钮，如下图所示。

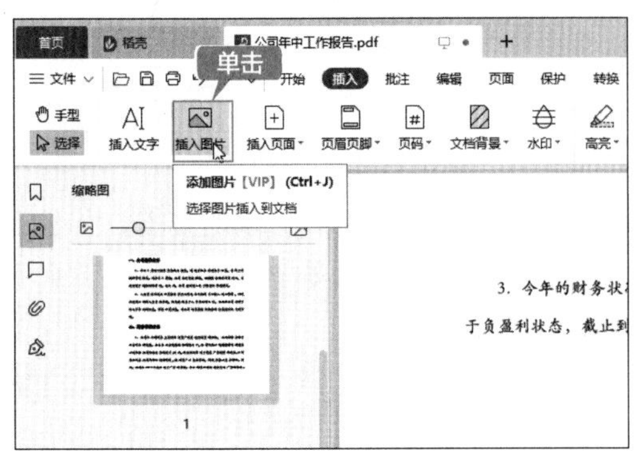

第 2 步 弹出【打开文件】对话框，选择要插入的图片，单击【打开】按钮，如下图所示。

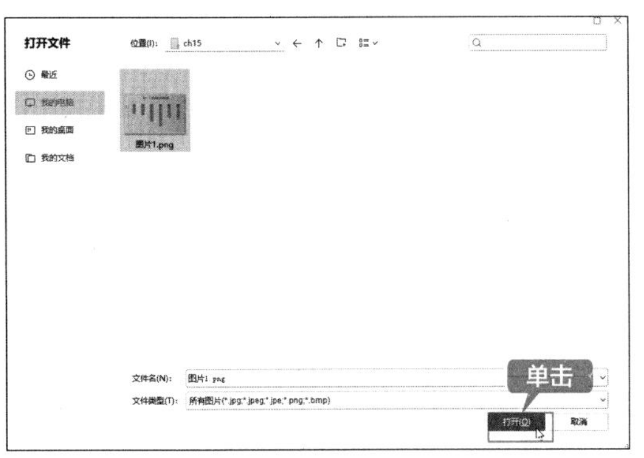

第 3 步 即可在该文档中插入图片，拖曳图片的控制点，调整图片的大小，如下图所示。

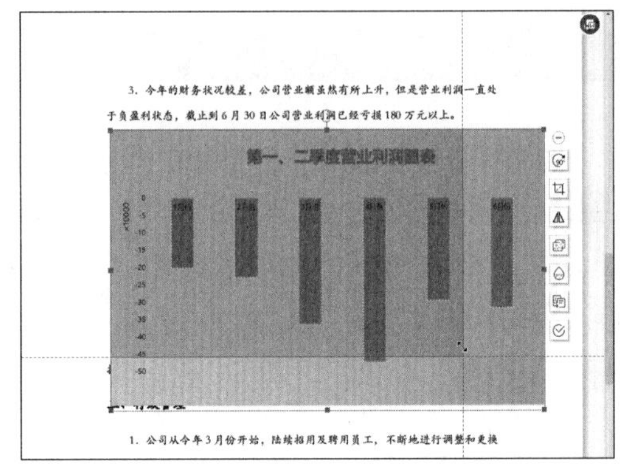

第 4 步 调整图片的大小后效果如下图所示。

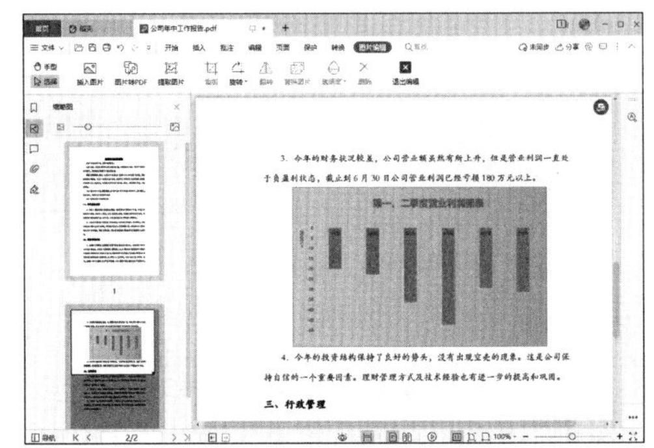

另外，用户可以在【图片编辑】选项卡下，执行裁剪、旋转、替换、删除图片等操作。

15.3 PDF 文档的页面编辑

在处理 PDF 文档时，页面编辑是最为常用的操作之一，如进行 PDF 文档的合并与拆分、页面替换、删除、调序等，下面介绍具体操作步骤。

15.3.1 合并与拆分 PDF 文档

PDF 文档并不像 WPS 文字文档一样可以通过自由复制或剪切文本实现文档的增减，编辑 PDF 文档需通过合并或拆分，将多个文档合并为一个文档或将一个文档拆分为多个文档，具体操作步骤如下。

1. 拆分 PDF 文档

第 1 步 打开"素材\ch15\施工组织设计文件 .pdf"文档，单击【页面】选项卡下的【PDF 拆分】按钮 PDF拆分 ，如下图所示。

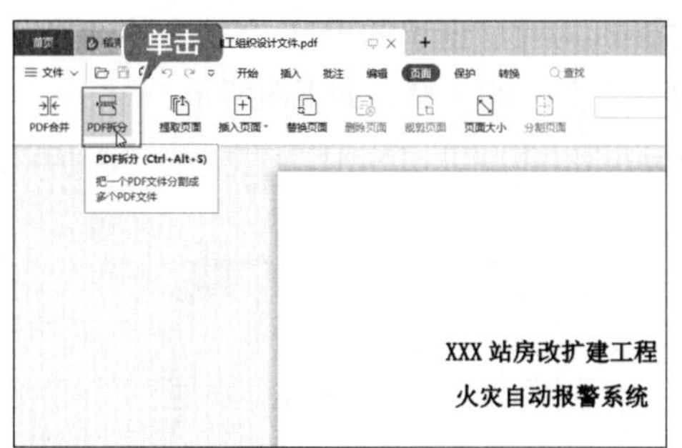

第 2 步 弹出【金山 PDF 转换】对话框，选择【PDF 拆分】选项，在右侧设置拆分的页码范围、拆分方式、每隔几页保存为一份文档、输出目录等，然后单击【开始转换】按钮，如下图所示。

第 3 步 在对话框中，文档的状态提示“转换成功”时，表示拆分完成，可单击【操作】下方的【打开文件夹】按钮，如下图所示。

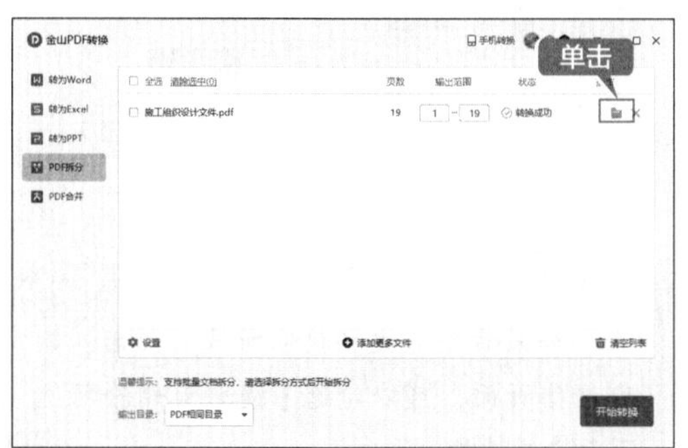

第 4 步 即可打开输出目录文件夹，并显示拆分的 4 个 PDF 文档，如下图所示。

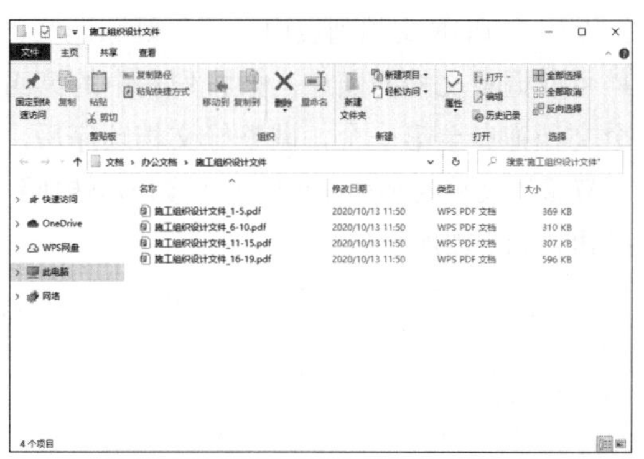

2. 合并 PDF 文档

第 1 步 拖曳鼠标选择要合并的 PDF 文档并右击，在弹出的快捷菜单中，单击【PDF 拆分 / 合并】命令，如下图所示。

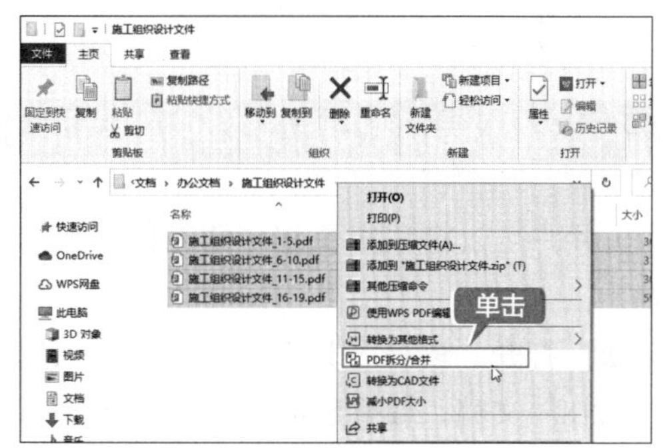

第 2 步 弹出【金山 PDF 转换】对话框，选择【PDF 合并】选项，即可在右侧看到选择的 PDF 文档，如下图所示。

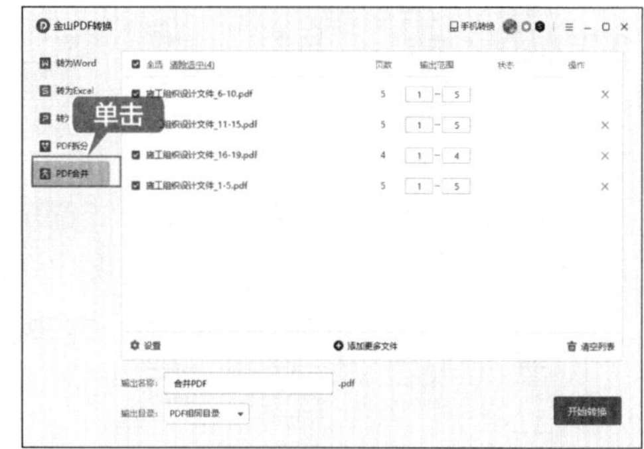

提示

用户可以单击【添加更多文件】按钮，添加 PDF 文档；也可以单击【操作】下面的【取消】按钮×，从列表中删除。

第 3 步 在 PDF 文档列表中，使用鼠标拖曳文档可以调整文档的顺序，如将列表中的第四个文档拖曳至第一个，调整好文档顺序后，设置输出文档的名称，然后单击【开始转换】按钮，如下图所示。

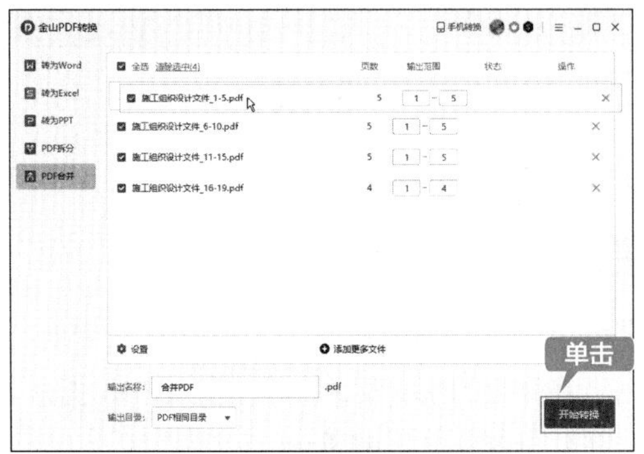

第 4 步 即可将所选的 PDF 文档合并，并自动打开合并后的文档，如下图所示。

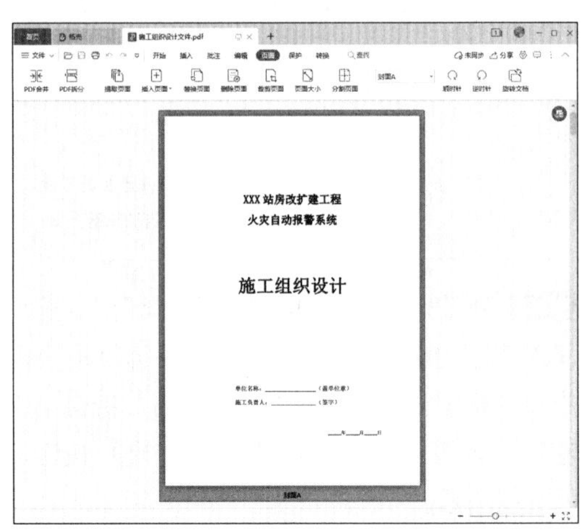

15.3.2 提取 PDF 文档中的页面

用户可以将 PDF 文档中的任意页面提取出来，并生成一个新的 PDF 文档，具体操作步骤如下。

第 1 步 打开“素材 \ch15\ 施工组织设计文件 .pdf”文档，调整显示比例，选择要提取的页面，单击【页面】选项卡下的【提取页面】按钮 提取页面，如下图所示。

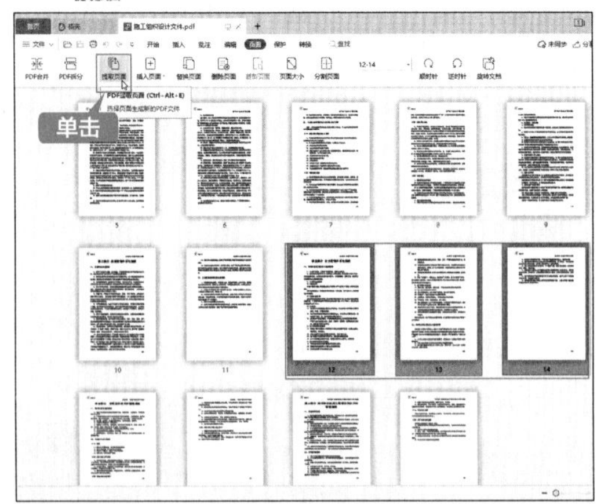

第 2 步 弹出【提取页面】对话框，用户可以设置【提取模式】【页面范围】【添加水印】【输出目录】等选项，然后单击【提取页面】按钮，如下图所示。

提示

如果希望从文档提取所选页面后，删除这些页面，可以勾选【提取后删除所选页面】复选框。

第 3 步 弹出提示框，表示文档已提取完成，用户可以单击【打开提取文档】按钮，打开提取出来的文档；也可以单击【打开所在目录】按钮，打开提取文档所在的文件夹。这里单击【打开提取文档】按钮，如下图所示。

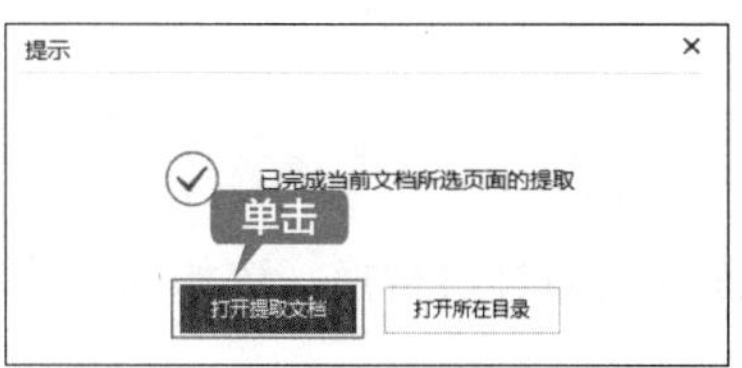

第 4 步 即可打开所选页面提取出来的 PDF 文档，如下图所示。

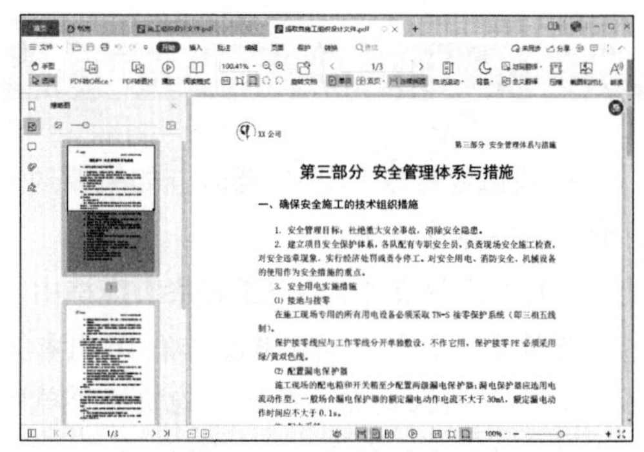

15.3.3 在 PDF 文档中插入新页面

在对 PDF 文档进行页面编辑时，可以使用【插入页面】功能，在当前文档中插入新页面，具体操作步骤如下。

第 1 步 打开“素材 \ch15\ 施工组织设计文件 .pdf”文档，单击【页面】选项卡下的【插入页面】按钮，在弹出的列表中单击【从文件选择】选项，如下图所示。

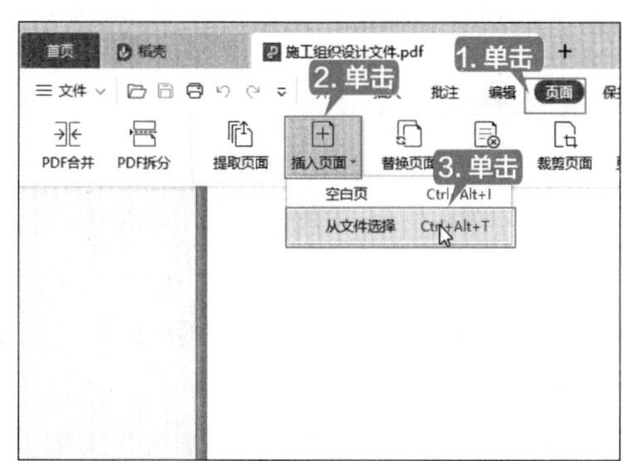

第 2 步 打开【选择文件】对话框，选择“素材 \ch15\ 插入页面 .pdf”文档，单击【打开】按钮，如下图所示。

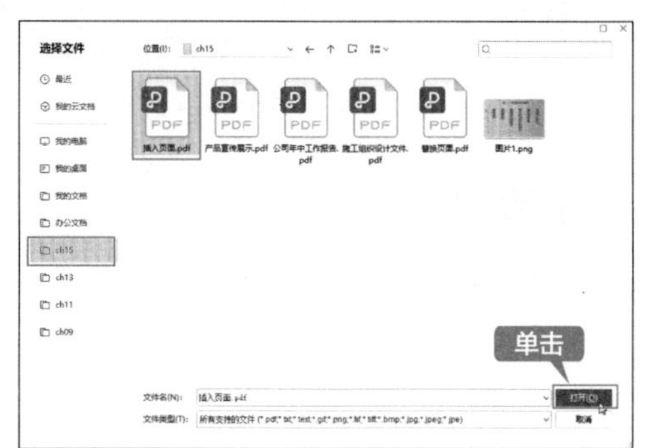

第 3 步 弹出【插入页面】对话框，选择要插入的位置，这里选择【页面】“15”，【插入位置】设置为“之后”，表示在第 15 页之后插入，单击【确认】按钮，如下图所示。

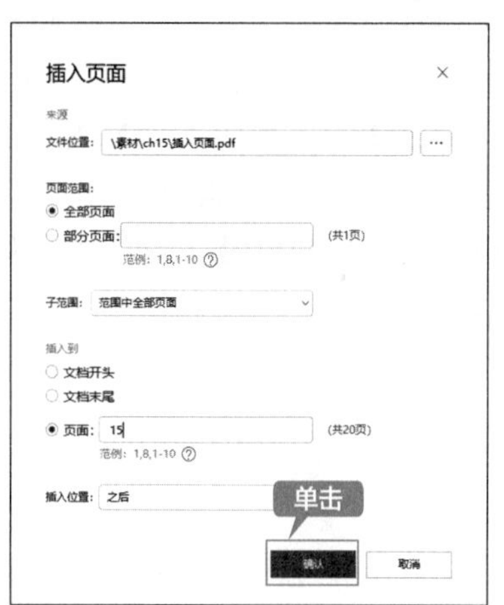

第 4 步 即可将所选 PDF 文档插入到指定位置，如下图所示。

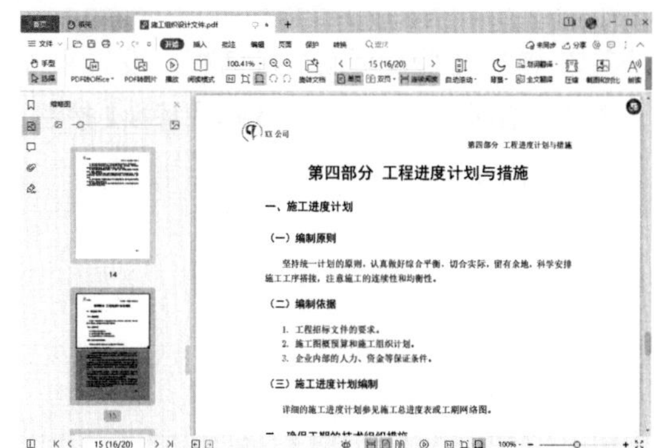

15.3.4 在 PDF 文档中替换页面

在编辑或修改 PDF 文档时，如果要对 PDF 文档里面的页面进行替换，该如何操作呢？下面介绍具体操作方法。

第 1 步 打开素材文件，在【缩略图】窗格中，选择要替换的页面，如这里选择第 16 页和第 17 页，右击所选页面，在弹出的快捷菜单中单击【替换页面】命令，如下图所示。

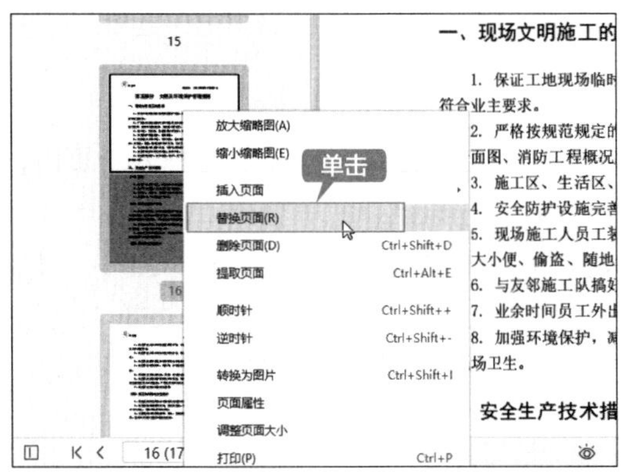

第 2 步 弹出【选择来源文件】对话框，选择替换的 PDF 文档“素材 \ch15\ 替换页面 .pdf”，单击【打开】按钮，如下图所示。

第 3 步 弹出【替换页面】对话框，设置来源文档的使用页面，然后单击【确认替换】按钮，如下图所示。

第 4 步 弹出提示框，确认无误后，单击【确认替换】按钮，如下图所示。

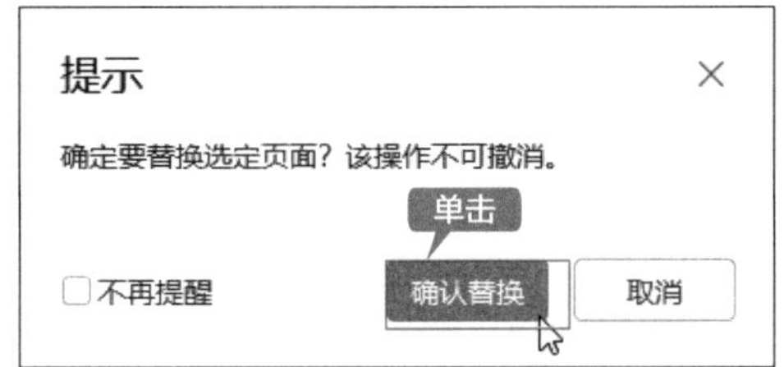

第 5 步 即可将选定页面替换为新页面，如下图所示。

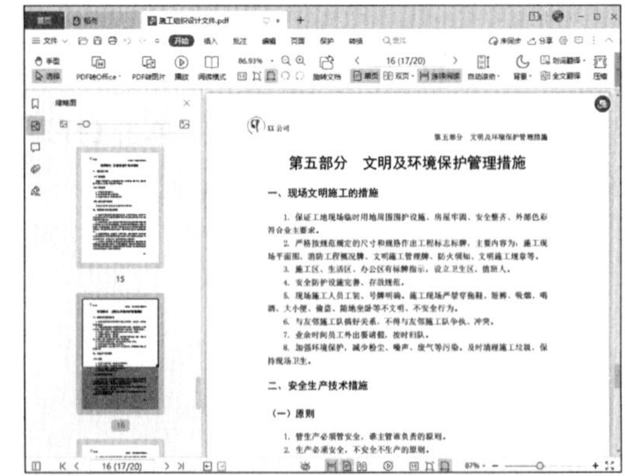

15.4 PDF 文档格式的转换

用户使用 WPS Office，可以将 PDF 文档转换成其他文档格式，如 Office 文件、纯文本及图片格式等，满足不同的使用需求。

15.4.1 将 PDF 文档转换为 Office 文件格式

将 PDF 文档转换为 Office 文件格式，可以方便对文档的编辑和使用。在转换时，需要根据文档内容决定要转换的 Office 文件格式，纯图 PDF 转换出的 Office 文件是不可编辑的。转换的具体操作步骤如下。

第 1 步 打开素材文件，单击【转换】选项卡下的【PDF 转 Word】按钮 ，如下图所示。

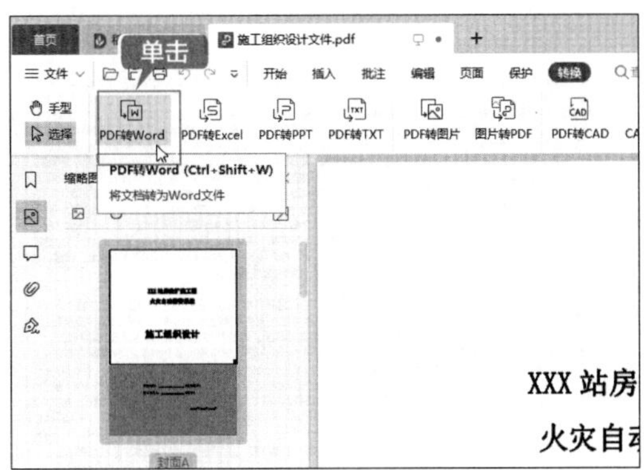

第 2 步 弹出【金山 PDF 转换】对话框，设置输出的页码范围、转换模式、输出目录等，然后单击【开始转换】按钮，如下图所示。

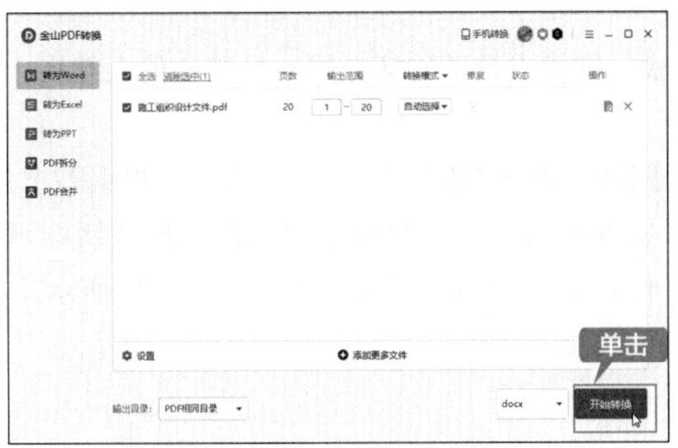

第 3 步 即可开始转换，并显示转换的进度，如下图所示。

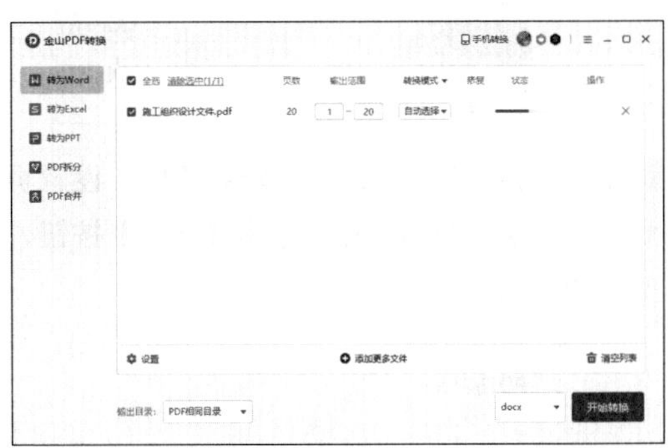

第 4 步 转换完成后自动打开文档，用户可以通过 WPS Office 对文档进行编辑，如下图所示。

15.4.2 将 PDF 文档转换为纯文本

WPS Office 支持将 PDF 文档转换为纯文本格式，也就是 TXT 格式，具体操作步骤如下。

第 1 步 打开要转换的 PDF 文档，单击【转换】选项卡下的【PDF 转 TXT】按钮 PDF转TXT，如下图所示。

第 2 步 弹出【PDF 转 TXT】对话框，设置页面范围和输出目录，然后单击【转换】按钮，如下图所示。

第 3 步 弹出提示框，提示已完成转换，单击【打开文档】按钮，如下图所示。

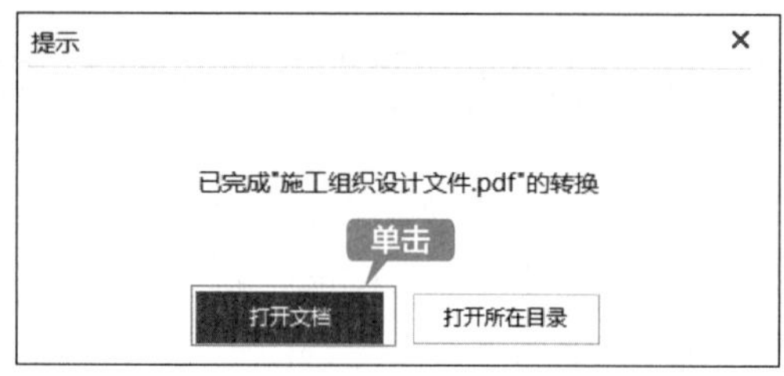

第 4 步 即可打开转换的 TXT 文件，如下图所示。

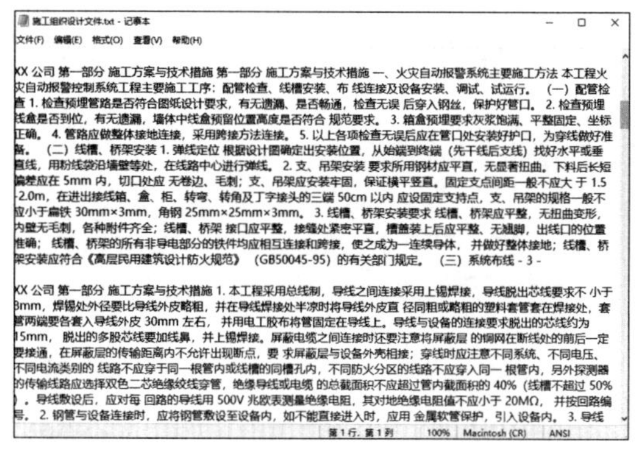

15.4.3 将 PDF 文档转换为图片文件

在编辑 PDF 文档时，可以将其转换为图片格式，其优点是不破坏布局，且避免他人编辑，具体操作步骤如下。

第 1 步 打开要转换的 PDF 文档，单击【转换】选项卡下的【PDF 转图片】按钮 PDF转图片，如下图所示。

第 2 步 弹出【输出为图片】对话框，根据需求，设置输出参数，然后单击【输出】按钮即可将 PDF 文档输出为图片格式，如下图所示。

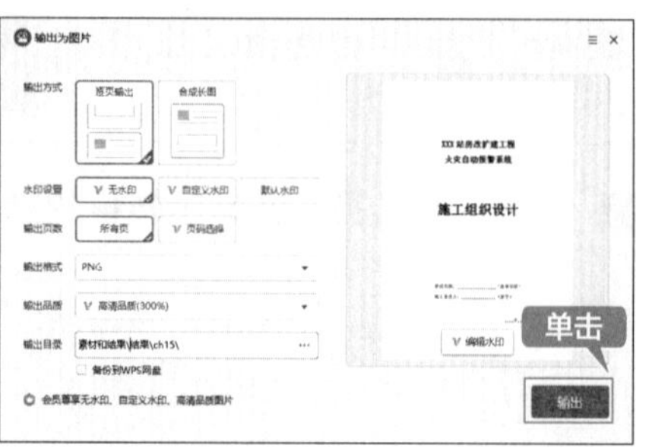

15.5 为 PDF 文档添加批注

用户可以像审阅文字文档一样，对 PDF 文档进行审阅，并添加批注，方便多人协作。

15.5.1 设置 PDF 中的内容高亮显示

在审阅 PDF 文档时，可以将重要的文本以高亮的方式显示，使其更为突出，具体操作步骤如下。

第 1 步 打开“素材 \ch15\ 公司年中工作报告 .pdf”文档，单击【批注】选项卡下的【选择】按钮 选择，即可对文本和对象进行选择。选择要设置高亮显示的文本，即会在其周围显示悬浮框，单击【高亮】按钮，如下图所示。

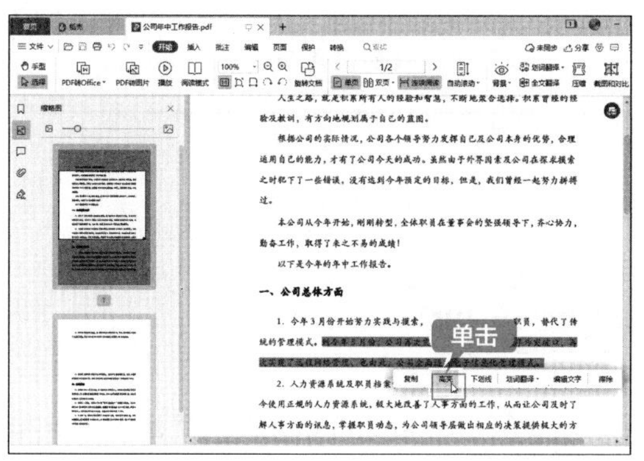

第 2 步 设置高亮显示后，文本即会添加黄色背景，如下图所示。

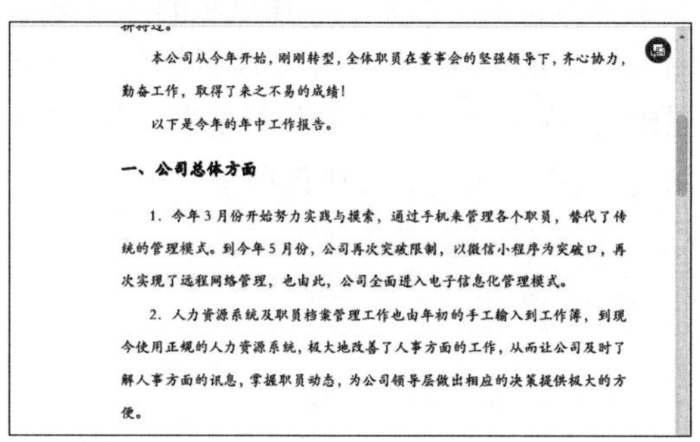

本公司从今年开始，刚刚转型，全体职员在董事会的坚强领导下，齐心协力，勤奋工作，取得了来之不易的成绩！

以下是今年的年中工作报告。

一、公司总体方面

1. 今年3月份开始努力实践与摸索，通过手机来管理各个职员，替代了传统的管理模式。到今年5月份，公司再次突破限制，以微信小程序为突破口，再次实现了远程网络管理，也由此，公司全面进入电子信息化管理模式。

2. 人力资源系统及职员档案管理工作也由年初的手工输入到工作簿，到现今使用正规的人力资源系统，极大地改善了人事方面的工作，从而让公司及时了解人事方面的讯息，掌握职员动态，为公司领导层做出相应的决策提供极大的方便。

提示

用户可以通过【批注】选项卡下的【高亮】按钮 高亮，设置背景颜色。

第 3 步 单击【批注】选项卡下的【区域高亮】按钮 区域高亮，拖曳鼠标选择要高亮显示的区域，如下图所示。

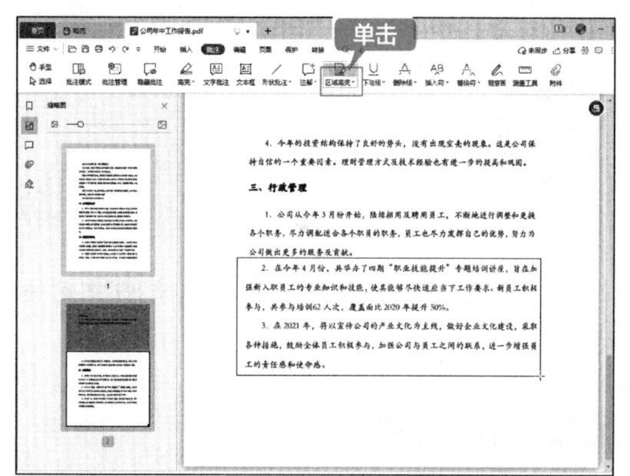

第 4 步 所选区域即会高亮显示，如下图所示。

三、行政管理

1. 公司从今年3月份开始，陆续招用及聘用员工，不断地进行调整和更换各个职务，尽力调配适合各个职员的职务，员工也尽力发挥自己的优势，努力为公司做出更多的服务及贡献。

2. 在今年4月份，共举办了四期“职业技能提升”专题培训讲座，旨在加强新入职员工的专业知识和技能，使其能够尽快适应当下工作要求。新员工积极参与，共参与培训62人次，覆盖面比2020年提升50%。

3. 在2021年，将以宣传公司的产业文化为主线，做好企业文化建设，采取各种措施，鼓励全体员工积极参与，加强公司与员工之间的联系，进一步增强员工的责任感和使命感。

提示

选择设置的高亮显示框，按【Delete】键即可取消高亮显示。

15.5.2 添加下划线标记

添加下划线标记和设置高亮显示一样，都是为了突出重要文本，具体操作步骤如下。

第1步 选择要添加下划线标记的文本，单击悬浮框上的【下划线】按钮，如下图所示。

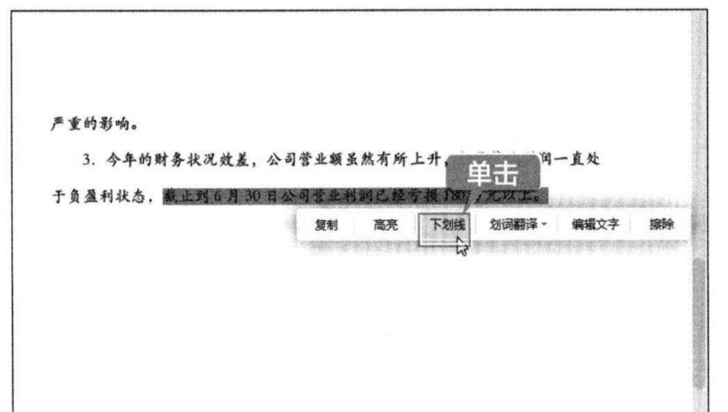

第2步 所选文本即会添加下划线标记，如下图所示。

提示

用户可以单击【批注】选项卡下的【下划线】按钮，设置下划线的颜色和线型。

批注 PDF 文档

在查阅 PDF 文档时，可以在文档中直接添加批注或注解，对文档内容提出反馈，方便多人协作，有效地进行办公。

1. 添加注解

第1步 打开“素材\ch15\公司年中工作报告.pdf”文档，单击【批注】选项卡下的【注解】按钮，如下图所示。

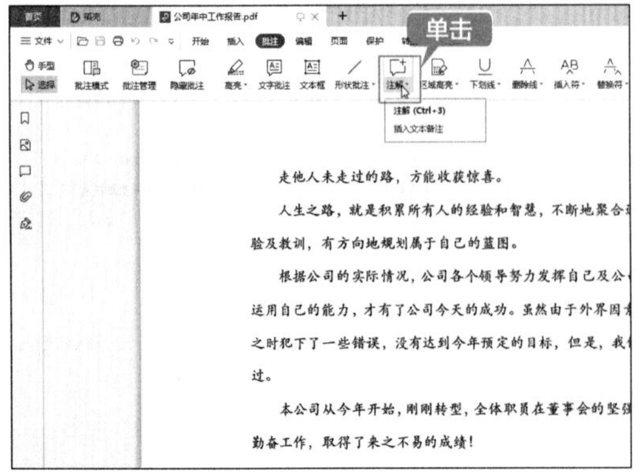

第2步 此时鼠标指针变为形状，在需要添加注解的文本附近单击，在显示的注释框中输入要添加的内容，并单击注释框外任意位置确认。输入完成后，单击注释框右上角的【关闭注释框】按钮×，如下图所示。

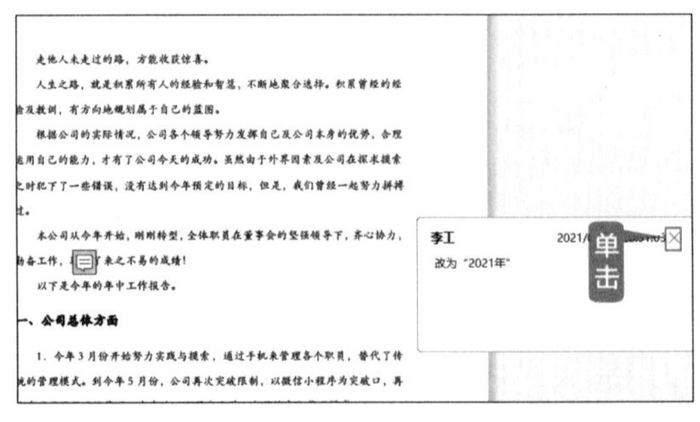

第3步 注释框即会隐藏，并以带颜色小框的

形式显示在注解内容附近，使用鼠标可以拖曳小框位置，如下图所示。

本公司从今年开始，刚刚转型，
工作，取得了来之不易的成绩！
以下是今年的年中工作报告。

提示

如果要再次查看，可双击小框显示注解。

2. 添加附注

第1步 选择要添加附注的文本并右击，在弹出的快捷菜单中单击【下划线并附注】命令，如下图所示。

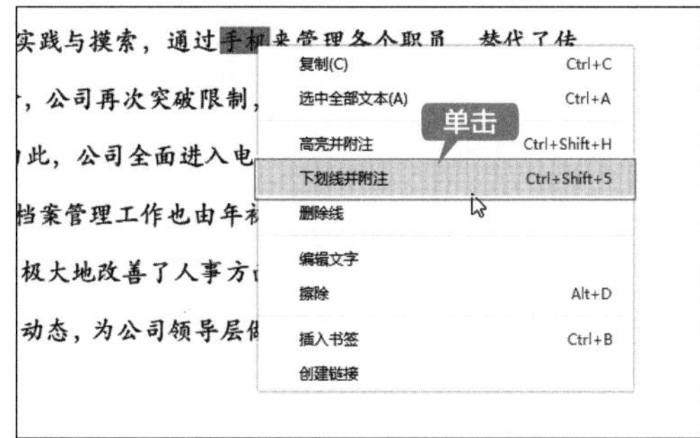

第2步 即可添加下划线，并可在注释框中输入文字，如下图所示。

1. 今年 3 月份开始努力实践与摸索，通过手机来管理各个职员……统的管理模式。到今年 5 月份，公司再次突破限制，以微信小程……次实现了远程网络管理，也由此，公司全面进入电子信息化管理……
2. 人力资源系统及职员档案管理工作也由年初的手工输入到工作簿，到现今使用正规的人力资源系统，极大地改善了人事方面的工作，从而让公司及时了解人事方面的讯息，掌握职员动态，为公司领导层做出相应的决策提供极大的方便。

二、财务管理方面

提示

使用同样的方法，也可以添加【高亮并附注】批注。

3. 添加形状批注

第1步 单击【批注】选项卡下的【形状批注】按钮，在弹出的快捷菜单中单击【矩形】选项，如下图所示。

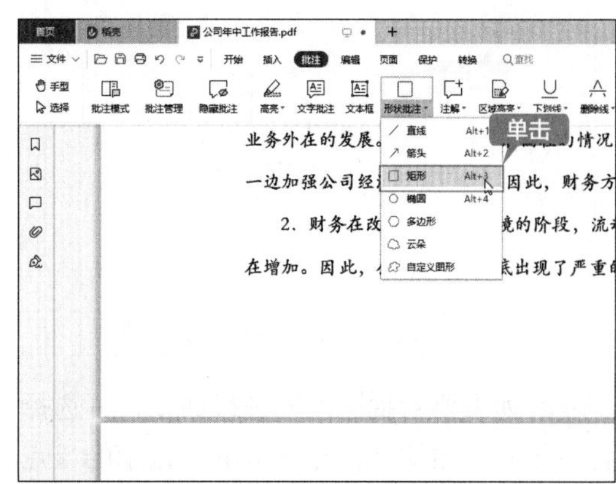

第2步 拖曳鼠标在目标文本上绘制一个矩形，双击矩形，在右侧显示的注释框中输入批注文字，即可完成形状批注的添加，如下图所示。

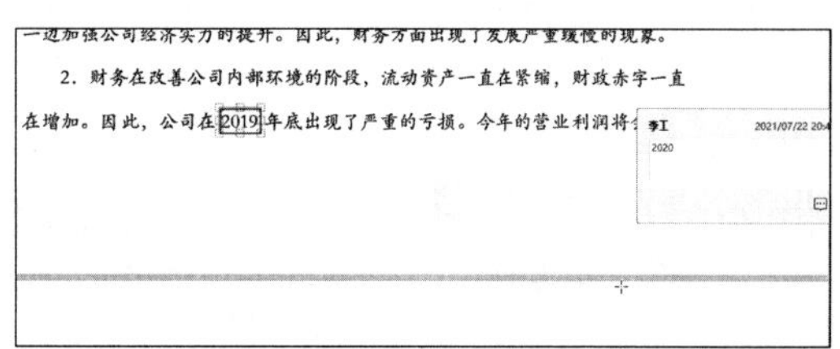

4. 批注模式和批注管理

第1步 单击【批注】选项卡下的【批注模式】按钮，即会进入 WPS PDF 的批注模式，此时对文档内容的任何编辑与批注，都会显示在右侧窗格中，如下图所示。

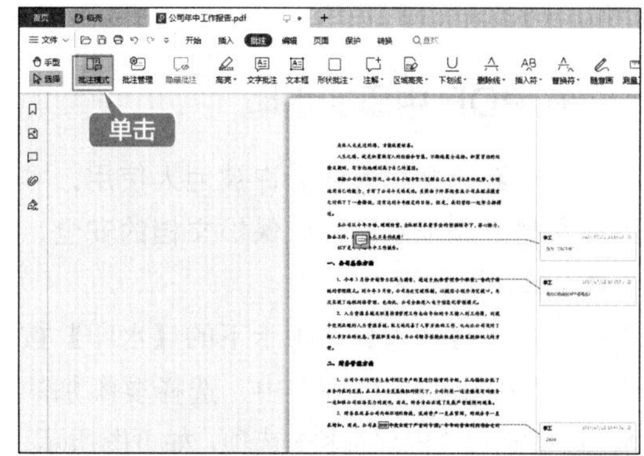

第2步 单击【批注】选项卡下的【批注管理】按钮，可以打开左侧的【批注】窗格，显示文档中所有批注内容，并可在该窗格中对批注进行管理，如下图所示。

第 3 步 如果要对批注内容进行回复，可选择要回复的批注信息，并单击下方显示的【点击添加回复】按钮，如下图所示。

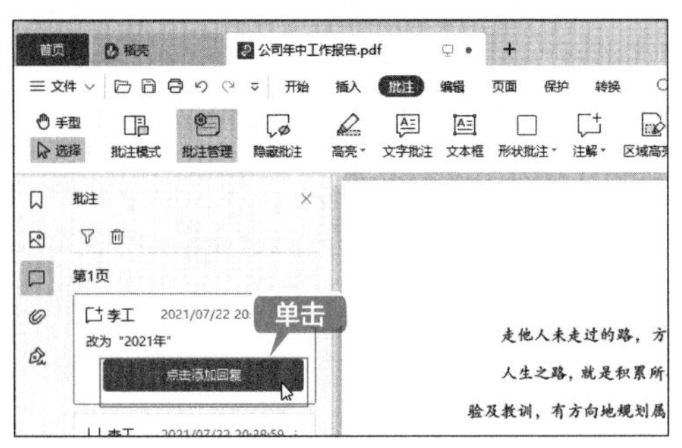

第 4 步 在下方显示的回复框中输入内容，并单击【确定】按钮，即可完成回复，如下图所示。

◇ 在 PDF 中添加水印

为了避免文档未经允许被他人使用，可以在文档上添加水印，以保护文档的安全，具体操作步骤如下。

第 1 步 单击【插入】选项卡下的【水印】按钮，在弹出的下拉列表中，选择要添加的水印，如选择【内部资料】选项，如下图所示。

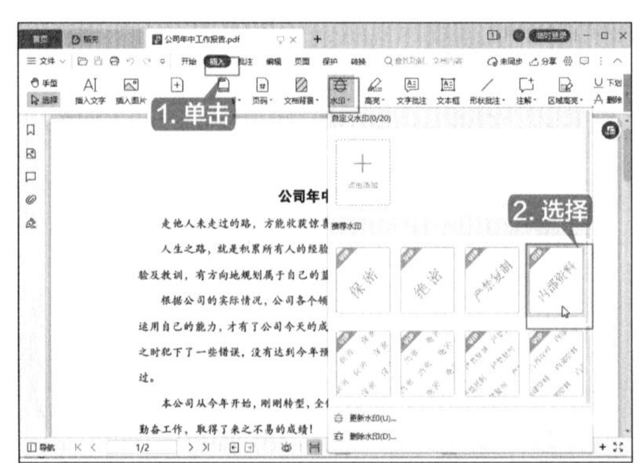

第 2 步 PDF 文档的各页中即会被添加水印，效果如下图所示。

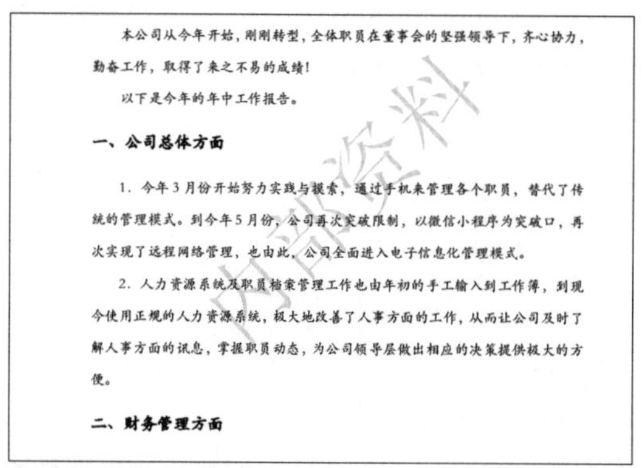

本公司从今年开始，刚刚转型，全体职员在董事会的坚强领导下，齐心协力，勤奋工作，取得了来之不易的成绩！

以下是今年的年中工作报告。

一、公司总体方面

1. 今年 3 月份开始努力实践与摸索，通过手机来管理各个职员，替代了传统的管理模式。到今年 5 月份，公司再次突破限制，以微信小程序为突破口，再次实现了远程网络管理，也由此，公司全面进入电子信息化管理模式。

2. 人力资源系统及职员档案管理工作也由年初的手工输入到工作簿，到现今使用正规的人力资源系统，极大地改善了人事方面的工作，从而让公司及时了解人事方面的讯息，掌握职员动态，为公司领导层做出相应的决策提供极大的方便。

二、财务管理方面

第 3 步 如要更新水印，可再次单击【水印】按钮，在弹出的列表中选择【更新水印】选项，弹出【更新水印】对话框，可以更改水印的文本、字体、字号、外观及位置等，修改后单击【确定】按钮，如下图所示。

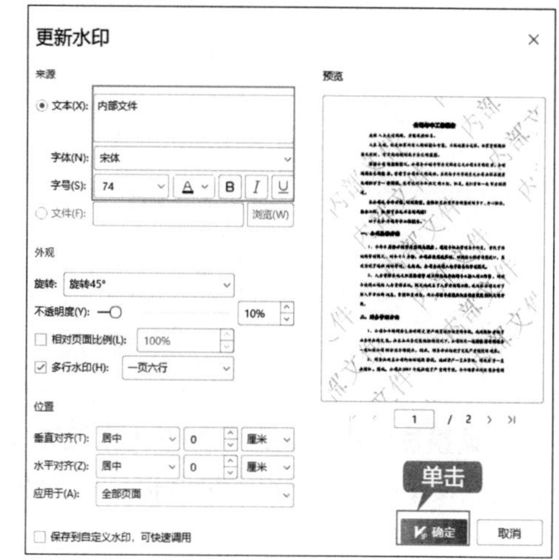

第 4 步 调整后，效果如下图所示。

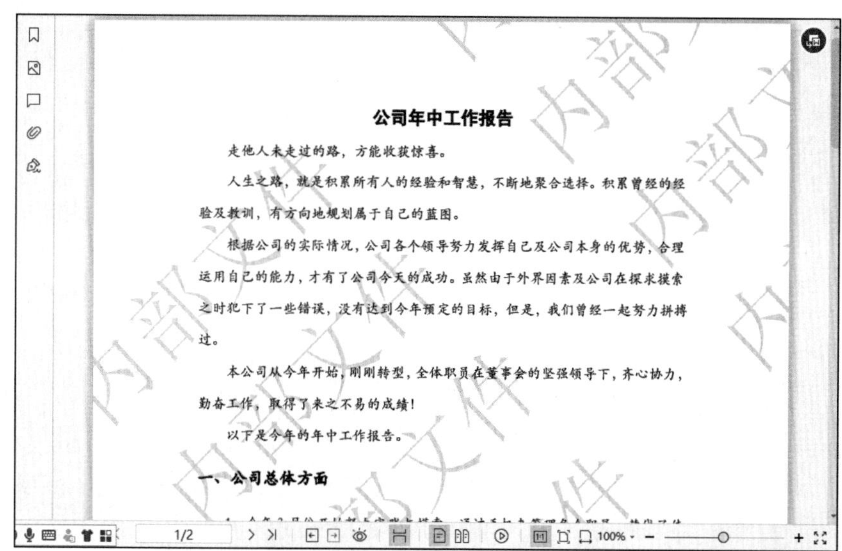

公司年中工作报告

走他人未走过的路，方能收获惊喜。

人生之路，就是积累所有人的经验和智慧，不断地聚合选择。积累曾经的经验及教训，有方向地规划属于自己的蓝图。

根据公司的实际情况，公司各个领导努力发挥自己及公司本身的优势，合理运用自己的能力，才有了公司今天的成功。虽然由于外界因素及公司在探求摸索之时犯下了一些错误，没有达到今年预定的目标，但是，我们曾经一起努力拼搏过。

本公司从今年开始，刚刚转型，全体职员在董事会的坚强领导下，齐心协力，勤奋工作，取得了来之不易的成绩！

以下是今年的年中工作报告。

一、公司总体方面

提示

如果不希望文档内容不被他人复制，最简单的办法是将该文档添加水印后，转换为纯图 PDF，这样其他人就无法复制该文档了，但是用户应保存好普通 PDF 版本，以备修改时使用。

◇ 调整 PDF 文档中的页面顺序

在编辑和处理 PDF 文档时，如果文档页面排列顺序有误或插入页面时顺序有误，可以在【缩略图】窗格中拖曳所选页面至目标页面之前或之后的位置，释放鼠标即可完成调整，如下图所示。

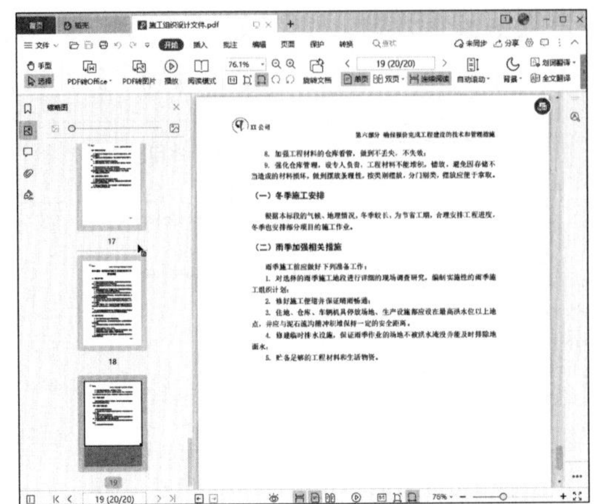

在调整过程中，如果 PDF 文档页面较多，建议将缩略图缩小，方便精准调整。如果调整错误，可以按【Ctrl+Z】组合键撤销上一步的操作。

第 16 章 WPS Office 云办公——在家高效办公的技巧

本章导读

使用移动设备可以随时随地进行办公，及时完成工作。依托于云存储，WPS Office 开启了跨平台移动办公时代。电脑中存储的文档，通过云文档同步成在线协同文档，可以随时随地使用多个设备打开该协同文档进行编辑，大大提高了工作效率。

思维导图

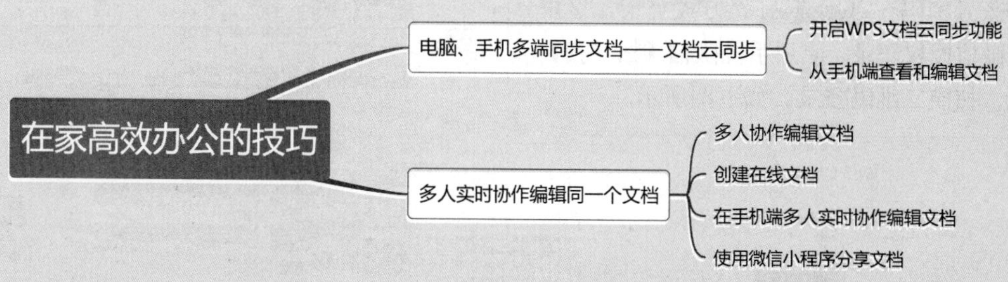

16.1 电脑、手机多端同步文档——文档云同步

WPS Office 支持云同步功能，使同一个账号可以在任何终端查看、编辑、同步该账号中的文档，不仅确保了文件不会丢失，能够实时同步，而且还可以在任何地方通过手机、平板电脑或笔记本电脑等，第一时间处理紧急文件，实现多端办公，提高办公效率。

16.1.1 开启 WPS 文档云同步功能

实现文档云同步主要是通过账号进行数据同步的，使用该功能仅需注册并登录 WPS Office 账号，开启文档云同步功能即可，具体操作步骤如下。

第1步 打开 WPS Office 软件，单击右上角的【您正在使用 访客账号】按钮，如下图所示。

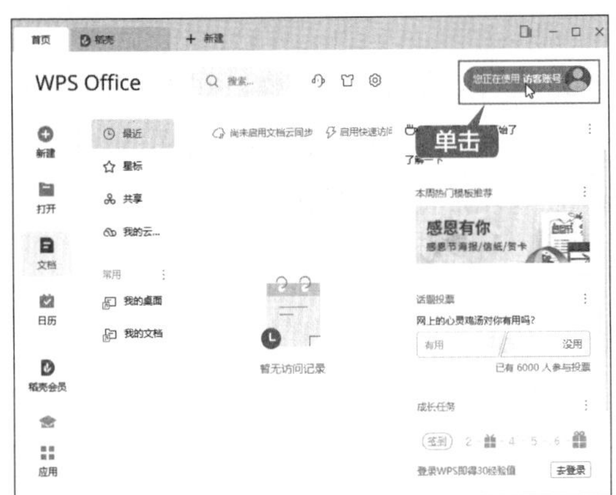

第2步 弹出【WPS Office 账号登录】对话框，可以使用微信、手机验证、手机 WPS 扫码授权登录，也可以单击【其他登录方式】选项，使用账号密码、QQ、钉钉等方式登录，这里使用微信授权登录，使用手机微信【扫一扫】功能，扫描二维码登录，如下图所示。

第3步 登录 WPS Office 账号后，单击【全局设置】按钮，在弹出的菜单中，单击【设置】选项，如下图所示。

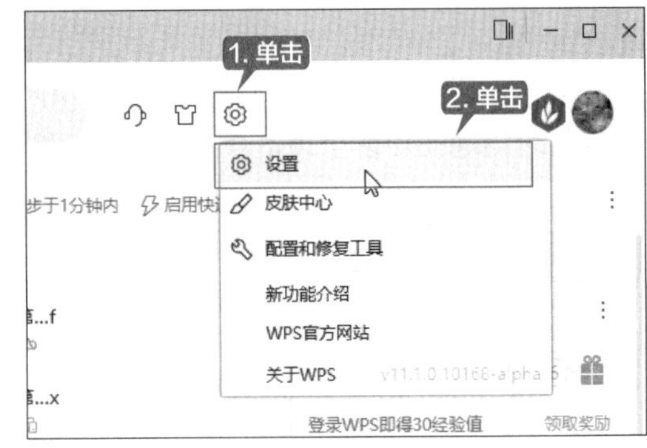

第4步 进入【设置中心】页面，在【工作环境】区域中，单击【文档云同步】右侧的开关，开关显示为 表示该功能已打开，如下图所示。

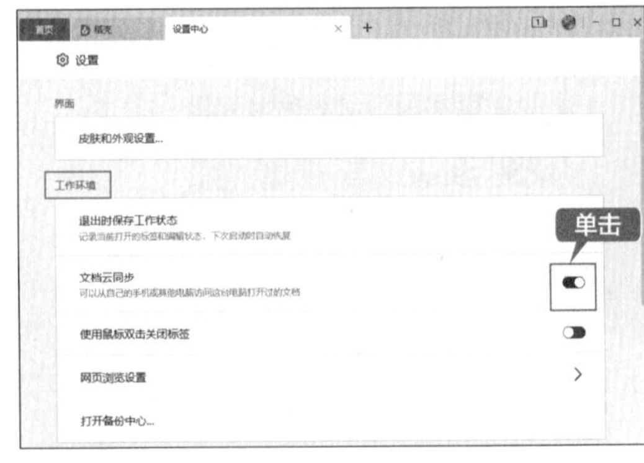

16.1.2 从手机端查看和编辑文档

开启文档云同步功能后，文件保存到电脑本地磁盘时会同步到云端，此时在手机端也可以查看和编辑同一文档，具体操作步骤如下。

第 1 步 在手机端打开 WPS Office 移动版，并使用同一账号登录，如下图所示。

第 2 步 在【首页】界面的【最近】列表中，即会同步电脑中保存的文档。如果列表中没有该文档，下拉刷新即可显示。选择需要查看和编辑的文档并点击，如下图所示。

第 3 步 即可进入阅读界面。如果要对文档进行编辑，则点击左上角的【编辑】按钮，如下图所示。

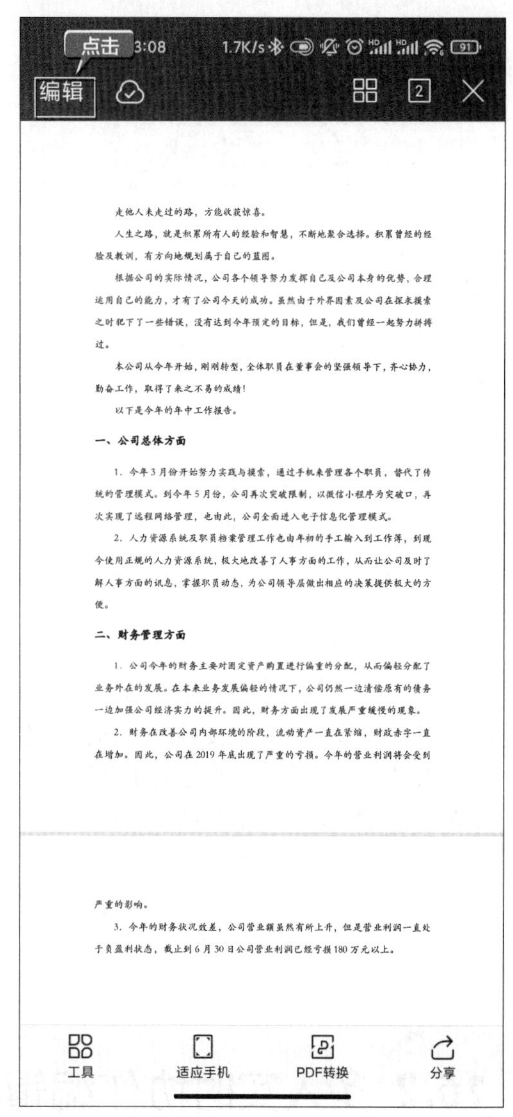

第 4 步 进入编辑模式后，可以对文档内容进行编辑，如这里输入一个标题，并设置标题的字体和段落格式，点击【保存】按钮 ，即可完成编辑并保存该文档，如下图所示。

第5步 当从电脑端打开该文档时，即会在右上角弹出提示框，提示“文档有更新”，单击【立即更新】按钮，如下图所示。

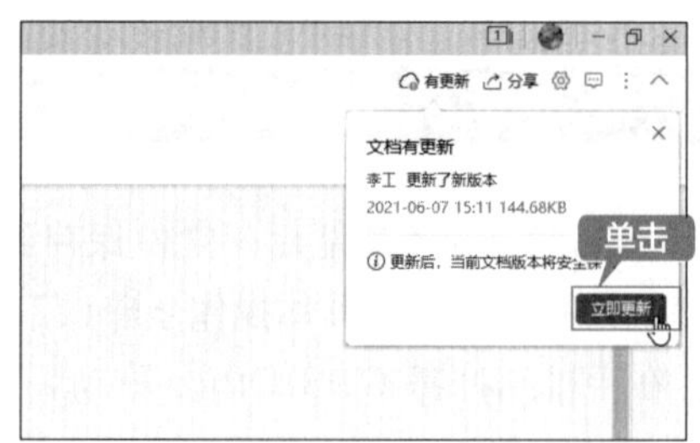

第6步 WPS Office会自动更新并打开当前文档为最新版本，如下图所示。

另外，用户单击界面右侧的按钮，在弹出的版本信息窗口中，选择【历史版本】选项，可以查看文档修改的版本信息，还可以自由选择时间预览或直接恢复所需的版本，如下图所示。

16.2 多人实时协作编辑同一个文档

在日常办公中，需要多个人处理同一个文档时，最常用的方法是通过文档传输的形式，传输到不同人手里进行编辑，文档会产生多个版本，不仅不易保存，而且容易出错。WPS Office支持多人实时协作编辑同一个文档，不用反复传输文档，就可以进行协同编辑，大大提高了办公效率。

16.2.1 多人协作编辑文档

多人协作编辑文档的具体操作步骤如下。

第 1 步 打开“素材 \ch16\ 各公司销售目标达成分析图表 .et”文件，如下图所示。

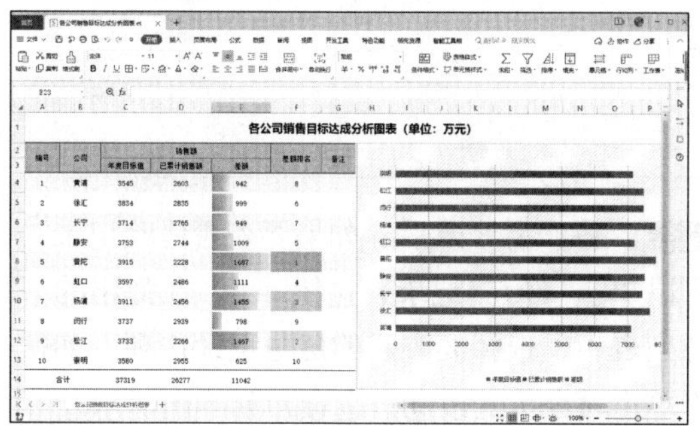

第 2 步 单击顶部右侧的【协作】按钮 协作，如下图所示。

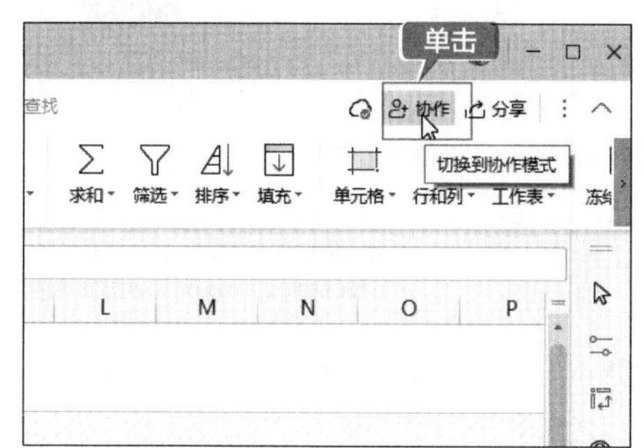

第 3 步 该文档即可进入协作模式，单击【分享】按钮 分享 ，如下图所示。

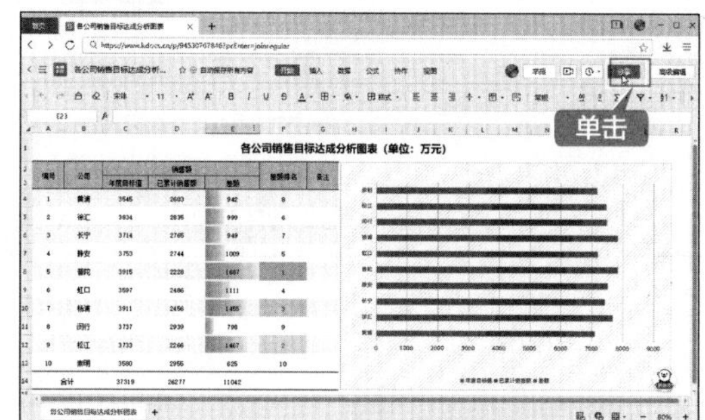

第 4 步 弹出【分享】对话框，设置分享范围，并单击【创建并分享】按钮，如下图所示。

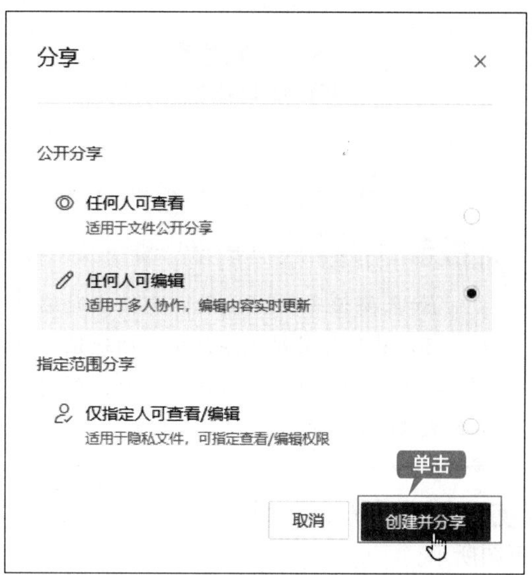

第 5 步 即可生成分享链接，单击【复制链接】按钮，将复制的链接分享给其他协作者，如下图所示。

第 6 步 协作者可以将链接粘贴至浏览器地址栏中，按【Enter】键，进入如下图所示的页面，单击【确认加入】按钮。

提示

如果要使用 WPS Office 进行协同编辑，可以将链接粘贴至在线文档的地址栏中，按【Enter】键即可进入该文档，创建在线文档的方法将会在 16.2.2 节介绍。

第 7 步 进入【账号登录】页面，登录账号，如下图所示。

第 8 步 协作者即可在文档中进行编辑，该文档也会实时保存和更新，如下图所示。

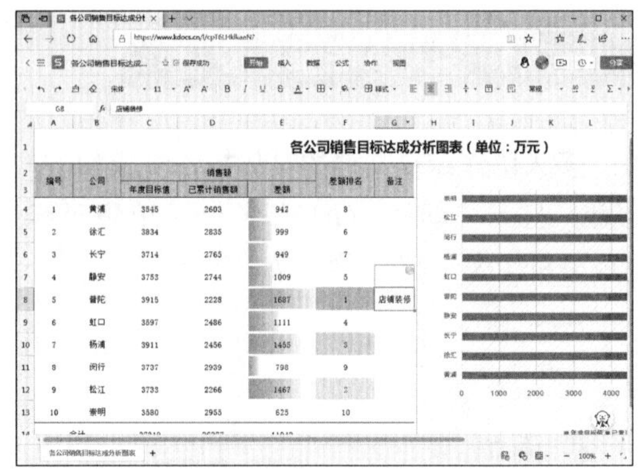

第 9 步 协作者修改后，如果要查看修改记录，可以单击【历史记录】按钮 ，在弹出的下拉列表中，选择要查看的历史记录选项，如这里单击【今天的改动】选项，如下图所示。

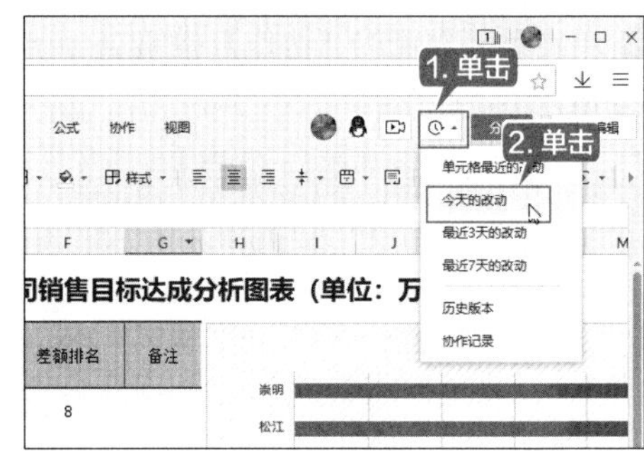

第 10 步 即可看到改动的标记，如下图所示。

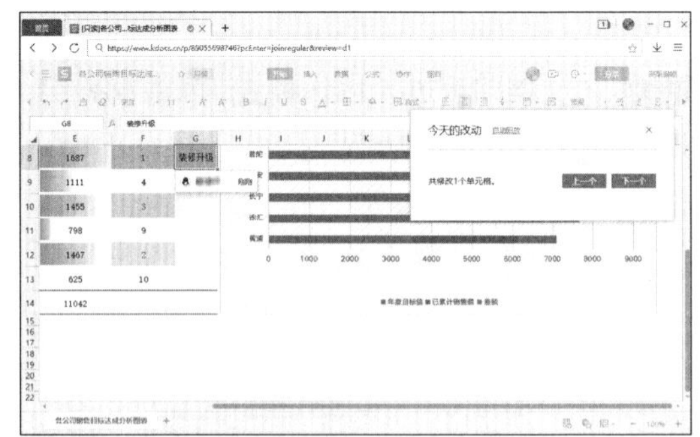

16.2.2 创建在线文档

WPS Office 支持创建在线文档，可以多人同时编辑，并会自动保存文档。

第 1 步 打开 WPS Office，单击【新建】→【文字】选项，单击【推荐模板】区域中的【新建在线文档】选项，如下图所示。

第 2 步 即可进入在线文档页面，页面中包含了链接地址栏，用户可以在下方新建空白文档，也可以使用在线模板创建文档。这里单击【空白文字文档】选项，如下图所示。

第 3 步 即可新建一个空白文字文档，并可对文档进行编辑，如果需要协作编辑，单击【分享】按钮，即可创建链接进行分享，如下图所示。

提示

创建分享链接的方法与 16.2.1 节的第 4 步～第 10 步相同，这里不再赘述。

16.2.3 在手机端多人实时协作编辑文档

手机版 WPS Office 也支持多人实时协作编辑同一个文档，具体操作步骤如下。

第 1 步 打开手机版 WPS Office 软件，登录 WPS 账号后，进入【首页】，查找需要进行编辑的文档。选择“各公司销售目标达成分析图表”文档，点击文档右侧的 ⋮ 按钮，如下图所示。

第 2 步 手机界面中立即弹出菜单，点击【多人编辑】选项，如下图所示。

第 3 步 进入【多人编辑】界面，用户可以添加指定成员或邀请好友加入对文档的编辑，这里点击【邀请好友】按钮，如下图所示。

第 4 步 弹出【邀请好友】菜单，用户可以选择一种方式分享给对方，如下图所示。对方打开链接即可参与编辑，与电脑端操作相同，这里不再赘述。

16.2.4 使用微信小程序分享文档

金山公司的 WPS Office 除了电脑版、手机版外，还开发了“金山文档”微信小程序，集成了手机版 WPS Office 的功能，用户无须下载 APP，就可以在微信中使用 WPS Office 的基本功能。

下面通过对“各公司销售目标达成分析图表 .et”文档的操作，介绍使用微信小程序分享文档的方法。

第 1 步 打开手机版 WPS Office 软件，登录 WPS 账号后，进入【首页】，选择“各公司销售目标达成分析图表”文档，点击文档右侧的 ⋮ 按钮，如下图所示。

第 2 步 弹出菜单，点击【分享给好友】区域下的【微信】图标，如下图所示。

第 3 步 弹出【发送到微信】菜单，点击【分享给朋友】选项，如下图所示。

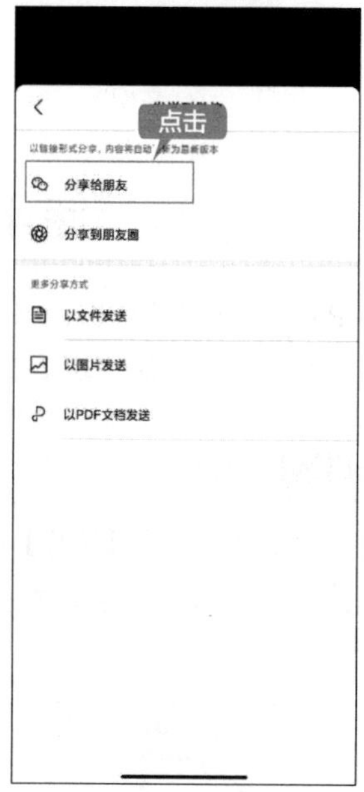

第 4 步 在打开的微信联系人列表中选择联系人后，弹出【发送给】对话框，点击【发送】按钮，如下图所示。

第5步 完成发送后，即可看到文档以小程序的形式发送给了所选择的联系人。收到分享的文档后，对方即可看到如下图所示的小程序。

第6步 此时即可使用小程序打开文档进行相应的查看或编辑操作，如下图所示。

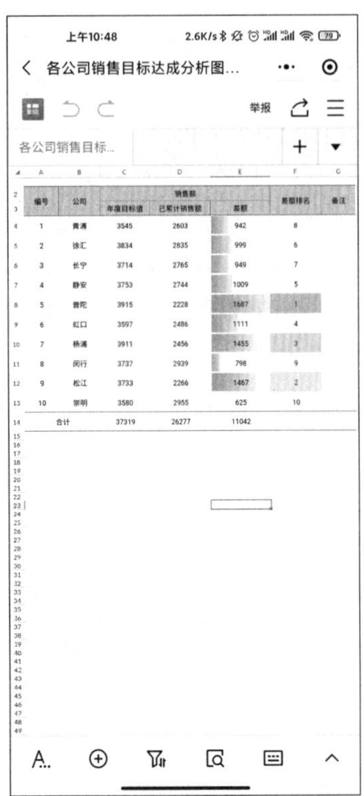

编号	公司	销售额			差额排名	备注
		年度目标值	已累计销售额	差额		
1	黄浦	3545	2603	942	8	
2	徐汇	3834	2835	999	6	
3	长宁	3714	2765	949	7	
4	静安	3753	2744	1009	5	
5	普陀	3915	2228	1687	1	
6	虹口	3597	2486	1111	4	
7	杨浦	3911	2456	1455	3	
8	闵行	3737	2939	798	9	
9	松江	3733	2266	1467	2	
10	崇明	3580	2955	625	10	
合计		37319	26277	11042		

举一反三

使用 WPS Office 发起会议

使用 WPS Office 中的金山会议功能，可以创建云会议，实现快速入会、文档共享、会议管控等，帮助用户通过云会议实现远程协同工作，无论在家还是在公司，都可以随时沟通。

1. 开启远程会议

第1步 打开素材文件，单击【协作】按钮 协作 进入协作模式，单击【远程会议】按钮，如下图所示。

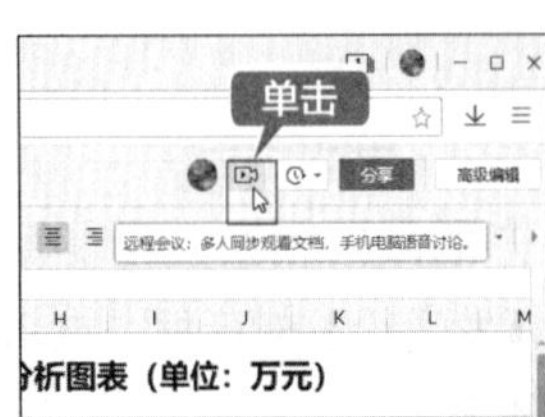

第2步 即可进入金山会议界面，如下图所示。

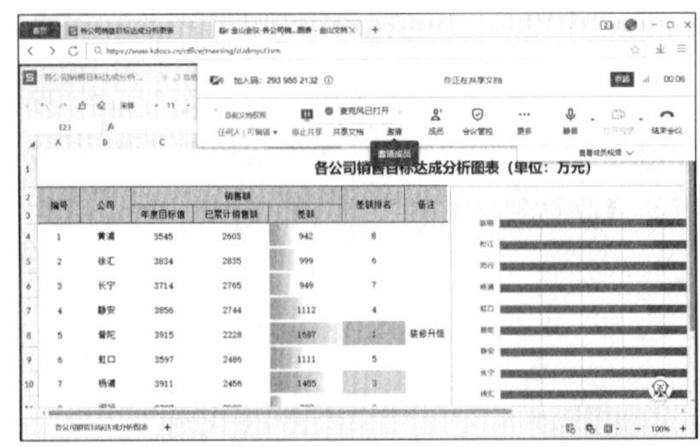

2. 邀请成员加入

如果要邀请其他成员加入会议，可以单击【邀请】按钮，右侧即会弹出【邀请成员】窗格，单击【复制邀请信息】按钮，即可复制邀请链接，发送给其他成员邀请加入会议。另外，也可以通过金山会议 APP、WPS Office、微信扫描窗格下方二维码加入会议，如下图所示。

当其他成员加入进来，界面中即会显示加入成员的情况。单击【成员】按钮，打开【成员】窗格，可以对参会成员进行管理，如全员禁麦、邀请成员，也可以单击某个成员右侧的【更多】按钮，对其执行静音、打开视频、设为演示者、移交主持人及移出会议操作，如下图所示。

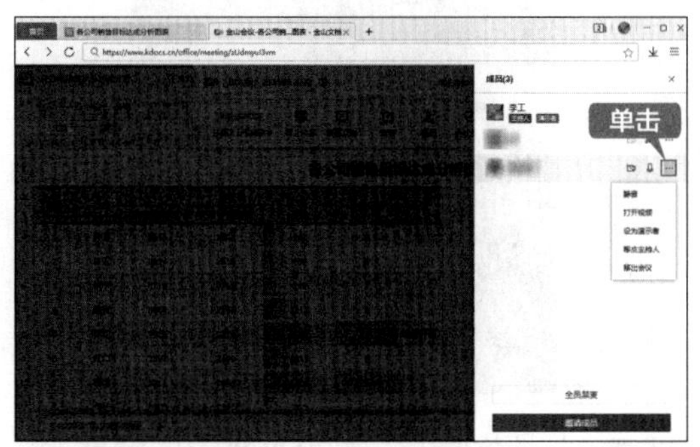

3. 协同编辑文档

第1步 当需要对文档进行修改时，可以在会议界面中对文档进行编辑，如下图所示为在手机端的编辑界面。

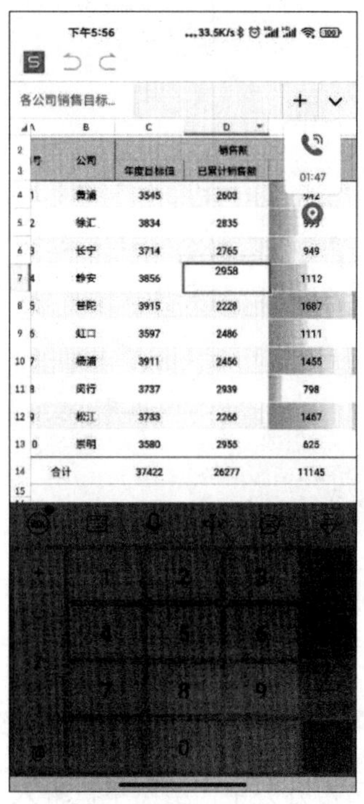

第2步 编辑时，其他成员会同步看到文档的修改内容，并显示修改者的头像及名字，如下图所示。

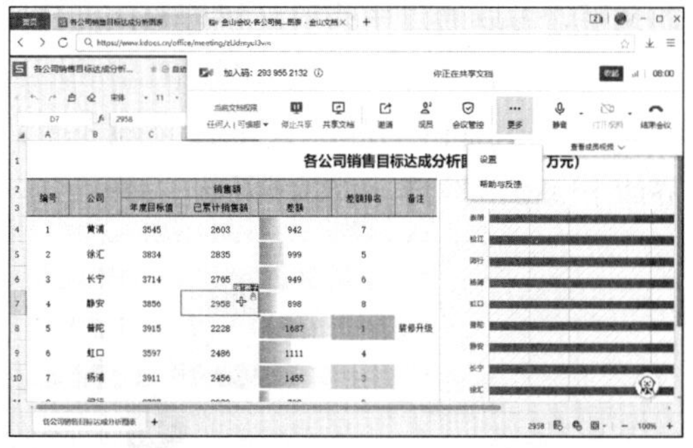

4. 结束会议

如果文档展示完毕，可以单击【停止共享】按钮；如果会议结束，可以单击【结束会议】按钮，会议结束后会提示“会议已结束”信息，并显示扣除时长和剩余时长，如下图所示。

◇ 文字识别：手机拍照提取文字

在日常办公中，虽然手机输入文字的速度不及电脑打字，但是可以通过一些特殊功能，提高手机办公效率。对于新输入内容，可以通过语音输入。如果要输入纸质文稿上的文字，可以通过手机对文稿拍照，再将图片转换成文字，具体操作步骤如下。

第 1 步 打开手机版 WPS Office，在【首页】界面中点击 按钮，如下图所示。

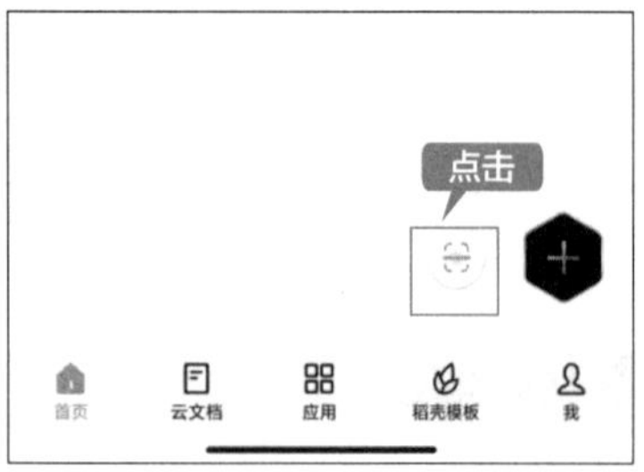

第 2 步 进入拍照界面，选择【文字识别】模式，使用手机摄像头对准纸质文稿，使文字内容完全显示在取景框中，点击快门按钮进行拍照，如下图所示。

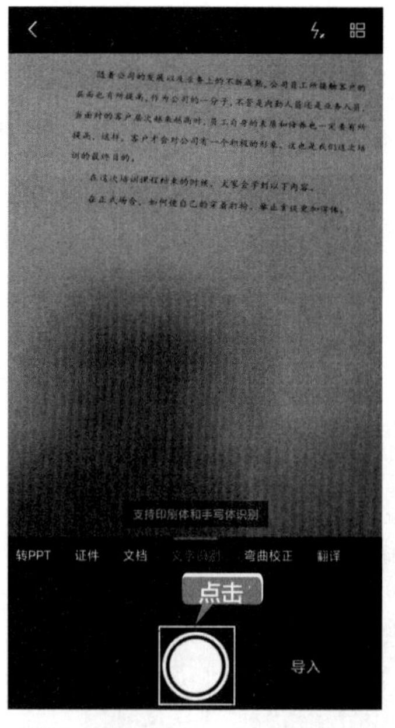

第 3 步 拍照完成后，拖曳屏幕上的定界框，选定识别区域并点击【确定】按钮，如下图所示。

第 4 步 进入【待识别图片】界面，选择要识别的图片，点击【开始识别】按钮，如下图所示。

第 5 步 即会自动识别并提取图片上的文字，进入【识别结果】界面，显示识别的文字，可以点击【复制】按钮把识别的文字复制到剪贴板中，在目标区域进行粘贴；也可以点击【导出文档】按钮，将识别的文字导出为文字文稿，如下图所示。

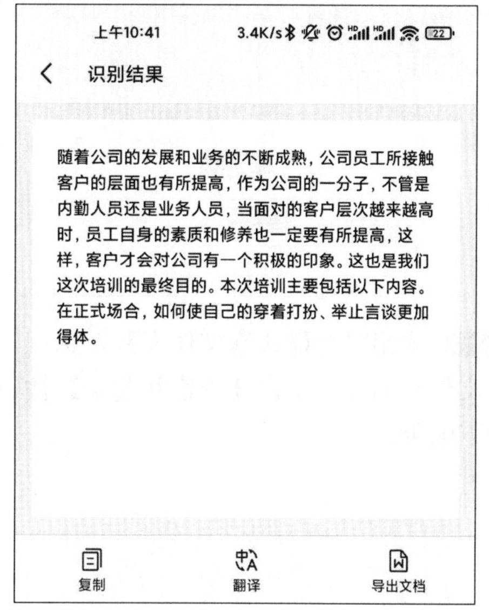

提示

文字识别的准确率并非百分之百，受原件质量、照片质量等影响，如果识别结果与实际内容差别较大，可以尝试多拍摄几次，也可以导出结果后，进行对比和勘误。

◇ 创建共享文件夹实现多人实时协作

如果一个固定的团队需要经常协作处理文档，那么上面介绍的协同办公中，传输和邀请环节就显得格外麻烦。WPS Office 支持创建共享文件夹，可以邀请多人加入团队共享该文件夹，团队中任何人进行任何文档操作，其他成员都可以实时查看和编辑文件夹内的文档，提高了协同办公的效率。

第 1 步 在电脑端打开 WPS Office，在【首页】选项卡下，单击【文档】→【共享】→【共享文件夹】中的【立即创建】按钮，如下图所示。

第 2 步　弹出【新建共享文件夹】对话框，输入文件夹名称，单击【创建并邀请】按钮，如下图所示。

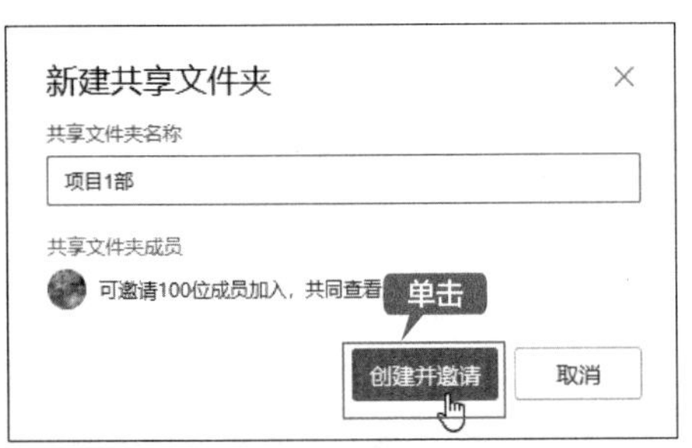

第 3 步　弹出如下图所示的对话框，可以通过微信、QQ 及链接的方式邀请团队成员。复制链接发出邀请后，关闭该对话框。

第 4 步　进入创建的共享文件夹中，单击【上传文件】或【上传文件夹】按钮，可以向共享文件夹中上传文件或文件夹，其他成员也可以看到，这里单击【上传文件】按钮，上传一个文档，如下图所示。

第 5 步　即可看到共享文件夹中的文档，如下图所示。

第 6 步　团队成员即可在自己的电脑端或手机端查看该文档，如下图所示为手机端显示的共享文件。在手机端点击⊕按钮，也可以在共享文件夹中上传文档，如下图所示。

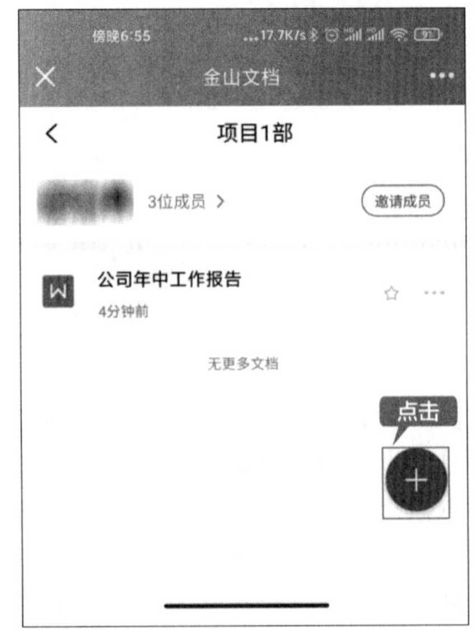

高手秘籍篇

第 17 章

安全优化——电脑的优化与维护

本章导读

随着电脑被使用的时间越来越长，电脑中被浪费的空间也越来越多，用户需要及时优化和管理系统，包括电脑进程的管理与优化、电脑磁盘的管理与优化、清除系统中的垃圾文件、查杀病毒等，从而提高电脑的性能。本章介绍电脑的优化与维护。

思维导图

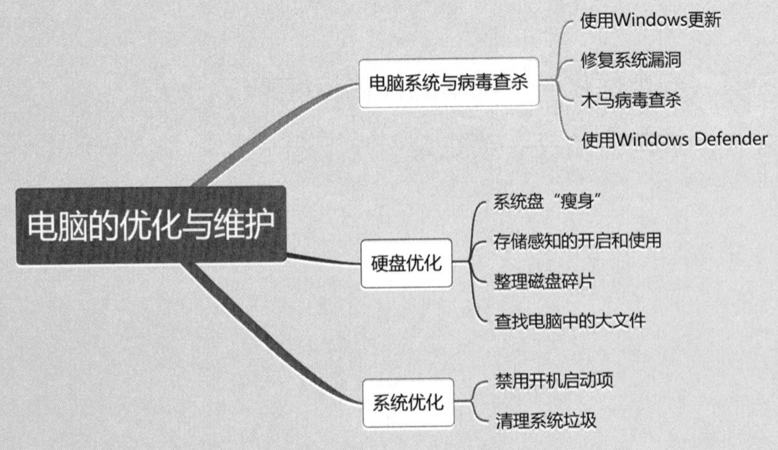

17.1 实战 1：电脑系统与病毒查杀

信息化社会面临着电脑系统安全问题的严重威胁，如系统漏洞、木马病毒等，本节介绍电脑系统的安全防护与木马病毒的查杀。

17.1.1 使用 Windows 更新

Windows 更新是系统自带的用于检测系统最新版本的工具，使用 Windows 更新可以下载并安装系统更新，具体操作步骤如下。

第 1 步 按【Windows+I】组合键，打开【设置】面板，在其中可以看到有关系统设置的相关选项，如下图所示。

第 2 步 单击【更新和安全】选项，打开【更新和安全】面板，在其中选择【Windows 更新】选项，单击【检查更新】按钮，即可开始检查系统是否存在新版本，如下图所示。

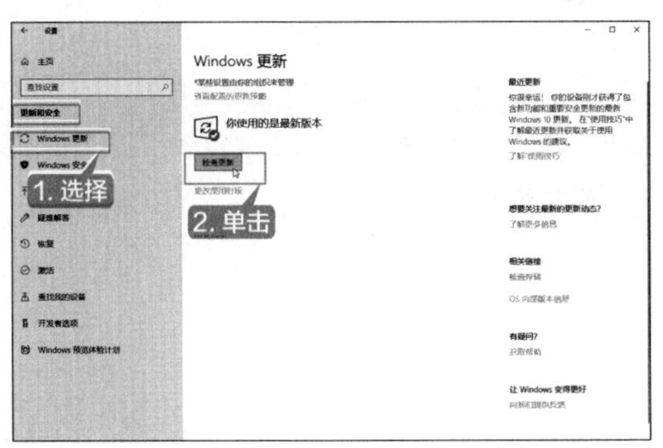

第 3 步 检查完毕后，如果存在新版本，则会显示如下图所示的提示信息，提示用户更新可用，并开始自动下载更新文件，部分更新会要求重启电脑。

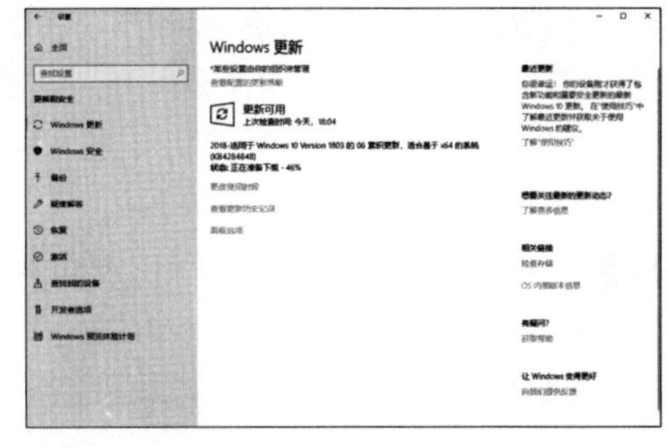

第 4 步 系统更新完成后，再次打开【Windows 更新】界面，在其中可以看到“你使用的是最新版本”提示信息，如下图所示。

第 5 步 单击【高级选项】，打开【高级选项】设置界面，在其中可以设置更新选项，如下图所示。

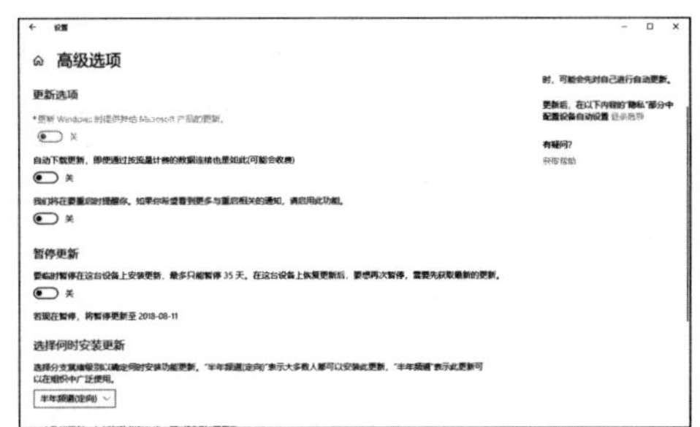

第 6 步 返回【Windows 更新】界面，单击【查看更新历史记录】，打开【查看更新历史记录】界面，在其中可以查看近期的更新历史记录，如下图所示。

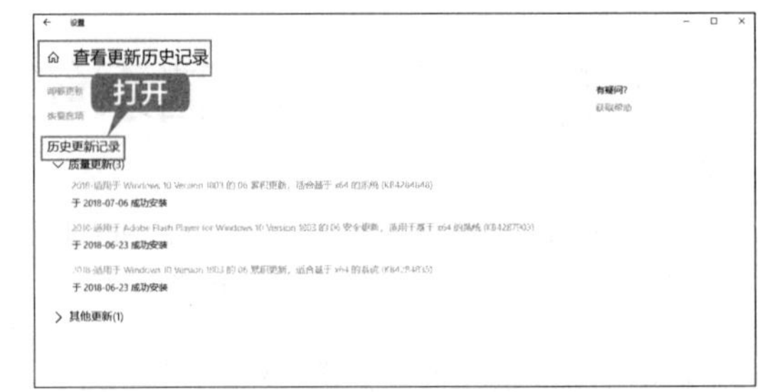

17.1.2 修复系统漏洞

系统漏洞是指 Windows 操作系统在逻辑设计上的缺陷或在编写时产生的错误，这个缺陷或错误可能被不法分子或电脑黑客利用，通过植入木马、病毒等方式来攻击或控制整个电脑，从而窃取电脑中的重要资料和信息，甚至破坏电脑系统。

修复系统漏洞的操作步骤如下。

第 1 步 打开 360 安全卫士工作界面，单击【系统修复】图标，如下图所示。

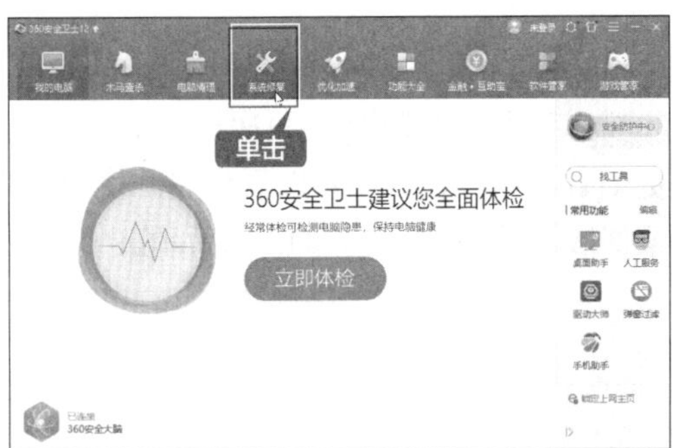

第 2 步 进入系统修复界面，可以单击【全面修复】按钮，修复电脑的漏洞、软件、驱动等。也可以在右侧的修复列表中单击【单项修复】按钮，进行单项修复，如在显示的列表中单击【漏洞修复】选项，如下图所示。

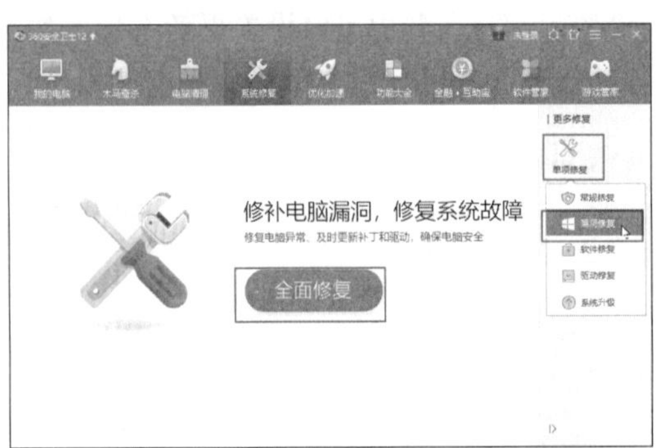

第 3 步 360 安全卫士即可开始扫描系统中存在的漏洞，如下图所示。

第 4 步 如果系统中存在漏洞，按照软件指示进行修复即可，如下图所示。

第 5 步 如果系统中没有扫描出漏洞，则会显示如下图所示的界面，单击【返回】按钮即可。

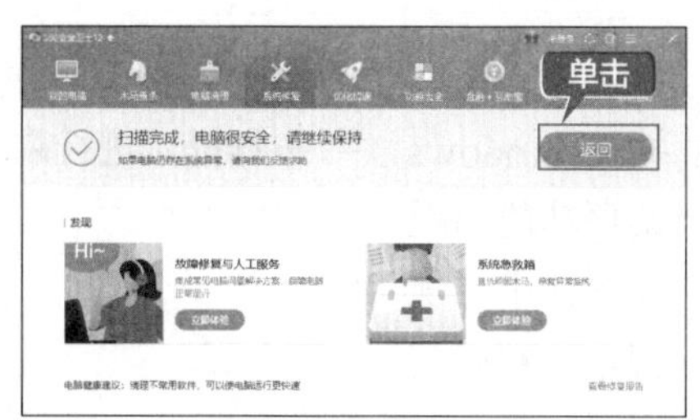

17.1.3 木马病毒查杀

使用 360 安全卫士还可以查杀系统中的木马文件，以保证系统安全，使用 360 安全卫士查杀木马的操作步骤如下。

第 1 步 在 360 安全卫士的工作界面中单击【木马查杀】按钮，进入【木马查杀】界面，在其中可以看到 360 安全卫士为用户提供了快速查杀、全盘查杀、按位置查杀 3 种查杀方式，如下图所示。

第 2 步 单击【快速查杀】按钮，开始快速扫描系统，如下图所示。

第 3 步 如果扫描出危险项，即会弹出【一键处理】按钮，单击该按钮，如下图所示。

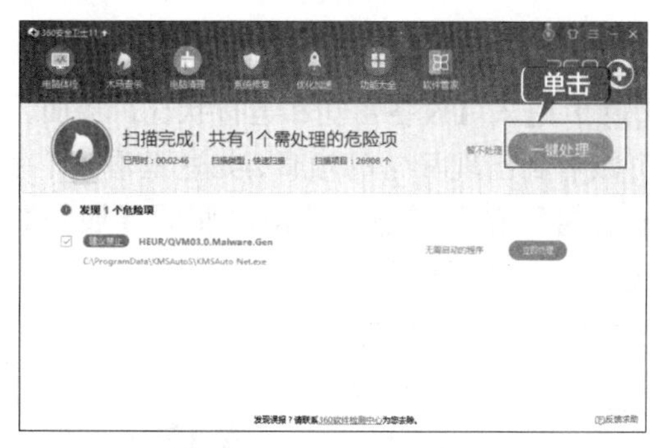

第 4 步 提示处理成功后，单击【好的，立刻重启】按钮，重启电脑完成处理。如果暂时不想重启电脑，可以单击【稍后我自行重启】按钮，自行重启电脑，如下图所示。

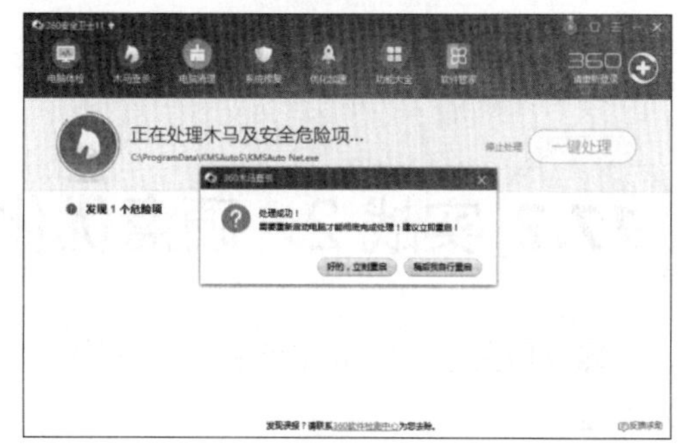

17.1.4 使用 Windows Defender

Windows Defender 是 Windows 10 系统中内置的安全防护软件，主要用于帮助用户抵御间谍软件和其他潜在有害软件的攻击。

第1步 单击任务栏右下角的Windows Defender图标，即可打开【Windows Defender安全中心】界面，当某项功能出现异常问题时，即会显示提示，如图标中出现⚠符号提示，单击【查看运行状况报告】按钮，如下图所示。

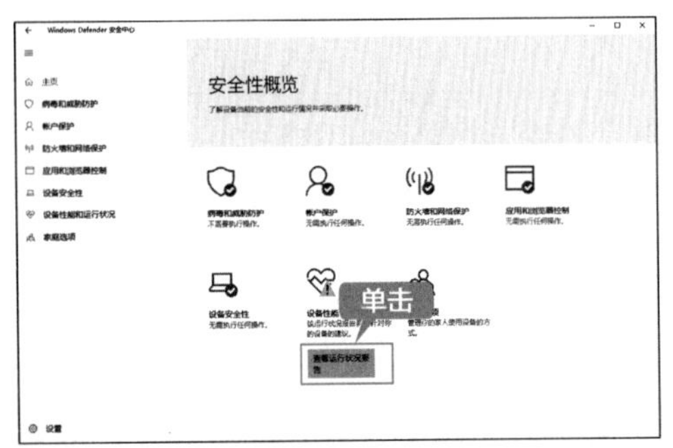

第2步 进入【设备性能和运行状况】界面，可以看到出现异常的项目，如这里看到“存储容量”存在问题，单击右侧的【展开】按钮，如下图所示。

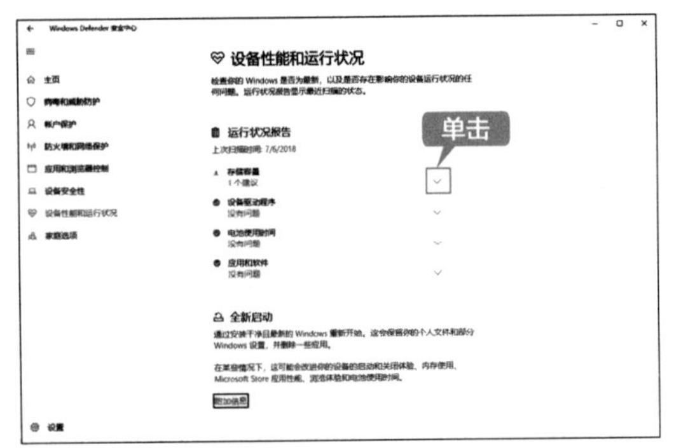

第3步 展开后单击【打开设置】按钮，即可根据提示进行磁盘清理，如下图所示。

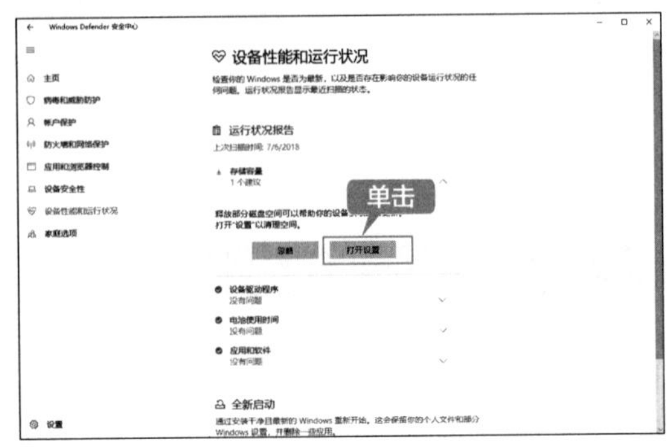

提示

磁盘清理主要是清除大文件，腾出更多的空间，如果是系统盘，可以卸载长时间不使用的软件、删除windows.old文件等。

第4步 当处理完异常问题后，Windows Defender会显示正常图标，如下图所示。

17.2 实战2：硬盘优化

磁盘用久了，经常会产生各种各样的问题，要想让磁盘高效地工作，就要注意平时对磁盘的管理。

17.2.1 系统盘“瘦身”

在安装专业的垃圾清理软件前，用户可以手动清理磁盘垃圾和临时文件，为系统盘“瘦身”，具体操作步骤如下。

第 1 步 按【Windows+R】组合键，打开【运行】对话框，在文本框中输入“cleanmgr”命令，如下图所示。

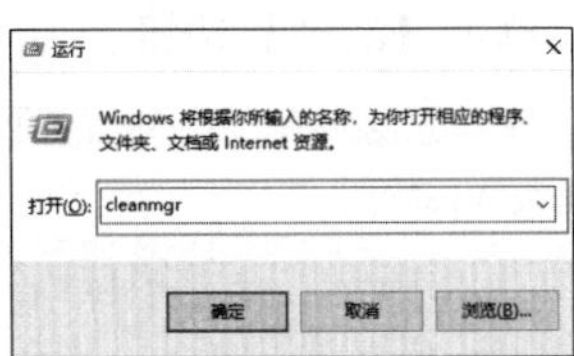

第 2 步 弹出【磁盘清理：驱动器选择】对话框，单击【驱动器】下拉按钮，在弹出的下拉列表中选择需要清理临时文件的磁盘分区，单击【确定】按钮，如下图所示。

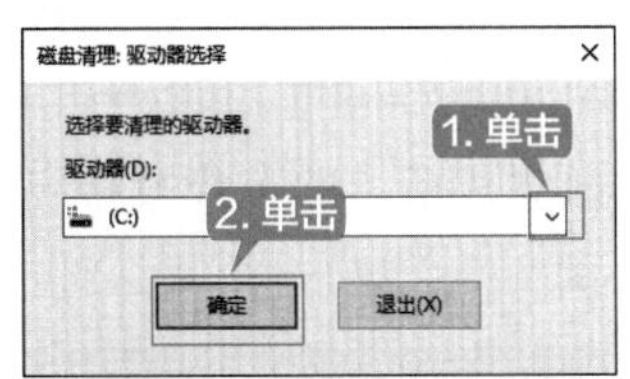

第 3 步 弹出【磁盘清理】对话框，并开始自动计算清理磁盘垃圾，如下图所示。

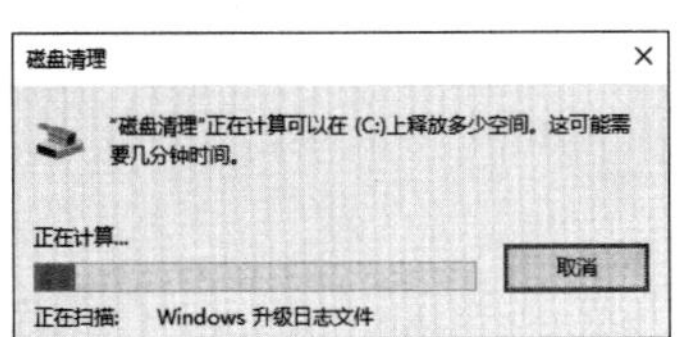

第 4 步 弹出【(C:)的磁盘清理】对话框，在【要删除的文件】列表中显示扫描出的垃圾文件和大小，选择需要清理的临时文件，单击【确定】按钮，如下图所示。

第 5 步 在弹出的提示框中，单击【删除文件】按钮，如下图所示。

第 6 步 系统开始自动清理磁盘中不需要的文件，并显示清理的进度，如下图所示。

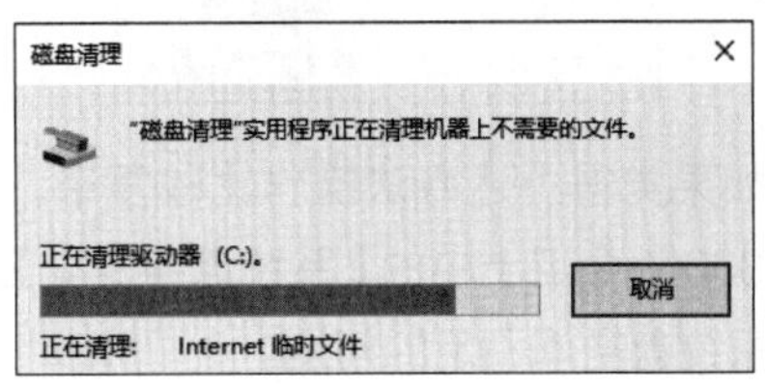

第 7 步 如果系统盘中存在旧的系统文件，可以在【(C:)的磁盘清理】对话框中，单击【清理系统文件】按钮，如下图所示。

第 8 步 系统开始计算系统盘中可释放的空间，如下图所示。

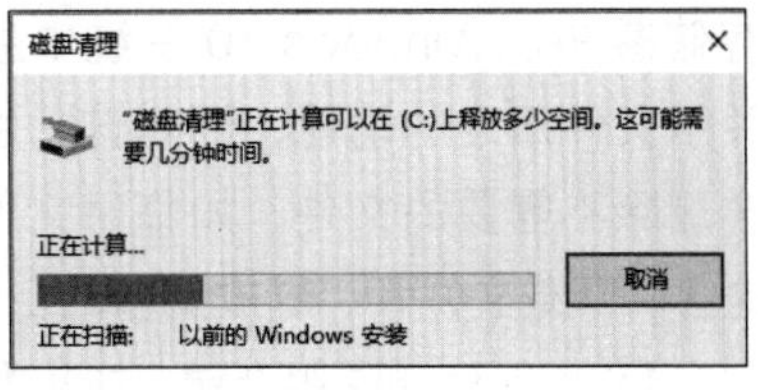

第 9 步 选择要删除的系统文件，即可显示可获得的磁盘空间，单击【确定】按钮，根据提示执行操作，即可进行清理，如下图所示。

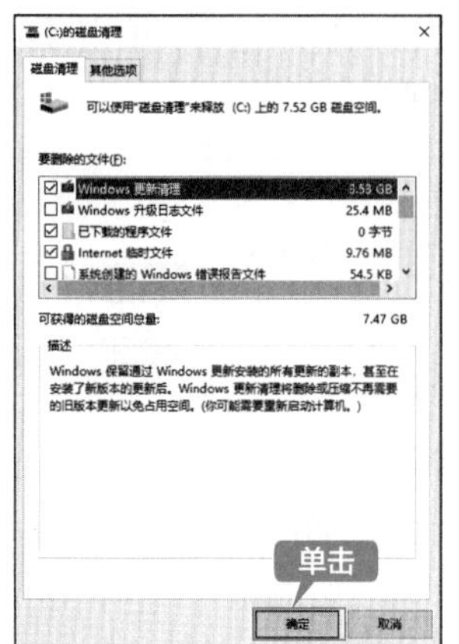

如果觉得上述方法操作比较复杂，可以使用360安全卫士中的【系统盘瘦身】工具，解决系统盘空间不足的问题。

第1步 启动360安全卫士，单击【功能大全】图标，然后单击【我的工具】分类下的【系统盘瘦身】图标，添加该工具后，单击该图标，如下图所示。

第2步 软件即会扫描系统文件，显示可释放的空间情况，如下图所示。此时可在列表中选择要清理的项目，如系统功能优化、软件卸载等，并单击【清理】按钮。

第3步 清理完成后，即可释放相应的空间，如下图所示。

17.2.2 存储感知的开启和使用

存储感知是Windows 10系统中新增的一个关于文件清理的功能，开启该功能后，系统会删除不需要的文件，如临时文件、回收站内容、下载文件等，释放更多的空间。

第1步 按【Windows+I】组合键，打开【设置】面板，单击【系统】选项，如下图所示。

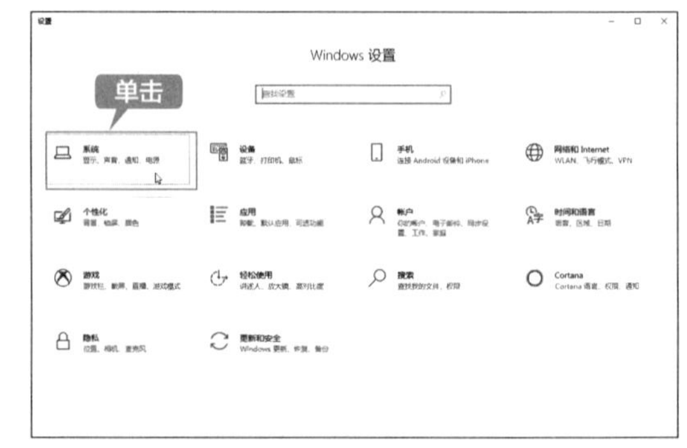

第 2 步 进入【系统】面板，单击左侧的【存储】选项，即可在右侧看到【存储感知】区域，将其按钮设置为“开”，即可开启该功能，Windows 便可删除不需要的临时文件，释放更多的空间。单击【配置存储感知或立即运行】超链接，如下图所示。

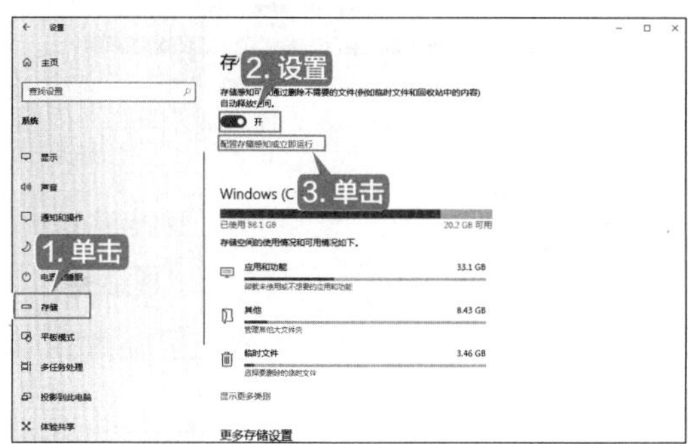

第 3 步 即可进入【配置存储感知或立即运行】界面，如下图所示。

第 4 步 设置运行存储感知的时间。用户可以在【运行存储感知】下拉列表中选择时间，包括每天、每周及每月，如下图所示。

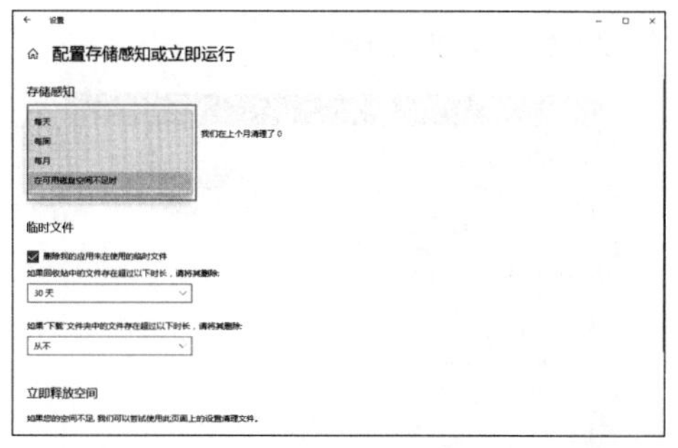

第 5 步 另外，也可以设置长时间未使用的临时文件的删除规则。如可以设置将“回收站”和“下载”文件夹中的存在超过设定时长的文件删除，如下图所示。

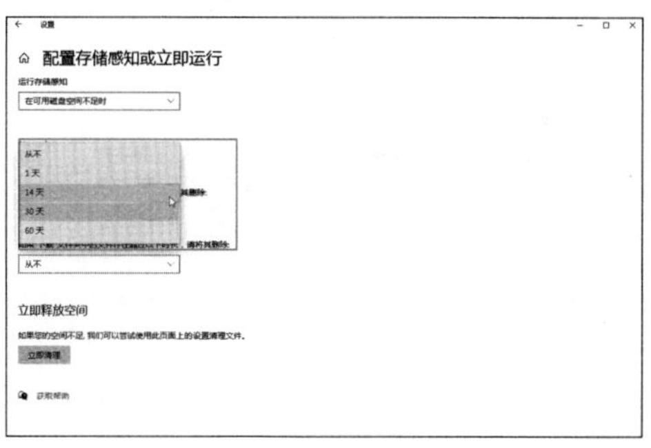

第 6 步 单击【立即释放空间】区域下的【立即清理】按钮，可以立即清理符合条件的临时文件，并释放空间，如下图所示。

17.2.3 整理磁盘碎片

随着时间的推移，用户在保存、更改或删除文件时，卷上会产生碎片。磁盘碎片整理程序可以重新排列卷上的数据并重新合并碎片数据，有助于计算机更高效地运行。在 Windows 10 操作系统中，磁盘碎片整理程序可以按计划自动运行，用户也可以手动运行该程序或更改该程序使用的计划。

具体操作步骤如下。

第 1 步 在搜索框中输入“碎片整理和优化驱动器”，在弹出的搜索结果列表中，单击第

一个搜索结果，如下图所示。

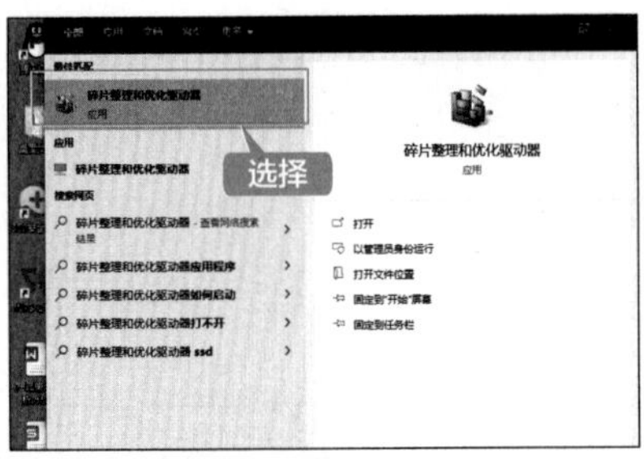

第 2 步 弹出【优化驱动器】对话框，在其中选择需要整理碎片的磁盘，单击【分析】按钮，如下图所示。

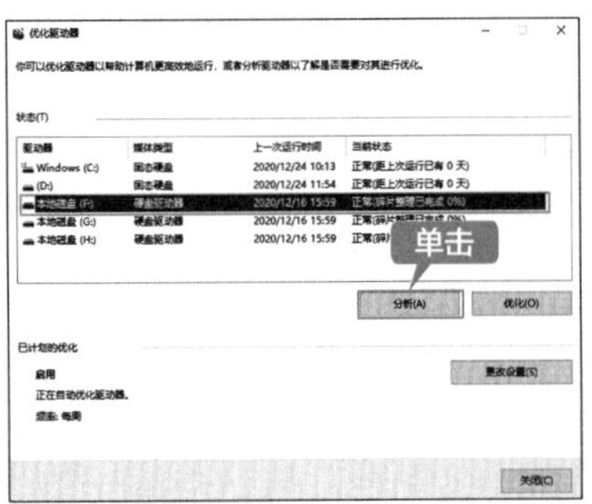

提示

固态硬盘和传统硬盘在读写机制上有很大区别，固态硬盘不需要进行碎片整理操作，因此在该对话框中，固态硬盘的【分析】按钮是不可用的状态。

第 3 步 系统会分析磁盘碎片的多少，分析完成后单击【优化】按钮，对磁盘碎片进行整理，磁盘碎片整理完成后，单击【关闭】按钮即可，如下图所示。

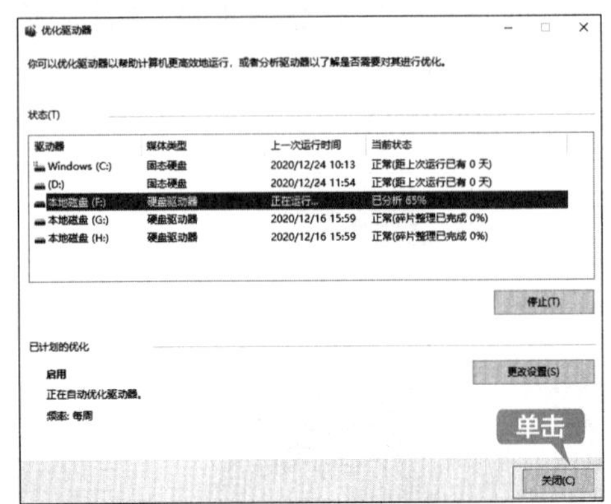

提示

单击【更改设置】按钮，打开【优化驱动器】对话框，在其中可以设置优化驱动器的相关参数，如频率、驱动器等，设置完成后单击【确定】按钮，系统会根据设置好的计划自动整理磁盘碎片并优化驱动器，如下图所示。

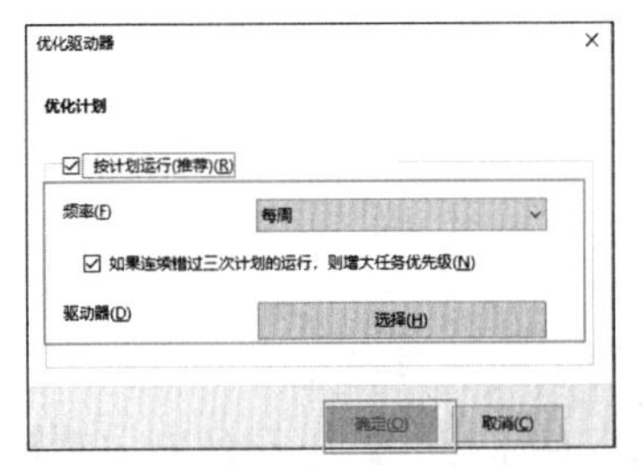

17.2.4 查找电脑中的大文件

使用 360 安全卫士的查找大文件工具可以查找电脑中的大文件，具体操作步骤如下。

第 1 步 打开 360 安全卫士，单击【功能大全】→【系统工具】→【查找大文件】，添加该工具，如下图所示。

第 2 步 打开【电脑清理－查找大文件】界面，勾选要扫描的磁盘，并单击【扫描大文件】按钮，如下图所示。

第 3 步 软件会自动扫描磁盘中的大文件，在扫描结果列表中，勾选要删除的文件，然后单击【删除】按钮，如下图所示。

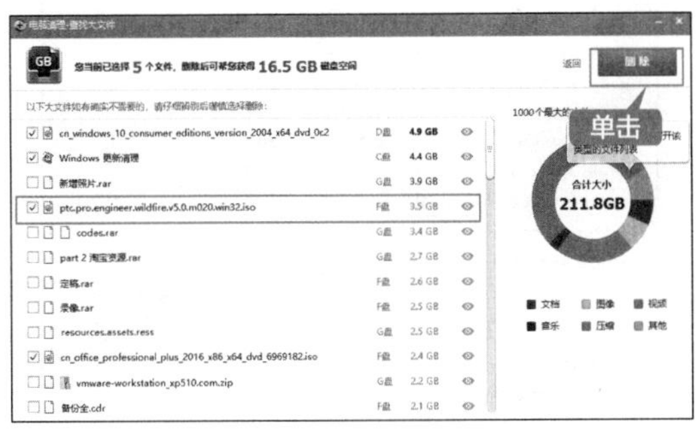

第 4 步 弹出如下图所示的信息提示框，提示用户仔细辨别将要删除的文件是否确实无用，单击【我知道了】按钮，如下图所示。

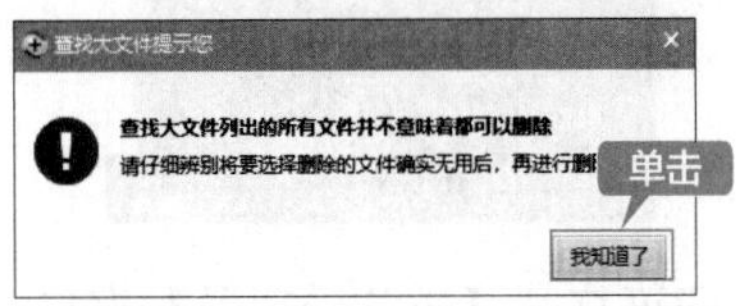

第 5 步 确定删除的文件没问题，单击【立即删除】按钮，如下图所示。

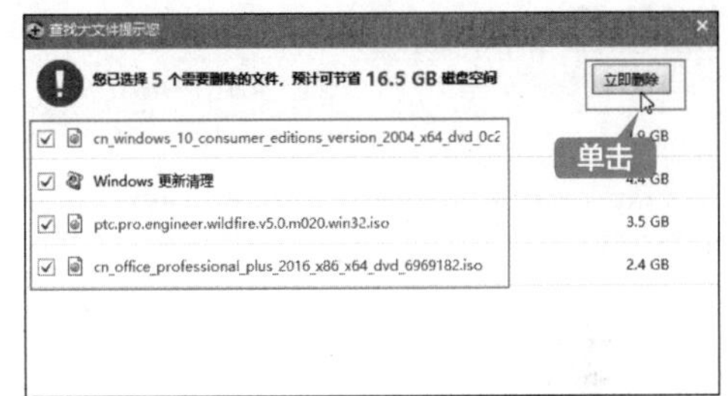

第 6 步 提示删除完毕后，单击【关闭】按钮即可，如下图所示。

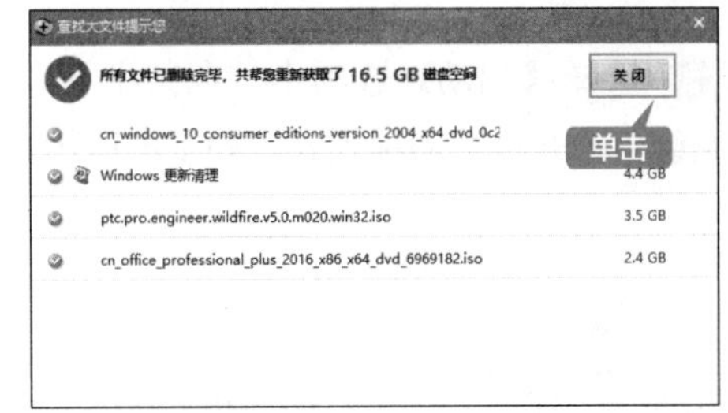

17.3 实战 3：系统优化

电脑使用一段时间后，会产生一些垃圾文件，包括被强制安装的插件、上网缓存文件、系统临时文件等，需要通过各种方法来对系统进行优化处理。本节将介绍如何对系统进行优化。

17.3.1 禁用开机启动项

在电脑启动的过程中，自动运行的程序被称为开机启动项，开机启动项会浪费大量的内存空间，并减慢系统启动速度。因此，要想加快开机速度，就必须禁用一部分开机启动项。

禁用开机启动项的具体操作步骤如下。

第 1 步 在任务栏上右击，在弹出的快捷菜单中选择【任务管理器】选项，如下图所示。

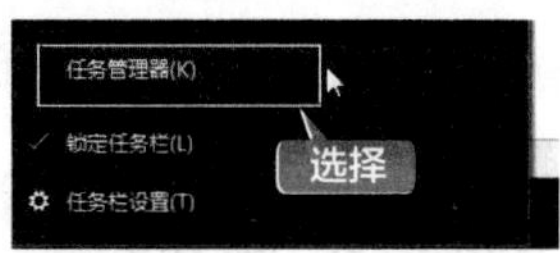

第 2 步 即可打开【任务管理器】窗口，如下图所示。

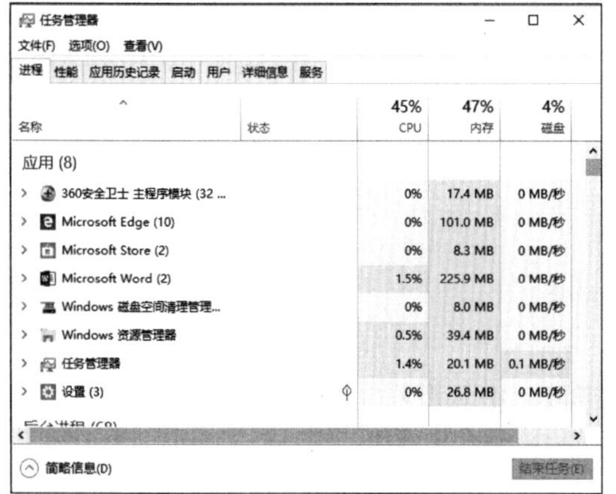

第 3 步 选择【启动】选项卡，在其中可以看到系统中的开机启动项列表，如下图所示。

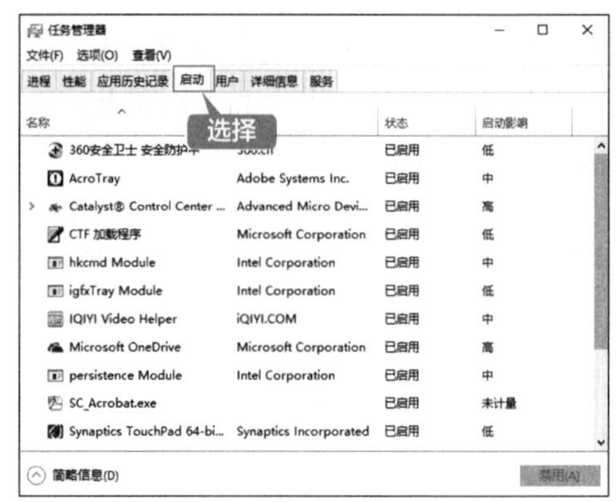

第 4 步 选择需要禁用的启动项，单击【禁用】按钮，即可禁用该启动项，如下图所示。

17.3.2 清理系统垃圾

360 安全卫士是一款系统安全防护软件，拥有木马查杀、恶意插件清理、漏洞补丁修复、电脑全面体检、垃圾和痕迹清理、系统优化等多种功能。

使用 360 安全卫士清理系统垃圾的具体操作步骤如下。

第 1 步 打开 360 安全卫士工作界面，单击【电脑清理】图标后，单击该界面显示的【全面清理】按钮，如下图所示。

第 2 步 软件即会自动扫描电脑中的垃圾文件，如下图所示。

第 3 步 扫描完毕后，即会显示有垃圾文件的软件垃圾、系统垃圾等，勾选要清理的垃圾文件，然后单击【一键清理】按钮，如下图所示。

第 4 步 清理完成后，单击【完成】按钮即可，如下图所示。

修改桌面文件的默认存储位置

用户在使用电脑时一般都会把系统安装到 C 盘，很多的桌面图标也随之产生在 C 盘，当桌面文件越来越多时，不仅影响开机速度，电脑的响应时间也会变长。如果系统崩溃需要重装电脑，桌面文件就会丢失。

桌面文件的存储位置默认在 C 盘，如果用户把桌面文件存储路径修改到其他盘符，上述问题就不会存在了。那么如何修改桌面文件的默认存储位置呢？下面介绍详细的设置步骤。如下图所示为桌面文件默认的存储位置。

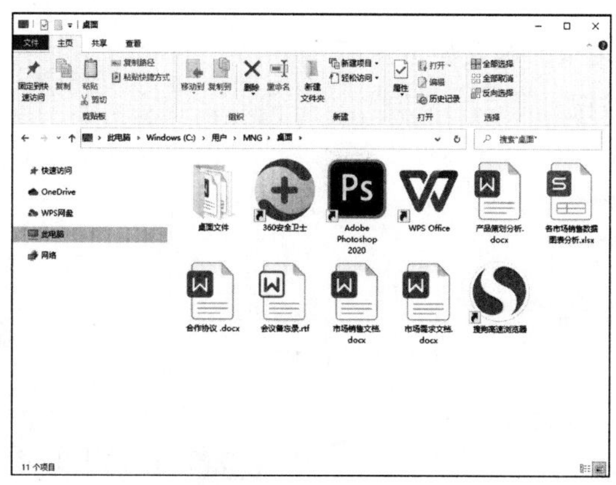

修改桌面文件默认存储位置的具体操作步骤如下。

第 1 步 打开【此电脑】窗口，右击左侧导航栏中的【桌面】选项，在弹出的快捷菜单中，单击【属性】命令，如下图所示。

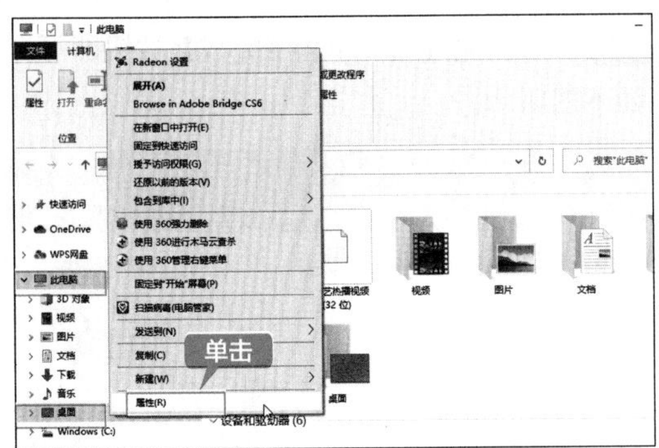

第 2 步 弹出【桌面属性】对话框，显示了桌面文件的存储位置、大小、日期等信息，如下图所示。

第 3 步 单击【位置】选项卡，进入如下图所示界面，单击【移动】按钮。

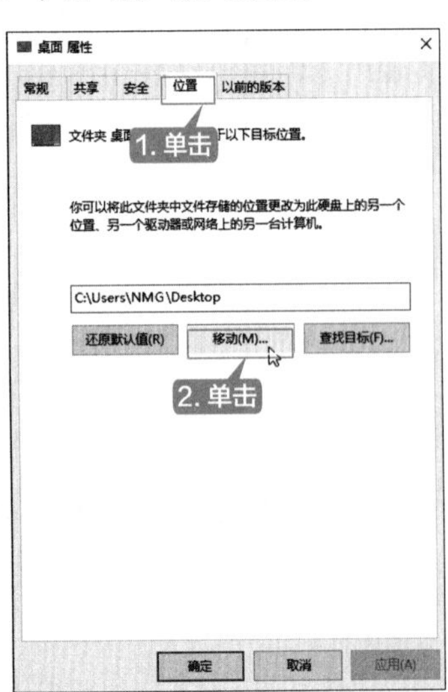

提示

也可以在路径文本框中，直接输入目标位置路径。

第 4 步 弹出【选择一个目标】对话框，然后选择其他磁盘位置。例如，这里选择 D 盘下的“Desktop”文件夹，单击【选择文件夹】按钮，如下图所示。

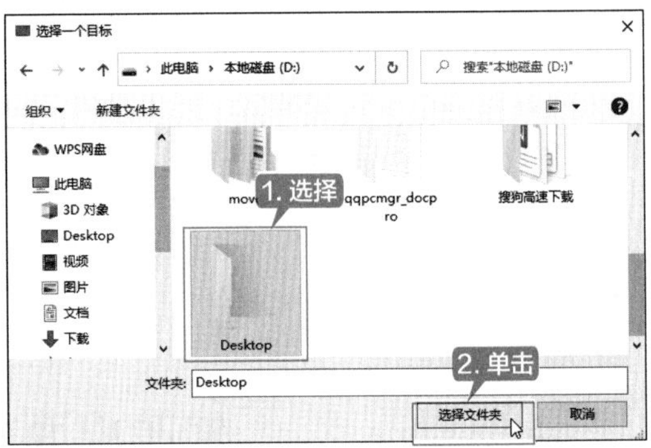

第 5 步 即可看到新的路径，单击【确定】按钮，如下图所示。

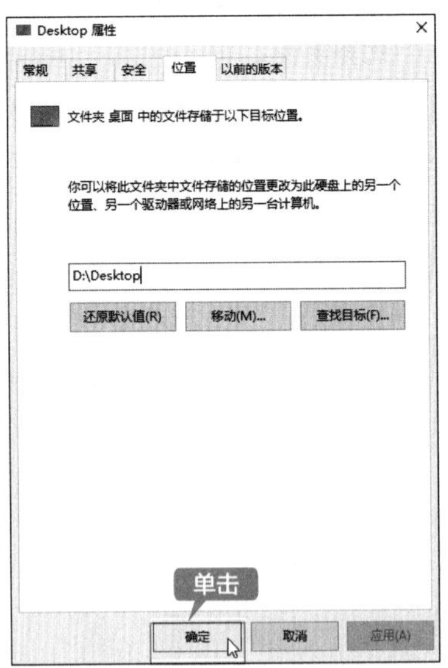

第 6 步 在弹出的【移动文件夹】对话框中确认新位置路径无误后，单击【是】按钮，如下图所示。

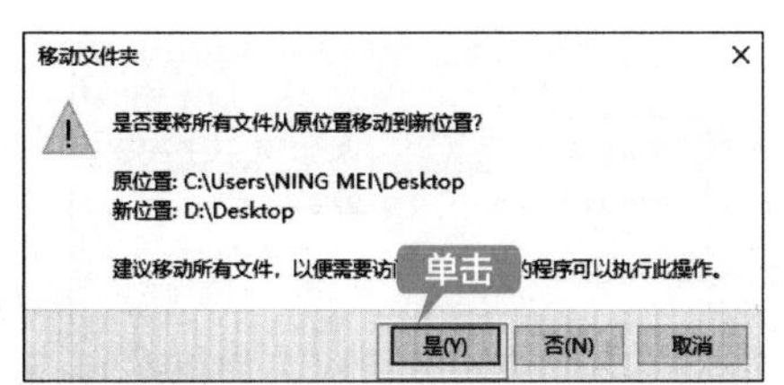

第 7 步 原 C 盘中的文件即会移动到新位置，并显示完成进度，如下图所示。

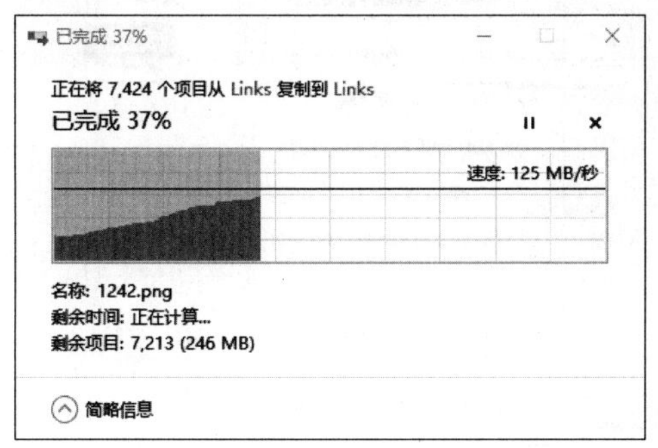

第 8 步 完成后，即可在新位置中看到桌面文件，如下图所示。也可以通过文件的【属性】对话框，查看当前存储位置。

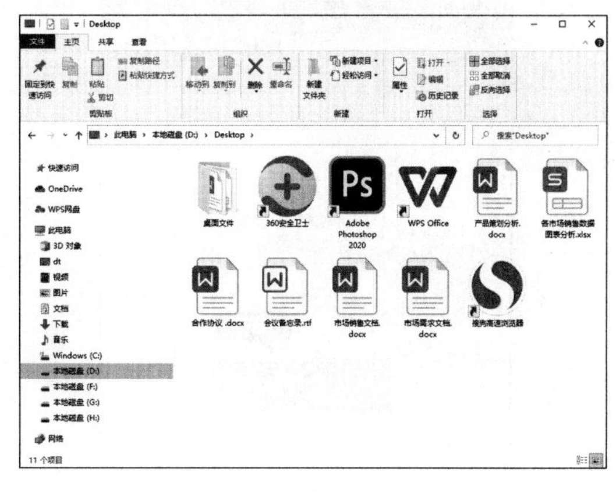

◇ 管理鼠标的右键菜单

电脑使用的过程中，鼠标的右键菜单会因不断加入新功能而越来越长，占了大半个屏幕，看起来不美观、不简洁，这是由于安装软件时附带的添加右键菜单功能造成的，那么怎么管理右键菜单呢？使用 360 安全卫士的右键管理功能可以轻松管理鼠标的右键菜单，具体操作步骤如下。

第 1 步 打开 360 安全卫士，进入【功能大全】→【我的工具】列表，单击【右键管理】图标，如下图所示。

第 2 步 弹出【右键菜单管理】对话框，单击【立即管理】按钮，如下图所示。

第 3 步 当加载右键菜单后，即会显示当前右键菜单，如下图所示。

第 4 步 在要删除的菜单命令后，单击【删除】按钮，即可快速删除，如下图所示。

第 5 步 单击【已删除菜单】选项卡，可以查看已删除的右键菜单，单击【恢复】按钮 ↶，即可恢复右键菜单，如下图所示。

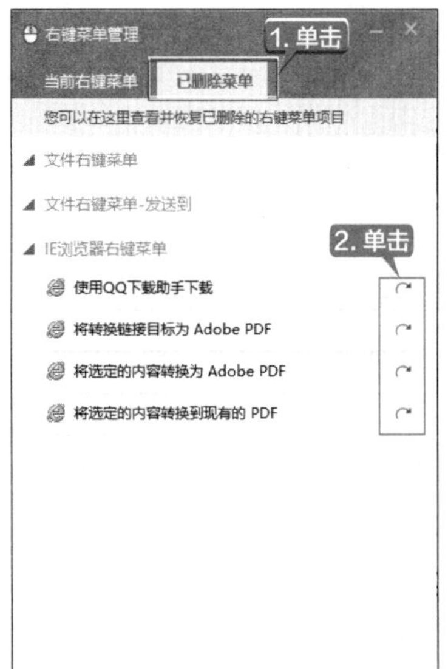

◇ 更改新内容的保存位置

在 Windows 10 系统中，用户可以设定新内容的保存位置，如应用的安装位置、下载文件的存储位置、媒体文件的保存位置等。

第 1 步 打开【设置】面板，单击【系统】→【存储】选项，即可看到【更多存储设置】区域，

单击【更改新内容的保存位置】选项，如下图所示。

第 2 步 进入【更改新内容的保存位置】界面，即可看到应用、文档、音乐、照片和视频、电影和电视节目及离线地图的默认保存位置，如下图所示。

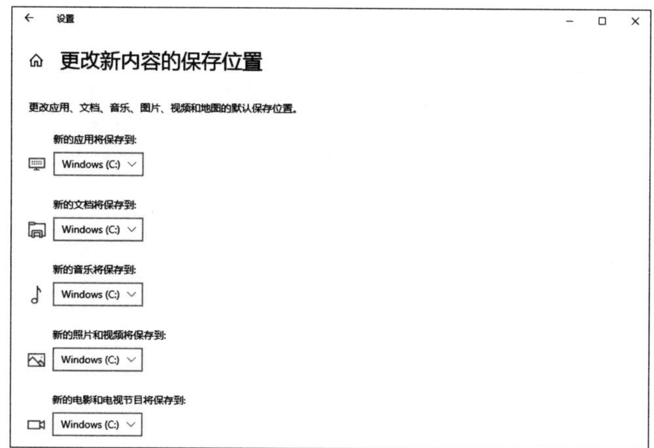

第 3 步 如果要更改某项内容的保存位置，单击其下方的展开按钮⌄，即可选择其他磁盘。如单击【新的应用将保存到】下方的展开按钮，即可打开磁盘下拉列表，选择要保存的磁盘，如下图所示。

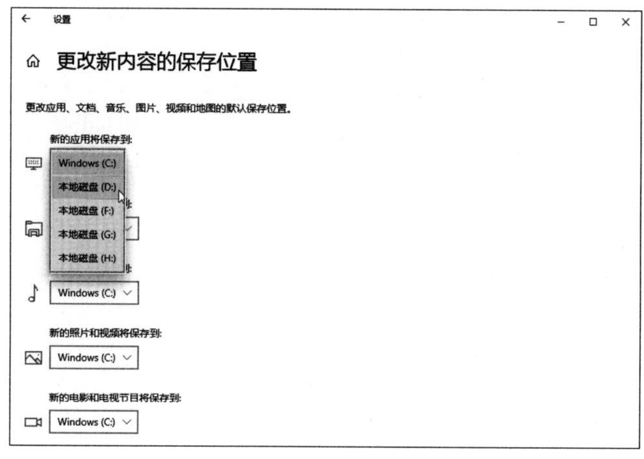

第 4 步 选择后单击【应用】按钮，即可应用设置的位置。使用同样的方法，也可以对其他类型文件的保存位置进行更改，如下图所示。

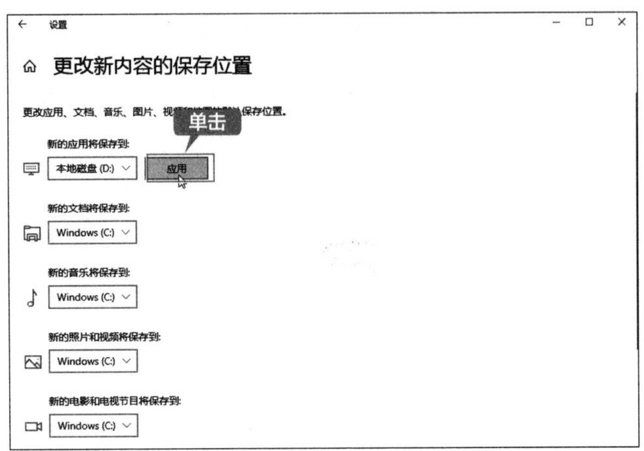

第 18 章

高手进阶——系统备份与还原

本章导读

在电脑的使用过程中，可能会发生意外情况导致系统文件丢失，例如，系统遭受病毒和木马的攻击，使系统文件丢失，或者有时不小心删除系统文件等，都有可能导致系统崩溃或无法进入操作系统，这时用户就不得不重装系统。但是如果系统进行了备份，就可以直接将其还原，以节省时间。本章将介绍如何对系统进行备份、还原和重装。

思维导图

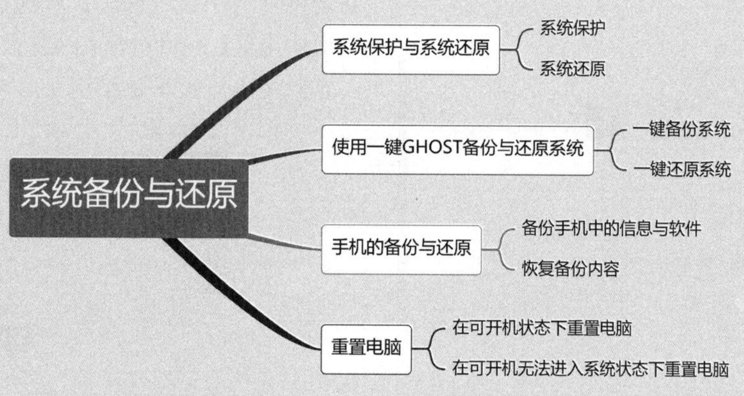

18.1 实战1：系统保护与系统还原

Windows 10 操作系统中内置了系统保护功能，并默认打开保护系统文件和设置的相关信息，当系统出现问题时，可以方便地恢复到创建还原点时的状态。

18.1.1 系统保护

保护系统前，需要开启系统的还原功能，然后再创建还原点。

1. 开启系统还原功能

开启系统还原功能的具体操作步骤如下。

第1步 右击桌面上的【此电脑】图标，在打开的快捷菜单中选择【属性】命令，如下图所示。

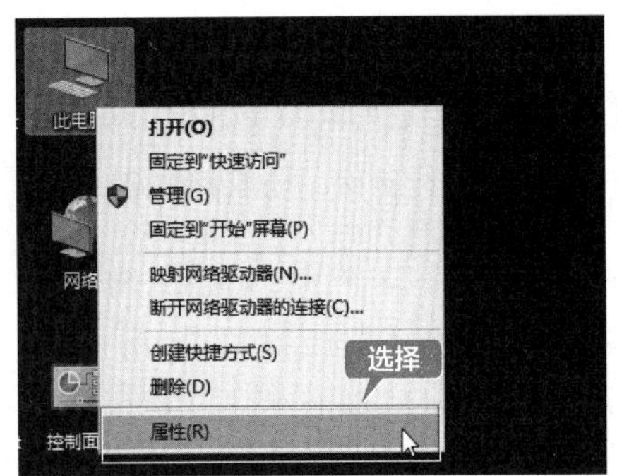

第2步 在打开的窗口中，单击【系统保护】选项，如下图所示。

第3步 弹出【系统属性】对话框，在【保护设置】列表框中选择系统所在的分区，并单击【配置】按钮，如下图所示。

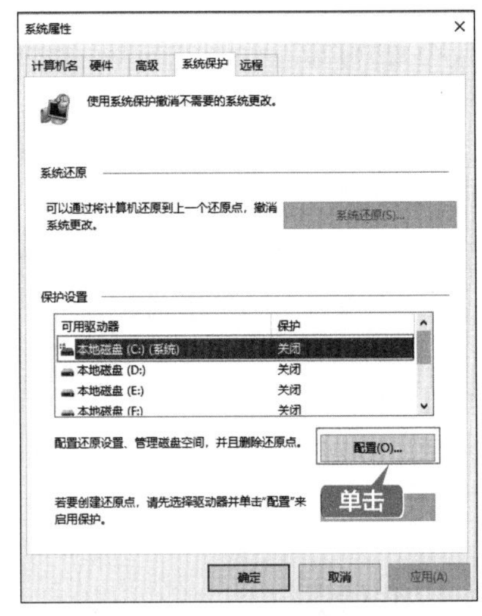

第4步 弹出【系统保护本地磁盘(C:)】对话框，选中【启用系统保护】单选按钮，调整【最大使用量】滑块到合适的位置，然后单击【确定】按钮，如下图所示。

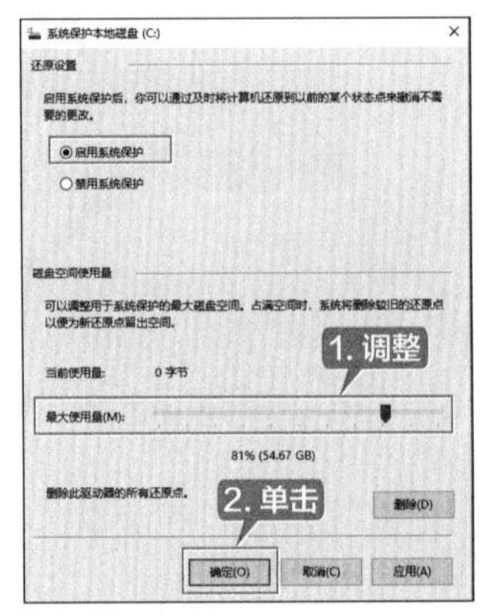

2. 创建系统还原点

用户开启系统还原功能后，默认打开保护系统文件和设置的相关信息，保护系统。用户也可以创建系统还原点，当系统出现问题时，可以方便地恢复到创建还原点时的状态。

第 1 步 在打开的【系统属性】对话框中，选择【系统保护】选项卡，然后选择系统所在的分区，单击【创建】按钮，如下图所示。

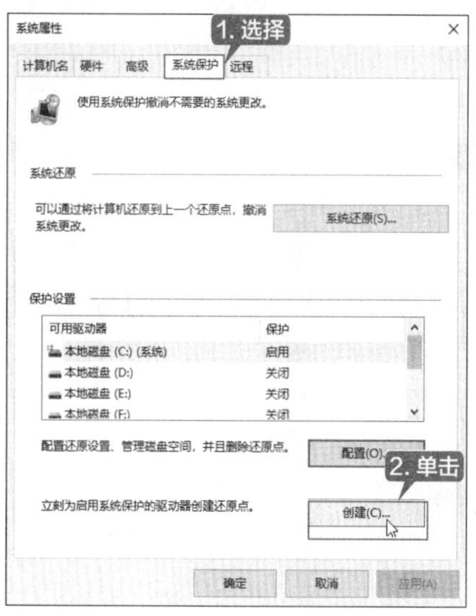

第 2 步 弹出【系统保护】对话框，在文本框中输入还原点的描述信息，单击【创建】按钮，如下图所示。

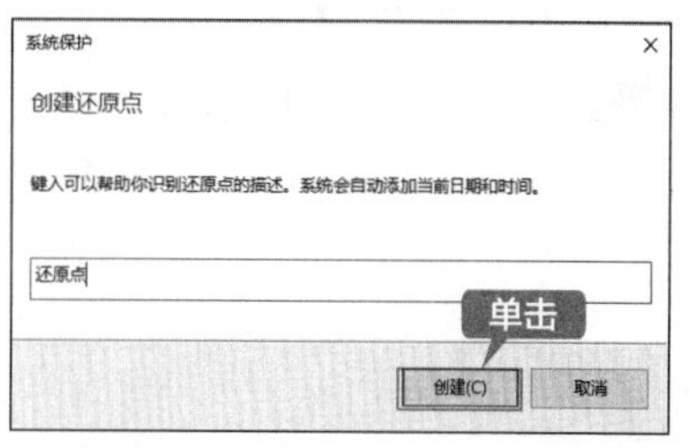

第 3 步 即可开始创建还原点，如下图所示。

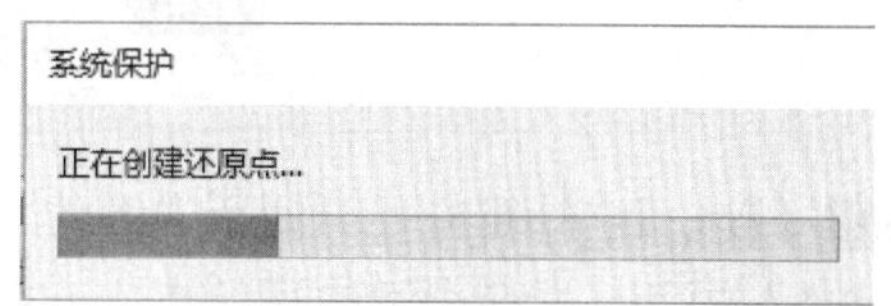

第 4 步 创建完毕后，将弹出“已成功创建还原点”提示信息，单击【关闭】按钮即可，如下图所示。

18.1.2 系统还原

在为系统创建好还原点之后，一旦系统遭到病毒或木马的攻击，致使系统不能正常运行，就可以将系统恢复到指定还原点。

下面介绍如何还原到创建的还原点，具体操作步骤如下。

第 1 步 打开【系统属性】对话框，在【系统保护】选项卡下，单击【系统还原】按钮，如下图所示。

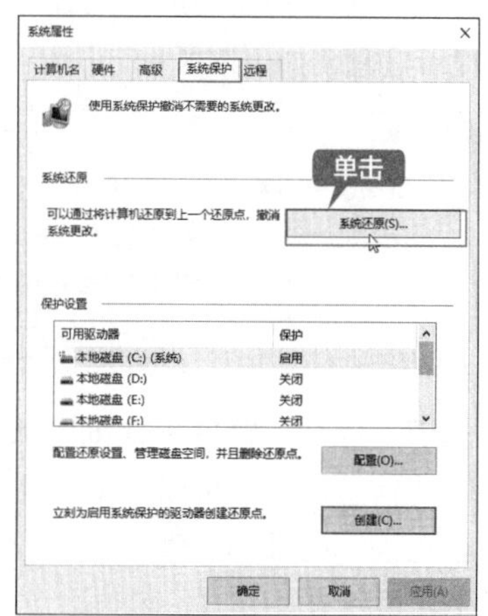

第 2 步 弹出【系统还原】对话框，单击【下一步】按钮，如下图所示。

第 3 步 进入【将计算机还原到所选事件之前的状态】界面，选择合适的还原点，一般选择距离出现故障时间最近的还原点即可，单击【扫描受影响的程序】按钮，如下图所示。

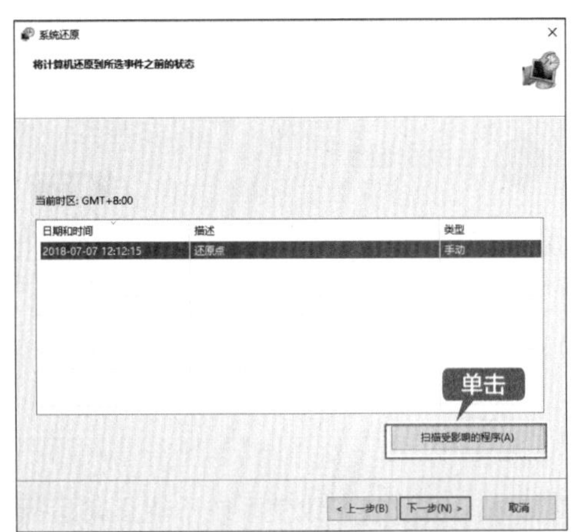

第 4 步 弹出“正在扫描受影响的程序和驱动程序”提示信息，如下图所示。

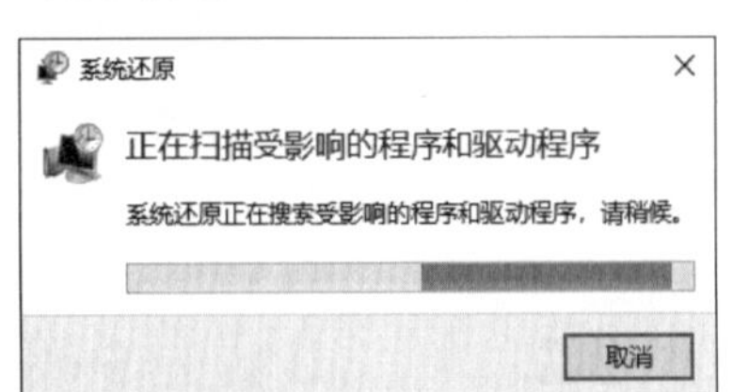

第 5 步 扫描完成后，将显示详细的被删除的程序和驱动信息，用户可以查看所选择的还原点是否正确，如果不正确，可以返回重新操作，如下图所示。

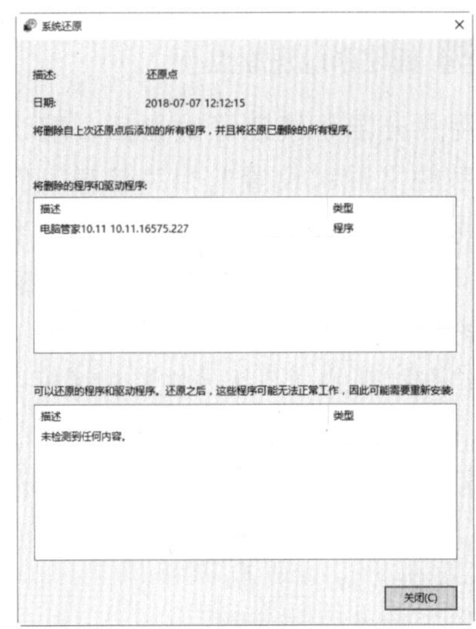

第 6 步 单击【关闭】按钮，返回到【将计算机还原到所选事件之前的状态】界面，确认还原点选择是否正确，如果还原点选择正确，则单击【下一步】按钮，弹出【确认还原点】界面，如下图所示。

第 7 步 如果确认操作无误，则单击【完成】按钮，弹出提示框，提示“启动后，系统还原不能中断。你希望继续吗”，如下图所示，单击【是】按钮。电脑重启后，还原操作会自动进行，还原完成后再次自动重启电脑，登录到桌面后，将会弹出系统还原提示框，提示“系统还原已成功完成”，单击【关闭】按钮，即可完成将系统恢复到指定还原点的操作。

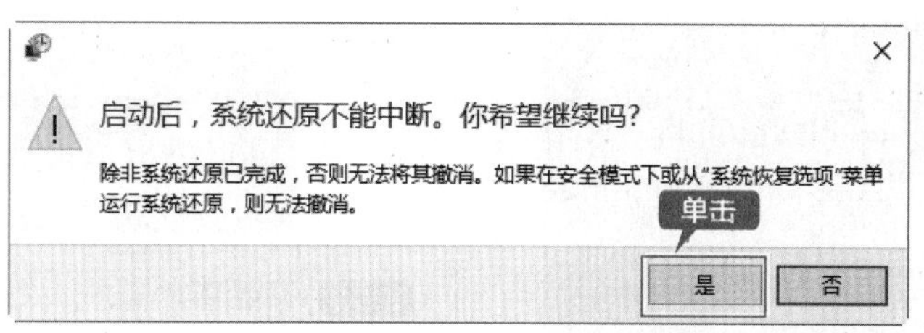

18.2 实战 2：使用一键 GHOST 备份与还原系统

使用一键 GHOST 的一键备份和一键还原功能来备份和还原系统是非常便利的，本节将介绍如何使用一键 GHOST 备份与还原系统。

18.2.1 一键备份系统

使用一键 GHOST 备份系统的具体操作步骤如下。

第 1 步 下载并安装一键 GHOST 后，即可进入【一键备份系统】对话框，此时一键 GHOST 开始初始化。初始化完毕后，将自动选中【一键备份系统】选项，单击【备份】按钮，如下图所示。

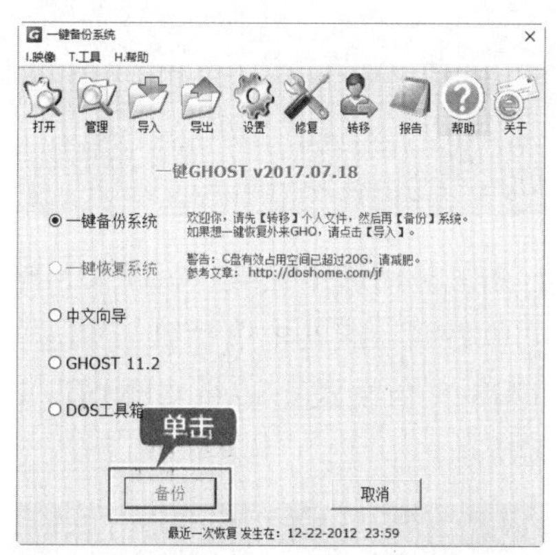

第 2 步 弹出提示框，单击【确定】按钮，如下图所示。

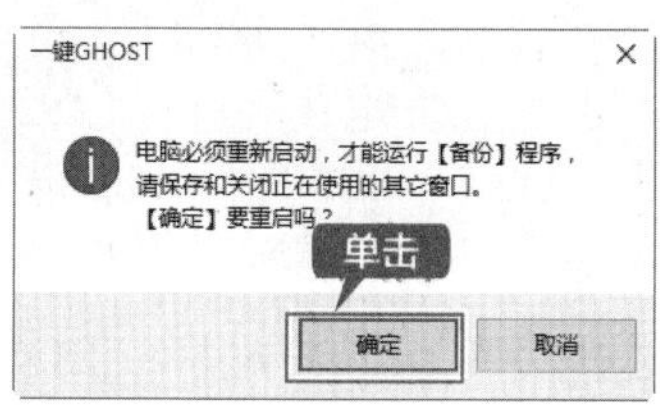

第 3 步 系统重新启动，并自动打开 GRUB4DOS 菜单，在其中选择第一个选项，表示启动一键 GHOST，如下图所示。

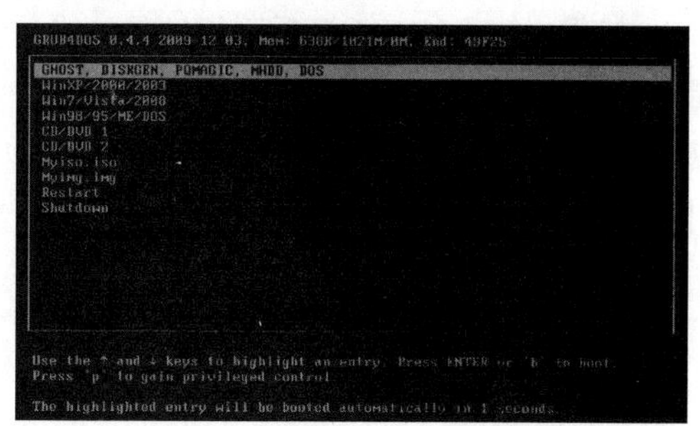

第 4 步 系统自动选择完毕后，进入 MS-DOS 一级菜单界面，在其中选择第一个选项，表示在 DOS 安全模式下运行 GHOST 11.2，如下图所示。

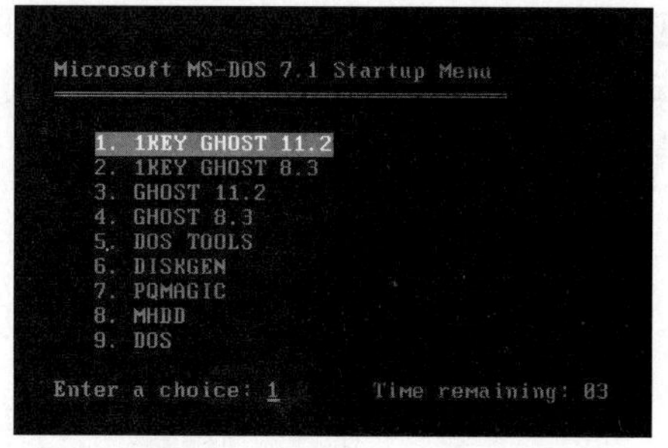

第 5 步 选择完毕后，进入 MS-DOS 二级菜单界面，在其中选择第一个选项，表示支持 IDE/SATA 兼容模式，如下图所示。

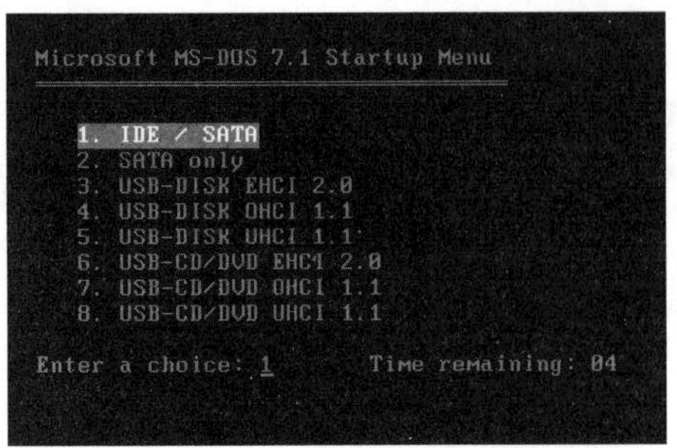

第6步 自动打开【一键备份系统】警告窗口，提示用户开始备份系统，选择【备份】选项，如下图所示。

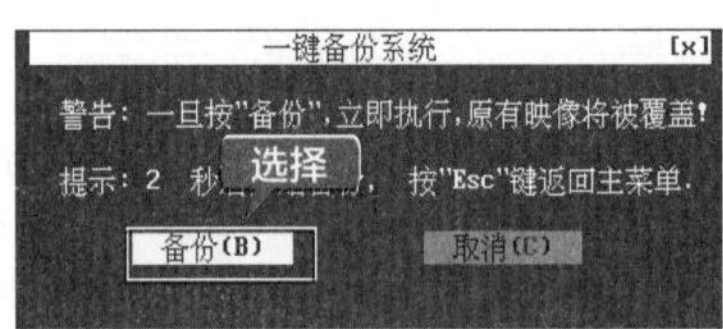

第7步 开始备份系统，如下图所示。

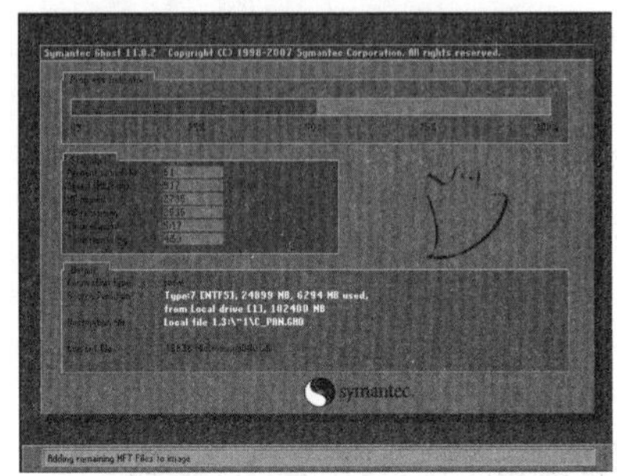

18.2.2 一键还原系统

使用一键 GHOST 还原系统的具体操作步骤如下。

第1步 打开【一键备份系统】对话框，选中【一键恢复系统】选项，单击【恢复】按钮，如下图所示。

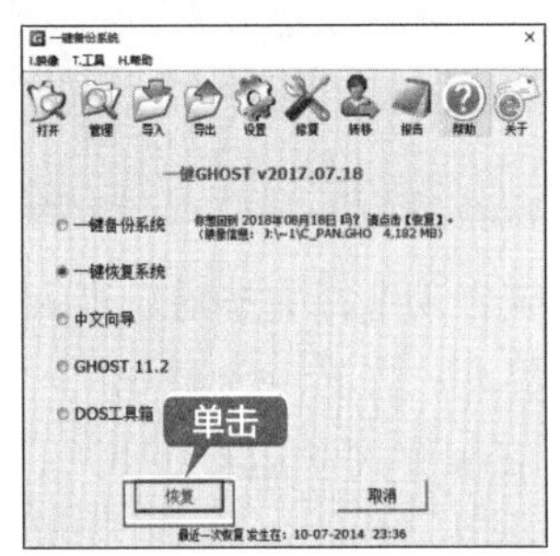

第2步 弹出提示框，提示用户电脑必须重新启动，才能运行【恢复】程序。单击【确定】按钮，如下图所示。

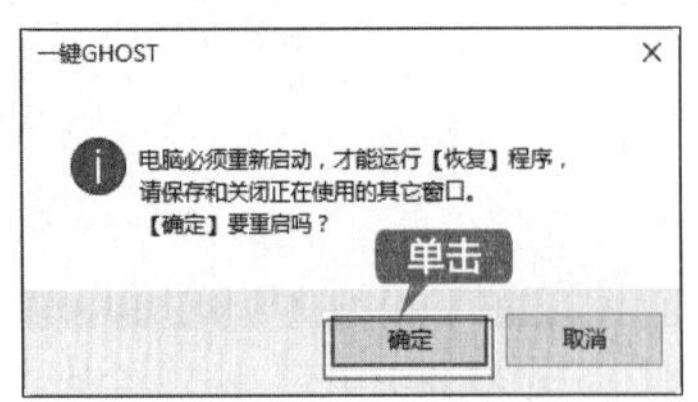

第3步 系统重新启动，并自动打开 GRUB4DOS 菜单，在其中选择第一个选项，表示启动一键 GHOST，如下图所示。

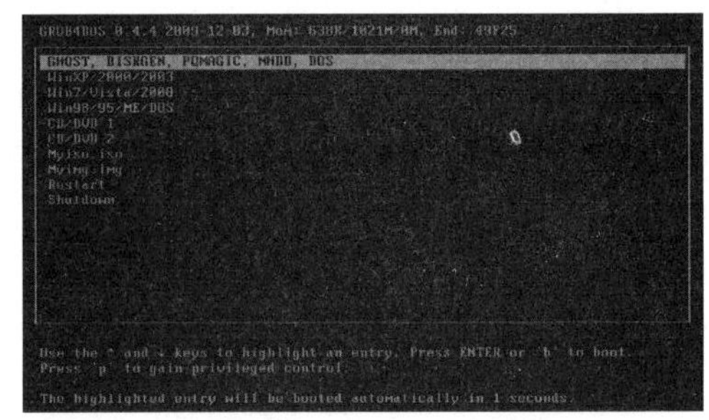

第4步 系统自动选择完毕后，进入 MS-DOS 一级菜单界面，在其中选择第一个选项，表示在 DOS 安全模式下运行 GHOST 11.2，如下图所示。

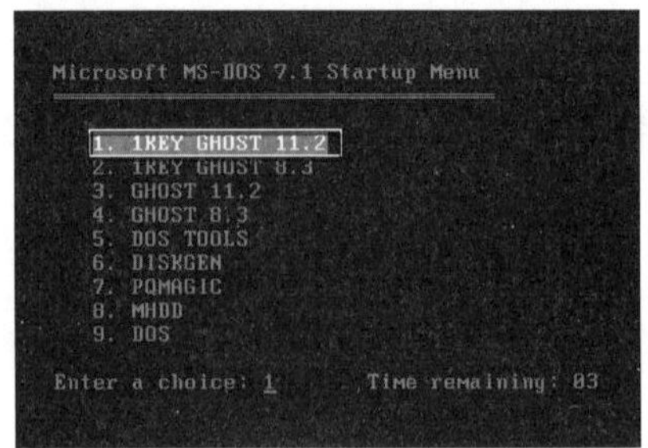

第5步 选择完毕后，进入 MS-DOS 二级菜单界面，在其中选择第一个选项，表示支持 IDE/SATA 兼容模式，如下图所示。

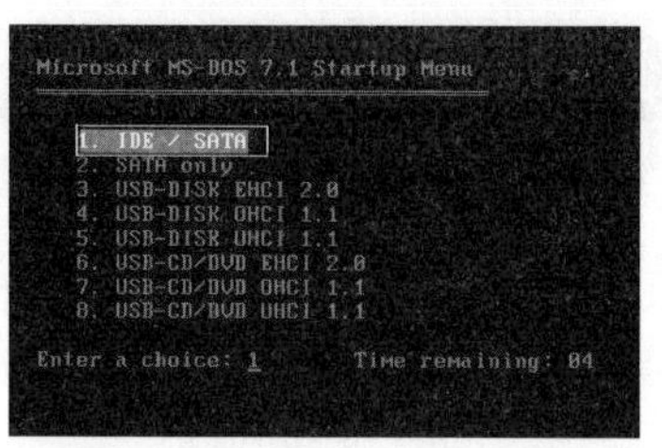

第 6 步 根据磁盘是否存在映像文件，将会从主窗口自动打开【一键恢复系统】警告窗口，提示用户开始恢复系统。选择【恢复】选项，即可开始恢复系统，如下图所示。

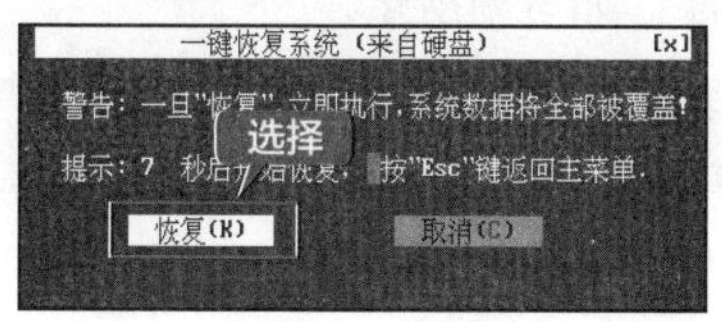

第 7 步 此时开始恢复系统，如下图所示。

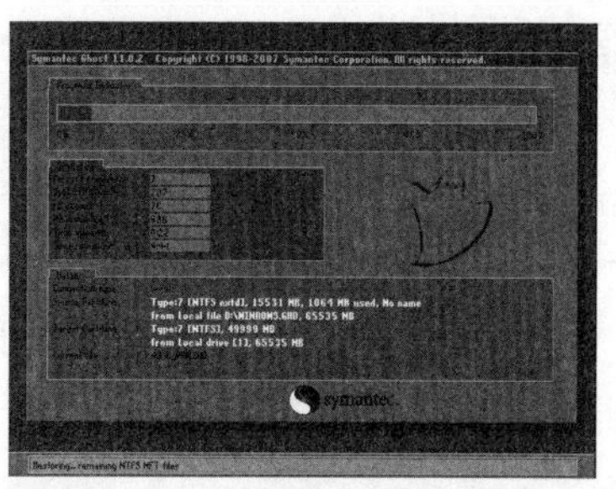

第 8 步 在系统还原完毕后，将打开一个信息提示框，提示用户恢复成功，如下图所示，单击【Reset Computer】按钮重启电脑，然后选择从硬盘启动，即可将系统恢复到以前的系统。至此，就完成了使用 GHOST 工具还原系统的操作。

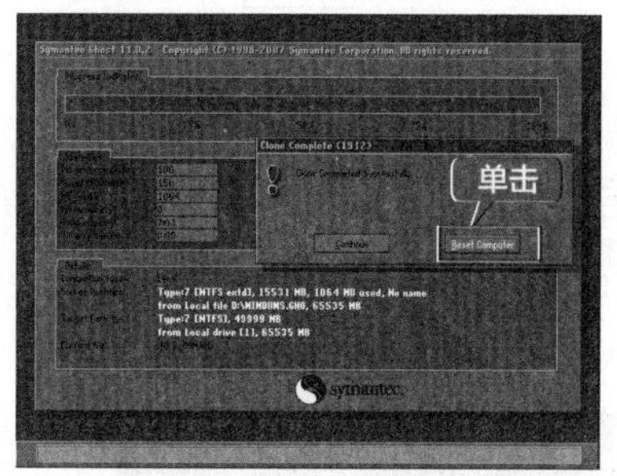

18.3 实战 3：手机的备份与还原

有时用户需要将手机恢复到出厂设置状态，这意味着手机里所有的文件都会被删除，用户可以提前将手机中的内容进行备份操作，需要恢复时再进行还原操作即可。

18.3.1 备份手机中的信息与软件

利用 360 手机助手，可以备份手机中的联系人、短信、通话记录及应用，具体操作步骤如下。

第 1 步 启动 360 手机助手，用数据线将手机与电脑连接，连接成功后，在窗口中可以看到手机的信息，单击图标，如下图所示。

提示

要使用 360 手机助手，需要将手机中的 USB 调试打开，才能正常连接。

第 2 步 弹出对话框，勾选要备份的项目，单击【一键备份】按钮，如下图所示。

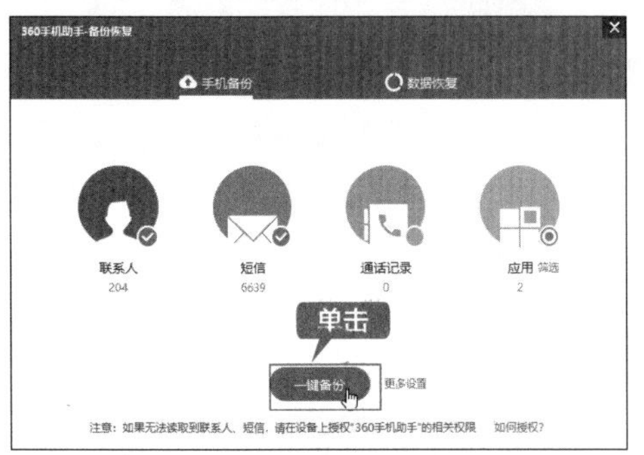

第 3 步 360 手机助手即会进入备份状态，如下图所示。

第 4 步 备份完成后，单击【完成】按钮即可。单击【查看备份文件】超链接，可以查看备份的文件，如下图所示。

18.3.2 恢复备份内容

手机备份后，如果需要恢复备份内容，可以执行以下操作。

第 1 步 在 360 手机助手主界面中，单击【备份恢复】图标（显示为上次备份时间），如下图所示。

第 2 步 弹出【360 手机助手 – 备份恢复】对话框，选择需要恢复的内容，单击【一键恢复】按钮，如下图所示。

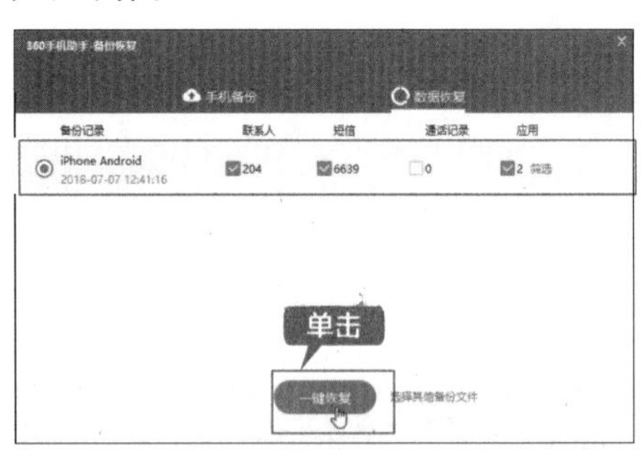

第 3 步 备份内容恢复成功后，提示信息“恭喜您，恢复成功”，单击【完成】按钮，如下图所示。

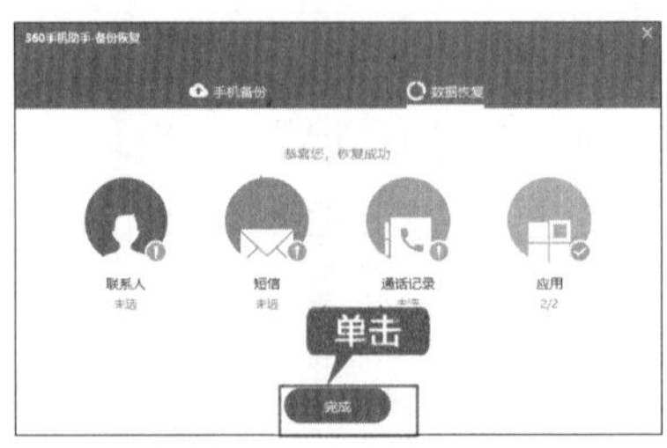

18.4 实战 4：重置电脑

重置电脑可以在电脑出现问题时方便地将系统恢复到初始状态，而不需要重装系统。

18.4.1 在可开机状态下重置电脑

在可以正常开机并进入 Windows 10 操作系统时重置电脑的具体操作步骤如下。

第 1 步 按【Windows+I】组合键，进入【设置】面板，选择【更新和安全】选项，如下图所示。

第 2 步 进入【更新和安全】面板，在左侧列表中选择【恢复】选项，在右侧界面中单击【开始】按钮，如下图所示。

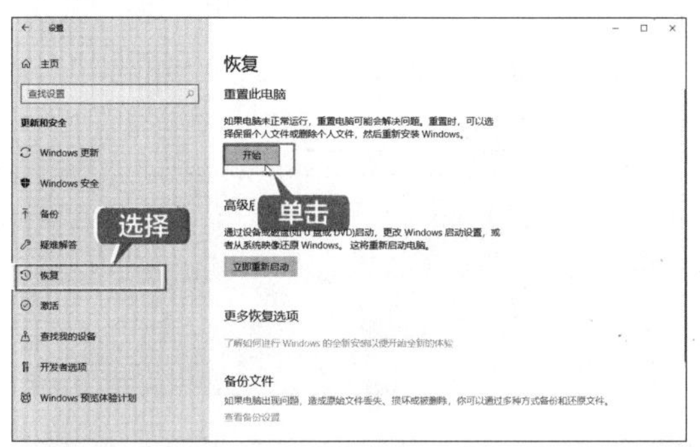

第 3 步 弹出【选择一个选项】界面，单击【保留我的文件】选项，如下图所示。

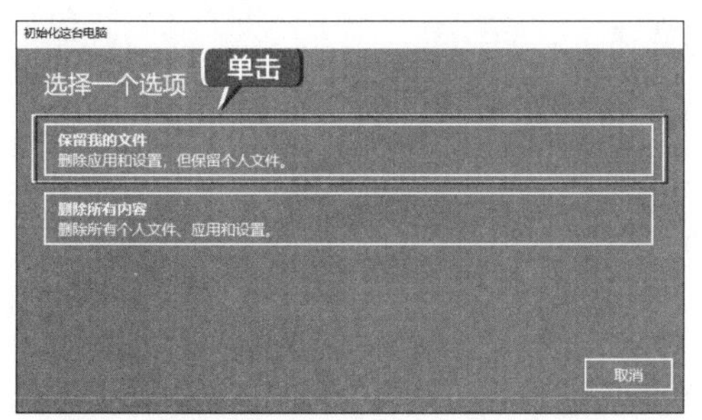

第 4 步 进入【将会删除你的应用】提示界面，单击【下一步】按钮，如下图所示。

第 5 步 进入【准备就绪，可以初始化这台电脑】界面，单击【重置】按钮，如下图所示。

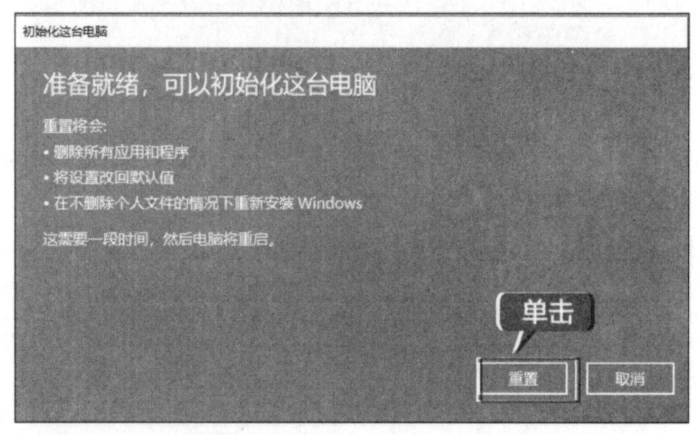

第 6 步 电脑重新启动，进入重置界面，如下图所示。

第 7 步 重置完成后会进入 Windows 安装界面，如下图所示。

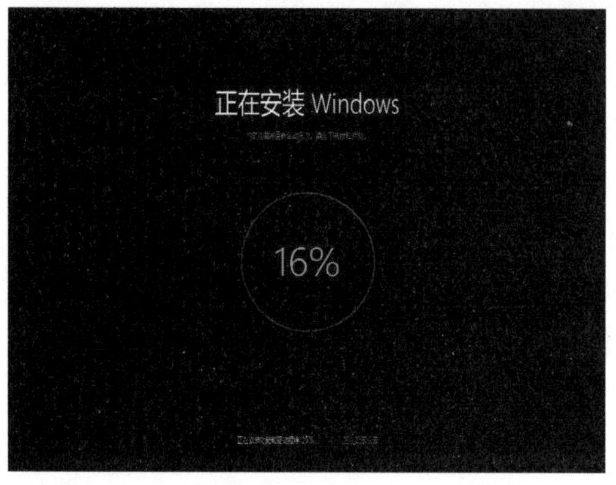

第 8 步 安装完成后自动进入 Windows 10 桌面，显示恢复电脑时删除的应用列表，如下图所示。

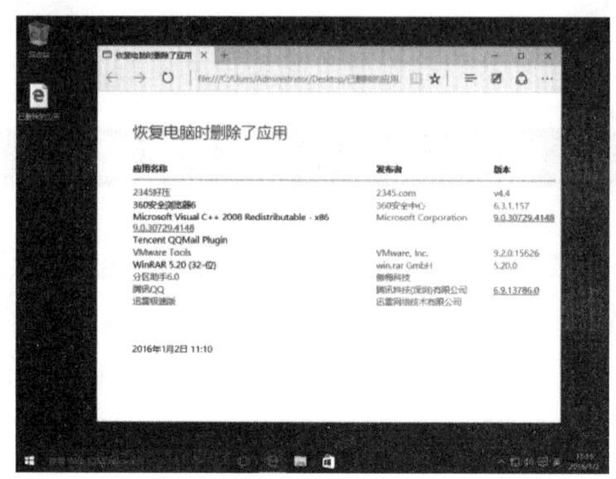

18.4.2 在可开机无法进入系统状态下重置电脑

如果 Windows 10 操作系统出现错误，开机后无法进入系统，可以通过以下方法重置电脑，具体操作步骤如下。

第 1 步 在开机界面单击【更改默认值或选择其他选项】选项，如下图所示。

第 2 步 进入【选项】界面，单击【选择其他选项】选项，如下图所示。

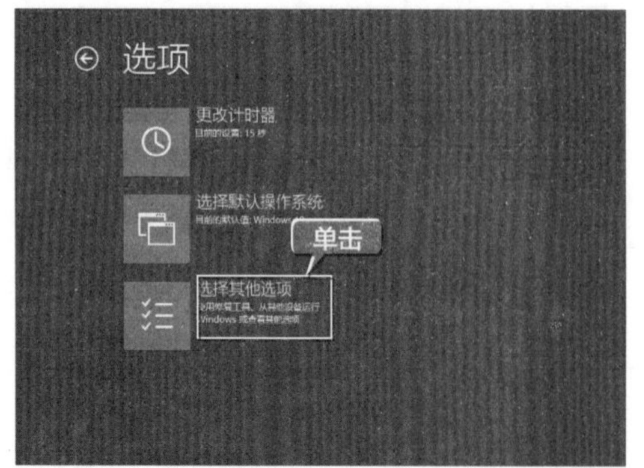

第 3 步 进入【选择一个选项】界面，单击【疑难解答】选项，如下图所示。

第 4 步 在打开的【疑难解答】界面单击【重置此电脑】选项即可。其后的操作与在可开机状态下重置电脑的操作相同，这里不再赘述。

重装电脑系统

1. 系统无法启动

导致系统无法启动的原因有多种，如 DOS 引导出现错误、目录表被损坏或系统文件 Ntfs.sys 丢失等。如果无法查找出系统不能启动的原因或无法修复系统以解决这一问题，就需要重装系统了。

2. 系统运行变慢

系统运行变慢的原因有很多,如垃圾文件分布于整个硬盘,而又不便于集中清理和自动清理,或者是计算机感染了病毒或其他恶意程序而无法被杀毒软件清理等，这时就需要对磁盘进行格式化处理并重装系统了。

3. 系统频繁出错

操作系统是由很多代码和程序组成的，在操作过程中可能因为误删除某个文件或者是被恶意改写代码等原因，致使系统出现错误，此时如果该故障不便于准确定位和解决，就需要考虑重装系统了。

在重装系统之前，用户需要做好充分的准备，避免重装之后造成数据丢失等严重后果。准备思路如下。

（1）备份重要的数据

在因系统崩溃或出现故障而重装系统前，首先应想到的是备份好自己的数据。这时，一定要静下心来，仔细罗列一下硬盘中需要备份的资料，把它们一项一项地写在一张纸上，然后逐一对照进行备份。如果硬盘不能启动，这时需要考虑用其他启动盘启动系统，然后复制自己的数据，或将硬盘挂接到其他电脑上进行备份。最好的办法是在平时就养成随时备份重要数据的习惯，这样就可以有效避免硬盘数据不能恢复的情况。

（2）格式化磁盘

重装系统时，格式化磁盘是解决系统问题最有效的办法，尤其是在系统感染病毒后，最好不要只格式化 C 盘，如果有条件，将硬盘中的数据都备份或转移，尽量将整个硬盘都进行格式化，以保证新系统的安全。

（3）牢记安装序列号

安装序列号相当于一个人的身份证号，标识该安装程序的身份，如果不小心丢失安装序列号，那么在重装系统时，如果采用的是全新安装，安装过程将无法进行下去。正规的安装光盘的序列号会在软件说明书或光盘封套的某个位置上。但是，如果用的是某些软件光盘中提供的测试版系统，那么这些序列号可能存在于安装目录的某个说明文本中，如 SN.txt 等文件。因此，在重装系统之前，首先将序列号读出并记录下来，以备之后使用。

重装系统的具体操作步骤如下。

1. 设置电脑的第一启动

在安装操作系统之前首先需要设置 BIOS，将电脑的启动顺序设置为光驱启动或 U 盘启动。

第 1 步 在开机时按下键盘上的【Delete】键，进入 BIOS 设置界面。选择【System Information(系统信息)】选项，如下图所示。

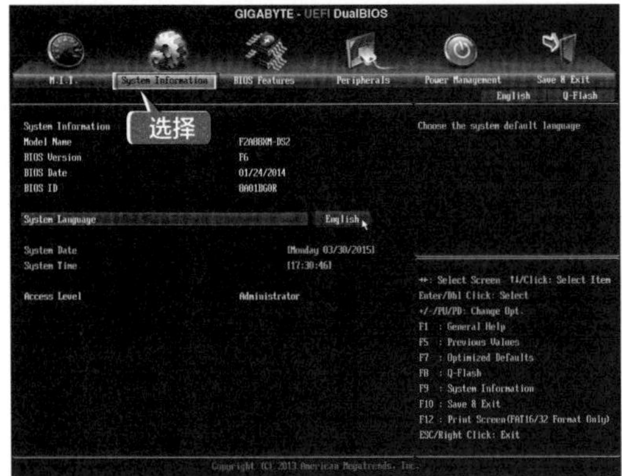

> **提示**
>
> 不同的电脑主板，其 BIOS 启动热键也是不同的，常见的有【Esc】【F2】【F8】【F9】和【F12】等，具体可以参见主板说明书或上网查找相应主板的启动热键。

第 2 步 在弹出的【System Language】列表中，选择【简体中文】选项，如下图所示。

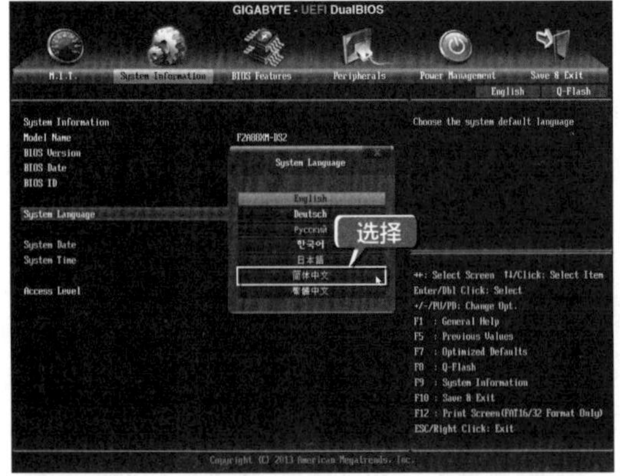

第 3 步 界面语言切换为简体中文，单击【BIOS 功能】选项，在功能列表中单击【启动优先权 #1】后面的按钮 SCSIDIS...，如下图所示。

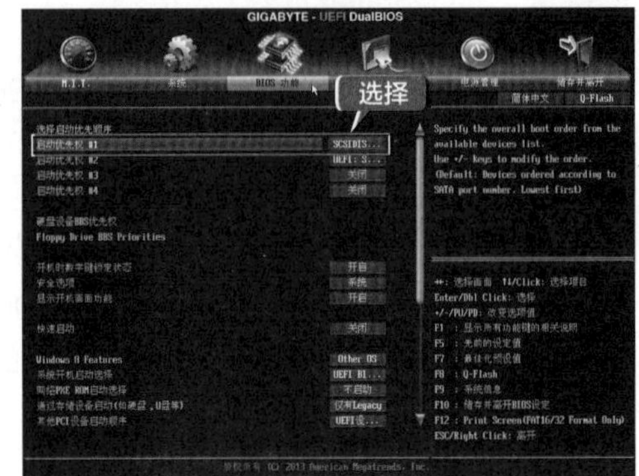

第 4 步 弹出【启动优先权 #1】对话框，在列表中选择要优先启动的介质，如果是 DVD 光盘，则设置 DVD 光驱为第一启动；如果是 U 盘，则设置 U 盘为第一启动，如下图所示。

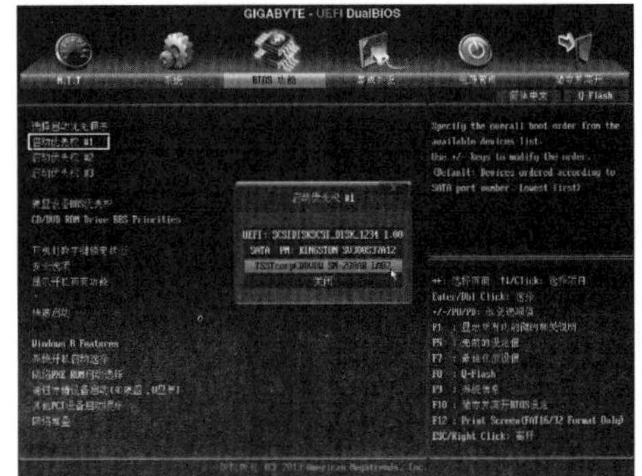

第 5 步 设置完毕后，按【F10】键，弹出【储存并离开 BIOS 设定】对话框，选择【是】选项完成 BIOS 设置，如下图所示。

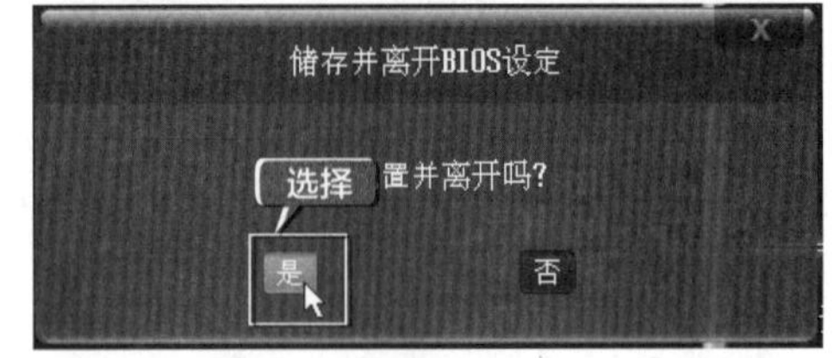

2. 打开安装程序

设置启动项之后，就可以放入安装光盘或插入 U 盘，来打开安装程序。

第 1 步 把 Windows 10 操作系统的安装光盘放入光驱中，重新启动计算机，出现“Press

any key to boot from CD or DVD…”提示后，按任意键开始从光盘启动安装，如下图所示。

提示

如果是 U 盘安装介质，将 U 盘插入电脑 USB 接口，并设置 U 盘为第一启动后，按电脑电源键，屏幕中出现“Start booting from USB device…”提示，并自动加载安装程序。

第 2 步 Windows 10 安装程序加载完毕后，将进入如下图所示的界面，用户无须进行任何操作，如下图所示。

第 3 步 弹出【Windows 安装程序】对话框，保持默认设置，单击【下一步】按钮，如下图所示。

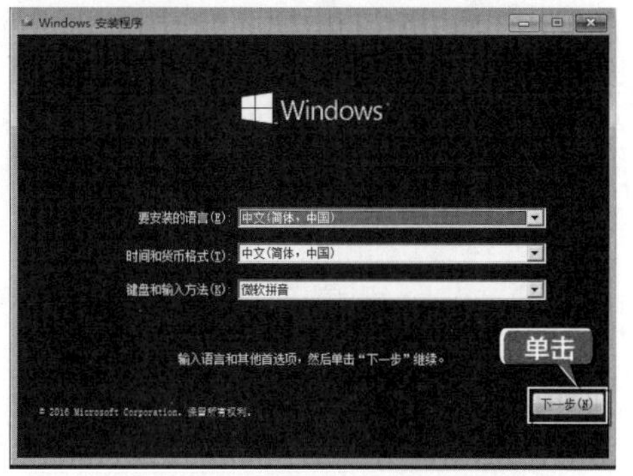

第 4 步 进入如下图所示的界面，单击【现在安装】按钮。

第 5 步 输入购买 Windows 系统时微软公司提供的产品密钥，由 5 组 5 位阿拉伯数字和英文字母组成，然后单击【下一步】按钮，如下图所示。

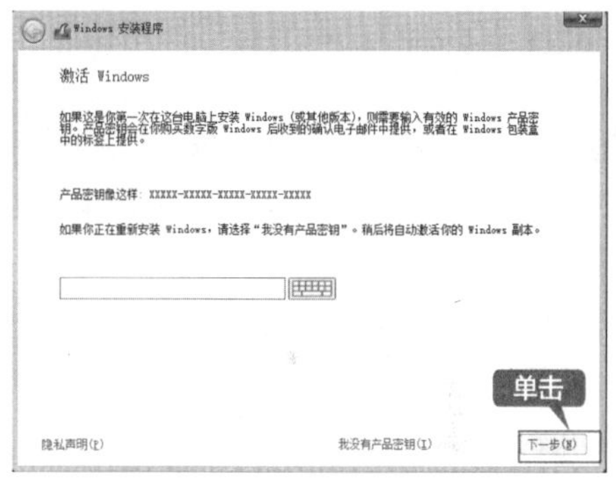

提示

产品密钥一般在产品包装背面或电子邮件中。

第 6 步 在【适用的声明和许可条款】界面中单击【下一步】按钮，如下图所示。

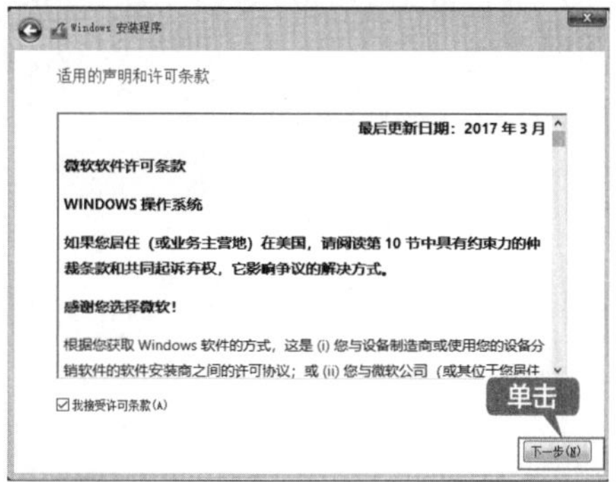

第7步 在如下图所示的界面中选择要安装的类型，这里选择【自定义：仅安装 Windows(高级)】选项。

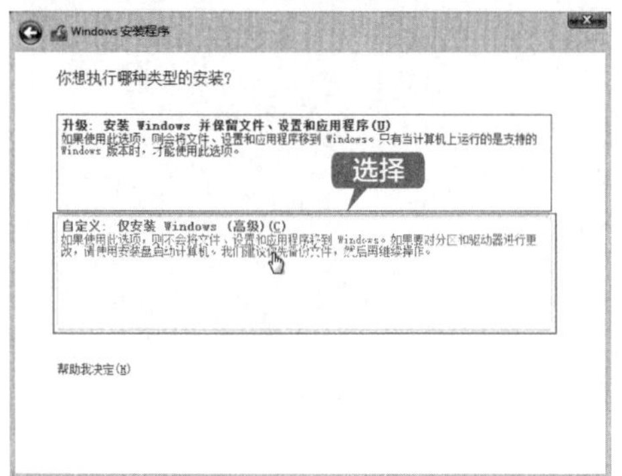

3. 磁盘分区

在选择安装位置时，可以对磁盘进行分区并格式化处理，最后选择常用的系统盘C盘。

第1步 在【你想将 Windows 安装在哪里】界面中，选择要安装的磁盘，然后单击【新建】按钮，如下图所示。

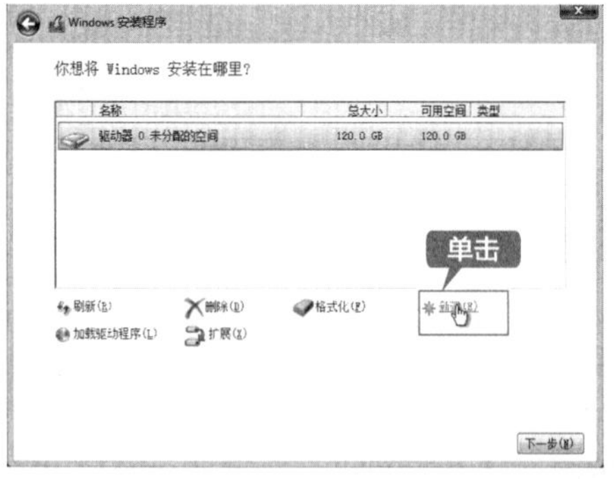

第2步 在【大小】文本框中输入“60000”分区参数，然后单击【应用】按钮，如下图所示。

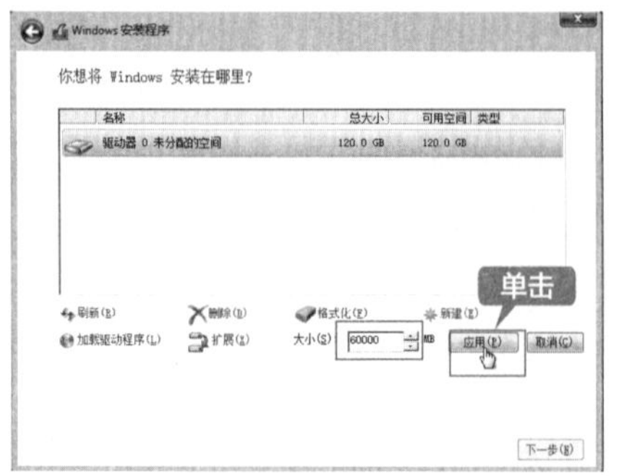

提示

1GB=1024MB，“60000MB”约为“58.6GB”。对于 Windows 10 操作系统，建议系统盘容量在50GB～80GB最为合适。

第3步 在弹出的提示框中，单击【确定】按钮，如下图所示。

第4步 使用同样的方法，创建其他分区，然后选择要安装 Windows 系统的磁盘分区，并单击【下一步】按钮，如下图所示。

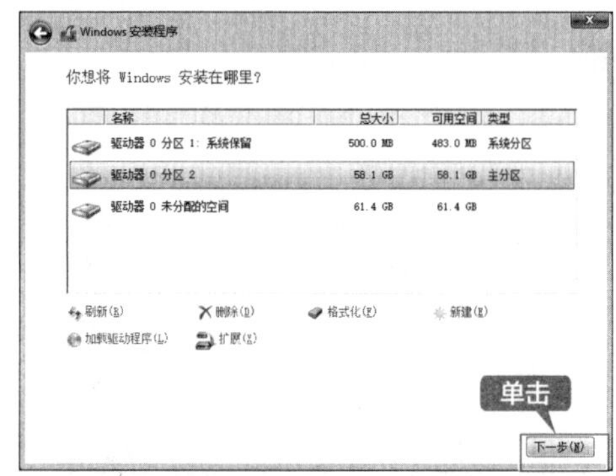

4. 系统安装设置

分区完成后，就可以开始进行系统的安装和系统设置。

第1步 进入【正在安装 Windows】界面，开始复制和展开 Windows 文件，此步骤为系统自动进行，用户需要等待其复制、安装和更新完成，如下图所示。

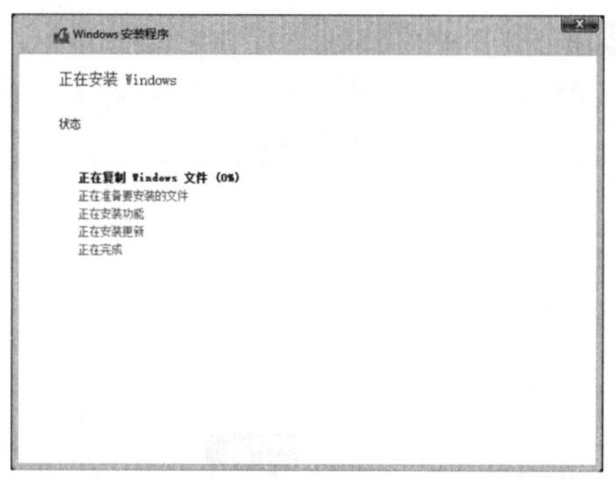

第 2 步 安装完毕后，弹出如下图所示的界面，单击【立即重启】按钮或等待其自动重启电脑。

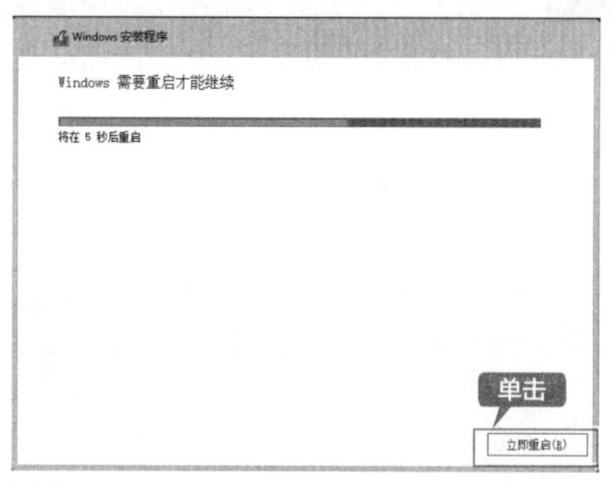

第 3 步 电脑重启后，系统会自动安装设置，用户只需等待即可，如下图所示。

第 4 步 此时系统会进行设置，在此期间请勿关闭电脑及电源，如下图所示。

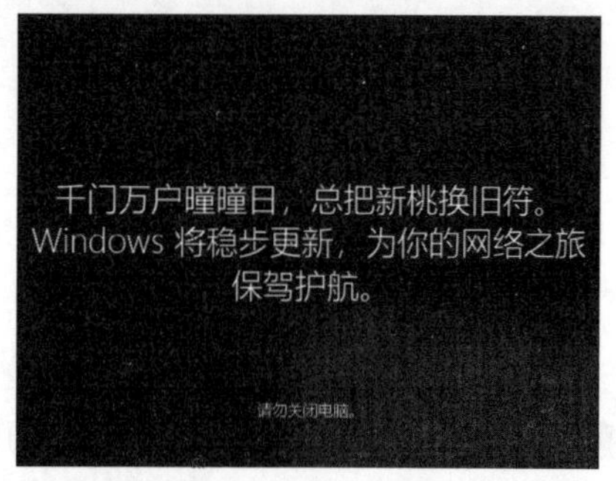

第 5 步 系统安装后，即可进入电脑桌面，此时可根据需要对电脑进行设置，如下图所示。

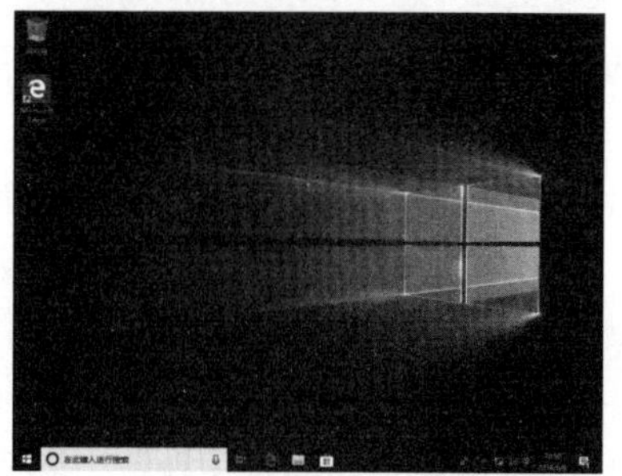

◇ 将 U 盘制作为系统安装盘

如果需要使用 U 盘启动盘，用户首先要制作 U 盘启动盘。制作 U 盘启动盘的工具有多种，这里将介绍目前最为简单的 U 盘启动盘制作工具 U 启动，该工具最大的优势是不需要任何技术基础，一键制作，自动完成，平时当 U 盘使用，需要的时候就是修复盘，完全不需要光驱和光盘，携带方便。

制作的具体操作步骤如下。

第 1 步 把准备好的 U 盘插在电脑 USB 接口上，打开 U 启动 6.8 版 U 盘启动盘制作工具，在弹出的工具主界面中，选择【默认模式（隐藏启动）】选项，在【请选择】下拉列表中选择需要制作启动盘的 U 盘，其他选项采用默认设置，单击【一键制作启动 U 盘】按钮，如下图所示。

第 2 步 弹出信息提示对话框，单击【确定】按钮，在制作的过程中会删除 U 盘上的所有数据，因此在制作启动盘之前，需要把 U 盘上的资料备份一份，如下图所示。

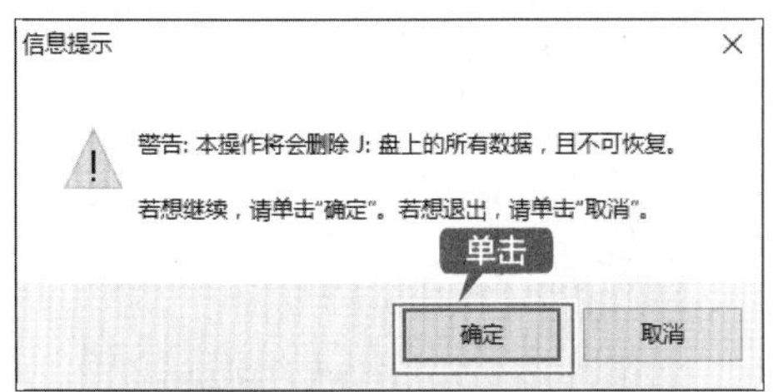

第 3 步 开始写入启动的相关数据，并显示写入的进度，如下图所示。

第 4 步 制作完成后弹出信息提示对话框，提示启动 U 盘已经制作完成，如果需要在模拟器中测试，可以单击【是】按钮，如下图所示。

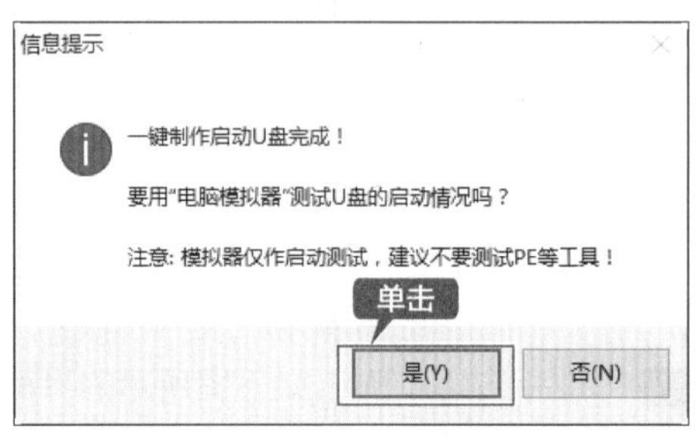

第 5 步 弹出 U 启动软件的系统安装模拟器，用户可以模拟操作一遍，验证 U 盘启动盘是否制作成功，如下图所示。

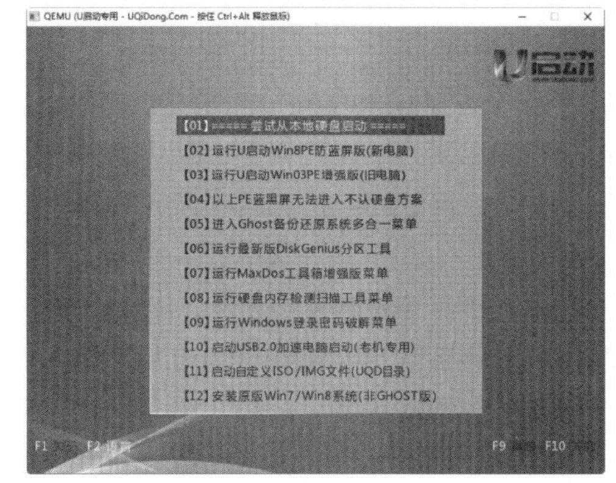

第 6 步 在电脑中打开 U 盘启动盘，可以看到其中有“GHO”和“ISO”两个文件夹，如果安装的系统文件为 GHO 文件，则将其放入“GHO”文件夹中；如果安装的系统文件为 ISO 文件，则将其放入“ISO”文件夹中。至此，U 盘启动盘制作完毕，如下图所示。

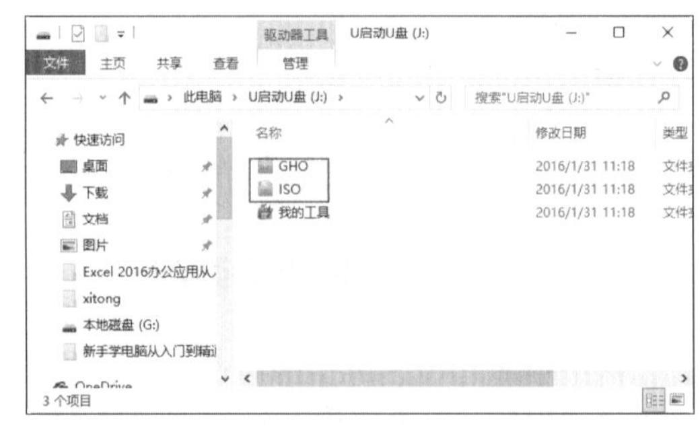

◇ 修复重装系统启动菜单

如果安装了多个操作系统，出现系统启动菜单混乱或缺失的问题，可以对其进行修复，修复重装系统启动菜单的具体操作步骤如下。

第 1 步 进入 Windows 10 操作系统，下载并运行 EasyBCD 软件，如下图所示。

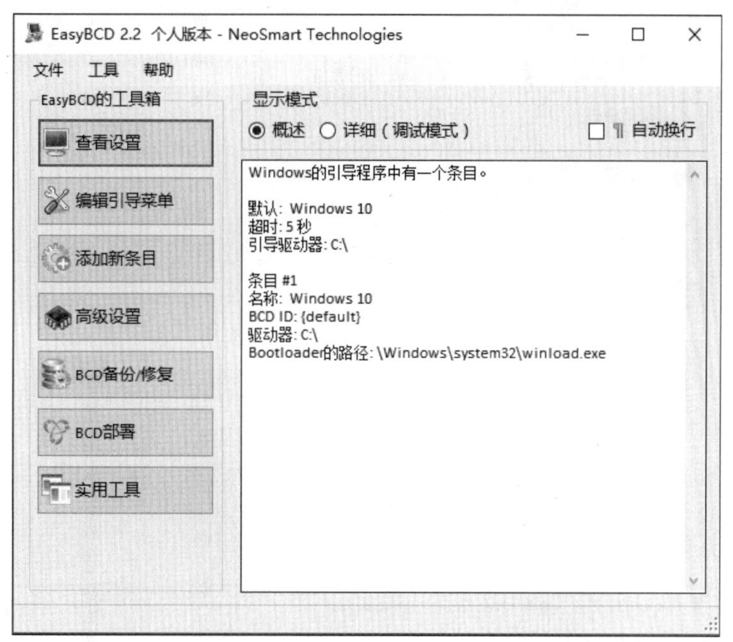

第 2 步 在 EasyBCD 软件左侧单击【添加新条目】按钮，在界面右侧选择“Windows”选项，设置类型、名称、驱动器，单击【添加条目】按钮，将 Windows 7 操作系统安装的位置添加到启动菜单中，如下图所示。

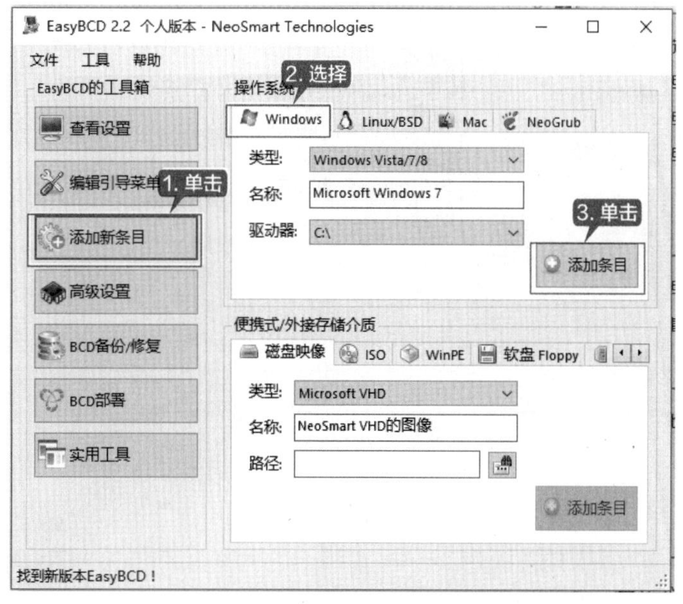

第 3 步 单击左侧【编辑引导菜单】选项，在右侧界面中可以修改默认启动项、条目名称、引导

菜单停留时间等选项，设置完成后单击【保存设置】按钮，如下图所示。

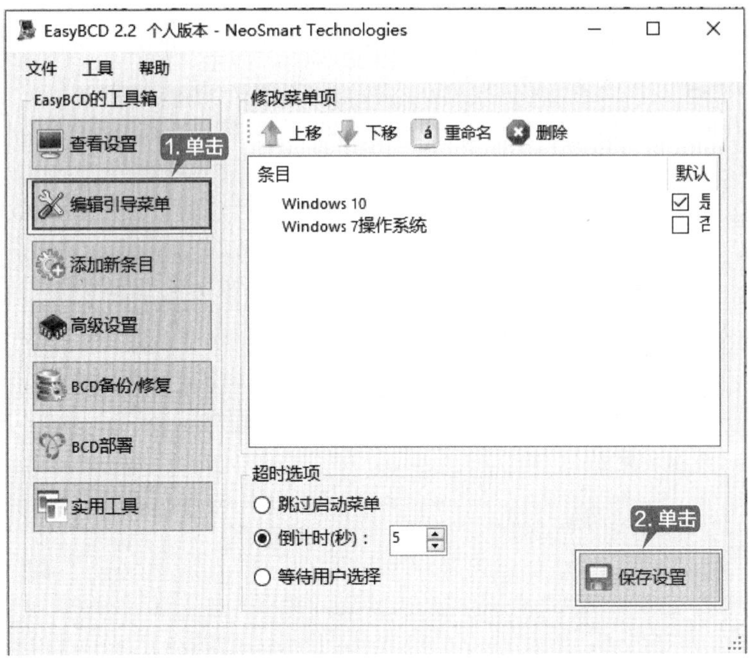

第 4 步 修复重装系统启动菜单完成，如下图所示。